Elektrotechnik für Studium und Praxis

Marlene Marinescu · Nicolae Marinescu

Elektrotechnik für Studium und Praxis

Gleich-, Wechsel- und Drehstrom, Schalt- und nichtsinusförmige Vorgänge

2., erweiterte Auflage

Marlene Marinescu
Frankfurt am Main, Deutschland

Nicolae Marinescu
Frankfurt am Main, Deutschland

ISBN 978-3-658-28883-9 ISBN 978-3-658-28884-6 (eBook)
https://doi.org/10.1007/978-3-658-28884-6

Die Deutsche Nationalbibliothek verzeichnet diese Publikation in der Deutschen Nationalbibliografie; detaillierte bibliografische Daten sind im Internet über http://dnb.d-nb.de abrufbar.

Springer Vieweg ist ein Imprint der eingetragenen Gesellschaft Springer Fachmedien Wiesbaden GmbH und ist ein Teil von Springer Nature.
Die Anschrift der Gesellschaft ist: Abraham-Lincoln-Str. 46, 65189 Wiesbaden, Germany

Vorwort zur zweiten, erweiterten Auflage

Die Überarbeitung und Erweiterung in der vorliegenden 2. Auflage betrifft Ergänzungen im Bereich der Wechselstromschaltungen (Teil III).

Aus der Erkenntnis, dass viele spezielle Anwendungen des Wechselstroms an Bedeutung gewinnen und somit in den Studienplänen vieler elektrotechnischer Hochschulen Berücksichtigung finden, haben wir zwei neue Kapitel hinzugefügt:

Kapitel 12 - Zweitore
Kapitel 13 - Schwingkreise.

Die zahlreichen Beispiele und die mehr als 50 neuen Abbildungen sollen nicht nur Studierenden, sondern auch Ingenieuren in der Praxis, die sich mit diesen speziellen Gebieten befassen, behilflich sein.

Die ausführlichen Lösungen der in dem Buch aufgestellten Übungsaufgaben befinden sich jetzt im Internet auf der Produktseite

https://www.springer.com.de/book/97836582883-9 .

Wir danken dem Verlag Springer Vieweg | Springer Fachmedien Wiesbaden für die sehr gute Zusammenarbeit, wobei unser besonderer Dank Herrn Reinhard Dapper gilt, für die Bereitschaft unser Buch in einer zweiten, erweiterten Auflage zu verlegen und für das großzügige Entgegenkommen bezüglich unserer Wünsche. Zum Gelingen dieses Buches hat auch die wertvolle Hilfe der Frau Andrea Broßler beigetragen, für ihre ständige Unterstützung unseres Buchprojektes gebührt ihr unser Dank.

Ebenfalls ein herzlicher Dank gilt Herrn Dipl.-Ing. Andreas Kopp, der die über 50 Bilder der neuen Kapitel (12 und 13), – wie auch die über 400 Abbildungen der ersten Auflage –, digital erstellt hat.

Frankfurt am Main, im Frühjahr 2020

Marlene Marinescu
Nicolae Marinescu

Vorwort zur ersten Auflage

Das vorliegende Buch ist hervorgegangen aus dem Lehrbuch „Grundlagenwissen Elektrotechnik. Gleich,- Wechsel- und Drehstrom“, das in der 3. Auflage im Vieweg + Teubner Verlag | Springer Fachmedien, im Jahr 2011 erschien. Die Vorauflagen sind unter dem Titel „Basiswissen Gleich- und Wechselstromtechnik“ im Jahr 2005 (1. Auflage) und 2008 (2. Auflage) im selben Verlag erschienen.

Die Autoren bedanken sich bei Prof. Dr. Jürgen Winter, Hochschule RheinMain, für die Hilfe bei der Formatierung und bei der Erstellung einiger druckreifen Abbildungen für die 1. Auflage aus dem Jahr 2005.

Dem vorliegenden Buch liegen eine jahrzehntelange Forschungs- und Entwicklungsarbeit für die elektrotechnische Industrie im Rahmen der eigenen Firma MAGTECH und langjährig durchgeführte, unterschiedliche Vorlesungen über „Grundlagen der Elektrotechnik“ an der Hochschule RheinMain, an der Hochschule Darmstadt und an der Frankfurt University of Applied Sciences, zugrunde.

Das Buch wurde gleichermaßen als Lehrbuch und Arbeitsbuch konzipiert und ist besonders für *Studierende der Bachelor-Studiengänge* an den Hochschulen und technischen Universitäten, die in den ersten Semestern die Grundlagen der Elektrotechnik lernen, geeignet.
Gegenüber dem ursprünglichen, erwähnten Lehrbuch, enthält das vorliegende zwei neue Abschnitte: Schaltvorgänge und nichtsinusförmige Vorgänge, die bisher üblicherweise nicht zum Basiswissen der Schaltungstechnik gerechnet wurden. Mit den umwälzenden Entwicklungen des letzten Jahrzehntes in der Energieversorgung, - d.h. der rasanten Verbreitung der Ausnutzung erneuerbarer Energiequellen (Wind, Sonne) - haben jedoch die Ein- und Ausschaltvorgänge, wie auch die Problematik der nichtsinusförmigen Vorgänge eine größere Bedeutung bekommen. Aus diesem Grund haben wir diese zwei Abschnitte zugefügt, die allerdings Kenntnisse der höheren Mathematik (Differentialgleichungen, Laplace-Transformation, Fourier-Reihenentwicklungen) erfordern.
Damit kann das vorliegende Buch auch Studierenden der *Master-Studiengänge* hilfreich sein.
Auf jeden Fall kann dieses Buch *in der Praxis stehenden Ingenieuren* zum Auffrischen ihrer Grundkenntnisse über viele Problemstellungen der elektrischen Schaltungen helfen.

Aus den Fragen und Anregungen der Studierenden haben wir erfahren, dass trotz der relativen Einfachheit der Begriffe und des mathematischen Werkzeugs (für die Gleichstromschaltungen: Algebra, vor allem Bruchrechnung und lineare Gleichungssysteme, für Wechsel- und Drehstrom: Trigonometrie, Operationen mit komplexen Zahlen) das Erlernen der Schaltungstheorie einen nicht unerheblichen Arbeitsaufwand verlangt. Zunächst ist es wichtig, die physikalischen Zusammenhänge zu verstehen, die durch die Knoten- und Maschengleichungen und das Ohmsche Gesetz mathematisch formuliert sind. Dieses Verständnis erlangt man am einfachsten, wenn man Ströme und Spannungen in Gleichstromschaltungen berechnet. Fast alle Berechnungsmethoden können dann auf Wechselstromschaltungen übertragen werden, doch werden hier komplexe Zahlen als Symbole für die elektrischen Größen verwendet. In diesem Buch wird der Behandlung der Sinusstromkreise im Zeitbereich (also als trigonometrische Funktionen) viel Aufmerksamkeit gewidmet und erst dann wird zu der Zeiger- und schließlich zu der komplexen Darstellung übergegangen.
Wir möchten unsere Leser dazu motivieren, selbständig zu *üben*. Dazu stellt das Buch *zahlreiche Beispiele und Aufgaben* mit ausführlicher Erläuterung des Lösungsweges zur Verfügung. Zusätzlich bietet es Übungsaufgaben, deren ausführliche Lösungen man in Internet auf der Produktseite

http://www.springer.com/de/book/9783658141585

findet. Die Beispiele und Aufgaben haben sich als für die *Prüfungsvorbereitung* besonders nützlich erwiesen.

Wir danken dem Vieweg + Teubner Verlag | Springer Fachmedien für die sehr gute Zusammenarbeit, vor allem Herrn Reinhard Dapper, der uns mit begeistertem Einsatz motiviert hat, dieses Buch zu schreiben.
Das Buch enthält über 400 Abbildungen, die dem Verständnis der Theorie, aber auch der gestellten Aufgaben, dienen. Unser besonders herzlicher Dank gilt Herrn Dipl.-Ing. Andreas Kopp, der den Großteil der Bilder der neuen Abschnitte (Teil IV und Teil V) digital erstellt hat.

Frankfurt am Main, im Frühjahr 2016

Marlene Marinescu
Nicolae Marinescu

Inhaltsverzeichnis

Teil I.

Grundlegende Begriffe

1. Strom und Spannung

1.1. Der elektrische Strom

In Metallen sind die Elektronen nur lose gebunden und können sich als **freie** Elektronen bewegen. Ein **elektrischer Strom** entsteht dann, wenn der unregelmäßigen Bewegung der elektrischen Ladungen ein **gerichteter** Ladungstransport überlagert wird, d.h. wenn gleichnamige Ladungen in eine bestimmte Richtung bewegt werden (Driftbewegung).
Für die Richtung des elektrischen Stromes wurde vereinbart, dass diese **entgegengesetzt zu dem Elektronenstrom** ist[1].
Ein elektrischer (zeitlich konstanter) Strom kann nur in einem **geschlossenen** Kreis fließen.

1.1.1. Stromstärke

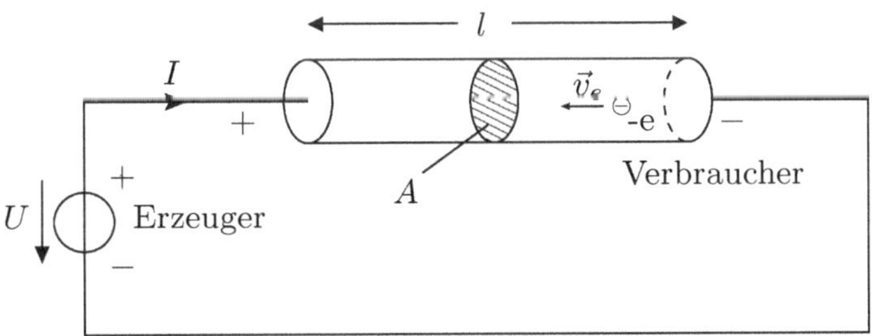

Abbildung 1.1.: Stromkreis aus Erzeuger und Verbraucher

Die Abbildung 1.1 zeigt einen Erzeuger[2] und einen Verbraucher.

Merksatz *Der Strom fließt im Verbraucher von + nach -, im Erzeuger von - nach +. Der Strom kommt aus der Plusklemme des Akkus heraus.*

Die Elektronen bewegen sich im Metall dagegen von - nach +. Es sind etwa $n \approx 10^{23}$ freie Elektronen pro cm^3 Metall[3].

[1] Diese Richtung nennt man auch „technische“ oder „konventionelle“ Stromrichtung
[2] Ein Erzeuger kann eine Batterie, ein Akku, ein Generator u.a. sein
[3] Bei Kupfer sind es z.B. $0,8 \cdot 10^{23}$

M. Marinescu und N. Marinescu, *Elektrotechnik für Studium und Praxis*,
https://doi.org/10.1007/978-3-658-28884-6_1

Jedes Elektron besitzt die negative Ladung (Elementarladung)

$$-e = 1,602 \cdot 10^{-19}\ As\ .$$

Somit ist die freie Elektrizitätsmenge in jedem cm^3:

$$n \cdot e = -n \cdot 1,602 \cdot 10^{-19}\ As\ .$$

Fließt ein Strom, so bewegt sich in einem Draht der Länge l mit dem Querschnitt A eine Gesamtladung von

$$Q = n \cdot e \cdot l \cdot A\ .$$

Jedes Elektron braucht die Zeit t um die Länge l zu durchlaufen.
Die Stromstärke wird als das Verhältnis

$$I = \frac{Q}{t} = \frac{n \cdot e \cdot l \cdot A}{t} \tag{1.1}$$

definiert. Da die Einheiten für I und t in dem MKSA–System festgelegt sind, resultiert für die Einheit der Ladung Q:

$$[Q] = [I] \cdot [t] = 1\ A \cdot 1\ s = 1\ As = 1\ \text{Coulomb}\ = 1\ C\ . \tag{1.2}$$

Die Gleichung (1.1) gilt wenn I zeitlich konstant ist. Allgemein gilt jedoch

$$i(t) = \frac{d\,q}{d\,t}\ . \tag{1.3}$$

Die Schreibweise nach Gleichung (1.3) bedarf einer Erklärung:

Vereinbarung *Zeitlich konstante Größen bezeichnet man mit großen Buchstaben. Veränderliche Größen bezeichnet man mit kleinen Buchstaben.*

1.1.2. Stromdichte

Als Stromdichte S wird das Verhältnis

$$S = \frac{I}{A} \tag{1.4}$$

definiert. Diese Formel gilt nur bei gleichmäßiger Verteilung des Stromes I über den Querschnitt A.
Als Einheit für die Stromdichte ergibt sich:

$$[S] = \frac{[I]}{[A]} = 1\ \frac{A}{m^2}\ . \tag{1.5}$$

Üblicherweise wird die Stromdichte in $\frac{A}{mm^2}$ angegeben.
Allgemein ist S nicht konstant[4] und die allgemeine Formel für den Strom I ist:

$$I = \iint \vec{S} \cdot d\vec{A} \tag{1.6}$$

wobei $\vec{S}$ und das Flächenelement $d\vec{A}$ Vektoren sind und $\vec{S}$ ortsabhängig sein kann. Die Strömungsgeschwindigkeit der Elektronen in Metallen ist nach Gleichung (1.1):

$$v_e = \frac{l}{t} = \frac{I}{n \cdot e \cdot A} = \frac{S}{n \cdot e} \, . \tag{1.7}$$

In der Energietechnik werden Stromdichten zwischen $S = 1 \, \frac{A}{mm^2}$ und $S = 10 \, \frac{A}{mm^2}$, in Störungsfällen bis $S = 100 \, \frac{A}{mm^2}$ verwendet.

■ **Beispiel 1.1**
In welchen Grenzen ändert sich die Driftgeschwindigkeit der Elektronen normalerweise in der Energietechnik, wenn $n = 10^{23} \, cm^{-3}$ ist ?

Mit $v_e = \frac{S}{n \cdot e}$ ergibt sich für die minimale und maximale Driftgeschwindigkeit:

$$v_{e_{min}} = \frac{1 \, \frac{A}{mm^2}}{10^{23} \, cm^{-3} \cdot 1,602 \cdot 10^{-19} \, As} = \frac{10^{-4} \cdot 10^{-6} \, m^3}{1,602 \cdot 10^{-6} \, m^2 \cdot s} = 0,62 \cdot 10^{-4} \, \frac{m}{s}$$
$$= 0,062 \, \frac{mm}{s}$$

$$v_{e_{max}} = 10 \cdot v_{e_{min}} = 6,2 \cdot 10^{-4} \, \frac{m}{s} = 0,62 \cdot \frac{mm}{s} .$$

*Gegenüber der Lichtgeschwindigkeit von $c \approx 3 \cdot 10^8 \, \frac{m}{s}$ ist die Driftgeschwindigkeit um 11 bis 12 Potenzen kleiner. Trotz der geringen Driftgeschwindigkeit entsteht der Strom in einem Kreis mit Lichtgeschwindigkeit, da sich der Bewegungs***impuls** *der Elektronen mit Lichtgeschwindigkeit fortpflanzt.*

■

1.1.3. Stromarten

Um das zeitliche Verhalten von Strömen zu charakterisieren, haben sich die folgenden Bezeichnungen durchgesetzt:

a) Als *Gleichstrom* bezeichnet man einen Strom, der unabhängig von der Zeit t ist, d.h. seine Stromstärke und seine Richtung ändern sich im zeitlichen Verlauf nicht. Trägt man die Stromstärke über der Zeit auf, erhält man den in Abbildung 1.2 a) dargestellten Verlauf.

[4] z.B. bei hochfrequenten Strömen: Stromverdrängung (Skineffekt)

b) Als *Wechselstrom* bezeichnet man einen zeitabhängigen Strom, dessen Stromstärke eine periodische Zeitfunktion ist und den Mittelwert Null besitzt.

c) Der *Sinusstrom* ist eine Sonderform des Wechselstroms. Die zeitliche Abhängigkeit der Stromstärke ist sinusförmig.

d) Als *Mischstrom* bezeichnet man einen Strom, der sich durch Addition eines Gleichstroms i_- und eines Wechselstroms $i_\sim$ erzeugen lässt: $i = i_- + i_\sim$.

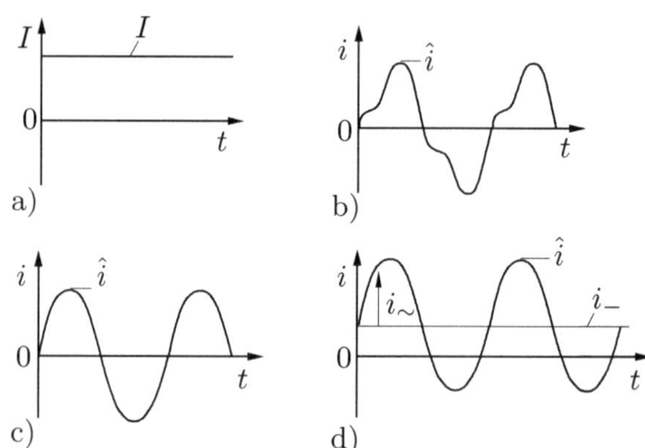

Abbildung 1.2.: Stromarten nach DIN 5488

Die Abbildung 1.2 zeigt die Stromarten nach DIN 5488. Der Gleichstrom und der Effektivwert des Wechselstroms werden mit I und die zeitabhängigen Ströme mit i bezeichnet. Mit $\hat{i}$ wird die Amplitude, d.h. das Maximum der Stromstärke bezeichnet.

1.2. Elektrische Spannung und Energie

1.2.1. Elektrische Feldstärke

Um die Elektronen im Metall zur Plusklemme (in der Abbildung 1.3 nach links) zu bewegen, muss auf sie eine Kraft $\vec{F_e}$ ausgeübt werden.
Bezieht man diese Kraft auf eine Ladung Q, so erhält man eine vektorielle Feldgröße, die unabhängig von Q ist:

$$\vec{E} = \frac{\vec{F}}{Q}\,. \tag{1.8}$$

Man nennt diese Feldgröße die **elektrische Feldstärke** und die Formel nach Gleichung (1.8) wird auch als **Formel von Coulomb** bezeichnet.

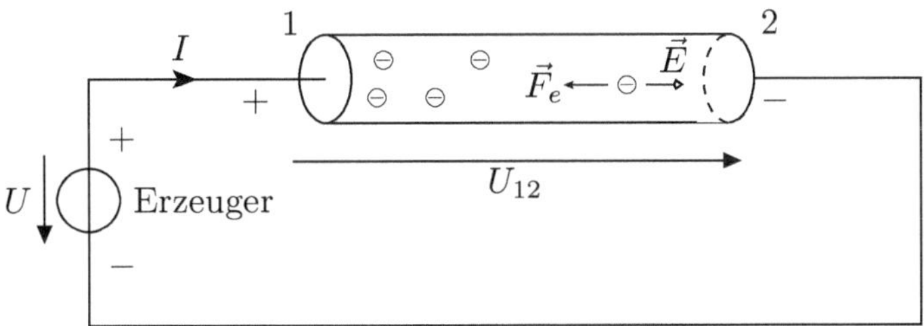

Abbildung 1.3.: Coulombsche Kraft und elektrische Feldstärke

$\vec{E}$ ist eine der wichtigsten Größen in der Elektrotechnik. Sie gibt die Kraft auf Ladungen an und hat die Richtung der Kraft $\vec{F}$, wenn die Ladung Q positiv ist. Ist Q negativ, so sind $\vec{F}$ und $\vec{E}$ entgegengerichtet. In der Abbildung 1.3 ist die Richtung von $\vec{F}_e$ nach links, wegen der negativen Ladung der Elektronen. $\vec{E}$ kann vom Ort abhängig sein. Man bezeichnet dies dann als elektrisches Feld. Die Einheit von $\vec{E}$ ergibt sich nach Gleichung (1.8):

$$[E] = \frac{[F]}{[Q]} = \frac{N}{As} . \tag{1.9}$$

1.2.2. Leitfähigkeit

Die elektrische Feldstärke $\vec{E}$ in einem beliebigen Punkt ist die Ursache für die an dieser Stelle auftretende Wirkung, die Stromdichte $\vec{S}$. In der Makrophysik gibt es immer eine **eindeutige** Abhängigkeit der Wirkung von der Ursache[5]. (In der Mikrophysik folgen die Zusammenhänge meist statistischen Gesetzen). Die Abhängigkeit muss jedoch nicht unbedingt linear sein, sie ist nur eindeutig. Zwischen der Wirkung $\vec{S}$ und der Ursache $\vec{E}$ gilt die Beziehung:

$$\vec{S} = \kappa \cdot \vec{E} . \tag{1.10}$$

In dieser Gleichung ist κ ein Proportionalitätsfaktor, der unter Umständen ortsabhängig sein kann. Im homogenen Strömungsfeld (Gleichstrom) gilt:

$$S = \kappa \cdot E . \tag{1.11}$$

Definition *κ heißt spezifische elektrische Leitfähigkeit und ist ein Maß für die Beweglichkeit der Elektronen im Metall.*

In der Tat ist nach Gleichung (1.7), Seite 4:

$$v = \frac{S}{n \cdot e} = \frac{\kappa \cdot E}{n \cdot e} = b \cdot E \tag{1.12}$$

[5]Diesen Zusammenhang nennt man **Kausalitätsprinzip**

mit

$$b = \frac{\kappa}{n \cdot e} = \text{Driftbeweglichkeit}$$

$$\kappa = b \cdot n \cdot e \ . \tag{1.13}$$

In den Gl. (1.12) und (1.13) bedeutet e die Elementarladung und soll als positiv betrachtet werden.
Betrachtet man die Gleichung (1.12) genauer, scheint hier etwas paradox zu sein. v ist proportional E, aber eigentlich ist die Beschleunigung a proportional E ($F = m \cdot a = Q \cdot E$). Die Lösung: v ist die **Driftgeschwindigkeit** der Elektronen, also eine **mittlere** Geschwindigkeit und nicht diejenige, die aus der Beschleunigung a zwischen zwei Stößen resultieren würde.

1.2.3. Elektrische Spannung

Wichtig für technische Anwendungen ist das **Linienintegral der Feldstärke $\vec{E}$ zwischen zwei Punkten** des Stromkreises (z.B. zwischen 1 und 2 des Verbrauchers in Abbildung 1.3). Dieses Integral wird elektrische Spannung genannt.

$$U_{12} = \int_1^2 \vec{E}\, d\vec{l} = \varphi_1 - \varphi_2 \ . \tag{1.14}$$

Die Spannung kann auch als Differenz der elektrischen Potentiale in den Punkten 1 und 2 betrachtet werden. Diese **Potentialdifferenz** ist die Ursache des Stromes zwischen 1 und 2. Dabei ist φ_1 die Spannung zwischen dem Punkt 1 und einem beliebigen Bezugspunkt. Analog ist φ_2 die Spannung zwischen dem Punkt 2 und demselben Bezugspunkt.
Ist der Verbraucher ein Draht der Länge l mit dem Querschnitt A, so vereinfacht sich die Gleichung (1.14) zu:

$$U_{12} = E \cdot l \ . \tag{1.15}$$

Führt man für E die Beziehung nach Gleichung (1.8) ein, so ist:

$$U_{12} = \frac{F \cdot l}{Q} = \frac{W_{12}}{Q} \ . \tag{1.16}$$

Hier bedeutet W_{12} die **Arbeit** die nötig ist um die Ladung Q zwischen den Punkten 1 und 2 zu bewegen.

Vereinbarung *Im Verbraucher V hat die Spannung U dieselbe Richtung wie der Strom I. Mann nennt diese Vereinbarung* **Verbraucherzählpfeilsystem.**

Vereinbarung *Im Generator fließt der Strom aus der Plusklemme heraus, also sind im Generator Strom und Spannung entgegengesetzt.*

Die Spannung der Quelle bezeichnet man oft mit U_q (Quellenspannung). Sie muss aber nicht zwingend die Klemmenspannung sein; dies ist nur beim **idealen** Generator der Fall.
Die Einheit der Spannung ergibt sich nach folgender Gleichung:

$$[U] = [E] \cdot [l] = \frac{N \cdot m}{A \cdot s} = V \text{ (Volt)} . \tag{1.17}$$

Somit ergibt sich für die elektrische Feldstärke die Einheit:

$$[E] = \frac{V}{m} .$$

■ **Beispiel 1.2**
Welche elektrische Feldstärke herrscht in einem Draht der Länge $l = 1\ km$, der an der Spannung $U = 230\ V$ liegt? Wie groß ist in diesem Draht die Kraft F_e auf ein Elektron?

$$E = \frac{U}{l} = \frac{230\ V}{1000\ m} = 0,23\ \frac{V}{m}$$

$$F_e = e \cdot E = 0,23\ \frac{V}{m} \cdot 1,602 \cdot 10^{-19}\ As = 0,368 \cdot 10^{-19} \frac{V \cdot As}{m} = 0,368 \cdot 10^{-19}\ N.$$

Hier hat man den Betrag (also die Größe) der Kraft ermittelt.

1.2.4. Elektrische Energie

Nach Gleichung (1.16) und Gleichung (1.1) gilt:

$$W = U \cdot Q = U \cdot I \cdot t . \tag{1.18}$$

W ist die **elektrische Energie**, die umgesetzt wird, wenn während der Zeit t infolge der Spannung U der Strom I fließt.
Sind Spannung und Strom zeitlich nicht konstant, so gilt für die umgesetzte Energie (oder elektrische Arbeit) allgemein:

$$W = \int_{t_1}^{t_2} u(t) \cdot i(t)\, dt . \tag{1.19}$$

Als Einheit der Energie ergibt sich mit (1.19) :

$$[W] = \underbrace{V \cdot A}_{Watt} \cdot s = Ws = \underbrace{J}_{Joule} = Nm .$$

1.2.5. Elektrische Leistung

Meistens interessiert nicht die Arbeit, die eine Maschine innerhalb einer Zeit t vollbringen kann, sondern was sie augenblicklich leisten kann. Diese auf die Zeit t bezogene Arbeit nennt man **elektrische Leistung**:

$$P = \frac{W}{t} = U \cdot I \tag{1.20}$$

oder allgemein, d.h. bei zeitabhängigen Größen für Strom und Spannung:

$$p_t = u \cdot i \ . \tag{1.21}$$

Als Einheit der elektrischen Leistung ergibt sich

$$[P] = [U] \cdot [I] = V \cdot A = W \ .$$

Bei jeder Energieumwandlung geht **keine** Energie verloren, doch ist die zugeführte Leistung P_1 immer größer als die abgeführte Leistung P_2, weil **Verluste** $P_v = P_1 - P_2$ auftreten. Man definiert als Wirkungsgrad (immer positiv):

$$\eta = \frac{P_2}{P_1} = \frac{P_1 - P_v}{P_1} = 1 - \frac{P_v}{P_1} \leq 1 \ . \tag{1.22}$$

In der Energietechnik strebt man eine möglichst verlustfreie Energieübertragung an. In großen elektrischen Maschinen erreicht man η bis $0,99$.
Wird eine Kraft F bei der Geschwindigkeit v überwunden, oder ein Drehmoment M bei der Winkelgeschwindigkeit $\omega = 2\,\pi \cdot n$ (n ist hier die Drehzahl) erzeugt, so ist die **mechanische Leistung**

$$P = F \cdot v = M \cdot 2\,\pi \cdot n \tag{1.23}$$

wirksam. Die Einheit der mechanischen Leistung ist

$$[P] = N \cdot \frac{m}{s} = W \ .$$

Somit gilt auch

$$1\ Joule = 1\ Nm \ .$$

Teil II.

Gleichstromschaltungen

2. Die Grundgesetze

2.1. Der Stromkreis

Jede elektrische Anlage besteht aus:

- **Quellen**, die den elektrischen Strom verursachen, d.h. elektrische Energie aus anderen Energiearten erzeugen (Generatoren, Akkumulatoren, usw.)
- **Verbraucher**, die elektrische Energie in eine andere erwünschte Energieform umwandeln (Motoren, Glühlampen, Heizöfen, Lautsprecher, usw.)
- **Verbindungsleitungen**, die Quellen mit den Verbrauchern verbinden
- **Schalter**, mit denen man den Stromkreis (oder Teile davon) ein- oder ausschalten kann.

Dazu können noch kommen:

- **Steuergeräte** (z.B. Vorwiderstände, Verstärker, Gleichrichter, u.a.)
- **Messgeräte**
- **Schutzeinrichtungen**.

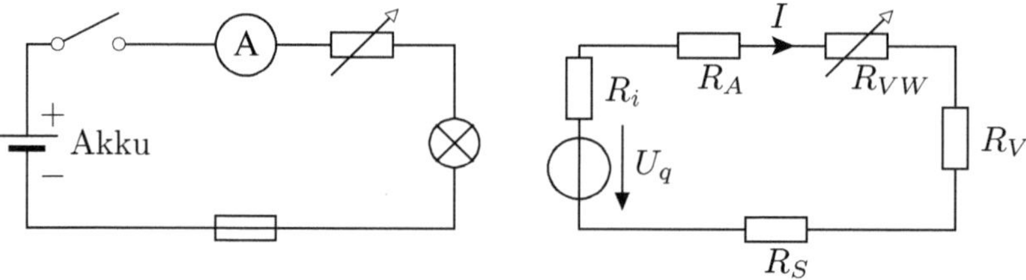

Abbildung 2.1.: Übersichtsschaltplan und Ersatzschaltbild eines Stromkreises

Die Abbildung 2.1 zeigt links den Übersichtsschaltplan einer Schaltung, die aus einer Quelle (Akku), einem Energieverbraucher (Glühlampe), einem Strommesser (A), einem einstellbaren Vorwiderstand, einer Sicherung und einem Schalter besteht. Rechts ist das Ersatzschaltbild dieser Schaltung dargestellt. Man erkennt, dass die Darstellung des Übersichtsschaltplans zu speziell ist.

M. Marinescu und N. Marinescu, *Elektrotechnik für Studium und Praxis*,
https://doi.org/10.1007/978-3-658-28884-6_2

Man benutzt deswegen Darstellungen, die aus „idealisierten“ Bauelementen bestehen, ähnlich wie in Abbildung 2.1 rechts dargestellt. Die Quellen werden durch eine Quellenspannung U_q und ihrem Widerstand R_i ersetzt; alle anderen Elemente durch ihre Widerstände (ideale Schalter haben $R \approx 0$).
Die Pfeile für Strom und Spannung bezeichnen im Allgemeinen nicht ihre Richtung, sondern sind **Zählpfeile**, die die positive Zählrichtung angeben.

Merksatz *Die Pfeile für Ströme und Spannungen in einer Ersatzschaltung sind nur Zählpfeile, die die positive Zählrichtung angeben.*

2.2. Das Ohmsche Gesetz

Man hat bereits einen kausalen Zusammenhang zwischen der Stromdichte S und der verursachenden elektrischen Feldstärke E kennen gelernt:

$$S = \kappa \cdot E \ .$$

Dies ist die „differentielle Form“ des Ohmschen Gesetzes. Man kann den Zusammenhang auch so schreiben, dass die Spannung U die Ursache des Stromes I ist:

$$I = G \cdot U \tag{2.1}$$

mit dem Proportionalitatsfaktor G= **elektrischer Leitwert**.
Dies ist die integrale („naturliche“) Form des Ohmschen Gesetzes. Verbreiteter ist die folgende Form des Gesetzes, in der als Proportionalitätsfaktor der **elektrische Widerstand** R auftritt:

$$U = R \cdot I \tag{2.2}$$

$$\text{mit} \qquad R = \frac{1}{G} \ . \tag{2.3}$$

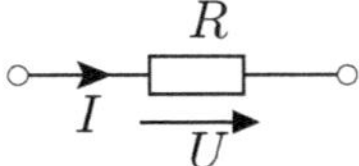

Abbildung 2.2.: Zur Erläuterung des Ohmschen Gesetzes

Das Ohmsche Gesetz wird praktisch bei jeder Berechnung einer elektrischen Schaltung angewandt.

2.3. Der elektrische Widerstand

2.3.1. Berechnung von Widerständen

Aus der Gleichung (2.1) und aus den Definitionsformeln für Strom und Spannung (vgl. Gleichung (1.4), Seite 3 und Gleichung (1.15), Seite 7) ergibt sich für einen Verbraucher mit homogener Strömung:

$$S \cdot A = G \cdot E \cdot l \tag{2.4}$$

und somit:
$$G = \frac{S \cdot A}{E \cdot l} = \frac{\kappa \cdot A}{l} \; . \tag{2.5}$$

Der Widerstand R ergibt sich als:

$$R = \frac{l}{\kappa \cdot A} \; . \tag{2.6}$$

R hängt nur von den Abmessungen l und A und von den Werkstoffeigenschaften (κ) ab. Wenn l, A oder κ nur für Teile des Stromkreises konstant sind, kann man mit Gleichung (2.6) nur Teilwiderstände berechnen.
Als Einheiten ergeben sich:

$$[G] = \frac{[I]}{[U]} = \frac{A}{V} = S \text{ (Siemens)}$$

$$[R] = \frac{[U]}{[I]} = \Omega \text{ (Ohm)} = S^{-1}$$

$$[\kappa]^1 = \frac{[G] \cdot [l]}{[A]} = \frac{S \cdot m}{m^2} = \frac{S}{m} \; .$$

Außer der spezifischen elektrischen Leitfähigkeit κ benutzt man oft ihren Kehrwert, den **spezifischen elektrischen Widerstand** ϱ:

$$\varrho = \frac{1}{\kappa} \; . \tag{2.7}$$

Damit ändert sich die Gleichung (2.6) zu:

$$R = \frac{\varrho \cdot l}{A} \; . \tag{2.8}$$

Die übliche Einheit für ϱ ist:

$$[\varrho] = \frac{\Omega \cdot mm^2}{m} \; .$$

[1] üblicherweise wird κ in $\frac{Sm}{mm^2}$ angegeben

■ **Beispiel 2.1**
Eine Kupferleitung ($\kappa_{Cu} = 56 \frac{Sm}{mm^2}$) mit dem Querschnitt $A = 10\ mm^2$ soll durch eine widerstandsgleiche Aluminiumleitung ($\kappa_{Al} = 35 \frac{Sm}{mm^2}$) mit derselben Länge l ersetzt werden.
Welchen Querschnitt muss die Aluminiumleitung erhalten?

Die beiden Widerstände sind:

$$R_{Cu} = \frac{l}{\kappa_{Cu} \cdot A_{Cu}}$$

$$R_{Al} = \frac{l}{\kappa_{Al} \cdot A_{Al}} \ .$$

Da sie gleich sein müssen, gilt:

$$\kappa_{Cu} \cdot A_{Cu} = \kappa_{Al} \cdot A_{Al} \ .$$

Somit folgt für den Querschnitt des Aluminiumleiters:

$$A_{Al} = \frac{\kappa_{Cu}}{\kappa_{Al}} \cdot A_{Cu} = \frac{56 \ \dfrac{Sm}{mm^2}}{35 \ \dfrac{Sm}{mm^2}} \cdot 10\ mm^2 = 16\ mm^2 \ .$$

■

2.3.2. Lineare und nichtlineare Widerstände, differentieller Widerstand

Sind in Gleichung (2.8) alle Größen unabhängig von der Spannung U, so ist der Zusammenhang

$$U = R \cdot I$$

linear. Der Widerstand R ist dann konstant (vgl. Kennlinie 1 in Abbildung 2.3).
In dem vorliegenden Buch werden meist lineare Widerstände vorausgesetzt. Die Kennlinien 2 und 3 in Abbildung 2.3 sind **nichtlinear**, wobei die Kennlinie 2 (links)[2] darüber hinaus ein von der Stromrichtung abhängiges Verhalten aufweist. Diese Kennlinie ist typisch für Ventile, die eine Sperr- und eine Durchlassrichtung haben.
Bei linearen Widerständen ist R konstant, während bei nichtlinearen Widerständen das Verhältnis $\frac{U}{I}$ von I bzw. von U abhängig ist. Ein solches Verhalten wird durch den **differentiellen Widerstand**

$$r_d = \frac{dU}{dI} = \tan \alpha \qquad (2.9)$$

[2] Diese Kennlinie ist eine Diodenkennlinie

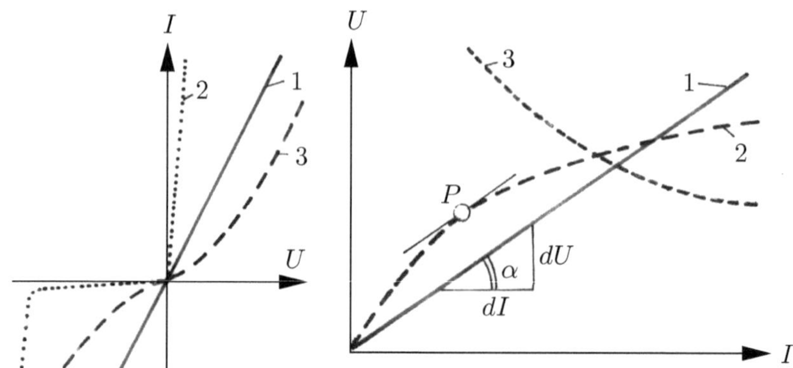

Abbildung 2.3.: links: lineare (1) und nichtlineare (2,3) Widerstandskennlinien; rechts: differentieller Widerstand

beschrieben. Die Kennlinie 2 in Abbildung 2.3, rechts, weist nur im Punkt P denselben differentiellen Widerstand auf wie die Kennlinie 1. In allen anderen Punkten ist der Wert größer bzw. kleiner.

2.3.3. Temperaturabhängigkeit von Widerständen

Bei zunehmender Temperatur steigt in Metallen, auf Grund der stärkeren Atombewegung, die statistische Wahrscheinlichkeit, dass Elektronen und Ionen zusammenstoßen. Der elektrische Widerstand R nimmt zu.
Bei reinen Metallen ist der spezifische elektrische Widerstand ϱ oberhalb einer bestimmten Temperatur eine nahezu lineare Funktion der Temperatur ϑ.
Der Temperatureinfluss lässt sich mit dem **Temperaturbeiwert** (oder Temperaturkoeffizient) α folgendermaßen erfassen:
Wird die Temperatur von ϑ_1 auf ϑ_2 gebracht, so geht der Widerstand R_1 auf den Wert

$$R_2 = R_1 \cdot \left[1 + \alpha\left(\vartheta_2 - \vartheta_1\right)\right] . \tag{2.10}$$

Eigentlich ist dieser Zusammenhang nicht völlig linear und es gilt allgemein:

$$R_2 = R_1\left[1 + \alpha\left(\vartheta_2 - \vartheta_1\right) + \beta\left(\vartheta_2 - \vartheta_1\right)^2 + \ldots\right] . \tag{2.11}$$

Die Temperaturbeiwerte werden meist auf die Temperatur $\vartheta_1 = 20°C$ bezogen und heißen dann α_{20} und β_{20}. Für Metalle gilt dann in guter Näherung:

$$R = R_{20} \cdot \left[1 + \alpha_{20}\left(\vartheta - 20°C\right)\right] . \tag{2.12}$$

Man findet α in Tabellen in $\frac{1}{K}$ angegeben, seitdem die Standard-Einheit für die Temperatur nicht mehr $°C$, sondern K ist. Der Temperaturbeiwert α multipliziert in Gl. (2.12) eine Temperatur**differenz** und Temperaturdifferenzen sind in K und $°C$ gleich (Kelvin und Celsius-Grade sind gleich groß).

Material	ϱ_{20} in $\frac{\Omega\, mm^2}{m}$	κ_{20} in $\frac{Sm}{mm^2}$	α_{20} in $\frac{1}{K}$
Aluminium	$0,027$	37	$4,3 \cdot 10^{-3}$
Kupfer	$0,017$	58	$3,9 \cdot 10^{-3}$
Eisen	$0,1$	10	$6,5 \cdot 10^{-3}$
Wasser	$2,5 \cdot 10^{11}$	$4 \cdot 10^{-10}$	
Trafo-Öl	$10^{16} \dots 10^{19}$		

Tabelle 2.1.: Materialeigenschaften verschiedener Werkstoffe

Einige Werte für den **spezifischen Widerstand** ϱ, die **spezifische Leitfähigkeit** κ und den **Temperaturbeiwert** α_{20} gibt die Tabelle 2.1 an. Neben Kohlenstoff zeichnen sich Halbleiterwerkstoffe durch einen negativen Temperaturkoeffizienten aus.
Bei einigen Metallen (z.B. Quecksilber) wird der Widerstand in der Nähe des absoluten Nullpunktes ($-273°C \mathrel{\hat{=}} 0\,K$) zu Null.[3] Neuere Forschungen führten zu Legierungen, die weit oberhalb des Nullpunktes noch supraleitend sind (warme Supraleiter). Diese Legierungen werden immer öfter eingesetzt (Medizintechnik, Bahnen, u.v.a.).
Nachfolgend wird ein Beispiel zum Arbeiten mit den Gleichungen (2.10), (2.11) und (2.12) gerechnet.

■ Beispiel 2.2

Eine Spule aus Kupferdraht hat bei 15°C den Widerstand $R_k = 20\ \Omega$ und betriebswarm den Widerstand $R_w = 28\ \Omega$. Welche Temperatur hat die betriebswarme Spule ?

Da man aus Tabellen nur den Wert für α_{20} kennt, muss man erst den kalten Widerstand R_k durch R_{20} ausdrücken:

$$R_k = R_{20} \cdot \left[1 + \alpha_{20}\,(15 - 20)\right] = R_{20} \cdot (1 - 5 \cdot \alpha_{20}) \ .$$

Für der warmen Widerstand R_w gilt andererseits:

$$R_w = R_{20} \cdot \left[1 + \alpha_{20}\,(\vartheta_w - 20)\right] \ .$$

Dividiert man die beiden Gleichungen, so eliminiert man die Unbekannte R_{20}:

$$\frac{R_k}{R_w} = \frac{1 - 5 \cdot \alpha_{20}}{1 + \alpha_{20}\,(\vartheta_w - 20)} \ .$$

[3] Diesen Fall nennt man dann **Supraleitung**

Daraus ergibt sich für ϑ_w:

$$\begin{aligned} R_k \cdot \left[1 + \alpha_{20}\,(\vartheta_w - 20)\right] &= R_w\,(1 - 5 \cdot \alpha_{20}) \\ 1 + \alpha_{20} \cdot \vartheta_w - \alpha_{20} \cdot 20 &= \frac{R_w}{R_k} \cdot (1 - 5 \cdot \alpha_{20}) \\ \vartheta_w &= \frac{1}{\alpha_{20}} \left[\frac{R_w}{R_k}\,(1 - 5 \cdot \alpha_{20}) - 1 + 20 \cdot \alpha_{20}\right] \\ \vartheta_w &= 115°C \end{aligned}$$

mit $\alpha_{20} = 3,9 \cdot 10^{-3} \frac{1}{K}$.

Das berechnete Beispiel stellt die theoretische Grundlage eines Verfahrens zur Temperaturmessung dar. So kann man z.B. bei einer elektrischen Maschine die mittlere Erwärmung der Wicklungen (die Wicklungen sind für andere Messverfahren nicht zugänglich) durch zwei Widerstandsmessungen, im kalten und im betriebswarmen Zustand, ermitteln.

■

2.4. Erste Kirchhoffsche Gleichung (Knotengleichung)

Neben dem Ohmschen Gesetz bilden die beiden Kirchhoffschen Gleichungen die Grundlage zur Berechnung elektrischer Stromkreise.[4]

Die 1. Kirchhoffsche Gleichung – auch Knotengleichung oder Knotensatz genannt – befasst sich mit der **Stromsumme in einem Knotenpunkt**. Ihre physikalische Grundlage ist das **Gesetz von der Erhaltung elektrischer Ladung in einem geschlossenen System**.

Gesetz *In einem geschlossenen System ist die resultierende Elektrizitätsmenge konstant (Ladungen können nicht verschwinden oder entstehen).*

Auf ein Strömungsfeld übertragen: **Die Summe aller in eine Hülle hinein- oder herausfließenden Ströme ist gleich Null** (vgl. Abbildung 2.4).
Die Integralform dieses Gesetzes ist:

$$\oiint_A \vec{S}\,d\vec{A} = 0. \tag{2.13}$$

[4]Die Kirchhoffschen Gleichungen werden oft auch „Gesetze“ genannt, doch sind sie nur Konsequenzen von zwei allgemeineren physikalischen Gesetzen (der „Ladungserhaltungssatz“ und das „Induktionsgesetz“).

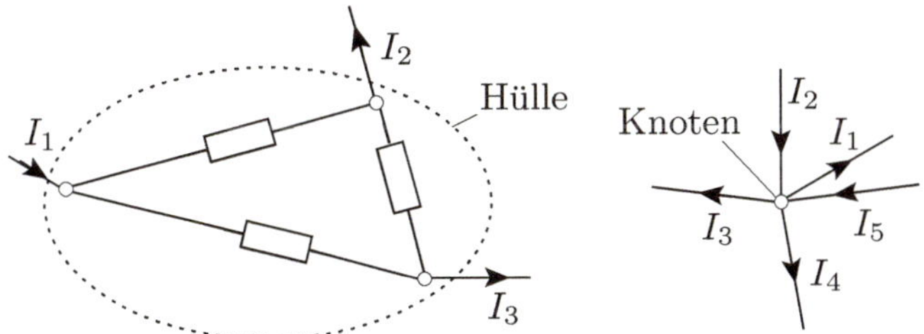

Abbildung 2.4.: Zur Erläuterung der 1. Kirchhoffschen Gleichung

Achtung:

$$\iint \vec{S}\,d\vec{A} \text{ ist ein Strom und nicht Null, dagegen ist } \oiint_A \vec{S}\,d\vec{A} \text{ immer Null.}$$

Sind mehrere Leitungen (Zweige) in einem Punkt (Knoten) miteinander verbunden, so gilt:

Merksatz *Die Summe der zufließenden Ströme in einem Knoten ist gleich der Summe der abfließenden Ströme:* $\sum I_{zu} = \sum I_{ab}$.

Zur Verdeutlichung des Merksatzes siehe auch Abbildung 2.4, rechts. Aus diesem Bild geht folgendes hervor:

$$I_2 + I_5 = I_1 + I_3 + I_4 \qquad \text{oder:} \qquad I_2 + I_5 - I_1 - I_3 - I_4 = 0\ .$$

Die allgemeine Formulierung lautet:

1. Kirchhoffsche Gleichung: Die Summe aller zu- und abfließenden Ströme an jedem Knotenpunkt ist, unter Beachtung ihrer Vorzeichen, zu jedem Zeitpunkt Null.

$$\sum_{\mu=1}^{n} I_\mu = 0\ . \tag{2.14}$$

Hier ist n die Anzahl der Leitungen, die in dem betreffenden Knoten zusammengeschaltet sind.
Es ist egal, welche Ströme als positiv gezählt werden. Daher kann man z.B. für das vorliegende Buch vereinbaren:

Vereinbarung *Die abfließenden Ströme sind positiv, die zufließenden Ströme negativ.*

Damit ergibt sich mit der Gleichung (2.14) und der obigen Vereinbarung die Knotengleichung gemäß Abbildung 2.4:

$$I_1 + I_3 + I_4 - I_2 - I_5 = 0\ .$$

Merksatz *Hat ein Netzwerk k Knoten, so darf man den 1. Kirchhoffschen Satz nur $(k-1)$mal anwenden. Die k. Gleichung ließe sich aus den übrigen Gleichungen ableiten und ist damit nicht mehr unabhängig. (Theorem von Euler).*

2.5. Zweite Kirchhoffsche Gleichung (Maschen- oder Umlaufgleichung)

Dieser wichtige Satz befasst sich mit der **Spannungssumme in einer Masche**, in der sich beliebig viele Quellen und Verbraucher befinden können.

Definition *Eine „Masche" ist ein in sich **geschlossener Kettenzug** von Zweigen und Knotenpunkten.*

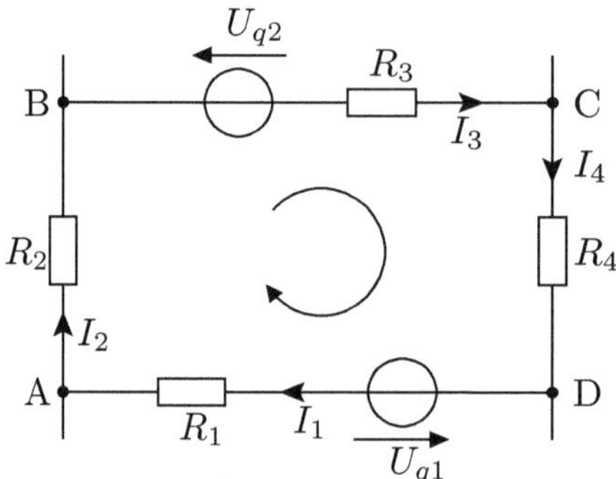

Abbildung 2.5.: Darstellung einer geschlossenen Masche aus 4 Zweigen

Für die Masche nach Abbildung 2.5 kann man die vier Teilspannungen als Funktion von den Knotenpotentialen φ_A, φ_B, φ_C, φ_D schreiben:

$$\begin{aligned}
U_{AB} &= \varphi_A - \varphi_B \\
U_{BC} &= \varphi_B - \varphi_C \\
U_{CD} &= \varphi_C - \varphi_D \\
U_{DA} &= \varphi_D - \varphi_A \\
U_{AB} + U_{BC} + U_{CD} + U_{DA} &= 0 \, .
\end{aligned}$$

Die Summe aller Teilspannungen in der Masche, genannt **Umlaufspannung**, ist gleich Null. Die Spannungen, einschließlich der Quellenspannungen, befinden sich in einer Masche im Gleichgewicht. Ordnet man allen Strömen und Spannungen Zählpfeile zu, so lautet

Die 2. Kirchhoffsche Gleichung: Die Summe der Teilspannungen in einer Masche ist stets Null.

$$\sum_{\mu=1}^{n} U_\mu = 0 \ . \tag{2.15}$$

Die Anzahl der unabhängigen Gleichungen, die man mit dem Umlaufsatz aufstellen darf, wird von einem „Euler-Theorem" (ohne Ableitung) festgelegt:
Merksatz *In einem Netz mit z Zweigen und k Knoten sind $m = z - k + 1$ Maschen unabhängig.*

Somit erreicht man insgesamt $k - 1 + z - k + 1 = z$ Gleichungen für die z unbekannten Ströme.
Beim Aufstellen der Spannungsgleichung (2.15) muss man **streng** auf die Vorzeichen achten! Man wählt dazu erst willkürlich einen **Umlaufsinn** (Pfeil) für die Masche (nach rechts oder nach links). Danach gelten alle Größen, deren Zählpfeile diesem Sinn folgen als **positiv**, die anderen als **negativ**. Für die Masche nach Abbildung 2.5 gilt also:

$$R_1 \cdot I_1 + R_2 \cdot I_2 - U_{q2} + R_3 \cdot I_3 + R_4 \cdot I_4 - U_{q1} = 0 \ .$$

Merksatz *Die 1. und 2. Kirchhoffsche Gleichung gehen ineinander über, wenn man Spannungen U_μ und Ströme I_μ gegeneinander vertauscht. Knotenpunkt und Masche verhalten sich* **dual** *zueinander.*

■ Aufgabe 2.1

Für die Schaltung nach Abbildung 2.5 soll der Strom I_4 bestimmt werden, wenn die anderen Ströme $I_1 = 5\ A$, $I_2 = 0,2\ A$ und $I_3 = 4\ A$ und die Spannungen $U_{q1} = 24\ V$ und $U_{q2} = 12\ V$ sind. Die Widerstände sind: $R_1 = 2\,\Omega$, $R_2 = 30\,\Omega$, $R_3 = 5\,\Omega$, $R_4 = 20\,\Omega$.

■

Regeln für die Anwendung der Kirchhoffschen Gleichungen in einem Netz mit k Knoten und z Zweigen

Folgende Regeln sollten bei der Anwendung der Kirchhoffschen Gleichungen beachtet werden:

- Alle Spannungsquellen werden mit Spannungs-Zählpfeilen (von der Plus- zu der Minusklemme) versehen und gegebenenfalls durchnummeriert.
- In allen Zweigen werden – willkürliche – Strom-Zählpfeile eingetragen und durchnummeriert.

- Schreibt man die Knotengleichung in einem Knoten, so werden alle abfließenden Ströme als positiv, alle zufließenden als negativ (oder umgekehrt) betrachtet. Es sind
$$(k-1)$$
Gleichungen unabhängig. Ein beliebiger Knoten bleibt unberücksichtigt.

- Für die Umlaufgleichung wählt man - willkürlich - einen Umlaufsinn, der für die gesamte Masche beibehalten werden muss. Alle Quellenspannungen $U_{q\mu}$ und Widerstandsspannungen $U_\mu = R_\mu \cdot I_\mu$, deren Spannungs- und Strom-Zählpfeile dem gewählten Umlaufsinn folgen, werden mit positivem Vorzeichen eingeführt, die übrigen mit negativem Vorzeichen. Es sind
$$m = z - k + 1$$
Gleichungen unabhängig.

- Ergeben sich die Ströme als positiv, so fließen sie in Richtung der gewählten Strom-Zählpfeile. Ergeben sich Ströme mit negativem Vorzeichen, so fließen sie in die entgegengesetzte Richtung. Man ersieht, dass die Wahl der Strom–Zählpfeile willkürlich ist; die tatsächliche Stromrichtung ergibt sich eindeutig aus den Lösungen des Gleichungssystems.

Möglichkeiten zur Überprüfung der korrekten Anwendung der Gleichungen

Um die korrekte Anwendung der Gleichungen zu überprüfen hat man viele Möglichkeiten, wie zum Beispiel:

- Man schreibt die Umlaufgleichung für eine Masche, die noch nicht benutzt wurde. Es muss wieder gelten, dass die Summe der Teilspannungen gleich Null ist.

- Man schreibt die Spannung zwischen zwei beliebigen Punkten auf mehreren Wegen. Die Ergebnisse müssen gleich sein.

- Man überprüft die Leistungsbilanz. Die Summe der von den Quellen abgegebenen Leistungen (negativ) und der verbrauchten Leistungen (positiv) ist immer gleich Null.

$$\sum P_g + \sum P_R = 0 \Longrightarrow -\sum_{\mu=1}^{n} U_{q\mu} \cdot I_\mu + \sum_{\nu=1}^{m} R_\nu \cdot I_\nu^2 = 0 \; .$$

Diese Überprüfungsmethode ist die sicherste, da hier alle auftretenden Zweigströme erscheinen. Ist ein einziger Strom nicht korrekt, so wird die Summe dieser Leistungen nicht Null sein.

■ Beispiel 2.3

Berechnen Sie alle Ströme in der folgenden Schaltung. Die Spannungen sind: $U_{q1} = 100\ V$ *und* $U_{q2} = 80\ V$, *die Widerstände sind:* $R_1 = 10\,\Omega$, $R_2 = 2\,\Omega$, $R_3 = 15\,\Omega$.

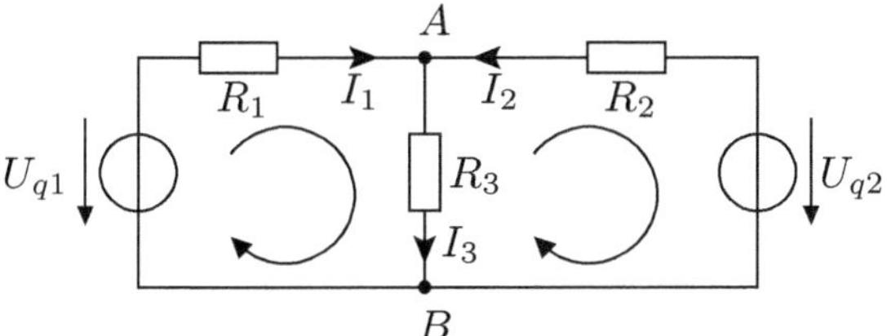

Die Schaltung hat $k = 2$ *Knoten und* $z = 3$ *Zweige. Man darf die 1. Kirchhoffsche Gleichung nur in einem Knoten (z.B. Knoten A) und die 2. Kirchhoffsche Gleichung für* $m = z - k + 1 = 3 - 2 + 1 = 2$ *Maschen schreiben. Der Umlaufsinn für die Maschen, sowie die Strom-Zählpfeile, sind bereits vorgegeben.*
Dann ist im Knoten A: $I_3 = I_1 + I_2$.
Für die linke Masche gilt: $R_1 \cdot I_1 + R_3 \cdot I_3 - U_{q1} = 0 \Longrightarrow 10\ \Omega \cdot I_1 + 15\ \Omega \cdot I_3 = 100\ V$.
Für die rechte Masche gilt:
$-R_2 \cdot I_2 - R_3 \cdot I_3 + U_{q2} = 0 \Longrightarrow -2\ \Omega \cdot I_2 - 15\ \Omega \cdot I_3 = -80\ V$

Setzt man I_3 *in die 2 Umlaufgleichungen ein, so ergibt sich:*

$$10\ \Omega \cdot I_1 + 15\ \Omega \cdot I_1 + 15\ \Omega \cdot I_2 = 100\ V$$

$$2\ \Omega \cdot I_2 + 15\ \Omega \cdot I_1 + 15\ \Omega \cdot I_2 = 80\ V$$

Man fasst nun zusammen:

$$\begin{cases} 25\ \Omega \cdot I_1 + 15\ \Omega \cdot I_2 = 100\ V & | \cdot 3 \\ 15\ \Omega \cdot I_1 + 17\ \Omega \cdot I_2 = 80\ V & | \cdot 5 \end{cases}$$

und subtrahiert:

$$(45\ \Omega - 85\ \Omega) \cdot I_2 = -100\ V \longrightarrow I_2 = \frac{100\ V}{40\ \Omega} = 2,5\ A\ .$$

Weiter gilt für I_1:

$$25\ \Omega \cdot I_1 + 15\ \Omega \cdot 2,5\ A = 100\ V \longrightarrow I_1 = \frac{100\ V - 37,5\ V}{25\ \Omega} = 2,5\ A$$

$$I_3 = I_1 + I_2 = 5\ A\ .$$

Diskussion:

1. *Alle Ströme sind positiv, also fließen sie in die Richtung der entsprechenden Zählpfeile*

2. *Überprüfung:*

   - *Man kann die 2. Kirchhoffsche Gleichung auf die große Masche anwenden (Uhrzeigersinn):*

$$R_1 \cdot I_1 - R_2 \cdot I_2 + U_{q2} - U_{q1} = 0$$

$$10\,\Omega \cdot 2,5\;A - 2\,\Omega \cdot 2,5\;A + 80\;V - 100\;V = 0$$

$$25\;V - 5\;V + 80\;V - 100\;V = 0$$

   - *Man kann die Spannung zwischen dem Knoten A und dem Knoten B auf mehreren Wegen schreiben:*

$$U_{AB} = R_3 \cdot I_3 = 15\,\Omega \cdot 5\;A = 75\;V$$

$$U_{AB} = U_{q1} - R_1 \cdot I_1 = 100\;V - 10\,\Omega \cdot 2,5\;A = 75\;V$$

$$U_{AB} = -R_2 \cdot I_2 + U_{q2} = -2\,\Omega \cdot 2,5\;A + 80\;V = 75\;V$$

   - *Leistungsbilanz:*

$$-U_{q1} \cdot I_1 - U_{q2} \cdot I_2 + R_1 \cdot I_1^2 + R_2 \cdot I_2^2 + R_3 \cdot I_3^2 = 0$$

$$100V \cdot 2,5A - 80V \cdot 2,5A + 10\,\Omega \cdot (2,5A)^2 + 2\,\Omega \cdot (2,5A)^2 + 15\,\Omega \cdot (5A)^2 = 0$$

$$-250\;W - 200\;W + 62,5\;W + 12,5\;W + 375\;W = 0.$$

■

3. Reihen– und Parallelschaltung von Widerständen

3.1. Reihenschaltung von Widerständen

3.1.1. Gesamtwiderstand

Die Abbildung 3.1 zeigt drei in Reihe geschaltete Widerstände, die an der Spannung U liegen.
Es wird der Gesamtwiderstand R_g gesucht, der gewährleistet, dass bei derselben Spannung U wie in der Schaltung links derselbe Strom I auch in der Schaltung rechts fließt.

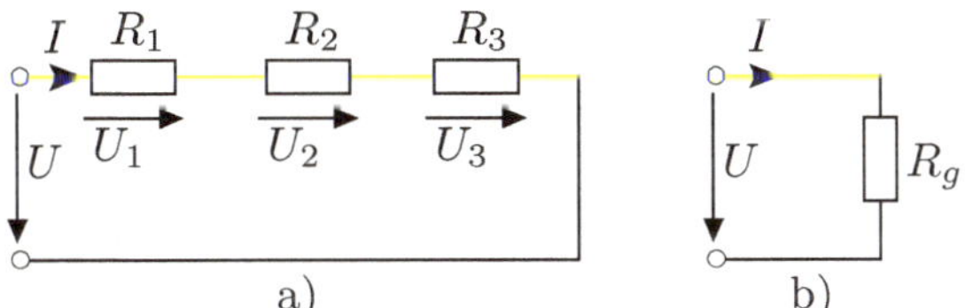

Abbildung 3.1.: a) Reihenschaltung von Widerständen, b) Ersatzschaltung

Mit dem Maschensatz kann man schreiben:

$$U = U_1 + U_2 + U_3 \ .$$

Außerdem ergibt das Ohmsche Gesetz:

$$U_1 = R_1 \cdot I \ , U_2 = R_2 \cdot I \ , U_3 = R_3 \cdot I \ , U = R_g \cdot I \ , \text{also}$$

$$R_g \cdot I = R_1 \cdot I + R_2 \cdot I + R_3 \cdot I \ .$$

Dividiert man durch den Strom I, so erhält man:

$$R_g = R_1 + R_2 + R_3$$

oder, für eine beliebige Anzahl n von Widerständen R_μ:

$$\boxed{R_g = \sum_{\mu=1}^{n} R_\mu} \qquad \text{(Reihenschaltung).} \qquad (3.1)$$

M. Marinescu und N. Marinescu, *Elektrotechnik für Studium und Praxis*,
https://doi.org/10.1007/978-3-658-28884-6_3

Sind alle n Widerstände gleich R, berechnet sich der Gesamtwiderstand zu:

$$R_g = n \cdot R \; . \tag{3.2}$$

Merksatz *Reihenschaltung bedeutet, dass alle Widerstände von* ***demselben*** *Strom I durchflossen sind.*

3.1.2. Spannungsteiler

Nun soll in der Schaltung nach Abbildung 3.1 das Verhältnis zwischen den Teilspannungen U_1, U_2, U_3 und der Gesamtspannung U bestimmt werden, also die wichtige Frage beantwortet werden, wie sich die Spannung U „teilt".
Der Strom I, der durch die Widerstände R_1, R_2, R_3 fließt, ist derselbe, es gilt also:

$$I = \frac{U}{R_1 + R_2 + R_3} = \frac{U_1}{R_1} = \frac{U_2}{R_2} = \frac{U_3}{R_3}$$

und weiter:

$$\frac{U_1}{U} = \frac{R_1}{R_1 + R_2 + R_3} \; ; \qquad \frac{U_2}{U} = \frac{R_2}{R_1 + R_2 + R_3} \text{ usw.}$$

Allgemein gilt für die Teilspannung U_μ am μ-ten Teilwiderstand R_μ einer Reihenschaltung von n Widerständen:

$$\boxed{U_\mu = \frac{R_\mu}{\sum\limits_{\mu=1}^{n} R_\mu} \cdot U} \; . \tag{3.3}$$

Die folgende Schaltung (Abbildung 3.2) zeigt ein Potentiometer und das zugehörige Ersatzschaltbild. Das Potentiometer dient zur Einstellung der Spannung U_1 zwischen den Werten $U_1 = 0$ und $U_1 = U$.

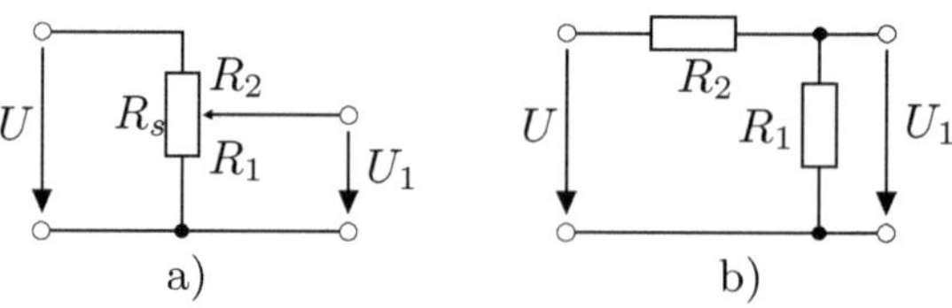

Abbildung 3.2.: a) Potentiometer, b) Ersatzschaltbild

Es gilt:

$$U_1 = \frac{R_1}{R_1 + R_2} \cdot U$$

Man definiert:

$$\frac{R_1}{R_1 + R_2} = k \; . \tag{3.4}$$

Der Faktor k variiert zwischen:

$$k = 0 \quad \leftrightarrow \quad R_1 = 0,\, R_2 = R_s$$
$$k = 1 \quad \leftrightarrow \quad R_1 = R_s,\, R_2 = 0 \; .$$

Bei dem **„unbelasteten" Spannungsteiler** (Abbildung 3.2 b) ist $\frac{U_1}{U} = k$, d.h., die Klemmenspannung U_1 ist proportional zur Stellung des Schleifkontaktes (siehe Abbildung 3.3).

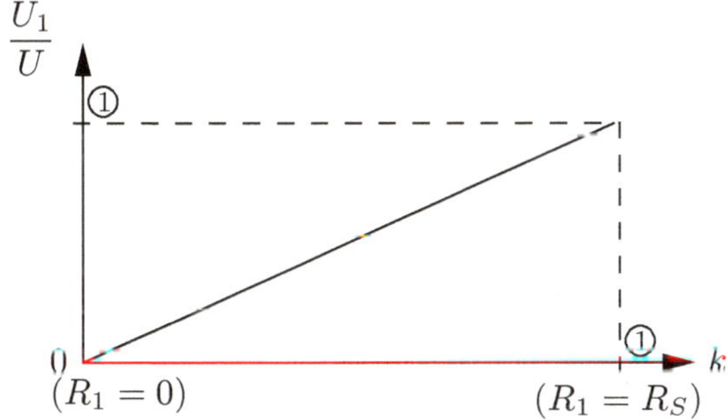

Abbildung 3.3.: Abhängigkeit der relativen Ausgangsspannung von der Stellung des Schleifkontaktes, beim unbelasteten Spannungsteiler.

■ Beispiel 3.1

Ein Spannungsteiler nach Abbildung 3.2 hat den Gesamtwiderstand $R_s = 1,1\,k\Omega$ und liegt an der Spannung $U = 220\,V$.
Welchen Wert hat die Spannung U_1, wenn der Widerstand $R_1 = 400\,\Omega$ betragen soll?

$$U_1 = \frac{R_1}{R_1 + R_2} \cdot U = \frac{400\,\Omega}{1100\,\Omega} \cdot 220\,V = 80\,V.$$

■

Ist der Spannungsteiler mit einem Widerstand R_a **„belastet"** (Abbildung 3.4), so gilt dieser lineare Zusammenhang nicht mehr.
Gesucht wird wieder $U_1 = R_1 \cdot I_1 = R_a \cdot I_a$. Dazu stellt man das Ersatzschaltbild des belasteten Spannungsteilers (Abbildung 3.4 b) auf. Man hat ein Netz mit $k = 2$ und $z = 3$. Das Gleichungssystem lautet:

Knotengleichung: $I = I_1 + I_a$

Maschengleichungen: $R_2 \cdot I + R_1 \cdot I_1 - U = 0$.

$R_1 \cdot I_1 = R_a \cdot I_a$

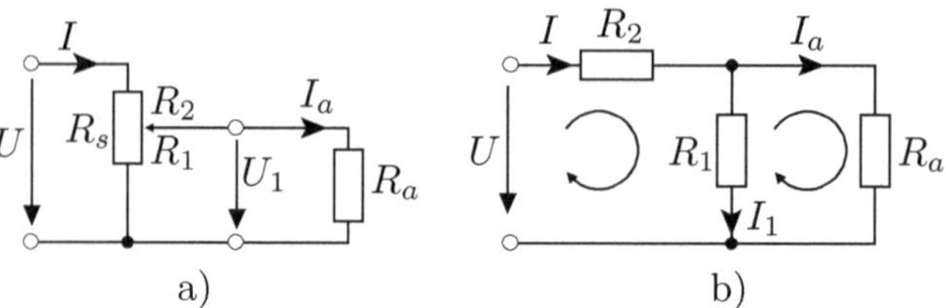

Abbildung 3.4.: a) Belasteter Spannungsteiler, b) Ersatzschaltbild.

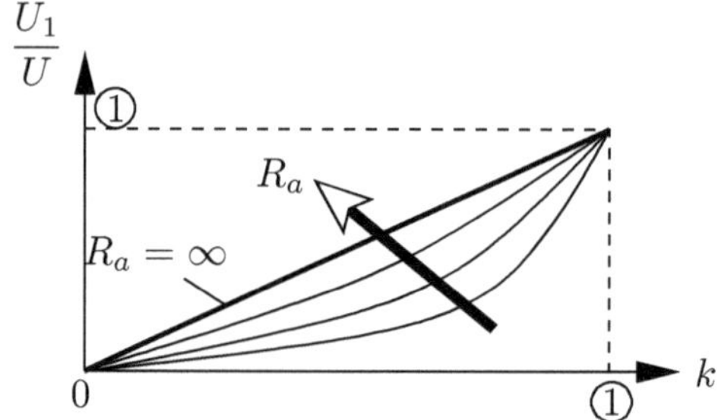

Abbildung 3.5.: Ausgangsspannung bei verschiedenen Widerständen R_a.

Durch Umstellen der zweiten Maschengleichung erhält man

$$I_1 = \frac{R_a}{R_1} \cdot I_a$$

und somit

$$I = I_a \left(1 + \frac{R_a}{R_1}\right) .$$

Diese Gleichungen werden in die erste Maschengleichung eingesetzt:

$$\begin{aligned} R_2 \cdot I_a \left(1 + \frac{R_a}{R_1}\right) + R_a \cdot I_a &= U \\ I_a \left(R_2 + R_a + R_2 \cdot \frac{R_a}{R_1}\right) &= U \\ U_1 = R_a \cdot I_a &= \frac{U}{\frac{R_2}{R_a} + \frac{R_2}{R_1} + 1} . \end{aligned}$$

Führt man $k = \frac{R_1}{R_1+R_2}$ ein, so ergibt sich ein **nichtlinearer** Zusammenhang:

$$\frac{U_1}{U} = \frac{k}{1 + k \cdot (1-k) \cdot \frac{R_s}{R_a}} . \tag{3.5}$$

Bei $R_a = \infty$ (Leerlauf) ist $\frac{U_1}{U} = k$, also der Zusammenhang ist linear. Mit kleinerem Lastwiderstand R_a wird die „Regelbarkeit" der Klemmenspannung erschwert. Die Abbildung 3.5 verdeutlicht dies.

■ **Aufgabe 3.1**

Die Schaltung aus Abbildung 3.6 wird mit der Eingangsspannung $U_1 = 9\,V$ gespeist und gibt im Leerlauf die Spannung $U_2 = 1{,}8\,V$ an den Klemmen A–B ab.

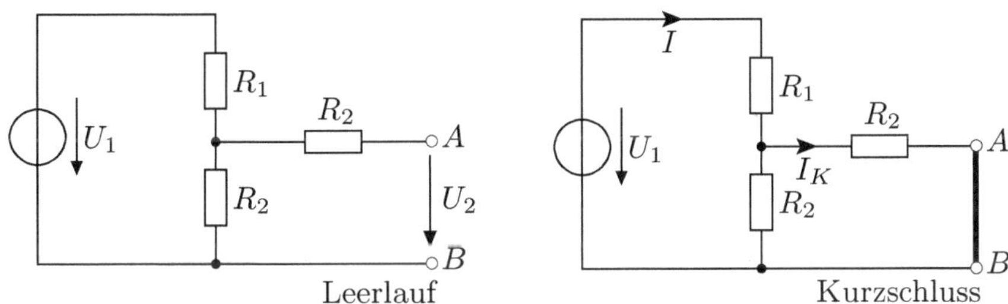

Abbildung 3.6.: Schaltung zu Aufgabe 3.1

Wie groß müssen die Widerstände R_1 und R_2 sein, damit der Kurzschlussstrom $I_K = 1\,A$ ist?

■

3.1.3. Vorwiderstand (Spannungs–Messbereichserweiterung)

Reine Reihenschaltungen werden zu vielen Zwecken verwendet. Meistens wird mittels eines Vorwiderstandes R_{VW}

1. der Strom I eines Verbrauchers herabgesetzt oder auf einen bestimmten Wert gehalten (z.B. Drehzahlregelung bei Gleichstrommaschinen durch Feldschwächung)

2. der Stromkreis für eine größere Spannung eingerichtet.

Ein Beispiel für den 2. Punkt ist die **Spannungs–Messbereichserweiterung** eines Spannungsmessers. Falls man eine Spannung messen möchte, die größer als die Spannung ist, für die das Messgerät ausgelegt ist, so kann man einen Vorwiderstand in Reihe mit dem Messgerät schalten, der den Messbereich erweitert.

■ **Beispiel 3.2**

Ein Spannungsmesser mit dem Innenwiderstand $R_M = 1\,k\Omega$ hat den Messbereich $U_M = 3\,V$.

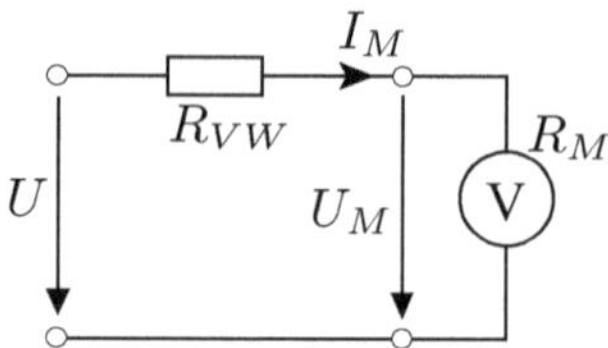

Abbildung 3.7.: Schaltung zu Beispiel 3.2

1. *Welcher Vorwiderstand R_{VW} ist erforderlich, um den Bereich auf $U = 30\,V$ zu erweitern?*

2. *Wie groß ist der Strom I_M im Messkreis nach und vor der Messbereichserweiterung?*

1.

$$U_M = U \cdot \frac{R_M}{R_M + R_{VW}} \Longrightarrow U_M\,(R_M + R_{VW}) = U \cdot R_M$$

$$R_{VW} = \frac{R_M\,(U - U_M)}{U_M} = 10^3\,\Omega \cdot \frac{30\,V - 3\,V}{3\,V} = 9 \cdot 10^3\,\Omega$$

2.

$$I_M = \frac{U}{R_M + R_{VW}} = \frac{30\,V}{1\,k\Omega + 9\,k\Omega} = 3\,mA$$

Dieser Strom ist derselbe wie vor der Messbereichserweiterung, als man maximal U_M messen konnte:

$$I_M = \frac{U_M}{R_M} = \frac{3\,V}{1\,k\Omega} = 3\,mA\ ,$$

denn er bestimmt den maximalen Ausschlag des Gerätes.

■

3.2. Parallelschaltung von Widerständen

3.2.1. Gesamtleitwert

Hier empfiehlt es sich, mit Leitwerten G statt mit Widerständen zu arbeiten (vgl. Abbildung 3.8).
Man sucht wiederum den äquivalenten Gesamtleitwert G_g der denselben Strom I bei der Spannung U gewährleistet. Die Knotengleichung liefert:

$$I = I_1 + I_2 + I_3$$

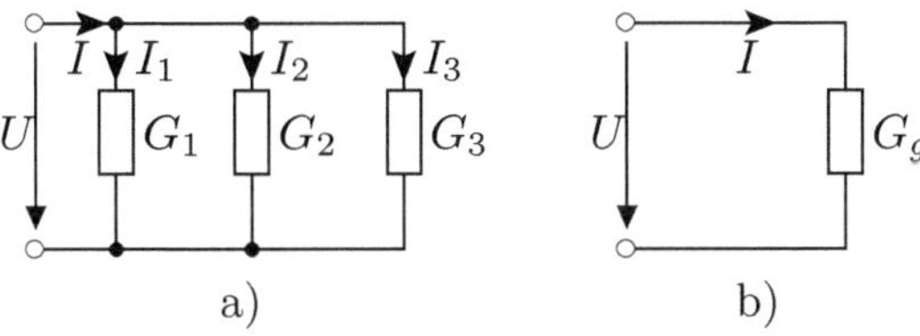

Abbildung 3.8.: a) Parallelschaltung von Widerständen, b) Ersatzschaltung

und das Ohmsche Gesetz ($I = G \cdot U$):

$$G_g \cdot U = G_1 \cdot U + G_2 \cdot U + G_3 \cdot U \ .$$

Dividiert man durch U, so ergibt sich:

$$G_g = G_1 + G_2 + G_3$$

oder, für eine beliebige Anzahl n von parallel geschalteten Leitwerten G_μ:

$$\boxed{G_g = \sum_{\mu=1}^{n} G_\mu} \ . \qquad (3.6)$$

Da meist die Widerstände R gegeben sind, gilt mit $R = \frac{1}{G}$:

$$\boxed{\frac{1}{R_g} = \sum_{\mu=1}^{n} \frac{1}{R_\mu}} \ . \qquad (3.7)$$

Sind alle Widerstände gleich, so ist:

$$R_g = \frac{R_\mu}{n} \ .$$

Die Parallelschaltung von zwei Widerständen R_1 und R_2 ist demnach:

$$\frac{1}{R_g} = \frac{1}{R_1} + \frac{1}{R_2} \Longrightarrow R_g = \frac{R_1 \cdot R_2}{R_1 + R_2}$$

Merksatz *Der Gesamtwiderstand R_g einer Parallelschaltung ist immer* **kleiner als der kleinste Teilwiderstand**.

3.2.2. Stromteiler

In der Schaltung in Abbildung 3.8 wird nach dem Verhältnis der Teilströme I_1, I_2, I_3 zum gesamten Strom I gesucht, also es wird wieder die Frage gestellt, wie sich der Strom „teilt".

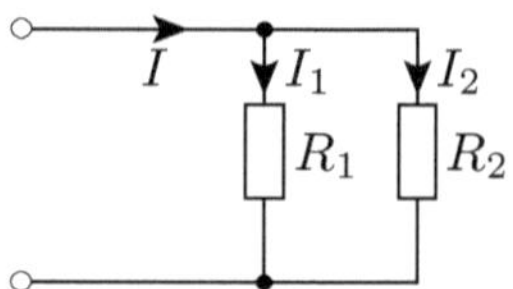

Abbildung 3.9.: Stromteiler

Die Spannung ist hier dieselbe. Es gilt:

$$U = \frac{I_1}{G_1} = \frac{I_2}{G_2} = \frac{I_3}{G_3} = \frac{I}{G_1 + G_2 + G_3} \ .$$

Weiterhin gilt:

$$I_1 = \frac{G_1}{G_1 + G_2 + G_3} \cdot I \ ; \qquad I_2 = \frac{G_2}{G_1 + G_2 + G_3} \cdot I \text{ usw.}$$

Allgemein gilt für den Teilstrom I_μ am μ-ten Leitwert G_μ:

$$\boxed{I_\mu = \frac{G_\mu}{\sum\limits_{\mu=1}^{n} G_\mu} \cdot I} \ . \tag{3.8}$$

Die Ströme verhalten sich in einer Parallelschaltung wie die zugehörigen Teilleitwerte. Im Falle von nur zwei Widerständen teilt sich der Strom I also folgendermaßen (siehe Abbildung 3.9):

$$I_1 = \frac{G_1}{G_1 + G_2} \cdot I = \frac{\frac{1}{R_1}}{\frac{1}{R_1} + \frac{1}{R_2}} \cdot I \Longrightarrow \boxed{I_1 = \frac{R_2}{R_1 + R_2} \cdot I} \ .$$

Es gilt auch:

$$\boxed{\frac{I_1}{I_2} = \frac{R_2}{R_1}} \ .$$

Merksatz *Für den Zähler eines Teilstromes ist der gegenüberliegende Widerstand zu nehmen.*
Diese einfache Formel gilt nur für **zwei** parallel geschaltete, **passive** Zweige!

Die Stromteilerregel wird sehr oft zur Berechnung von Stromkreisen eingesetzt, vor allem dann, wenn nur eine Quelle wirkt.

■ **Beispiel 3.3**

Berechnen Sie in der Schaltung aus Abbildung 3.10 alle Ströme.

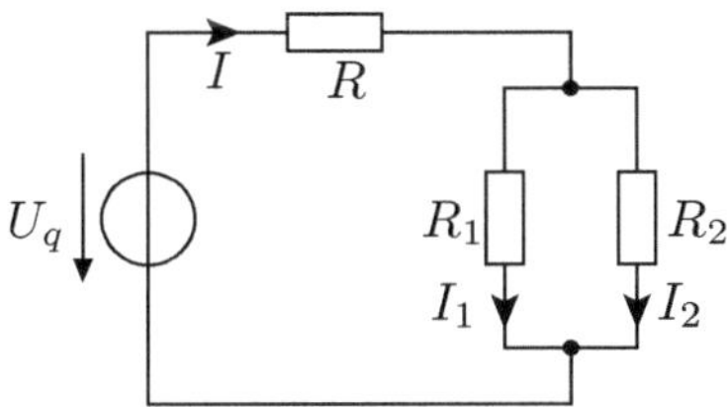

Abbildung 3.10.: Schaltung zu Beispiel 3.3

Zur Berechnung des Stromes I schreibt man das Ohmsche Gesetz:

$$U_q = R_g \cdot I$$

mit

$$R_g = R + \frac{R_1 \cdot R_2}{R_1 + R_2} = 3\,\Omega + \frac{3\,\Omega \cdot 6\,\Omega}{3\,\Omega + 6\,\Omega} = 5\,\Omega \ .$$

Damit wird der Gesamtstrom

$$I = \frac{U_q}{R_g} = \frac{30\,V}{5\,\Omega} = 6\,A \ .$$

Jetzt wendet man die Stromteilerregel zweimal an:

$$I_1 = I \cdot \frac{R_2}{R_1 + R_2} = 6\,A \cdot \frac{6\,\Omega}{9\,\Omega} = 4\,A \ ; \ I_2 = I \cdot \frac{R_1}{R_1 + R_2} = 6\,A \cdot \frac{3\,\Omega}{9\,\Omega} = 2\,A.$$

Überprüfungen:

1. *Erste Kirchhoffsche Gleichung:* $I = I_1 + I_2 \Longrightarrow 6\,A = 4\,A + 2\,A$
2. *Zweite Kirchhoffsche Gleichung (z.B. auf der inneren Masche):*

   $R \cdot I + R_1 \cdot I_1 - U_q = 0$
   $3\,\Omega \cdot 6\,A + 3\,\Omega \cdot 4\,A = 30\,V$
   $30\,V = 30\,V$

3. *Leistungsbilanz:*

   $-U_q \cdot I + R \cdot I^2 + R_1 \cdot I_1^2 + R_2 \cdot I_2^2 = 0$
   $-30\,V \cdot 6\,A + 3\,\Omega \cdot (6\,A)^2 + 3\,\Omega \cdot (4\,A)^2 + 6\,\Omega \cdot (2\,A)^2 = 0$
   $-180\,W + 180\,W = 0.$

■

■ **Beispiel 3.4**
Einer Parallelschaltung von drei Widerständen ($R_1 = 10\,\Omega$, $R_2 = 20\,\Omega$, $R_3 = 30\,\Omega$) wird der Strom $I = 11\,A$ zugeführt (Abb. 3.11).

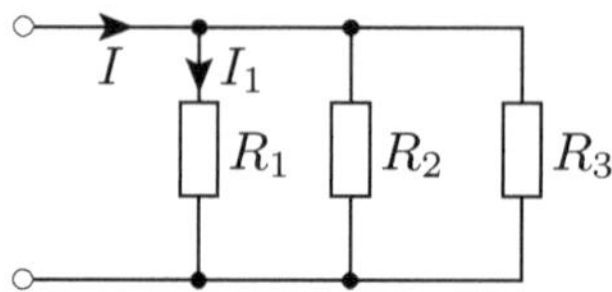

Abbildung 3.11.: Schaltung zu Beispiel 3.4

Der Zweigstrom I_1 ist zu berechnen.

Man schaltet R_2 parallel zu R_3. Der daraus resultierende Widerstand R' ist:

$$R' = \frac{R_2 \cdot R_3}{R_2 + R_3} = \frac{20\,\Omega \cdot 30\,\Omega}{20\,\Omega + 30\,\Omega} = \frac{600\,\Omega^2}{50\,\Omega} = 12\,\Omega\ .$$

Der gesuchte Strom berechnet sich wie folgt:

$$I_1 = I \cdot \frac{R'}{R_1 + R'} = 11\,A \cdot \frac{12\,\Omega}{22\,\Omega} = 6\,A$$

Oder mit Leitwerten:

$$I_1 = I \cdot \frac{G_1}{G_1 + G_2 + G_3}\ ,$$

wobei $G_1 = 0,1\,S$, $G_2 = 0,05\,S$ und $G_3 = 0,0333\,S$ ist.

$$I_1 = 11\,A \cdot \frac{0,1\,S}{0,1833\,S} = 6\,A.$$

■

3.2.3. Nebenwiderstand (Strom–Messbereichserweiterung)

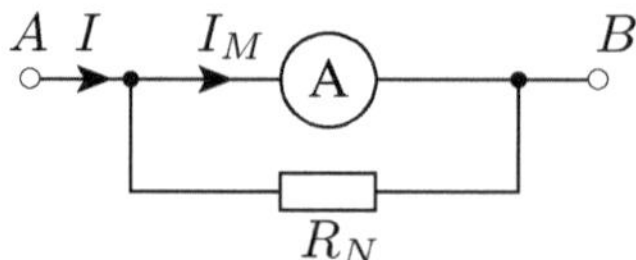

Abbildung 3.12.: Strommessbereichserweiterung

Nebenwiderstände benutzt man z.B. zur **Strom**-Messbereichserweiterung. Soll ein Strom gemessen werden, der größer als der Vollausschlagsstrom I_M ist, so schaltet man parallel zum Strommesser einen Nebenwiderstand R_N (vgl. Abbildung 3.12). Dann ist

$$I_M = I \cdot \frac{R_N}{R_M + R_N} ,$$

d.h. man kann Ströme bis

$$I = I_M \cdot \frac{R_M + R_N}{R_N} = I_M \cdot \left(1 + \frac{R_M}{R_N}\right)$$

messen (Skalenendwert).

■ **Beispiel 3.5**
Ein Drehspulinstrument mit dem Vollausschlagsstrom $I_M = 50\,\mu A$ und dem Messwerkswiderstand $R_M = 1\,k\Omega$ soll Ströme bis $I = 1\,mA$ (Faktor 20) messen. Wie groß muss der Nebenwiderstand R_N sein?

$$1 + \frac{R_M}{R_N} = \frac{I}{I_M} \Longrightarrow \frac{R_M}{R_N} = \frac{I}{I_M} - 1 = \frac{10^{-3}\,A}{50 \cdot 10^{-6}\,A} - 1 = 19$$

$$R_N = \frac{R_M}{19} = \frac{1\,k\Omega}{19} = 52,6\,\Omega\ .$$

■

3.3. Vergleich zwischen Reihen- und Parallelschaltung

Die Tabelle 3.1, Seite 35 stellt die Reihen– und Parallelschaltung gegenüber. Man kommt aufgrund dieser Tabelle zu folgenden Schlussfolgerungen:

- Die Gleichungen links und rechts sind dieselben, wenn man I gegen U **und** R gegen G austauscht. Die Reihen- und die Parallelschaltung verhalten sich **dual** zueinander.
  Man kann sich die Formeln für nur eine Schaltung merken, die anderen ergeben sich durch Vertauschen von U in I und von R in G.

- Die Formeln für die **Reihenschaltung** sind einfacher, wenn man mit **Widerständen R** arbeitet. Die Formeln für die **Parallelschaltung** sind dagegen einfacher, wenn man mit **Leitwerten G** arbeitet.

Merksatz *Reihenschaltung und Parallelschaltung verhalten sich dual zueinander.*

Reihenschaltung	Parallelschaltung
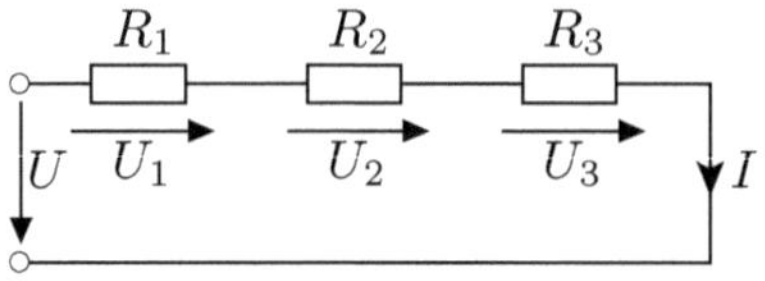 Schaltbild: R_1, R_2, R_3; U, U_1, U_2, U_3, I	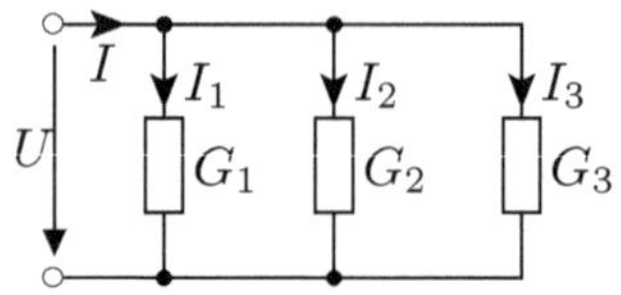 Schaltbild: I, I_1, I_2, I_3; U, G_1, G_2, G_3
Spannungsgleichung: $$U = \sum_{\mu=1}^{n} U_\mu$$ $U = U_1 + U_2 + U_3$	Stromgleichung: $$I = \sum_{\mu=1}^{n} I_\mu$$ $I = I_1 + I_2 + I_3$
Teilspannungen: $U_\mu = R_\mu \cdot I$	Teilströme: $I_\mu = G_\mu \cdot U$
Gesamtwiderstand: $R_g \cdot I = R_1 \cdot I + R_2 \cdot I + R_3 \cdot I$ $$R_g = \sum_{\mu=1}^{n} R_\mu$$ n gleiche Widerstände R_μ: $R_g = n \cdot R_\mu$	Gesamtleitwert: $G_g \cdot U = G_1 \cdot U + G_2 \cdot U + G_3 \cdot U$ $$G_g = \sum_{\mu=1}^{n} G_\mu = \sum_{\mu=1}^{n} \frac{1}{R_\mu} = \frac{1}{R_g}$$ n gleiche Leitwerte G_μ: $G_g = n \cdot G_\mu$
Spannungsteiler: 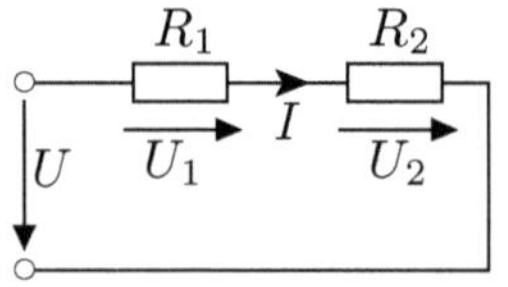 Schaltbild: R_1, R_2; U, U_1, U_2, I $$I = \frac{U}{R_g} = \frac{U_1}{R_1} = \frac{U_2}{R_2}\ ;\ \frac{U_1}{U_2} = \frac{R_1}{R_2} = \frac{G_2}{G_1}$$ $$U_1 = U \cdot \frac{R_1}{R_1 + R_2} = U \cdot \frac{G_2}{G_1 + G_2}$$	Stromteiler: 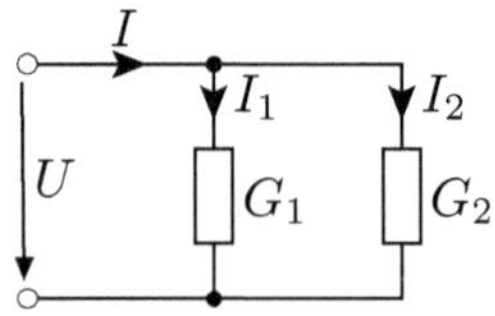 Schaltbild: I, I_1, I_2; U, G_1, G_2 $$U = \frac{I}{G_g} = \frac{I}{G_1} = \frac{I}{G_2}\ ;\ \frac{I_1}{I_2} = \frac{G_1}{G_2} = \frac{R_2}{R_1}$$ $$I_1 = I \cdot \frac{G_1}{G_1 + G_2} = I \cdot \frac{R_2}{R_1 + R_2}$$

Tabelle 3.1.: Vergleich von Reihen– und Parallelschaltung

3.4. Gruppenschaltungen von Widerständen

Bei komplizierten Schaltungen sind die Regeln der Reihen- und Parallelschaltung schrittweise anzuwenden. Man ersetzt immer Widerstandsgruppen durch Ersatzwiderstände, die durch die bekannten Regeln sofort angegeben werden können, bis zum Gesamtwiderstand der Schaltung.
Gesamtwiderstände werden in Bezug auf zwei Klemmen definiert, so dass in einer Schaltung unterschiedliche Gesamtwiderstände ermittelt werden können, je nach dem Klemmenpaar das betrachtet wird. Ein Gesamtwiderstand bestimmt welcher Strom fließt zwischen einem Klemmenpaar (in diesem Buch meistens A–B), wenn man an diesen Klemmen eine Spannung anlegt.
Nachfolgend werden einige Beispiele zur Ermittlung des Gesamtwiderstandes von Gruppenschaltungen gerechnet.

■ Beispiel 3.6
Berechnen Sie den Eingangswiderstand der folgenden Schaltungen. Verwenden Sie dazu die abgekürzte Schreibweise und achten Sie dabei sorgfältig auf den Gebrauch der Klammer.

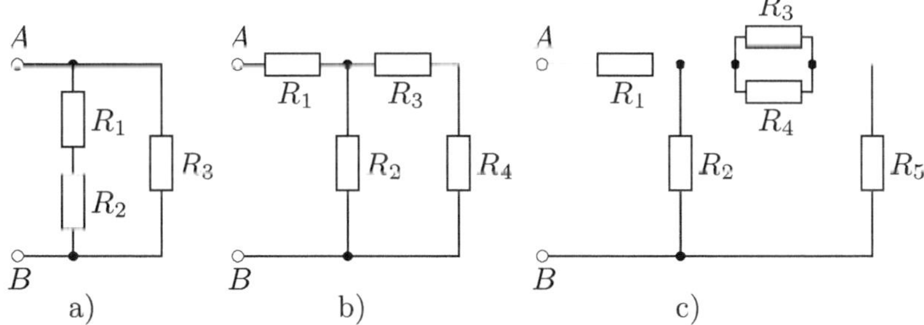

Lösung zu a):

$$R_{AB} = R_3 || (R_1 + R_2) = \frac{R_3 (R_1 + R_2)}{R_1 + R_2 + R_3}$$

Lösung zu b):

$$\begin{aligned} R_{AB} &= R_1 + R_2 || (R_3 + R_4) \\ &= R_1 + \frac{R_2 (R_3 + R_4)}{R_2 + R_3 + R_4} \end{aligned}$$

Lösung zu c):
Diese Schaltung ist komplizierter. Man geht deshalb schrittweise vor. Man fängt an mit den vom Eingang ***entferntesten*** *Widerständen und man nähert sich schrittweise den Eingangsklemmen A–B.*

1. *Zusammenfassung der Parallelwiderstände* R_3 *und* R_4*:*

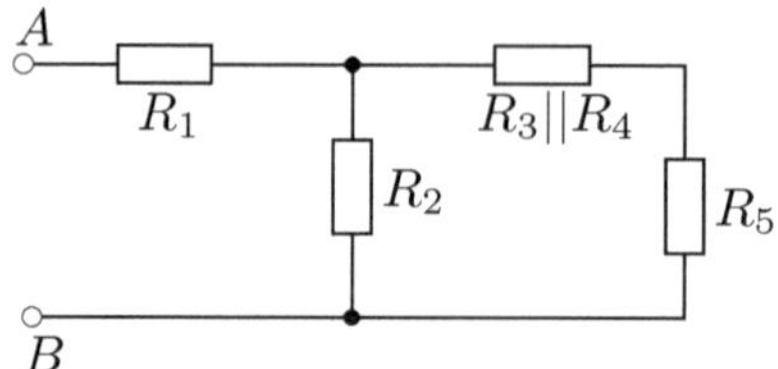

2. *Zusammenfassung der Parallelschaltung* $R_3||R_4$ *und* R_5*:*

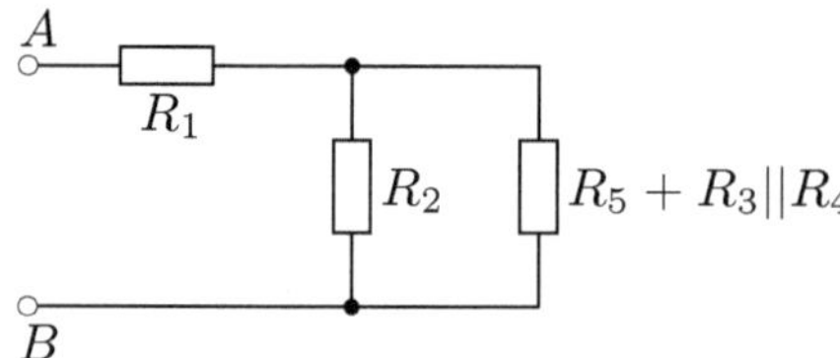

3. *Nun fasst man diesen Widerstand mit dem parallel liegenden Widerstand* R_2 *zusammen:*

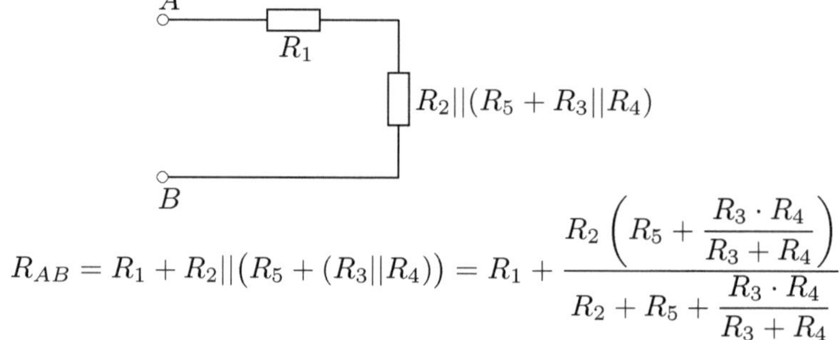

$$R_{AB} = R_1 + R_2||\big(R_5 + (R_3||R_4)\big) = R_1 + \frac{R_2\left(R_5 + \dfrac{R_3 \cdot R_4}{R_3 + R_4}\right)}{R_2 + R_5 + \dfrac{R_3 \cdot R_4}{R_3 + R_4}}$$

Um den Gesamtwiderstand für c) zu bestimmen kann man auch anders vorgehen:

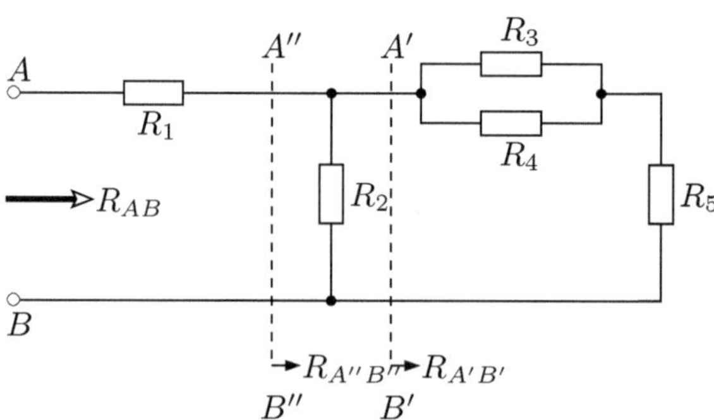

Für die einzelnen Teilwiderstände gilt dann:

$$R_{A'B'} = R_5 + (R_3||R_4)$$

$$R_{A''B''} = R_2||R_{A'B'}$$

$$R_{AB} = R_1 + R_{A''B''}$$

■

Bemerkung: In einer komplizierten Anordnung von Widerständen, bei der man den Gesamtwiderstand nicht direkt schreiben kann, soll das Zusammenschalten der Widerstände an den von den „Eingangsklemmen" entferntesten Stelle anfangen. Von dort schaltet man die Widerstände schrittweise nach „vorne", bis zu den definierten Klemmen, zusammen.

3.5. Schaltungssymmetrie

Große Vereinfachungen bei der Behandlung von symmetrischen Schaltungen kann man dadurch erreichen, dass man Punkte erkennt, zwischen denen keine Spannung auftritt[1]. Solche Punkte kann man einfach **kurzschließen**, oder mit **beliebig großen Widerständen (auch unendlich groß)** miteinander verbinden, ohne dass hierdurch Ströme oder Spannungen in der Schaltung verändert werden.

■ **Beispiel 3.7**

Zu berechnen ist der Eingangswiderstand R_{A-B}.

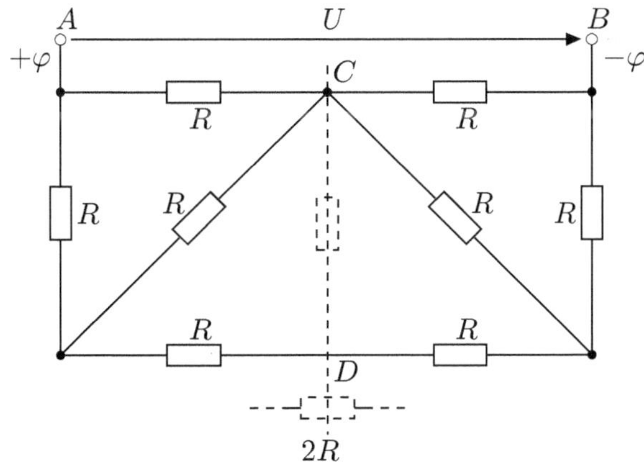

[1]Man bezeichnet solche Punkte als **Punkte gleichen Potentials**.

Durch einfache Reihen- oder Parallelschaltung ist das nicht möglich.
Man sucht nach Punkten mit dem gleichen elektrischen Potential.
Alle Punkte auf der **Symmetrieachse** CD *haben das gleiche Potential. Dies kann man so erklären:*
Die Spannung zwischen A *und* C *ist die Hälfte von* U*. Die Spannung zwischen* A *und* D *ist aber auch die Hälfte von* U*!* C *und* D *haben dasselbe Potential.*
Man darf also zwischen C *und* D *einen beliebigen Widerstand* R_{CD} *einfügen (im Grenzfall* $R_{CD} = 0$*), ohne dass sich etwas ändert.*
Z.B. sollen die Punkte C *und* D *kurzgeschlossen werden. (Würde der untere Zweig aus einem einzigen Widerstand* $2R$ *– gestrichelt dargestellt – bestehen und der Punkt* D *nicht zugänglich sein, so könnte man gedanklich den Widerstand* $2R$ *„durchschneiden" und den entstehenden Punkt gedanklich mit* C *kurzschließen). Die gleichwertige Schaltung sieht dann aus wie auf dem folgenden Bild:*

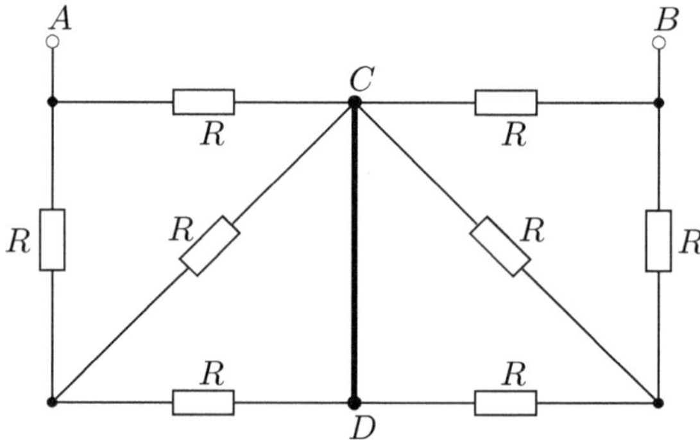

Den Eingangswiderstand R_{AB} *kann man jetzt leicht schreiben:*

$$R_{AB} = 2\Big(R||\big(R + (R||R)\big)\Big) = 2\left(R||\frac{3 \cdot R}{2}\right) = 2 \cdot \frac{R \cdot \dfrac{3\,R}{2}}{R + \dfrac{3\,R}{2}} = \frac{6}{5}\,R$$

■

Bemerkung: An Hand dieses Beispiels sieht man, dass man sich viel Arbeit ersparen kann, wenn man nach Symmetrien und den daraus entstehenden Vereinfachungen Ausschau hält, anstatt gleich eine Netzumwandlung durchzuführen. In dem obigen Beispiel hätte man nämlich ohne Symmetriebetrachtungen die seitlichen Dreiecke in Sterne umwandeln müssen (siehe nächsten Abschnitt). Dieser Weg wäre aber wesentlich aufwändiger.

4. Netzumwandlung

Gruppen von Widerständen die vom selben Strom durchflossen werden (Reihenschaltung) oder die an derselben Spannung liegen (Parallelschaltung) lassen sich einfach zusammenfassen.
Als Beispiel soll die Schaltung nach Abbildung 4.1 betrachtet werden. Es handelt sich hier um eine Wheatstone-Brücke im **abgeglichenen Zustand**. Der Gesamtwiderstand dieser Schaltung lässt sich leicht berechnen:

$$R_{AB} = (R_1 + R_2)||(R_3 + R_4) = \frac{(R_1 + R_2) \cdot (R_3 + R_4)}{R_1 + R_2 + R_3 + R_4} \ .$$

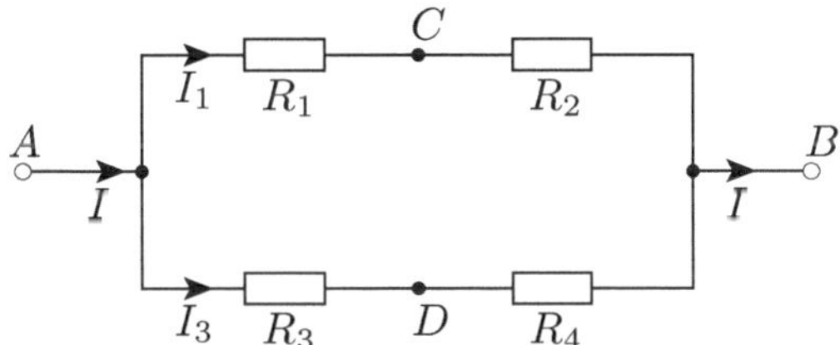

Abbildung 4.1.: Abgeglichene Brücke

Verbindet man jedoch die Punkte C und D durch einen 5. Widerstand R_5, so entsteht eine „nichtabgeglichene Brückenschaltung", die sich nicht mehr als Kombination von Reihen– und Parallelschaltungen auffassen lässt (siehe Abbildung 4.2).

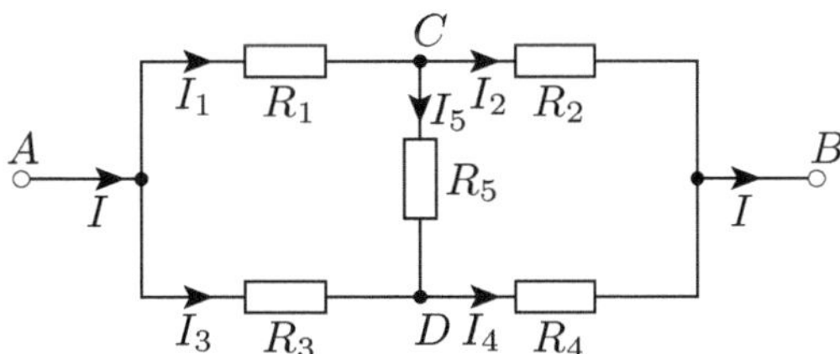

Abbildung 4.2.: Nichtabgeglichene Brückenschaltung

In der Tat sind jetzt die Widerstände R_1 und R_2, wie auch R_3 und R_4, nicht mehr von demselben Strom durchflossen; sie bilden also keine Reihenschaltungen. Auch parallel kann man die Widerstände nicht mehr schalten. Der

M. Marinescu und N. Marinescu, *Elektrotechnik für Studium und Praxis*,
https://doi.org/10.1007/978-3-658-28884-6_4

Gesamtwiderstand kann nur berechnet werden, wenn man eine „Netzumwandlung“ (Dreieck-Stern) vornimmt.

Definitionen **Stern** *bedeutet eine Anordnung von drei Widerständen, die in einem Punkt („Mittelpunkt“ des Sterns) zusammengeschaltet sind (siehe Abbildung 4.4, rechts).*
Bei einem **Dreieck** *werden die drei Widerstände zu einem „Ring“ (siehe Abbildung 4.4, links) geschaltet.*

Nicht immer lassen sich Dreiecke und Sterne direkt als solche erkennen. So z.B. sind die Dreiecke ACD und CDB auf Abb. 4.2 als Rechtecke gezeichnet. Erst auf Abb. 4.3 links erscheinen sie als Dreiecke.
Zurück zu der Brückenschaltung: In einem ersten Schritt zeichnet man die Schaltung so um, dass zwei Dreieckschaltungen zu erkennen sind (Abbildung 4.3, links).
Wandelt man jetzt ein Dreieck in einen Stern um, so ergibt sich eine Gruppenschaltung aus in Reihe und parallel geschalteten Widerständen, die leicht berechnet werden kann. Die Bedingung ist, dass die umgewandelte Schaltung sich nach außen hin gleich verhält. Die Abbildung 4.3 rechts zeigt die Schaltung mit einem umgewandelten Dreieck.

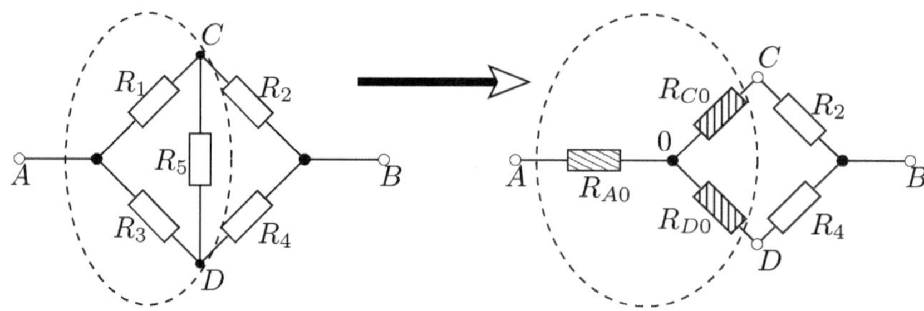

Abbildung 4.3.: Umwandlung der Brückenschaltung

Der Gesamtwiderstand R_{AB} berechnet sich dann zu

$$R_{AB} = R_{A0} + (R_{C0} + R_2)||(R_{D0} + R_4) = R_{A0} + \frac{(R_{C0} + R_2) \cdot (R_{D0} + R_4)}{R_{C0} + R_2 + R_{D0} + R_4} \; .$$

4.1. Umwandlung eines Dreiecks in einen Stern

Die Abbildung 4.4 zeigt links die Dreieckschaltung und rechts die äquivalente Sternschaltung. Die Widerstände zwischen den Klemmen müssen in beiden Schaltungen gleich sein.
Wenn man z.B. die Klemmen 1-2 in den beiden Schaltungen betrachtet und man sich gedanklich vorstellt, dass zwischen ihnen eine Spannung angelegt

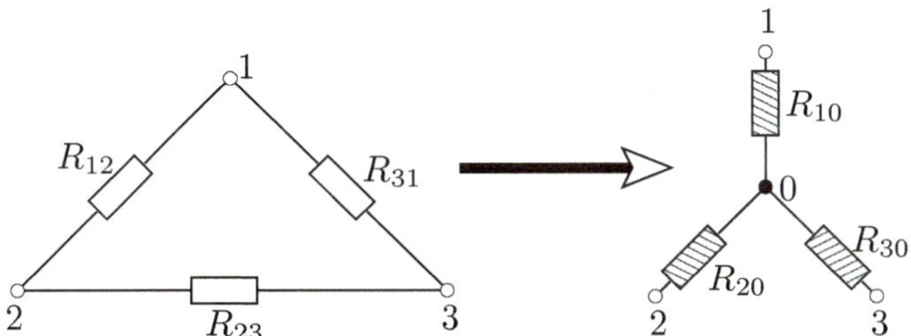

Abbildung 4.4.: Umwandlung eines Dreiecks in einen Stern

wird, so muss in beiden Schaltungen derselbe Strom fließen. Welchen Gesamtwiderstand zeigen die beiden Schaltungen an den Klemmen 1-2? Links liegt R_{12} parallel zu der Reihenschaltung von R_{23} mit R_{31}; rechts dagegen erscheint die einfache Reihenschaltung von R_{10} mit R_{20}, während der dritte Widerstand (R_{30}) unbeteiligt bleibt, da durch ihn kein Strom fließen kann.
Ähnlich verhalten sich auch die Klemmenpaare 2-3 und 3-1, so dass man die folgenden drei Gleichungen aufstellen kann:

$$\text{1–2:} \qquad \frac{R_{12} \cdot (R_{31} + R_{23})}{R_{12} + R_{23} + R_{31}} = R_{10} + R_{20} \tag{4.1}$$

$$\text{2–3:} \qquad \frac{R_{23} \cdot (R_{12} + R_{31})}{R_{12} + R_{23} + R_{31}} = R_{20} + R_{30} \tag{4.2}$$

$$\text{1–3:} \qquad \frac{R_{31} \cdot (R_{23} + R_{12})}{R_{12} + R_{23} + R_{31}} = R_{30} + R_{10} \tag{4.3}$$

Aus diesen drei Gleichungen lassen sich die unbekannten Widerstände der Sternschaltung bestimmen.
Subtrahiert man Gleichung (4.2) von Gleichung (4.3), so kürzt sich R_{30} heraus:

$$R_{10} - R_{20} = \frac{R_{31}\, R_{12} + R_{31}\, R_{23} - R_{23}\, R_{12} - R_{23}\, R_{31}}{R_{12} + R_{23} + R_{31}} \; . \tag{4.4}$$

Durch Addition der Gleichung (4.1) kürzt sich auch R_{20} heraus und es ergibt sich für R_{10}:

$$2 \cdot R_{10} = \frac{R_{31}\, R_{12} - R_{23}\, R_{12} + R_{12}\, R_{31} + R_{12}\, R_{23}}{R_{12} + R_{23} + R_{31}} \tag{4.5}$$

$$R_{10} = \frac{R_{12} \cdot R_{31}}{R_{12} + R_{23} + R_{31}} \; . \tag{4.6}$$

Setzt man Gleichung (4.6) in Gleichung (4.1) ein, so ergibt sich für R_{20}:

$$R_{20} = \frac{R_{12} \cdot (R_{31} + R_{23})}{R_{12} + R_{32} + R_{31}} - \frac{R_{12} \cdot R_{31}}{R_{12} + R_{23} + R_{31}} \; .$$

$$R_{20} = \frac{R_{23} \cdot R_{12}}{R_{12} + R_{23} + R_{31}} \tag{4.7}$$

Schließlich erhält man aus Gleichung (4.3) oder Gleichung (4.2) R_{30} als:

$$R_{30} = \frac{R_{31} \cdot R_{23}}{R_{12} + R_{23} + R_{31}} \; . \tag{4.8}$$

Die Umwandlungsregel für die Sternwiderstände lautet also:

$$\boxed{\text{Sternwiderstand} = \frac{\text{Produkt der Anliegerwiderstände}}{\text{Umfangswiderstand}}} \; .$$

Ist das Dreieck symmetrisch, d.h. $R_{12} = R_{23} = R_{31} = R_{Dreieck}$, so ist:

$$\boxed{R_{Stern} = \frac{R_{Dreieck}}{3}} \; .$$

■ **Beispiel 4.1**

In der Schaltung nach Abbildung 4.2, Seite 40 seien die Widerstände

$$R_1 = 200\,\Omega \;,\; R_2 = 150\,\Omega \;,\; R_3 = 400\,\Omega \;,\; R_4 = 500\,\Omega \;,\; R_5 = 200\,\Omega \; .$$

Berechnen Sie den Eingangswiderstand der Brückenschaltung.

Nach der Dreieck–Stern–Transformation (vgl. Abbildung 4.3, Seite 41) ergeben sich die Sternwiderstände:

$$R_{A0} = \frac{R_1 \cdot R_3}{\sum R} = \frac{200\,\Omega \cdot 400\,\Omega}{(200 + 400 + 200)\,\Omega} = 100\,\Omega \;,$$

$$R_{C0} = \frac{R_1 \cdot R_5}{\sum R} = \frac{200\,\Omega \cdot 200\,\Omega}{(200 + 400 + 200)\,\Omega} = 50\,\Omega \;,$$

$$R_{D0} = \frac{R_3 \cdot R_5}{\sum R} = \frac{400\,\Omega \cdot 200\,\Omega}{(200 + 400 + 200)\,\Omega} = 100\,\Omega \; .$$

Der Gesamtwiderstand der Brückenschaltung ist nach Abbildung 4.3:

$$\begin{aligned} R_{AB} &= R_{A0} + (R_2 + R_{C0})||(R_4 + R_{D0}) \\ R_{AB} &= 100\,\Omega + (150 + 50)\,\Omega||(500 + 100)\,\Omega \\ R_{AB} &= 100\,\Omega + 200\,\Omega||600\,\Omega = 100\,\Omega + 150\,\Omega \end{aligned}$$

$$\rightarrow R_{AB} = 250\,\Omega \; .$$

■

■ Beispiel 4.2

Man berechne für die obere Schaltung aus Abbildung 4.5 den Eingangswiderstand R_{AB}.

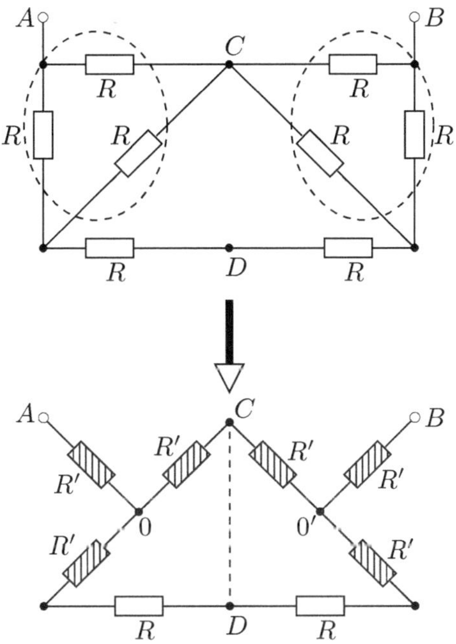

Abbildung 4.5.: Schaltung zu Beispiel 4.2

Der Gesamtwiderstand R_{AB} kann (wegen den zwei querliegenden Widerständen) nicht ohne eine Netzumwandlung direkt geschrieben werden. Wandelt man die äußeren Dreiecke in Sterne um (Abbildung 4.5, unten), so entstehen zwei neue Knoten: O und O'. Die Sternwiderstände sind dreimal kleiner als die Dreieckswiderstände ($R' = \frac{R}{3}$). Nach der Umwandlung erhält man die im vorigen Bild unten dargestellte Schaltung, die man auch folgendermaßen darstellen kann:

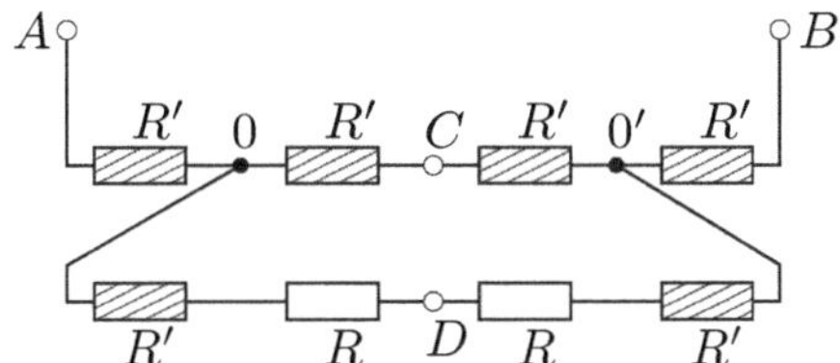

Abbildung 4.6.: Schaltung zu Beispiel 4.2

Der Widerstand an den Klemmen A–B ergibt sich als:

$$R_{AB} = 2R' + 2R' \parallel (2R' + 2R) = 2\frac{R}{3} + 2\frac{R}{3} \parallel (2\frac{R}{3} + 2R)$$

$$R_{AB} = 2\frac{R}{3} + \frac{8R}{15} = \frac{10R + 8R}{15} = \frac{6}{5}R\,.$$

Eine Symmetrie-Überlegung führt viel schneller zum selben Ergebnis. ■

4.2. Umwandlung eines Sterns in ein Dreieck

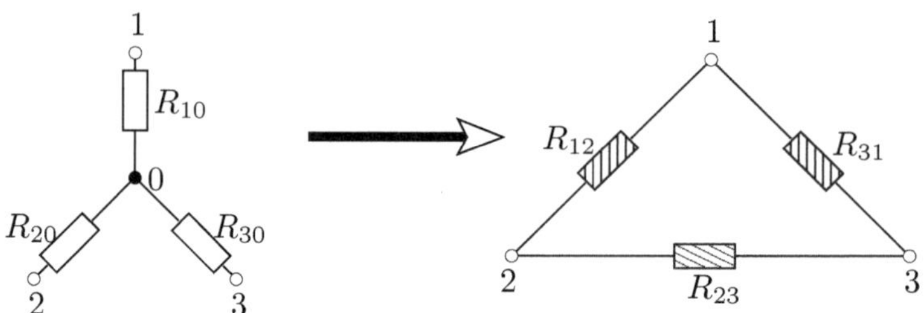

Abbildung 4.7.: Umwandlung eines Sterns in ein Dreieck

Jetzt sind die Widerstände R_{10}, R_{20}, R_{30} bekannt und man sucht die entsprechenden Dreieckswiderstände R_{12}, R_{23}, R_{31} (siehe Abbildung 4.7). Dazu kann man von den Gleichungen (4.6), (4.7) und (4.8) ausgehen und sie jetzt nach den Unbekannten R_{12}, R_{23} und R_{31} lösen.

$$\underbrace{\frac{R_{12} \cdot R_{31}}{R_{10}}}_{\text{aus Gleichung (4.6)}} = \underbrace{\frac{R_{23} \cdot R_{12}}{R_{20}}}_{\text{aus Gleichung (4.7)}} = \underbrace{\frac{R_{31} \cdot R_{23}}{R_{30}}}_{\text{aus Gleichung (4.8)}} = R_{12}+R_{23}+R_{31}\,. \tag{4.9}$$

Aus diesen drei Gleichungen kann man die drei unbekannten Widerstände bestimmen. Auf die Ableitung soll hier verzichtet werden.
Es ergibt sich für den Widerstand R_{31}:

$$R_{31} = R_{30} + R_{10} + \frac{R_{30} \cdot R_{10}}{R_{20}} = \frac{R_{10}\,R_{20} + R_{20}\,R_{30} + R_{30}\,R_{10}}{R_{20}}\,, \tag{4.10}$$

und ähnlich für die anderen beiden Widerstände:

$$R_{23} = R_{20} + R_{30} + \frac{R_{20} \cdot R_{30}}{R_{10}} = \frac{R_{10}\,R_{20} + R_{20}\,R_{30} + R_{30}\,R_{10}}{R_{10}}\,, \tag{4.11}$$

$$R_{12} = R_{10} + R_{20} + \frac{R_{10} \cdot R_{20}}{R_{30}} = \frac{R_{10}\,R_{20} + R_{20}\,R_{30} + R_{30}\,R_{10}}{R_{30}}\,. \tag{4.12}$$

Die Regel lautet:

$$\text{Dreieckswiderstand} = \frac{\text{Produkt der Anliegerwiderstände}}{\text{gegenüberliegender Widerstand}} + \text{Anliegerwiderstände.}$$

Merksatz *Jeder* **n**-*strahlige Stern kann in ein gleichwertiges* **n**-*Eck umgewandelt werden. Die umgekehrte Umwandlung von einem Dreieck in einen Stern ist nur für* **n=3** *möglich.*

Es ist manchmal günstig, mit den Leitwerten zu arbeiten. Dann ergibt sich z.B. aus Gleichung (4.12):

$$\frac{1}{G_{12}} = G_{30}\left(\frac{1}{G_{10} \cdot G_{20}} + \frac{1}{G_{20} \cdot G_{30}} + \frac{1}{G_{30} \cdot G_{10}}\right) = \frac{G_{10} + G_{20} + G_{30}}{G_{10} \cdot G_{20}}\,, \tag{4.13}$$

und schließlich:

$$G_{12} = \frac{G_{10} \cdot G_{20}}{G_{10} + G_{20} + G_{30}} \tag{4.14}$$

$$G_{23} = \frac{G_{20} \cdot G_{30}}{G_{10} + G_{20} + G_{30}} \tag{4.15}$$

$$G_{31} = \frac{G_{30} \cdot G_{10}}{G_{10} + G_{20} + G_{30}} \tag{4.16}$$

Die Regel lautet dann:

$$\text{Dreiecksleitwert} = \frac{\text{Produkt der Anliegerleitwerte}}{\text{Knotenleitwert}}\,.$$

Ein Vergleich zwischen den Gleichungen (4.14)–(4.16) und (4.6)–(4.8) zeigt, dass die Zweigwiderstände der Sternschaltung sich wie die Zweigleitwerte der Dreieckschaltung verhalten. Stern– und Dreieckschaltung zeigen ein **duales** Verhalten: es sind lediglich G und R gegeneinander vertauscht.

Merksatz *In allen Formel–Gruppen (4.6)–(4.8), (4.10)–(4.12) oder (4.14)–(4.16) kann man aus einer Formel die anderen zwei durch* ***zyklische Vertauschung*** *der Indizes 1, 2, 3 herleiten.*

Merksatz *Bei der Umwandlung von Dreieck in Stern erscheint ein neuer Knoten, umgekehrt verschwindet bei der Umwandlung eines Sterns in ein Dreieck der mittlere Knoten.*

Achtung! *An Umwandlungen sollen nur* **passive** *Zweige (ohne Quellen) beteiligt sein.*

■ Beispiel 4.3

Acht gleiche Widerstände sind wie auf dem folgenden Bild geschaltet. Es soll der Widerstand zwischen zwei diagonal gegenüberliegenden Klemmen (z.B. $A - A'$) bestimmt werden.

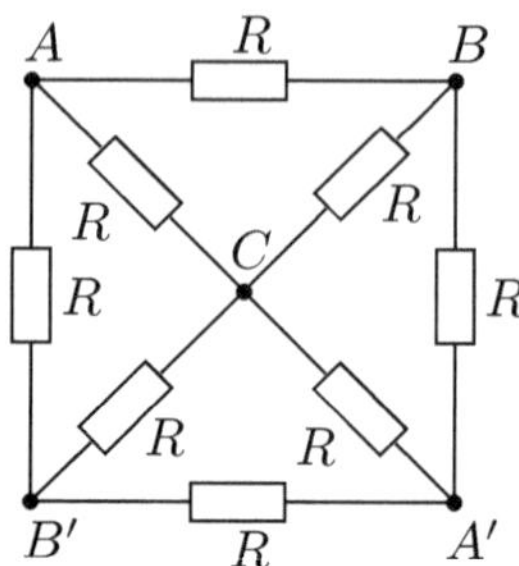

Zunächst benutzt man eine Stern–Dreieck–Transformation. Die Punkte A und A' dürfen nicht verschwinden, also verwandelt man die Sterne mit den Mittelpunkten B, B' in Dreiecke.
Das folgende Bild zeigt die Umwandlung des oberen Sterns.

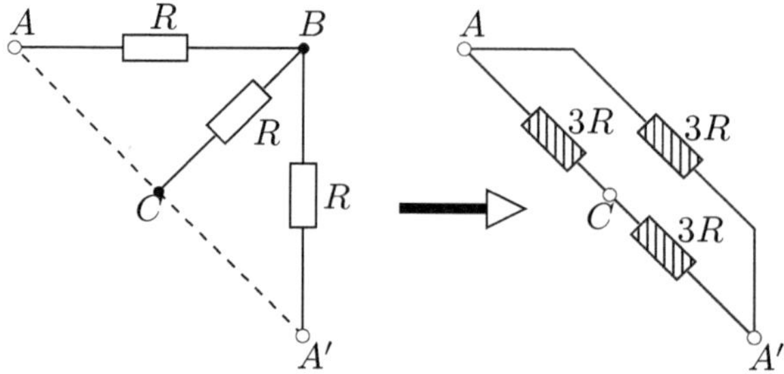

Zwischen A, bzw. A' und C bleiben die Widerstände R. Die Ecken der neuen Dreiecke sind A, C und A'; die Punkte B und B' verschwinden. Die neuen Widerstände sind:

$$R' = 3 \cdot R \ .$$

Die umgewandelte Schaltung ist jetzt so gestaltet (siehe folgendes Bild), dass man den Gesamtwiderstand leicht bestimmen kann.

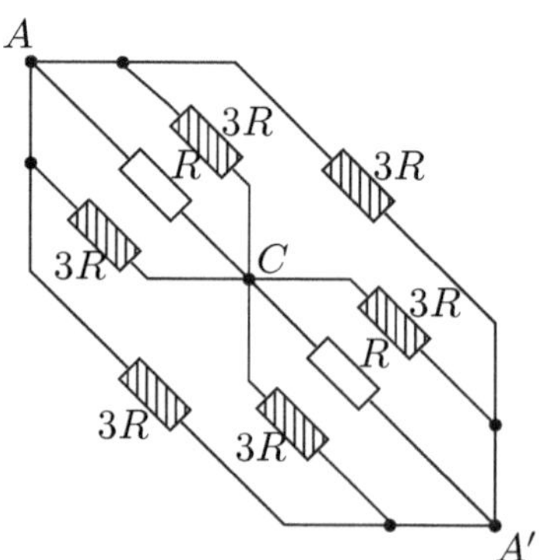

Der gesuchte Widerstand $R_{A\,A'}$ wird dann

$$
\begin{aligned}
R_{A\,A'} &= R'||R'||\,(R'||R'||R + R'||R'||R) \\
&= \frac{3\,R}{2}||\quad\underbrace{\left(\frac{3\,R}{2}||R + \frac{3\,R}{2}||R\right)} \\
&\qquad\qquad = \frac{\frac{3\,R}{2}\cdot R}{R+\frac{3\,R}{2}} + \frac{\frac{3\,R}{2}\cdot R}{R+\frac{3\,R}{2}} = \frac{6\,R}{5} \\
&= \frac{3\,R}{2}||\frac{6\,R}{5} = \frac{\dfrac{3\,R}{2}\cdot\dfrac{6\,R}{5}}{\dfrac{3\,R}{2}+\dfrac{6\,R}{5}} = \frac{18\cdot R}{27} = \frac{2}{3}\cdot R\,.
\end{aligned}
$$

■

Untersucht man dieses komplizierte Beispiel auf Symmetrie, so kommt man zu einer wesentlich einfacheren Lösung. Diese Lösung ist nachfolgend durchgerechnet.

■ Beispiel 4.4

Der Gesamtwiderstand zwischen diagonal gegenüberliegenden Klemmen soll jetzt ausgehend von einer Symmetriebetrachtung bestimmt werden.
Wegen der Symmetrie der Schaltung haben alle drei Punkte B, B' und C dasselbe Potential. Haben die Punkte A und A' die Potentiale $+\varphi$ und $-\varphi$, so liegen B, B' und C bei $\varphi = 0$, denn sie liegen in der Mitte zwischen A und A'. Somit können sie kurzgeschlossen werden (siehe folgendes Bild links)
Die Umwandlung sieht dann wie auf dem folgenden Bild (rechts) aus.

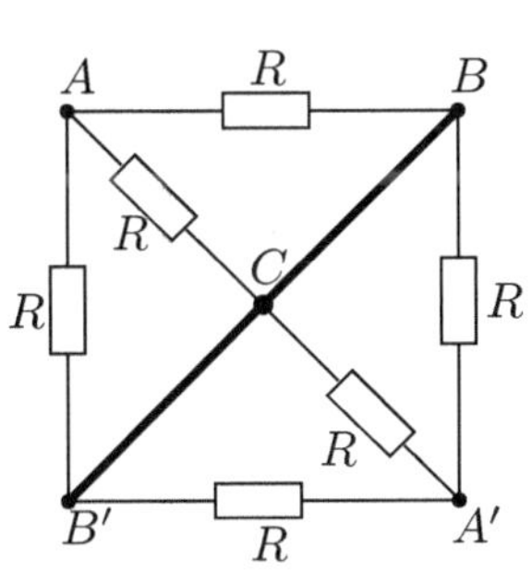

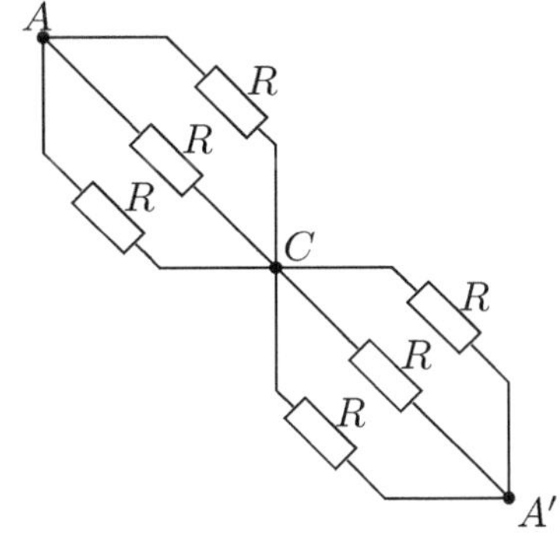

Der Gesamtwiderstand ergibt sich als:

$$R_{A\,A'} = 2\cdot(R||R||R) = 2\cdot\frac{R}{3}$$

Die Punkte B bzw. B' können aber auch von C getrennt werden ($R = \infty$)! Es ergibt sich die folgende Schaltung:

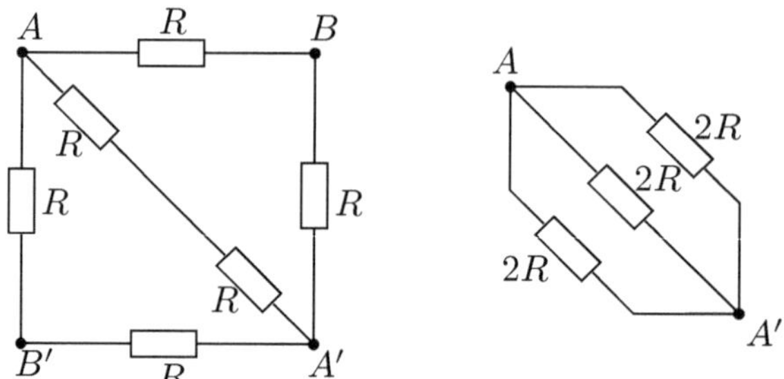

Der Gesamtwiderstand ist derselbe:

$$R_{A\,A'} = 2\,R||2\,R||2\,R = 2 \cdot \frac{R}{3}$$

■

■ Beispiel 4.5

Wie groß ist der Eingangswiderstand R_{AB} in der Schaltung aus Abbildung 4.8, oben?

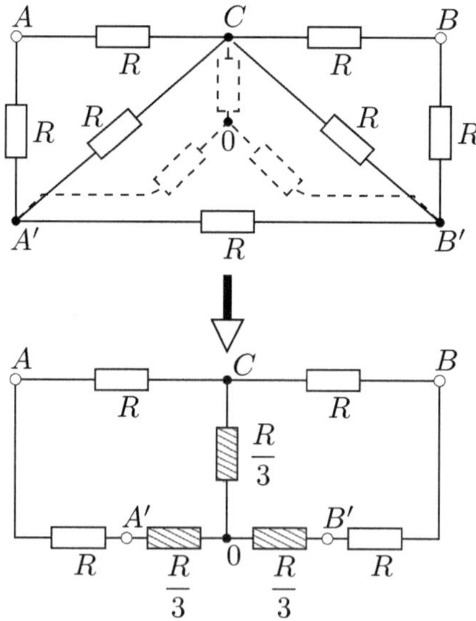

Abbildung 4.8.: Schaltung zu Beispiel 4.5

Diese Frage wurde bereits für eine ähnliche Schaltung in Beispiel 4.2 beantwortet. Dort war zwischen den Punkten A' und B' jedoch ein Widerstand $2R$ geschaltet.
Da man den Widerstand nicht direkt, durch Reihen- oder Parallelschalten, bestimmen kann, muss man von einer Netzumwandlung Gebrauch machen.
Eine Möglichkeit ist, das große mittlere Dreieck $A'CB'$ in einen Stern umzuwandeln (siehe Abbildung 4.8, unten).
Wenn alle Dreieckswiderstände gleich R sind, werden die umgewandelten Sternwiderstände

$$\frac{R}{3}\ .$$

Man erkennt leicht, dass die Idee nicht sehr gut war, denn man kann immer noch nicht den Gesamtwiderstand R_{AB} direkt schreiben, außer man merkt, dass die Punkte C und O **potentialgleich** *sind!*
In diesem Falle kann man z.B. die Punkte C und O **kurzschließen** *(Abbildung 4.9, links).*

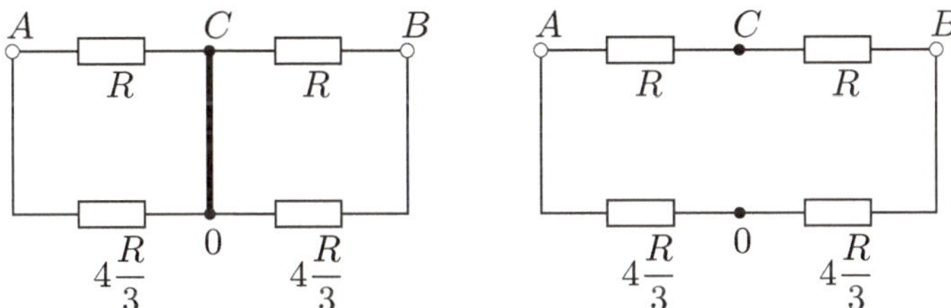

Abbildung 4.9.: Schaltung zu Beispiel 4.5

Dann ist:

$$R_{AB} = 2(R \| 4\frac{R}{3})$$

$$R_{AB} = 2\frac{4}{7}R = \frac{8}{7}R$$

Man kann die Punkte C und O auch **trennen** *(Abbildung 4.9, rechts). Dann ist:*

$$R_{AB} = 2R \| (2 \cdot 4\frac{R}{3})$$

$$R_{AB} = \frac{16}{14}R = \frac{8}{7}R$$

■

■ Aufgabe 4.1

In der Schaltung aus Abbildung 4.10 (links) soll der Stern mit dem Mittelpunkt in C in ein Dreieck umgewandelt werden. Das neue Dreieck hat die Ecken: A, B, O. Der Punkt C verschwindet (Abbildung 4.10, rechts).

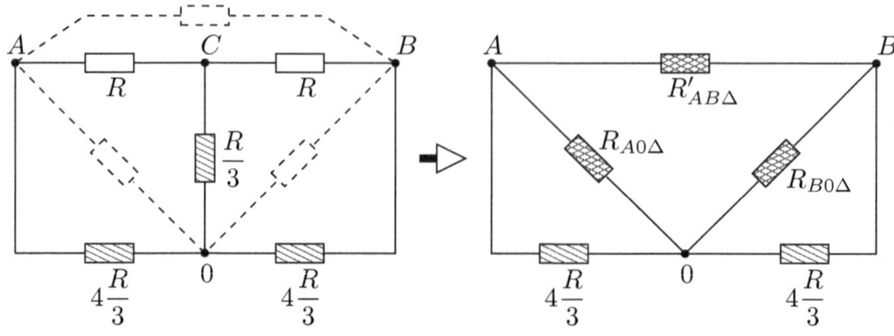

Abbildung 4.10.: Schaltung zu Aufgabe 4.1

Gesucht wird wieder der Gesamtwiderstand zwischen A und B. ■

5. Lineare Zweipole

Zweipole sind elektrische Schaltungen mit **zwei** Anschlüssen (Klemmen). So ist z.B. ein einzelner ohmscher Widerstand mit seinen zwei Anschlüssen ein Zweipol, genauso wie eine Reihenschaltung mehrerer Widerstände.
Jeder Zweipol ist durch eine Größe gekennzeichnet, seinen Widerstand R, der das Verhältnis zwischen Spannung und Strom an den zwei Anschlusspunkten bestimmt.

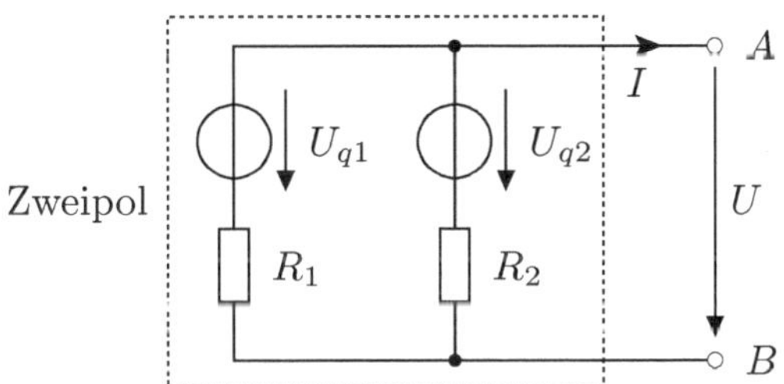

Abbildung 5.1.: Aktiver Zweipol

Die Abbildung 5.1 zeigt einen Zweipol aus zwei Spannungsquellen und zwei Widerständen, der an den Klemmen A und B zugänglich ist. Messbar sind nur die Klemmenspannung U und der Strom I.
Gehorcht ein Zweipol dem Ohmschen Gesetz, ist also $U = R \cdot I$ eine **lineare** Beziehung, so ist er ein „linearer Zweipol". Im allgemeinen Fall ist $U = f(I)$ eine beliebige nichtlineare Kennlinie.

Definition *Nimmt ein Zweipol elektrische Energie auf, so wird er* **passiver** *Zweipol genannt; gibt er elektrische Energie ab, so ist er ein* **aktiver** *Zweipol.*

Definition *Ein* **aktiver** *Zweipol enthält* **mindestens eine** *Quelle.*

5.1. Zählpfeile für Spannung und Strom

Die Zählrichtungen für Strom und Spannung können an jedem Zweipol unabhängig voneinander gewählt werden. In dem vorliegenden Buch werden immer die in Abbildung 5.2 dargestellten Zählrichtungen benutzt, das so genannte **Verbraucher–Zählpfeil–System (VZS)**.

M. Marinescu und N. Marinescu, *Elektrotechnik für Studium und Praxis*,
https://doi.org/10.1007/978-3-658-28884-6_5

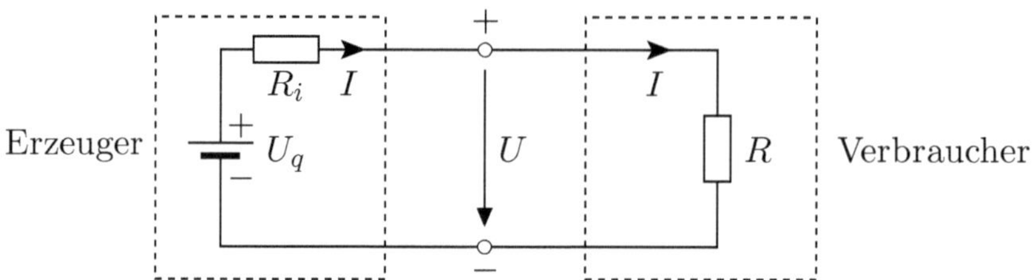

Abbildung 5.2.: Zählrichtungen für Strom und Spannung beim Verbraucher–Zählpfeil–System

Wenn eine Batterie Leistung abgibt, fließt aus der Plusklemme ein Strom heraus (nur wenn sie aufgeladen wird, fließt ein Strom in die Plusklemme hinein).

Definition *Im Normalfall der Leistungsabgabe sind in jedem elektrischen Generator der Strom und die Spannung einander entgegengerichtet.*

Definition *In jedem Verbraucher haben die Spannung und der Strom dieselbe Richtung.*

Diese Wahl der Zählpfeile, bei der U und I im Verbraucher dem Ohmschen Gesetz

$$U = R \cdot I$$

gehorchen, heißt Verbraucher–Zählpfeil–System. Im Verbraucher–Zählpfeil–System gilt also:

- Im Generator (Erzeuger, Quelle) sind Strom und Spannung einander entgegengerichtet.
- Im Verbraucher haben U und I die gleiche Richtung (Ohmsches Gesetz: $U = R \cdot I$).
- $P = U \cdot I > 0$ bedeutet Leistungsaufnahme.
- $P = U \cdot I < 0$ bedeutet Leistungsabgabe.

Denkbar wäre auch eine Wahl der Zählpfeile für U und I, bei der sie beim Generator die gleichen Richtungen hätten, dagegen beim Verbraucher entgegengesetzte Richtungen, sodass das Ohmsche Gesetz $U = -R \cdot I$ lauten würde. Dieses „Erzeuger–Zählpfeil–System“ wird im Buch jedoch nicht berücksichtigt.

5.2. Spannungsquellen und Stromquellen

5.2.1. Spannungsquellen

Alle chemischen Spannungquellen[1] erzeugen Gleichspannung; heute sind die wichtigsten technischen Spannungsquellen jedoch die Drehstrom-Generatoren, welche eine Wechselspannung erzeugen. Um daraus eine Gleichspannung zu erzeugen, bedürfen sie Gleichrichter.

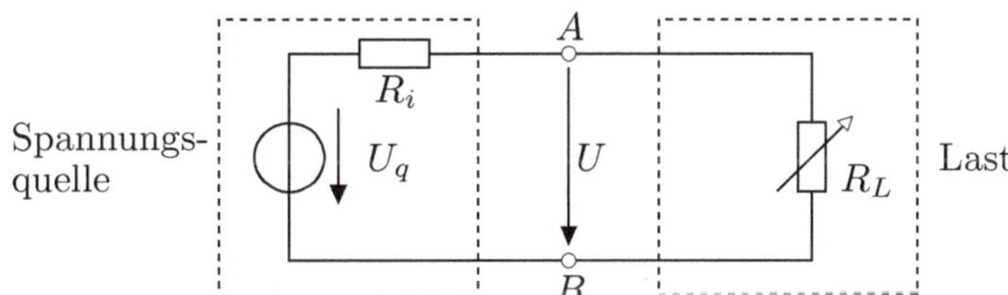

Abbildung 5.3.: Spannungsquelle mit veränderbarem Lastwiderstand

Eine mit einem veränderbaren Widerstand R_L „belastete“ Spannungsquelle und die entsprechenden Zählpfeile sind in Abbildung 5.3 dargestellt. R_i ist der „innere Widerstand“ der Quelle (Wicklungswiderstand bei elektrischen Maschinen oder Widerstand der Elektrolyte). U_q und R_i sind **fiktive** Größen.
Drei gebräuchliche Darstellungen von Spannungsquellen sind in Abbildung 5.4 dargestellt.

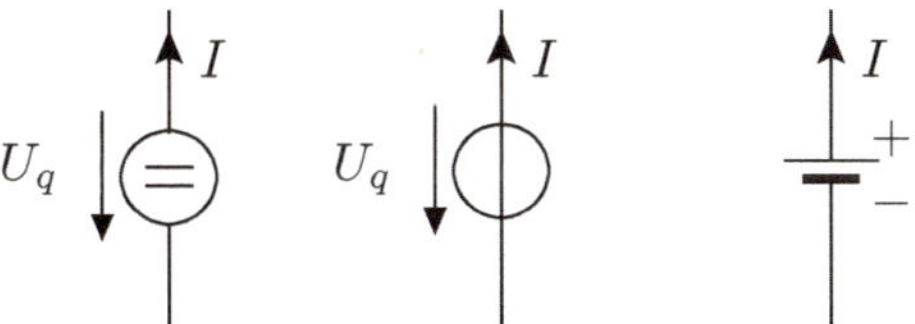

Abbildung 5.4.: Darstellungen von Spannungsquellen

Eine Quelle kann unterschiedlich belastet werden, indem sie mit verschiedenen Belastungswiderständen R_L zusammengeschaltet wird. Man betrachtet zwei Grenzfälle der Belastung:

- Leerlauf ($R_L = \infty$)
- Kurzschluss ($R_L = 0$).

[1]Solche Spannungsquellen sind z.B. Trockenbatterien, Blei-Akkumulatoren, etc.

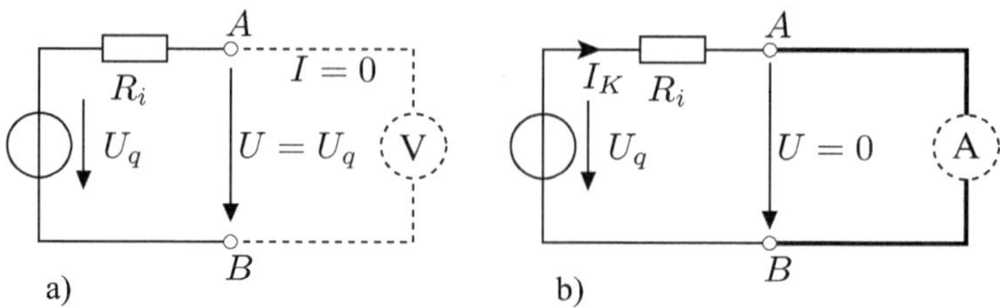

Abbildung 5.5.: a) Leerlauf, b) Kurzschluss

Im Leerlauf, also bei $R_L = \infty$ und $I = 0$, zeigt die Quelle die **Leerlaufspannung $U_l = U_q$**; im Kurzschluss (bei $R_L = 0$) ergibt sich der **Kurzschlussstrom** der Quelle:

$$I_K = \frac{U_q}{R_i} \ .$$

U_q und I_K können durch zwei Versuche gemessen werden (siehe Abbildung 5.5), wobei bei der Messung nach a) der Spannungsmesser einen Widerstand $R \cong \infty$ und bei der Messung nach b) der Strommesser einen Widerstand $R \cong 0$ aufweisen soll.

Falls der Kurzschlussversuch zu einem unzulässig hohen Strom I_K führen sollte, kann man zur Bestimmung von U_q und R_i zwei andere Versuche, mit zwei beliebigen Werten des Belastungswiderstandes R, durchführen. Es gilt dann:

$$U_1 = U_q - R_i \cdot I_1$$

$$U_2 = U_q - R_i \cdot I_2 \ .$$

Aus diesen zwei Gleichungen kann man U_q und R_i bestimmen:

$$R_i = \frac{U_2 - U_1}{I_1 - I_2} \qquad (5.1)$$

$$U_q = \frac{U_1 \cdot I_2 - U_2 \cdot I_1}{I_2 - I_1} \qquad (5.2)$$

■ Beispiel 5.1

An einer Spannungsquelle werden bei dem Strom $I_1 = 4\,A$ die Spannung $U_1 = 200\,V$ und bei dem Strom $I_2 = 5\,A$ die Spannung $U_2 = 195\,V$ gemessen.
Wie groß sind die Quellenspannung U_q und deren Innenwiderstand R_i ?

Es gelten die Gleichungen:

$$U_1 = U_q - R_i \cdot I_1$$

$$U_2 = U_q - R_i \cdot I_2 \ .$$

Durch Subtraktion und Umformen ergibt sich:

$$R_i = \frac{U_1 - U_2}{I_2 - I_1} = \frac{(200 - 195)\,V}{(5 - 4)\,A} = 5\,\Omega$$

$$U_q = U_1 + R_i \cdot I_1 = 200\,V + 5\,\Omega \cdot 4\,A = 220\,V\,.$$

■

■ Aufgabe 5.1
Wenn man an eine Gleichspannungsquelle nacheinander die Widerstände $R_1 = 10\,\Omega$ *und* $R_2 = 6\,\Omega$ *anschließt, so verändert sich die Klemmenspannung* $U_1 = 10\,V$ *zu* $U_2 = 9\,V$.
Bestimmen Sie die Quellenspannung U_q *und den Innenwiderstand* R_i *der Quelle.*

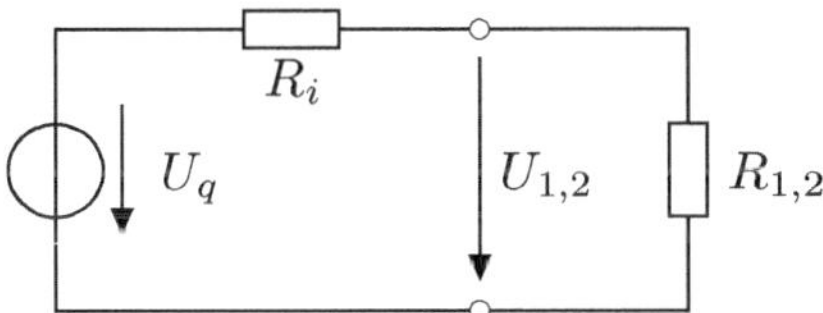

■

Als Ersatzschaltbild einer Spannungsquelle gilt eine Quellenspannung U_q in Reihe mit dem Innenwiderstand R_i.

U_q **und** R_i sind **unabhängig von der Last** :

- $U_q = const.$
- $R_i = const.$

Dann ist die Beziehung:

$$U = U_q - R_i \cdot I \tag{5.3}$$

eine Gerade und die Spannungsquelle ist **linear**.
Die Abbildung 5.6 stellt die Klemmenspannung U einer linearen Spannungsquelle als Funktion des Belastungsstroms I dar.
Bei $I = 0$ (Leerlauf) gibt die Quelle die maximale Spannung U_q ab. Im Kurzschlussfall ($U = 0$) erzeugt sie den maximalen Strom I_K. Der innere Widerstand R_i begrenzt den Kurzschlussstrom $\left(I_K = \frac{U_q}{R_i}\right)$. Eine Spannungsquelle soll einen möglichst **kleinen** Innenwiderstand haben, im Idealfall $R_i = 0$.

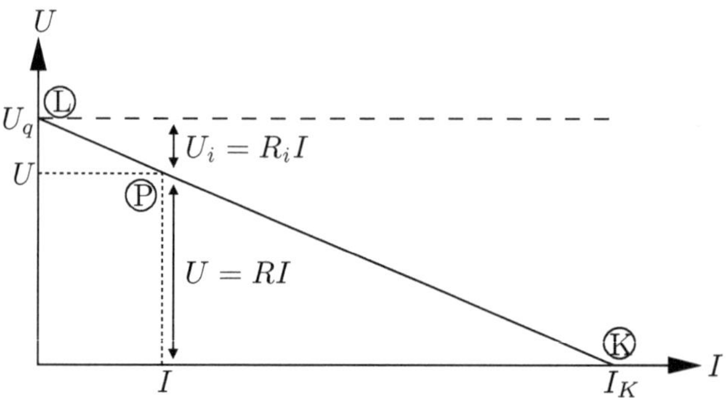

Abbildung 5.6.: Quellengerade einer Spannungsquelle

5.2.2. Stromquellen

Bisher wurde eine Quelle elektrischer Energie durch die Ersatzschaltung einer Spannungsquelle verwirklicht, die im Leerlauf unmittelbar die Leerlaufspannung U_l als Quellenspannung U_q erzeugt. U_q ist konstant, d.h. unabhängig von der Last ($U_q = R_i \cdot I_K$). Es gilt (s. Abbildung 5.6):

$$U = U_q - R_i \cdot I = R_i \cdot I_K - R_i \cdot I \qquad \text{und} \qquad I = I_K - \frac{U}{R_i} \; .$$

Daraus folgt für den Strom:

$$I = I_K - I_i \; . \tag{5.4}$$

Man kann jetzt von dieser Gleichung ausgehen und eine Ersatzschaltung für eine Quelle angeben, die bei Kurzschluss der Klemmen den **Kurzschlussstrom $\boldsymbol{I_K}$ als Quellenstrom $\boldsymbol{I_q}$** liefert.

Auch diese Schaltung wird einen Innenwiderstand R_i aufweisen, jedoch nicht mehr in Reihe zur idealen Stromquelle, denn dort wäre er unwirksam. Da die ideale Stromquelle einen **konstanten** Quellenstrom I_K abgibt, der unabhängig von der Last ist, muss sie einen unendlich großen Widerstand aufweisen. [2] Drei gebräuchliche Darstellungen für Stromquellen zeigt die Abbildung 5.7.

Nach der 1. Kirchhoffschen Gleichung ergibt sich mit G_i = innerer Leitwert und G = Leitwert der Last (Abbildung 5.8):

$$I_q = I_i + I = G_i \cdot U + G \cdot U = U \cdot (G_i + G)$$

$$U = \frac{I_q}{G_i + G} \; .$$

[2]Dies hebt man hervor, indem man den Kreis des Schaltzeichens für die ideale Stromquelle an zwei Stellen unterbricht oder in den Kreis eine horizontale Linie zeichnet.

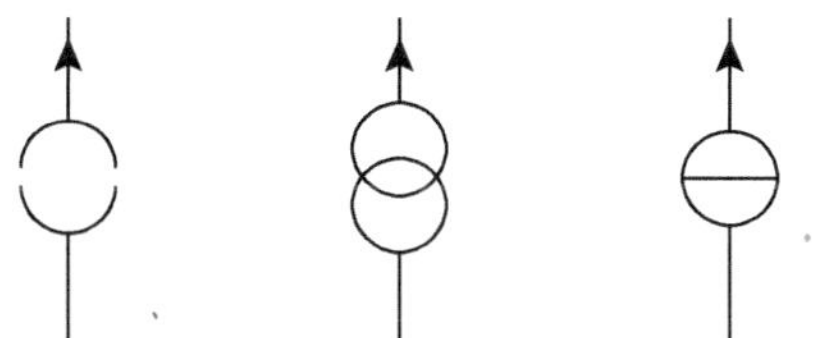

Abbildung 5.7.: Darstellungen von Stromquellen

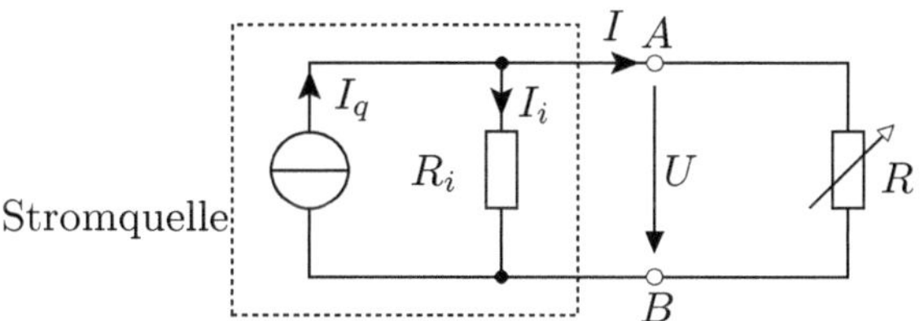

Abbildung 5.8.: Stromquelle mit veränderlichem Lastwiderstand

Der Verbraucherstrom I wird danach:

$$I = G \cdot U = I_q \cdot \frac{G}{G_i + G} = I_q - G_i \cdot U \tag{5.5}$$

(analog wie Gleichung (5.3)). Die Abbildung 5.9 zeigt die Abhängigkeit $I = f(U)$, wenn I_q und G_i **konstant** sind.

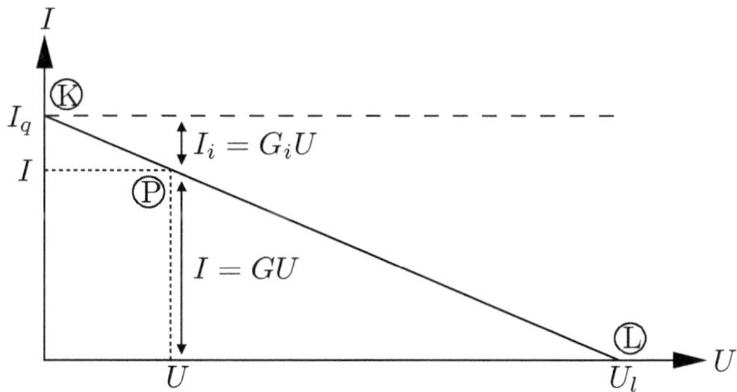

Abbildung 5.9.: Quellengerade einer Stromquelle

Bei Kurzschluss ($U = 0$) ist $I_K = I_q$, im Leerlauf ($I = 0$) ist $U = U_l$.
Der innere Leitwert der Quelle ist:

$$G_i = \frac{I_K}{U_l} \Longrightarrow R_i = \frac{U_l}{I_K} \ .$$

Merksatz *Der Innenwiderstand der Stromquelle ist genau derselbe wie der Innenwiderstand der Spannungsquelle (aber parallel geschaltet).*

Schlussfolgerung:
Wenn eine Quelle die Leerlaufspannung U_l, den Kurzschlussstrom I_K und den Innenwiderstand R_i aufweist, so kann man sie sowohl als Spannungsquelle mit $U_q = U_l$, als auch als Stromquelle mit $I_q = I_K$ auffassen. In beiden Schaltungen ist R_i derselbe, einmal in Reihe und einmal parallel geschaltet. Beide Schaltungen verhalten sich nach außen völlig gleich. Sie sind äquivalent.

5.2.3. Innenwiderstand

Es soll noch einmal betrachtet werden, wie das Verhältnis zwischen dem Innenwiderstand R_i und dem Lastwiderstand R sein muss, damit eine Quelle eine nahezu konstante Spannung oder einen nahezu konstanten Strom abgibt.

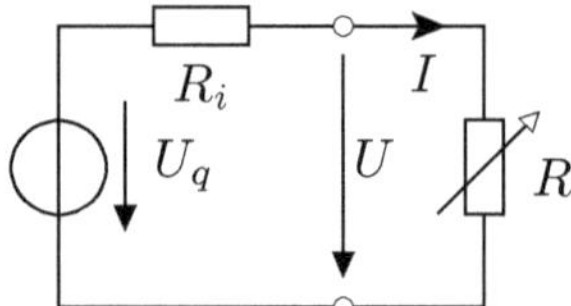

Abbildung 5.10.: Spannungsquelle mit Innenwiderstand R_i und variablem Lastwiderstand R

Die Bedingung $U \approx const.$ liefert folgende Beziehung (siehe Abbildung 5.10):

$$U = R \cdot I = R \cdot \frac{U_q}{R_i + R} = \frac{U_q}{1 + \dfrac{R_i}{R}} \,.$$

Damit $U \approx U_q = const.$ ist, muss $\frac{R_i}{R} \to 0$ gelten. Eine Quelle konstanter Spannung muss $R_i \ll R$ erfüllen, im Idealfall $R_i = 0$.
Mit der Bedingung $I \approx const.$ folgt:

$$I = \frac{U_q}{R_i + R} = \frac{U_q}{R_i} \cdot \frac{1}{1 + \dfrac{R}{R_i}} = I_K \cdot \frac{1}{1 + \dfrac{R}{R_i}} \,.$$

Damit $I \approx I_K = const.$ ist, muss $\frac{R}{R_i} \to 0$ sein: die Quelle mit konstantem Strom muss $R_i \gg R$ erfüllen, im Idealfall $R_i = \infty$.

5.2.4. Kennlinienfelder

Betrachten wir noch einmal die Schaltung mit einer Spannungsquelle (Abbildung 5.10): Der linke Zweipol ist „aktiv", der rechte ist „passiv".

Hier ist die Klemmenspannung U sowohl die Klemmenspannung der Quelle als auch die des Verbrauchers. Der Strom I und die Spannung U müssen beiden Gleichungen genügen.
Zeichnet man die Zusammenhänge $U = f(I)$ an der Quelle und $U = R \cdot I$ am Verbraucher in dasselbe Diagramm ein, so ergibt der Schnittpunkt der beiden Geraden den so genannten **„Arbeitspunkt“** der Schaltung (siehe Abbildung 5.11 links).

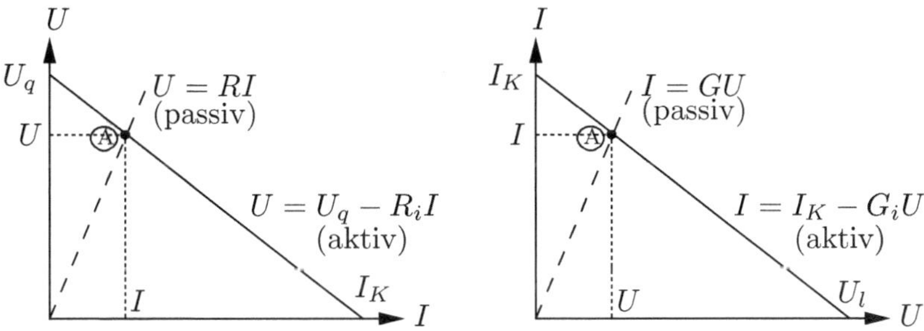

Abbildung 5.11.: Arbeitspunkte einer Spannungsquelle (links) und einer Stromquelle (rechts)

Ähnlich bestimmt man den Arbeitspunkt einer Stromquelle, jedoch in dem $I = f(U)$–Diagramm (Abbildung 5.11 rechts).
Ändern sich die Parameter U_q, R_i oder R, so ergeben sich „Kennlinienfelder“ (Abbildung 5.12).

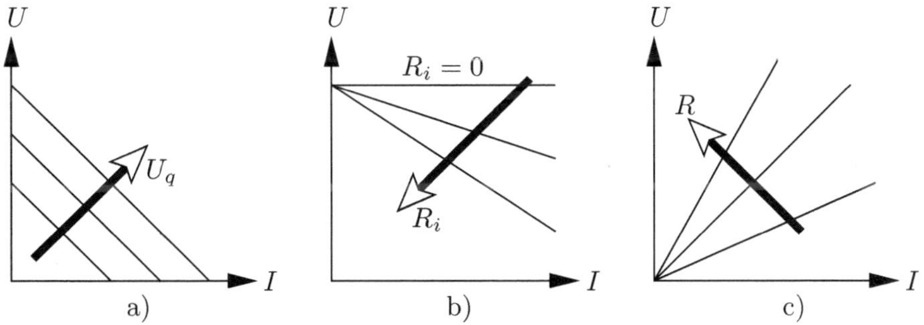

Abbildung 5.12.: Einfluss der Quellenspannung U_q (a), des Innenwiderstandes R_i (b) und des Lastwiderstandes R (c)

a) Die Neigung der Geraden wird von dem Innenwiderstand R_i bestimmt, sie ändert sich also nicht. Dagegen ändert sich der Kurzschlussstrom I_K.
b) Bei $R_i = 0$ bleibt die Spannung konstant (ideale Spannungsquelle). Wenn R_i steigt, fallen die Quellengeraden steiler ab.

c) Wenn der Lastwiderstand R größer wird, werden die Lastgeraden steiler.

Bei **nichtlinearen** Quellen (z.B. Nebenschlussgenerator, siehe Abbildung 5.13) oder Verbrauchern (z.B. Heiß- oder Kaltleiter) ergibt sich der Arbeitspunkt **graphisch** als Schnittpunkt der beiden Kennlinien. Auf Abbildung 5.13 ist der Arbeitspunkt eines Gleichstrom-Nebenschlussgenerators, der einen Heißleiter speist, dargestellt.

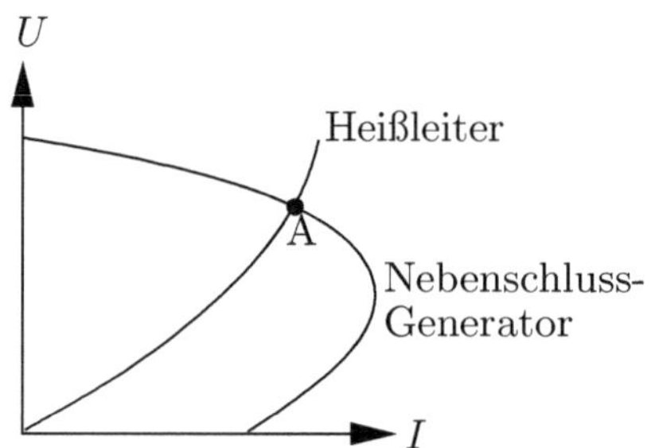

Abbildung 5.13.: Bestimmung des Arbeitspunktes bei einer nichtlinearen Quelle (Nebenschlussgenerator) und einem nichtlinearen Verbraucher (Heißleiter)

5.3. Aktive Ersatz–Zweipole

5.3.1. Ersatzspannungsquelle

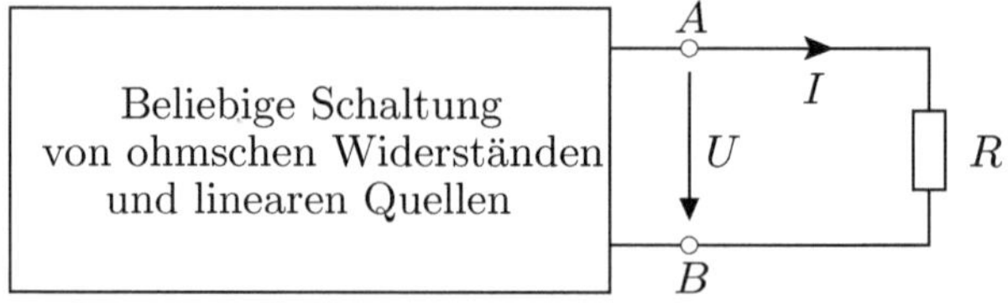

Abbildung 5.14.: Aktiver Ersatz-Zweipol

Jeder beliebige **lineare** Zweipol aus ohmschen Widerständen und Spannungquellen muss an den Klemmen einen **linearen** Zusammenhang zwischen Spannung und Strom der Form

$$U = K_1 - K_2 \cdot I \tag{5.6}$$

aufweisen. Die beiden Konstanten können durch einen Leerlaufversuch ($I = 0$, $U = U_l$)

$$K_1 = U_l$$

und durch einen Kurzschlussversuch ($U = 0$, $I = I_K$)

$$K_2 = \frac{K_1}{I_K} = \frac{U_l}{I_K}$$

bestimmt werden. Der Zusammenhang zwischen Strom und Spannung ($U = f(I)$) wird:

$$U = U_l - \frac{U_l}{I_K} \cdot I \tag{5.7}$$

Vergleicht man (5.7) mit der Spannungsgleichung einer Spannungsquelle:

$$U = U_q - R_i \cdot I$$

so ergibt sich:
Jeder lineare Zweipol kann durch eine Ersatzspannungsquelle ersetzt werden, deren Quellenspannung

$$\boxed{U_q = U_l} \tag{5.8}$$

und deren Innenwiderstand

$$\boxed{R_i = \frac{U_l}{I_K}} \tag{5.9}$$

ist. Wie der Zweipol im Inneren[3] aussieht, spielt dabei keine Rolle.

Merksatz *Zweipol und Ersatzspannungsquelle verhalten sich nach außen identisch. Die Beziehung $U = f(I)$ ist dieselbe.*

■ **Beispiel 5.2**
Für den untenstehenden linearen Zweipol (Spannungsteiler) sollen die Parameter der Ersatzspannungsquelle bestimmt werden.

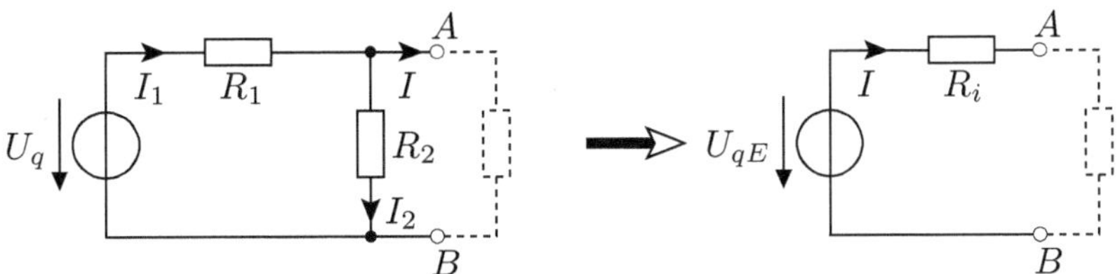

Bei Leerlauf fließt durch R_2 der Strom

$$I_2 = \frac{U_q}{R_1 + R_2}$$

[3] im Inneren bedeutet: links von den Klemmen

und somit ist

$$U_l = R_2 \cdot I_2 = \frac{R_2 \cdot U_q}{R_1 + R_2} \ .$$

Beim Kurzschluss ist

$$I_K = \frac{U_q}{R_1} \ ,$$

woraus sich für den Innenwiderstand

$$R_i = \frac{U_l}{I_K} = \frac{R_1 \cdot R_2}{R_1 + R_2}$$

ergibt. Die gesuchte Ersatzschaltung besteht also aus einer **neuen** *Quelle mit der Quellenspannung U_l und dem Innenwiderstand R_i. Diese Quelle ist* ***fiktiv****. Ihre Parameter unterscheiden sich immer von den Parametern der tatsächlich in der Schaltung auftretenden Quellen.*

Bemerkung:

R_i kann als Parallelschaltung von R_1 und R_2 aufgefasst werden. Zu diesem Ergebnis kommt man auch, wenn man

- *die Quelle U_q kurzschließt ($U_q = 0$),*
- *den gesuchten Widerstand bestimmt, der sich von den Klemmen A und B aus (in die Schaltung hinein) ergibt.*

■

5.3.2. Ersatzstromquelle

Rein formal kann man jeden linearen Zweipol nicht nur durch eine Ersatzspannungsquelle, sondern auch durch eine Ersatzstromquelle ersetzen, die einen **konstanten** Strom I_q liefert. Dieser Quellenstrom I_q fließt im Kurzschlussfall als Kurzschlussstrom I_K an den Klemmen.

Die Abbildung 5.15 zeigt das Schaltbild dieser Ersatzstromquelle.

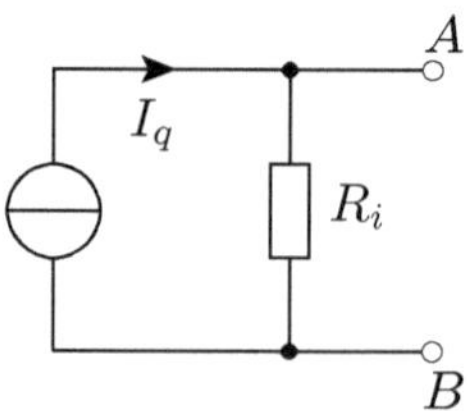

Abbildung 5.15.: Schaltbild der Ersatzstromquelle

Der Innenwiderstand R_i erscheint parallel zur Stromquelle. Er soll sehr **groß** sein, im Idealfall $R_i = \infty$.

Stromquellen werden durch elektronische Schaltungen erzeugt. Sind $I_q = I_K = const.$ und $R_i = const.$, so hat man eine lineare Stromquelle.

Merksatz *Bei Ersatzstromquellen arbeitet man einfacher mit Leitwerten G.*

■ **Beispiel 5.3**

Für den Spannungsteiler aus Beispiel 5.2 soll man auch die Parameter I_q und R_i der Ersatzstromquelle bestimmen.

I_q ist der Kurzschlussstrom:

$$I_q = I_K = \frac{U_q}{R_1} \ .$$

Der Innenwiderstand ist derselbe:

$$R_i = \frac{R_1 \cdot R_2}{R_1 + R_2} \ .$$

Man kann überprüfen, dass

$$I_K = \frac{U_l}{R_i}$$

ist.

■

5.3.3. Vergleich zwischen Ersatzquellen

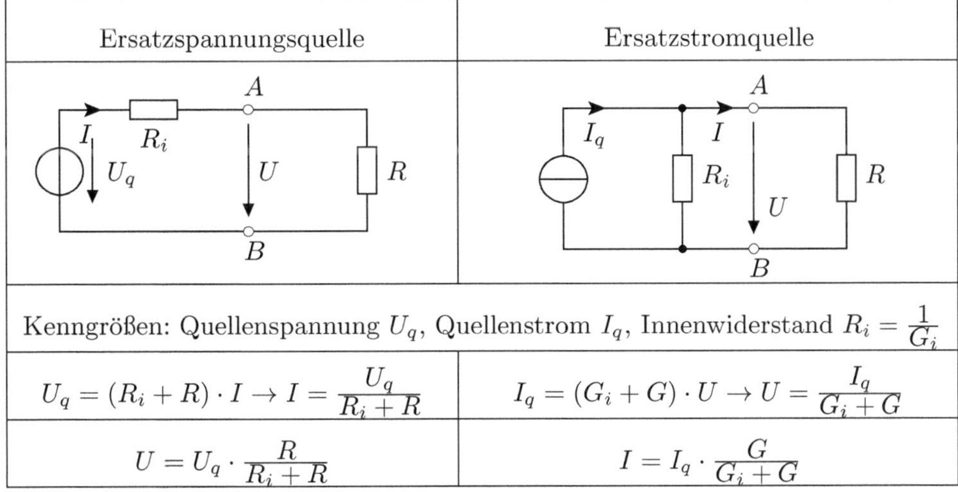

Ersatzspannungsquelle	Ersatzstromquelle
Kenngrößen: Quellenspannung U_q, Quellenstrom I_q, Innenwiderstand $R_i = \frac{1}{G_i}$	
$U_q = (R_i + R) \cdot I \rightarrow I = \frac{U_q}{R_i + R}$	$I_q = (G_i + G) \cdot U \rightarrow U = \frac{I_q}{G_i + G}$
$U = U_q \cdot \frac{R}{R_i + R}$	$I = I_q \cdot \frac{G}{G_i + G}$

Tabelle 5.1.: Gegenüberstellung von Ersatzspannungs– und Ersatzstromquelle

Zusammenfassend kann man die in Tabelle 5.1 wiedergegebenen Zusammenhänge für Ersatzspannungsquelle und Ersatzstromquelle festhalten.

Merksatz *Strom– und Spannungsquelle verhalten sich* **dual**, *d.h. alle Gleichungen der zweiten ergeben sich aus den ersten, wenn man U und I sowie R und G gegeneinander vertauscht.*

Bemerkung:
Ersatzspannungsquellen bevorzugt man dann, wenn $R \gg R_i$ ist, also bei

- Batterien
- Akkus
- Gleichstromnetzen, die einen relativ kleinen Innenwiderstand haben.

Ersatzstromquellen bevorzugt man hingegen dann, wenn es sich um Schaltungen handelt, bei denen $R_i \gg R$ ist, also z.B. bei Röhren– und Transistorschaltungen in der Informationstechnik.

■ **Beispiel 5.4**

Bestimmen Sie für die Schaltung aus Abbildung 5.16 die Parameter der Ersatzspannungsquelle und der Ersatzstromquelle.
Es gilt: $U_q = 10\,V$, $R_1 = 5\,\Omega$, $R_2 = 5\,\Omega$, $R_3 = 10\,\Omega$.

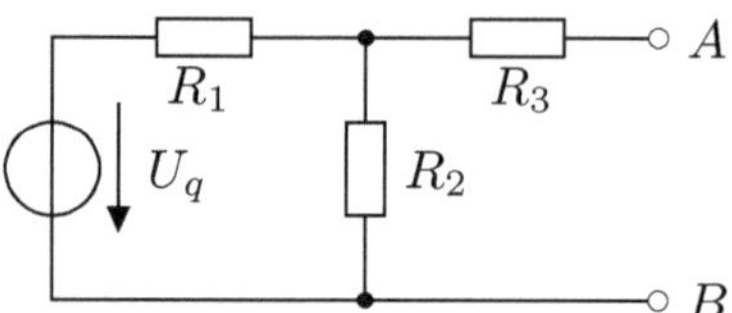

Abbildung 5.16.: Schaltbild zu Beispiel 5.4

Man berechnet die Leerlaufspannung U_l, den Kurzschlussstrom I_K und den Innenwiderstand R_i.

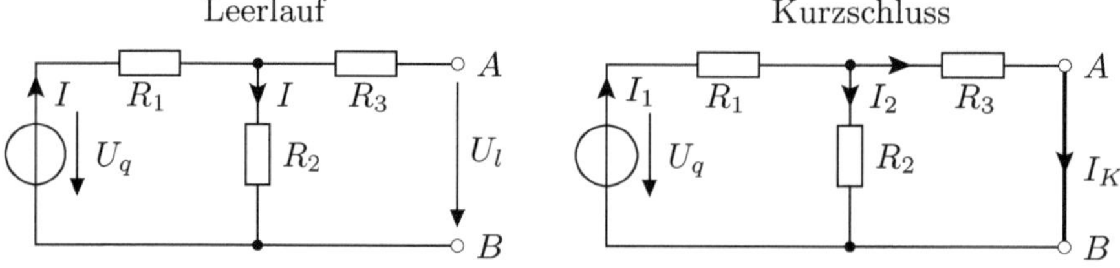

Leerlauf:

$$I = \frac{U_q}{R_1 + R_2}$$

$$U_l = I \cdot R_2 = \frac{U_q \cdot R_2}{R_1 + R_2}$$

$$U_l = \frac{10\,V \cdot 5\,\Omega}{(5+5)\,\Omega} = 5\,V$$

Kurzschluss:

$$I_1 = \frac{U_q}{R_1 + (R_2 \| R_3)} = \frac{U_q}{R_1 + \dfrac{R_2 \cdot R_3}{R_2 + R_3}}$$

$$I_K = I_1 \cdot \frac{R_2}{R_2 + R_3} \qquad \text{(Stromteiler–Regel)}$$

$$I_K = \frac{U_q \cdot R_2}{R_1(R_2 + R_3) + R_2 \cdot R_3}$$

$$I_K = \frac{10V \cdot 5\Omega}{(5 \cdot 15 + 50)\Omega^2} = 0,4\,A$$

Innenwiderstand:

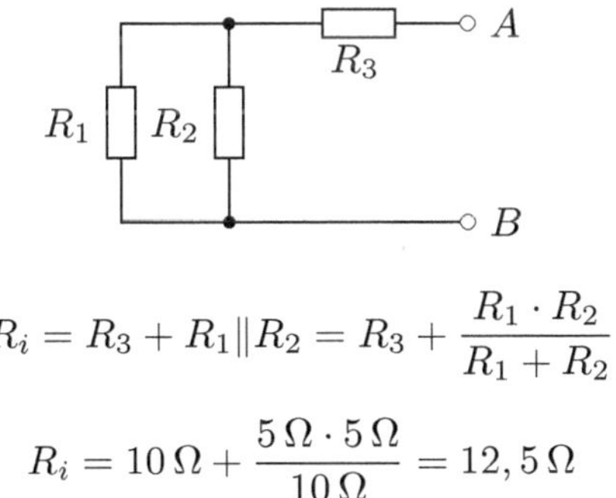

$$R_i = R_3 + R_1 \| R_2 = R_3 + \frac{R_1 \cdot R_2}{R_1 + R_2}$$

$$R_i = 10\,\Omega + \frac{5\,\Omega \cdot 5\,\Omega}{10\,\Omega} = 12,5\,\Omega$$

Die beiden äquivalenten Ersatzschaltbilder sind:

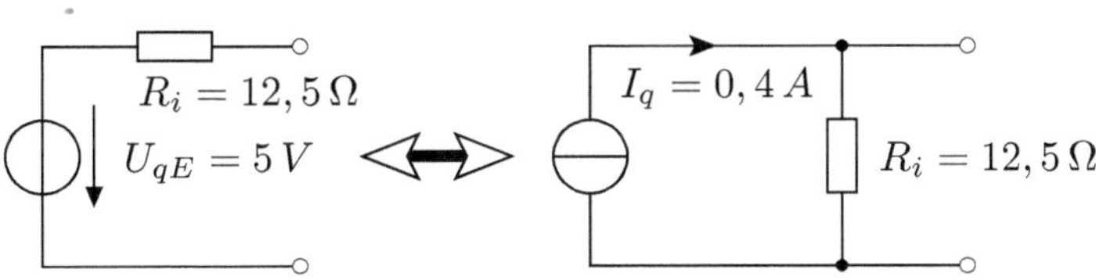

■

5.3.4. Die Sätze von den Zweipolen (Thévenin-Helmholtz- und Norton–Theorem)

Bisher wurde gezeigt, dass in jedem linearen, aktiven Netzwerk beliebige Teile, die an zwei Klemmen A und B zugänglich sind, - also lineare, aktive Zweipole -, durch eine Ersatzquelle (Spannungs- oder Stromquelle) ersetzt werden können, ohne dass die Ströme, die herein und heraus fließen oder die Spannung zwischen den Klemmen A und B sich ändern.
Schaltet man zwischen den Klemmen A und B einen Widerstand R, so fließt zwischen ihnen ein Strom I_{AB} und die Spannung zwischen A und B wird $U_{AB} = R \cdot I_{AB}$.
Zwei oft angewendete Theoreme geben den Strom I_{AB} und die Spannung U_{AB} an: das Thévenin-Helmholtz–Theorem (auch Theorem über die Ersatzspannungsquelle) und das Norton–Theorem (Theorem über die Ersatzstromquelle).

Der **Strom I_{AB}** in einem (passiven) Widerstandszweig A–B vom Widerstand R eines linearen Netzwerkes lässt sich so berechnen, dass man R aus dem Netzwerk herauslöst und das verbleibende Netzwerk als **Ersatzspannungsquelle** betrachtet (siehe Abbildung 5.17).

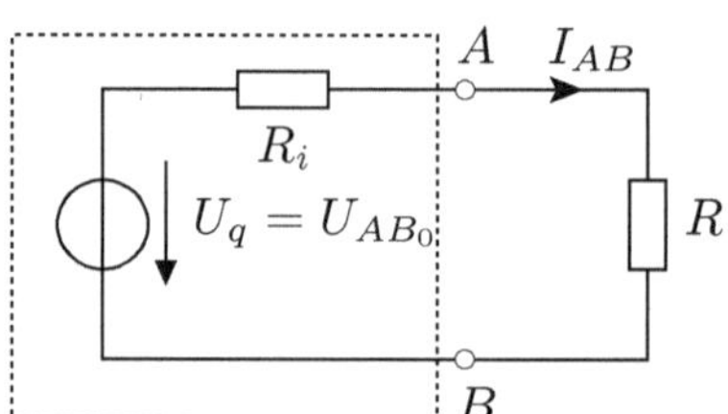

Abbildung 5.17.: Spannungsquelle mit Innenwiderstand R_i

Die Quellenspannung ist die Leerlaufspannung U_{AB_0} an den Klemmen A–B; den Innenwiderstand R_i findet man, wenn man im Restnetzwerk alle Zweige „passiv“ macht, d.h. alle idealen Spannungsquellen als Kurzschluss und alle idealen Stromquellen als unterbrochenen Netzzweig betrachtet und den Eingangswiderstand an den offenen Klemmen berechnet.
Dann ist:

$$\boxed{I_{AB} = \frac{U_{AB_0}}{R_i + R}} \qquad \textbf{Thévenin-Helmholtz–Theorem} \qquad (5.10)$$

Dieser Satz ist sehr nützlich, wenn nur nach **einem** Strom in einem passiven Zweig gefragt wird.
Ein ähnlicher Satz ersetzt das Netzwerk durch eine **Ersatzstromquelle** und berechnet die **Spannung U_{AB}** an den Klemmen (siehe Abbildung 5.18).

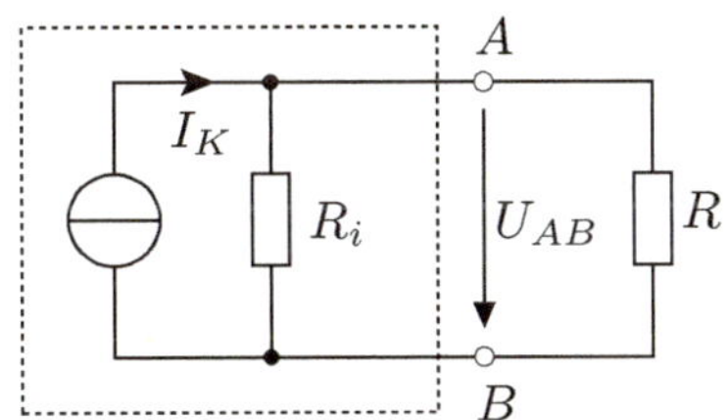

Abbildung 5.18.: Stromquelle mit Innenwiderstand R_i

Die **Spannung U_{AB}** an einem Widerstand R ist das Verhältnis zwischen dem Kurzschlussstrom des Netzes an den Klemmen A–B und der Summe aus dem Leitwert $G = \frac{1}{R}$ und dem inneren Leitwert $G_i = \frac{1}{R_i}$ des „passiven" Restnetzes.

$$\boxed{U_{AB} = \frac{I_K}{G_i + G}} \qquad \textbf{Norton–Theorem} \tag{5.11}$$

Dieser Satz ist besonders nützlich, wenn $G_i \ll G$, also $R_i \gg R$ ist, sodass die Spannung $U_{AB} \approx \frac{I_K}{G}$ ist. Dies ist z.B. in der Nachrichtentechnik sehr oft der Fall.

■ Beispiel 5.5

In der folgenden Schaltung soll der Strom I_3 in dem passiven Zweig mit dem Thévenin-Helmholtz-Theorem berechnet werden.
Es gilt: $U_{q1} = 100\,V$, $U_{q2} = 80\,V$, $R_1 = 10\,\Omega$, $R_2 = 2\,\Omega$, $R_3 = 15\,\Omega$.

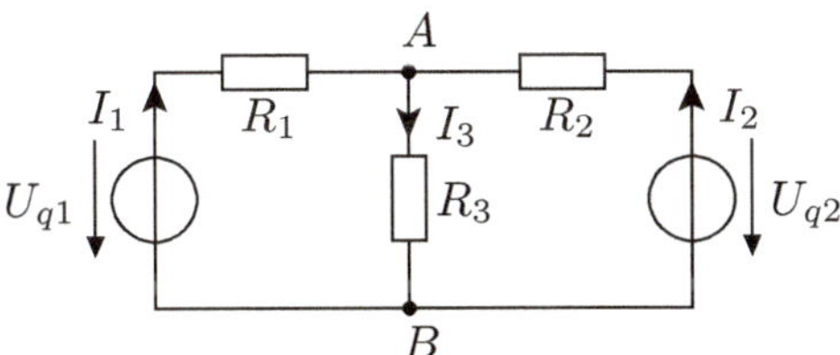

- *Zuerst löst man den passiven Zweig heraus:*

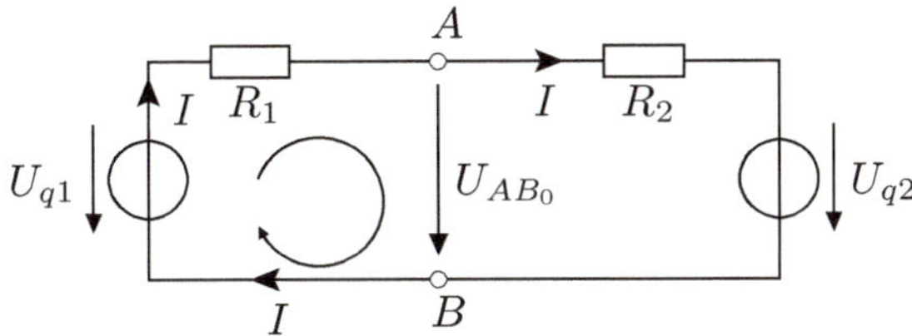

- *Nun berechnet man die Leerlaufspannung des Restnetzwerkes.*
  Zur Berechnung der Leerlaufspannung benutzt man eine Umlaufgleichung, in der die gesuchte Spannung die einzige Unbekannte ist. Die zweite Kirchhoffsche Gleichung: „Die Summe aller Teilspannungen in einem geschlossenen Umlauf ist stets gleich Null" gilt auf **jedem** *geschlossenen Umlauf, auch wenn Teile von ihm durch die Luft verlaufen. Um die Leerlaufspannung zu berechnen, muss man also einen Umlauf bilden, in dem diese Spannung beteiligt ist. Man kann einen solchen Umlauf mit der linken Quelle bilden:*

$$U_{AB_0} = U_{q_1} - R_1 \cdot I = U_{q_1} - R_1 \cdot \frac{U_{q_1} - U_{q_2}}{R_1 + R_2}$$

$$U_{AB_0} = \frac{U_{q_1} \cdot R_2 + U_{q_2} \cdot R_1}{R_1 + R_2} = \frac{100\,V \cdot 2\,\Omega + 80\,V \cdot 10\,\Omega}{(10+2)\,\Omega}$$

$$U_{AB_0} = \frac{250}{3}\,V\,.$$

- *Man berechnet den Innenwiderstand des passiven Netzes an den Klemmen A – B:*

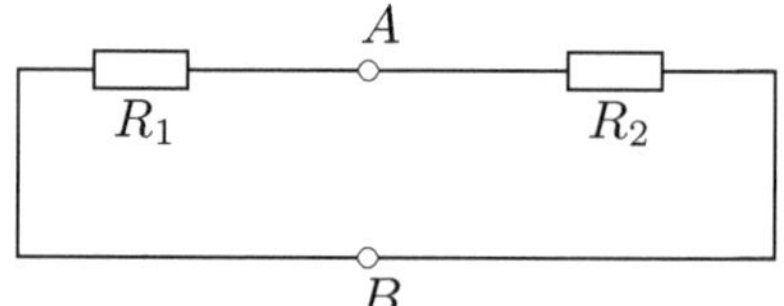

$$R_i = \frac{R_1 \cdot R_2}{R_1 + R_2} = \frac{10\,\Omega \cdot 2\,\Omega}{12\,\Omega} = \frac{5}{3}\,\Omega\,.$$

- *Der Strom I_3 ergibt sich als:*

$$I_3 = \frac{U_{AB_0}}{R_i + R_3} = \frac{\frac{250}{3}\,V}{\frac{5}{3}\,\Omega + 15\,\Omega} = 5\,A\,.$$

■

Man ersieht, dass dieses Theorem die gesamte Schaltung an den Klemmen des interessierenden, passiven Zweiges durch eine Ersatzspannungsquelle ersetzt.

■ Beispiel 5.6

In derselben Schaltung (siehe letztes Beispiel) soll die Spannung U_{AB} am passiven Zweig mit dem Norton–Theorem berechnet werden.

- *Man schließt die Klemmen A und B kurz*

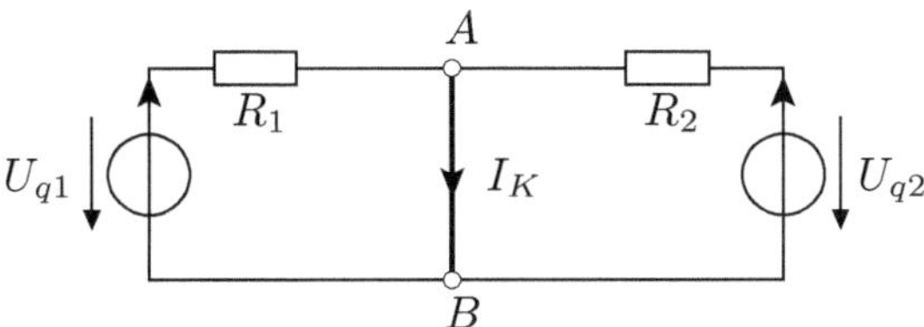

- *Der Kurzschlussstrom ist die Überlagerung der von den zwei Quellen einzeln erzeugten Ströme:*

$$I_K = \frac{U_{q_1}}{R_1} + \frac{U_{q_2}}{R_2}$$

$$I_K = \frac{100\,V}{10\,\Omega} + \frac{80\,V}{2\,\Omega} = 10\,A + 40\,A = 50\,A\ .$$

- *Der Innenwiderstand R_i wurde bereits (siehe letztes Beispiel) ermittelt:*

$$R_i = \frac{5}{3}\,\Omega\ .$$

- *Die gesuchte Spannung ist dann:*

$$U_{AB} = \frac{I_K}{G_i + G} = \frac{50\,A}{\left(\frac{3}{5} + \frac{1}{15}\right)\frac{1}{\Omega}} = \frac{50\,A \cdot 15\,\Omega}{10\,\Omega} = 75\,V\ .$$

Bemerkung:

Es muss gelten: $U_{AB_0} = I_K \cdot R_i$. *In der Tat gilt:* $50\,A \cdot \frac{5}{3}\,\Omega = \frac{250}{3}\,V$.

■

■ Aufgabe 5.2 (Äquivalenz von Zweipolen)

Jeder Zweipol kann in Bezug auf seine Klemmen durch eine Ersatzspannungs- oder eine Ersatzstromquelle ersetzt werden. Zweipole, die sich an ihren Klemmen gleich verhalten, sind **äquivalent**, *man kann sie von außen messtechnisch nicht unterscheiden.*

Im Inneren können sie jedoch stark voneinander abweichen. Vor allem kann der Leistungsumsatz im Inneren **aktiver** *Zweipole sehr unterschiedlich sein. Im Folgenden sollen die in der nächsten Abbildung dargestellten vier äquivalenten Zweipole, also Zweipole, die dieselbe Leerlaufspannung und denselben Kurzschlussstrom aufweisen, untersucht werden.*

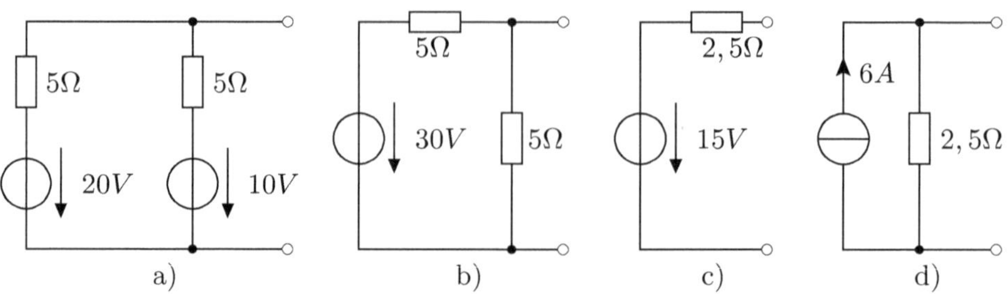

Die vier Zweipole sind:

a) Zwei parallel geschaltete Spannungsquellen

b) Spannungsteiler

c) Ersatzspannungsquelle

d) Ersatzstromquelle.

Für jeden Zweipol sollen die Leerlaufspannung U_l und der Kurzschlussstrom I_K berechnet werden. Sollten diese bei allen vier Zweipolen gleich groß sein, so sind die Zweipole äquivalent.
Es sollen auch die im Leerlauf und beim Kurzschluss umgesetzten Leistungen berechnet werden. Diese müssen jedoch nicht gleich groß sein, denn Leistungen hängen nicht linear von Spannung und Strom ab.

■

Bemerkung: Aktive Zweipole, die denselben Kurzschlussstrom und dieselbe Leerlaufspannung aufweisen, müssen nicht dieselben Leistungen verbrauchen. So z.B. wird in einer Spannungsquelle bei Leerlauf keine Leistung verbraucht, dagegen in der äquivalenten Stromquelle die Leistung $P = I_q^2 \cdot R_i$.

5.4. Leistung an Zweipolen

5.4.1. Leistungsanpassung

Sowohl in der Energie- als auch in der Nachrichtentechnik hat der aus Quelle, Leitung und Verbraucher bestehende Stromkreis die Aufgabe, dem Verbraucher elektrische Energie zuzuführen.
In der Praxis gibt es zwei betriebliche Forderungen, die in ihren Zielsetzungen sehr unterschiedlich sind:

- **Energietechnik:**
  Die Leistung der Quelle soll möglichst **verlustfrei** an den Verbraucher abgegeben werden.

$$\eta = \frac{P_a}{P_g} \qquad \text{möglichst groß}$$

In dieser Gleichung bedeuten P_a die Leistung am Verbraucher und P_g die Leistung der Quelle.

- **Nachrichtentechnik:**
  Es soll dem Verbraucher die **höchstmögliche Leistung** $P_{a_{max}}$ zugeführt werden. Damit sollen Nachrichten **ohne Verluste an Inhalt** übertragen werden; die Leistungsverluste auf der Leitung und in der Quelle selbst[4] sind – bei kleiner Energie – als unvermeidbar anzusehen. Dieser Betriebsfall wird **Leistungsanpassung** genannt.

Der Betriebsfall der Leistungsanpassung soll im Folgenden näher untersucht werden.

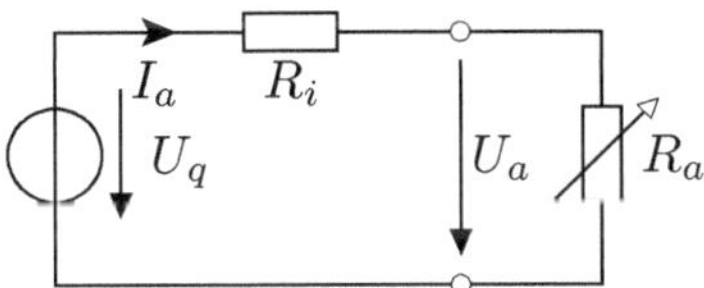

Abbildung 5.19.: Spannungsquelle mit Innenwiderstand R_i und Lastwiderstand R_a

Die in Abbildung 5.19 dargestellte Quelle erzeugt die Leistung:

$$P_g = U_q \cdot I_a = U_q \cdot \frac{U_q}{R_i + R_a} = \frac{U_q^2}{R_i + R_a} \ . \tag{5.12}$$

Die Nutzleistung im Verbraucher ist:

$$P_a = R_a \cdot I_a^2 = R_a \cdot \frac{U_q^2}{(R_i + R_a)^2} \ . \tag{5.13}$$

Die Funktion $P_a = f(R_a)$ hat sowohl für $R_a = 0$ (Kurzschluss), als auch für $R_a = \infty$ (Leerlauf) den Wert $P_a = 0$. Dazwischen muss mindestens ein Maximum liegen (sonst würde P_a immer gleich Null sein). Um den Widerstand R_a zu bestimmen, der zu der maximalen Leistung $P_{a_{max}}$ führt, bildet man die Ableitung:

$$\frac{d\,P_a}{d\,R_a} = U_q^2 \cdot \frac{(R_i + R_a)^2 - 2 \cdot R_a \cdot (R_i + R_a)}{(R_i + R_a)^4} = U_q^2 \cdot \frac{(R_i + R_a) - 2 \cdot R_a}{(R_i + R_a)^3} \ .$$

Die **Anpassungsbedingung** ist

$$\frac{d\,P_a}{d\,R_a} = 0 \text{ für } \boxed{R_i = R_a} \ . \tag{5.14}$$

[4]Diese Verluste entstehen an dem inneren Widerstand der Quelle R_i

Die maximal erreichbare Leistung beim Verbraucher ist

$$P_{a_{max}} = R_i \cdot \frac{U_q^2}{4 \cdot R_i^2} = \frac{U_q^2}{4 \cdot R_i} \ . \tag{5.15}$$

Die im Generator bei Leistungsanpassung erzeugte Leistung ist

$$P_g = \frac{U_q^2}{2 \cdot R_i} \ , \tag{5.16}$$

so dass der Wirkungsgrad bei Leistungsanpassung

$$\eta = \frac{P_a}{P_g} = 0,5$$

beträgt. 50% der Leistung der Quelle werden also im Verbraucherwiderstand und 50% im Innenwiderstand R_i umgesetzt.
Die Quelle liefert ihre maximale Leistung bei Kurzschluss ($R_a = 0$) (siehe Gleichung (5.12):

$$P_k = \frac{U_q^2}{R_i} \ . \tag{5.17}$$

5.4.2. Wirkungsgrad, Ausnutzungsgrad

Man definiert als **Ausnutzungsgrad** ε das Verhältnis der abgegebenen Nutzleistung zu der maximalen Kurzschlussleistung P_k (in Betrag):

$$\varepsilon = \frac{P_a}{P_k} \ . \tag{5.18}$$

Man erkennt, dass ε am größten ist, wenn die abgegebene Leistung maximal ist.

$$\varepsilon_{max} = \frac{P_{a_{max}}}{P_k} = \frac{U_q^2}{4 \cdot R_i} \cdot \frac{R_i}{U_q^2} = 0,25 \ .$$

Bei Leistungsanpassung gilt also:
$\eta = 0,5$; $\varepsilon = 0,25$; $P_a = P_{a_{max}} = \frac{P_k}{4}$; $I_a = \frac{I_{a_k}}{2}$; $U_a = \frac{U_q}{2}$.
Bei einem beliebigen Verbraucherwiderstand R_a ist der Wirkungsgrad

$$\eta = \frac{P_a}{P_g} = \frac{R_a}{R_i + R_a} = \frac{\frac{R_a}{R_i}}{1 + \frac{R_a}{R_i}} = \frac{R_r}{1 + R_r} \text{ mit } R_r = \frac{R_a}{R_i} \ . \tag{5.19}$$

Es ist: $\eta = 0$ bei $R_a = 0$ (Kurzschluss); $\eta = 0,5$ bei $R_a = R_i$ (Anpassung); $\eta = 1$ bei $R_a = \infty$ (Leerlauf). Die Abbildung 5.20 erläutert die oben genannten Zusammenhänge graphisch.

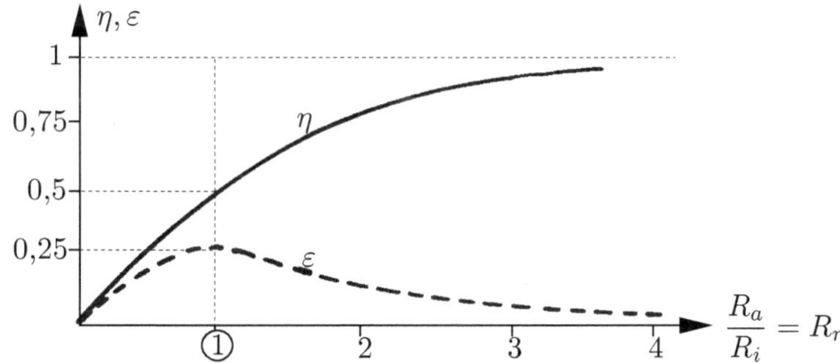

Abbildung 5.20.: Verlauf des Wirkungsgrades η und des Nutzungsgrades ε

In der Energietechnik soll $\eta \to 1$ gehen, also muss $\boldsymbol{R_i \ll R_a}$ sein. Eine Leistungsanpassung wäre falsch, denn 50% der Quellenleistung würde in Wärme umgesetzt werden.
Für einen beliebigen Widerstand soll auch ε berechnet und auf Abbildung 5.20 dargestellt werden:

$$\begin{aligned}
\varepsilon &= \frac{P_a}{P_K} = R_a \cdot \frac{U_q^2}{(R_i + R_a)^2} \cdot \frac{R_i}{U_q^2} \\
&= \frac{R_a \cdot R_i}{R_i^2 + 2 \cdot R_i \cdot R_a + R_a^2} = \frac{\frac{R_a}{R_i}}{1 + 2 \cdot \frac{R_a}{R_i} + \left(\frac{R_a}{R_i}\right)^2} \\
\varepsilon &= \frac{R_r}{(1 + R_r)^2}.
\end{aligned} \tag{5.20}$$

5.4.3. Leistung, Spannung und Strom bei Fehlanpassung

Mit „Fehlanpassung“ bezeichnet man alle Betriebszustände eines Stromkreises, die außerhalb der „Leistungsanpassung“ ($R_a = R_i$) liegen. Es soll nochmals erwähnt werden, dass für die Energietechnik nur Fehlanpassungen ($R_a \gg R_i$) in Frage kommen.
Um die Abhängigkeit $P_a = f(R_r)$ zu bestimmen, also den Verlauf der Verbraucherleistung bei verschiedenen Belastungen, zeichnet man in einem Kennlinienfeld $U_a = f(I_a)$ die Quellengerade mit der entsprechenden Neigung (bestimmt von R_i) und einige Geraden für verschiedene Werte des Lastwiderstandes R_a (siehe Abbildung 5.21). Auf Abbildung 5.21 gilt: $\tan\alpha = R_i$, $\tan\beta = R_a$.

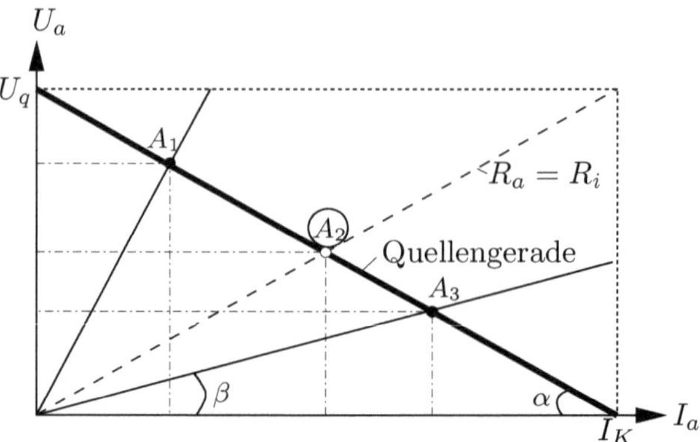

Abbildung 5.21.: Arbeitspunkte eines Stromkreises bei verschiedenen Belastungen

Die Arbeitspunkte legen jeweils ein Rechteck fest, dessen Flächeninhalt $P_a = U_a \cdot I_a$ ist. Dieser Flächeninhalt ist am größten für den Arbeitspunkt A_2 (siehe Abbildung 5.21), also für $R_a = R_i$ (gleiche Neigung der Quellen- und der Widerstandsgeraden). Somit wird auch graphisch bewiesen, dass bei der Leistungsanpassung die Leistung am Verbraucher P_a die größtmögliche ist. Es stellt sich die Frage, wie sich die Leistung am Verbraucher P_a, der Strom I_a und die Spannung U_a ändern, wenn $R_a \neq R_i$ ist, also bei **Fehlanpassung**. Die Antwort gibt die Abbildung 5.22. In dieser Abbildung sind die relativen Werte von P_a, I_a und U_a (bezogen auf die jeweiligen Maxima) skizziert. Dabei bedeuten:

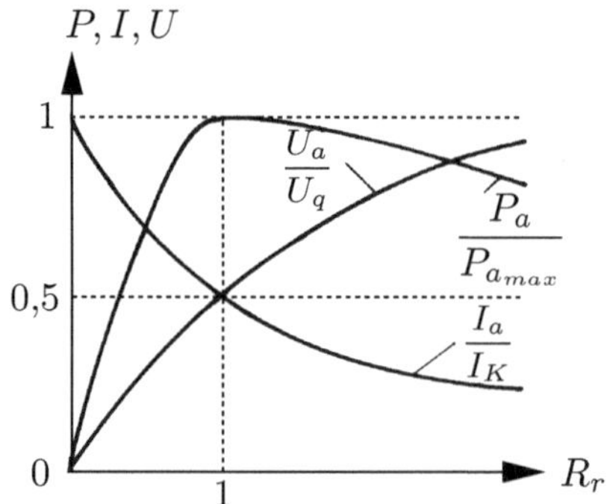

Abbildung 5.22.: Verlauf von Leistung, Strom und Spannung bei verschiedenen Belastungen

- $R_r = 0$: Kurzschluss
- $R_r = 1$: Leistungsanpassung.

Die Betrachtung der Kurvenverläufe lässt folgende Schlüsse zu:

1. Die **Leistung** P_a ist bei Kurzschluss Null und maximal bei $R_r = 1$.
2. Der **Strom** ist bei Kurzschluss maximal, bei $R_r = 1$ ist er $\frac{I_K}{2}$ und nimmt dann weiter ab.
3. Die **Spannung** ist im Kurzschluss Null, bei $R_r = 1$ ist sie $\frac{U_q}{2}$ und nimmt zu.

Die verschiedenen Betriebszustände eines Stromkreises sind in der Tabelle 5.2 zusammengefasst.

Betriebszustand	R_a	P_g	P_a	η
Kurzschluss	0	$P_k = \frac{U_q^2}{R_i}$	0	0
Unteranpassung	$< R_i$		$0 < P_a < P_{a_{max}}$	$0 < \eta < 0,5$
Anpassung	$= R_i$	$P_g = \frac{U_q^2}{2 \cdot R_i}$	$P_{a_{max}} = \frac{U_q^2}{4 \cdot R_i}$	$0,5$
Überanpassung	$> R_i$		$0 < P_a < P_{a_{max}}$	$0,5 < \eta < 1$
Leerlauf	∞	0	0	$\eta = 1$

Tabelle 5.2.: Betriebszustände eines Stromkreises

Die Wahl des geeigneten Lastwiderstandes R_a hängt also von der Zielsetzung der Übertragung ab: Der von der Energietechnik geforderte sehr große Lastwiderstand ist für die Nachrichtentechnik ungünstig. Dort soll $R_a = R_i$ sein.

■ Beispiel 5.7

Zwei Akkuzellen mit $U_q = 2\,V$ und $R_i = 0,05\,\Omega$ sollen auf zwei Widerstände $R_a = 0,2\,\Omega$

1. *die größtmögliche Leistung $P_{a_{max}}$ übertragen,*
2. *mit dem besten Wirkungsgrad η_{max} arbeiten.*

Welche Schaltungen muss man hierfür vorsehen, und welche Verbraucherleistungen P_a werden dann mit welchem Wirkungsgrad η erzeugt?

1. Als erstes muss eine Leistungsanpassung realisiert werden, also $R_i = R_a$. Dies ist in diesem Fall (nicht immer!) möglich, wenn man die Innenwiderstände in Reihe ($2 \cdot R_i = 0,1\,\Omega$) und die belastenden Widerstände parallel schaltet $\left(\frac{R_a}{2} = 0,1\,\Omega\right)$.

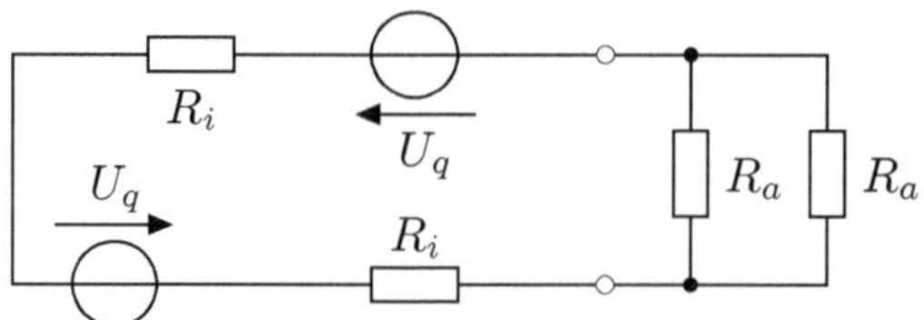

Die wirksame Quellenspannung ist die Summe $2 \cdot U_q$. Die abgegebene Leistung wird nach Gleichung (5.15):

$$P_a = P_{a_{max}} = \frac{(2 \cdot U_q)^2}{4 \cdot (2 \cdot R_i)} = \frac{4 \cdot U_q^2}{8 \cdot R_i} = \frac{4 \cdot (2\,V)^2}{8 \cdot 0{,}05\,\Omega} = 40\,W.$$

Der Wirkungsgrad braucht nicht mehr berechnet zu werden, da er bei der Leistungsanpassung immer 0,5 beträgt.

2. Für die zweite Fragestellung muss $R_i \ll R_a$ realisiert werden. Dazu schaltet man R_i parallel und R_a in Reihe.
Damit wird die abgegebene Leistung abnehmen, aber der Wirkungsgrad steigt an. Man erlangt den besten Wirkungsgrad, der mit den vorgegebenen Schaltelementen realisierbar ist.

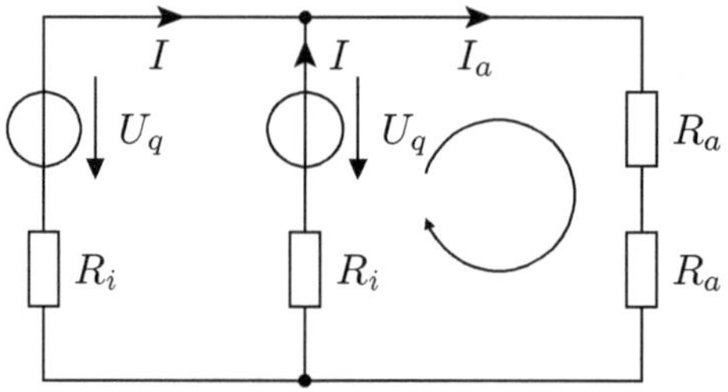

$$I = \frac{I_a}{2}; \quad U_q - R_i \cdot \frac{I_a}{2} = 2 \cdot R_a \cdot I_a$$

$$I_a = \frac{U_q}{2 \cdot R_a + \dfrac{R_i}{2}} = \frac{2\,V}{(0{,}4 + 0{,}025)\,\Omega} = 4{,}71\,A$$

$$P_a = 2 \cdot R_a \cdot I_a^2 = 0{,}4\,\Omega \cdot (4{,}71\,A)^2 = 8{,}87\,W$$

$$P_g = 2 \cdot U_q \cdot \frac{I_a}{2} = 2\,V \cdot 4{,}71\,A = 9{,}42\,W$$

$$\eta = \frac{8{,}87\,W}{9{,}42\,W} = 0{,}942 \text{ !!}$$

Die folgende Schaltung ergibt einen kleineren Wert für den Wirkungsgrad η:

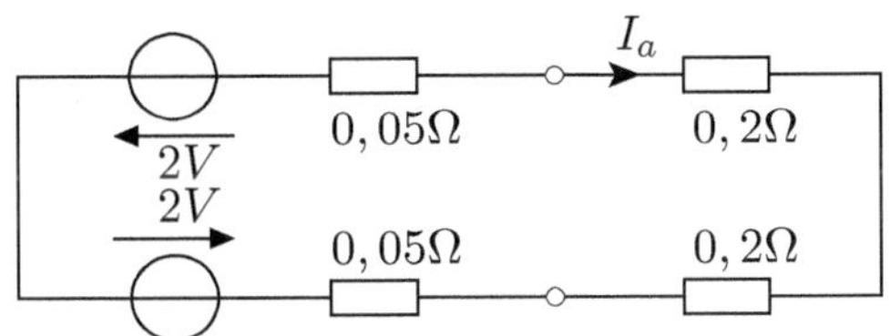

$$
\begin{aligned}
I_a &= \frac{4\,V}{0,5\,\Omega} = 8\,A \\
P_a &= R_a \cdot I_a^2 = 0,4\,\Omega \cdot (8\,A)^2 = 0,4\,\Omega \cdot 64\,A^2 = 25,6\,W \\
P_g &= U_q \cdot I_a = 4\,V \cdot 8\,A = 32\,W \\
\eta &= \frac{25,6\,W}{32\,W} = 0,8 \;!!
\end{aligned}
$$

■

Merksatz: Um einen hohen Wirkungsgrad zu erreichen, genügt es nicht, dass R_a groß ist, der Quotient $\frac{R_a}{R_i}$ muss möglichst groß sein!

6. Nichtlineare Zweipole

6.1. Kennlinien nichtlinearer Zweipole

Bei vielen technisch wichtigen Bauelementen ist der Zusammenhang zwischen U und I nicht linear.
Bei der Berechnung von Schaltungen mit solchen **nichtlinearen Zweipolen** geht man von der Kennlinie $\boldsymbol{I = f(U)}$ aus.

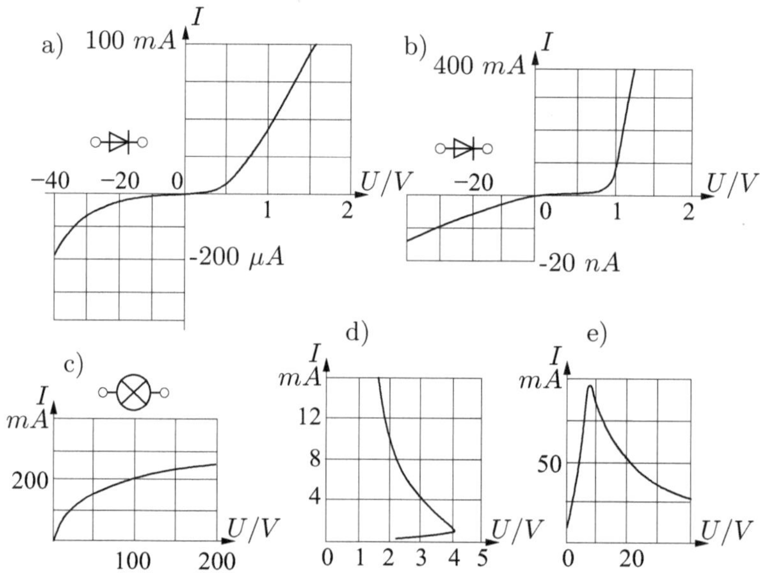

Abbildung 6.1.: Kennlinien einiger nichlinearer Bauelemente

Die Abbildung 6.1 zeigt die nichtlinearen $I - U$-Kennlinien folgender Bauelemente:

a) Germaniumdiode
b) Siliziumdiode
c) Glühlampe
d) Kaltleiter ($\alpha > 0$ ferromagnetische Metalle: Fe, Ni, Co)
e) Heißleiter ($\alpha < 0$ Elektrolyte, Halbleiter).

M. Marinescu und N. Marinescu, *Elektrotechnik für Studium und Praxis*,
https://doi.org/10.1007/978-3-658-28884-6_6

Die Dioden-Kennlinien (a, b) sind stark nichtlinear und weisen völlig unterschiedliche Verläufe in den positiven und negativen Spannungsbereichen auf. Um diesen Verlauf graphisch darstellen zu können ist man gezwungen, unterschiedliche Maßstäbe für die Spannung und für den Strom im positiven und im negativen Bereich zu verwenden (siehe Abbildung 6.1 a und b). Man ersieht, dass die Stromwerte im Bereich negativer Spannungen (in „Sperrrichtung") um einige Größenordnungen kleiner als im Bereich positiver Spannungen sind. Die Dioden sollen in einer Richtung leiten und in der anderen „sperren".
Eine Glühlampe (Abbildung 6.1 c) verhält sich dagegen in beiden Spannungsbereichen gleich, so dass die Darstellung der Kennlinie im Bereich positiver Spannungen genügt.
Ganz anders als die drei vorherigen sehen die Kennlinien d) und e) aus. Während bei den Dioden (a, b) und bei der Glühlampe (c) die Zuordnung zwischen U und I **eindeutig** ist, d.h.: jedem Stromwert entspricht ein einziger Spannungswert, verhalten sich Heiß- und Kaltleiter **nicht-eindeutig**. Auf Abbildung 6.1 e) kann man z.B. sehen, dass dem Stromwert $50\,mA$ zwei Spannungswerte entsprechen: $5\,V$ und $20\,V$. Welcher Arbeitspunkt sich im Stromkreis einstellt, hängt von der ,,Vorgeschichte" des Kreises ab.

6.2. Reihen– und Parallelschaltung von nichtlinearen Zweipolen

Bei der Reihen- und Parallelschaltung von linearen Widerständen hat man nach dem Gesamtwiderstand gesucht, der die Schaltung elektrisch ersetzen kann. Dieser Widerstand konnte rechnerisch ermittelt werden.
Auch bei nichtlinearen Elementen wird die I–U–Kennlinie des Ersatz–Zweipols gesucht. Da jedoch eine mathematisch exakte Beschreibung solcher Kennlinien verständlicherweise praktisch unmöglich ist (siehe Abbildung 6.1), ist man hier auf **graphische** Verfahren angewiesen.
Dazu müssen die I–U–Kennlinien der in Reihe geschalteten Elemente vorgegeben sein (diese werden von den Herstellern der nichtlinearen Bauelemente entweder in Tabellenform oder als Diagramme zur Verfügung gestellt).
Bei der **Reihenschaltung** werden die Zweipole von **demselben Strom** durchflossen. Man muss also bei mehreren Stromwerten die Teilspannungen addieren. Damit erhält man die Kennlinie des nichtlinearen Ersatz–Zweipols (EZ).
Die Abbildung 6.2 zeigt das graphische Verfahren der Reihenschaltung. Die gesuchte Kennlinie des Ersatz-Zweipols (EZ) liegt immer flacher als die Kennlinien der in Reihe geschalteten Elemente. Dies entspricht der bekannten Tatsache, dass der Gesamtwiderstand einer Reihenschaltung immer größer als der größte beteiligte Widerstand ist.

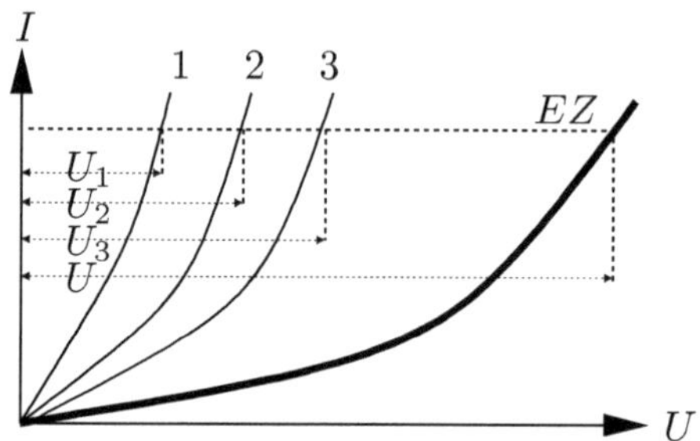

Abbildung 6.2.: Graphische Bestimmung der Kennlinie des Ersatz–Zweipols bei der Reihenschaltung von drei nichtlinearen Elementen

■ **Beispiel 6.1**

Als Beispiel für eine Reihenschaltung von nichtlinearen Elementen soll eine Schaltung zur Polaritätsanzeige (siehe Abbildung 6.3) betrachtet werden.

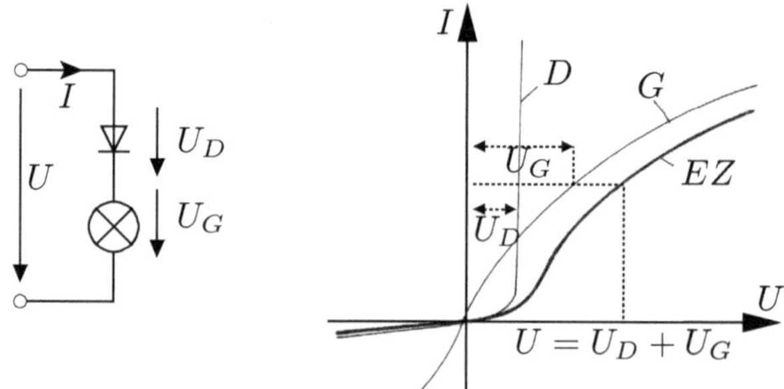

Abbildung 6.3.: Schaltung zu Beispiel 6.1

Ein Stromkreis aus einer Diode, in Reihe geschaltet mit einer Glühlampe, kann dazu dienen, die + Klemme einer Gleichspannungsquelle zu identifizieren.
Die vorherige Abbildung zeigt die Schaltung (links) und die $I-U$-Kennlinien der beiden Elemente, wie auch ihre graphische Reihenschaltung (rechts).
Man ersieht leicht, dass wenn man eine positive Spannung anlegt, die Glühlampe leuchtet, während bei einer negativen Spannung der Strom durch die Lampe so gering ist, dass sie nicht leuchten kann.

■

Bei der **Parallelschaltung** bleibt die **Spannung** dieselbe. Jetzt müssen bei mehreren Spannungen die Teilströme punktweise addiert werden (Abbildung 6.4).
Die Kennlinie des Ersatz–Zweipols (EZ) verläuft in diesem Falle steiler als die steilste Kennlinie der beteiligten, parallel geschalteten Elemente. Dies ent-

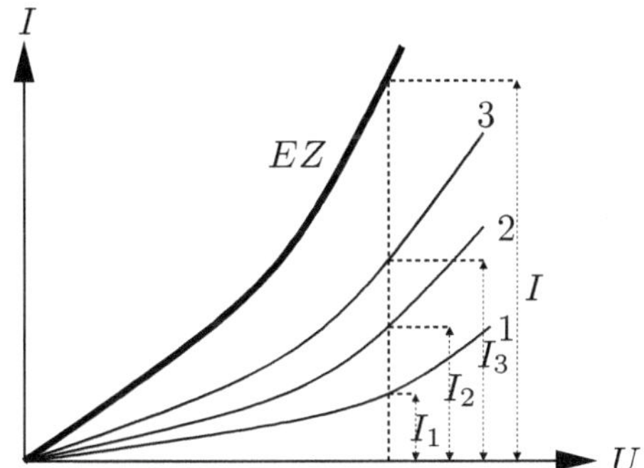

Abbildung 6.4.: Graphische Bestimmung der Kennlinie des Ersatz–Zweipols bei der Parallelschaltung von drei Elementen

spricht der bekannten Tatsache, dass der Gesamtwiderstand einer Parallelschaltung immer kleiner ist als der kleinste beteiligte Widerstand.

Das graphische Verfahren kann man auch anwenden, wenn lineare und nichtlineare Zweipole parallel bzw. in Reihe geschaltet werden.

■ Beispiel 6.2

Die folgende Schaltung mit zwei antiparallel geschalteten Dioden schützt den linearen Verbraucher R vor zu großen Strömen. Die folgende Abbildung zeigt die Schaltung (links) und die $I-U$-Kennlinien der drei beteiligten Elemente und des Ersatz–Zweipols (rechts).

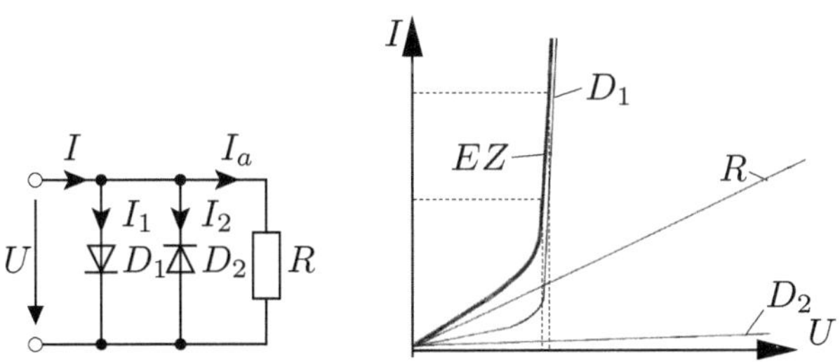

Nimmt I zu, so geht ein wachsender Anteil auf die leitende Diode über. Am Verbraucher R fällt nur eine begrenzte Spannung ab. Bei umgekehrter Stromrichtung schützt die andere Diode (EZ–Kennlinie symmetrisch).

■

6.3. Netze mit nichtlinearen Zweipolen

Sind nichtlineare Elemente in einem Netz vorhanden, so muss man zur Bestimmung des Stromes ein **graphisches Lösungsverfahren** anwenden.
Als Beispiel soll die Schaltung nach Abbildung 6.5 gelten. Es soll der Strom in diesem Kreis bestimmt werden, für den U_q, R_i und die Dioden–Kenlinie $I = f(U)$ bekannt sind.

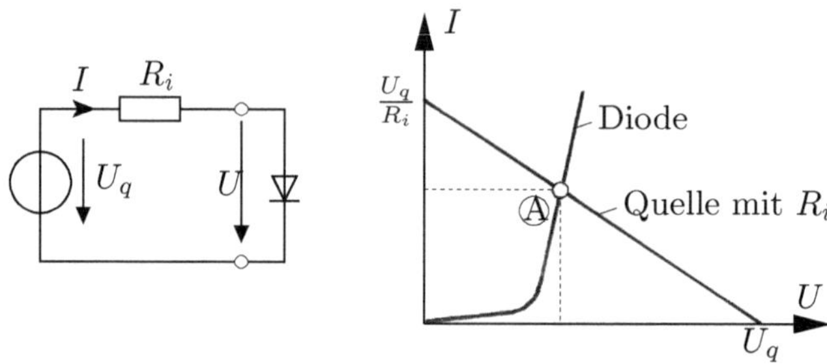

Abbildung 6.5.: Graphische Bestimmung des Arbeitspunktes in einem Stromkreis aus Quelle und nichlinearem Element

Die Maschengleichung auf der linken Masche lautet:

$$U_q = U + R_i \cdot I \longrightarrow I = \frac{U_q - U}{R_i} \ .$$

Diese Gleichung stellt die **„Quellen–Gerade"** dar, deren Lage nur von U_q und R_i abhängt.
Auf der rechten Masche gilt die nichlineare Kennlinie $I = f(U)$ der Diode.
Die Koordinaten des Schnittpunktes der Quellengeraden mit der Dioden–Kennlinie $I = f(U)$ erfüllen beide Gleichungen:

$$U_q = U + R_i \cdot I \text{ und } I = f(U)$$

und stellen die graphische Lösung dieses Gleichungssystems dar (Abbildung 6.5, Punkt A). Verändern sich R_i oder U_q, so verändern sich die Quellengeraden.
Auf Abbildung 6.6 links variiert R_i während rechts Kennlinien mit $R_i = const.$ dargestellt sind.
Man erkennt leicht, welche Rolle die Diode in diesem Stromkreis spielt: Die Spannung U bleibt fast konstant, obwohl U_q sich stark ändert. Die Diode stabilisiert die Spannung. Schaltet man parallel zu ihr einen linearen Verbraucher, so bleibt die Spannung (und somit der Strom) am Verbraucher praktisch konstant.
Schaltet man also in die Abbildung 6.5 parallel zu der Diode einen zweiten, variablen Widerstand R_N (siehe Abbildung 6.7), so gilt:

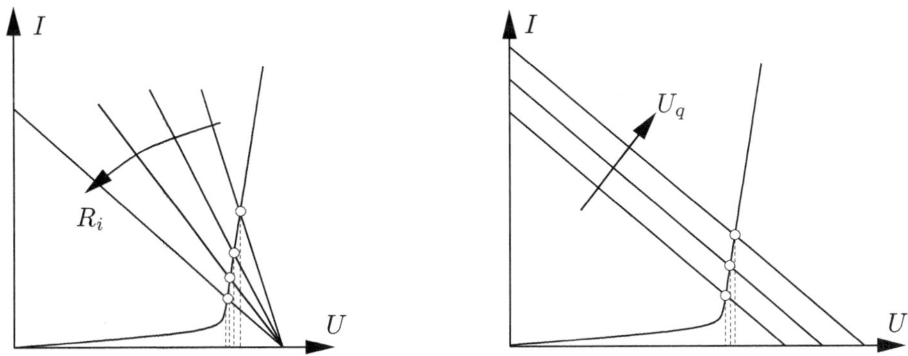

Abbildung 6.6.: Kennlinienfelder und die entsprechenden Arbeitspunkte

$$\begin{aligned} I_q &= I_N + I \\ U_q &= (I + I_N) \cdot R_i + U \\ I_N &= \frac{U}{R_N}. \end{aligned}$$

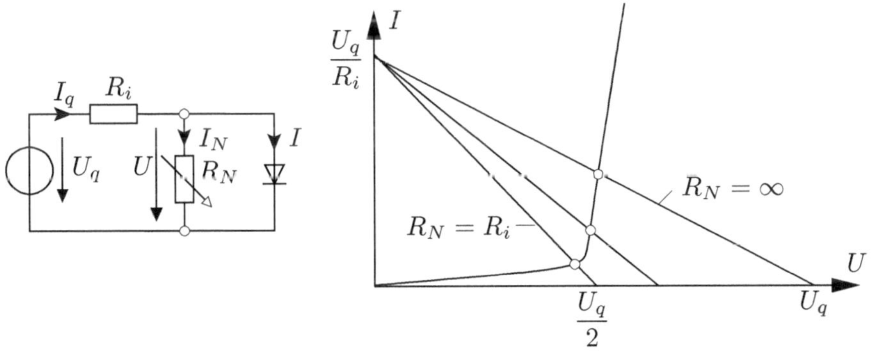

Abbildung 6.7.: Stromkreis mit zwei Widerständen und Diode

Die neue „Quellengerade" ist also:

$$U_q = \left(I + \frac{U}{R_N}\right) \cdot R_i + U = U \cdot \left(1 + \frac{R_i}{R_N}\right) + I \cdot R_i \ .$$

Diese wird in Abbildung 6.7 gezeigt. Die Achsenabschnitte sind:

- $U = 0 \Longrightarrow I = \frac{U_q}{R_i}$
- $I = 0 \Longrightarrow U = \frac{U_q}{1 + \frac{R_i}{R_N}}$.

Für $R_N = \infty$ gilt $U = U_q$ und somit derselbe Arbeitspunkt wie bei dem vorherigen Beispiel.
Ist $R_N = R_i$, so gilt $U = \frac{U_q}{2}$.

Bemerkung :
In Schaltungen mit einem nichtlinearen Element ist es oft sinnvoll, die gesamte Schaltung an den Anschlüssen des nichtlinearen Elementes durch eine Ersatz-Spannungs- oder Ersatz-Stromquelle zu ersetzen. Dann ergibt sich der Arbeitspunkt des Kreises als Schnittpunkt der Quellengerade der Ersatzquelle mit der Kennlinie des nichtlinearen Elementes. Somit wird nur ein einziger Punkt graphisch ermittelt, was zu sehr genauen Ergebnissen führt.

7. Analyse linearer Netze

7.1. Unmittelbare Anwendung der Kirchhoffschen Gleichungen (Zweigstromanalyse)

Die Aufgabe der Netzwerkanalyse ist die Berechnung der Spannungen und Ströme in beliebigen mit Gleichspannungen und –strömen gespeisten Netzen. Im Folgenden werden nur **lineare** Netze untersucht, bei denen in allen Elementen das Ohmsche Gesetz $U = R \cdot I$ mit $R = konstant$ gilt. Dann sind alle Gleichungen zur Berechung der Spannungen und Ströme linear.
Man kann in einem Netzwerk entweder die Ströme oder die Spannungen berechnen, denn sie sind über $U = R \cdot I$ voneinander abhängig.
Ein elektrisches Netzwerk besteht aus einzelnen **Zweigen** (z), die an den **Knotenpunkten** (k) miteinander zusammenhängen und so **Maschen** bilden. In einem **Knoten** treffen mindestens drei Verbindungsleitungen zusammen. Ein **Zweig** verbindet zwei Knoten miteinander durch beliebige Elemente, die alle vom selben Strom durchflossen werden. Unter **Masche** versteht man einen in sich geschlossenen Kettenzug von Zweigen und Knoten (der **geschlossene** Umlauf kann allerdings teilweise durch die Luft verlaufen).
Zur Netzwerkberechnung stehen zur Verfügung:

- Die Kirchhoffschen Gleichungen

$$\sum_\mu I_\mu = 0 \qquad \text{für alle Knoten,}$$
$$\sum_\mu U_\mu = 0 \qquad \text{für alle Umläufe innerhalb des Netzes,}$$

- Das Ohmsche Gesetz $U = R \cdot I$, das in allen Widerständen gilt.

Um alle Ströme und Spannungen zu bestimmen (bei vorgegebenen Widerständen und Quellenspannungen), muss man also ein Gleichungssystem mit z unabhängigen Gleichungen zur Verfügung haben. Die restlichen unbekannten Ströme oder Spannungen werden von dem Ohmschen Gesetz geliefert. Von den k Knotengleichungen sind lediglich

$$k - 1$$

M. Marinescu und N. Marinescu, *Elektrotechnik für Studium und Praxis*,
https://doi.org/10.1007/978-3-658-28884-6_7

voneinander unabhängig (Euler-Theorem). Die k–te Gleichung lässt sich aus den übrigen Gleichungen ableiten und ist nicht mehr unabhängig. Es bleiben also

$$m = z - k + 1$$

unabhängige Maschen.

Merksatz *Eine einfache Methode zum* **Aufstellen der unabhängigen Maschengleichungen***:*
Nach Aufstellen einer Spannungsgleichung trennt man die gerade betrachtete Masche an einer beliebigen Stelle auf. Die nächste Masche darf den aufgetrennten Zweig nicht enthalten, usw. bis alle Zweige berücksichtigt wurden.

Man kann sich leicht davon überzeugen, dass die Berechnung der Ströme und Spannungen in einem Netz mit Hilfe der Kirchhoffschen Gleichungen und des Ohmschen Gesetzes aufwändig ist. Allerdings führen sie immer zu dem korrekten Ergebnis.

■ **Beispiel 7.1**
Gegeben ist ein Netz mit drei Maschen und einer Spannungsquelle (Wheatstone–Brücke).

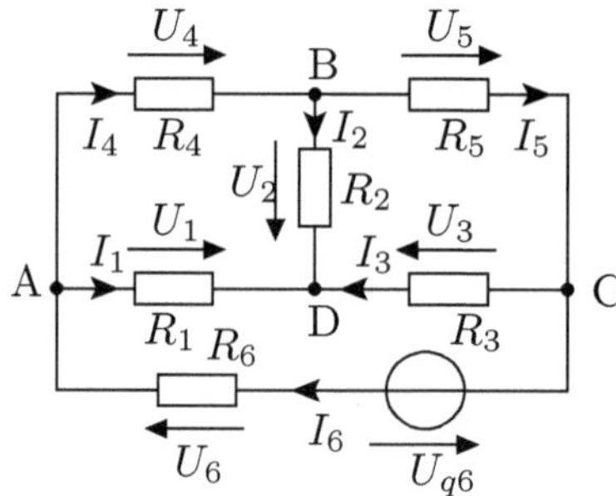

Abbildung 7.1.: Schaltung zu Beispiel 7.1 (Wheatstone–Brücke)

Das Netz hat $k = 4$ *Knoten und* $z = 6$ *Zweige. Die Unbekannten sind die sechs Ströme und die sechs Spannungen. Man wählt für die Ströme willkürliche Richtungen, wie dies in der Schaltung bereits geschehen ist. Dann liefert das Ohmsche Gesetz sofort sechs Gleichungen in den sechs Widerständen:*

$$U_1 = R_1 \cdot I_1 \qquad \text{Gleichung (1)}$$
$$U_2 = R_2 \cdot I_2 \qquad \text{Gleichung (2)}$$
$$U_3 = R_3 \cdot I_3 \qquad \text{Gleichung (3)}$$
$$U_4 = R_4 \cdot I_4 \qquad \text{Gleichung (4)}$$
$$U_5 = R_5 \cdot I_5 \qquad \text{Gleichung (5)}$$
$$U_6 = R_6 \cdot I_6 \qquad \text{Gleichung (6)}$$

Die vier Knoten liefern vier Gleichungen (1. Kirchhoffscher Satz):

Knoten A:	$I_1 + I_4 - I_6 = 0$	*Gleichung (7)*
Knoten B:	$I_2 + I_5 - I_4 = 0$	*Gleichung (8)*
Knoten C:	$I_3 + I_6 - I_5 = 0$	*Gleichung (9)*

Die Gleichung des Knotens D ist nicht mehr unabhängig, da sie sich durch die Addition der Gleichungen (7) bis (9) ergibt.
Die 2. Kirchhoffsche Gleichung soll auf $m = z - k + 1 = 6 - 4 + 1 = 3$ unabhängige Umläufe angewendet werden. Man zeichnet dazu eine Skizze der Schaltung und fängt z.B. mit der Masche ADB an. Der willkürliche Umlaufsinn sei nach rechts.

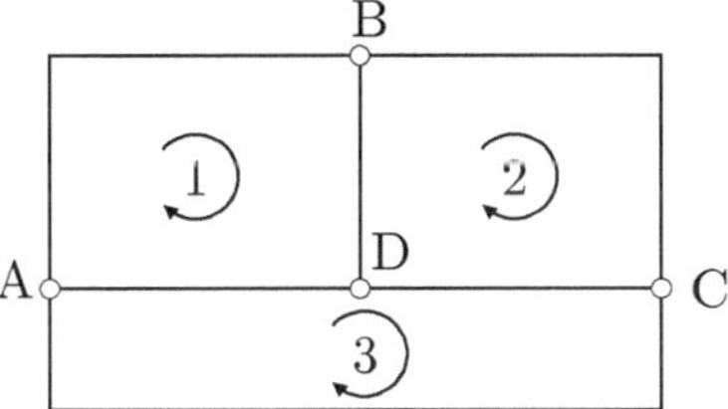

$$I_4 \cdot R_4 + I_2 \cdot R_2 - I_1 \cdot R_1 = 0 \qquad \textit{Gleichung (10)}$$

Jetzt trennt man (gedanklich) den Zweig AB auf und sucht eine zweite komplette Masche, z.B. BCD:

$$-I_2 \cdot R_2 + I_3 \cdot R_3 + I_5 \cdot R_5 = 0 \qquad \textit{Gleichung (11).}$$

Wenn man jetzt den Zweig BC auftrennt, so bleibt als komplette Masche nur noch ACD übrig:

$$I_1 \cdot R_1 - I_3 \cdot R_3 + I_6 \cdot R_6 = U_{q6} \qquad \textit{Gleichung (12).}$$

Jede andere Masche, die man jetzt noch behandelt, ergibt eine Gleichung, die man aus den Gleichungen (10) bis (12) gewinnen kann, also abhängig ist. Jetzt verfügt man über sechs unabhängige Gleichungen für die sechs Zweigströme. Man kann aus den Gleichungen (1) bis (3) die Ströme I_1, I_2 und I_3 durch I_4, I_5 und I_6 ausdrücken und in die Gleichungen (10) bis (12) einsetzen. Ordnet man die Gleichungen nach den Widerständen, so erhält man:

$$-R_1 \cdot (-I_4 + I_6) + R_2 \cdot (I_4 - I_5) + R_4 \cdot I_4 = 0$$

$$-R_2 \cdot (I_4 - I_5) + R_3 \cdot (I_5 - I_6) + R_5 \cdot I_5 = 0$$

$$R_1 \cdot (-I_4 + I_6) - R_3 \cdot (I_5 - I_6) + R_6 \cdot I_6 = U_{q6}$$

Ordnet man diese Gleichungen nach den drei Strömen, so ergibt sich:

$$\begin{aligned}
(R_1 + R_2 + R_4)\cdot I_4 \quad & -R_2\cdot I_5 & -R_1\cdot I_6 &= 0\\
-R_2\cdot I_4 + (R_2 + R_3 + R_5)\cdot I_5 \quad & & -R_3\cdot I_6 &= 0\\
-R_1\cdot I_4 \quad & -R_3\cdot I_5 + (R_1 + R_3 + R_6)\cdot I_6 & &= U_{q6}
\end{aligned}$$

Die Untersuchung des Netzes mit drei Maschen führt also zu einem Gleichungssystem mit drei Gleichungen für drei Unbekannte (Ströme): I_4, I_5, I_6.

■

Die Bestimmung der Ströme und Spannungen aus den Kirchhoffschen Gleichungen und dem Ohmschen Gesetz ist bei komplizierten Netzen sehr aufwändig. Es wurden andere Verfahren entwickelt, die den Aufwand durch geeignete Gleichungsauswahl erheblich reduzieren. Diese Verfahren reduzieren die Anzahl der zu lösenden Gleichungen.
Die Bedeutung der Reduzierung der Anzahl der Gleichungen für den Rechenaufwand zur Lösung eines Gleichungssystems wird klar, wenn man berücksichtigt, dass dieser etwa proportional der 3. Potenz der Gleichungsanzahl ist (bzw. sein kann). Eine Reduzierung der Anzahl auf die Hälfte reduziert den Rechenaufwand auf ein Achtel!
Die rapide Entwicklung der kleinen und großen Rechner in den letzten Jahren bringt allerdings die Frage mit sich, ob eine solche Reduzierung überhaupt noch interessant ist. Sie ist es auf jeden Fall, wenn man parametrische Untersuchungen durchführen möchte, also wenn man mathematische Abhängigkeiten der Ströme von bestimmten Schaltungselementen (Widerstände oder Quellenspannungen) benötigt. Diese Situation kommt bei der Auslegung oder Optimierung von Schaltungen oft vor. Eins muss jedoch klar bleiben:
Die Zahl der Unbekannten ist im allgemeinen Fall z (oder $2 \cdot z$, wenn man Ströme **und** Spannungen bestimmen soll). Man kann sie jedoch ausgehend von verschiedenen Gleichungssystemen bestimmen.

7.2. Überlagerungssatz und Reziprozitätssatz

7.2.1. Überlagerungssatz (Superpositionsprinzip nach Helmholtz)

Ist ein Netzwerk **linear**, so besteht zwischen einem beliebigen Strom und einer beliebigen Quellenspannung ein linearer Zusammenhang. So wird in der Schaltung nach Abbildung 7.2 der Strom I_3 eine lineare Funktion von den zwei Quellenspannungen sein:

$$I_3 = k_1 \cdot U_{q_1} + k_2 \cdot U_{q_2}$$

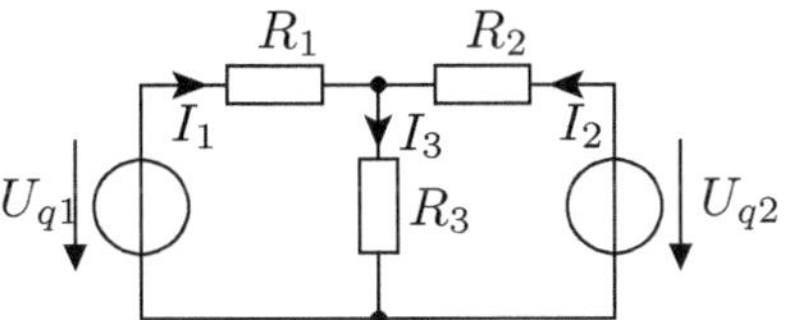

Abbildung 7.2.: Schaltung mit zwei Spannungsquellen

Dann kann man I_3 auch folgendermaßen bestimmen: Man kann den Strom I_3' berechnen, der sich ergeben würde, wenn nur die Quelle 1 vorhanden wäre, die Quelle 2 dagegen kurzgeschlossen:

$$I_3' = k_1 \cdot U_{q_1} \ .$$

Anschließend berechnet man den Strom, der sich ergeben würde, wenn die Quelle 1 kurzgeschlossen und nur die Quelle 2 vorhanden wäre:

$$I_3'' = k_2 \cdot U_{q_2} \ .$$

Der tatsächlich im Zweig 3 fließende Strom ergibt sich als Summe der beiden Stromanteile:

$$I_3 = I_3' + I_3'' \ .$$

Das Überlagerungsverfahren führt in Netzen mit vielen aktiven Zweipolen zu unter Umständen großen Vereinfachungen. Es darf für die Ströme und Spannungen, **jedoch nicht für Leistungen** benutzt werden.
Im Allgemeinen verfährt man folgendermaßen:

1. Alle Quellen bis auf **eine** werden als energiemäßig nicht vorhanden angesehen: bei Spannungsquellen wird $\boldsymbol{U_q = 0}$, bei Stromquellen $\boldsymbol{I_q = 0}$ gesetzt. In jedem Fall bleibt der **Innenwiderstand** wirksam!
2. Mit der einzig wirksamen Quelle berechnet man die **Teilströme** in den Zweigen.
3. Man lässt **alle Quellen nacheinander** wirksam sein und berechnet jedes Mal die Verteilung der Teilströme.
4. Die Teilströme werden unter Beachtung ihrer Zählrichtung in jedem Zweig zu dem tatsächlichen Zweigstrom **addiert**.

Überlagerungssatz: *Wirken in einem linearen Netz* **n** *Zweipolquellen, so erhält man die gesamte Stromverteilung durch Überlagerung der* **n** *Stromverteilungen, die sich ergeben, wenn der Reihe nach nur je eine der* **n** *Quellen* **alleine** *wirksam ist.*

■ Beispiel 7.2

In der Schaltung in Abbildung 7.2 sollen alle Zweigströme durch Anwendung des Überlagerungssatzes berechnet werden.
Es gilt: $U_{q1} = 100\,V$, $U_{q2} = 80\,V$, $R_1 = 10\,\Omega$, $R_2 = 2\,\Omega$, $R_3 = 15\,\Omega$.

Zuerst schließt man die Quelle U_{q_2} *kurz und lässt nur* U_{q_1} *wirken:*

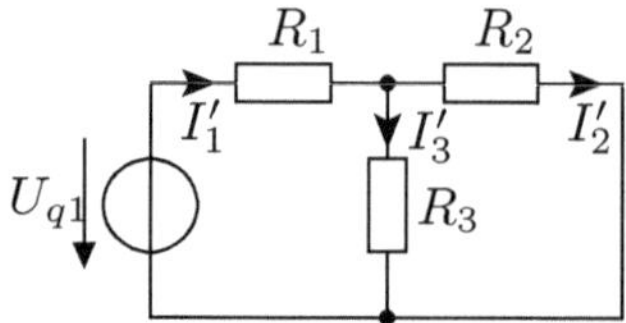

Der Gesamtstrom ist:

$$I_1' = \frac{U_{q_1}}{R_1 + \dfrac{R_2 \cdot R_3}{R_2 + R_3}} = \frac{100\,V}{\left(10 + \dfrac{2 \cdot 15}{2 + 15}\right)\,\Omega} = 8{,}5\,A\,.$$

Die beiden anderen Teilströme bestimmt man mit der Stromteilerregel:

$$I_2' = I_1' \cdot \frac{R_3}{R_2 + R_3} = 8{,}5\,A \cdot \frac{15\,\Omega}{17\,\Omega} = 7{,}5\,A$$

$$I_3' = I_1' \cdot \frac{R_2}{R_2 + R_3} = 8{,}5\,A \cdot \frac{2\,\Omega}{17\,\Omega} = 1\,A$$

Jetzt wirkt U_{q_2} *und* U_{q_1} *ist kurzgeschlossen:*

$$I_2'' = \frac{U_{q_2}}{R_2 + \dfrac{R_1 \cdot R_3}{R_1 + R_3}} = \frac{80\,V}{\left(2 + \dfrac{10 \cdot 15}{10 + 15}\right)\,\Omega} = 10\,A$$

$$I_1'' = I_2'' \cdot \frac{R_3}{R_1 + R_3} = 10\,A \cdot \frac{15}{25} = 6\,A$$

$$I_3'' = I_2'' \cdot \frac{R_1}{R_1 + R_3} = 10\,A \cdot \frac{10}{25} = 4\,A$$

Bemerkung: *Der letzte Strom in einem Knoten kann immer aus einer Knotengleichung bestimmt werden.*
Durch Superposition ergeben sich die drei tatsächlichen Ströme:

$$I_1 = I_1' - I_1'' = 8,5\,A - 6\,A = 2,5\,A$$

$$I_2 = -I_2' + I_2'' = -7,5\,A + 10\,A = 2,5\,A$$

$$I_3 = I_3' + I_3'' = 1\,A + 4\,A = 5\,A$$

■

Das Überlagerungsverfahren ist sowohl in der Energietechnik (z.B. Parallelschaltung von Generatoren), als auch in der Nachrichtentechnik anwendbar. Der Nachteil, so viele Stromverteilungen berechnen zu müssen, wie Quellen im Netz vorhanden sind, wird durch die sehr einfache Gestaltung der zu überlagernden Stromverteilungen kompensiert.
Bemerkung: Mann kann auch **Gruppen** von Quellen wirken lassen. Zum Beispiel: Wenn im Netz fünf Quellen wirken, kann man zwei Stromverteilungen berechnen, einmal mit zwei Quellen, ein zweites Mal mit den übrigen drei Quellen und diese anschließend überlagern.

7.2.2. Reziprozitäts–Satz

In linearen Netzwerken mit einer **einzigen** Quelle gilt der Satz:

Reziprozitäts–Satz *Der Strom, den eine sich im Zweig j befindende Quelle im Zweig k erzeugt, ist gleich dem Strom, den dieselbe Quelle, wenn sie in den Zweig k versetzt wird, im Zweig j erzeugt, falls alle Widerstände unverändert bleiben.*

Manchmal kann eine solche Versetzung der Quelle Vereinfachungen bringen.

■ **Beispiel 7.3**
In der folgenden Schaltung erzeugt die einzige Quelle U_{q_2} in dem Widerstand R_1 den Strom I_1', der sich aus dem Gesamtstrom ergibt.
Es gilt: $U_{q2} = 80\,V$, $R_1 = 10\,\Omega$, $R_2 = 2\,\Omega$, $R_3 = 15\,\Omega$.

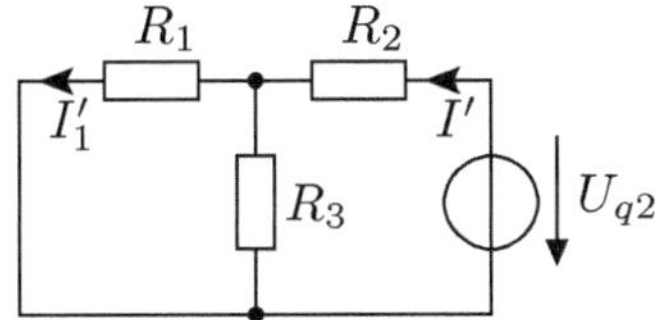

$$I' = \frac{U_{q_2}}{R_2 + \dfrac{R_1 \cdot R_3}{R_1 + R_3}} = \frac{80\,V}{\left(2 + \dfrac{10 \cdot 15}{10 + 15}\right)\Omega} = 10\,A\ .$$

Der Strom I_1' ergibt sich aus der Stromteilerregel:

$$I_1' = I' \cdot \frac{R_3}{R_1 + R_3} = 10\,A \cdot \frac{15}{25} = 6\,A\ .$$

Versetzt man die Quelle in den Zweig 1, so erzeugt sie in dem ursprünglichen Zweig 2 den Strom

$$I'' = I_1'' \cdot \frac{R_3}{R_2 + R_3} = \frac{U_{q_2}}{R_1 + \dfrac{R_2 \cdot R_3}{R_2 + R_3}} \cdot \frac{R_3}{R_2 + R_3} = \frac{U_{q_2} \cdot R_3}{R_1\,R_2 + R_1\,R_3 + R_2\,R_3}$$

$$I'' = \frac{80\,V \cdot 15\,\Omega}{10\,\Omega \cdot 2\,\Omega + 10\,\Omega \cdot 15\,\Omega + 2\,\Omega \cdot 15\,\Omega} = \frac{1200}{200}\,A = 6\,A\ .$$

■

In dem vorherigen Beispiel war der Rechenaufwand zur Bestimmung des Stromes mit Verwendung der Reziprozität genau so groß wie auch ohne. Ein anderes Beispiel soll zeigen, dass mit dem Reziprozitäts–Satz auch einfacher gerechnet werden kann:

■ Beispiel 7.4

Im folgenden Schaltbild ist der Strom I_3 zu berechnen.
Es gilt: $U_q = 7\,V$, $R_1 = 10\,\Omega$, $R_2 = 10\,\Omega$, $R_3 = 2\,\Omega$.

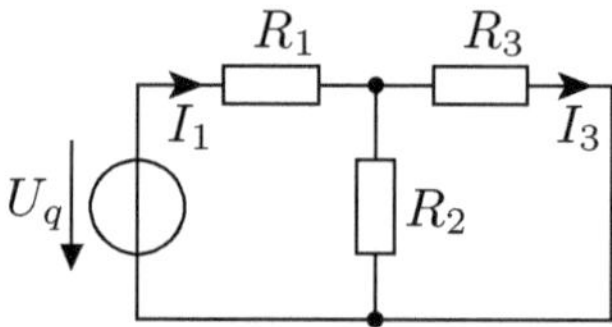

Da $R_2 \neq R_3$, aber $R_1 = R_2$ ist, wird es einfacher sein, die Quelle in den Zweig 3 zu bringen und den Strom durch R_1 zu berechnen:

$$I_3 = I_1'$$

$$I_3 = \frac{1}{2} \cdot \frac{U_q}{R_3 + \dfrac{R_1}{2}} = \frac{1}{2} \cdot \frac{7\,V}{2\,\Omega + 5\,\Omega} = 0,5\,A$$

Mit der ursprünglichen Schaltung würde sich folgende Beziehung ergeben:

$$I_3 = \frac{R_2}{R_2 + R_3} \cdot \frac{U_q}{R_1 + \frac{R_2 \cdot R_3}{R_2 + R_3}} = \frac{10\,\Omega}{12\,\Omega} \cdot \frac{7\,V}{10\,\Omega + \frac{10 \cdot 2}{10 + 2}\,\Omega} = \frac{10\,\Omega \cdot 7\,V}{(120 + 20)\,\Omega} = 0,5\,A\ .$$

■

7.3. Topologische Grundbegriffe beliebiger Netze

Um die Topologie[1] eines Netzes untersuchen zu können, sollen einige Grundbegriffe definiert werden:

- Die rein geometrische Anordnung des Netzes nennt man Streckenkomplex oder **Graph**. Sind in dem Graph die Zählpfeile für die Zweigströme (und somit auch für die entsprechenden Spannungen) eingetragen, so ist er ein **gerichteter Graph**.
  Die Abbildung 7.3 zeigt eine Brückenschaltung (a), ihren Graph (b) und ihren gerichteten Graph (c).

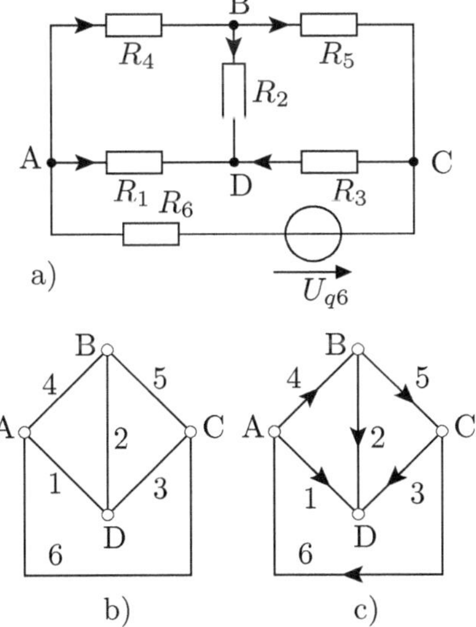

Abbildung 7.3.: a) Brückenschaltung, b) Graph, c) gerichteter Graph

[1] Topologie ist aus dem Griechischen abgeleitet, und bedeutet Struktur

- Ein System von Zweigen, das **alle** Knoten miteinander verbindet, **ohne** dass geschlossene Maschen entstehen dürfen, nennt man einen **vollständigen Baum**.

  Zwischen zwei Knoten soll sinnvollerweise nur ein Zweipol liegen. Treten Reihen– oder Parallelschaltungen mehrerer Zweipole zwischen zwei Knoten auf, so sollten diese durch ihren Ersatzzweipol ersetzt werden. Dies ist jedoch **keine** Bedingung.
  Man ersieht leicht, dass der vollständige Baum immer $\boldsymbol{k-1}$ Zweige hat, also genau so viele, wie die unabhängigen Knotenpunktgleichungen (bei k Zweigen würde eine geschlossene Masche entstehen).
  Die Abbildung 7.4 zeigt zwei vollständige Bäume für die Schaltung 7.3 a). Die dritte Zusammenfassung von Zweigen ist kein vollständiger Baum weil die Zweige eine geschlossene Masche bilden.

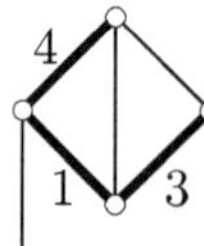

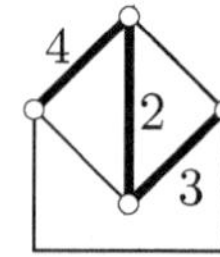

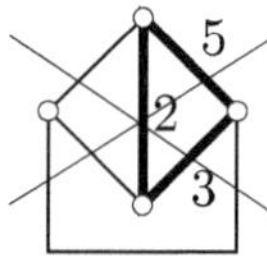

Abbildung 7.4.: Beispiele für vollständige Bäume

- Die Zweige des vollständigen Baumes nennt man die **Baumzweige**, die übrigen $z-k+1$ Zweige die **Verbindungszweige**. Diese letzten sind besonders wichtig; sie bilden ein System von **unabhängigen** Zweigen. Also: Baumzweige sind abhängig, Verbindungszweige sind unabhängig.

- Die $m = z-k+1$ unabhängigen Zweige bilden mit weiteren Baumzweigen m **unabhängige Maschen.**

■ Beispiel 7.5

Auswahl aller vollständigen Bäume für die Wheatstone-Brücke (Abb. 7.3). Wie viele sind es?

Die sechs Zweige müssen in 3er–Gruppen geschaltet werden. Die mathematische Formel dafür ist:

$$\binom{6}{3} = \frac{6!}{3! \cdot (6-3)!} = \frac{6 \cdot 5 \cdot 4 \cdot 3 \cdot 2}{3 \cdot 2 \cdot 3 \cdot 2} = 20\,.$$

Daraus müssen diejenigen Gruppen ausgeschlossen werden, die geschlossene Maschen bilden und somit einen Knoten nicht berühren.
Der beste Weg ist, sich nacheinander zwei unabhängige Zweige auszusuchen (z.B. zunächst die Zweige 2 und 6, dann die Zweige 4 und 5, usw.). Von den 20 Kombinationsmöglichkeiten je drei Zweige fallen die vier weg, die geschlossene

Maschen bilden und je einen Knoten nicht berühren. In Abbildung 7.5 sind alle möglichen Kombinationen von drei Zweigen skizziert. Man sieht, dass die Nummern 8, 11, 13 und 20 herausfallen weil sie einen Knoten nicht beinhalten. Wie man aus diesen vielen Möglichkeiten den günstigsten Baum auswählt, wird man weiter sehen. Einige Empfehlungen sind nützlich, doch kann man sie leider oft nicht gleichzeitig befolgen.

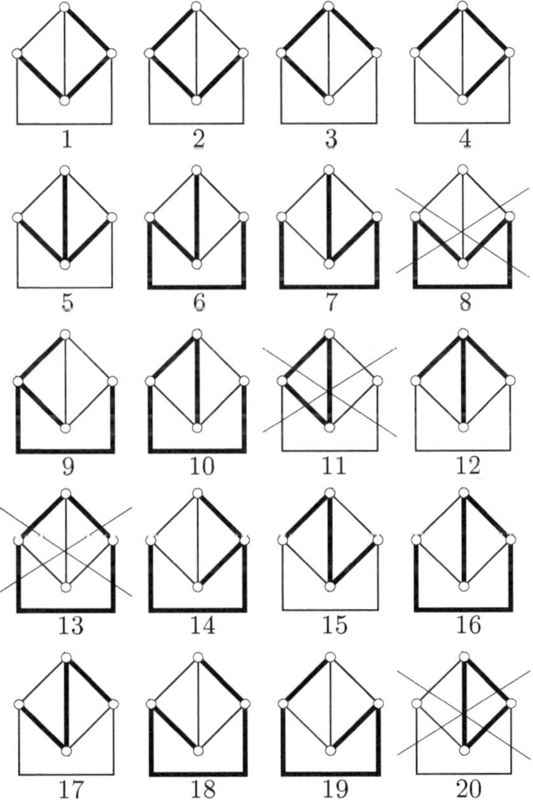

Abbildung 7.5.: Vollständige Bäume für die Wheatstone-Brücke (Abb. 7.3)

7.4. Maschenstromverfahren (Umlaufanalyse, Maschenanalyse)

7.4.1. Unabhängige und abhängige Ströme

Zur Bestimmung aller Ströme (oder Spannungen) eines Netzwerkes aus den Kirchhoffschen Gleichungen muss man ein Gleichungssystem mit z Gleichungen lösen. Man erhält $k-1$ Knotenpunktgleichungen und $m = z-k+1$ Maschengleichungen. Jedes Verfahren der Netzanalyse muss also z Unbekannte bestimmen. Die Maschenanalyse zerlegt die Aufgabe in zwei Teilschritte, um den Rechengang zu vereinfachen: die z Ströme werden in **„abhängige“** und **„unabhängige“** Ströme eingeteilt. Es wird zunächst ein Gleichungssystem für die unabhängigen Ströme aufgestellt und gelöst. Die abhängigen ergeben sich anschließend sehr einfach.
Welche Ströme sind **unabhängig**, welche **abhängig**?
Dazu kehrt man zum vollständigen Baum zurück, der immer $k - 1$ Zweige hat, die Baumzweige. Die übrigen $m = z - k + 1$ Zweige sind die Verbindungszweige. Jetzt sieht man gleich, dass wenn man jeden Verbindungszweig mit beliebigen Baumzweigen (**nicht anderen** Verbindungszweigen!) zu einem Umlauf schließt, man genau $m = z - k + 1$ Umläufe erhält. Das sind die unabhängigen Maschen, die aus der 2. Kirchhoffschen Gleichung zur Verfügung stehen. Die Ströme in den Verbindungszweigen sind tatsächlich unabhängig von den Strömen in den übrigen Verbindungszweigen, denn in jeder so gebildeten Masche fließt nur **ein** Verbindungsstrom, der vorgegeben werden kann.
Für jeden vollständigen Baum gibt es nur **eine** Möglichkeit der Maschenbildung. Die Regel zur Aufstellung der m unabhängigen Maschen lautet:

Merksatz *Man verbindet jeweils einen Verbindungszweig mit Baumzweigen zu einem geschlossenen Umlauf. In diesem Umlauf dürfen nie mehrere Verbindungszweige sein!!*

Im Folgenden sollen die ersten vier Bäume von den 16 möglichen betrachtet und für jeden Baum die drei unabhängigen Maschen aufgestellt werden.

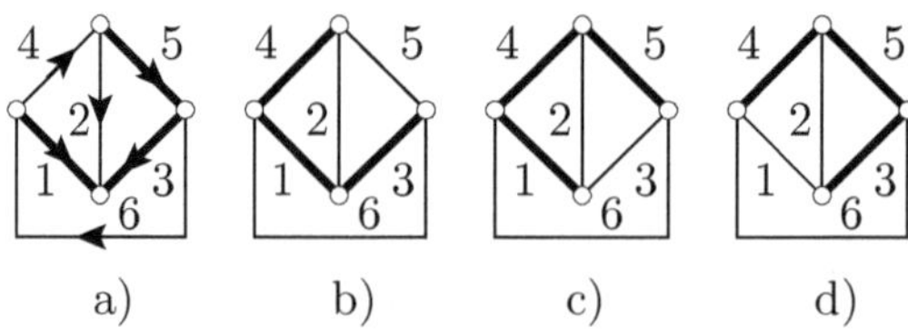

Abbildung 7.6.: Vier vollständige Bäume für die Brückenschaltung

Bei dem ersten Baum (a) sind die Ströme in den Verbindungszweigen 2,4,6 unabhängig. In den drei ausgewählten Maschen kommt jeweils nur ein solcher Strom vor (siehe Abbildung 7.7).

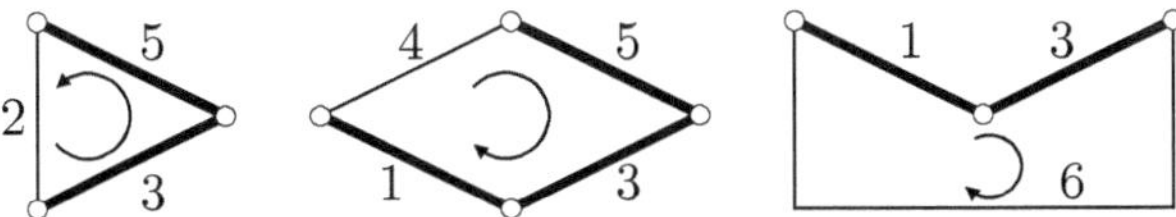

Abbildung 7.7.: Unabhängige Maschen für den vollständigen Baum 7.6 a)

In dem Baum b) Abbildung 7.6 sind unabhängig die Zweige: 2, 5 und 6. Ihre Maschen sind auf Abbildung 7.8 gezeigt.

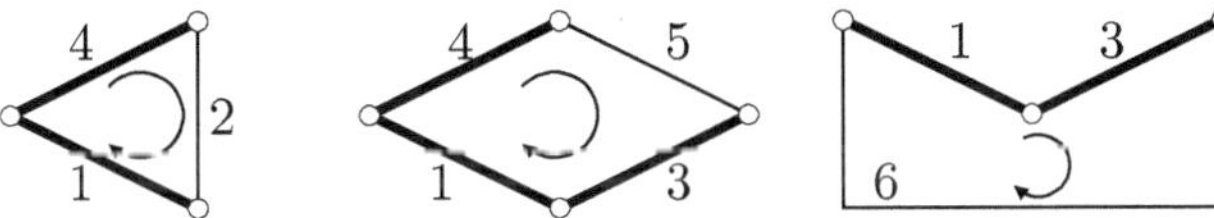

Abbildung 7.8.: Unabhängige Maschen für den vollständigen Baum 7.6 b)

Der Baum c) (siehe Abbildung 7.6) weist als unabhängig die Zweige: 2, 3, 6 auf. Die entsprechenden Maschen zeigt die Abbildung 7.9.

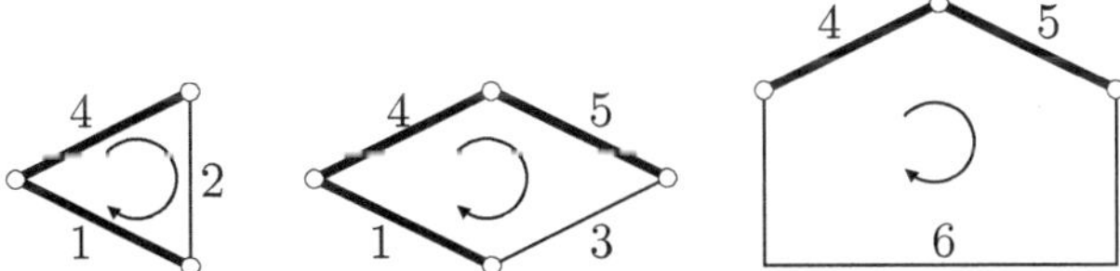

Abbildung 7.9.: Unabhängige Maschen für den vollständigen Baum 7.6 c)

Schließlich zeigt die Abbildung 7.10 die unabhängigen Maschen des Baumes d). Die Wahl des vollständigen Baumes bedeutet also auch die **eindeutige Wahl** der m **unabhängigen Maschen.**
Zum Verständnis des Maschenstromverfahrens soll die Wheatstone–Brücke, die mit den Kirchhoffschen Gleichungen gelöst wurde, nochmals betrachtet werden. Der Graph, der gerichtete Graph und der **ausgewählte** Baum sind in der Abbildung 7.11 dargestellt.
Die Wahl des sternförmigen Baumes der Abbildung 7.11c) mit den Zweigen 1,2,3 bedeutet, dass diese Ströme eliminiert, also abhängig gemacht worden sind. Die drei unabhängigen Maschen sind jetzt eindeutig festgelegt; sie erhalten die Namen der jeweiligen unabhängigen Ströme: 4,5,6.
Das Maschenstromverfahren geht von dem Gedankenmodell aus, dass die unabhängigen Ströme als „Maschenströme" nur jeweils die zugehörige Masche

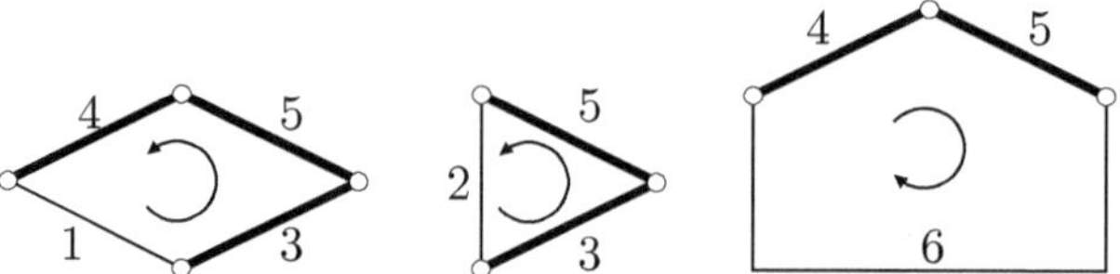

Abbildung 7.10.: Unabhängige Maschen für den vollständigen Baum 7.6 d)

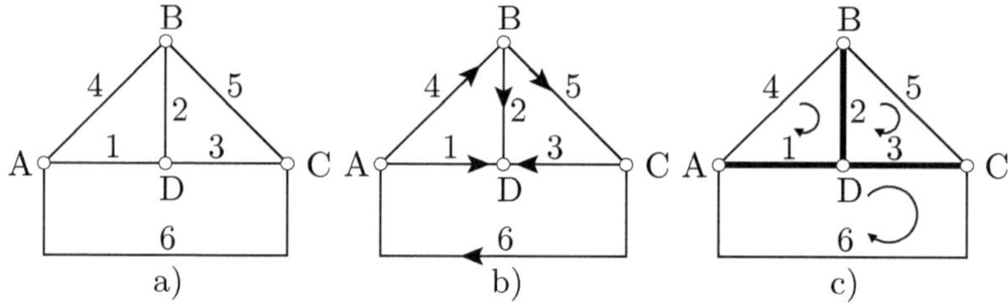

Abbildung 7.11.: a) Graph, b) gerichteter Graph, c) vollständiger Baum

durchfließen. In Abbildung 7.12 sind diese Maschenströme eingezeichnet. Man soll verstehen, dass diese Situation in Wirklichkeit nicht auftritt: In den Baumzweigen fließen andere Ströme, nur in den Verbindungszweigen fließen tatsächlich die unabhängigen Maschenströme.

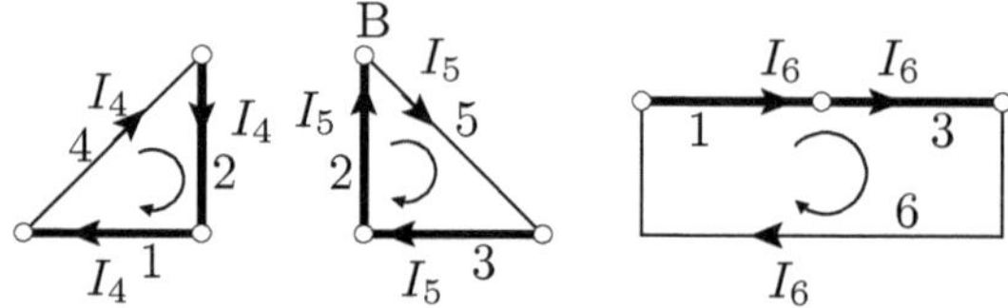

Abbildung 7.12.: Die unabhängigen Maschen gemäß Abbildung 7.11c)

Vereinbarung: *In dem vorliegenden Buch wird für die Richtungen der Maschenströme immer die Richtung des in der Masche vorhandenen unabhängigen Stromes gewählt.*

Die abhängigen Ströme ergeben sich durch die Überlagerung der Maschenströme, die durch den betreffenden Baumzweig fließen.[2] Zum Beispiel fließen durch den Baumzweig 2 die Maschenströme I_4 (in die Zählrichtung des Zweigstromes 2) und I_5 (entgegen der Zählrichtung). Es gilt also:

$$I_2 = I_4 - I_5 \ .$$

[2]Diese Methode funktioniert nur bei linearen Netzen!!

Dies ist genau die Knotenpunktgleichung für den Knoten B. Genauso ergeben sich:

$$I_1 = I_6 - I_4 \qquad \text{(Knoten A)}$$

$$I_3 = I_5 - I_6 \qquad \text{(Knoten C)} \ .$$

Empfehlungen *zur Aufstellung des vollständigen Baumes:*

- *Spannungsquellen sollen möglichst in Verbindungszweigen liegen, damit sie in die Gleichungen nur einmal eingehen.*
- *Wird nur ein Teil der Ströme gesucht, sollen diese möglichst in Verbindungszweigen fließen, also unabhängig sein.*
- *Die unabhängigen Maschen sollen möglichst wenig Zweige enthalten.*

In der Praxis wird es nicht immer möglich sein, alle diese Empfehlungen gleichzeitig zu befolgen. Man muss sich dann entscheiden, auf welchen Vorteil man verzichten kann.
Im Grunde sind alle Bäume gleichwertig, denn alle führen zu den korrekten Strömen. Die obigen Empfehlungen sollen nur eine Hilfe bei der Entscheidung leisten, welchen von den vielen möglichen vollständigen Bäumen (allein 16 bei der Wheatstone-Brücke!) man auswählt.

7.4.2. Aufstellung der Umlaufgleichungen

Die unabhängigen Ströme können aus den drei Umlaufgleichungen bestimmt werden. Diese sollen im Folgenden analysiert und gedeutet werden.
Eine der drei Gleichungen, die sich durch Anwendung der Kirchhoffschen Gleichungen bei der Wheatstone–Brücke ergeben hat, ist:

$$-R_1 \cdot I_4 - R_3 \cdot I_5 + (R_1 + R_3 + R_6) \cdot I_6 = U_{q6} \tag{7.1}$$

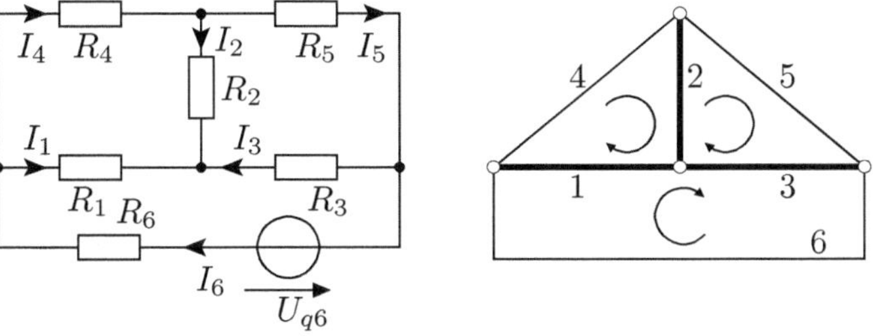

Abbildung 7.13.: Brückenschaltung und der vollständige Baum 1, 2, 3

Wenn I_6 nur durch die untere Masche fließen würde (siehe die Abbildung 7.13 links), würde er dort den Spannungsabfall

$$(R_1 + R_3 + R_6) \cdot I_6$$

verursachen. Hinzu kommt noch im Baumzweig 1 der Strom I_4, der dem Strom I_6 entgegengesetzt fließt; dadurch kommt im Umlauf 6 noch der Spannungsabfall

$$-R_1 \cdot I_4$$

hinzu. Genauso im Baumzweig 3:

$$-R_3 \cdot I_5 \ .$$

Die Quellenspannung im Umlauf des Maschenstromes I_6 tritt mit Pluszeichen auf der rechten Seite auf, weil sie dem Strom I_6 entgegengerichtet ist (2. Kirchhoffsche Gleichung). Der Widerstand

$$R_1 + R_3 + R_6$$

den der Maschenstrom I_6 in seinem Umlauf vorfindet[3], bezeichnet man als **Umlaufwiderstand**. Die Widerstände R_1 und R_3 bezeichnet man als **Kopplungswiderstände** (der Umläufe 4 und 6 bzw. 5 und 6).
Man erkennt hier **Regeln** für die Aufstellung der Umlaufgleichung (7.1) für den Maschenstrom I_6:

- Die Gleichung enthält als Unbekannte alle unabhängigen Ströme I_4, I_5 und I_6.
- Der Umlaufwiderstand $R_1+R_3+R_6$ tritt mit **Pluszeichen** als Koeffizient des Umlaufstromes I_6 auf.
- Die Koeffizienten der übrigen Umlaufströme I_4 und I_5 sind die Kopplungswiderstände R_1 und R_3. Ihre Vorzeichen sind **positiv**, wenn die verknüpften Umlaufströme in dem Widerstand die gleichen Zählrichtungen haben, andernfalls negativ.
- Auf der rechten Seite erscheint die Summe der Quellenspannungen im Umlauf 6, mit **Pluszeichen**, wenn ihr Zählpfeil dem des Umlaufstromes **entgegengerichtet** ist.

Man erkennt nun die **Vorteile** des Maschenstromverfahrens:

1. Es führt zu einem Gleichungssystem mit nur $m = z - k + 1$ Gleichungen (die übrigen $k - 1$ Unbekannten werden durch einfache algebraische Addition von Strömen bestimmt).

[3]Dieser Widerstand entspricht der Reihenschaltung sämtlicher Widerstände im Umlauf

2. Es liefert Regeln zur Aufstellung des Gleichungssystems, die keine Kenntnis irgendwelcher Gesetze der Elektrotechnik und keine vorherige Bearbeitung brauchen. Wendet man die Regeln korrekt an, so braucht man nichts mehr zu überlegen, sondern nur das Gleichungssystem zu lösen.

Die drei Umlaufgleichungen für die Maschenströme I_4, I_5 und I_6, geordnet nach den drei Unbekannten, lauten:

I_4	I_5	I_6	
$R_1 + R_2 + R_4$	$-R_2$	$-R_1$	0
$-R_2$	$R_2 + R_3 + R_5$	$-R_3$	0
$-R_1$	$-R_3$	$R_1 + R_3 + R_6$	U_{q6}

Das Koeffizientenschema, auch **Matrix des Gleichungssystems** genannt, ist hier die **Widerstandsmatrix**. Folgende Gesetzmäßigkeiten helfen, die Matrix direkt aufzustellen (und auch zu überprüfen, ob sie korrekt ist):

- Die Elemente der Hauptdiagonalen (von links oben nach rechts unten) enthalten jeweils die Umlaufwiderstände, also die Summe sämtlicher Widerstände in der betreffenden Masche. Sie sind also **immer positiv**.
- Die übrigen Elemente – die Kopplungswiderstände – liegen **symmetrisch** zur Hauptdiagonalen. In der Tat muss die Verkopplung des Umlaufes 4 mit Umlauf 5 ($-R_2$) dieselbe sein, wie die des Umlaufes 5 mit Umlauf 4 (ebenfalls $-R_2$).
- Auf der rechten Seite steht jeweils die Summe der Quellenspannungen in der Masche. Jede Quellenspannung ist dann positiv, wenn ihr Zählpfeil der Umlaufrichtung **entgegen**gerichtet ist.

Im Allgemeinen können die Spannungsgleichungen für das Maschenstromverfahren auch als die folgende Matrizengleichung geschrieben werden:

$$\begin{vmatrix} R_{11} & R_{12} & \dots & R_{1m} \\ R_{21} & R_{22} & \dots & R_{2m} \\ \vdots & & & \\ R_{m1} & R_{m2} & \dots & R_{mm} \end{vmatrix} \cdot \begin{vmatrix} I'_1 \\ I'_2 \\ \vdots \\ I'_m \end{vmatrix} = \begin{vmatrix} U'_{q_1} \\ U'_{q_2} \\ \vdots \\ U'_{q_m} \end{vmatrix}$$

In dieser Matrix bedeuten:

- R_{ii} die immer positiven Umlaufwiderstände,
- $R_{ij} = R_{ji}$ die Kopplungswiderstände, die positiv oder negativ sein können
- I'_i die unbekannten Maschenströme,
- U'_{q_i} die Summe der Quellenspannungen in der Masche i.

7.4.3. Regeln zur Anwendung des Maschenstromverfahrens

Folgende Regeln zur Anwendung des Maschenstromverfahrens sind zu beachten:

1. Zuerst werden in das Schaltbild die **Zählpfeile** für die **Quellenspannungen** (vom Plus– zum Minuspol gerichtet) und die durchnummerierten **Zweigströme** (Zählrichtung beliebig wählbar) eingetragen.

2. Man betrachtet das Netzwerk und überlegt, ob **Vereinfachungen** möglich und sinnvoll sind: in Reihe oder parallel geschaltete Widerstände werden zusammengefasst, gegebenenfalls werden Stern–Dreieck– oder Dreieck–Stern–Transformationen durchgeführt.
   Alle Stromquellen werden in Spannungsquellen umgewandelt, da hier nur Maschengleichungen für **Spannungen** geschrieben werden. (Man kann jedoch auch mit Stromquellen arbeiten, wenn man sie in Verbindungszweige setzt, so dass ihre Ströme unabhängige Ströme sind. Man muss dann nur die restlichen unabhängigen Ströme bestimmen).

3. Man betrachtet das Schaltbild und zählt:
   a) die **Zweige** z
   b) die **Knoten** k.

4. Man bildet einen **vollständigen Baum** mit $k-1$ Baumzweigen. Diese verbinden **alle** k Knoten miteinander, ohne einen geschlossenen Umlauf zu bilden (s. Empfehlungen zur Auswahl des Baumes). Alle übrigen Zweige sind **unabhängig** (ihre Anzahl: $m = z - k + 1$).

5. Mit jedem unabhängigen Zweig und mit beliebigen abhängigen Zweigen bildet man je eine **unabhängige Masche**.
   Achtung : In jeder Masche darf nur **ein** Zweig unabhängig sein!!
   Jeder Masche entspricht ein unabhängiger Strom, dessen Umlaufsinn beliebig ist (siehe dazu die Vereinbarung). Die Maschenströme werden durchnummeriert (am einfachsten mit ihrer ursprünglichen Nummer).

6. Für die m unabhängigen Ströme werden die m **Gleichungen** direkt aufgestellt.

7. Man **löst** das Gleichungssystem mit m Unbekannten mit irgendeiner Methode (Elimination, Cramer, usw.).

8. Eine **Überlagerung** der Maschenströme (mit ihren Vorzeichen!) ergibt schließlich die übrigen $k-1$ **abhängigen** Ströme.

9. Die Ergebnisse sollen z.B. mit den zwei Kirchhoffschen Sätzen **überprüft** werden.

Anschließend wird die Anwendung des Maschenstromverfahrens anhand von mehreren Beispielen ausführlich erläutert.

7.4.4. Beispiele zur Anwendung des Maschenstromverfahrens

■ **Beispiel 7.6**
Gegeben ist die Schaltung aus Abbildung 7.14 mit:
$U_{q1} = 12\,V$, $U_{q2} = 12\,V$, $U_{q3} = 8\,V$,
$R_1 = 2\,\Omega$, $R_2 = 2\,\Omega$, $R_3 = 4\,\Omega$, $R_4 = 4\,\Omega$, $R_5 = 1\,\Omega$.

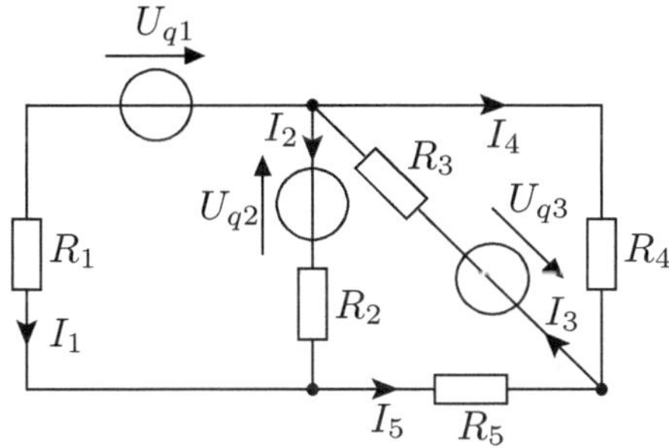

Abbildung 7.14.: Schaltung zu Beispiel 7.6

Bestimmen Sie in der Schaltung alle Zweigströme mit dem Maschenstromverfahren!

Man verfolgt den im letzten Abschnitt festgelegten Weg zur Anwendung des Maschenstromverfahrens:

1. *Man wählt Zählpfeile für die Ströme in allen Zweigen und man nummeriert sie.*
2. *Eine Vereinfachung der Schaltung ist nicht mehr möglich.*
3. *Man zählt:*
   a) $k = 3 \Longrightarrow k - 1 = 2$ *Baumzweige*
   b) $z = 5 \Longrightarrow m = z - k + 1 = 3$ *unabhängige Ströme*
4. *Man bildet einen vollständigen Baum: die Quellen sollen möglichst in Verbindungszweigen liegen. Die Zweige 1, 2 und 3 werden dadurch unabhängig, die Zweige 4 und 5 abhängig (nächstes Bild, links).*

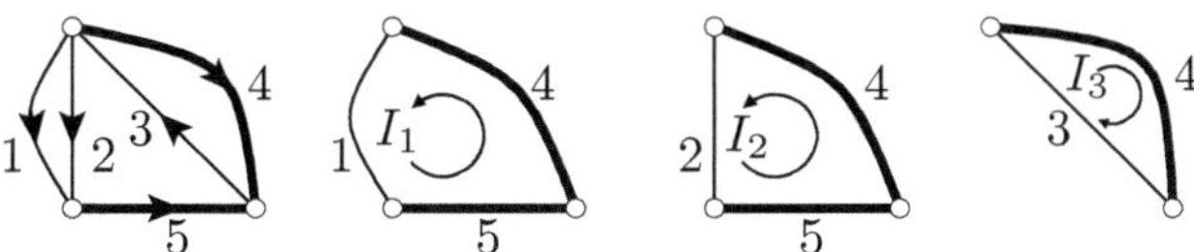

5. *Die drei unabhängigen Maschen sind auf dem vorherigen Bild gezeigt.*

6. *Das Gleichungssystem für die drei unabhängigen Ströme ist:*

I_1	I_2	I_3	
$R_1 + R_4 + R_5$	$R_4 + R_5$	$-R_4$	U_{q_1}
$R_4 + R_5$	$R_2 + R_4 + R_5$	$-R_4$	U_{q_2}
$-R_4$	$-R_4$	$R_3 + R_4$	U_{q_3}

Gleichungssysteme mit drei Unbekannten können heute mit preiswerten Taschenrechnern in Sekunden gelöst werden. Für den Fall, dass ein solcher Taschenrechner nicht zur Verfügung steht, kann man immer auf die bekannte Methode von Cramer zurück greifen:
Die Widerstandsdeterminante ist:

$$D = \begin{vmatrix} 7 & 5 & -4 \\ 5 & 7 & -4 \\ -4 & -4 & 8 \end{vmatrix}$$

$$D = 7 \cdot (56 - 16) - 5 \cdot (40 - 16) - 4 \cdot (-20 + 28) \; = \; 128\,\Omega^3.$$

Für den Strom I_1 ergibt sich die Determinante:

$$D_1 = \begin{vmatrix} 12 & 5 & -4 \\ 12 & 7 & -4 \\ 8 & -4 & 8 \end{vmatrix}$$

$$D_1 = 12 \cdot (56 - 16) - 5 \cdot (12 \cdot 8 + 32) - 4 \cdot (-48 - 56) \; = \; 256\,\Omega^2 \cdot V.$$

Somit ist der Strom I_1:

$$I_1 = \frac{D_1}{D} = \frac{256\,\Omega^2 \cdot V}{128\,\Omega^3} = 2\,A\;.$$

Für I_3:

$$D_3 = \begin{vmatrix} 7 & 5 & 12 \\ 5 & 7 & 12 \\ -4 & -4 & 8 \end{vmatrix}$$

$$D_3 = 7 \cdot (56 + 48) - 5 \cdot (40 + 48) + 12 \cdot (-20 + 28) \; = \; 384\,\Omega^2 \cdot V.$$

Der Strom I_3 ergibt sich dann zu:

$$I_3 = \frac{D_3}{D} = \frac{384\,\Omega^2 \cdot V}{128\,\Omega^3} = 3\,A\;.$$

Ähnlich ergibt sich für I_2:

$$I_2 = 2\,A\;.$$

Die übrigen 2 Ströme sind:

$$I_4 = I_3 - I_1 - I_2 = 3 - 2 - 2 = -1\,A$$

$$I_5 = I_1 + I_2 = 2 + 2 = 4\,A\ .$$

■

■ Aufgabe 7.1

Überprüfen Sie die Ergebnisse aus Beispiel 7.6, indem Sie einen anderen vollständigen Baum wählen und alle 5 Ströme bestimmen. Benutzen Sie zum Beispiel den in der folgenden Abbildung eingekreisten vollständigen Baum.

Anmerkung:
Bevor man einen vollständigen Baum wählt, kann man alle für diese Schaltung möglichen Bäume betrachten.

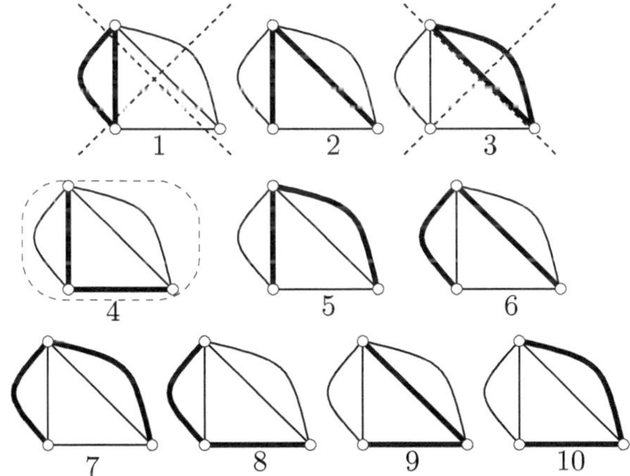

Die 10 Bäume sind auf dem oberen Bild gezeigt. Von ihnen sind zwei keine vollständigen Bäume, weil sie jeweils einen Knoten nicht berühren.
Welchen Baum man jetzt wählt, ist gleich. Die Empfehlung, dass die drei Quellen in Verbindungszweigen sein sollten, kann nicht mehr erfüllt werden; mindestens eine Quelle wird in einem Baumzweig liegen müssen.

■

■ Aufgabe 7.2

Stellen Sie das Gleichungssystem für Beispiel 7.6 für einen weiteren Baum auf. Ein dritter Baum kann der Folgende sein (Bild links):

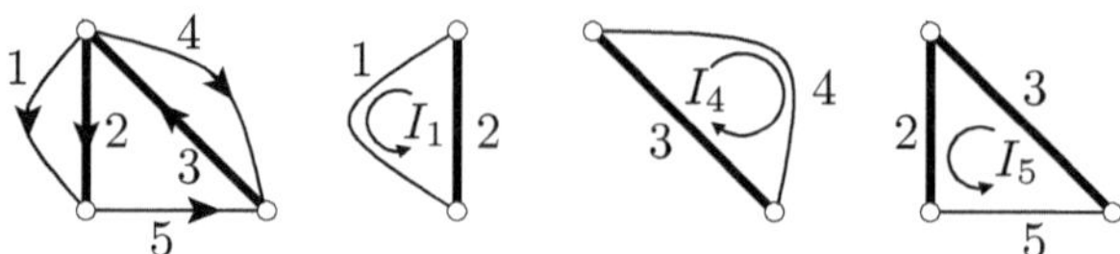

Neben dem Baum sind die drei Maschen der unabhängigen Ströme dargestellt.

■

■ Beispiel 7.7

In der folgenden Schaltung mit:
$U_1 = 20\,V$, $U_2 = 10\,V$,
$R_1 = 5\,\Omega$, $R_2 = 10\,\Omega$, $R_3 = 2\,\Omega$, $R_4 = 5\,\Omega$
soll der Strom I_{A-B} berechnet werden.

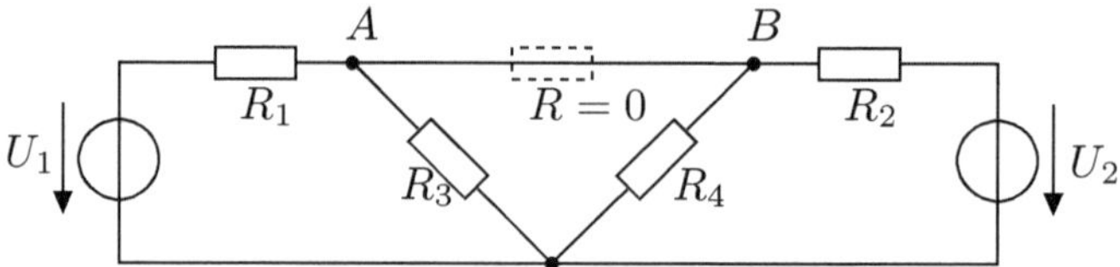

Die Punkte A und B sind kurzgeschlossen, doch fließt in dem Verbindungsleiter ein Strom, der hier gesucht wird. Deswegen kann man die beiden Punkte nicht als einen Knoten betrachten. Zum besseren Verständnis der Situation schaltet man zwischen A und B einen Widerstand, der gleich Null sein wird.

Die Schaltung hat $k = 3$, $z = 5$, $m = 3$.
Der vollständige Baum wird zwei Zweige enthalten. Wenn man die Quellen in Verbindungszweigen haben möchte und der gesuchte Strom I_{A-B} ebenfalls als unabhängig deklariert werden soll, bleibt nur ein vollständiger Baum möglich. Dieser ist zusammen mit den entsprechenden unabhängigen Maschen auf dem folgenden Bild dargestellt.

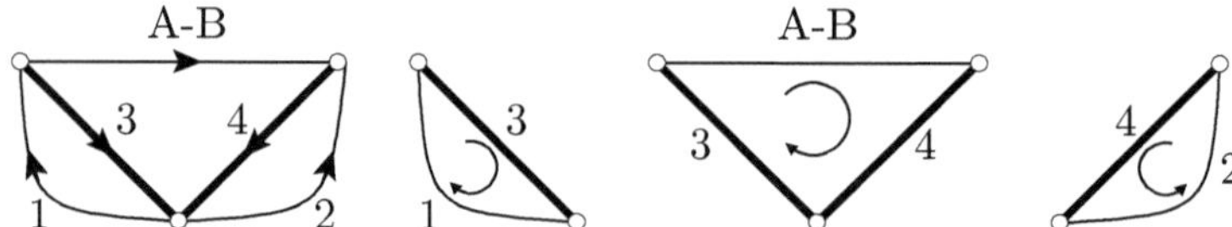

Das in Matrixform geschriebene Gleichungssystem für die drei unabhängigen Ströme: I_1, I_{A-B} und I_2 ist:

I_1	I_{A-B}	I_2	
$(5+2)\,\Omega$	$-2\,\Omega$	$0\,\Omega$	$20\,V$
$-2\,\Omega$	$(0+2+5)\,\Omega$	$5\,\Omega$	$0\,V$
$0\,\Omega$	$5\,\Omega$	$(10+5)\,\Omega$	$10\,V$

Nach Auflösung des Gleichungssystems ergibt sich für den gesuchten Strom:

$$I_{A-B} = 0,5\,A\ .$$

■

■ Beispiel 7.8

Gegeben ist die folgende Schaltung:
Die „äußeren“ Widerstände sind R, die „inneren“ Widerstände sind $2 \cdot R$.

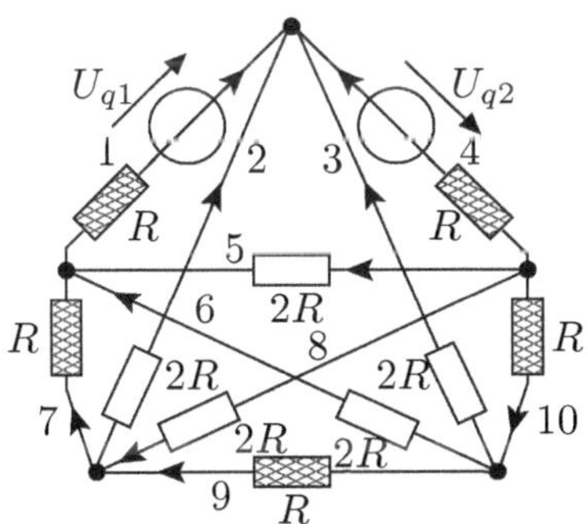

Abbildung 7.15.: Schaltbild zu Beisspiel 7.8

Schreiben Sie das Gleichungssystem für die unabhängigen Maschenströme und die Gleichungen zur Bestimmung der abhängigen Ströme.
Der sternförmige Baum, der den oberen Knoten mit allen anderen direkt verbindet, scheint günstig zu sein. Allerdings verzichtet man damit darauf, die Quellen in unabhängige Zweige zu legen.

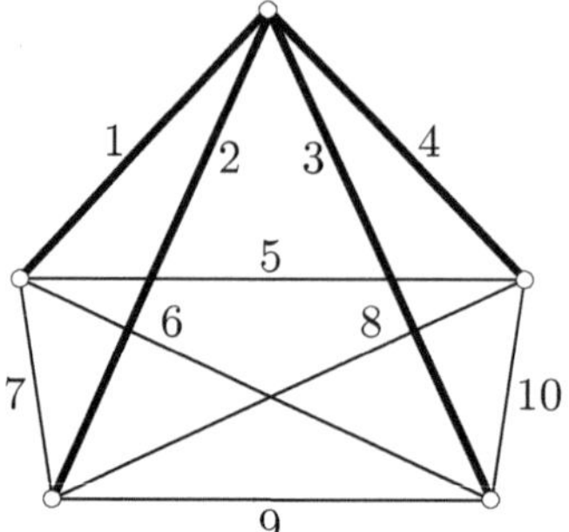

Die Baumzweige sind nun 1, 2, 3 und 4. Die Ströme I_5, I_6, I_7, I_8, I_9, I_{10} sind unabhängig.

- *Die entsprechenden sechs unabhängigen Maschen sind sehr einfach:*

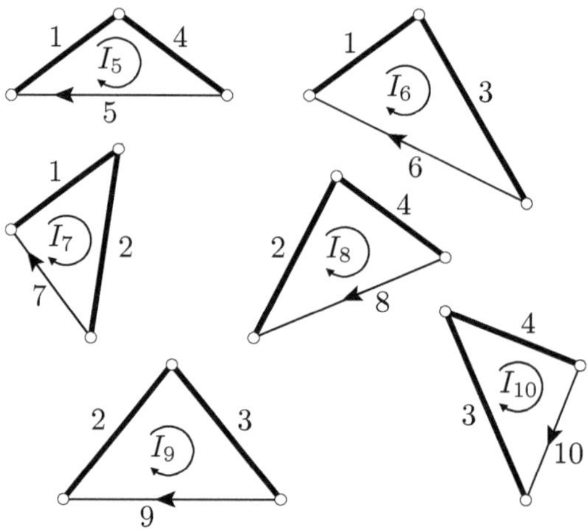

- *Das Gleichungssystem lautet:*

I_5	I_6	I_7	I_8	I_9	I_{10}	
$4\,R$	R	R	R	0	R	$-U_{q_2} - U_{q_1}$
R	$5\,R$	R	0	$2\,R$	$-2\,R$	$-U_{q_1}$
R	R	$4\,R$	$-2\,R$	$-2\,R$	0	$-U_{q_1}$
R	0	$-2\,R$	$5\,R$	$2\,R$	R	$-U_{q_2}$
0	$2\,R$	$-2\,R$	$2\,R$	$5\,R$	$-2\,R$	0
R	$-2\,R$	0	R	$-2\,R$	$4\,R$	$-U_{q_2}$

Die Widerstandsmatrix ist korrekt, da alle Elemente symmetrisch gegenüber der Hauptdiagonalen angeordnet sind.

- *Die abhängigen Ströme ergeben sich als:*

$$\begin{aligned} I_1 &= I_5 + I_6 + I_7 \\ I_2 &= -I_7 + I_8 + I_9 \\ I_3 &= -I_6 - I_9 + I_{10} \\ I_4 &= -I_5 - I_8 - I_{10} \end{aligned}$$

■

Bemerkung:
Die Lösungsstrategie über „vollständige Bäume" ist die einzige, die bei komplizierten Netzwerken (wie das oben behandelte) die korrekte Auswahl der unabhängigen Maschen gewährleistet.

7.5. Knotenpotentialverfahren (Knotenanalyse)

7.5.1. Abhängige und unabhängige Spannungen

Die Maschenanalyse hat als Ziel, die $m = z - k + 1$ „unabhängigen" Ströme zu bestimmen. Die übrigen $(k - 1)$ abhängigen Ströme, die in den Baumzweigen des vollständigen Baumes fließen, werden anschließend durch einfache Superposition[4] ermittelt.
Nun kann man davon ausgehen, dass man **Spannungen** in bestimmten Netzzweigen bestimmen möchte. Dann hat man das nur für die **unabhängigen Spannungen** zu tun, die übrigen lassen sich aus diesen mit Hilfe der 2. Kirchhoffschen Gleichung ausdrücken.
Es soll die Schaltung der Wheatstone–Brücke (siehe Abbildung 7.16) betrachtet werden.
Man wählt zunächst einen vollständigen Baum aus. Ein solcher Baum ist in der Abbildung 7.16, rechts dargestellt. Man kann leicht sehen, dass die drei Spannungen U_1, U_2 und U_3 der drei Baumzweige unabhängig sind, d.h.: diese Spannungen könnte man beliebig vorschreiben. Würde man noch irgendeinen Zweig dazunehmen, so würde diese neue Spannung **nicht** mehr unabhängig sein, denn es würde eine geschlossene Masche entstehen, in der die Umlaufgleichung $\sum U = 0$ gelten muss. Es wäre auch unmöglich, die drei Spannungen U_4, U_5 und U_6 in den drei Verbindungszweigen vorzuschreiben, denn für sie gilt:

$$U_4 + U_5 + U_6 = 0 \ ,$$

also eine Spannung davon ist abhängig.
Merksatz *Die Spannungen an den Baumzweigen*[5] *bezeichnet man als unabhängige Spannungen. Die übrigen Spannungen an den Verbindungszweigen*

[4] durch Anwendung der 1. Kirchhoffschen Gleichung
[5] Es gibt $(\boldsymbol{k} - \mathbf{1})$ Baumzweige

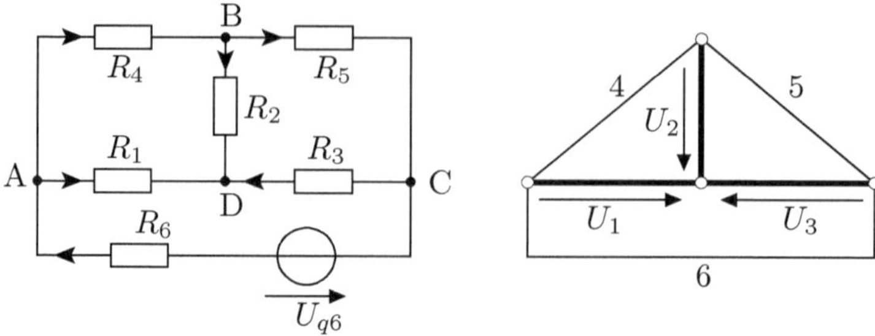

Abbildung 7.16.: Wheatstone–Brücke mit Spannungsquelle und vollständiger Baum

erhält man aus den Maschengleichungen.

Das Knotenpotentialverfahren bestimmt die $(k-1)$ unabhängigen Spannungen. Die restlichen m Spannungen kann man aus Maschengleichungen ermitteln.

7.5.2. Aufstellung der Knotengleichungen

Um Spannungen leicht zu bestimmen, ist es sinnvoll, das Ohmsche Gesetz in der Form $I = G \cdot U$ anzuwenden, und dazu

- alle Spannungsquellen in Stromquellen umzuwandeln
- alle Widerstände R in Leitwerte G umzuwandeln.

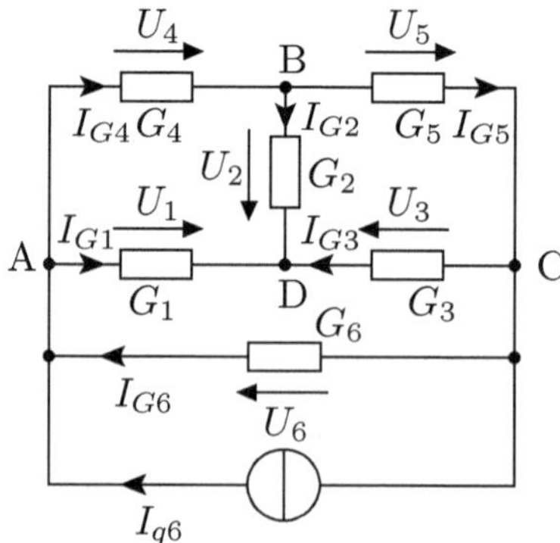

Abbildung 7.17.: Wheatstone–Brücke mit Leitwerten und Stromquelle

Die zu untersuchende Schaltung ergibt sich dann so, wie in Abbildung 7.17 gezeigt. Man kann das Ohmsche Gesetz für alle sechs Leitwerte schreiben:

$$\begin{aligned} I_{G_1} &= U_1 \cdot G_1 \\ I_{G_2} &= U_2 \cdot G_2 \\ \vdots &= \\ I_{G_6} &= U_6 \cdot G_6 \ . \end{aligned}$$

Die 1. Kirchhoffsche Gleichung ergibt in den Knoten A, B und C:

$$\begin{aligned} I_{G_1} + I_{G_4} - I_{G_6} - I_{q6} &= 0 \quad \text{Knoten (A)} \\ I_{G_2} + I_{G_5} - I_{G_4} &= 0 \quad \text{Knoten (B)} \\ I_{G_3} + I_{G_6} - I_{G_5} + I_{q6} &= 0 \quad \text{Knoten (C)} \ . \end{aligned}$$

Die drei unabhängigen Maschengleichungen sind:

$$\begin{aligned} U_4 &= U_1 - U_2 \\ U_5 &= U_2 - U_3 \\ U_6 &= U_3 - U_1 . \end{aligned}$$

In den Knotengleichungen kann man die Ströme durch die zugehörigen Spannungen ausdrücken:

$$\begin{array}{l} \text{Knoten (A)} \\ \text{Knoten (B)} \\ \text{Knoten (C)} \end{array} \left\{ \begin{aligned} G_1 \cdot U_1 + G_4 \cdot U_4 - G_6 \cdot U_6 &= I_{q6} \\ G_2 \cdot U_2 - G_4 \cdot U_4 + G_5 \cdot U_5 &= 0 \\ G_3 \cdot U_3 - G_5 \cdot U_5 + G_6 \cdot U_6 &= -I_{q6} \ . \end{aligned} \right.$$

Jetzt kann man die abhängigen Spannungen U_4, U_5 und U_6 mit Hilfe der drei Maschengleichungen eliminieren:

$$\begin{array}{l} \text{Knoten (A)} \\ \text{Knoten (B)} \\ \text{Knoten (C)} \end{array} \left\{ \begin{aligned} G_1 \cdot U_1 + G_4 \cdot (U_1 - U_2) - G_6 \cdot (U_3 - U_1) &= I_{q6} \\ G_2 \cdot U_2 - G_4 \cdot (U_1 - U_2) + G_5 \cdot (U_2 - U_3) &= 0 \\ G_3 \cdot U_3 - G_5 \cdot (U_2 - U_3) + G_6 \cdot (U_3 - U_1) &= -I_{q6} \ . \end{aligned} \right.$$

Man kann dieses Gleichungssystem nach den drei unbekannten Spannungen U_1, U_2 und U_3 ordnen:

$$\begin{array}{l} \text{(A)} \\ \text{(B)} \\ \text{(C)} \end{array} \left\{ \begin{array}{cccc} (G_1 + G_4 + G_6) \cdot U_1 & -G_4 \cdot U_2 & -G_6 \cdot U_3 & = I_{q6} \\ -G_4 \cdot U_1 & +(G_2 + G_4 + G_5) \cdot U_2 & -G_5 \cdot U_3 & = 0 \\ -G_6 \cdot U_1 & -G_5 \cdot U_2 & +(G_3 + G_5 + G_6) \cdot U_3 & = -I_{q6} \end{array} \right.$$

Dieses Gleichungssystem kann folgendermaßen gedeutet werden:

- Jede Gleichung entsteht aus einer Knotengleichung.
- Was jede Gleichung enthält, kann man z.B. im Knoten (A) betrachten:

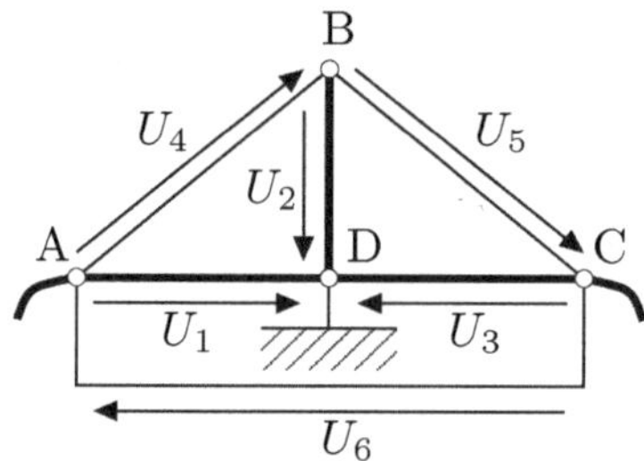

Abbildung 7.18.: Vollständiger Baum mit dem Knoten D als Bezugsknoten

- Der einzige Baumzweig ist hier der Baumzweig 1. Seine unabhängige Spannung U_1 multipliziert die Summe **aller** drei im Knoten (A) zusammengeführten Leitwerte $G_1 + G_4 + G_6$. Man bezeichnet $G_1 + G_4 + G_6$ als **Knotenleitwert**.
- Als Koeffizienten für die anderen zwei Spannungen U_2 und U_3 treten die Leitwerte G_4 und G_6 auf, die den Knoten (A) direkt mit dem Knoten (B)[6]bzw. mit dem Knoten (C)[7]verbinden: G_4 ist der **Kopplungsleitwert** zwischen Knoten (A) und Knoten (B), G_6 ist der **Kopplungsleitwert** zwischen Knoten (A) und Knoten (C).

- Man bemerkt, dass alle Knotenleitwerte **positiv**, alle Kopplungsleitwerte **negativ** sind.
- Auf der rechten Seite erscheint die **Summe** aller Quellenströme, die in den betreffenden Knoten **hineinfließen**[8](siehe Abbildung 7.18).

Eine kompakte Schreibform für das untersuchte Gleichungssystem sieht folgendermaßen aus:

$$\begin{vmatrix} G_{11} & G_{12} & \dots & G_{1\,(k-1)} \\ G_{21} & G_{22} & \dots & G_{2\,(k-1)} \\ \vdots & & & \\ G_{(k-1)\,1} & G_{(k-1)\,2} & \dots & G_{(k-1)\,(k-1)} \end{vmatrix} \cdot \begin{vmatrix} U'_1 \\ U'_2 \\ \vdots \\ U'_{k-1} \end{vmatrix} = \begin{vmatrix} I'_{q_1} \\ I'_{q_2} \\ \vdots \\ I'_{q_{k-1}} \end{vmatrix}$$

mit: $G_{ii} > 0$ = Knotenleitwerte,
$G_{ij} < 0$ = Kopplungsleitwerte,
U'_i = unabhängige Spannungen,
I'_{q_i} = Summe aller **Quellenströme** in dem Knoten i
(mit Pluszeichen, wenn sie **hineinfließen**).

[6] U_2 ist die dem Knoten (B) zugeordnete unabhängige Spannung
[7] U_3 ist die dem Knoten (C) zugeordnete unabhängige Spannung
[8] Fließen Ströme aus dem Knoten heraus, so erhalten sie ein Minuszeichen

Diskussion über die Struktur der Leitwertmatrix für die Knotenanalyse

Man muss besonders betonen, dass das sehr einfache Bildungsgesetz für das Gleichungssystem (alle Knotenleitwerte positiv, **alle** Kopplungsleitwerte negativ) nur dann gilt, wenn

- der Baum alle Knoten des Netzes **strahlenförmig** mit einem Bezugsknoten verbindet,
- man den **Bezugsknoten** bei der Anwendung der Knotengleichungen **nicht** benutzt,
- die **Zählpfeile** der unabhängigen Spannungen **auf den Bezugsknoten** zuweisen.

Diese erhebliche Einschränkung bei der Auswahl des vollständigen Baumes wird praktisch immer hingenommen.
Anmerkung : *Man könnte auch mit einem anderen Baum zum Ziel kommen, doch dann wäre das Gleichungssystem nicht mehr so einfach.*

7.5.3. Regeln zur Anwendung der Knotenanalyse

1. Man formt die Schaltung um, indem man
   - alle **Widerstände** in Leitwerte umrechnet,
   - alle **Spannungsquellen** durch Stromquellen ersetzt,
   - die nötigen Vereinfachungen durchführt (vor allem Parallelschaltungen von Leitwerten).

   Die Ströme erhalten Zählpfeile.

2. Man wählt einen beliebigen **Bezugsknoten** aus, dem man ein willkürlich gewähltes Potential[9]zuweist. Die Spannungen zwischen diesem Knoten und den übrigen Knoten, also die entsprechenden Potentialdifferenzen, sind die **unabhängigen** Spannungen.
   Das Ziel der Knotenanalyse ist, die unbekannten $(k-1)$ unabhängigen Knotenspannungen zu bestimmen. Diese Zahl ist in den meisten Fällen kleiner als m.

3. Mit dem Bezugsknoten ist der **vollständige Baum** festgelegt: er verbindet **sternförmig** alle Knoten mit dem Bezugsknoten. Sind nicht alle Knoten direkt mit dem Bezugsknoten verbunden, so fügt man Zweige mit dem Leitwert $G = 0$ ein.

[9] Als Potential kann z.B. Null gewählt werden, d.h. der Knoten wird gedanklich „geerdet“.

4. Alle unabhängigen Spannungen erhalten **Zählpfeile, die auf den Bezugsknoten zeigen.**

5. Man schreibt das Gleichungssystem für die $(k-1)$ unbekannten unabhängigen Spannungen, indem man nacheinander alle Knoten betrachtet. Der **Bezugsknoten** erhält **keine** Gleichung !
   - Der Koeffizient der unabhängigen Spannung des betreffenden Knotens ist der **immer positive Knotenleitwert**. Er ist gleich der Summe aller Leitwerte, die in dem Knoten zusammengeführt sind.
   - Die Koeffizienten der anderen unabhängigen Spannungen sind die **immer negativen Kopplungsleitwerte**.
   - Auf der rechten Seite steht die Summe der Quellenströme in dem betrachteten Knoten, mit Pluszeichen, wenn sie hineinfließen.

6. Man löst das Gleichungssystem für die $(k-1)$ unbekannten Spannungen.

7. Die abhängigen Spannungen ergeben sich aus den Maschengleichungen.

8. Die Ströme ergeben sich aus dem Ohmschen Gesetz

$$I = G \cdot U$$

oder, in Zweigen mit Quellen, aus einer Kirchhoffschen Gleichung.

7.5.4. Beispiele zur Anwendung der Knotenanalyse

■ Beispiel 7.9

Für die Wheatstone–Brücke aus Abbildung 7.19 (links) sollen alle Ströme mit Hilfe der Knotenanalyse bestimmt werden. Für die Richtungen der Ströme siehe Abb. 7.13.

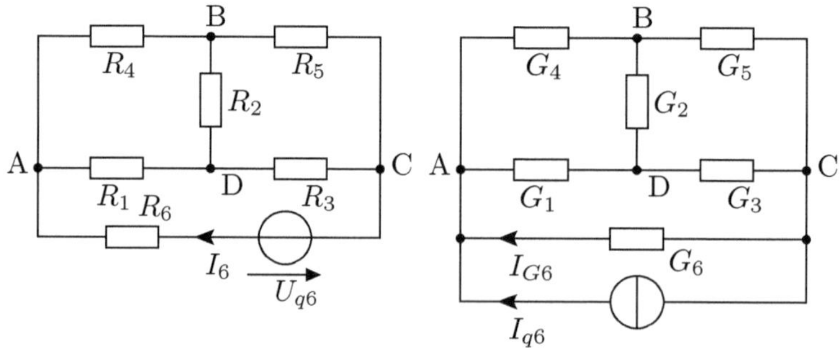

Abbildung 7.19.: Wheatstone–Brücke zu Beispiel 7.9

Es gilt: $U_{q6} = 10\,V$, $R_1 = 3\,\Omega$, $R_2 = 1\,\Omega$, $R_3 = 2\,\Omega$, $R_4 = 1\,\Omega$, $R_5 = 5\,\Omega$, $R_6 = 1\,\Omega$.

1. *Man formt die Schaltung um:*
   Widerstände → Leitwerte:
   $G_1 = \frac{1}{R_1} = \frac{1}{3}\,S$; $G_2 = \frac{1}{R_2} = 1\,S$; $G_3 = \frac{1}{R_3} = \frac{1}{2}\,S$
   $G_4 = \frac{1}{R_4} = 1\,S$; $G_5 = \frac{1}{R_5} = \frac{1}{5}\,S$; $G_6 = \frac{1}{R_1} = 1\,S.$

2. *Man wandelt die Spannungsquelle in eine Stromquelle um:*

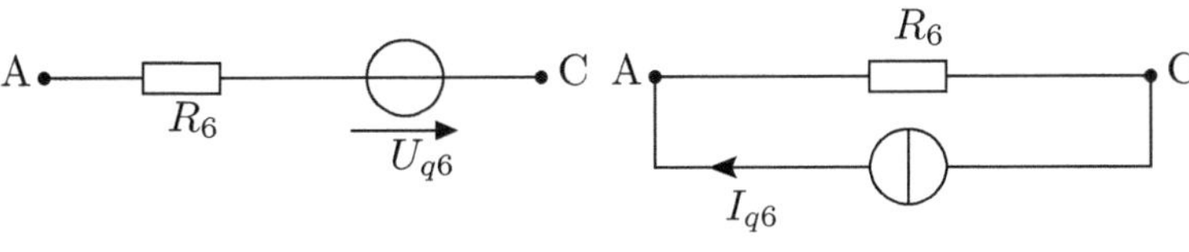

$$I_{q6} = \frac{U_{q6}}{R_6} = \frac{10\,V}{1\,\Omega} = 10\,A.$$

3. *Als Bezugsknoten wird der Knoten (D) gewählt.*

4. *Es ergibt sich der vollständige Baum aus der Abbildung 7.18.*

5. *Die unabhängigen Spannungen sind* U_1, U_2 *und* U_3. *Das Gleichungssystem lautet:*

U_1	U_2	U_3	
$G_1 + G_4 + G_6$	$-G_4$	$-G_6$	I_{q6}
$-G_4$	$G_2 + G_4 + G_5$	$-G_5$	0
$-G_6$	$-G_5$	$G_3 + G_5 + G_6$	$-I_{q6}$

bzw. mit Zahlenwerten:

U_1	U_2	U_3	
$\frac{1}{3}\,S + 1\,S + 1\,S$	$-1\,S$	$-1\,S$	$10\,A$
$-1\,S$	$1\,S + 1\,S + \frac{1}{5}\,S$	$-\frac{1}{5}\,S$	0
$-1\,S$	$-\frac{1}{5}\,S$	$\frac{1}{2}\,S + \frac{1}{5}\,S + 1\,S$	$-10\,A$

6. *Es ergeben sich:* $U_1 = 3\,V,\qquad U_2 = 1\,V,\qquad U_3 = -4\,V.$

7. *Aus den Maschengleichungen (siehe Graph) ergeben sich die abhängigen Spannungen:*
   $U_4 = U_1 - U_2 = 3\,V - 1\,V = 2\,V$

   $U_5 = U_2 - U_3 = 1\,V - (-4\,V) = 5\,V$

   $U_6 = U_3 - U_1 = -4\,V - 3\,V = -7\,V.$

8. *Die sechs gesuchten Ströme sind:*

$$I_1 = U_1 \cdot G_1 = 3\,V \cdot \tfrac{1}{3}\,S = 1\,A$$
$$I_2 = U_2 \cdot G_2 = 1\,V \cdot 1\,S = 1\,A$$
$$I_3 = U_3 \cdot G_3 = -4\,V \cdot \tfrac{1}{2}\,S = -2\,A$$
$$I_4 = U_4 \cdot G_4 = 2\,V \cdot 1\,S = 2\,A$$
$$I_5 = U_5 \cdot G_5 = 5\,V \cdot \tfrac{1}{5}\,S = 1\,A$$
$$I_6 = I_{G_6} + I_{q_6} = U_6 \cdot G_6 + I_{q_6} = -7\,V \cdot 1\,S + 10\,A = 3\,A.$$

Man ersieht, dass sich alle Ströme in den passiven Zweigen direkt aus dem Ohmschen Gesetz ergeben. In Zweigen mit Quellen muss man zusätzlich die Knotengleichung berücksichtigen.

■

■ Beispiel 7.10

In der folgenden Schaltung (siehe nächste Abbildung, oben) soll der Strom I_{AB} *mit der Knotenanalyse ermittelt werden. Es gilt:* $U_{q1} = 20\,V$, $U_{q2} = 10\,V$, $R_1 = 5\,\Omega$, $R_2 = 10\,\Omega$, $R_3 = 2\,\Omega$, $R_4 = 5\,\Omega$.

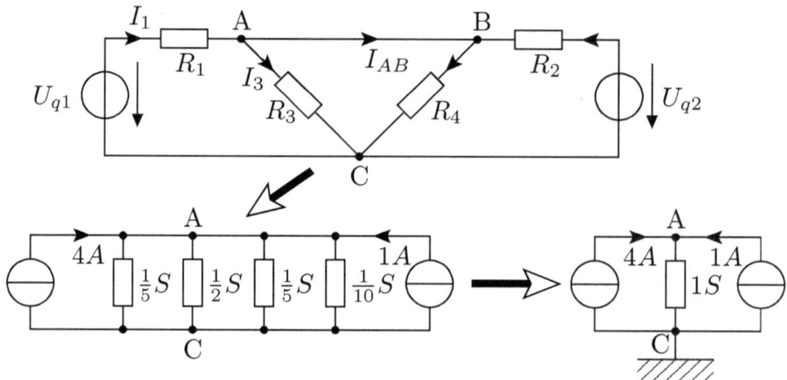

Zuerst muss das Netzwerk umgewandelt werden (untere Abbildung, links). In diesem Netzwerk fasst man die Leitwerte zusammen. Wählt man den unteren Knoten C als Bezugsknoten, so muss man nur die Gleichung des oberen Knotens (A–B) schreiben. Die einzige Gleichung lautet:

$$G \cdot U = 5\,A \quad \rightarrow \quad U = \frac{5\,A}{1\,S} = 5\,V\ .$$

Jetzt muss man in die ursprüngliche Schaltung zurückgehen, um den gesuchten Strom zu ermitteln. Da die Spannung zwischen A und C bekannt ist, kann man *auf der linken Masche die Maschengleichung schreiben und somit den Strom I_1 ermitteln:*

$$U_{q_1} = R_1 \cdot I_1 + U \Longrightarrow I_1 = \frac{U_{q_1} - U}{R_1} = \frac{20\,V - 5\,V}{5\,\Omega} = 3\,A\ .$$

Der Strom I_3 ergibt sich ebenfalls aus der ermittelten Spannung U:

$$I_3 = \frac{U}{R_3} = \frac{5\,V}{2\,\Omega} = 2,5\,A\ .$$

Schließlich kann man I_{AB} aus einer Knotengleichung bestimmen:

$$I_{AB} = I_1 - I_3 = 3\,A - 2,5\,A = 0,5\,A\ .$$

■

■ **Beispiel 7.11**
Eine Schaltung, die bereits mit dem Maschenstromverfahren behandelt wurde, soll jetzt mit der Knotenanalyse gelöst werden (siehe nächste Abbildung und Abb. 7.14).

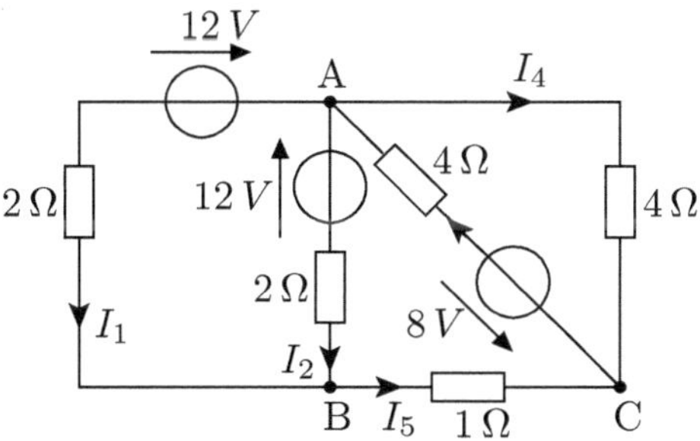

Es gelte wieder: $U_{q1} = 12\,V$, $U_{q2} = 12\,V$, $U_{q3} = 8\,V$,
$R_1 = 2\,\Omega$, $R_2 = 2\,\Omega$, $R_3 = 4\,\Omega$, $R_4 = 4\,\Omega$, $R_5 = 1\,\Omega$.
Die Schaltung hat $k = 3$ Knoten und $z = 5$ Zweige. Sie wird umgeformt, indem alle drei Spannungsquellen mit den in Reihe geschalteten Widerständen in äquivalente Stromquellen und alle Widerstände in Leitwerte umgewandelt werden. Nun können noch verschiedene Leitwerte zusammengefasst werden:

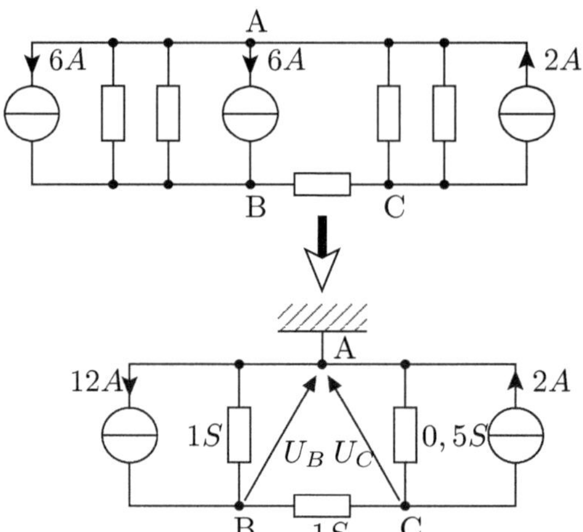

Das Gleichungssystem hat dann folgendes Aussehen:

U_B	U_C	
$2\,S$	$-1\,S$	$12\,A$
$-1\,S$	$1,5\,S$	$-2\,A$

Die Determinanten berechnen sich zu:

$D = 3{-}1 = 2\,S^2$, $\quad D_1 = 12{\cdot}1,5{-}2 = 16\,AS$, $\quad D_2 = -4{+}12 = 8\,AS$.

Für die Spannungen U_B und U_C gilt dann:

$$U_B = \frac{D_1}{D} = \frac{16\,AS}{2\,S^2} = 8\,V \qquad U_C = \frac{D_2}{D} = \frac{8\,AS}{2\,S^2} = 4\,V\ .$$

Es ergibt sich:

$$U_{R_5} = U_B - U_C \Longrightarrow I_5 = \frac{4\,V}{1\,\Omega} = 4\,A$$

$$U_B - U_{q_2} + R_2 \cdot I_2 \Longrightarrow I_2 = \frac{U_{q_2} - U_B}{R_2} = \frac{12\,V - 8\,V}{2\,\Omega} = 2\,A$$

$$U_B - U_{q_1} + R_1 \cdot I_1 \Longrightarrow I_1 = \frac{U_{q_1} - U_B}{R_1} = \frac{4\,V}{2\,\Omega} = 2\,A$$

$$U_C = -R_4 \cdot I_4 \Longrightarrow I_4 = -1\,A$$

$$I_3 = I_5 + I_4 = 4\,A - 1\,A = 3\,A\ .$$

■

■ Beispiel 7.12

Der Stern mit den 5 Knoten und 10 Zweigen (Abbildung 7.15), der mit dem Maschenstromverfahren behandelt wurde, soll nochmals betrachtet werden.

1. *Die äußeren Widerstände sind R, die inneren Widerstände $2\,R$. Somit sind die äußeren Leitwerte G, die inneren Leitwerte $\frac{G}{2}$.*
   Man muss auch die zwei Spannungsquellen umwandeln:

$$I_{q_1} = \frac{U_{q_1}}{R} \qquad I_{q_2} = \frac{U_{q_2}}{R} \ .$$

2. *Als Bezugsknoten wählt man den oberen Punkt.*

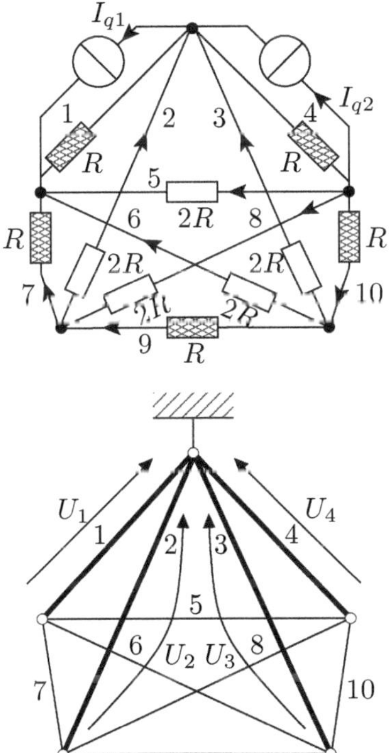

3. *Der vollständige Baum ist in der obigen Darstellung gezeigt.*

4. *Die unabhängigen Spannungen sind: U_1, U_2, U_3 und U_4. Das Gleichungssystem hat nur vier Gleichungen, statt sechs bei der Maschenanalyse!!*

5. *Das Gleichungssystem ist:*

U_1	U_2	U_3	U_4	
$3\,G$	$-G$	$-\frac{G}{2}$	$-\frac{G}{2}$	$U_{q_1}\cdot G$
$-G$	$3\,G$	$-G$	$-\frac{G}{2}$	0
$-\frac{G}{2}$	$-G$	$3\,G$	$-G$	0
$-\frac{G}{2}$	$-\frac{G}{2}$	$-G$	$3\,G$	$-U_{q_2}\cdot G$

6. *Für $U_{q_1} = 11\,V$ und $U_{q_2} = 33\,V$ ergibt sich:*

$$U_1 = -1,6\,V \qquad U_2 = -5,2\,V \qquad U_3 = -6,8\,V \qquad U_4 = -14,4\,V\ .$$

7. *Die sechs abhängigen Spannungen ergeben sich aus den Maschengleichungen:*

$$\begin{aligned}
U_5 = U_4 - U_1 = (-14,4\,V - (-1,6\,V)) &= -12,8\,V\\
U_6 = U_3 - U_1 = (-6,8\,V) - (-1,6\,V) &= -5,2\,V\\
U_7 = U_2 - U_1 = (-5,2\,V) - (-1,6\,V) &= -3,6\,V\\
U_8 = U_4 - U_2 = (-14,4\,V) - (-5,2\,V) &= -9,2\,V\\
U_9 = U_3 - U_2 = (-6,8\,V) - (-5,2\,V) &= -1,6\,V\\
U_{10} = U_4 - U_3 = (-14,4\,V) - (-6,8\,V) &= 7,6\,V\ .
\end{aligned}$$

8. *Acht der zehn Ströme ergeben sich aus dem Ohmschen Gesetz $I = G\cdot U$. Nur bei den Strömen I_1 und I_4 muss man die Maschengleichungen schreiben:*

$$U_1 = R_1\cdot I_1 + U_{q_1} \Longrightarrow I_1 = \frac{U_1 - U_{q_1}}{R_1}$$

$$U_4 = R_4\cdot I_4 - U_{q_2} \Longrightarrow I_4 = \frac{U_4 + U_{q_2}}{R_4}\ .$$

■

7.6. Zusammenfassung und Vergleich zwischen den Methoden der Analyse linearer Netzwerke

Es wurden die folgenden Methoden zur Berechnung von Strömen und Spannungen in linearen Netzwerken ausführlich untersucht:

- Die Kirchhoffschen Gleichungen

- Die Methoden der Ersatzspannungs– und der Ersatzstromquelle (Thévenin-Helmholtz– und Norton–Theorem)
- Der Überlagerungssatz
- Das Maschenstromverfahren
- Das Knotenpotentialverfahren .

Im folgenden sollen die Methoden kurz wiederholt, ihre Merkmale, Vor– und Nachteile analysiert und miteinander verglichen werden. Ein einfaches Beispiel einer Schaltung mit zwei Quellen und drei Widerständen soll mit allen sechs Methoden berechnet werden.

7.6.1. Allgemeines

Die Aufgabe der Netzwerkananlyse ist die Bestimmung der Ströme und Span nungen in Netzwerken, wenn alle Quellen und alle Widerstände bekannt sind. Ist also die Anzahl der Unbekannten

$$2 \cdot z \ ,$$

wobei z die Anzahl der Zweige bedeutet, so reduziert das Ohmsche Gesetz

$$U = R \cdot I \qquad\qquad I = G \cdot U$$

die Anzahl der Unbekannten auf die Hälfte. **Es sind also im Allgemeinen z unbekannte Ströme oder Spannungen zu bestimmen.**
Sollte das gesamte Netzwerk analysiert werden, also sollten alle Unbekannten ermittelt werden, so eignen sich dazu alle erwähnten Methoden, mit Ausnahme der Methoden der Ersatzquellen. Diese liefern nur einen Strom[10] oder nur eine Spannung[11] und werden nur dann eingesetzt, wenn eine einzige unbekannte Größe gesucht wird. Das zu untersuchende Beispiel ist die einfache Schaltung aus Abbildung 7.20.

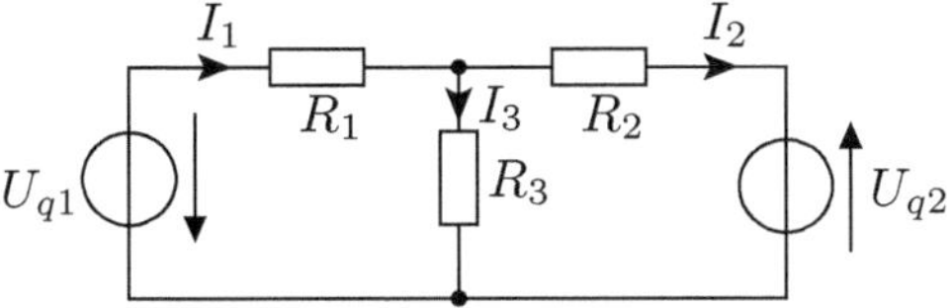

Abbildung 7.20.: Beispiel für den Vergleich der Berechnungsmethoden

Gesucht ist der Strom I_3. Er soll mit Hilfe aller sechs Methoden bestimmt werden. Die Schaltung hat

[10] Thévenin-Helmholtz–Theorem
[11] Norton–Theorem

$$k = 2 \text{ Knoten}$$
$$z = 3 \text{ Zweige}$$
$$m = z - k + 1 = 2 \text{ unabhängige Maschen.}$$

7.6.2. Die Kirchhoffschen Gleichungen (Zweigstromanalyse)

Die zwei Kirchhoffschen Gleichungen lauten:

1. Die Summe aller zu- und abfließenden Ströme an jedem Knotenpunkt (unter Beachtung ihrer Vorzeichen) ist gleich Null:

$$\boxed{\sum_{\mu=1}^{n} I_\mu = 0}$$

2. Die Summe aller Teilspannungen in einem geschlossenen Umlauf (Masche), unter Beachtung ihrer Vorzeichen, ist stets Null:

$$\boxed{\sum_{\mu=1}^{n} U_\mu = 0}.$$

Die Kirchhoffschen Sätze führen zu einem Gleichungssystem mit z Unbekannten für die z unbekannten Ströme, das folgendermaßen zusammengestellt ist:

$$\boxed{(k-1)} \text{ Gleichungen für die Knoten}$$

$$\boxed{m = z - (k-1)} \text{ Gleichungen für die Maschen.}$$

Achtung : *Ein Knoten* **muss** *unberücksichtigt bleiben. Nur* **m** *Maschen sind unabhängig!!*
Gemäß der nächsten Abbildung ergeben sich mit den Kirchhoffschen Gleichungen die folgenden Zusammenhänge:

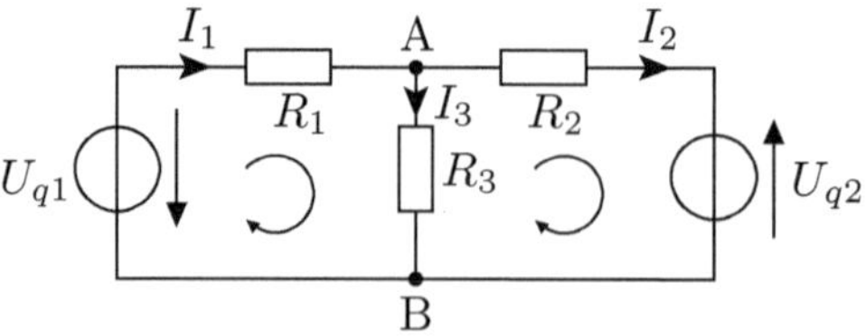

$$\left.\begin{array}{lr} \text{Im Knoten (A):} & I_1 = I_2 + I_3 \\ \text{Masche (1)} \;: & I_1 \cdot R_1 + I_3 \cdot R_3 = U_{q_1} \\ \text{Masche (2)} \;: & I_2 \cdot R_2 - I_3 \cdot R_3 = U_{q_2} \end{array}\right\} \text{3 Gleichungen für } z = 3 \text{ Ströme}$$

Aus den Maschengleichungen kann man I_1 und I_2 als Funktion von I_3 ausdrücken:

$$I_1 = \frac{U_{q_1} - I_3 \cdot R_3}{R_1} \qquad I_2 = \frac{U_{q_2} + I_3 \cdot R_3}{R_2} \; .$$

Diese kann man jetzt in die Knotengleichung einführen:

$$I_3 = I_1 - I_2 = \frac{U_{q_1} - I_3 \cdot R_3}{R_1} - \frac{U_{q_2} + I_3 \cdot R_3}{R_2}$$

$$I_3 \cdot (R_1\, R_2) = U_{q_1} \cdot R_2 - I_3 \cdot (R_3\, R_2) - U_{q_2} \cdot R_1 - I_3 \cdot (R_1\, R_3)$$

$$I_3 \cdot (R_1\, R_2 + R_3\, R_2 + R_1\, R_3) = U_{q_1} \cdot R_2 - U_{q_2} \cdot R_1$$

$$I_3 = \frac{U_{q_1} \cdot R_2 - U_{q_2} \cdot R_1}{\underbrace{R_1\, R_2 + R_3\, R_2 + R_1\, R_3}_{\sum R_i \cdot R_j}} .$$

Kommentar:

- Die Kirchhoffschen Gleichungen stellen die allgemeinste Methode zur Netzwerkanalyse dar; sie sind immer einsetzbar und führen zu den z unbekannten Strömen. Nur bei dieser Methode operiert man mit den tatsächlichen Strömen, die durch die Zweige fließen. Alle anderen Methoden benutzen virtuelle Ströme, die erst zum Schluss die physikalischen Ströme ergeben. Somit ist die „Zweigstromanalyse“ weniger abstrakt und leichter nachvollziehbar als alle anderen Methoden.
- Die Anzahl der zu lösenden Gleichungen ist **maximal: z**.
- Auch wenn nur ein Strom gesucht wird, muss man alle z Gleichungen schreiben.
- Alle anderen Methoden sind aus den Kirchhoffschen Gleichungen abgeleitet.

7.6.3. Ersatzspannungsquelle und Ersatzstromquelle

Diese Methoden gehen von der Tatsache aus, dass jeder beliebige lineare, aktive Zweipol durch eine Ersatzspannungsquelle oder eine Ersatzstromquelle ersetzt werden kann, die an den zwei Klemmen dasselbe Verhalten[12] aufweist.
Es bedeuten:

- U_l die Leerlaufspannung an den Klemmen A–B
- I_K den Kurzschlussstrom

[12] d.h. denselben Strom I und dieselbe Spannung U

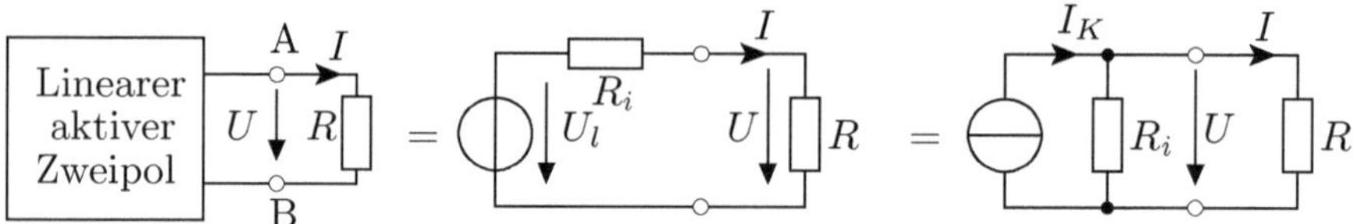

Abbildung 7.21.: Ersatzspannungsquelle und Ersatzstromquelle

- $R_i = \frac{U_l}{I_K}$ den Innenwiderstand der Ersatzquellen.

Wenn das so ist, dann kann man jede Schaltung in Bezug auf die zwei Klemmen A und B durch eine Ersatzspannungsquelle oder eine Ersatzstromquelle ersetzen. Die Voraussetzung dafür ist, dass der abgetrennte Zweig A–B passiv (ohne Quelle) sein muss.

Zwei Theoreme ermöglichen die Berechnung des Stromes in dem Zweig A–B (Thévenin-Helmholtz) oder der Spannung an den Klemmen A–B (Norton).

Theorem von Thévenin-Helmholtz (Ersatzspannungsquelle):

$$\boxed{I_{AB} = \frac{U_{AB_l}}{R_{i_{AB}} + R}} \qquad U_{AB_l} = \text{Leerlaufspannung an A–B}$$

Theorem von Norton (Ersatzstromquelle):

$$\boxed{U_{AB} = \frac{I_{K_{AB}}}{G_{i_{AB}} + G}} \qquad I_{K_{AB}} = \text{Kurzschlussstrom zwischen A und B}$$

In beiden Fällen verfährt man folgendermaßen:

1. Man trennt den Zweig A–B mit dem Widerstand R ab.
2. Die restliche Schaltung wird als Ersatzsspannungsquelle mit der Quellenspannung U_{AB_l} oder als Ersatzstromquelle mit dem Quellenstrom $I_{K_{AB}}$ betrachtet.
3. Der Innenwiderstand R_i ist der gesamte Widerstand der **passiven** Schaltung an den Klemmen A–B[13].

[13]Um den Widerstand zu ermitteln, werden alle Spannungsquellen kurzgeschlossen und alle Stromquellen unterbrochen

Berechnung mit dem Thévenin-Helmholtz–Theorem

$$I_3 = \frac{U_{AB_l}}{R_{i_{AB}} + R_3}$$

Berechnung des Innenwiderstandes der passiven Schaltung:

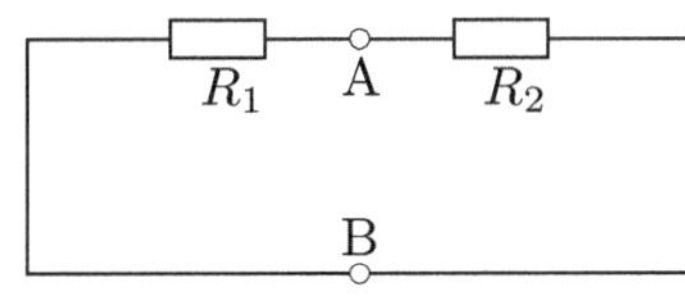

$$R_{i_{AB}} = R_1 || R_2 = \frac{R_1 \cdot R_2}{R_1 + R_2}$$

Berechnung der Leerlaufspannung U_{AB_l} :

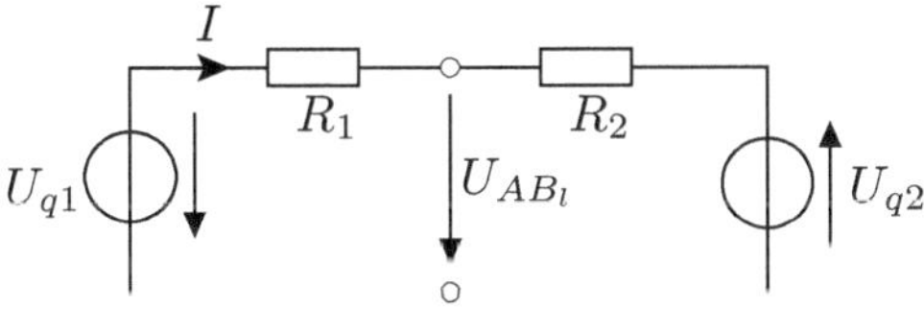

Der Strom ist: $I = \dfrac{U_{q_1} + U_{q_2}}{R_1 + R_2}$.

Die Spannung ergibt sich z.B. aus dem linken Maschenumlauf (Uhrzeigersinn):
$U_{AB_l} - U_{q_1} + I \cdot R_1 = 0$.
Damit wird U_{AB_l}:

$$U_{AB_l} = U_{q_1} - R_1 \cdot \frac{U_{q_1} + U_{q_2}}{R_1 + R_2}$$

$$U_{AB_l} = \frac{U_{q_1} \cdot (R_1 + R_2) - R_1 \cdot (U_{q_1} + U_{q_2})}{R_1 + R_2}$$

$$U_{AB_l} = \frac{U_{q_1} \cdot R_2 - U_{q_2} \cdot R_1}{R_1 + R_2} \ .$$

Der Strom I_3 ist dann:

$$I_3 = \frac{U_{q_1} \cdot R_2 - U_{q_2} \cdot R_1}{R_1\, R_3 + R_2\, R_3 + R_1\, R_2} \ .$$

Berechnung mit dem Norton–Theorem

$$U_{AB} = \frac{I_{K_{AB}}}{G_{i_{AB}} + G} \Longrightarrow I_3 = \frac{U_{AB}}{R_3} = \frac{I_{K_{AB}}}{R_3 \cdot G_{i_{AB}} + 1}$$

$$G_{i_{AB}} = \frac{1}{R_{i_{AB}}} = \frac{R_1 + R_2}{R_1 \cdot R_2}$$

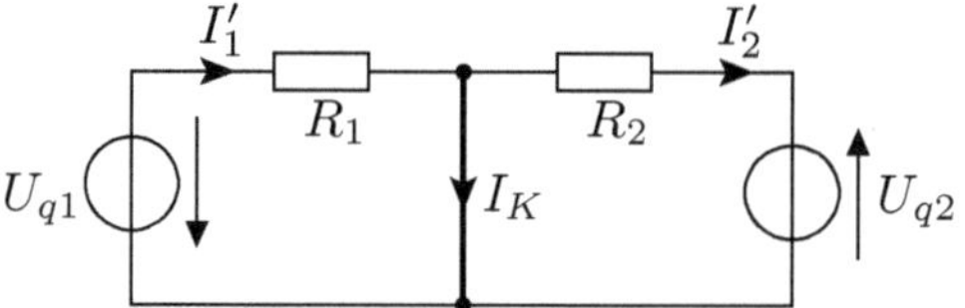

Der Kurzschlussstrom ist:

$$I_K = I_1 - I_2 = \frac{U_{q_1}}{R_1} - \frac{U_{q_2}}{R_2} = \frac{U_{q_1} \cdot R_2 - U_{q_2} \cdot R_1}{R_1 \cdot R_2} \ .$$

Zur Überprüfung:
I_K kann auch anders berechnet werden:

$$I_K = \frac{U_{AB_l}}{R_{i_{AB}}} = \frac{U_{q_1} \cdot R_2 - U_{q_2} \cdot R_1}{R_1 + R_2} \cdot \frac{R_1 + R_2}{R_1 \cdot R_2}$$

Damit wird I_3:

$$I_3 = \frac{U_{q_1} \cdot R_2 - U_{q_2} \cdot R_1}{R_1\, R_2 \cdot \left(R_3 \cdot \dfrac{R_1 + R_2}{R_1\, R_2} + 1 \right)}$$

$$I_3 = \frac{U_{q_1} \cdot R_2 - U_{q_2} \cdot R_1}{R_1\, R_3 + R_2\, R_3 + R_1\, R_2} \ .$$

Kommentar:

- Die Sätze von den Ersatzquellen sind dazu geeignet, in einer Schaltung **einen** Strom oder **eine** Spannung zu bestimmen und zwar nur in einem **passiven** Zweig. Für eine Gesamtanalyse sind sie nicht interessant, da die Berechnung zu aufwändig wäre.
- Der große Vorteil dieser Sätze besteht darin, dass bei unterschiedlichen Verbrauchern, die von derselben Quelle gespeist werden, die Quelle (egal wie kompliziert sie aussieht) nur einmal rechnerisch behandelt werden muss, indem man eine Ersatzquelle bestimmt. Danach kann man beliebige Verbraucher schalten, ohne dass man sich weiter um die Quelle kümmern muss.
- Ist der Lastwiderstand zwischen zwei Klemmen variabel und sollte eine Leistungsanpassung realisiert werden, so soll die restliche Schaltung durch eine Ersatzquelle ersetzt werden.

- Sind in der Schaltung nichtlineare Bauelemente vorhanden (z.B. eine Diode), so ist zur Bestimmung des Arbeitspunktes eine Ersatzquelle sehr günstig.

- Zur Bestimmung von U_l oder I_K müssen andere Methoden herangezogen werden.

- Zur Bestimmung von $R_{i_{AB}}$ müssen Widerstände zusammengeschaltet werden, eventuell muss eine Stern–Dreieck– oder eine Dreieck–Stern–Transformation durchgeführt werden.

- Das Thévenin-Helmholtz–Theorem ist besonders interessant, wenn $R_{i_{AB}} \ll R$ ist. Dann gilt:

$$I_{AB} \approx \frac{U_{AB_l}}{R} \ .$$

- Das Norton–Theorem wird meistens eingesetzt, wenn $R_{i_{AB}} \gg R$ ist. Dann gilt:

$$U_{AB} \approx \frac{I_{K_{AB}}}{G} \ .$$

7.6.4. Der Überlagerungssatz

Der Überlagerungssatz ist eine Konsequenz der **Linearität** aller Schaltelemente: zwischen jedem Strom und jeder Quellenspannung besteht dann eine lineare Beziehung.
Die Idee dieses Verfahrens ist: Man lässt jede Quelle **allein** wirken, indem man alle anderen als energiemäßig nicht vorhanden ansieht. Bei **n** Quellen ergeben sich somit **n** verschiedene Stromverteilungen, die mit der tatsächlichen Stromverteilung nichts zu tun haben!
Erst die Überlagerung der „Teilströme" unter Beachtung ihrer **Zählrichtung** ergibt die tatsächlichen Ströme. Jeder Zweigstrom besteht also aus **n** Teilströmen.
Bemerkung: *Genauso gut kann man Gruppen von Quellen wirken lassen und ihre Wirkung anschließend überlagern. Damit verringert man die Anzahl der Stromverteilungen die man berechnen muss, doch werden die einzelnen Stromverteilungen etwas komplizierter, da die zu behandelnden virtuellen Schaltungen jetzt mehrere Quellen enthalten.*

Das betrachtete Beispiel wird nun mit dem Überlagerungssatz berechnet:

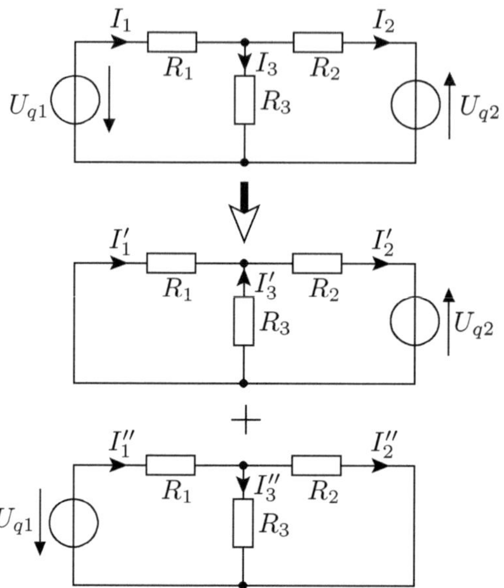

Quelle 1 unwirksam, es interessiert nur I_3 (siehe Abbildung, Mitte).

$$I_2' = \frac{U_{q_2}}{R_2 + \dfrac{R_1\,R_3}{R_1 + R_3}} = \frac{U_{q_2} \cdot (R_1 + R_3)}{R_1\,R_2 + R_2\,R_3 + R_1\,R_3}$$

I_3' ergibt sich mit der Stromteilerregel:

$$I_3' = I_2' \cdot \frac{R_1}{R_1 + R_3} = \frac{U_{q_2} \cdot R_1}{\sum (R_i \cdot R_j)} \,.$$

Nun wird die Quelle 2 als unwirksam betrachtet (Abbildung, unten):

$$I_1'' = \frac{U_{q_1}}{R_1 + \dfrac{R_2\,R_3}{R_2 + R_3}} = \frac{U_{q_1} \cdot (R_2 + R_3)}{\sum (R_i \cdot R_j)}$$

$$I_3'' = I_1'' \cdot \frac{R_2}{R_2 + R_3} = \frac{U_{q_1} \cdot R_2}{\sum (R_i \cdot R_j)} \,.$$

Der tatsächliche Strom I_3 ist $I_3'' - I_3'$, da I_3' entgegen dem angenommenen Zählpfeil fließt.

$$I_3 = \frac{U_{q_1} \cdot R_2 - U_{q_2} \cdot R_1}{\sum (R_i \cdot R_j)} \,.$$

Empfehlung: Es ist immer sinnvoll die zu überlagernden Ströme anders zu benennen als die tatsächlichen (z.B. I_1', I_2', $\cdots$ *für die erste Stromverteilung,* I_1'', I_2'', $\cdots$ *für die zweite, usw.)*

Kommentar:

- Der Überlagerungssatz führt zu **n** Stromverteilungen mit jeweils nur **einer** Quelle. Zur Bestimmung der Ströme braucht man nur Widerstände zu schalten und die Stromteilerregel (evtl. mehrmals) zu benutzen. Man kann jedoch auch jede andere Strategie (z.B. Spannungsteiler) benutzen.
- Der Nachteil ist: Es müssen immer so viele unterschiedliche Stromverteilungen bestimmt werden, wie Quellen im Netz vorhanden sind (außer man bildet Gruppen von Quellen, deren Wirkung man überlagert).

7.6.5. Maschenstromverfahren

Das Maschenstromverfahren ist die meistverbreitete Methode der Netzwerkanalyse, da sie ein Gleichungssystem mit nur $m = z - k + 1$ Gleichungen löst und sehr übersichtlich ist. Das Gleichungssystem kann direkt aufgestellt werden.
Die Methode basiert auf der Annahme, dass man die **Zweigströme** in unabhängige und abhängige Zweigströme aufteilen kann. Die **unabhängigen Ströme** sind die Unbekannten, für die das Gleichungssystem aufgestellt werden muss. Man sollte bei dieser Methode mit den Begriffen

- vollständiger Baum[14]
- **Baumzweige**[15]
- **Verbindungszweige**[16]

arbeiten. (Es geht auch ohne „Bäume“, doch gibt es einige Gründe dafür, sie hier einzusetzen: erstens werden diese topologischen Begriffe heute auf vielen Gebieten angewendet, zweitens führen sie zu einer Systematisierung des Verfahrens, die Fehlerquellen eliminiert und drittens kann man komplizierte Schaltungen ohne sie kaum behandeln).
Die Wahl des vollständigen Baumes ist **frei**.
Die **unabhängigen Ströme fließen in den Verbindungszweigen**. Mit jedem von diesen (und den Baumzweigen) bildet man **m** unabhängige Maschen.

[14]Ein vollständiger Baum verbindet alle Knoten, ohne eine Masche zu bilden
[15]Es gibt immer $(k - 1)$ Baumzweige
[16]Dies sind die restlichen m Zweige

Das Gedankenmodell der Methode ist: In jeder Masche fließt ein solcher unabhängiger **Maschenstrom**. Das Gleichungssystem enthält m Maschengleichungen:

$$\begin{vmatrix} R_{11} & R_{12} & \dots & R_{1m} \\ R_{21} & R_{22} & \dots & R_{2m} \\ \vdots & & & \\ R_{m1} & R_{n2} & \dots & R_{mm} \end{vmatrix} \cdot \begin{vmatrix} I'_1 \\ I'_2 \\ \vdots \\ I'_m \end{vmatrix} = \begin{vmatrix} U'_{q_1} \\ U'_{q_2} \\ \vdots \\ U'_{q_m} \end{vmatrix}$$

mit: $R_{ii} > 0$ = Umlaufwiderstände (Summe aller Widerstände in der betreffenden Masche)

$R_{ij} \lesseqgtr 0$ = Kopplungswiderstände zwischen zwei Maschen

I'_i = unbekannte Maschenströme

U'_{q_i} = Summe aller **Quellenspannungen** in der Masche (mit Pluszeichen, wenn ihr Zählpfeil **entgegen** dem Umlaufsinn ist).

Die $(k-1)$ abhängigen Ströme werden durch Überlagerung (Knotengleichung) bestimmt.

Das bereits mehrmals betrachtete Beispiel soll nun mit dem Maschenstromverfahren berechnet werden. Die folgende Abbildung zeigt nochmals die Schaltung und ihren gerichteten Graph.

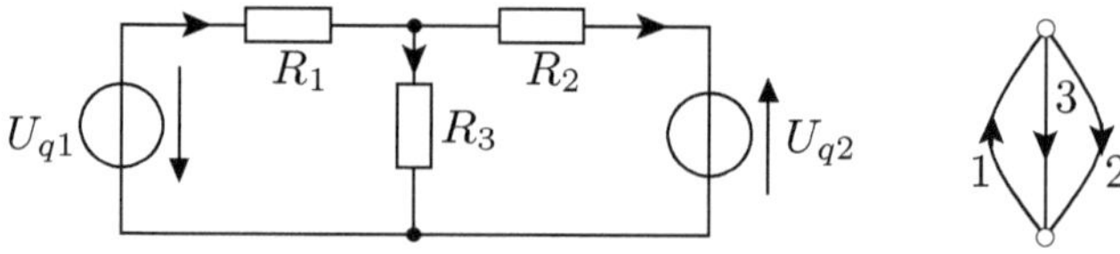

Es gilt: $k = 2$, $z = 3$, $m = 2$.

Möglich sind drei vollständige Bäume (siehe nächste Abbildung):

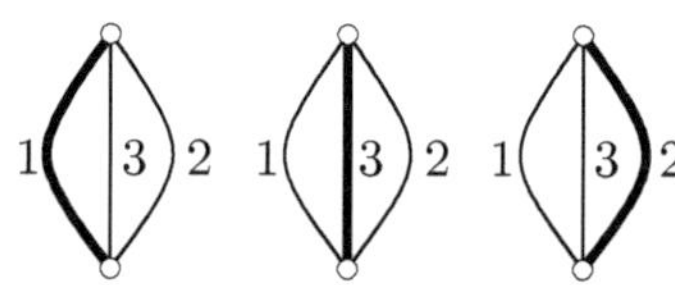

Der vollständige Baum sei z.B. der Zweig 3. Unabhängige Ströme sind: I_1 und I_2. Ihre Maschen sind auf der nächsten Abbildung gezeigt:

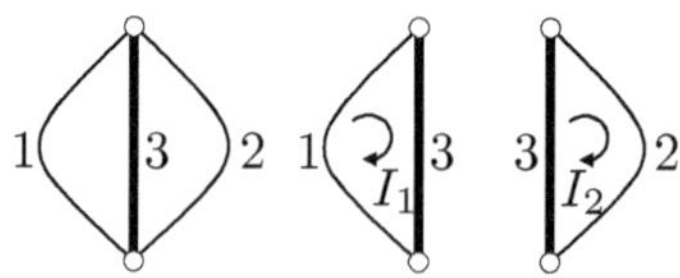

Das entsprechende Gleichungssystem ist:

I_1	I_2	
$R_1 + R_3$	$-R_3$	U_{q_1}
$-R_3$	$R_2 + R_3$	U_{q_2}

$$D = (R_1 + R_3) \cdot (R_2 + R_3) - R_3^2 = \sum (R_i \cdot R_j)$$

$$D_1 = U_{q_1} \cdot (R_2 + R_3) + U_{q_2} \cdot R_3$$

$$I_1 = \frac{D_1}{D} = \frac{U_{q_1} \cdot (R_2 + R_3) + U_{q_2} \cdot R_3}{\sum (R_i \cdot R_j)}$$

$$D_2 = U_{q_2} \cdot (R_1 + R_3) + U_{q_1} \cdot R_3 \Longrightarrow I_2 = \frac{U_{q_2} \cdot (R_1 + R_3) + U_{q_1} \cdot R_3}{\sum (R_i \cdot R_j)}$$

Der Strom I_3 ist nach der Knotengleichung im Knoten (A):

$$I_3 = \frac{U_{q_1} \cdot (R_2 + R_3) + U_{q_2} \cdot R_3 - U_{q_2} \cdot (R_1 + R_3) - U_{q_1} \cdot R_3}{\sum (R_i \cdot R_j)}$$

$$I_3 = \frac{U_{q_1} \cdot R_2 - U_{q_2} \cdot R_1}{\sum (R_i \cdot R_j)} \quad .$$

Kommentar:

- Gegenüber den Kirchhoffschen Gleichungen werden hier nur $m = z - k + 1$ Gleichungen gelöst.
- Das Gleichungssystem kann direkt aufgestellt werden, ohne Kenntnis irgendwelcher Gesetze der Elektrotechnik. Dieser Vorteil wird oft unterschätzt und er wird manchmal sogar - wegen dem Automatismus, der bei der Anwendung dieser „Gebrauchsanweisung“ ensteht - als Nachteil dargestellt. Nun, eine deutliche und leicht anzuwendende Gebrauchsanweisung, die schnell zu dem korrekten Ergebnis führt, ist immer vorzuziehen, auch wenn dabei der physikalische Hintergrund nicht mehr zu erkennen ist.
- Stromquellen sollen in Spannungsquellen umgewandelt werden.

7.6.6. Knotenpotentialverfahren

Von der Anzahl der zu lösenden Gleichungen her ist es meistens das optimale Verfahren. Es müssen lediglich $(k-1)$ Gleichungen gelöst werden.

Das Gleichungssystem kann auch hier direkt aufgestellt werden. Vorbereitungsarbeiten (Umwandeln der Schaltung) und Nacharbeiten machen jedoch diese Methode weniger übersichtlich als die Maschen–Analyse.

Die Idee der Methode ist, dass man die **Spannungen** zwischen den einzelnen Knoten in unabhängige und abhängige Spannungen aufteilen kann.
Die **unabhängigen Spannungen** sind die Unbekannten, für die man das Gleichungssystem aufstellt. **Unabhängig sind die Spannungen an den Baumzweigen**, es gibt also $(k-1)$ unabhängige Zweige.

Beim Knotenpotential–Verfahren wurden jedoch Einschränkungen bezüglich der Wahl des vollständigen Baumes vereinbart. Man verbindet einen ausgewählten „Bezugsknoten“ sternförmig mit **allen** anderen Knoten und wählt die Bezugspfeile für die unabhängigen Spannungen **zu** diesem Knoten **hin**.

Das Gleichungssystem enthält $(k-1)$ Knotengleichungen. Die restlichen **m** abhängigen Ströme ergeben sich anschließend aus Maschengleichungen.

Vor der Aufstellung des Gleichungssystems müssen alle Spannungsquellen in Stromquellen und alle Widerstände in Leitwerte umgewandelt werden. Das Gleichungssystem lautet:

$$\begin{vmatrix} G_{1\,1} & G_{12} & \dots & G_{1\,(k-1)} \\ G_{2\,1} & G_{22} & \dots & G_{2\,(k-1)} \\ \vdots & & & \\ G_{(k-1)\,1} & G_{(k-1)\,2} & \dots & G_{(k-1)\,(k-1)} \end{vmatrix} \cdot \begin{vmatrix} U'_1 \\ U'_2 \\ \vdots \\ U'_{(k-1)} \end{vmatrix} = \begin{vmatrix} I'_{q_1} \\ I'_{q_2} \\ \vdots \\ I'_{q_{(k-1)}} \end{vmatrix}$$

mit: $G_{i\,i} > 0$ = Knotenleitwert (Summe aller Leitwerte in dem Knoten)
$G_{i\,j} < 0$ = Kopplungsleitwert zwischen zwei Knoten
U'_i = unbekannte Knotenspannungen
I'_{q_i} = Summe aller Quellenströme in dem Knoten.[17]

In dem betrachteten Beispiel kann man z.B. den Knoten (B) als Bezugsknoten wählen. Die ursprüngliche und die umgeformte Schaltung sind auf der nächsten Abbildung gezeigt.

[17]Ströme die hineinfließen sind als positiv, Ströme die herausfließen als negativ zu zählen

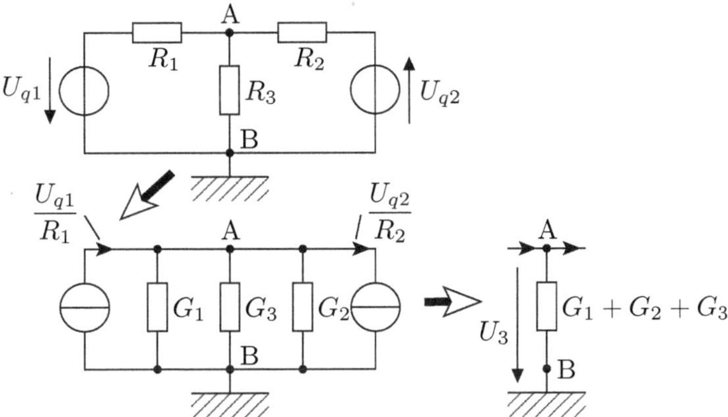

Es gibt nur **eine** Gleichung, für den oberen Knoten:

$$G \cdot U_3 = \frac{U_{q_1}}{R_1} - \frac{U_{q_2}}{R_2} \, .$$

Der gesuchte Strom I_3 ist dann:

$$I_3 = U_3 \cdot G_3 = \frac{1}{R_3} \cdot \frac{\dfrac{U_{q_1}}{R_1} - \dfrac{U_{q_2}}{R_2}}{\dfrac{1}{R_1} + \dfrac{1}{R_2} + \dfrac{1}{R_3}}$$

$$I_3 = \frac{1}{R_3} \cdot \frac{R_3 \, R_2 \, U_{q_1} - R_3 \, R_1 \, U_{q_2}}{\sum (R_i \cdot R_j)}$$

$$I_3 = \frac{U_{q_1} \cdot R_2 - U_{q_2} \cdot R_1}{\sum (R_i \cdot R_j)} \, .$$

Kommentar:

- In den meisten Fällen erfordert keine andere Methode zur kompletten Analyse eines Netzes weniger Gleichungen.
- Unter Annahme einiger Einschränkungen ist das Gleichungssystem sehr einfach und kann direkt aufgestellt werden.
- Wegen unvermeidbaren Umwandlungen vor der Aufstellung des Gleichungssystems und Zurückwandlungen zu der ursprünglichen Schaltung ist die Methode weniger übersichtlich als die Maschen–Analyse.
- Gewöhnt man sich (durch Üben!!) an die nötigen Umwandlungen und an die Arbeit mit Leitwerten und Stromquellen, so ist die Knotenanalyse meistens der schnellste Weg zur Bestimmung aller Ströme.

7.7. Design von Gleichstromkreisen mit gewünschten Strömen

Man kann sehr leicht Schaltungen auf Papier „basteln", bei denen alle in den Zweigen auftretenden Ströme, wie auch die Widerstände und die Quellenspannungen, ganze Zahlen sind.
Mit einer solchen, selbst entwickelten Schaltung kann man schnell und unkompliziert alle Methoden der Netzwerkanalyse üben.
Außerdem ist das auch eine oft in der Praxis vorkommende Fragestellung: Wie erzeugt man gewünschte Ströme, wenn man einen Satz von Widerständen und bestimmte Quellen zur Verfügung hat?
Folgende Erkenntnisse bilden die **theoretische Grundlage** dieser Auslegungsmethode:

1) In einer Schaltung mit **z Zweigen** und **k Knoten** kann man sich immer

$$m = z - k + 1$$

Ströme vorgeben. Die restlichen $(k - 1)$ sind abhängig und ergeben sich aus **Knoten**gleichungen (I. Kirchhoffscher Satz).
Bedingung :
In keinem Knoten dürfen **alle** *Ströme vorgegeben werden (mindestens ein Strom ist nicht mehr unabhängig, denn die Summe der Ströme muss Null sein).*

2) Von den **Spannungen** sind dagegen

$$k - 1$$

unabhängig, also dürfen willkürlich **vorgegeben** werden. Die restlichen $m = z - k + 1$ ergeben sich aus **Maschen**gleichungen (II. Kirchhoffscher Satz).
Bedingung :
Auf keinem möglichen geschlossenen Umlauf dürfen **alle** *Spannungen vorgegeben werden (mindestens eine Spannung ist nicht mehr unabhängig, denn die Summe muss Null sein).*

3) Der Spannungsabfall an allen Widerständen ist:

$$U = RI \text{ (Ohmsches Gesetz).}$$

Die Auslegung von Schaltungen geht also von den zwei Kirchhoffschen Sätzen und von dem Ohmschen Gesetz aus.

Eigene Schaltungen zusammenzustellen und diese mit allen Verfahren der Netzwerkanalyse zu behandeln ist eine bewährte Methode um die angestrebte Sicherheit im Umgang mit Schaltungen zu erlangen. Da die Ströme, die Widerstände und die Quellenspannungen alle ganze Zahlen sind, wird man viel Rechenaufwand sparen. Es ist insgesamt eine kreative Beschäftigung mit Gleichstrom- Schaltungen, die auf jeden Fall zum besseren Verständnis der Gesetze dieser Stromkreise führen wird. Die folgende **Strategie** ist empfehlenswert:

a) **Auswahl einer Konfiguration für die Schaltung**
Ganz am Anfang soll man sich entscheiden, wie viele Zweige und Knoten die Schaltung haben soll und dementsprechend eine Skizze (Graph) in der die Zweige nummeriert werden sollen, zeichnen.
Eine Schaltung mit $z = 5$ Zweigen und $k = 3$ Knoten wäre ein guter Anfang. Später kann man dann auch mehrere Zweige in Betracht ziehen.

b) **Auswahl der Widerstände in den Zweigen**
Weiter soll man annehmen, dass man einen Satz von Widerständen zur Verfügung hat, zum Beispiel:

$$R = 1\,\Omega \text{ und } R = 2\,\Omega \text{ (und eventuell } R = 0,5\,\Omega\text{).}$$

Möchte man Ströme in der Größenordnung mA erzielen, so sollte man die Widerstände in $k\Omega$ annehmen, zum Beispiel:

$$R = 1\,k\Omega \text{ und } 2\,k\Omega.$$

Anschließend verteilt man die Widerstände beliebig auf den z Zweigen.

c) **Vorgabe von** $(z - k + 1)$ **Strömen und Ermittlung der übrigen** $(k - 1)$
In der ausgewählten Schaltung kann man $5 - 3 + 1 = 3$ Ströme vorgeben, allerdings nicht alle in demselben Knoten!
Aus Knotengleichungen ergeben sich die übrigen zwei abhängigen Ströme.
Es ist jetzt unerlässlich zu überprüfen, ob die I. Kirchhoffsche Gleichung in allen Knoten erfüllt ist.
Diese Stromverteilung ist der Ausgangspunkt für die Auslegung der Schaltung. Wählt man hier andere Ströme, so ergeben sich auch andere Quellen.
Die Bestimmung der Quellen, die zusammen mit den vorgegebenen Widerständen diese Stromverteilung erzeugen, ist der komplizierteste Schritt des Verfahrens.

d) **Berechnung der Spannungsabfälle an den Widerständen**
Die ausgewählten Widerstände und die festgelegte Stromverteilung führen automatisch zu bestimmten Spannungsabfällen an den Widerständen. Es ist empfehlenswert, diese jetzt zu berechnen und in eine Skizze einzutragen.
Die Spannungsabfälle werden mit Hilfe des Ohmschen Gesetzes $U = RI$ bestimmt, wobei Strom und Spannung dieselbe Richtung haben.

e) **Vorgabe von $(k-1)$ Zweigspannungen**
In der ausgewählten Schaltung mit $k = 3$ Knoten kann man $k - 1 = 2$ Spannungen willkürlich vorgeben, da sie unabhängig von den anderen sind.
Geht man von der Idee aus, dass man die gewünschte Stromverteilung mit möglichst wenigen Quellen realisieren möchte, so erscheint sinnvoll, zwei von den Zweigen **passiv** zu lassen und als unabhängige Spannungen die bereits vorhandenen Spannungsabfälle an diesen Zweigen zu wählen. **Alle** anderen Zweigspannungen sind dann nicht mehr unabhängig.
Welche von den Zweigen passiv sein sollten ist völlig egal, nur darf man nicht solche Zweigpaare wählen, die geschlossene Umläufe bilden, da ihre Zweigspannungen nicht voneinander unabhängig sind!

f) **Ermittlung der übrigen $m = z - k + 1$ abhängigen Spannungen und Festlegung der erforderlichen Spannungsquellen**
Die zwei vorgegebenen Zweigspannungen erzwingen alle anderen drei Spannungen, denn diese sind nicht mehr unabhängig, sondern von den Umlaufgleichungen festgelegt.

g) **Eventuelle Verbesserungen der Schaltung**
Das beschriebene Verfahren führt zu bestimmten Quellenspannungen, die sich aus den Umlaufgleichungen ergeben und somit nicht beeinflusst werden können. Was kann man jedoch tun, wenn man exakt diese benötigten Spannungsquellen nicht zur Verfügung hat? Dann fängt eine Arbeit an, die in kleinen Schritten die Schaltung immer weiter verbessert, bis man eine optimale Lösung gefunden hat. Selbstverständlich muss man dabei Kompromisse schließen und auf bereits gewählte Widerstände oder Ströme verzichten. Hier kommen die Fantasie und die Geschicklichkeit des Entwicklers ins Spiel.

h) **Endgültige Schaltung; Überprüfung**
Ist man mit den erzielten Werten für Widerstände und Quellenspannungen zufrieden, so sollte man die endgültige Schaltung zeichnen und einige Überprüfungen durchführen.

i) **Eventuelle Einführung von Stromquellen**
Hat man auch Stromquellen zur Verfügung (oder möchte man auch damit üben), so kann man eine (oder gegebenenfalls mehrere) Spannungsquellen in Stromquellen umwandeln.

Dem Leser dieses Buches wird wärmstens empfohlen, einige Schaltungen zu entwerfen. Er wird zum Schluss die Theorie der Gleichstromschaltungen vollständig beherrschen und auf dem Weg dahin viel Spaß haben.

Teil III.

Wechselstromschaltungen

8. Grundbegriffe der Wechselstromtechnik

8.1. Warum verwendet man Wechselstrom?

Man kennt aus der Praxis die besondere Bedeutung der Wechselstromtechnik, sowohl bei der Erzeugung und Übertragung der elektrischen Energie als auch bei ihrer Umwandlung in andere Energieformen (Energietechnik) und nicht zuletzt in der Nachrichten-, Informations- und Automatisierungstechnik.

Aus welchen Gründen benutzt man vorwiegend Wechsel- und nicht Gleichstrom?
Die wichtigsten sind:

- Die elektrische Energie wird in Kraftwerken mittels großer Generatoren erzeugt. Die Wechselstrom- oder Drehstromgeneratoren großer Leistung sind einfacher zu realisieren, da sie im Gegensatz zu den Gleichstrommaschinen keine zusätzlichen Einrichtungen (Stromwender = Kommutatoren) benötigen. Damit kann man auch höhere Spannungen erzeugen.

- In unserer energiebewussten Zeit ist die Frage sehr wichtig, wie man die elektrische Energie von dem Erzeuger zu den Verbrauchern über große Entfernungen möglichst verlustarm übertragen kann. Man kann leicht ersehen (der Beweis ist im 3. Beispiel, Kap. 9.10.3 erbracht), dass die Wärmeverluste auf der Leitung umgekehrt proportional zu U^2 sind. Somit ist der Wirkungsgrad der Übertragung umso besser, desto höher die Spannung ist. In Europa verwendet man $400\,kV$, in Ländern mit größeren Entfernungen (Russland, Kanada) über $700\,kV$. Das hat zwei Konsequenzen:

  - dass man beim Erzeuger die Spannung hochtransformieren muss, da solche Spannungen mit Maschinen nicht erzeugt werden können und

  - dass man bei dem Verbraucher die Hochspannung in mehreren Stufen heruntertransformieren muss (bis zu $400\,V$). Das geschieht am günstigsten mit Transformatoren, die allerdings nur mit Wechselstrom funktionieren.

M. Marinescu und N. Marinescu, *Elektrotechnik für Studium und Praxis*,
https://doi.org/10.1007/978-3-658-28884-6_8

- Die einfachsten und robustesten elektrischen Motoren, die demzufolge am häufigsten eingesetzt werden, sind die Drehstrom-Asynchronmotoren.

- Viele Anwendungen der elektrischen Energie können nur mit zeitlich veränderlichen Spannungen und Strömen realisiert werden, so z.B. die Umwandlung in thermische Energie in Induktionsöfen.

- Die gesamte Nachrichtentechnik arbeitet mit Überlagerung von Wechselstromsignalen. Die Erzeugung und die Benutzung von elektromagnetischen Wellen benötigt Wechselströme von hoher Frequenz.

Bemerkung: Alle diese Argumente zugunsten des Wechselstromes sollen jedoch nicht die Bedeutung der Gleichstromtechnik schmälern, die in den letzten Jahrzehnten, parallel zu der rasanten Entwicklung der Leistungselektronik, wieder viele Anwendungsgebiete für sich beanspruchen kann.

Von den Wechselstromen ist vor allem der *Sinusstrom* von überragender Bedeutung, vor allem für die Energietechnik. Da alle anderen periodischen Funktionen (mit Hilfe der Fourier-Analyse) als Überlagerung von sinusförmigen Funktionen mit verschiedenen Frequenzen betrachtet werden können, bildet die Untersuchung des Sinusstromkreises die Grundlage der Wechselstromtechnik.

Bemerkung: In einigen Büchern wird statt Sinusstrom der Begriff „*Cosinusstrom*“ benutzt. Da beide Begriffe gleichwertig sind, muss man sich für einen von ihnen entscheiden. In dem vorliegenden Buch wird konsequent mit Sinusgrößen gearbeitet.

Heute sind die meisten Netze zur Erzeugung, Übertragung und Verteilung elektromagnetischer Energie mit wenigen Ausnahmen Wechselstromnetze mit sinusförmigen Spannungen der Frequenz $f = 50\,Hz$ (in Amerika: $60\,Hz$), die man industrielle Frequenz nennt.

Warum wurde ausgerechnet diese Frequenz gewählt ? Grundsätzlich sollte die Frequenz so niedrig wie möglich sein, um die Schwierigkeiten bei der Erzeugung und Übertragung der elektrischen Energie zu minimieren. Die Frequenz wurde so ausgewählt, dass man die Schwankungen der Lichtintensität der Glühlampen mit dem Auge nicht wahrnehmen kann. (Die Bahn benutzt, wegen Schwierigkeiten mit der Kommutierung der Motoren, die Frequenz $16\frac{2}{3}$ Hz; dort muss man für eine einwandfreie Beleuchtung spezielle Maßnahmen ergreifen - siehe das erste Beispiel im Abschnitt 11.2.3 „Kombinierte Schaltungen“).

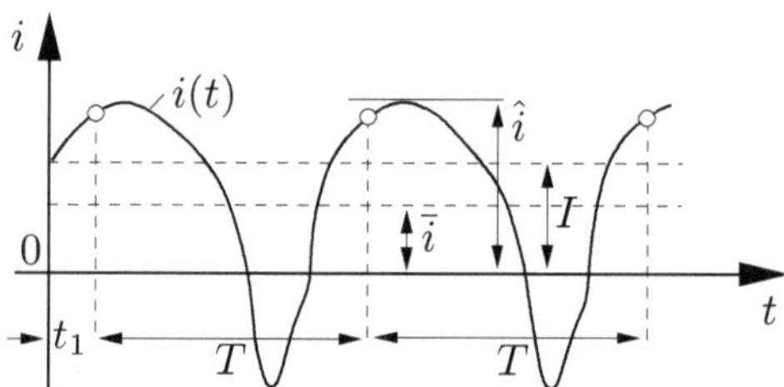

Abbildung 8.1.: Wechselgröße und ihre Kennwerte

8.2. Kennwerte der sinusförmigen Wechselgrößen

8.2.1. Wechselgrößen

Eine Wechselgröße ändert ihre Größe und ihre Richtung *periodisch* mit der Zeit t. Nach Ablauf einer **Periodendauer** T wiederholt sich der Verlauf der Wechselgröße (Abbildung 8.1).
Der Augenblickswert einer Wechselgröße, z.B. elektrischer Strom i, ist:

$$i = i\,(t + n\,T) \quad \textit{mit } n \textit{ als ganzer Zahl} \quad . \tag{8.1}$$

Vereinbarung: *Für Augenblickswerte benutzt man kleine Buchstaben.*
Man definiert noch:

- **Frequenz**:

$$f = \frac{1}{T} \tag{8.2}$$

  mit der Einheit Hertz (Hz).

- **Kreisfrequenz** oder **Winkelgeschwindigkeit**:

$$\omega = 2\pi f = \frac{2\pi}{T} \tag{8.3}$$

  mit der Einheit s^{-1} (nicht Hz). Nach (8.3) gilt: $\omega T = 2\pi$.

- **Amplitude** (Scheitelwert) $\hat{i}$, als Maximalwert, den die Wechselgröße innerhalb einer Periode erreicht (s. Abbildung 8.1).

- **Arithmetischer Mittelwert** ($\bar{i}$ oder $\tilde{i}$):

$$\bar{i} = \frac{1}{T}\int_{t_1}^{t_1+T} i(t)\,dt \quad . \tag{8.4}$$

  Dieser Wert hängt nicht von der Anfangszeit t_1 ab (Abbildung 8.1).
  Bei „reinen“ Wechselgrößen ist der arithmetische Mittelwert gleich Null

und liefert somit keine quantitative Aussage. Wird dem Wechselstrom ein Gleichstrom überlagert (es entsteht ein „Mischstrom"), so gibt der arithmetische Mittelwert die Größe der Gleichstromkomponente an.

- **Effektivwert** I (oder I_{eff}) ist der quadratische, zeitliche Mittelwert:

$$\boxed{I = \sqrt{\tfrac{1}{T}\int_{t_1}^{t_1+T} i^2(t)\,dt} \quad > 0} \quad . \tag{8.5}$$

Der Effektivwert eines Wechselstromes hat eine physikalische Bedeutung: es ist der Wechselstrom, der dieselben Wärmeverluste in einem Widerstand während einer Periode verursacht, wie ein Gleichstrom mit demselben Betrag I (weil $P = R\,I^2$ ist).

- **Scheitelfaktor** ξ und **Formfaktor**F

$$\boxed{\xi = \frac{\hat{i}}{I}} \quad , \quad \boxed{F = \frac{I}{\overline{|i|}}} \; . \tag{8.6}$$

8.2.2. Sinusgrößen

Eine Sinusgröße ist ein Sonderfall der Wechselgrößen. Der Augenblickswert einer Sinusgröße ändert sich nach einer Sinusfunktion (s. Abbildung 8.2 a):

$$i(t) = \hat{i}\,\sin(\omega t) \quad (2\pi = \omega T) \quad .$$

Häufig wird der zeitliche sinusförmige Verlauf nicht über t, sondern über die Verhältnisgröße ωt aufgetragen (siehe Abbildung 8.2).
Die Mittelwerte einer Sinusfunktion sind:

- **Arithmetischer Mittelwert**: stets gleich Null, siehe Abbildung 8.2a: die obere – positive – Fläche unter der Kurve und die untere – negative – Fläche sind gleich groß.

- **Gleichrichtwert** (Abbildung 8.2b). Wenn der Sinusstrom mit Hilfe eines Gleichrichters gleichgerichtet wird, dann weisen beide Halbschwingungen dieselbe Stromrichtung auf und man kann einen Gleichrichtwert definieren:

$$\overline{|\,i\,|} = \frac{1}{T}\int_0^T |\,i\,|\;dt \quad . \tag{8.7}$$

Löst man das Integral für eine Sinusfunktion mit dem Scheitelwert $\hat{i}$ auf, so ergibt sich:

$$\frac{\overline{|\,i\,|}}{\hat{i}} = \frac{2}{\pi} = 0,6366 \quad .$$

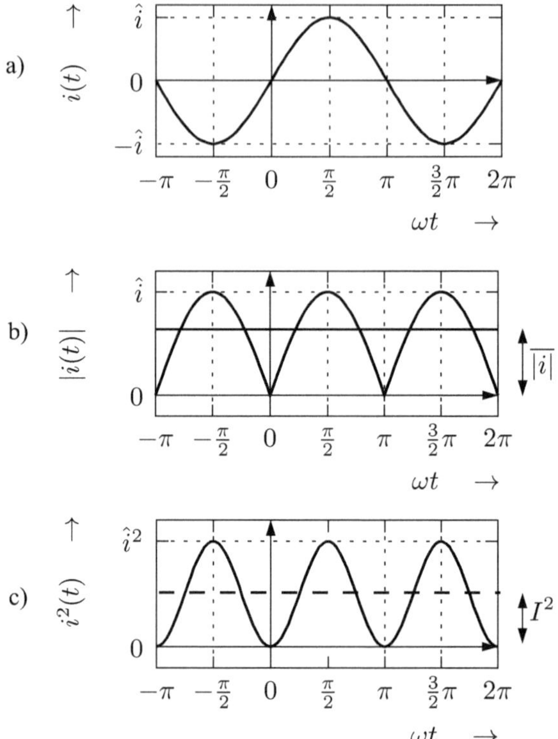

Abbildung 8.2.: Sinusgröße (a), Gleichrichtwert (b) und Effektivwert (c)

- **Effektivwert**:
  Nach Gleichung (8.5) ergibt sich für die Sinusfunktion:

$$\begin{aligned} I^2 &= \frac{1}{T}\int_0^T i^2\,dt = \frac{\hat{i}^2}{T}\int_0^T \sin^2\omega t\,dt \\ &= \frac{\hat{i}^2}{2T}\int_0^T (1-\cos 2\omega t)\,dt = \frac{\hat{i}^2}{2T}\int_0^T dt = \frac{\hat{i}^2}{2} \quad . \end{aligned}$$

$$\boxed{I = \frac{\hat{i}}{\sqrt{2}}} \quad , \quad \boxed{\hat{i} = \sqrt{2}\,I} \quad . \tag{8.8}$$

Nach Gleichung (8.6) ist der Scheitelfaktor einer Sinusfunktion $\xi = 1,414$ und der Formfaktor $F = 1,11$.
Ganz allgemein muss eine Sinusfunktion nicht zum Zeitpunkt $t = 0$ durch Null gehen, sodass die allgemeine Form der hier untersuchten Funktionen die

folgende ist:

$$\boxed{i(t) = \hat{i}\,\sin(\omega t + \varphi_0) = I\,\sqrt{2}\,\sin(\omega t + \varphi_0)} \quad . \tag{8.9}$$

Eine Sinusfunktion ist durch drei konstante Parameter gekennzeichnet:

Amplitude $\hat{i} > 0$, **Kreisfrequenz** $\omega > 0$, **Nullphasenwinkel** $\varphi_0 \gtrless 0$.

Der Nullphasenwinkel φ_0 ist offensichtlich der Wert des *Phasenwinkels* $(\omega t + \varphi_0)$ im Zeitpunkt $t = 0$.

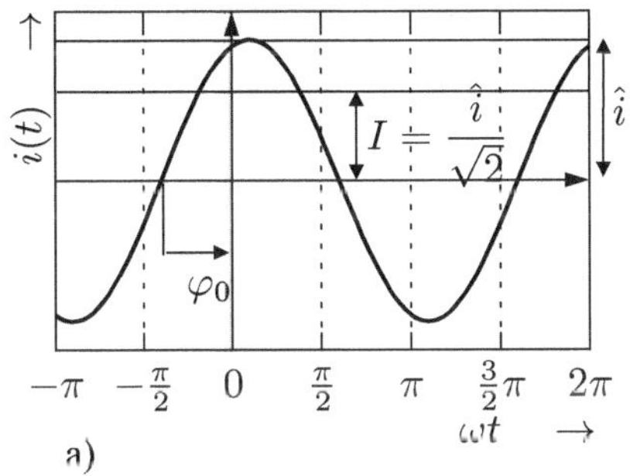

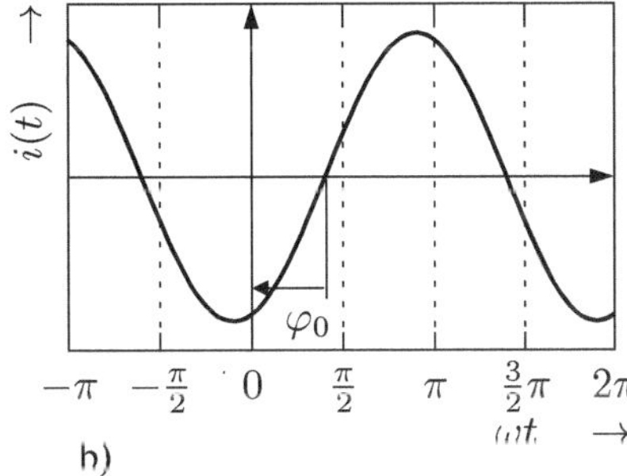

Abbildung 8.3.: Zeitlicher Verlauf einer Sinusfunktion mit Nullphasenwinkel: a)$\varphi_0 > 0$, b)$\varphi_0 < 0$

Auf das Vorzeichen des Nullphasenwinkels ist streng zu achten! Er ist eine gerichtete Größe und wird durch einen Pfeil gekennzeichnet. Um den Nullphasenwinkel aus dem Zeitdiagramm abzulesen, muss man den Winkelpfeil vom positiven Nulldurchgang aus zur Ordinatenachse richten (die Pfeilspitzen müssen stets an der Ordinatenachse liegen). φ_0 wird dann positiv angegeben, wenn sein Pfeil in Richtung der positiven Winkelzählrichtung weist (Abbildung 8.3 a), bzw. negativ bei entgegengesetzter Richtung (Abbildung 8.3 b).
Wichtiger als der Nullphasenwinkel ist in der Wechselstromtechnik die *Phasenverschiebung* (Phasenwinkel φ) zwischen zwei Sinusfunktionen.
Der Phasenwinkel φ ergibt sich als Differenz der Nullphasenwinkel (in Abbildung 8.4: φ_u und φ_i):

$$\boxed{\varphi = \varphi_u - \varphi_i} \, .$$

Es ist fest vereinbart (DIN 40110), dass der *Phasenwinkel* φ *stets zwischen Strom i und Spannung u* gemessen wird (also mit i als Bezugsgröße).
Für die Abbildung 8.4, in der als Beispiel $\varphi_i = -\frac{\pi}{3}$ und $\varphi_u = \frac{\pi}{6}$ gilt, kann man also gleichwertig sagen:

- der Phasenwinkel φ beträgt: $\varphi = \varphi_u - \varphi_i = \frac{\pi}{6} - (-\frac{\pi}{3}) = \frac{\pi}{2}$

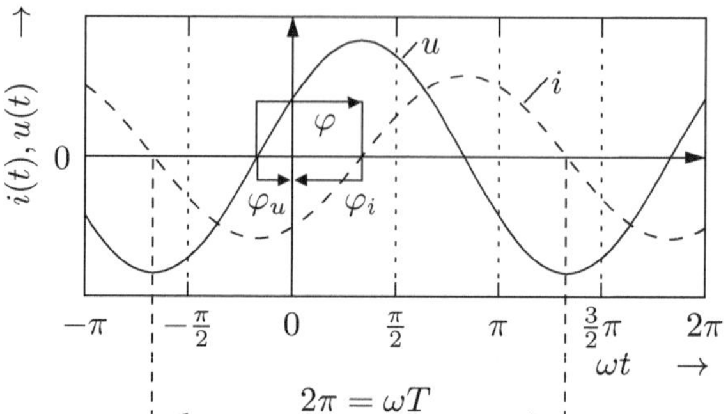

Abbildung 8.4.: Zeitlicher Verlauf von Strom i und Spannung u bei einem Phasenwinkel φ

- der Strom i eilt der Spannung u um 90° *nach*
- die Spannung u eilt dem Strom i um 90° *vor.*

Man ersieht leicht, dass jede Sinusgröße $i = I\sqrt{2}\sin(\omega t + \varphi_0)$ vollständig definiert wird, wenn man die drei Parameter:

- Effektivwert I ,
- Kreisfrequenz ω
- Nullphasenwinkel φ_0

angibt. Die Frequenz ist von der speisenden Quelle bestimmt und ist meistens dieselbe für alle Spannungen und Ströme in einem Wechselstromkreis. Man kann somit die entsprechenden Sinusfunktionen durch lediglich *zwei* Parameter: **Effektivwert und Nullphasenwinkel** vollständig beschreiben:

$$i = I\sqrt{2}\sin(\omega t + \varphi_0) \leftrightarrow (I, \varphi_0) \quad .$$

■ Aufgabe 8.1

Zwei Sinusströme sind durch die Funktionen: $i_1 = I_1\sqrt{2}\sin(\omega t + \varphi_1)$ *und* $i_2 = I_2\sqrt{2}\sin(\omega t + \varphi_2)$ *definiert. Bestimmen Sie graphisch für die folgenden sechs Abbildungen den Phasenwinkel* $\varphi = \varphi_1 - \varphi_2$ *zwischen den Strömen* i_1 *und* i_2.

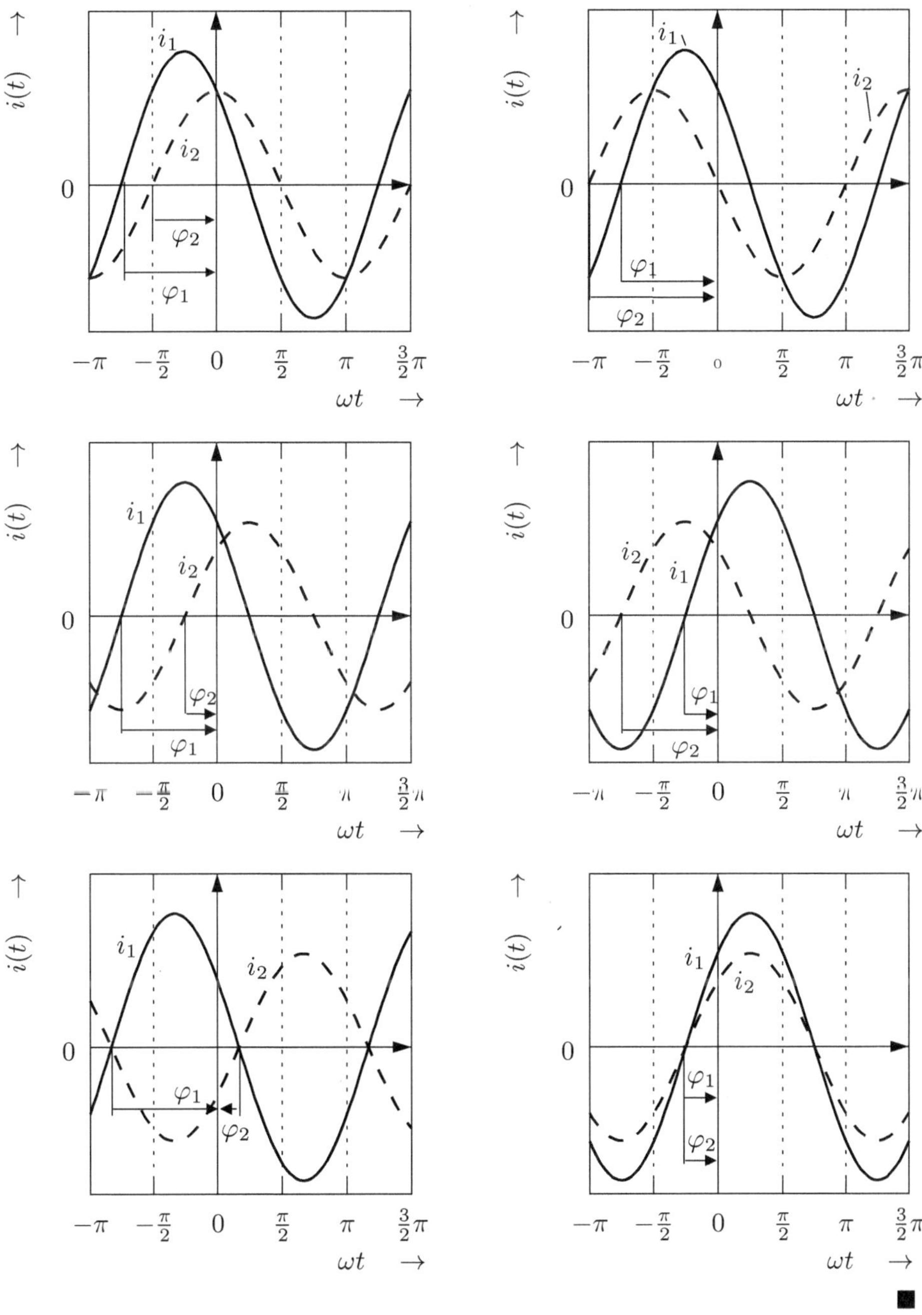
$i(t)$ →
i_1
i_2
0
φ_1
φ_2
$-\pi$ $-\frac{\pi}{2}$ 0 $\frac{\pi}{2}$ π $\frac{3}{2}\pi$
ωt →

■

9. Einfache Sinusstromkreise im Zeitbereich

9.1. Allgemeines

In Gleichstromkreisen treten als Schaltelemente (neben Quellen) lediglich Widerstände R auf. Bei Wechselstromkreisen treten noch zwei Schaltelemente auf:

Induktivitäten L und Kapazitäten C.

R, L und C sind die Grundbauelemente der Wechselstromtechnik.
Bei der rechnerischen Behandlung von Schaltelementen geht man vereinfachenderweise von *idealen* Schaltelementen aus. Das bedeutet, dass Spulen nur eine Induktivität L und Kondensatoren nur eine Kapazität C aufweisen (keinen Widerstand R) und somit in ihnen keine elektrische Energie als Wärme verloren geht. Sie sind „verlustfrei". In Wirklichkeit sind auch diese Schaltelemente verlustbehaftet.
Im Folgenden setzt man voraus, dass die Stromkreise mit einer Spannung:

$$u = U\,\sqrt{2}\,\sin(\omega t + \varphi_u)$$

gespeist werden und dass die Vereinbarung des Verbraucherzählpfeilsystems gilt. Man sucht für den Strom eine Lösung der Form:

$$i = I\,\sqrt{2}\,\sin(\omega t + \varphi_i) \quad ,$$

also den Effektivwert I und den Nullphasenwinkel φ_i (oder den Phasenwinkel $\varphi = \varphi_u - \varphi_i$).
Man definiert das Verhältnis der Effektivwerte U und I:

$$\boxed{Z = \frac{U}{I} > 0} \tag{9.1}$$

als **Scheinwiderstand** (oder **Impedanz**), mit der Dimension eines Widerstandes (Ω).

M. Marinescu und N. Marinescu, *Elektrotechnik für Studium und Praxis*,
https://doi.org/10.1007/978-3-658-28884-6_9

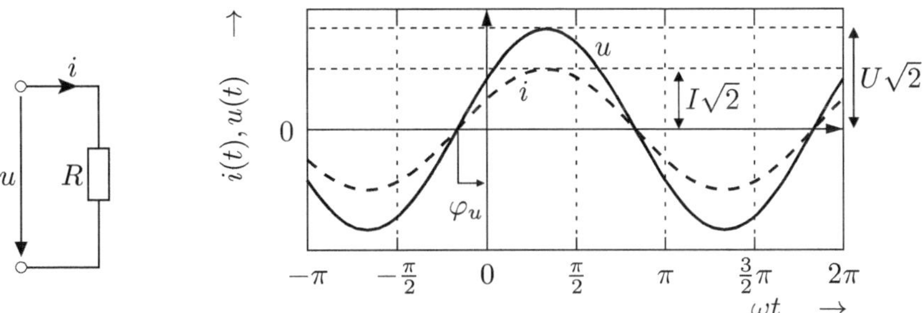

Abbildung 9.1.: Spannung und Strom eines ohmschen Widerstandes

9.2. Ohmscher Widerstand R

Die Gleichung dieses Stromkreises aus Abbildung 9.1 lautet:

$$u = R\,i = U\,\sqrt{2}\,\sin(\omega t + \varphi_u) \tag{9.2}$$

$$\text{mit} \quad i = I\,\sqrt{2}\,\sin(\omega t + \varphi_i) \quad .$$

Durch Koeffizientenvergleich gewinnt man:

$$\boxed{\frac{U}{I} = Z_R = R} \quad ; \quad \varphi_u = \varphi_i \quad \Rightarrow \quad \boxed{\varphi_R = 0}\,. \tag{9.3}$$

Der Strom durch einen ohmschen Widerstand, der an einer Sinusspannung liegt, ist proportional zu der angelegten Spannung und mit ihr phasengleich (Abbildung 9.1).

9.3. Zusammenhang zwischen Strom und Spannung bei Induktivitäten und Kapazitäten

In Gleichstromkreisen treten, vom energetischen Standpunkt aus gesehen, zwei Arten von Schaltelementen auf:

- Energiequellen (Spannungs- oder Stromquellen)
- Energieverbraucher (ohmsche Widerstände).

Die ohmschen Widerstände R *verbrauchen* die ihnen zugeführte Leistung

$$P = R \cdot I^2\,,$$

indem sie diese elektrische Leistung irreversibel in Wärme umwandeln. In Widerständen wird keine Energie *gespeichert*, sondern lediglich verbraucht.

Demgegenüber können in Stromkreisen, in denen die Ströme und Spannungen nicht mehr zeitlich konstant sind, wie u.a. in Sinusstromkreisen, zwei andere Schaltelemente auftreten, in denen elektromagnetische Energie *gespeichert* werden kann:

- Induktivitäten L als Speicher von magnetischer Energie W_m
- Kapazitäten C als Speicher von elektrischer Energie W_e.

Der Zusammenhang zwischen Strom und Spannung in Induktivitäten und Kapazitäten ergibt sich direkt aus den Grundgesetzen der elektromagnetischen Felder, den Maxwellschen Gleichungen.
Hier sollte dieser Zusammenhang aus energetischen Betrachtungen abgeleitet werden, ohne die Maxwellschen Gleichungen heranzuziehen.

Induktivitäten L.

Als typisches Beispiel für eine Induktivität soll eine Spule betrachtet werden.

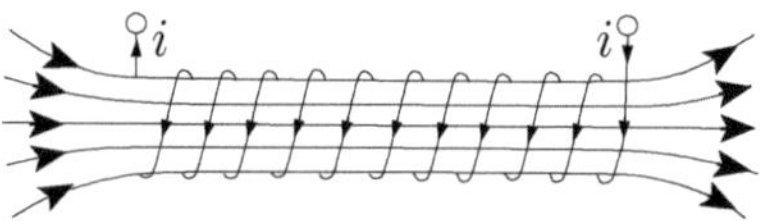

Abbildung 9.2.: Schematische Darstellung einer Spule und der Feldlinien des magnetischen Feldes

Fließt durch die Spule ein Strom, so wird innerhalb der Spule ein Magnetfeld erzeugt, dessen Feldlinien auf dem Bild skizziert dargestellt sind.
Der Aufbau des Magnetfeldes in der Spule erfordert eine gewisse Energiemenge, die der Energiequelle, die den Strom i erzeugt, entnommen wird. Diese Energie wird jedoch, im Gegensatz zu den ohmschen Widerständen, nicht *verbraucht*, sondern sie bleibt im Magnetfeld der Spule gespeichert, solange der Strom fließt.
Die Magnetenergie einer Spule ist proportional i^2 und hat den Ausdruck:

$$W_m = \frac{1}{2} \cdot L \cdot i^2 \,, \tag{9.4}$$

wo i der Strom durch die Spule und L eine Kenngröße der Spule ist, die Induktivität genannt wird.
Eine ähnliche Formel kennt man aus der Mechanik. Die kinetische Energie eines Körpers der Masse m ist:

$$W_{kin} = \frac{1}{2} \cdot m \cdot v^2 \,, \tag{9.5}$$

wo v die Geschwindigkeit des Körpers bedeutet. Die Masse m ist ein Maß für die Trägheit, die der Körper der Änderung seiner Geschwindigkeit entgegensetzt. Die Geschwindigkeit v eines Körpers kann sich nicht sprunghaft ändern, weil die Masse m entgegenwirkt. In Analogie mit der Mechanik kann man die Induktivität L als ein Maß für die elektromagnetische „Trägheit“, die die Spule der Änderung des Stromes i entgegensetzt, betrachten. Anders ausgedrückt: In einer Spule kann sich der Strom i nicht sprunghaft ändern (wie in einem ohmschen Widerstand), weil die Induktivität L eine gewisse Verzögerung bewirkt.

Wenn in einem Zweig, in dem eine Spule mit der Induktivität L vorhanden ist, der Strom unterbrochen wird (z.B. indem ein Schalter geöffnet wird), so fließt durch die Spule noch eine kurze Zeit (in der Regel Millisekunden) ein Strom. Die Magnetenergie W_m, die in der Spule gespeichert war, wird während dieser Zeit einem Widerstand abgegeben und irreversibel in Wärme umgewandelt. Man sollte immer dafür sorgen, dass ein Widerstand im Stromkreis vorhanden ist, der die Magnetenergie übernimmt.
Die Abnahme der Energie W_m pro Zeiteinheit ist gleich der Leistung, die im Widerstand verbraucht wird.
Mathematisch ausgedrückt heißt es:

$$\frac{dW_m}{dt} = -u \cdot i$$

und weiter:

$$\frac{1}{2} L \cdot 2i \frac{di}{dt} = L \cdot i \frac{di}{dt} = -u \cdot i \, .$$

Daraus ergibt sich der Zusammenhang zwischen Klemmenstrom i und Klemmenspannung u bei einer Induktivität L:

$$\boxed{u = L \cdot \frac{di}{dt}} \quad , \tag{9.6}$$

mit Plusvorzeichen wenn bei der Induktivität das Verbraucher–Zählpfeilsystem - wie bei Widerständen - benutzt wird. Diese Zählpfeil-Vereinbarung definiert die Induktivität L als passives Schaltelement, was in den Wechselstromschaltungen, die wir weiter betrachten werden, immer der Fall sein wird.
Die Formel (9.6) besagt, dass der Strom i sich nicht sprunghaft ändern kann, denn sonst wäre seine Ableitung und somit die Klemmenspannung u unendlich groß. Die Formel zeigt auch, dass wenn der Strom i konstant ist, also seine Ableitung gleich Null, die Spannung an der Induktivität gleich Null wird. Bei Gleichstrom ($i = konst.$) wirkt eine Induktivität wie ein *Kurzschluss*, sie hat also für den Stromkreis keine Bedeutung.
Die Einheit für die Induktivität ergibt sich aus der Spannungsgleichung (9.6):

$$[L] = \frac{[U] \cdot [t]}{[I]} = \frac{Vs}{A} = Henry \, .$$

Kapazitäten C.

Als typisches Beispiel für eine Kapazität soll ein Plattenkondensator betrachtet werden.

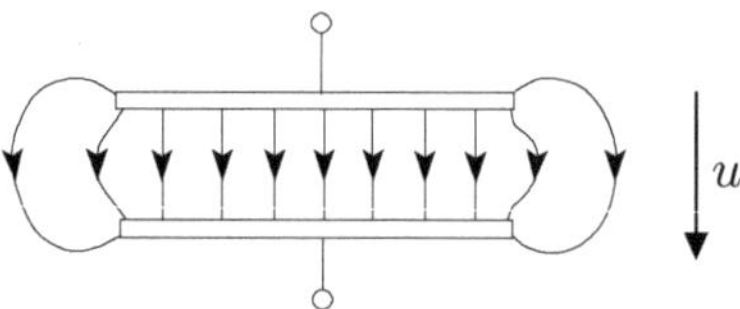

Abbildung 9.3.: Schematische Darstellung eines Kondensators und der Feldlinien des elektrischen Feldes

Wird der Kondensator an einer Spannung u angeschlossen, so werden auf den Platten Ladungen getrennt (z.B. oben positive, unten negative) und zwischen den Platten erscheint ein elektrostatisches Feld, dessen Feldlinien auf dem Bild skizziert wurden. Um dieses Feld aufzubauen, muss einer Energiequelle elektrische Energie entnommen werden. Ähnlich wie in der Spule die magnetische, wird im Kondensator die elektrische Energie W_e *gespeichert*. W_e hat den Ausdruck:

$$W_e = \frac{1}{2} \cdot C \cdot u^2 \,, \tag{9.7}$$

wo u die Spannung an den Klemmen des Kondensators und C eine Kenngröße, genannt Kapazität, bedeutet.
Die Analogie mit der kinetischen Energie $W_{kin} = \frac{1}{2} \cdot m \cdot v^2$ ist wieder auffallend. Somit kann man auch hier die Kapazität C als eine „Trägheit" interpretieren, mit der sich der Kondensator der Änderung seiner Klemmenspannung u widersetzt. Oder: Die Spannung u an einem Kondensator kann sich nicht sprunghaft ändern, denn seine Kapazität C bewirkt eine gewisse Verzögerung.
Die in einem Kondensator C gespeicherte elektrische Energie kann einem Widerstand R abgegeben werden, wenn C und R zusammengeschaltet werden. Die Entladung des Kondensators dauert eine gewisse Zeit, denn die Spannung zwischen den Platten kann nicht plötzlich verschwinden. In dieser Zeit fließt ein Strom i und die elektrische Energie W_e, die im Kondensator gespeichert war, wird in dem Widerstand verbraucht.
Die zeitliche Abnahme der Energie W_e ist gleich der Leistung am Widerstand:

$$\frac{dW_e}{dt} = -u \cdot i$$

$$\frac{1}{2} \cdot C \cdot 2u \frac{du}{dt} = -u \cdot i$$

und weiter:

$$\boxed{i = C \cdot \frac{du}{dt}} \quad , \tag{9.8}$$

wenn auch die Kapazität C als passives Schaltelement betrachtet wird, in dem man dasselbe Verbraucher–Zählpfeilsystem wie bei Widerständen (Strom und Spannung haben dieselbe Richtung) vereinbart.
Diese Formel besagt erneut, dass die Spannung u an einer Kapazität sich nicht sprunghaft ändern kann, denn sonst wäre der Strom i unendlich groß, was energetisch nicht möglich ist.
Eine andere Schlussfolgerung der obigen Formel ist, dass bei konstanter Spannung u der Strom i gleich Null wird. Bei einer Gleichspannung ($u = konst$) wirkt die Kapazität wie eine *Unterbrechung* des Stromkreises.
Die Einheit für die Kapazität C ergibt sich als:

$$[C] = \frac{[I] \cdot [t]}{[U]} = \frac{As}{V} = Farad.$$

9.4. Ideale Induktivität L

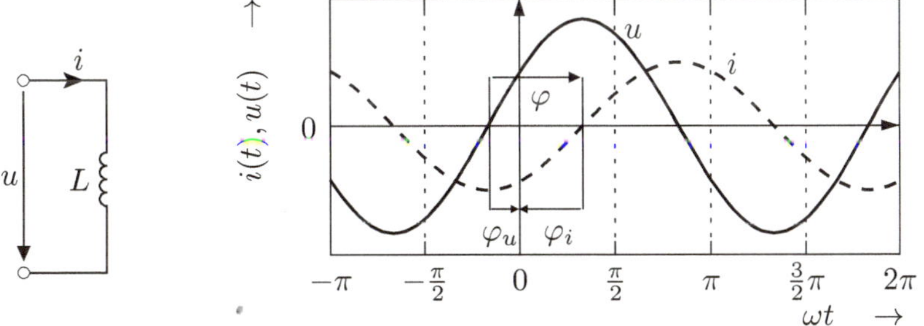

Abbildung 9.4.: Spannung und Strom einer idealen Induktivität

Die Gleichung des Kreises lautet nach (9.6) jetzt:

$$u = L\,\frac{di}{dt} = U\,\sqrt{2}\,\sin(\omega t + \varphi_u) \quad . \tag{9.9}$$

Wenn wieder $i = I\,\sqrt{2}\,\sin(\omega t + \varphi_i)$ ist, so wird:

$$u = L\,\frac{di}{dt} = L\,I\,\sqrt{2}\,\omega\,\cos(\omega t + \varphi_i) = L\,\omega\,I\,\sqrt{2}\,\sin(\omega t + \varphi_i + \frac{\pi}{2}) \quad .$$

Durch Vergleich der Koeffizienten und der Argumente der Sinusfunktionen ergibt sich:

$$U\sqrt{2} = L\omega I\sqrt{2} \quad \text{und} \quad \omega t + \varphi_u = \omega t + \varphi_i + \tfrac{\pi}{2}$$

und somit:

$$\boxed{Z_L = \frac{U}{I} = L\,\omega} \qquad \boxed{\varphi_L = \varphi_u - \varphi_i = \tfrac{\pi}{2}} \quad . \tag{9.10}$$

Da $\varphi_i = \varphi_u - \frac{\pi}{2}$ ist, ist der Strom durch die Induktivität:

$$i = \frac{U}{\omega L}\,\sqrt{2}\,\sin(\omega t + \varphi_u - \frac{\pi}{2}) \quad . \tag{9.11}$$

Liegt eine ideale Induktivität an einer Sinusspannung, so ist der Effektivwert des Stromes proportional der Spannung und umgekehrt proportional der Kreisfrequenz ω. Der Strom eilt der Spannung *um* 90° *nach.*
Die Impedanz der idealen Spule ist proportional der Kreisfrequenz (9.10): Bei sehr hohen Frequenzen wirkt die Spule wie eine Unterbrechung des Stromkreises, bei sehr niedrigen Frequenzen wie ein Kurzschluss.

9.5. Ideale Kapazität C

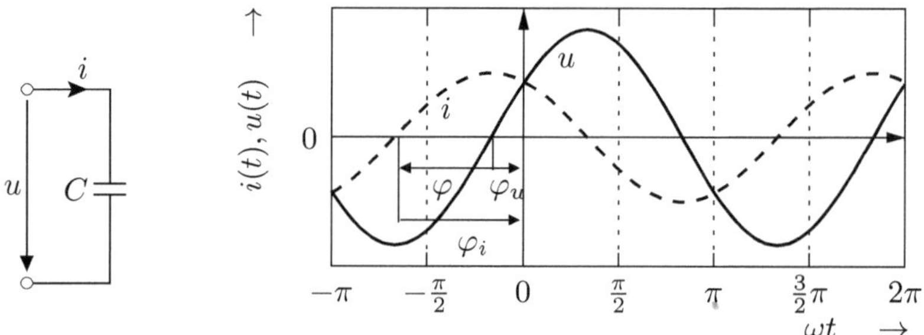

Abbildung 9.5.: Spannung und Strom einer idealen Kapazität

Die Gleichung des Kreises ist nach (9.8):

$$\begin{aligned} i &= C\,\frac{du}{dt} = C\,\frac{d}{dt}\,[U\,\sqrt{2}\,\sin(\omega t + \varphi_u)] \quad . \\ i &= I\,\sqrt{2}\,\sin(\omega t + \varphi_i) = C\,\omega\,U\,\sqrt{2}\,\cos(\omega t + \varphi_u) \quad . \end{aligned} \tag{9.12}$$

Um die Argumente gleich setzen zu dürfen, müssen auf beiden Seiten entweder Sinus- oder Cosinusfunktionen stehen. Wenn man den Cosinus auf der rechten Seite in einen Sinus umwandelt, dann gilt:

$$\cos(\omega t + \varphi_u) = \sin(\omega t + \varphi_u + \frac{\pi}{2})$$

und somit ergibt sich für den Strom:

$$i = \omega\, C\, U\, \sqrt{2}\, \sin(\omega t + \varphi_u + \frac{\pi}{2}) \tag{9.13}$$

und für die Impedanz und den Phasenwinkel:

$$\boxed{Z_C = \frac{U}{I} = \frac{1}{\omega C}} \quad \textit{und} \quad \boxed{\varphi_C = \varphi_u - \varphi_i = -\frac{\pi}{2}} \quad . \tag{9.14}$$

Der Effektivwert des Stromes ist proportional sowohl der Spannung U als auch der Kreisfrequenz ω. Der Strom eilt der angelegten Spannung *um 90° voraus.* Bei sehr hohen Frequenzen wirkt der Kondensator wie ein Kurzschluss, bei sehr niedrigen Frequenzen wie eine Unterbrechung des Stromkreises. Ein Gleichstrom kann somit nicht durch einen Kondensator fließen.

9.6. Ohmsches Gesetz bei Wechselstrom

Das Ohmsche Gesetz bei Gleichstrom:

$$U = R\, I \tag{9.15}$$

bestimmt eindeutig den Zusammenhang zwischen Spannung und Strom. Bei sinusförmigen Wechselspannungen braucht man *zwei Größen* um den Zusammenhang zwischen U und I eindeutig zu beschreiben:

1. Den Quotienten $\frac{U}{I} = Z$ (der Scheinwiderstand oder die Impedanz), der zwar die Dimension eines Widerstandes, doch nicht die gleiche physikalische Bedeutung hat. (Wie man bei Abschnitt 9.4 und Abschnitt 9.5 gesehen hat, ist Z allgemein eine Funktion der Kreisfrequenz ω.)

2. Die Phasenverschiebung $\varphi = \varphi_u - \varphi_i$.

Das Ohmsche Gesetz gilt auch für Wechselstrom, wenn man die als Scheinwiderstand (Impedanz) Z definierte Größe einführt *und* die Phasenverschiebung zwischen Strom und Spannung berücksichtigt.

9.7. Die Kirchhoffschen Sätze für Wechselstromschaltungen

Die von den Gleichstromschaltungen bekannten Kirchhoffschen Sätze beziehen sich auf die Summe der Ströme in einem Knoten (Knotengleichungen) und auf die Summe der Teilspannungen in einem geschlossenen Umlauf (Maschengleichungen). Die Summen müssen für alle Zeitaugenblicke gleich Null sein.
Um sie bei Wechselstromkreisen anzuwenden, müssen Sinusgrößen addiert werden. Es soll im Folgenden eine Zusammenfassung der **Rechenregeln für Sinusgrößen** angegeben werden.
Das wichtigste Merkmal aller in der Wechselstromtechnik interessierenden Operationen mit Sinusgrößen (Addition, Multiplikation mit einem Skalar, Ableitung und Integration) ist, dass die sich ergebenden Größen Sinusgrößen *derselben* Frequenz sind.

Addition von Sinusgrößen
Sei es:

$$i_1 = I_1\sqrt{2}\,\sin(\omega t + \varphi_1) \quad , \quad i_2 = I_2\sqrt{2}\,\sin(\omega t + \varphi_2) \quad . \tag{9.16}$$

Die Summe ist die Sinusgröße

$$i = i_1 + i_2 = I\sqrt{2}\,\sin(\omega t + \varphi) \quad . \tag{9.17}$$

Um I und φ zu bestimmen, setzt man (9.16) in (9.17) ein und vergleicht die Koeffizienten. Durch Anwendung des Additionstheorems

$$\sin(\alpha \pm \beta) = \sin\alpha\cdot\cos\beta \pm \cos\alpha\cdot\sin\beta$$

ergibt sich:

$$\tan\varphi = \frac{I_1\,\sin\varphi_1 + I_2\sin\varphi_2}{I_1\,\cos\varphi_1 + I_2\cos\varphi_2} \quad . \tag{9.18}$$

und weiter:

$$I = \sqrt{I_1^2 + I_2^2 + 2I_1I_2\;cos(\varphi_1 - \varphi_2)} \quad . \tag{9.19}$$

Man kann mit dem gleichen Rechnungsgang nachweisen, dass im Falle von n Sinusgrößen gleicher Frequenz die Summe den folgenden Effektivwert:

$$I = \sqrt{\sum_{\nu=1}^{n} I_\nu^2 + \sum_{\nu\neq\mu} I_\nu\,I_\mu\,\cos(\varphi_\nu - \varphi_\mu)} \tag{9.20}$$

und den folgenden Phasenwinkel aufweist:

$$\tan\varphi = \frac{\sum_{\nu=1}^{n} I_\nu\,\sin\varphi_\nu}{\sum_{\nu=1}^{n} I_\nu\,\cos\varphi_\nu} \tag{9.21}$$

Multiplikation mit einem Skalar
Durch Multiplikation einer Sinusgröße mit einem konstanten Skalar $\lambda \lessgtr 0$ ergibt sich eine Sinusgröße derselben Frequenz und mit demselben Nullphasenwinkel. Der Effektivwert wird mit λ multipliziert:

$$i = \lambda\, i_1 = \lambda\, I_1 \sqrt{2}\, \sin(\omega t + \varphi_1) = I \sqrt{2}\, \sin(\omega t + \varphi)$$

$$\text{mit} \quad I = \lambda\, I_1 \quad , \quad \varphi = \varphi_1 \,. \tag{9.22}$$

Ableitung einer Sinusgröße nach der Zeit
Es ergibt sich eine Sinusgröße derselben Frequenz, die der ursprünglichen um $\frac{\pi}{2}$ *voreilt* und deren Effektivwert ω *mal größer* ist: Wenn $i = I \sqrt{2}\, \sin(\omega t + \varphi_i)$ ist, so wird:

$$\frac{di}{dt} = I \sqrt{2}\, \omega\, \cos(\omega t + \varphi_i) = \omega\, I \sqrt{2}\, \sin(\omega t + \varphi_i + \frac{\pi}{2}) \quad . \tag{9.23}$$

Integration einer Sinusgröße
Es ergibt sich eine Sinusgröße derselben Frequenz, die der ursprünglichen um $\frac{\pi}{2}$ *nacheilt* und deren Effektivwert ω *mal kleiner* ist.
Für $i = I \sqrt{2}\, \sin(\omega t + \varphi_i)$ wird:

$$\int i\, dt = -\frac{I \sqrt{2}}{\omega} \cos(\omega t + \varphi_i) = \frac{I}{\omega} \sqrt{2}\, \sin(\omega t + \varphi_i - \frac{\pi}{2}) \quad . \tag{9.24}$$

Bemerkung: Nichtlineare mathematische Operationen, wie die Multiplikation zweier Sinusgrößen, führen *nicht* mehr zu reinen Sinusgrößen.
So ergibt die Multiplikation zweier Sinusfunktionen:

$$\begin{aligned} i_1 &= I_1 \sqrt{2}\, \sin(\omega t + \varphi_1) \\ i_2 &= I_2 \sqrt{2}\, \sin(\omega t + \varphi_2) \end{aligned}$$

$$\begin{aligned} i_1\, i_2 &= 2 I_1 I_2\, \sin(\omega t + \varphi_1)\, \sin(\omega t + \varphi_2) \\ &= I_1 I_2\, \cos(\varphi_1 - \varphi_2) - I_1 I_2\, \cos(2\omega t + \varphi_1 + \varphi_2) \quad . \end{aligned} \tag{9.25}$$

Das Ergebnis enthält einen konstanten Teil und einen Teil mit doppelter Frequenz.
In den Knoten und Maschen von Wechselstromnetzen gelten für jeden beliebigen Zeitpunkt die Kirchhoffschen Sätze für die Augenblickswerte von Strömen und Spannungen.
Die aus den Kirchhoffschen Gleichungen resultierenden Summen können direkt aus den Amplituden und Phasenwinkeln der einzelnen Ströme oder Spannungen (mit (9.20) und (9.21)), berechnet werden.

9.8. Schaltungen von Grundelementen

9.8.1. Reihenschaltung R und L

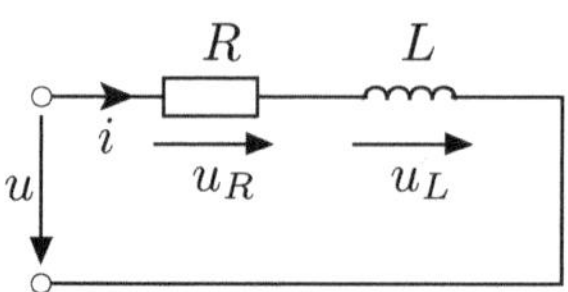

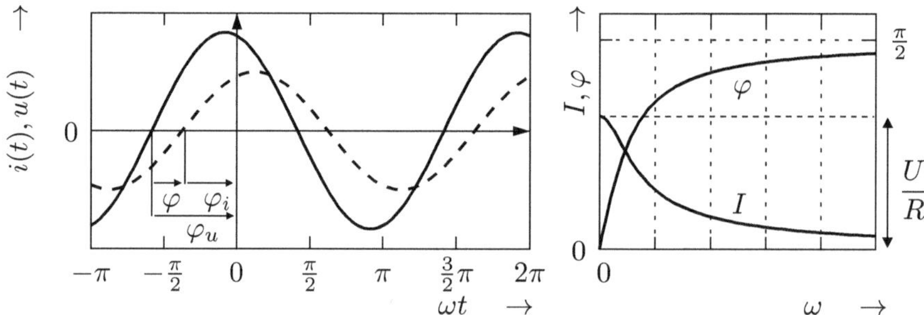

Abbildung 9.6.: Reihenschaltung R und L

Die Gleichung dieses Stromkreises ist:

$$u = u_R + u_L$$

$$U\sqrt{2}\,\sin(\omega t + \varphi_u) = R\,i + L\,\frac{di}{dt} \tag{9.26}$$

wobei $i = I\sqrt{2}\,\sin(\omega t + \varphi_i)$ gelte. Der Spannungsabfall an der Induktivität L ist im Abschnitt 9.4 erläutert. Durch Substitution in (9.26) ergibt sich:

$$U\sqrt{2}\,\sin(\omega t + \varphi_u) \equiv RI\sqrt{2}\,\sin(\omega t + \varphi_i) + L\omega I\sqrt{2}\,\sin(\omega t + \varphi_i + \frac{\pi}{2}) \quad . \tag{9.27}$$

Diese Gleichung muss in allen Augenblicken erfüllt werden, also auch für $\omega t + \varphi_i = 0$ und $\omega t + \varphi_i = \frac{\pi}{2}$. (Diese beiden Argumente wurden vereinfachungshalber ausgewählt, weil sie am schnellsten zu den gesuchten Größen I und φ führen). Mit diesen Werten ergibt die Gleichung (9.27) zwei Beziehungen:

$$\begin{aligned} U\,\sin(\varphi_u - \varphi_i) &= L\omega I \\ U\,\cos(\varphi_u - \varphi_i) &= RI \quad . \end{aligned}$$

Durch Addition der Quadrate ergibt sich:

$$I = \frac{U}{\sqrt{R^2 + \omega^2 L^2}} = \frac{U}{Z} \quad \Rightarrow \quad \boxed{Z = \sqrt{R^2 + \omega^2 L^2}} \tag{9.28}$$

und durch Dividieren:

$$\boxed{\tan\varphi = \frac{\omega L}{R} > 0} \quad . \tag{9.29}$$

Der Phasenwinkel φ wird $0 < \varphi < \frac{\pi}{2}$ sein. Der Strom ergibt sich als:

$$i = \frac{U}{\sqrt{R^2 + \omega^2 L^2}} \sqrt{2} \sin(\omega t + \varphi_u - \arctan\frac{\omega L}{R}) \quad . \tag{9.30}$$

Er eilt der Spannung *nach*.
Wie ändern sich I und φ mit der Frequenz ω? Der Phasenwinkel φ wächst kontinuierlich und strebt asymptotisch den Wert $\frac{\pi}{2}$ bei $\omega \to \infty$ an.
Der Effektivwert I nimmt stetig ab, von dem Maximalwert $\frac{U}{R}$ bei $\omega = 0$ bis Null bei $\omega \to \infty$ (Abbildung 9.6, rechts).

9.8.2. Reihenschaltung R und C

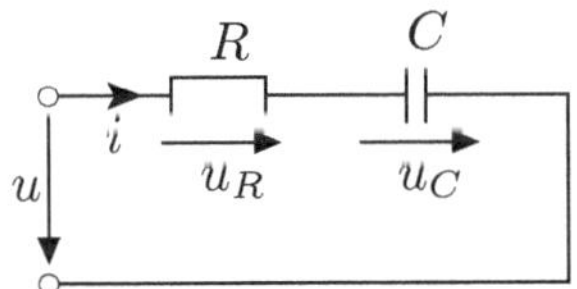

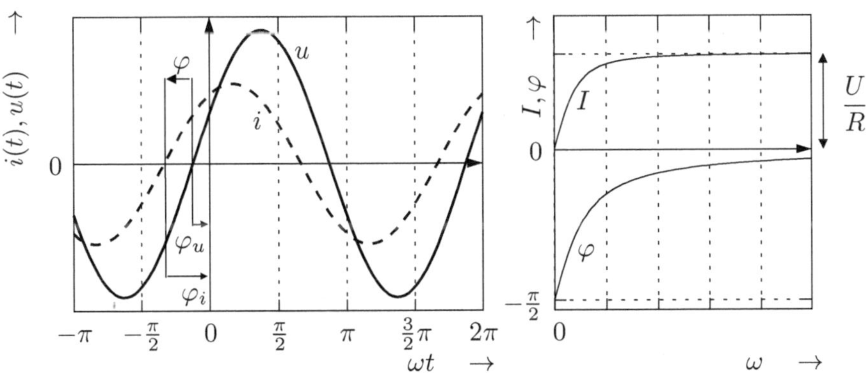

Abbildung 9.7.: Reihenschaltung R und C

Hier lautet die Gleichung des Kreises:

$$u = u_R + u_C$$

$$U\sqrt{2}\sin(\omega t + \varphi_u) = R\,i + \frac{1}{C}\int i\,dt \quad . \tag{9.31}$$

Man verfährt ähnlich wie bei der Reihenschaltung $R - L$ und erhält:

$$I = \frac{U}{\sqrt{R^2 + \frac{1}{\omega^2 C^2}}} = \frac{U}{Z} \Rightarrow \boxed{Z = \sqrt{R^2 + \frac{1}{\omega^2 C^2}}} \quad . \tag{9.32}$$

$$\boxed{\tan\varphi = -\frac{1}{\omega RC} < 0} \quad . \tag{9.33}$$

Der Phasenwinkel ist negativ: $0 > \varphi > -\frac{\pi}{2}$.
Für den Strom i ergibt sich der Ausdruck:

$$i = \frac{U}{\sqrt{R^2 + \frac{1}{\omega^2 C^2}}} \sqrt{2}\sin(\omega t + \varphi_u + \arctan\frac{1}{\omega RC}) \quad . \tag{9.34}$$

Der Strom eilt der Spannung *vor*. Sein Effektivwert nimmt stetig zu, von $I = 0$ bei $\omega = 0$ asymptotisch zu dem Wert $I = \frac{U}{R}$ bei $\omega \to \infty$ (Abbildung 9.7, rechts). Der Phasenwinkel φ fängt bei $-\frac{\pi}{2}$ an ($\omega \to 0$) und nimmt ständig ab, bis zu 0 für $\omega \to \infty$ (siehe Abbildung 9.7, rechts).

9.8.3. Reihenschaltung R, L und C

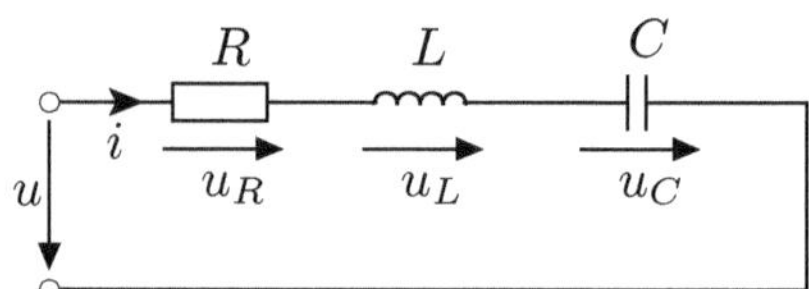

Abbildung 9.8.: Reihenschaltung R, L und C

Die Spannungsgleichung lautet:

$$u = u_R + u_L + u_C$$

$$U\sqrt{2}\sin(\omega t + \varphi_u) = R\,i + L\frac{di}{dt} + \frac{1}{C}\int i\,dt \quad . \tag{9.35}$$

Jetzt ergibt sich:

$$I = \frac{U}{\sqrt{R^2 + (\omega L - \frac{1}{\omega C})^2}} = \frac{U}{Z} \Rightarrow \boxed{Z = \sqrt{R^2 + (\omega L - \frac{1}{\omega C})^2}} \tag{9.36}$$

und:

$$\boxed{\tan\varphi = \frac{\omega L - \frac{1}{\omega C}}{R}} \quad (-\frac{\pi}{2} < \varphi < \frac{\pi}{2}) \quad . \tag{9.37}$$

Man sieht, dass die Schaltung aus Abbildung 9.8 alle vorhin untersuchten Schaltungen als Sonderfälle enthält: Der ohmsche Widerstand (Abschnitt 9.2) weist $L \to 0$, $C \to \infty$ auf; die ideale Spule (Abschnitt 9.4) hat $R \to 0$, $C \to \infty$; der ideale Kondensator (Abschnitt 9.5) hat keinen Widerstand ($R \to 0$) und keine Induktivität ($L \to 0$); die Reihenschaltung R und L (Abschnitt 9.8.1) weist eine unendlich große Kapazität auf ($C \to \infty$) und die Reihenschaltung R und C (Abschnitt 9.8.2) keine Induktivität ($L \to 0$).

■ Beispiel 9.1

In der dargestellten Wechselstromschaltung sind die Ströme i_1 und i_2 durch die folgenden Zeitfunktionen definiert:

$$\begin{aligned} i_1 &= \sqrt{2} \cdot 3A \sin(\omega t) \\ i_2 &= \sqrt{2} \cdot 5A \sin(\omega t - \frac{\pi}{2}) . \end{aligned}$$

1. *Bestimmen Sie die Zeitfunktion $i(t)$ für den Gesamtstrom i und skizzieren Sie die Zeitdiagramme der drei Ströme.*
2. *Wie ändern sich die Ausdrücke der Ströme i_1 , i_2 und i, wenn der Nullphasenwinkel des Stromes i gleich Null ist? Wie sehen jetzt die Zeitdiagramme aus?*

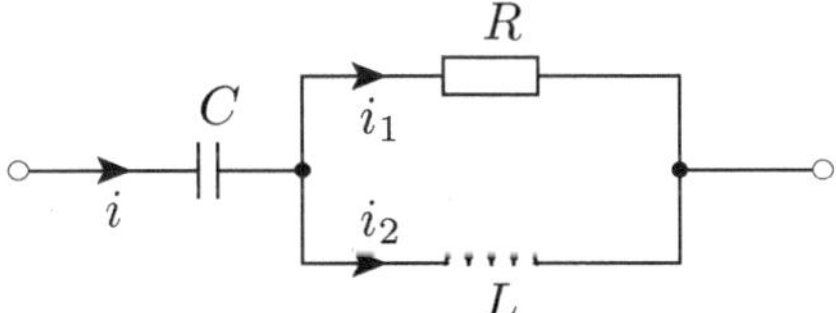

Lösung:

1. *Es gilt zu addieren (Knotengleichung):*

$$i = i_1 + i_2 = \sqrt{2} \cdot 3A \sin(\omega t) - \sqrt{2} \cdot 5A \cos(\omega t) \quad .$$

Die Summe wird eine Sinusgröße mit derselben Frequenz sein:

$$i = I\sqrt{2} \sin(\omega t + \varphi) \quad .$$

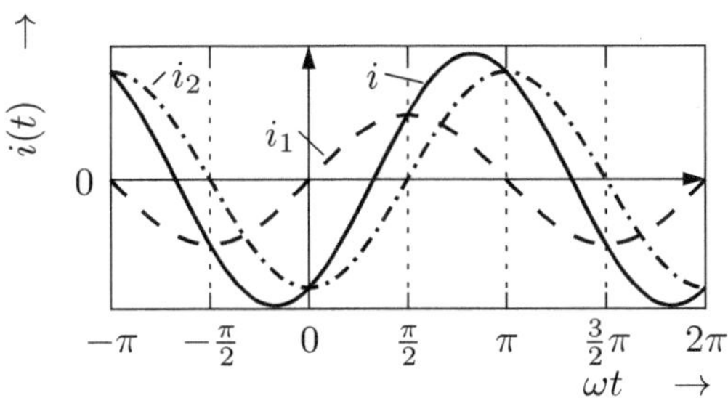

Zur Bestimmung von I und φ kann man die Formeln (9.18) und (9.19) benutzen:

$$I = \sqrt{3^2 + 5^2 + 2 \cdot 3 \cdot 5 \cos\frac{\pi}{2}}\ A = \sqrt{34}\ A$$

$$\tan\varphi = \frac{5\ \sin(-\frac{\pi}{2})}{3 + 5\ \cos(-\frac{\pi}{2})} = -\frac{5}{3} \Rightarrow \varphi = -59^o \quad .$$

$$i = \sqrt{2}\,\sqrt{34}\,A\ \sin(\omega t - 59^o) \quad .$$

2. *Der Strom i ist jetzt:*

$$i = \sqrt{2} \cdot 5,83\,A\ \sin(\omega t) \quad .$$

Man weiß, dass i_1 um 59° voreilt, dagegen i_2 um $(90^o - 59^o) = 31^o$ nacheilt. Die Ausdrücke sind:

$$i_1 = \sqrt{2} \cdot 3A\ \sin(\omega t' + 59^\circ)$$

$$i_2 = \sqrt{2} \cdot 5A\ \sin(\omega t' - 31^\circ).$$

Die Zeitdiagramme sind um 59° verschoben:

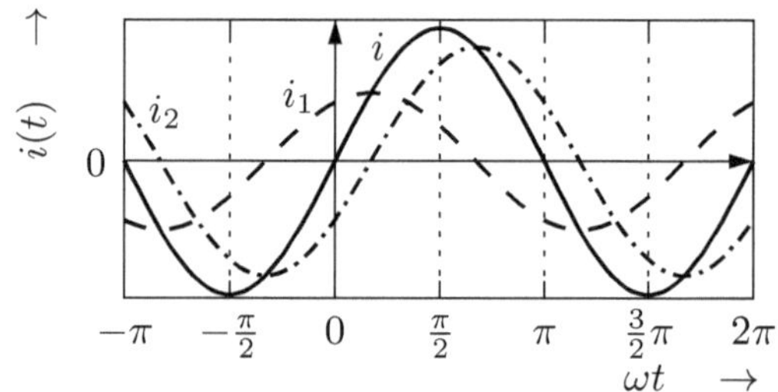

■

9.9. Kennwerte der Sinusstromkreise

9.9.1. Impedanz und Phasenwinkel

Ein Sinusstromkreis, der mit einer bestimmten Frequenz gespeist wird, kann durch *zwei* Parameter gekennzeichnet werden. Das Parameterpaar kann verschiedenartig definiert werden.
Sei es ein linearer, passiver Zweipol, der mit der Spannung:

$$u = U\,\sqrt{2}\ \sin(\omega t + \varphi_u)$$

gespeist wird.
Der Strom wird ebenfalls sinusförmig verlaufen und dieselbe Frequenz aufweisen:

$$i = I\,\sqrt{2}\ \sin(\omega t + \varphi_i).$$

Allgemein ist das Verhältnis zwischen Spannung und Strom:

$$\frac{u(t)}{i(t)} \neq const.$$

Das ist der wesentliche Unterschied zum Gleichstrom, wo dieses Verhältnis eine Konstante (R) ist.
Als Kennwerte zur Bestimmung eines Zweipols kann man, wie man vorhin gesehen hat, die folgenden zwei Größen benutzen, die unabhängig von Spannungen und Strömen sind:

- Die **Impedanz Z (Scheinwiderstand)** des Zweipols:

$$\boxed{Z = \frac{U}{I}} = f(\omega\,,\, R\,,\, L\,,\, C\,\ldots) > 0 \quad , \tag{9.38}$$

  welche nur von ω und den Schaltelementen abhängt, immer positiv ist und in Ω gemessen wird.

- Der **Phasenwinkel φ:**

$$\boxed{\varphi = \varphi_u - \varphi_i} = f(\omega\,,\, R\,,\, L\,,\, C\,\ldots) \gtrless 0 \quad , \tag{9.39}$$

  der ebenfalls von ω und den Schaltelementen abhängt.
  Wenn man Z und φ kennt, ist der Strom i eindeutig definiert:

$$i = \frac{U}{Z}\sqrt{2}\,\sin(\omega t + \varphi_u - \varphi) \quad . \tag{9.40}$$

9.9.2. Resistanz und Reaktanz

Statt Z und φ kann zur Kennzeichnung eines Sinusstromkreises ein anderes Parameterpaar benutzt werden:

- Die **Resistanz** (der **Wirkwiderstand**) R:

$$\boxed{R = \frac{U\,\cos\varphi}{I} = Z \cdot \cos\varphi} > 0 \quad . \tag{9.41}$$

  Bemerkung: Auch wenn man hier dasselbe Symbol R wie für den Gleichstromwiderstand benutzt, man darf die Resistanz nicht mit dem Gleichstromwiderstand ($R = \frac{l}{\kappa A}$) verwechseln! Hier ist R im allgemeinen *frequenzabhängig*, hat also eine ganz andere physikalische Bedeutung als bei Gleichstrom.

- Die **Reaktanz** (der **Blindwiderstand**) X:

$$\boxed{X = \frac{U \sin\varphi}{I} = Z \cdot \sin\varphi} \gtrless 0 \quad . \tag{9.42}$$

Man sieht gleich, dass wenn man R und X kennt, die Impedanz Z und der Phasenwinkel φ ebenfalls bekannt sind:

$$\tan\varphi = \frac{X}{R} \;\; ; \;\; \cos\varphi = \frac{R}{Z} \;\; ; \;\; \sin\varphi = \frac{X}{Z} \;\; ; \;\; Z = \sqrt{R^2 + X^2} \quad . \tag{9.43}$$

Man merkt sich diese Beziehungen leicht mit Hilfe eines so genannten „Impedanz-Dreiecks“ (Abbildung 9.9).

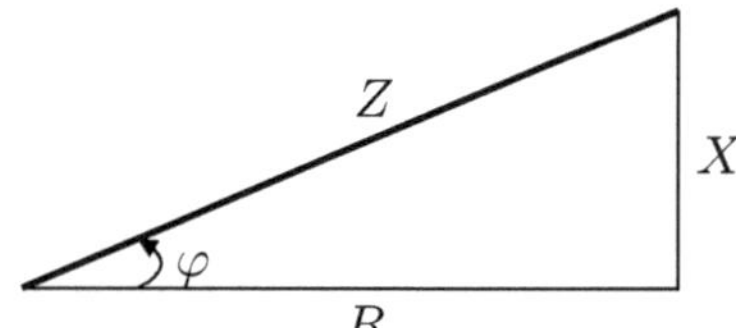

Abbildung 9.9.: Impedanz-Dreieck

R und X werden ebenfalls in Ω gemessen. Bei bekannten R und X ist die Zeitfunktion für den Strom:

$$i = \frac{U}{\sqrt{R^2 + X^2}} \sqrt{2} \sin(\omega t + \varphi_u - \arctan\frac{X}{R}) \quad . \tag{9.44}$$

Bemerkung: Welchen rechentechnischen Nutzen die Einführung des Parameterpaares R, X bringt, wird deutlich, wenn man die komplexe Darstellung benutzt: Sie stellen den Real- bzw. Imaginärteil der komplexen Impedanz $\underline{Z}$ dar.

9.9.3. Admittanz und Phasenwinkel

Eine dritte Möglichkeit, die insbesondere bei Parallelschaltungen günstig ist, besteht darin, statt der Impedanz Z ihren Kehrwert zu benutzen. Ähnlich dazu hat man bei Gleichstrom nicht nur mit Widerständen R, sondern auch mit den Kehrwerten $G = \frac{1}{R}$ operiert.

Admittanz Y (Scheinleitwert)

$$\boxed{Y = \frac{1}{Z} = \frac{I}{U}} > 0 \quad . \tag{9.45}$$

Zusammen mit dem Phasenwinkel φ ergibt die Admittanz ein Parameterpaar zur vollständigen Beschreibung eines Sinusstromkreises.
Es gelten die Beziehungen:

$$I = Y \cdot U \;\; ; \;\; Y = \frac{1}{\sqrt{R^2 + X^2}} \;\; ; \;\; R = \frac{\cos\varphi}{Y} \;\; ; \;\; X = \frac{\sin\varphi}{Y} \tag{9.46}$$

und der Strom i wird:

$$i = U\,Y\,\sqrt{2}\,\sin(\omega t + \varphi_u - \varphi) \quad . \tag{9.47}$$

Die Admittanz wird in Siemens gemessen ($1\,S = 1\Omega^{-1}$).

9.9.4. Konduktanz und Suszeptanz

Die vierte Möglichkeit, ein Parameterpaar zur eindeutigen Beschreibung eines Sinusstromkreises auszuwählen, geht von der Admittanz Y aus. Man nennt:

- **Konduktanz (Wirkleitwert) G**

$$\boxed{G = \frac{I\,\cos\varphi}{U} = Y\,\cos\varphi} > 0 \tag{9.48}$$

- **Suszeptanz (Blindleitwert) B**

$$\boxed{B = \frac{I\,\sin\varphi}{U} = Y\,\sin\varphi} \gtrless 0 \quad . \tag{9.49}$$

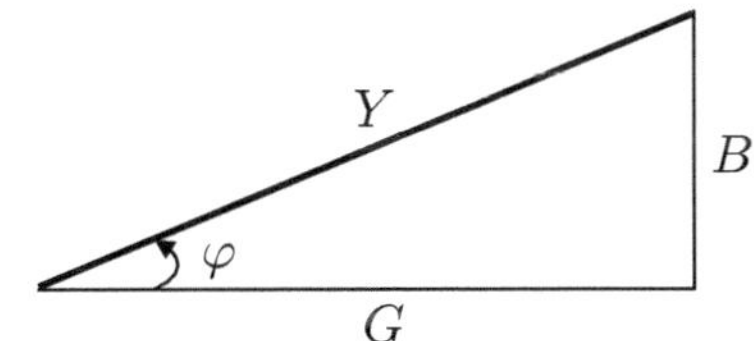

Abbildung 9.10.: Admittanz-Dreieck

Wenn G und B bekannt sind, ergeben sich Y und φ mit den Beziehungen:

$$\tan\varphi = \frac{B}{G} \;\; ; \;\; \cos\varphi = \frac{G}{Y} \;\; ; \;\; \sin\varphi = \frac{B}{Y} \;\; ; \;\; Y = \sqrt{G^2 + B^2} \quad , \tag{9.50}$$

die man sich leicht mit dem „Admittanz-Dreieck“ merken kann (Abbildung 9.10).
Weiterhin gilt noch:

$$Z = \frac{1}{\sqrt{G^2 + B^2}} \;\; ; \;\; G = \frac{R}{Z^2} \;\; ; \;\; B = \frac{X}{Z^2} \;\; ; \;\; R = \frac{G}{Y^2} \;\; ; \;\; X = \frac{B}{Y^2} \tag{9.51}$$

und der Strom i wird:

$$i = U\sqrt{G^2 + B^2}\,\sqrt{2}\,\sin(\omega t + \varphi_u - \arctan\frac{B}{G}) \quad . \tag{9.52}$$

9.9.5. Zusammenfassung und Diskussion der Kennwerte einfacher Sinusstromkreise

In den Tabellen 9.1 und 9.2 sind alle definierten Kennwerte: Z, φ, R, X, Y, G und B für die vorhin untersuchten einfachen Stromkreise (Abschnitt 9.2, 9.4, 9.5, 9.8.1, 9.8.2, 9.8.3) und zusätzlich für die Parallelschaltungen $R-L$ und $R-C$ zusammengefasst.

Stromkreis	Z	φ	R	X
R	R	0	R	0
L	ωL	$\frac{\pi}{2}$	0	ωL
C	$\frac{1}{\omega C}$	$-\frac{\pi}{2}$	0	$-\frac{1}{\omega C}$
R L (Reihe)	$\sqrt{R^2+\omega^2 L^2}$	$\tan\varphi = \frac{\omega L}{R}$	R	ωL
R C (Reihe)	$\sqrt{R^2+\frac{1}{\omega^2 C^2}}$	$\tan\varphi = -\frac{1}{\omega C R}$	R	$-\frac{1}{\omega C}$
R L C (Reihe)	$\sqrt{R^2+(\omega L-\frac{1}{\omega C})^2}$	$\tan\varphi = \frac{\omega L - \frac{1}{\omega C}}{R}$	R	$\omega L - \frac{1}{\omega C}$
R L (parallel)	$\frac{R\omega L}{\sqrt{R^2+\omega^2 L^2}}$	$\tan\varphi = \frac{R}{\omega L}$	$\frac{R\omega^2 L^2}{R^2+\omega^2 L^2}$	$\frac{R^2\omega L}{R^2+\omega^2 L^2}$
R C (parallel)	$\frac{R}{\sqrt{1+R^2\omega^2 C^2}}$	$\tan\varphi = -\omega C R$	$\frac{R}{1+R^2\omega^2 C^2}$	$-\frac{\omega C R^2}{1+R^2\omega^2 C^2}$

Tabelle 9.1.: Impedanz Z, Phasenwinkel φ, Resistanz R und Reaktanz X bei einfachen Sinusstromkreisen

Stromkreis	Y	φ	G	B
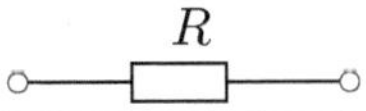 R	$\frac{1}{R}$	0	$\frac{1}{R}$	0
 L	$\frac{1}{\omega L}$	$\frac{\pi}{2}$	0	$\frac{1}{\omega L}$
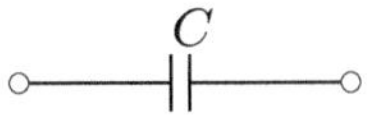 C	ωC	$-\frac{\pi}{2}$	0	$-\omega C$
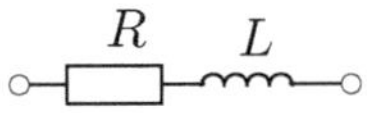 R L	$\frac{1}{\sqrt{R^2+\omega^2 L^2}}$	$\tan\varphi = \frac{\omega L}{R}$	$\frac{R}{R^2+\omega^2 L^2}$	$\frac{\omega L}{R^2+\omega^2 L^2}$
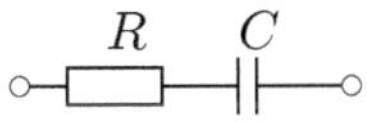 R C	$\frac{\omega C}{\sqrt{1+R^2\omega^2 C^2}}$	$\tan\varphi = -\frac{1}{\omega CR}$	$\frac{R}{R^2+\frac{1}{\omega^2 C^2}}$	$-\frac{\omega C}{1+R^2\omega^2 C^2}$
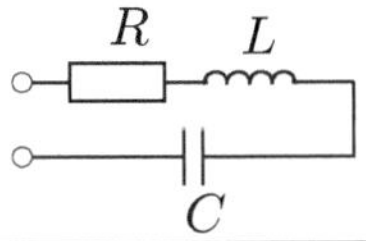 R L C	$\frac{1}{\sqrt{R^2+\left(\omega L-\frac{1}{\omega C}\right)^2}}$	$\tan\varphi = \frac{\omega L-\frac{1}{\omega C}}{R}$	$\frac{R}{R^2+\left(\omega L-\frac{1}{\omega C}\right)^2}$	$\frac{\omega L-\frac{1}{\omega C}}{R^2+\left(\omega L-\frac{1}{\omega C}\right)^2}$
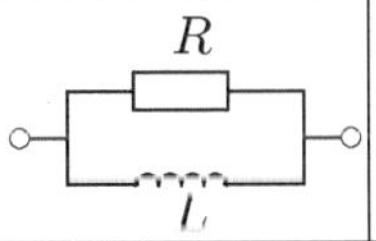 R L	$\sqrt{\frac{1}{R^2}+\frac{1}{\omega^2 L^2}}$	$\tan\varphi = \frac{R}{\omega L}$	$\frac{1}{R}$	$\frac{1}{\omega L}$
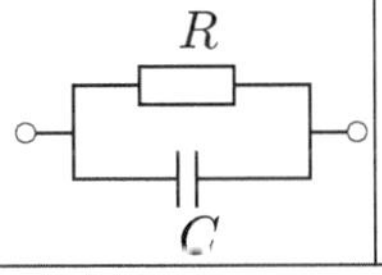 R C	$\sqrt{\frac{1}{R^2}+\omega^2 C^2}$	$\tan\varphi = -\omega CR$	$\frac{1}{R}$	$-\omega C$

Tabelle 9.2.: Admittanz Y, Phasenwinkel φ, Konduktanz G und Suszeptanz B bei einfachen Sinusstromkreisen

Einige **Bemerkungen** zu den zwei Tabellen:

- Man stellt fest, dass zwar immer $Y = \frac{1}{Z}$ gilt, aber allgemein $G \neq \frac{1}{R}$ und $B \neq \frac{1}{X}$ ist.

- Für die Anwendungen besonders wichtig sind die folgenden Reaktanzen:

  Die Reaktanz einer idealen Spule: $X_L = \omega L \quad > 0$;
  Die Reaktanz eines idealen Kondensators: $X_C = -\frac{1}{\omega C} \quad < 0$;
  Reihenschaltung R, L und C: $X = \omega L - \frac{1}{\omega C} \gtrless 0$.

- Alle Parameter: Z, Y, R, X, G, B hängen im allgemeinen von der Frequenz $f = \frac{\omega}{2\pi}$ der Spannung ab.

9.10. Leistungen in Wechselstromkreisen

9.10.1. Leistung bei idealen Schaltelementen R, L und C

Wenn ein **ohmscher Widerstand** R an einer Wechselspannung:

$$u = U\,\sqrt{2}\,\sin(\omega t + \varphi_u)$$

liegt und der Strom:

$$i_R = \frac{U}{R}\,\sqrt{2}\,\sin(\omega t + \varphi_u)$$

fließt, so nimmt der Widerstand, wenn das Verbraucherzählpfeilsystem benutzt wird, die folgende Leistung auf:

$$p_R = u \cdot i_R = 2\,\frac{U^2}{R}\,\sin(\omega t + \varphi_u) \cdot \sin(\omega t + \varphi_u)$$

oder mit der Formel: $2\,\sin\alpha \cdot \sin\beta = \cos(\alpha - \beta) - \cos(\alpha + \beta)$:

$$p_R = \frac{U^2}{R}[\cos 0^o - \cos 2(\omega t + \varphi_u)] = \frac{U^2_{max}}{2R}[1 - \cos 2(\omega t + \varphi_u)] \quad . \qquad (9.53)$$

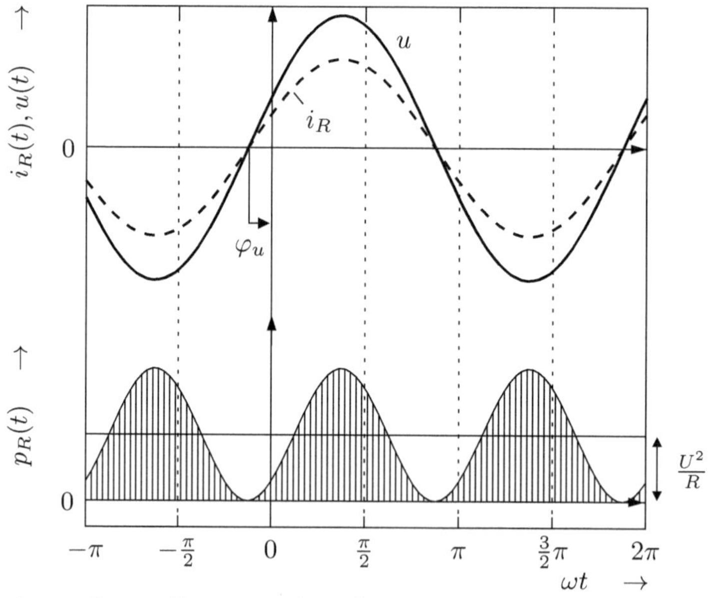

Abbildung 9.11.: Strom, Spannung (oben) und Leistung (unten) an einem ohmschen Widerstand R

Bei Gleichstrom war die Leistung $P = \frac{U^2}{R}$, jetzt ist p *zeitabhängig*. Die Leistung pulsiert mit der *doppelten Frequenz*, wird aber *nie* negativ. Der ideale Widerstand verbraucht in jedem Augenblick Leistung und wandelt sie irreversibel in Wärme um.

Liegt eine **ideale Induktivität L** an derselben Spannung wie vorhin, so fließt der Strom:

$$i_L = \sqrt{2}\,\frac{U}{\omega L}\,\sin(\omega t + \varphi_u - \frac{\pi}{2})$$

und die elektrische Leistung wird:

$$p_L = u \cdot i_L = 2\,\frac{U^2}{\omega L}\,\sin(\omega t + \varphi_u) \cdot \sin(\omega t + \varphi_u - \frac{\pi}{2}) \quad (9.54)$$

$$= \frac{U^2}{\omega L}[\cos\frac{\pi}{2} - \cos(2\omega t + 2\varphi_u - \frac{\pi}{2})] = -\frac{U^2}{\omega L}\,\sin 2(\omega t + \varphi_u) \quad (9.55)$$

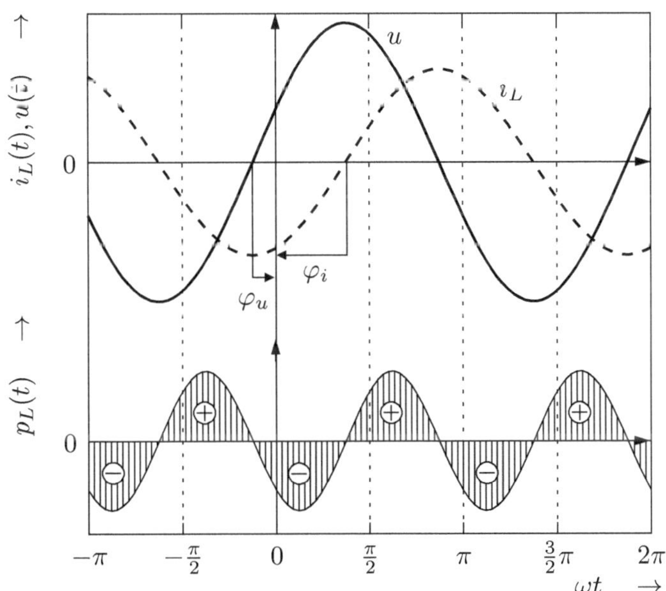

Abbildung 9.12.: Strom, Spannung (oben) und Leistung (unten) an einer idealen Induktivität L

Die Leistung p_L pulsiert mit der *doppelten Frequenz*, doch im Gegensatz zu der Leistung p_R an einem Widerstand ist ihr *Mittelwert Null*. Das bedeutet: Während einer Viertelperiode fließt Leistung *in* die Induktivität, während der nächsten fließt Leistung *aus* der Induktivität, in die Spannungsquelle.

Schließlich ist der Strom durch einen **idealen Kondensator** C:

$$i_C = \sqrt{2}\, U\omega C\, \sin(\omega t + \varphi_u + \frac{\pi}{2})$$

und die Leistung:

$$p_C = u \cdot i_C = 2\, U^2\omega C\, \sin(\omega t + \varphi_u) \cdot \sin(\omega t + \varphi_u + \frac{\pi}{2}) \quad (9.56)$$

$$= U^2\omega C[\cos(-\frac{\pi}{2}) - \cos(2\omega t + 2\varphi_u + \frac{\pi}{2})] \quad (9.57)$$

$$= U^2\omega C\, \sin 2(\omega t + \varphi_u) \quad . \quad (9.58)$$

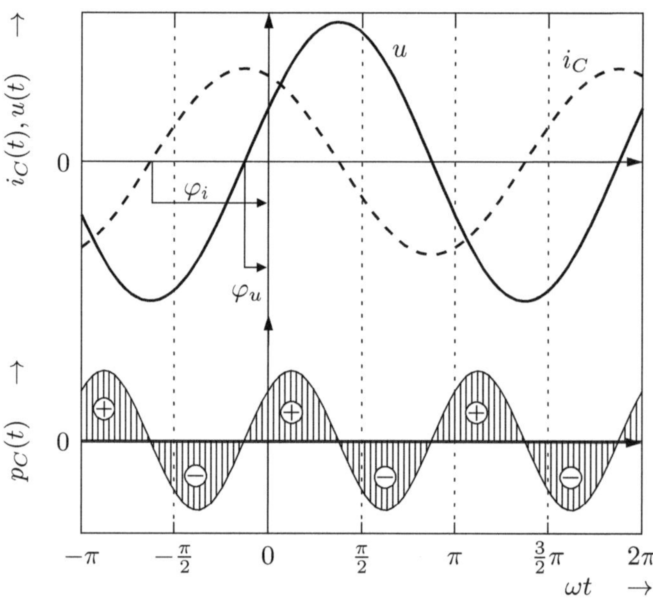

Abbildung 9.13.: Strom, Spannung (oben) und Leistung (unten) an einem idealen Kondensator C

Auch die Leistung p_C pulsiert mit der *doppelten Frequenz* und auch ihr *Mittelwert* ist gleich *Null* (wie bei p_L). Vergleicht man Abbildung 9.13 mit Abbildung 9.12 so erkennt man, dass in denjenigen Viertelperioden in denen die Induktivität Leistung aufnimmt, der Kondensator die Leistung in die Spannungsquelle abgibt und umgekehrt. Dieses zeitlich verschobene Verhalten von Induktivität und Kapazität ist äußerst wichtig.

Da der Mittelwert der Leistung p Null ist, wird in idealen Induktivitäten und Kondensatoren keine Leistung „verbraucht", d.h. irreversibel in Wärme umgewandelt, wie bei Widerständen der Fall ist.

Die Leistung wird lediglich *gespeichert* (bei Induktivitäten in ihrem magnetischen Feld, bei Kondensatoren in ihrem elektrischen Feld) und wieder *abgegeben*. Man spricht von *Blindleistung*.

9.10.2. Wechselstromleistung allgemein

Wenn an einem beliebigen Zweipol die Sinusspannung

$$u = U\sqrt{2}\,\sin(\omega t + \varphi_u)$$

liegt, so dass der Strom

$$i = I\sqrt{2}\,\sin(\omega t + \varphi_i)$$

fließt, so ist die elektrische Leistung $p = u \cdot i$:

$$p = 2\,UI\,\sin(\omega t + \varphi_u) \cdot \sin(\omega t + \varphi_i)$$

oder, nach Umformung in eine Summe:

$$\boxed{p = UI[\cos\varphi - \cos(2\omega t + \varphi_u + \varphi_i)]} \tag{9.59}$$

wenn $\varphi_u - \varphi_i = \varphi$ ist.
Die Leistung ist eine periodische Funktion mit einer *konstanten* Komponente ($UI\cos\varphi$) und einer Komponente mit *doppelter Frequenz*.
Der Mittelwert der Leistung p:

$$\overline{p} = \frac{1}{T}\int_0^T p\,dt$$

wird *Wirkleistung* P genannt. Aus (9.59) ergibt sich:

$$\boxed{P = U \cdot I \cdot \cos\varphi} \quad \geq 0 \quad . \tag{9.60}$$

Ein passiver Zweipol nimmt immer Wirkleistung auf und wandelt sie *irreversibel* in Wärme um.
Die Wirkleistung kann auch mit Hilfe der Resistanz R oder der Konduktanz G ausgedrückt werden:

$$U = I \cdot Z = I\,\frac{R}{\cos\varphi}\,; \quad P = I\,\frac{R}{\cos\varphi} \cdot I \cdot \cos\varphi$$

$$\boxed{P = R \cdot I^2 = G \cdot U^2} \quad \geq 0 \quad . \tag{9.61}$$

Die Formel (9.59) besagt, dass die Augenblicksleistung p mit der Kreisfrequenz 2ω um den Mittelwert $P = UI\cos\varphi$ pulsiert.
Auch wenn $P > 0$ ist, gibt es Zeitintervalle in denen p negativ ist: Der Zweipol gibt Leistung an die Spannungsquelle ab (die in Spulen oder Kondensatoren gespeicherte Leistung wird dann zurück abgegeben).

9.10.3. Wirk-, Blind- und Scheinleistung, Leistungsfaktor

Die Formel (9.59) lässt sich weiter umformen und interpretieren. Mit:

$$\begin{aligned}\cos(2\omega t + \varphi_u + \varphi_i) &= \cos[2(\omega t + \varphi_u) + (\varphi_i - \varphi_u)] \\ &= \cos 2(\omega t + \varphi_u) \cdot \cos(\varphi_i - \varphi_u) \\ &\quad - \sin 2(\omega t + \varphi_u) \cdot \sin(\varphi_i - \varphi_u)\end{aligned}$$

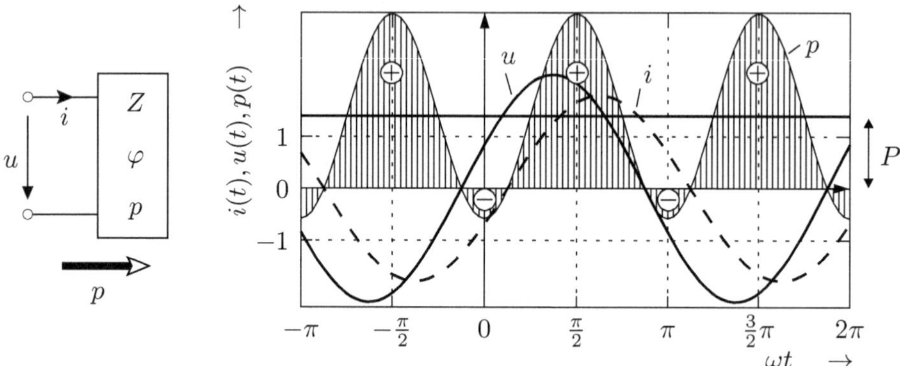

Abbildung 9.14.: Strom, Spannung und Leistung an einem Zweipol

wird die Leistung:

$$p(t) = UI[\cos\varphi - \cos 2(\omega t + \varphi_u) \cdot \cos\varphi - \sin 2(\omega t + \varphi_u) \cdot \sin\varphi] \quad (9.62)$$

$$= UI\{\cos\varphi[1 - \cos 2(\omega t + \varphi_u)] - \sin\varphi \cdot \sin 2(\omega t + \varphi_u)\} \quad . (9.63)$$

Die Augenblicksleistung p kann als Summe von zwei Komponenten aufgefasst werden:

- Die **Wirkleistung** p_W:

  $$p_W = UI\cos\varphi[1 - \cos 2(\omega t + \varphi_u)] \quad (9.64)$$

  die mit der Frequenz 2ω pulsiert, aber ihr Vorzeichen nicht ändert. Der zeitlich konstante Mittelwert von p_W ist:

  $$P = UI\cos\varphi \quad .$$

- Die **Blindleistung** p_B:

  $$p_B = -UI\sin\varphi \cdot \sin 2(\omega t + \varphi_u) \quad . \quad (9.65)$$

  Diese Komponente pendelt mit 2ω um die Nulllinie. Der Leistungsfluss kehrt seine Richtung periodisch um, dem Verbraucher wird im Mittel *keine* Energie zugeführt.

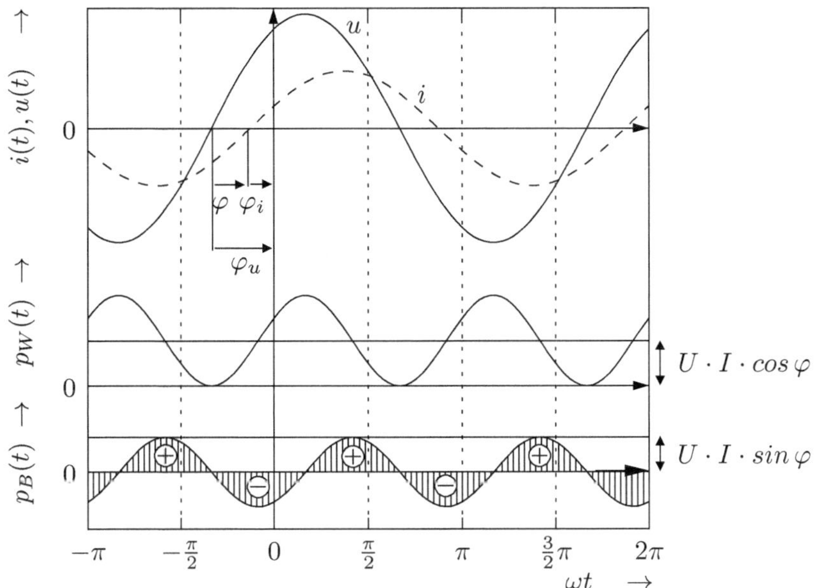

Abbildung 9.15.: Zeitlicher Verlauf von Strom und Spannung (oben), Wirkleistung p_W (Mitte) und Blindleistung p_B (unten)

Die Blindleistung belastet also den Stromerzeuger nicht, doch der Energie, die im Verbraucher gespeichert und wieder abgegeben wird, entspricht ein Strom, der der Energieträger für die Umspeichervorgänge ist. Die Leitungen und Widerstände werden durch diesen Strom thermisch belastet!
Um diese strommäßige Belastung der Leitungen leicht überschauen zu können, hat man analog zur Wirkleistung einen fiktiven „Mittelwert" der Blindleistung p_W eingeführt:

$$\textbf{Blindleistung}: \quad \boxed{Q = UI\sin\varphi} \gtrless 0 \quad . \tag{9.66}$$

Man spricht von induktiver und kapazitiver Blindleistung:

> $Q = UI\sin\varphi > 0$: der Verbraucher nimmt Blindleistung auf (induktives Verhalten)
> $Q = UI\sin\varphi < 0$: der Verbraucher gibt Blindleistung an die Quelle (kapazitives Verhalten).

Die Blindleistung Q wird in *Var* gemessen, um sie von der Wirkleistung zu unterscheiden. (Einheitenzeichen: var). Q kann auch folgenderweise ausgedrückt werden:

$$U = I \cdot Z = I\frac{X}{\sin\varphi}; \quad P = I\frac{X}{\sin\varphi} \cdot I \cdot \sin\varphi$$

$$\boxed{Q = X \cdot I^2 = B \cdot U^2} \quad \gtrless 0 \quad . \tag{9.67}$$

Analog dem Begriff der Blindleistung hat man noch einen fiktiven „Mittelwert“ der allgemeinen Wechselstromleistung eingeführt:

$$\textbf{Scheinleistung}: \quad \boxed{S = U \cdot I} \quad > 0 \quad . \tag{9.68}$$

Diese Leistung ist eine Rechengröße; sie wird wie bei Gleichstrom berechnet, als ob keine Phasenverschiebung zwischen Strom und Spannung vorhanden wäre. Die Scheinleistung hat keine unmittelbare physikalische Bedeutung, wie die Wirkleistung, doch bedeutet sie die maximal mögliche Wirkleistung bei gegebenen U und I und variablem Phasenwinkel φ.
Somit kennzeichnet sie die Grenzen der Funktionsfähigkeit der Verbraucher und wird meistens vom Hersteller angegeben.
Die Einheit von S heißt VA. Die Scheinleistung kann noch folgendermaßen ausgedrückt werden:

$$\boxed{S = Z \cdot I^2 = Y \cdot U^2} \quad . \tag{9.69}$$

Zwischen P, Q und S bestehen folgende Beziehungen:

$$P^2 + Q^2 = S^2 \quad ; \quad Q = P \cdot \tan\varphi \quad ; \quad P = S \cdot \cos\varphi \quad ; \quad Q = S \cdot \sin\varphi \tag{9.70}$$

die man sich leicht mit dem so genannten „Leistungsdreieck“ (Abbildung 9.16) merken kann:

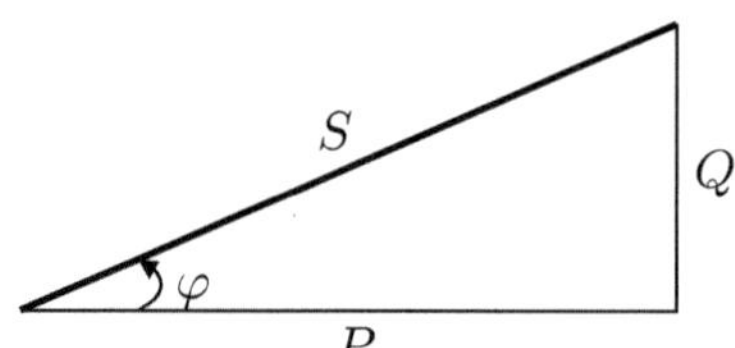

Abbildung 9.16.: Leistungsdreieck

Für die Energietechnik ist das folgende Verhältnis besonders wichtig:

$$\boxed{1 \geq \frac{P}{S} = \cos\varphi \geq 0}$$

der **Leistungsfaktor** genannt wird. Die Aufgabe der Verbesserung des Leistungsfaktors ist eine der wichtigsten in der Energietechnik.
Es gilt noch:

$$\frac{P}{S} = \frac{\sqrt{S^2 - Q^2}}{S} = \sqrt{1 - \frac{Q^2}{S^2}}$$

was bedeutet, dass die Verbesserung des Leistungsfaktors die Reduzierung der Blindleistung Q voraussetzt.

■ Beispiel 9.2

Ein einphasiger Wechselstrommotor arbeitet bei einer Spannung von $U = 230\,V$ und nimmt die Wirkleistung $P = 2\,kW$ unter $\cos\varphi = 0,8$ (induktiv) auf. Berechnen Sie:

1. *Die Motor-Parameter: Z, R und X*
2. *Die vom Motor aufgenommene Blindleistung Q*
3. *Die Scheinleistung S.*

Lösung:

1.

$$Z = \frac{U}{I} \quad mit \quad I = \frac{P}{U\cos\varphi} = \frac{2 \cdot 10^3 W}{230V \cdot 0,8} = 10,87\,A$$

$$Z = \frac{230\,V}{10,87\,A} = 21,16\,\Omega$$

$$R = Z\,\cos\varphi = 21,16\,\Omega \cdot 0,8 = 16,93\,\Omega$$

$$X = Z\,\sin\varphi = 21,16\,\Omega \cdot 0,6 = 12,7\,\Omega.$$

2.

$$Q = UI\sin\varphi = 230\,V \cdot 10,87\,A \cdot 0,6 = 1,5\,kvar.$$

3.

$$S = U \cdot I = 230\,V \cdot 10,87\,A = 2,5\,kVA.$$

$$\textit{Überprüfung:} \quad S = \sqrt{P^2 + Q^2} = \sqrt{2^2 + 1,5^2}\,kVA = 2,5\,kVA.$$

■

■ Beispiel 9.3

Eine elektrische Doppelleitung liefert an einen Verbraucher die Wirkleistung $P = 20\,kW$ unter der Spannung $U = 230\,V$ mit dem Leistungsfaktor $\cos\varphi = 0,8$ (induktiv). Der elektrische Widerstand pro $1\,m$ Länge der Leitung beträgt: $r_l = 3 \cdot 10^{-4}\,\Omega/m$ und die Leitung ist $100\,m$ lang.
Gesucht sind die Wirkleistungsverluste ΔP auf der Leitung.

Lösung:

Die Leitungsverluste sind:

$$\Delta P = r \cdot I^2 = r\frac{S^2}{U^2} = r\frac{P^2 + Q^2}{U^2} \quad .$$

Die Blindleistung ist: $Q = P\ \tan\varphi = 20\,kW \cdot 0,75 = 15\,k\,var$.
Der Leitungswiderstand ist:

$$r = 2 \cdot 100\,m \cdot 3 \cdot 10^{-4}\,\Omega/m = 60\,m\Omega\,.$$

Somit treten auf der Leitung die folgenden Wirkleistungsverluste auf:

$$\Delta P = 60 \cdot 10^{-3}\,\Omega \cdot \frac{20^2 + 15^2}{(230\,V)^2} \cdot 10^6\,W^2 = 708\,W \quad .$$

Bemerkung:
Die obige Formel für die Verluste ΔP auf der Leitung besagt, dass bei einer gegebenen Leitung (r) und einer bestimmten Wirkleistung (P) die Verluste umgekehrt proportional mit dem *Quadrat der Spannung* variieren und dass sie *mit dem Quadrat der Blindleistung Q zunehmen.*
Deswegen sind für die Energieübertragung auf große Entfernungen möglichst hohe Spannungen *erforderlich.*
Bei $400\,V$ wären die Verluste dreimal kleiner gewesen:

$$\Delta P = 236\,W\,.$$

Auch die Bedeutung eines besseren Leistungsfaktors wird klar: bei $\cos\varphi = 1$ ($Q = 0$) wären die Verluste:

$$\Delta P = 454\,W$$

gewesen. Die Blindleistung belastet die Leitung und muss deswegen vom Verbraucher mitbezahlt werden.

■

10. Symbolische Verfahren zur Behandlung von Sinusgrößen

10.1. Allgemeines

Es ist leicht zu ersehen, dass es bei etwas komplizierteren Schaltungen nicht mehr möglich ist, direkt mit den Zeitfunktionen für Spannungen und Ströme zu arbeiten. Die komplizierteste Schaltung, die in Kapitel 9 behandelt werden konnte, war die Reihenschaltung $R-L-C$. Darüber hinaus werden die Berechnungen sehr aufwändig und unübersichtlich. Die von den Gleichstromnetzen bekannten Lösungsverfahren, die von linearen algebraischen Gleichungssystemen ausgehen (Maschen-, Knoten- und andere Verfahren) können nicht übernommen werden.
Aus diesen Gründen wurden andere Verfahren entwickelt, die die rechnerische Behandlung von Wechselstromkreisen erheblich vereinfachen. Man benutzt heute zwei *symbolische* Verfahren, die sich gegenseitig ergänzen:

- Die Zeigerdarstellung (graphisches Verfahren)
- Die komplexe Darstellung (analytisches Verfahren).

Ein symbolisches Verfahren wird im Allgemeinen folgenderweise angewendet:

- Man ordnet nach einer gewissen Regel jeder Sinusgröße eine symbolische Größe zu (z.B. einen Vektor oder eine komplexe Zahl);
- Man schreibt die Differentialgleichungen des Netzwerkes mit den symbolischen Größen;
- Statt die Differentialgleichungen zu lösen, löst man die Gleichungen für die Symbole und bestimmt die unbekannten Größen.
- Man transformiert die gefundenen Symbolgrößen zurück in die gesuchten Sinusgrößen.

Dieser Weg erscheint auf den ersten Blick etwas umständlich. Damit er zu einer beträchtlichen Vereinfachung der Rechenarbeit führt, müssen die folgenden Bedingungen erfüllt werden:

1. Die Darstellung (Abbildung) muss eineindeutig sein, d.h. jeder Sinusgröße muss eine einzige Symbolgröße entsprechen und ebenfalls umgekehrt, jeder Symbolgröße entspricht eine einzige Sinusgröße.

M. Marinescu und N. Marinescu, *Elektrotechnik für Studium und Praxis*,
https://doi.org/10.1007/978-3-658-28884-6_10

2. Beide Umformungen (Sinusgröße $\Rightarrow$ Symbol und umgekehrt) müssen leicht durchführbar sein.

3. Jeder elementaren Operation mit Sinusgrößen, die in den Gleichungen der Wechselstromkreise auftritt (Addition, Multiplikation mit einem Skalar, Differentiation und Integration) muss eineindeutig eine Operation zwischen den Symbolen entsprechen.

4. Sehr wichtig ist, dass die Auflösung der Gleichungen mit den Symbolen viel einfacher, leichter zu systematisieren und übersichtlicher sein muss, als mit den Sinusgrößen.

Alle diese Bedingungen werden von der Zeiger- und von der komplexen Darstellung erfüllt.

10.2. Zeigerdarstellung von Sinusgrößen

10.2.1. Geometrische Darstellung einer Sinusgröße

Es wurde bereits gezeigt (Abschnitt 8.2.2), dass eine Sinusgröße durch drei Parameter vollständig definiert wird:

- Amplitude
- Kreisfrequenz
- Nullphasenwinkel.

In den meisten Berechnungen von Wechselstromkreisen treten Spannungen und Ströme *gleicher* Frequenz auf, so dass diese lediglich durch *Amplitude* (ein Skalar) und *Phasenlage* (ein Winkel) eindeutig bestimmt werden.
Ebenfalls durch einen Skalar (seinen Betrag) und einen Winkel (mit einer Bezugsachse) wird auch ein Vektor in der Ebene definiert. Man kann also eine eineindeutige Beziehung zwischen jeder Sinusgröße und einem Vektor (der diese symbolisieren wird) aufstellen. Das ist die Idee der Zeigerdarstellung. Den analytischen Beziehungen zwischen den Sinusgrößen werden geometrische Beziehungen zwischen den darstellenden Vektoren entsprechen, die einfacher und anschaulicher sein werden.
Die geometrischen Symbolgrößen der Sinusfunktionen werden *Zeiger* genannt, um sie von den (im dreidimensionalen Raum definierten) vektoriellen physikalischen Größen zu unterscheiden (wie z.B. die Stromdichte $\vec{S}$), mit denen sie nicht verwechselt werden dürfen. Außerdem unterliegen Vektoren und Zeiger unterschiedlichen Rechengesetzen.
Auf Abbildung 10.1 wird gezeigt, dass eine Sinusgröße der Form:

$$i = I\,\sqrt{2}\,\sin(\omega t + \varphi)$$

als Projektion eines *rotierenden Zeigers* auf eine stillstehende (die vertikale) Bezugsachse dargestellt werden kann. Die Länge des Zeigers ist gleich der *Amplitude* und die Winkelgeschwindigkeit gleich der Kreisfrequenz $\omega = 2\pi f$ der Sinusgröße.
Die Projektion des Zeigers auf die vertikale Achse (Abbildung 10.1) beschreibt den Augenblickswert der Sinusgröße.

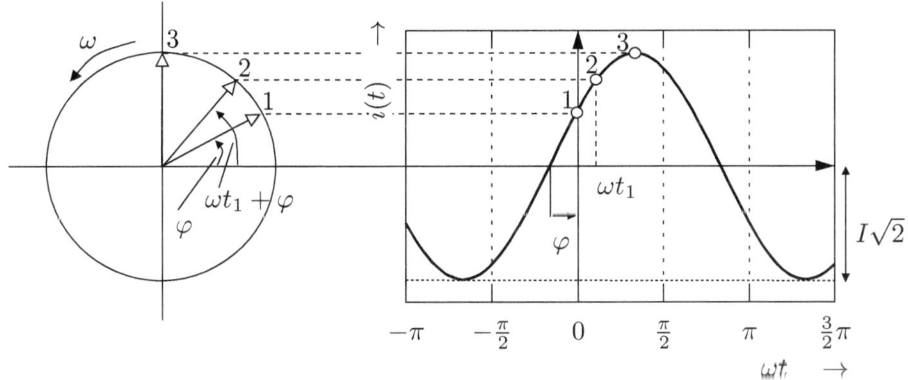

Abbildung 10.1.: Zeigerdarstellung einer Sinusgröße

Man hat also eine Vorschrift aufgestellt, mit der eine Sinusgröße durch einen Zeiger „symbolisiert" werden kann. Die Zeiger werden meist mit unterstrichenen großen Buchstaben gekennzeichnet ($\underline{I}$, $\underline{U}$, usw.).
Im Anhang A sind die Rechenregeln für Zeiger kurz zusammengefasst.

Man ersieht leicht, welche **Vorteile** die Zeigerdarstellung bringt. Statt die Differentialgleichungen der Schaltungen zu lösen, zeichnet man entsprechende Zeigerdiagramme und alle vorkommenden Operationen reduzieren sich auf die Addition von Vektoren mit verschiedenen Beträgen und Richtungen. Die Auflösung der Gleichung besteht darin, verschiedene Winkel und Längen aus dem Zeigerdiagramm abzulesen.

Operationen mit Vektoren durchzuführen ist viel einfacher als direkt mit den Zeitfunktionen zu arbeiten. Außerdem gewinnt man aus einem Zeigerdiagramm eine sehr anschauliche Vorstellung über die Verhältnisse zwischen den verschiedenen Spannungen und Strömen in einer Schaltung, vor allem über ihre Phasenverschiebungen.

10.2.2. Grundschaltelemente in Zeigerdarstellung

Die Darstellung einer Sinusgröße $i = I\sqrt{2}\sin(\omega t + \varphi)$ durch einen mit der Winkelgeschwindigkeit ω im positiven Sinne drehenden Zeigers mit dem Betrag $I\sqrt{2}$ wurde in der Wechselstromtechnik weiter vereinfacht, indem alles, was der Berechnung nicht direkt nützt, weggelassen wurde:

- da alle in einer Schaltung vorkommenen Sinusgrößen (meist) dieselbe Kreisfrequenz ω aufweisen, kann man diese außer Acht lassen und die *Zeiger als stehend* betrachten;
- Der Faktor $\sqrt{2}$ in den Scheitelwerten aller Sinusgrößen wird nicht berücksichtigt und man arbeitet mit *Effektivwerten*, da diese weitaus häufiger benötigt werden als die Scheitelwerte, vor allem zur Bestimmung von Leistungen. Man reduziert also die Zeigerlängen im Maßstab $\frac{1}{\sqrt{2}}$.

Bei der Zurücktransformation von den Zeigern zu den Sinusgrößen müssen der Faktor $\sqrt{2}$ und die Kreisfrequenz ω wieder berücksichtigt werden.
Es sollen nun die Grundschaltelemente R, L und C, die in den Abschnitten 9.2, 9.4 und 9.5 bereits untersucht wurden, in Zeigerdarstellung betrachtet werden. Die idealen Schaltelemente sollen mit einer Spannung:

$$u = U\sqrt{2}\sin\omega t$$

gespeist werden. Der Strom wird die Form:

$$i = I\sqrt{2}\sin(\omega t - \varphi) = \frac{U}{Z}\sqrt{2}\sin(\omega t - \varphi)$$

aufweisen.

10.2.2.1. Ohmscher Widerstand

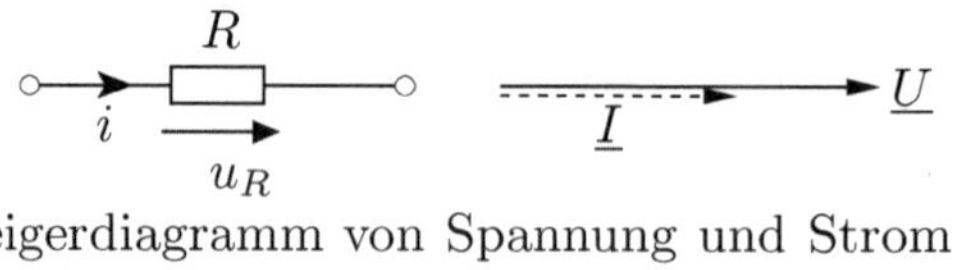

R i u_R $\underline{I}$ $\underline{U}$

Abbildung 10.2.: Zeigerdiagramm von Spannung und Strom an einem Widerstand

Die Spannungsgleichung ist:

$$u = R \cdot i\,.$$

Die der Spannung u und dem Strom i entsprechenden Zeiger verlaufen parallel.

$$I = \frac{U}{R} \quad , \quad \varphi = 0 \quad \Rightarrow \quad i = \frac{U}{R}\sqrt{2}\sin\omega t\,.$$

10.2.2.2. Ideale Induktivität

Die Spannungsgleichung lautet:

$$u = L\,\frac{di}{dt}\,.$$

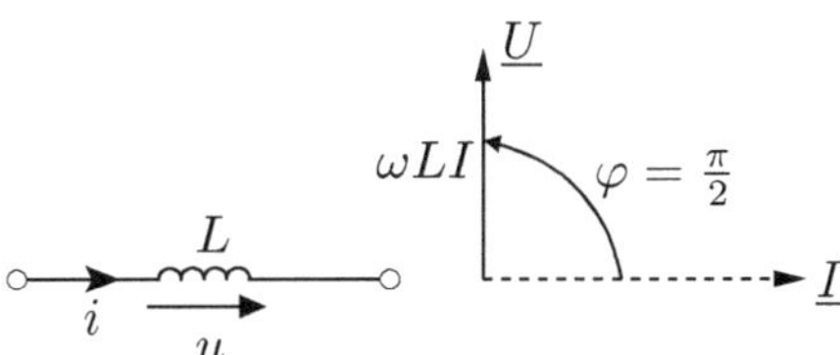

Abbildung 10.3.: Zeigerdiagramm von Spannung und Strom an einer idealen Induktivität

Der Zeiger der Spannung ergibt sich also aus dem Stromzeiger, durch dessen Drehung um $\frac{\pi}{2}$ im positiven (trigonometrischen) Sinn und durch Multiplikation mit ωL. Es ergibt sich:

$$I = \frac{U}{\omega L} \quad , \quad \varphi = +\frac{\pi}{2} \quad \Rightarrow \quad i = \frac{U}{\omega L}\,\sqrt{2}\,\sin(\omega t - \frac{\pi}{2}) \quad .$$

An einer idealen Spule eilt der Strom der Spannung um 90° *hinterher*.

10.2.2.3. Ideale Kapazität

Die Gleichung lautet:

$$u = \frac{1}{C}\int i\,dt \quad .$$

Der Spannungszeiger ergibt sich durch eine Drehung des Stromzeigers um $\frac{\pi}{2}$ im negativen (Uhrzeiger-) Sinn und durch Dividieren durch ωC.

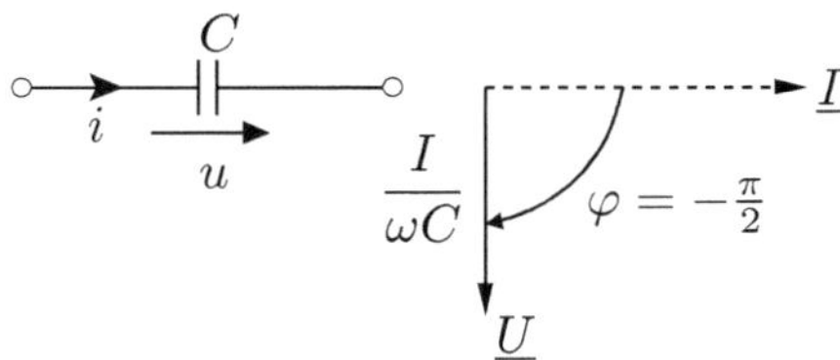

Abbildung 10.4.: Zeigerdiagramm eines idealen Kondensators

$$I = \omega C U \quad , \quad \varphi = -\frac{\pi}{2} \quad \Rightarrow \quad i = U\omega C\,\sqrt{2}\,\sin(\omega t + \frac{\pi}{2}) \quad .$$

Der Strom durch einen Kondensator eilt der Spannung um 90° *vor*.

10.2.3. Zeigerdarstellungen von Sinusstromkreisen

Sinusstromkreise können nach den gleichen Methoden wie Gleichstromkreise behandelt werden, mit der Maßgabe, dass alle für Gleichströme und Gleichspannungen gültigen Gesetze (Knoten- und Maschengleichungen) zu jedem Zeitpunkt von den Augenblickswerten der Sinusgrößen erfüllt werden müssen. Der Unterschied zu den Gleichstromaufgaben, bei denen die Zahl der zu bestimmenden Ströme (oder Spannungen) gleich der Zahl der Unbekannten des zu lösenden Problems ist, besteht darin, dass bei Sinusstromaufgaben jeder zu bestimmenden Größe *zwei* Unbekannte entsprechen: Amplitude und Phasenlage.
Mit Hilfe der in Abschnitt 9.8.3 im Zeitbereich behandelten *RLC*-Reihenschaltung soll gezeigt werden, wie man die Zeigerdarstellung zur Bestimmung des Stromes i benutzt. Die Spannungsgleichung ist:

$$u = R\,i + L\,\frac{di}{dt} + \frac{1}{C}\int i\,dt\,.$$

Das Zeigerdiagramm, das diese Gleichung „symbolisiert" (Abbildung 10.5), sagt folgendes aus: Der Spannungszeiger ist eine Summe von drei Zeigern, von denen der erste der mit R multiplizierte Stromzeiger, der zweite der um $\frac{\pi}{2}$ nach vorne und mit ωL multiplizierte Stromzeiger und der dritte der um $\frac{\pi}{2}$ zurück gedrehte und durch ωC dividierte Stromzeiger ist.
Diese Summe wird graphisch, schrittweise, durchgeführt. Man geht sinnvollerweise von einem beliebigen Zeiger für den unbekannten Strom $\underline{I}$ aus.

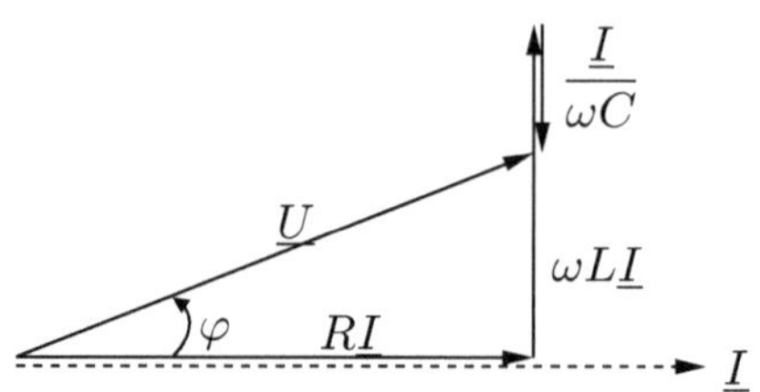

Abbildung 10.5.: Zeigerdiagramm der RLC-Reihenschaltung

Parallel zu $\underline{I}$ verläuft der Zeiger $R\underline{I}$, um 90° vor $\underline{I}$ der Zeiger $\omega L\underline{I}$ und um 90° zurück $\frac{\underline{I}}{\omega C}$. Die geometrische Summe der drei Zeiger ergibt die Spannung $\underline{U}$. Aus dem Diagramm (Abbildung 10.5) liest man ab:

$$U^2 = (R\,I)^2 + (\omega L - \frac{1}{\omega C})^2\,I^2\,.$$

Daraus ergibt sich der Effektivwert des Stromes als:

$$I = \frac{U}{\sqrt{R^2 + (\omega L - \frac{1}{\omega C})^2}}$$

und der Phasenwinkel:

$$\tan\varphi = \frac{\omega L - \frac{1}{\omega C}}{R} \, .$$

Der gesuchte Strom ist:

$$i = I\sqrt{2}\,\sin(\omega t - \varphi) \quad .$$

Zur Anwendung der Zeigerdarstellung benutzt man im Allgemeinen die folgenden Schritte:

1. Man zeichnet die Zählpfeile für Ströme und Spannungen in das Schaltbild ein. An den einzelnen Schaltelementen sind, nach dem Verbraucherzählpfeilsystem, die Zählpfeile von Strom und Spannung in gleicher Richtung.

2. Man stellt die Knoten- und Maschengleichungen auf.

3. Man legt Maßstäbe A/cm und V/cm für die maßgerechte Zeichnung der Strom- und Spannungszeiger fest.

4. Man wählt das Bezugssystem zweckmäßig so, dass in der Nullachse eine Größe liegt, die mehreren Schaltelementen gemeinsam ist, also im Allgemeinen:
   bei Reihenschaltungen $\underline{I}$ in der Nullachse
   bei Parallelschaltungen $\underline{U}$ in der Nullachse.

5. Man führt mit den Zeigern die von den bei Punkt 2 aufgestellten Gleichungen vorgeschriebenen Operationen durch und konstruiert somit das vollständige Zeigerdiagramm der Schaltung.

6. Man liest die gesuchten Ströme oder Spannungen ab.

Bemerkung: Die Festlegung der Vorzeichenbedeutung des Winkels $\varphi = \varphi_u - \varphi_i$ zwischen Spannung und Strom gilt auch hier und führt zu der Regel: Der Winkel φ wird vom Stromzeiger ausgehend zum Spannungszeiger gezählt. Zeigt φ entgegen dem Uhrzeigersinn, so gilt $\varphi > 0$.

■ Beispiel 10.1

Bei einer RLC-Reihenschaltung sind die Effektivwerte von drei Spannungen bekannt, die vierte Spannung soll bestimmt werden.

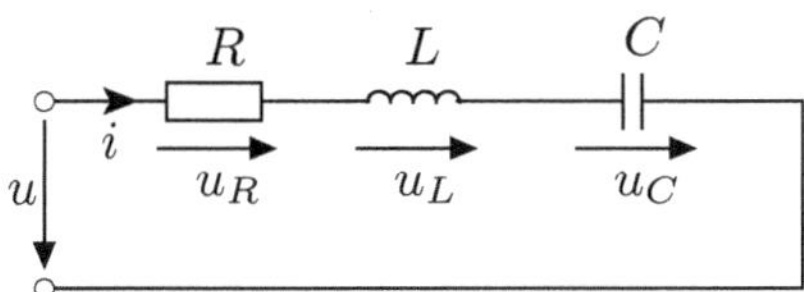

Ermitteln Sie mit Hilfe des Zeigerdiagramms der Spannungen den Effektivwert der unbekannten Spannung und die Phasenverschiebung φ zwischen der Eingangsspannung u und dem Strom i für die Fälle:

a) $U_R = 10\,V$; $U_L = 20\,V$; $U_C = 10\,V$; U=?

b) U_R =? ; $U_L = 110\,V$; $U_C = 150\,V$; $U = 50\,V$.

Lösung:

a) Hier gilt die Maschengleichung: $u = u_R + u_L + u_C$.

In der Nullachse zeichnet man den Strom $\underline{I}$, phasengleich mit ihm die Spannung $\underline{U}_R$, mit einem gewählten Maßstab (z.B.: 1V=0,5 cm). Die Spannung $\underline{U}_L$ liegt um $\frac{\pi}{2}$ vor dem Strom $\underline{I}$, die Spannung $\underline{U}_C$ um $\frac{\pi}{2}$ hinter dem Strom $\underline{I}$.

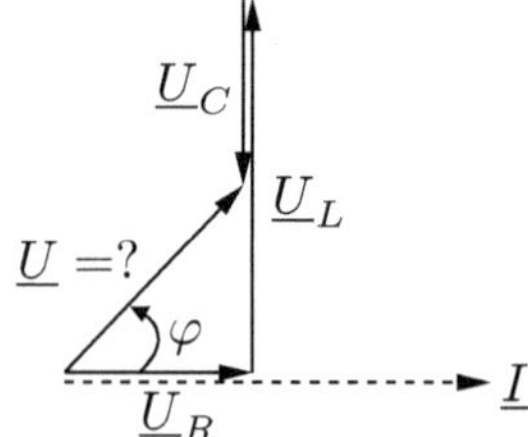

Die unbekannte Gesamtspannung ergibt sich als geometrische Summe der drei Teilspannungen. Man kann die Länge des Zeigers $\underline{U}$ aus dem Diagramm direkt ablesen oder, genauer, schreiben:

$$U = \sqrt{U_R^2 + (U_L - U_C)^2} = \sqrt{10^2 + 10^2}\,V = 10\sqrt{2}\,V \quad .$$

Auch den Winkel φ kann man ablesen. Er ergibt sich auch rechnerisch:

$$\tan\varphi = \frac{U_L - U_C}{U_R} = 1 \quad \Rightarrow \quad \varphi = 45^o$$

$$u = 10\sqrt{2}\,V \cdot \sin(\omega t + 45^o) \quad .$$

b) Hier kennt man U_R nicht. Man zeichnet wieder in der Horizontalen den Strom $\underline{I}$. Irgendwo auf dieser Achse zeichnet man um 90° nach vorne gedreht den Zeiger $\underline{U}_L$ und um 90° zurück den Zeiger $\underline{U}_C$. Der untere Punkt P wird die Spitze des Summen-Zeigers $\underline{U}$ sein. Da die Länge des $\underline{U}$-Zeigers bekannt ist, geht man von P aus bis zu einem Punkt 0 auf der $\underline{I}$-Achse, der dem Effektivwert von $\underline{U}$ entspricht. 0 ist der Anfang der Zeiger $\underline{U}_R$ und $\underline{U}$. Jetzt kann man U_R und φ direkt ablesen.

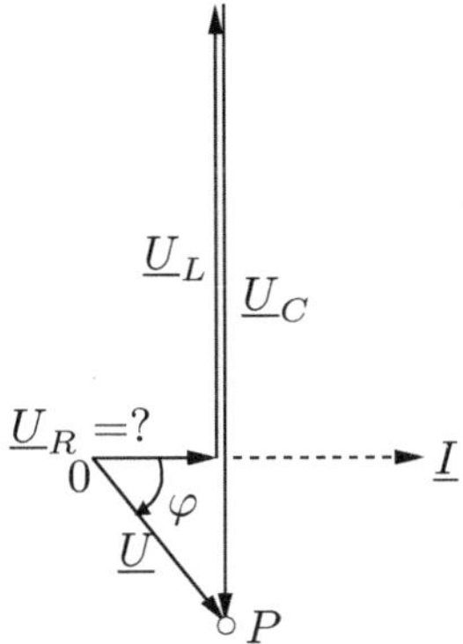

Es ist:

$$U_R = \sqrt{U^2 - (U_C - U_L)^2} = \sqrt{50^2 - 40^2}\,V = 30\,V \quad .$$

Der Winkel φ ist negativ (zeigt im Uhrzeigersinn):

$$\tan\varphi = -\frac{4}{3} \quad \Rightarrow \quad \varphi = -53{,}1^o \quad .$$

Die Schaltung verhält sich kapazitiv, da der Strom der Spannung voreilt.

■

■ Aufgabe 10.1

Bei einer Parallelschaltung von drei Elementen: R, L, C sind die Effektivwerte von drei Strömen bekannt, der vierte soll bestimmt werden.

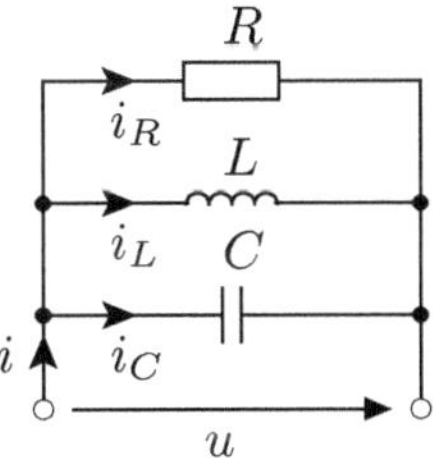

Bestimmen Sie mit Hilfe des Zeigerdiagramms den Effektivwert des vierten Stromes und die Phasenverschiebung zwischen dem Gesamtstrom und der angelegten Spannung für die folgenden Fälle:

a) $I_R = 3\,A$; $I_L = 5\,A$; $I_C = 1\,A$; $I = ?$

b) $I_R = ?$; $I_L = 0{,}4\,A$; $I_C = 1{,}2\,A$; $I = 1\,A$.

■

■ Aufgabe 10.2

In der folgenden Schaltung kann man die Phasenverschiebung zwischen der Ausgangsspannung $\underline{U}_{AB}$ und der Eingangsspannung $\underline{U}$ mit Hilfe des Widerstandes R_1 einstellen.

Wenn $R_2 = 5\,\Omega$ und $X_2 = 15\,\Omega$ ist, wie groß muss R_1 sein, damit die Ausgangsspannung $\underline{U}_{AB}$ der Eingangsspannung um einen Winkel $\varphi_1 = 30^o$ voreilt? Hinweis: Man geht von einem bekannten Strom $\underline{I}$ aus und zeichnet das Zeigerdiagramm der Spannungen.

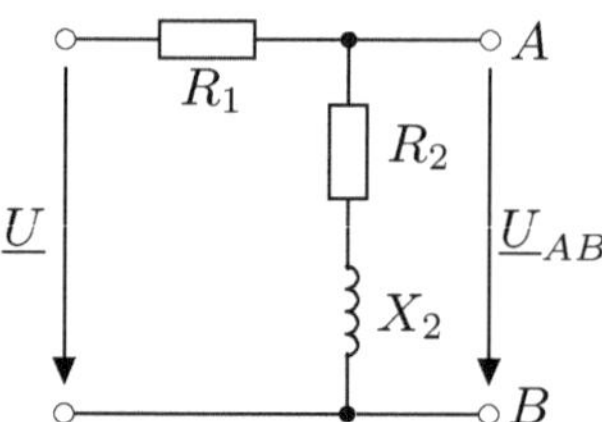

■

10.3. Komplexe Darstellung von Sinusgrößen

Mit der geometrischen Methode der Zeigerdarstellung kann man relativ einfach einen Gesamtüberblick über die Verhältnisse in einem Wechselstromkreis, vor allem über die Phasenverschiebungen verschiedener Größen, gewinnen. Ein graphisches Verfahren ist allerdings immer aufwändig und die quantitative Auswertung ist verständlicherweise ungenau. Liest man die Effektivwerte der Sinusgrößen (die Länge der Zeiger) und ihre Phasenverschiebung aus dem Zeigerdiagramm ab, so können diese Ergebnisse nicht sehr genau sein.
Das graphische Verfahren der Zeigerdarstellung wurde durch ein *analytisches* Verfahren erweitert, in dem die Zeiger in der Gaußschen Zahlenebene als komplexe Größen dargestellt werden.
Die Idee der komplexen Darstellung, die ebenfalls ein symbolisches Verfahren ist, ist die folgende: Zwischen einer Sinusgröße und einem Vektor in der Ebene besteht eine eineindeutige Beziehung; auf der anderen Seite entspricht jeder komplexen Zahl in der Gaußschen Zahlenebene ein Punkt, somit auch ein Zeiger, der diesen Punkt mit dem Koordinatenursprung verbindet (siehe Abbildung 10.6). Dann muss auch eine eineindeutige Beziehung zwischen einer Sinusgröße und einer komplexen Zahl bestehen.
Da die Operationen mit komplexen Zahlen einfacher durchführbar sind als mit den Zeitfunktionen und die Differentialgleichungen der Wechselstromkreise eine leicht zu systematisierende Form bekommen, hat sich die komplexe Darstellung als das meist verwendete Verfahren zur Behandlung von Wechselstromkreisen durchgesetzt. Zusätzlich zu den analytischen, genauen Berechnungen wird jedoch oft das Zeigerdiagramm herangezogen, um auch einen anschaulichen Überblick zu gewinnen.

10.3.1. Darstellung einer Sinusgröße als komplexe Zahl

Jeder Punkt P in der Gaußschen Zahlenebene wird durch eine komplexe Zahl $(a + jb)$ beschrieben, wo a der reelle und b der imaginäre Teil ist.

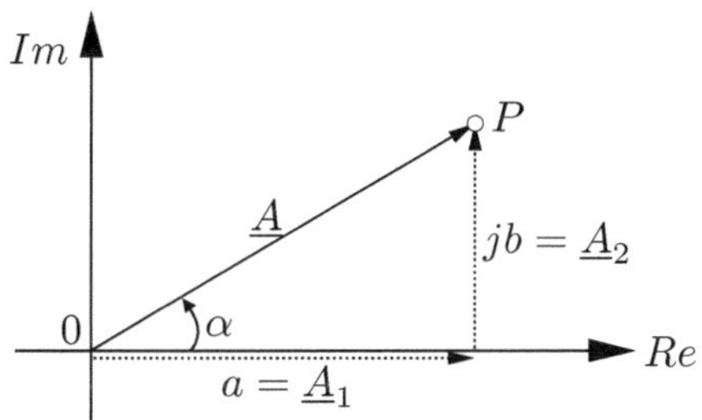

Abbildung 10.6.: Zeiger in der komplexen Ebene

Dem Punkt P entspricht ein Zeiger ($\underline{A}$), der ihn mit dem Nullpunkt verbindet. Dieser Zeiger ist eindeutig bezeichnet:

$$\underline{A} = a + jb = \underline{A}_1 + \underline{A}_2 \tag{10.1}$$

(komplexe Zeiger werden genau so bezeichnet wie die Zeiger selbst). Der Betrag des Zeigers ergibt sich nach Abbildung 10.6 als:

$$|\underline{A}| = \sqrt{a^2 + b^2} \tag{10.2}$$

und der Winkel mit der reellen Achse als:

$$\alpha = \arctan \frac{b}{a} \quad . \tag{10.3}$$

Der komplexe Zeiger kann (Abbildung 10.6) in zwei Komponenten zerlegt werden:

$$\begin{array}{lcl} \text{Realteil} & : & A_1 = |\underline{A}| \cdot \cos\alpha \\ \text{Imaginärteil} & : & A_2 = |\underline{A}| \cdot \sin\alpha \end{array}$$

also:

$$\underline{A} = |\underline{A}|\,(\cos\alpha + j\,\sin\alpha). \tag{10.4}$$

Setzt man die Eulersche Gleichung:

$$\cos\alpha + j\sin\alpha = e^{j\alpha}$$

ein, so ergibt sich eine besonders anschauliche Form für den Zeiger $\underline{A}$:

$$\underline{A} = |\underline{A}| \cdot e^{j\alpha} = A \cdot e^{j\alpha} \quad . \tag{10.5}$$

Der komplexe Zeiger $\underline{A}$ kann also durch einen reellen Zeiger A beschrieben werden, der durch Multiplikation mit $e^{j\alpha}$ um den Winkel α aus der reellen Achse *verdreht* ist (Abbildung 10.6).
Komplexe Zeiger können also in drei Formen dargestellt werden:

1. Algebraische oder kartesische oder Komponentenform:

$$\boxed{\underline{A} = A_1 + jA_2} \tag{10.6}$$

mit A_1=Realteil und A_2=Imaginärteil von $\underline{A}$.

2. Trigonometrische oder Polarform:

$$\boxed{\underline{A} = A\,(\cos\alpha + j\ \sin\alpha)} \tag{10.7}$$

mit A=Betrag und α=Argument (Winkel) von $\underline{A}$.

3. Exponentialform:

$$\boxed{\underline{A} = A\,e^{j\alpha}} \tag{10.8}$$

mit A=Betrag und α=Argument (Winkel) von $\underline{A}$.

Alle drei Formen werden eingesetzt, denn jede ist für bestimmte Rechenoperationen vorteilhafter als die anderen. Die Umrechnung von einer Form in die andere wird von den meisten Taschenrechnern nach einer bestimmten Vorschrift durchgeführt. Dabei wird wie folgt verfahren:

- Umrechnung Polarform-Komponentenform:

$$A_1 = A\ \cos\alpha \quad , \quad A_2 = A\ \sin\ \alpha \ \Rightarrow\ \underline{A} = A_1 + jA_2 \quad ,$$

- Umrechnung Komponentenform-Polarform:

$$\underline{A} = A_1 + jA_2 \quad ; \quad A = \sqrt{A_1^2 + A_2^2} \quad ; \quad \tan\alpha = \frac{A_2}{A_1}$$

$$\Rightarrow\ \underline{A} = A\,(\cos\alpha + j\sin\alpha) \quad oder \quad \underline{A} = A\cdot e^{j\alpha} \quad .$$

Bisher wurde der Winkel α ganz allgemein betrachtet, unabhängig davon, ob er eine Funktion der Zeit ist, oder nicht.
In der Wechselstromtechnik treten beide Arten von komplexen Größen auf:

a) zeitlich konstante Größen, auch Operatoren genannt (meist Scheinwiderstände), denen *stillstehende* Zeiger entsprechen (der Winkel α mit der reellen Achse ist zeitlich konstant);
b) sinusförmige Wechselgrößen (Spannungen, Ströme), die durch *rotierende* Zeiger symbolisiert werden, wo also: $\alpha = \omega t + \varphi$ ist.

Auch wenn man die Frequenz unberücksichtigt lässt, darf man nicht außer Acht lassen, dass es sich um zeitabhängige Größen handelt.

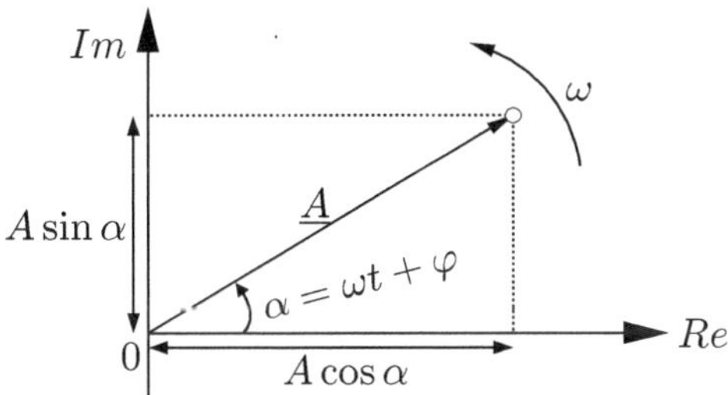

Abbildung 10.7.: Rotierender Zeiger

Die Exponentialform: $\underline{A} = A\, e^{j(\omega t+\varphi)}$ hebt die Rotation mit der Winkelgeschwindigkeit ω hervor.
Jetzt wird deutlich, wie die Rücktransformation von dem komplexen Zeiger zu der Zeitfunktion erfolgt. Wenn man von *Sinusgrößen* ausgeht, so ergeben sich die Augenblickswerte als:

$$\boxed{a(t) = \sqrt{2}\,A\,\sin(\omega t + \varphi) = \sqrt{2} \cdot Im(\underline{A})} \quad . \tag{10.9}$$

Bemerkung: Arbeitet man statt mit Sinus- mit *Cosinusfunktionen*, so sind die gesuchten Augenblickswerte:

$$a(t) = \sqrt{2}\,A\,\cos(\omega t + \varphi) = \sqrt{2} \cdot Re(\underline{A})\,.$$

Es soll hier noch ein wichtiger Begriff eingeführt werden:

Konjugiert komplexer Ausdruck

Ein komplexer Ausdruck $\underline{A}$ und der zu diesem konjugiert komplexe $\underline{A}^*$ unterscheiden sich nur im Vorzeichen ihrer Imaginärkomponenten:

$$\underline{A} = A_1 \pm jA_2 \quad , \quad \underline{A}^* = A_1 \mp jA_2 \quad . \tag{10.10}$$

In der Gaußschen Zahlenebene wird der konjugiert komplexe Ausdruck $\underline{A}^*$ als Spiegelbild von $\underline{A}$ in Bezug auf die reelle Achse dargestellt.

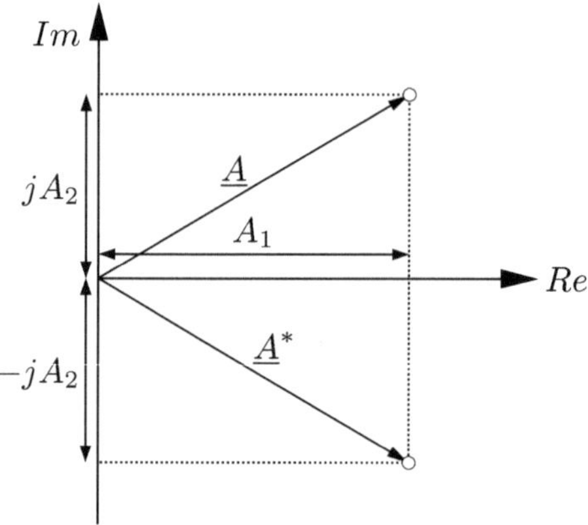

Abbildung 10.8.: Konjugiert komplexer Ausdruck

In Polar- und Exponentialform gilt:

$$\begin{aligned}\underline{A} &= A\,(\cos\alpha + j\sin\alpha) = A\cdot e^{j\alpha}\\ \underline{A}^* &= A\,(\cos\alpha - j\sin\alpha) = A\cdot e^{-j\alpha}\quad .\end{aligned} \tag{10.11}$$

10.3.2. Anwendung der komplexen Darstellung in der Wechselstromtechnik

Aus der Betrachtung der Rechenregeln für komplexe Zeiger (siehe Anhang B) ergibt sich die wichtige Schlussfolgerung, dass allen Rechenoperationen mit Sinusgrößen, die in den Gleichungen der Wechselstromkreise auftreten, algebraische Operationen mit den symbolisierenden komplexen Zeigern entsprechen. Somit transformiert die Methode der komplexen Darstellung die **Differential**gleichungen der Wechselstromkreise für Ströme und Spannungen in lineare, **algebraische** Gleichungen 1. Ordnung für die symbolisierenden komplexen Zeiger. Damit kann man alle Methoden der Netzwerkanalyse, die man in der Gleichstromtechnik benutzt und die von linearen algebraischen Gleichungssystemen ausgehen (Maschen- und Knotenanalyse), in die Wechselstromtechnik übernehmen. Die komplexe Behandlung von Wechselstromnetzwerken ist ein **symbolisches** Verfahren, d.h. statt der physikalischen Größen Spannung und Strom

$$u(t) = \sqrt{2}\,U\,\sin(\omega t + \varphi_u) \quad , \quad i(t) = \sqrt{2}\,I\,\sin(\omega t + \varphi_i)$$

benutzt man Symbole, mit denen die bestehenden Aufgaben erheblich leichter zu lösen sind. Zum Schluss kann man die Symbole in die Zeitfunktionen rücktransformieren.

Wie bereits gezeigt, kann man Sinusgrößen symbolisch durch rotierende komplexe Zeiger darstellen:

$$\underline{U}(t) = U\sqrt{2}\,e^{j(\omega t+\varphi_u)} \quad ; \quad \underline{I}(t) = I\sqrt{2}\,e^{j(\omega t+\varphi_i)} \quad .$$

Man hat gemerkt, dass wenn alle in den Gleichungen vorkommenden Sinusgrößen die gleiche Frequenz haben, alle Ströme und Spannungen einen gemeinsamen Faktor: $\sqrt{2}\,e^{j\omega t}$ enthalten, der somit ausgekürzt werden kann. Damit werden alle rotierenden Zeiger formal durch stehende Zeiger beschrieben. Die komplexen Darstellungen der Funktionen $u(t)$ und $i(t)$ werden:

$$\boxed{\underline{U} = U\,e^{j\varphi_u}} \quad ; \quad \boxed{\underline{I} = I\,e^{j\varphi_i}} \quad . \tag{10.12}$$

Die durch die Formeln (10.12) definierte Darstellung von Sinusgrößen durch stehende komplexe Zeiger, deren Beträge die Effektivwerte der Sinusgrößen sind, wird heute allgemein zur rechnerischen Behandlung von Wechselstromaufgaben benutzt.
Die vollständige Bezeichnung der Größen (10.12) ist „komplexer Effektivwert der Spannung“ und „komplexer Effektivwert des Stromes“. Meistens werden Sie kurz **komplexe Spannung** und **komplexer Strom** genannt.
Bemerkung: In einigen Büchern wird der Faktor $\sqrt{2}$ beibehalten, womit alle komplexen Größen als Betrag die Amplitude der entsprechenden Sinusgrößen haben. Man arbeitet dann mit **komplexen Amplituden**, statt mit komplexen Effektivwerten. Es muss vereinbart werden mit welchen Bezeichnungen man arbeitet: In diesem Buch werden ausschließlich **Effektivwerte** benutzt.

Die Rücktransformation zu den Zeitfunktionen erfolgt nach der Vorschrift:

$$\boxed{u(t) = Im\{\sqrt{2}\,e^{j\omega t}\,\underline{U}\}} \quad ; \quad \boxed{i(t) = Im\{\sqrt{2}\,e^{j\omega t}\,\underline{I}\}} \quad . \tag{10.13}$$

Die symbolische Methode der komplexen Zeigerdarstellung wird folgendermaßen angewendet:

a) Man schreibt die Differentialgleichung der Stromkreise mit den reellen Sinusfunktionen im Zeitbereich.
b) Die reellen Zeitfunktionen werden symbolisch ersetzt durch ruhende komplexe Zeiger, deren Betrag gleich dem Effektivwert ist (nach der Hintransformationsregel (10.12)).
c) Man schreibt die komplexe Darstellung der Differentialgleichungen von Punkt a) und zwar direkt, indem man die Differentiationen durch $j\omega$ und die Integrationen nach der Zeit durch $\frac{1}{j\omega}$ ersetzt.

d) Die resultierenden algebraischen Gleichungen erster Ordnung werden gelöst und die Unbekannten (meistens Ströme) in komplexer Form bestimmt.
e) Mit den Rücktransformationsformeln (10.13) bestimmt man die unbekannten Sinusgrößen.

Bei den praktischen Rechnungen werden meistens die Punkte a) und b) weggelassen und man schreibt die Gleichungen direkt in komplexer Form. Auch Punkt e) ist meistens überflüssig, da die Zeitfunktionen selten gesucht werden.

■ Beispiel 10.2

Als Beispiel für die Anwendung der komplexen Darstellung soll nochmal die Reihenschaltung $R-L-C$, für die im Abschnitt 10.2.3 das Zeigerdiagramm aufgestellt wurde, betrachtet werden.
Die Differentialgleichung wird direkt in die komplexe Form umgeschrieben:

$$u = R\,i + L\,\frac{di}{dt} + \frac{1}{C}\int i\,dt \tag{10.14}$$

$$\underline{U} = R\,\underline{I} + j\omega L\,\underline{I} + \frac{1}{j\omega C}\,\underline{I} \quad . \tag{10.15}$$

Aus: $\underline{U} = (R + j\omega L - \frac{j}{\omega C})\underline{I}$ *ergibt sich der gesuchte Strom:*

$$\underline{I} = \frac{U\,e^{j\varphi_u}}{\sqrt{R^2 + (\omega L - \frac{1}{\omega C})^2}\,e^{j\,\arctan\frac{\omega L - \frac{1}{\omega C}}{R}}} = \frac{U}{\sqrt{R^2 + (\omega L - \frac{1}{\omega C})^2}}\,e^{j(\varphi_u - \varphi)}$$

mit $\tan\varphi = \dfrac{\omega L - \frac{1}{\omega C}}{R}$.

Die Rücktransformation ergibt für den Strom:

$$i(t) = \frac{U\sqrt{2}}{\sqrt{R^2 + (\omega L - \frac{1}{\omega C})^2}}\,\sin(\omega t + \varphi_u - \varphi) \quad .$$

Die analytische Berechnung wird oft vom Zeigerdiagramm begleitet, wobei die graphische Konstruktion die komplexe Gleichung (10.15) in der komplexen Ebene wiedergibt. Dabei bedeutet die Multiplikation mit j eine Drehung im positiven Sinne um $\frac{\pi}{2}$, die mit $(-j)$ im negativen Sinne. Das folgende Bild zeigt das Zeigerdiagramm der Reihenschaltung $R-L-C$.

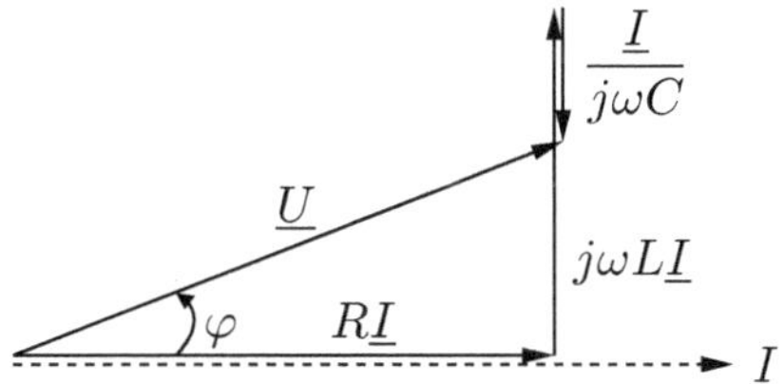

Abbildung 10.9.: Diagramm mit komplexen Zeigern für die RLC-Reihenschaltung ■

10.3.3. Komplexe Impedanzen und Admittanzen

Ein passiver Zweipol, der von der Sinusspannung

$$u = U\sqrt{2}\,\sin(\omega t + \varphi_u) \rightleftharpoons \underline{U} = U\,e^{j\varphi_u}$$

gespeist wird, nimmt den folgenden Strom auf:

$$i = I\sqrt{2}\,\sin(\omega t + \varphi_i) \rightleftharpoons \underline{I} = I\,e^{j\varphi_i} \quad .$$

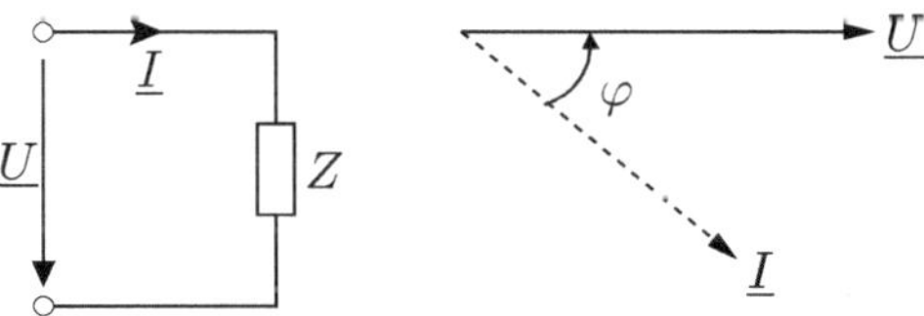

Abbildung 10.10.: Passiver Zweipol und Zeigerdiagramm

Ein Zweipol wird bei Wechselstrom von seinen im Abschnitt 9.9 definierten Parametern gekennzeichnet: Impedanz, Phasenwinkel, Resistanz, Reaktanz, Admittanz, Konduktanz und Suszeptanz. Sein energetisches Verhalten wird von den im Abschnitt 9.10 definierten Leistungen (Wirk-, Blind- und Scheinleistung) beschrieben.
Es soll gezeigt werden, dass man komplexe Operatoren definieren kann (komplexe Impedanz oder komplexer Scheinwiderstand und komplexe Admittanz oder komplexer Scheinleitwert), wie auch eine komplexe Leistung, die den Wechselstromkreis vollständig bestimmen und aus denen man alle realen Parameter und Leistungen direkt ableiten kann.
Die **komplexe Impedanz** des Zweipols wird definiert als:

$$\boxed{\underline{Z} = \frac{\underline{U}}{\underline{I}}} = f_z(\omega; R, L, C, \ldots) \; . \tag{10.16}$$

Damit folgt:

$$\underline{Z} = \frac{U\,e^{j\varphi_u}}{I\,e^{j\varphi_i}} = \frac{U}{I}\,e^{j(\varphi_u-\varphi_i)} = \frac{U}{I}\cos\varphi + j\frac{U}{I}\sin\varphi \tag{10.17}$$

und auch, wie für jede komplexe Zahl:

$$\boxed{\underline{Z} = Z\,e^{j\varphi} = R + jX} \tag{10.18}$$

(hier hat man die Definitionen (9.41) und (9.42) für R und X berücksichtigt.) Das Schaltsymbol einer komplexen Impedanz ist in Abbildung 10.10 dargestellt. $\underline{Z}$ ist eine komplexe Größe, die durch einen stehenden „Zeiger" dargestellt werden kann. Der Winkel φ liegt in der komplexen Ebene von $\underline{Z}$ eindeutig fest; zeichnet man Zeigerdiagramme für Impedanzen, so müssen demzufolge die reelle und imaginäre Achse markiert werden.

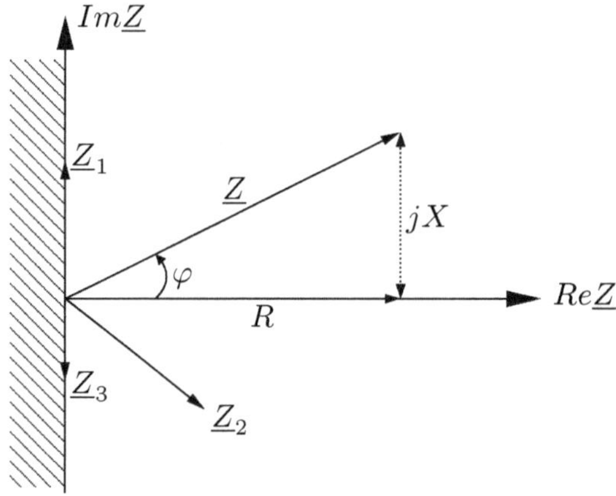

Abbildung 10.11.: Impedanz-Zeigerdiagramm für einen passiven Zweipol

Der Zeiger $\underline{Z}$ befindet sich immer in der rechten Halbebene, da $Re\{\underline{Z}\} = R \geq 0$ ist. In Abbildung 10.11 sind vier $\underline{Z}$-Zeiger abgebildet, die einem induktiven ($\underline{Z}$), rein induktiven ($\underline{Z}_1$), kapazitiven ($\underline{Z}_2$) und rein kapazitiven ($\underline{Z}_3$) Stromkreis entsprechen.

Der Betrag der komplexen Impedanz ist die Impedanz $Z = \frac{U}{I}$ des Kreises, ihr Argument ist gleich der Phasenverschiebung $\varphi = \varphi_u - \varphi_i$, der Realteil ist die Resistanz (oder Wirkwiderstand) und der Imaginärteil die Reaktanz (Blindwiderstand) des Wechselstromkreises:

$$\boxed{Z = |\underline{Z}| \quad ; \quad \varphi = arg\{\underline{Z}\} \quad ; \quad R = Re\{\underline{Z}\} \quad ; \quad X = Im\{\underline{Z}\}} \quad . \tag{10.19}$$

Somit bestimmt $\underline{Z}$ vollständig den Wechselstromkreis, bei einer gegebenen Frequenz. Der Strom $\underline{I}$ kann gleich abgeleitet werden:

$$\underline{I} = \frac{\underline{U}}{\underline{Z}} = \frac{U\, e^{j\varphi_u}}{Z\, e^{j\varphi}} = \frac{U}{Z}\, e^{j(\varphi_u - \varphi)}$$

und die Zeitfunktion ist:

$$i(t) = Im\{\sqrt{2}\, e^{j\omega t}\, \underline{I}\} \quad .$$

Der Operator der **komplexen Admittanz** $\underline{Y}$ wird als Kehrwert der Impedanz definiert:

$$\boxed{\underline{Y} = \frac{\underline{I}}{\underline{U}} = \frac{1}{\underline{Z}}} = f_Y(\omega;\, R, L, C, \ldots) \tag{10.20}$$

oder:

$$\underline{Y} = \frac{I\, e^{j\varphi_i}}{U\, e^{j\varphi_u}} = \frac{I}{U}\, e^{-j\varphi} = \frac{I}{U}\, \cos\varphi - j\, \frac{I}{U}\, \sin\varphi \tag{10.21}$$

$$\boxed{\underline{Y} = Y\, e^{-j\varphi} = G - jB} \quad . \tag{10.22}$$

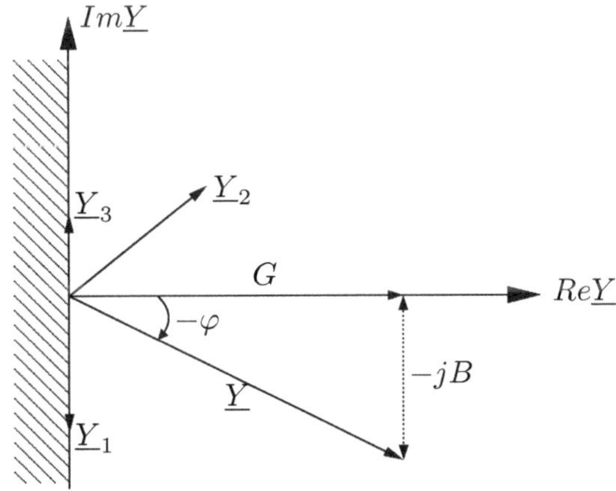

Abbildung 10.12.: Admittanz-Zeigerdiagramm

Der Zeiger $\underline{Y}$ befindet sich ebenfalls in der rechten Halbebene, wegen $G \geq 0$. Der Betrag der komplexen Admittanz ist die Admittanz $Y = \frac{I}{U}$ des Stromkreises, ihr Argument ist die Phasenverschiebung φ mit umgekehrtem Vorzeichen, der Realteil ist die Konduktanz G und ihr Imaginärteil die Suszeptanz B (mit

Minusvorzeichen):

$$\boxed{Y = |\underline{Y}| \quad ; \quad \varphi = -arg\{\underline{Y}\} \quad ; \quad G = Re\{\underline{Y}\} \quad ; \quad B = -Im\{\underline{Y}\}} \quad . \tag{10.23}$$

Somit kann auch $\underline{Y}$ einen Wechselstromkreis bei gegebener Frequenz vollständig bestimmen.
In die Abbildung 10.12 wurden vier $\underline{Y}$-Zeiger eingezeichnet, die einem induktiven ($\underline{Y}$), rein induktiven ($\underline{Y}_1$), kapazitiven ($\underline{Y}_2$) und einem rein kapazitiven ($\underline{Y}_3$) Wechselstromkreis entsprechen.
Sowohl $\underline{Z}$ als auch $\underline{Y}$ sind also keine zeitabhängigen Größen, wie die Ströme und Spannungen, sondern komplexe Parameter, die den Stromkreis definieren und in Gleichungen wie Operatoren wirken.

10.3.4. Komplexe Leistung

Die Augenblickleistung an einem Zweipol:

$$p = u \cdot i = U\,I\,\cos\varphi - U\,I\,\cos(2\omega t + \varphi_u + \varphi_i)$$

(9.59) kann *nicht* komplex dargestellt werden, wie dies für Sinusgrößen mit der Transformationsvorschrift (10.12) möglich ist.
Man hat eine andere, komplexe Größe eingeführt, welche ermöglicht, die drei Leistungen: Wirk-, Blind- und Scheinleistung in einem Ausdruck zusammenzufassen.
Man nennt **komplexe Leistung** (oder komplexe Scheinleistung) das Produkt der komplexen Spannung mit dem komplex konjugierten Strom:

$$\boxed{\underline{S} = \underline{U} \cdot \underline{I}^*} \quad . \tag{10.24}$$

Es ist:

$$\underline{S} = U\,e^{j\varphi_u} \cdot I\,e^{-j\varphi_i} = U\,I\,e^{j(\varphi_u - \varphi_i)} = UI\cos\varphi + jUI\sin\varphi \tag{10.25}$$

$$\boxed{\underline{S} = S\,e^{j\varphi} = P + j\,Q} \quad . \tag{10.26}$$

Es ergeben sich die folgenden Beziehungen:

$$S = |\underline{S}| = U\,I \;;\; \varphi = arg\{\underline{S}\} \;;\; P = UI\cos\varphi = Re\{\underline{S}\} \;;\; Q = UI\sin\varphi = Im\{\underline{S}\} \tag{10.27}$$

Für einen passiven Zweipol gilt noch:

$$\underline{S} = \underline{Z} \cdot I^2 = \underline{Y}^* \cdot U^2 = (R + jX)I^2 = (G + jB)U^2 \quad . \tag{10.28}$$

Bemerkung: Würde man versuchen, eine komplexe Größe als Produkt der komplexen Spannung mit dem komplexen Strom (nicht konjugiert):

$$\underline{U} \cdot \underline{I} = U\, e^{j\varphi_u} \cdot I\, e^{j\varphi_i} = UI\, \cos(\varphi_u + \varphi_i) + j\, UI\, \sin(\varphi_u + \varphi_i)$$

zu definieren, so hätte eine solche Größe keine physikalische Bedeutung, denn sie hängt (über die Summe der Nullphasenwinkel) von der Wahl des Zeitursprungs ab, der jedoch beliebig sein soll. Dagegen kann man mit der konjungiert komplexen Spannung:

$$\underline{S}^* = \underline{U}^* \cdot \underline{I} = P - jQ$$

genauso gut arbeiten, wie mit $\underline{S}$. Dann würde jedoch die Blindleistung an einer Induktivität negativ, die an einer Kapazität positiv, sein. Das würde nicht der allgemein angenommenen Vereinbarung ($Q > 0$ bei induktiven und $Q < 0$ bei kapazitiven Schaltungen) entsprechen.
Wie jede komplexe Zahl kann auch die komplexe Leistung in einer komplexen Ebene (eine andere, als die der Ströme und Spannungen), als Zeiger dargestellt werden.

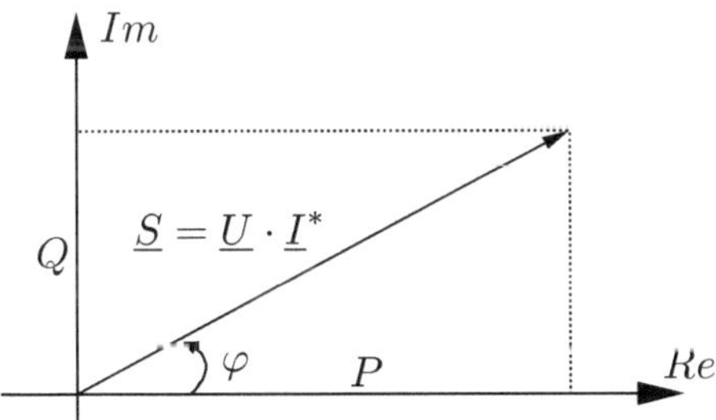

Abbildung 10.13.: Komplexer Leistungszeiger

10.3.5. Die Grundschaltelemente in komplexer Darstellung

Bei Sinusstrom sind im Gegensatz zum Gleichstrom, wo alle passiven Zweipole als Widerstände R betrachtet werden können, die drei passiven Zweipole: Widerstand R, Induktivität L und Kapazität C, zu beachten.
Sie sollen im Folgenden wieder, wie in den Abschnitten 9.2, 9.4, 9.5 und 10.2.2 als idealisierte Zweipole betrachtet werden, die diesmal an einer Sinusspannung mit der komplexen Darstellung $\underline{U} = U\, e^{j\varphi_u}$ liegen. Der Strom $\underline{I}$, die Parameter $\underline{Z}$ und $\underline{Y}$ des Stromkreises und die Leistungen (Wirk-, Blind- und Scheinleistung) in komplexer Darstellung sollen bestimmt werden.

a) Idealer Widerstand R

$$u = R \cdot i \quad \rightleftharpoons \quad \boxed{\underline{U} = R \cdot \underline{I}} \quad . \tag{10.29}$$

Aus (10.29) ergibt sich:

- die komplexe Impedanz:

$$\frac{\underline{U}}{\underline{I}} = \boxed{\underline{Z} = R} \tag{10.30}$$

  mit: $Z = R \quad , \quad \varphi = 0 \quad , \quad Re\{\underline{Z}\} = R \quad , \quad Im\{\underline{Z}\} = X = 0$,
- die komplexe Admittanz:

$$\frac{\underline{I}}{\underline{U}} = \boxed{\underline{Y} = \frac{1}{R}} \tag{10.31}$$

  mit: $Y = \frac{1}{R} \quad , \quad Re\{\underline{Y}\} = G = \frac{1}{R} \quad , \quad Im\{\underline{Y}\} = B = 0$.

Die komplexe Leistung des idealen Widerstandes ist:

$$\underline{U} \cdot \underline{I}^* = \boxed{\underline{S} = R\, I^2 = \frac{U^2}{R}} \tag{10.32}$$

mit: $P = Re\{\underline{S}\} = R\, I^2 = \frac{U^2}{R} > 0 \quad , \quad Q = Im\{\underline{S}\} = X\, I^2 = 0 \quad , \quad \cos\varphi = 1$.

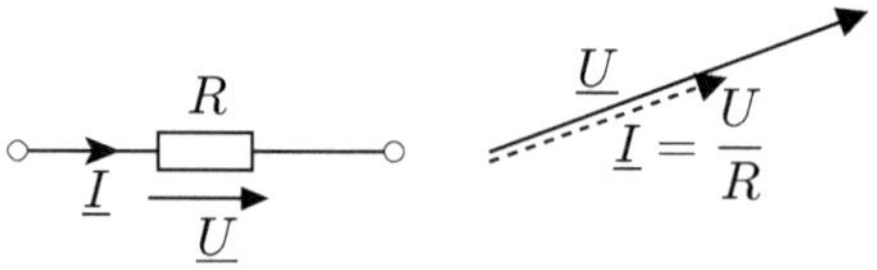

Abbildung 10.14.: Strom und Spannung am Widerstand R (links) und Zeigerdiagramm der komplexen Zeiger (rechts)

Die komplexen Zeiger $\underline{I}$ und $\underline{U}$ haben dieselbe Richtung (Abbildung 10.14), was die Gleichphasigkeit der Zeitfunktionen i und u zum Ausdruck bringt.

b) Ideale Induktivität
Die Spannungsgleichung ist:

$$u = L\frac{d\,i}{dt} \quad \rightleftharpoons \quad \boxed{\underline{U} = j\omega L \cdot \underline{I}} \quad . \tag{10.33}$$

Die Parameter des Stromkreises sind:

- komplexe Impedanz:

$$\frac{\underline{U}}{\underline{I}} = \boxed{\underline{Z} = j\omega L} \tag{10.34}$$

mit: $Z = \omega L \;\; , \;\; \varphi = \frac{\pi}{2} \;\; , \;\; R = 0 \;\; , \;\; X = \omega L > 0 \; ,$

- komplexe Admittanz:

$$\frac{\underline{I}}{\underline{U}} = \boxed{\underline{Y} = \frac{1}{j\omega L}} \tag{10.35}$$

mit: $Y = \frac{1}{\omega L} \;\; , \;\; G = 0 \;\; , \;\; B = \frac{1}{\omega L} > 0 \; .$

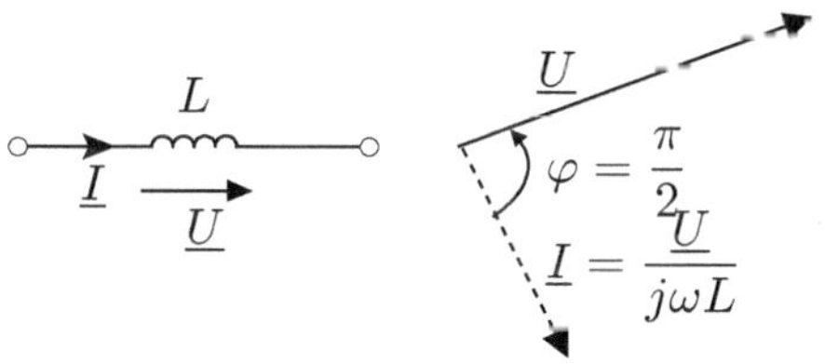

Abbildung 10.15.: Strom und Spannung an einer Induktivität L (links) und Zeigerdiagramm für $\underline{U}$ und $\underline{I}$ (rechts)

Die komplexe Leistung ist:

$$\underline{U} \cdot \underline{I}^* = \boxed{\underline{S} = j\omega L \cdot I^2 = j\frac{U^2}{\omega L}} \tag{10.36}$$

mit: $P = R\,I^2 = 0 \;\; , \;\; Q = X\,I^2 = \omega L\,I^2 = \frac{U^2}{\omega L} > 0 \;\; , \;\; \cos\varphi = 0 \; .$

c) Ideale Kapazität
Die Spannungsgleichung ist:

$$u = \frac{1}{C}\int i\,dt \quad \rightleftharpoons \quad \boxed{\underline{U} = \frac{\underline{I}}{j\omega C}} \quad . \tag{10.37}$$

Daraus folgt:

- komplexe Impedanz:

$$\frac{\underline{U}}{\underline{I}} = \boxed{\underline{Z} = \frac{1}{j\omega C}} \tag{10.38}$$

mit: $Z = \frac{1}{\omega C}$, $\varphi = -\frac{\pi}{2}$, $R = 0$, $X = -\frac{1}{\omega C}$,

- komplexe Admittanz:

$$\frac{\underline{I}}{\underline{U}} = \boxed{\underline{Y} = j\omega C} \tag{10.39}$$

mit: $Y = \omega C$, $G = 0$, $B = -\omega C < 0$.

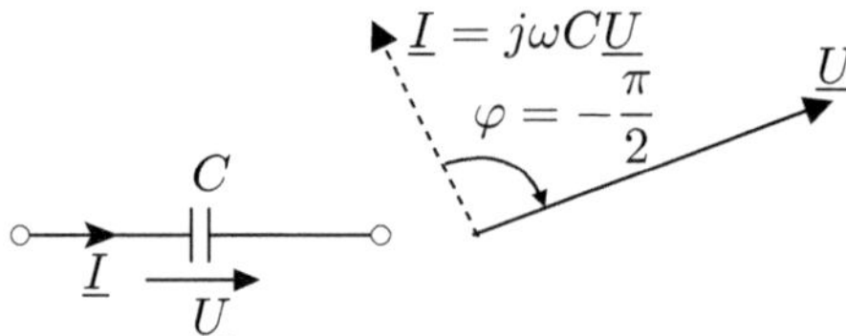

Abbildung 10.16.: Strom und Spannung am Kondensator C (links) und Zeigerdiagramm von $\underline{U}$ und $\underline{I}$ (rechts)

Die Leistungen sind:

$$\underline{U} \cdot \underline{I}^* = \boxed{\underline{S} = \frac{I^2}{j\omega C} = -j\omega C \cdot U^2} \tag{10.40}$$

mit: $P = R\,I^2 = 0$, $Q = X\,I^2 = -\frac{I^2}{\omega C} = -\omega C\,U^2 < 0$, $\cos\varphi = 0$.

11. Sinusstromnetzwerke

11.1. Allgemeines, Kirchhoffsche Gleichungen

In diesem Abschnitt werden Netzwerke behandelt, die mit rein *sinusförmigen* Spannungen oder Strömen gespeist werden und sich im *eingeschwungenen* Zustand befinden (Einschalt- und Ausschaltvorgänge werden nicht berücksichtigt).

Die Netzwerke bestehen aus *konzentrierten* Bauelementen, deren räumliche Ausdehnung keine Bedeutung hat. (Eine lange Übertragungsleitung, deren Kapazität und Induktivität über die Länge verteilt ist, muss eine spezielle Behandlung erfahren.)

Außerdem soll hier noch eine Einschränkung vereinbart werden: Zwischen den induktiven Elementen bestehen *keine magnetischen Kopplungen*. Somit weisen alle Spulen eine Selbstinduktivität L auf, mögliche Gegeninduktivitäten M zwischen den Spulen werden dagegen nicht berücksichtigt.

Unter diesen Bedingungen lassen sich Sinusstromnetzwerke mit den von den Gleichstromnetzen bekannten Methoden berechnen, wenn man statt mit den Gleichgrößen I und U und den reellen Größen R und G mit den komplexen Größen $\underline{I}$ und $\underline{U}$ und mit den komplexen Operatoren $\underline{Z}$ und $\underline{Y}$ arbeitet.

Die so genannte komplexe Form des **Ohmschen Gesetzes** lautet, bei sinusförmigen Spannungen und Strömen gleicher Frequenz:

$$\boxed{\underline{U} = \underline{Z} \cdot \underline{I}} \qquad (11.1)$$

wobei $\underline{Z}$ ein zeitunabhängiger, komplexer Operator ist.

Auch die von den Gleichstromschaltungen bekannten **Kirchhoffschen Gleichungen** sind für Sinusstromnetzwerke anwendbar. Sie liefern, genau wie bei Gleichstrom, ein Gleichungssystem mit so vielen Gleichungen, wie unbekannte Ströme auftreten.

Die **Knotengleichung** lautet in komplexer Darstellung:

$$\boxed{\sum_{\mu=1}^{n} \underline{I}_{\mu} = 0}. \qquad (11.2)$$

Die Summe der komplexen Darstellungen aller n Ströme in einem Knoten ist in jedem Augenblick gleich Null. Der Index μ variiert zwischen 1 und n. Hier

M. Marinescu und N. Marinescu, *Elektrotechnik für Studium und Praxis*,
https://doi.org/10.1007/978-3-658-28884-6_11

müssen die Ströme, wie bei Gleichstrom, mit ihren Vorzeichen eingesetzt werden, d.h. die hineinfließenden Ströme als negativ, die herausfließenden als positiv, oder umgekehrt.
Man darf diese Beziehung *nicht* für die Beträge der komplexen Ströme schreiben:

$$\sum_{\mu=1}^{n} I_\mu \neq 0 \ ,$$

da der Betrag einer Summe nicht gleich der Summe der Beträge ist ! (Die einzige Ausnahme ist ein Stromkreis der nur aus Widerständen besteht.)
Die Knotengleichung darf nur in *(k-1)* Knoten angewendet werden, wenn k die Anzahl der Knoten ist (Euler-Theorem).
Die **Maschengleichung** lautet in komplexer Darstellung:

$$\boxed{\sum_{\mu=1}^{n} \underline{U}_\mu = 0} \quad . \tag{11.3}$$

Die Summe der (vorzeichenbehafteten) komplexen Teilspannungen in einem geschlossenen Umlauf ist gleich Null.
Auch hier darf man *nicht* die Beziehung (11.3) für die Beträge der Teilspannungen schreiben:

$$\sum_{\mu=0}^{n} U_\mu \neq 0.$$

Diesen wesentlichen Unterschied zu den Gleichstromkreisen muss man stets vor Augen behalten: Bei Wechselstrom darf man *nicht* Beträge von Strömen und Spannungen zusammenaddieren, denn es handelt sich um komplexe Größen, die gegeneinander phasenverschoben sind.
Die Maschengleichung darf nur *(z-k+1)mal* angewendet werden (Euler-Theorem).
Zusammen mit den $(k-1)$ Knotengleichungen ergeben sich dadurch z Gleichungen für z unbekannte Zweigströme in komplexer Darstellung.
Für jeden komplexen Strom muss man zwei Größen bestimmen: seine Amplitude und seinen Phasenwinkel, sodass man bei Wechselstrom $2z$ unbekannte Größen hat.
Diese $2z$ Unbekannten ergeben sich aus den z Gleichungen mit komplexen Größen, wenn man berücksichtigt, dass zwei komplexe Zahlen dann gleich sind, wenn sowohl ihre Realteile als **auch** ihre Imaginärteile gleich sind. Jede Gleichung mit komplexen Ausdrücken liefert zwei reelle Gleichungen.
Eine Netzwerkanalyse mit den Kirchhoffschen Gleichungen benötigt so viele unabhängige Gleichungen, wie Zweige im Netzwerk enthalten sind. Dies kann zu einem erheblichen Rechenaufwand führen. Aus diesem Grund wurden andere

Verfahren entwickelt, die zu kleineren Gleichungssystemen führen (Maschenanalyse, Knotenpotentialverfahren), oder den Rechenaufwand auf anderen Wegen reduzieren (Ersatz-Zweipole, Überlagerungssatz). Diese Verfahren wurden im Teil II des Buches ausführlich erläutert und sollen im Folgenden auf Wechselstromkreise übertragen werden.

11.2. Reihen- und Parallelschaltung

11.2.1. Reihenschaltung, Spannungsteiler

Sind n passive Zweipole (ohne induktive Kopplung untereinander oder nach außen) mit den komplexen Impedanzen $\underline{Z}_1$, $\underline{Z}_2$, ... $\underline{Z}_n$ in Reihe geschaltet, so liefert die Kirchhoffsche Maschengleichung:

$$\underline{U}_g - \underline{U}_1 + \underline{U}_2 + \ldots + \underline{U}_n \tag{11.4}$$

wo $\underline{U}_1$, $\underline{U}_2$, ... $\underline{U}_n$ die Teilspannungen an den n Zweipolen sind und $\underline{U}_g$ die Gesamtspannung ist. Man sucht die Gesamtimpedanz $\underline{Z}_g$ der Schaltung.

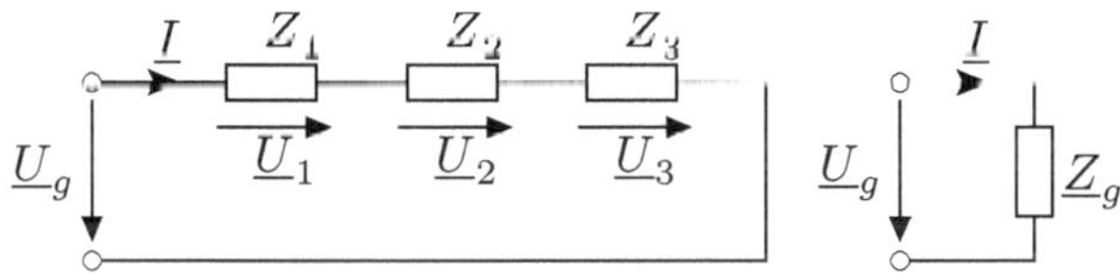

Abbildung 11.1.: Reihenschaltung von drei Impedanzen und die Gesamtimpedanz $\underline{Z}_g$ der Schaltung

Weil die einzelnen Zweipole nicht miteinander gekoppelt und passiv sind, gilt für jeden von ihnen $\underline{U} = \underline{Z} \cdot \underline{I}$, also:

$$\underline{Z}_g \cdot \underline{I} = \underline{Z}_1 \cdot \underline{I} + \underline{Z}_2 \cdot \underline{I} + \ldots + \underline{Z}_n \cdot \underline{I} \quad . \tag{11.5}$$

Der Strom $\underline{I}$ ist entlang eines unverzweigten Stromkreises überall derselbe, so dass man durch $\underline{I}$ dividieren kann:

$$\boxed{\underline{Z}_g = \underline{Z}_1 + \underline{Z}_2 + \ldots + \underline{Z}_n = \sum_{\mu=1}^{n} \underline{Z}_\mu} \quad . \tag{11.6}$$

Durch Trennung der Real- und Imaginärteile ergibt sich weiter:

$$R_g = \sum_{\mu=1}^{n} R_\mu \quad ; \quad X_g = \sum_{\mu=1}^{n} X_\mu \quad . \tag{11.7}$$

Die gesamte komplexe Impedanz $\underline{Z}_g$ (komplexer Scheinwiderstand) einer Reihenschaltung aus passiven, induktiv nicht gekoppelten Zweipolen ist gleich der Summe der einzelnen komplexen Impedanzen, die Gesamtresistanz R_g ist gleich der Summe der Resistanzen (Wirkwiderstände) und die Gesamtreaktanz X_g gleich der Summe der einzelnen Reaktanzen (Blindwiderstände).

Bemerkungen:

- Im Allgemeinen gilt:
$$|\underline{Z}_g| = Z_g \neq \sum_{\mu=1}^{n} Z_\mu$$
mit der Ausnahme, dass alle in Reihe geschalteten Zweipole phasengleich sind.

- Für die **Gesamtadmittanz** $\underline{Y}_g$ der Reihenschaltung ergibt sich nach (11.6):
$$\boxed{\frac{1}{\underline{Y}_g} = \sum_{\mu=1}^{n} \frac{1}{\underline{Y}_\mu}} \quad . \tag{11.8}$$

- Sind nur zwei Impedanzen in Reihe geschaltet, so gilt:
$$\underline{Z}_g = \underline{Z}_1 + \underline{Z}_2 \quad ; \quad \underline{Y}_g = \frac{\underline{Y}_1 \cdot \underline{Y}_2}{\underline{Y}_1 + \underline{Y}_2} \quad . \tag{11.9}$$

Spannungsteilerregel

In einer Reihenschaltung wird die Gesamtspannung $\underline{U}_g$ in die Teilspannungen $\underline{U}_\mu$ aufgeteilt. Für jede Spannung gilt:

$$\underline{U}_\mu = \underline{Z}_\mu \cdot \underline{I} \quad \text{und} \quad \underline{U}_g = \underline{Z}_g \cdot \underline{I}$$

Da der Strom derselbe ist, ergibt sich:

$$\boxed{\frac{\underline{U}_\mu}{\underline{U}_g} = \frac{\underline{Z}_\mu}{\underline{Z}_g}} = \frac{\underline{Z}_\mu}{\sum\limits_{\mu=1}^{n} \underline{Z}_\mu} \quad . \tag{11.10}$$

Gleichung (11.10) wird *Spannungsteilerregel* für Sinusnetzwerke genannt: Die komplexen Spannungen verhalten sich zueinander wie die Impedanzen, an denen sie abfallen.
Sind nur zwei Impedanzen in Reihe geschaltet (Abbildung 11.2), so gilt:

$$\underline{U}_1 = \frac{\underline{Z}_1}{\underline{Z}_1 + \underline{Z}_2}\underline{U} \quad ; \quad \underline{U}_2 = \frac{\underline{Z}_2}{\underline{Z}_1 + \underline{Z}_2}\underline{U} \quad .$$

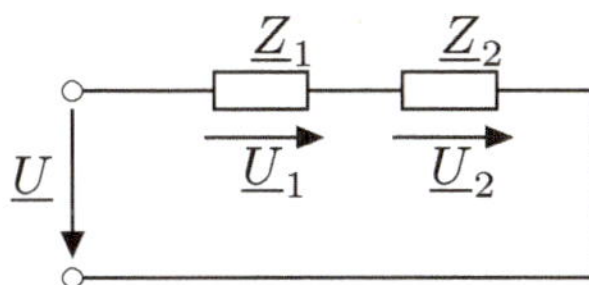

Abbildung 11.2.: Spannungsteiler

Man sieht, dass wenn ein Zweipol induktiv, aber der zweite kapazitiv ist, $|\underline{Z}_1 + \underline{Z}_2| < |\underline{Z}_1|$ sein kann, sodass man Teilspannungen erreichen kann, die größer als die Gesamtspannung sind.

■ **Beispiel 11.1**

Eine Messmethode zur Bestimmung der Induktivität L und des Wirkwiderstandes R einer Spule besteht darin, die Effektivwerte des Stromes I durch die Spule und der Spannung U an der Spule bei zwei unterschiedlichen Frequenzen zu messen:

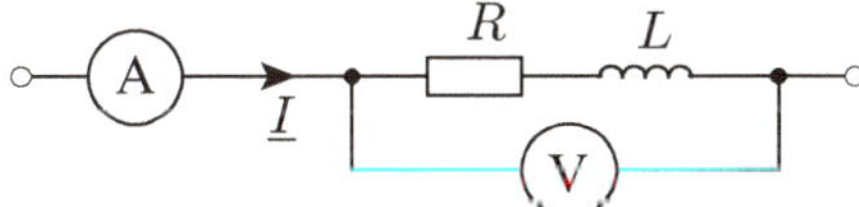

Die Messungen mit $f_1 = 50\,Hz$ und $f_2 = 100\,Hz$ ergeben:

$$U_1 = 60\,V \quad , \quad I_1 = 10\,A$$
$$U_2 = 60\,V \quad , \quad I_2 = 6\,A$$

Wie groß sind L und R ?

Lösung:

Man kann zweimal schreiben:

$$\frac{U_1}{I_1} = \sqrt{R^2 + \omega_1^2 L^2} \quad ; \quad \frac{U_2}{I_2} = \sqrt{R^2 + \omega_2^2 L^2}$$

mit $\omega_1 = 2\pi f_1$, $\omega_2 = 2\pi f_2$. Daraus folgt:

$$R^2 + (2\pi f_1)^2 L^2 = 36\,\Omega^2 \quad ; \quad R^2 + (2\pi f_2)^2 L^2 = 100\,\Omega^2 \quad .$$

Durch Subtraktion ergibt sich:

$$L^2 \cdot 4\pi^2 (f_2^2 - f_1^2) = 64\,\Omega^2 \quad \Rightarrow \quad L = 14,7\,mH\,.$$

Der Widerstand R ergibt sich aus einer der zwei Gleichungen als: $R = 3,83\,\Omega$.
Bemerkung: Eine Messung mit Gleichstrom würde direkt R liefern, sodass anschließend eine einzige Wechselstrommessung ausreicht.

■

■ **Beispiel 11.2**

Eine Reihenschaltung weist folgende komplexe Impedanz auf:

$$\underline{Z} = \left(\frac{5}{4+3j} + j2\right)\Omega$$

bei einer angelegten Spannung $U = 100\,V$.

1. *Geben Sie das entsprechende Ersatzschaltbild für die Frequenz $f = 100\,Hz$ an.*
2. *Berechnen Sie den komplexen Strom $\underline{I}$ durch die Schaltung.*
3. *Ermitteln Sie den komplexen Widerstand $\underline{Z}_1$, der in Reihe mit den vorherigen Elementen geschaltet, bewirkt, dass der Strom phasengleich mit der Eingangsspannung wird.*

Lösung:

1. Der Realteil wird R, der Imaginärteil X sein.

$$\underline{Z} = \frac{5 + j2(4+3j)}{4+3j}\,\Omega = \frac{-1+8j}{4+3j}\,\Omega = (0,8 + 1,4j)\ \Omega \quad .$$

Das Ersatzschaltbild ist:

R L
$\underline{U}$ $0,8\,\Omega$ $2,22\,mH$

$$1,4\,\Omega = \omega L = 2\pi \cdot 100\,\frac{1}{s} \cdot L \ \Rightarrow\ L = \frac{1,4}{200\,\pi} H = 2,23\,mH \ \ ; \ \ R = 0,8\,\Omega$$

2.

$$\underline{I} = \frac{\underline{U}}{\underline{Z}} = \frac{100\,V}{1,61\,e^{j60^o}} = \underline{I} = 62\,A\,e^{-j60^o} \quad .$$

3. Um den Strom phasengleich mit der Spannung zu machen, muss eine kapazitive Impedanz $\underline{Z}_1$ in Reihe geschaltet werden:

$$\underline{Z}_1 = -1,4j\,\Omega = 1,4\,\Omega\,e^{-j90^o}$$

$$\frac{1}{\omega C} = 1,4\,\Omega \ \Rightarrow\ C = \frac{1}{2\,\pi \cdot 100\,1/s \cdot 1,4\,\Omega} = C = 1,136\,mF \quad .$$

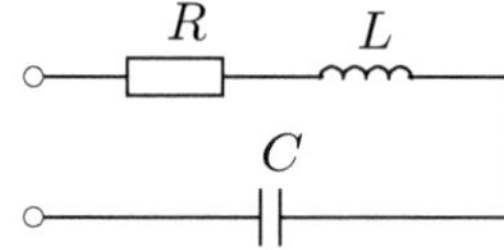

Bemerkung: $\underline{Z}_1$ *kann auch einen beliebigen Widerstand* R_1 *enthalten:*

$$\underline{Z}_1 = (R_1 - j1,4)\,\Omega\,.$$

■

■ Aufgabe 11.1

Die folgende Schaltung besteht aus zwei identischen Spulen (R, L) *und einem Kondensator* C*, in Reihe geschaltet. In der Schaltung wurden gemessen:*

$$I = 8\,A \quad , \quad U = 110\,V \quad , \quad P = 530\,W \quad .$$

Die Reaktanz des Kondensators ist gleich der Reaktanz einer Spule (in Betrag).

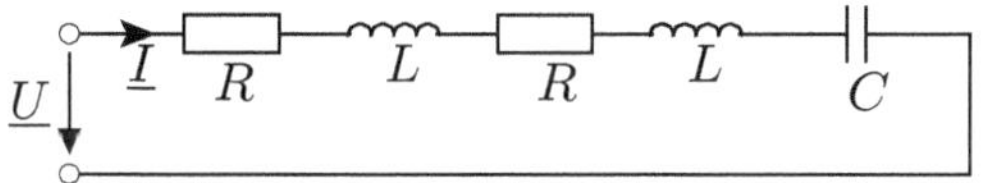

Berechnen Sie:

1. *Die komplexe Impedanz* $\underline{Z}_L$ *einer Spule*
2. *Die Impedanz* $\underline{Z}_C$ *des Kondensators*
3. *Die komplexe Scheinleistung* $\underline{S}$.

■

■ Beispiel 11.3

Zwei in Reihe geschaltete Lampen (sie können als reine Widerstände betrachtet werden) wurden für jeweils eine Spannung $U_{La} = 29\,V$ *und eine Leistung* $P = 290\,W$ *ausgelegt. Sie werden von einer Spannungsquelle mit* $U = 110\,V$ *und* $f = 50\,Hz$ *gespeist. Um die Spannung an den Lampen auf* $29\,V$ *zu begrenzen, wird in Reihe mit ihnen eine Spule mit den Parametern* R, L *geschaltet.*

1. *Wie groß sind* R *und* L*, wenn der Leistungsfaktor* $\cos\varphi$ *der gesamten Schaltung nicht kleiner als* $0,8$ *sein soll?*

2. *Berechnen Sie in diesem Fall den Wirkungsgrad der Anordnung.*

3. *Wie verändert sich der Wirkungsgrad, wenn statt der Zusatzspule ein reiner Widerstand* R' *geschaltet wird ?*

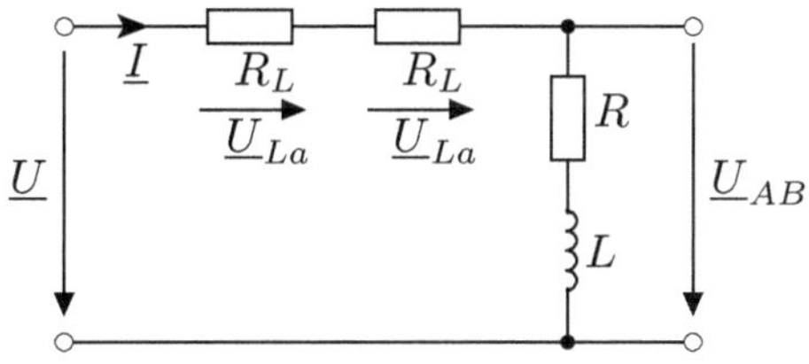

Hinweis: *Benutzen Sie das Zeigerdiagramm der Spannungen.*

Lösung:

1. *Aus den Daten der zwei Lampen ergibt sich:*

$$P = U_{La} \cdot I \;\Rightarrow\; I = \frac{P}{U_{La}} = \frac{290\,W}{29\,V} = 10\,A$$

$$\text{und: } U_{La} = R_L \cdot I \;\Rightarrow\; R_L = \frac{U_{La}}{I} = 2,9\,\Omega \quad .$$

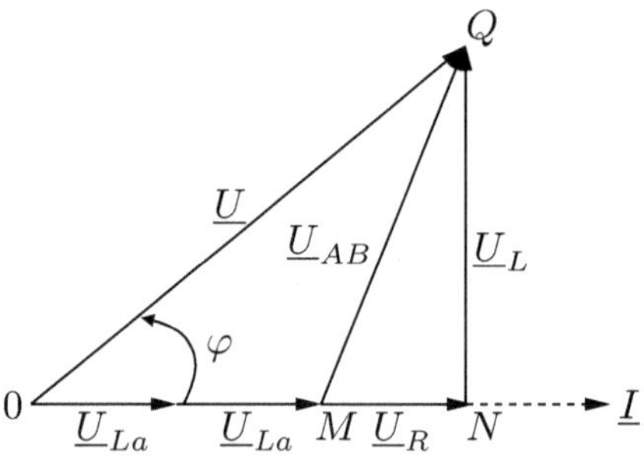

Für R und L braucht man zwei Gleichungen, die sich aus dem Zeigerdiagramm ergeben. Die komplexe Impedanz $\underline{Z}$ der Schaltung (Dreieck ONQ) ist:

$$\underline{Z} = 2R_L + R + j\omega L \quad ; \quad Z = \frac{U}{I} = \frac{110\,V}{10\,A} = 11\,\Omega$$

$$\sqrt{(2R_L + R)^2 + \omega^2 L^2} = 11\,\Omega\,.$$

Die erste Beziehung in R, L ist:

$$(5,8 + R)^2 + 100^2\pi^2 L^2 = 121\,.$$

Da diese Gleichung in R und L quadratisch ist, sucht man in dem Zeigerdiagramm nach einfacheren Beziehungen zur Bestimmung der Unbekannten R, L. In der Tat, ergibt das Bild:

$$U \cdot \cos\varphi = 2U_{La} + U_R \Longrightarrow U_R = 110\,V \cdot 0,8 - 2 \cdot 29\,V = 30\,V$$

und gleich:

$$R = \frac{U_R}{I} = \frac{30\,V}{10\,A} = 3\,\Omega\,.$$

Ebenfalls aus dem Zeigerdiagramm liest man ab:

$$U \cdot \sin\varphi = U_L = \omega L I$$

$$110\,V \cdot 0,6 = 66\,V = \omega L I$$

$$L = \frac{66\,V}{2\pi \cdot 50 s^{-1} \cdot 10\,A}$$
$$L = 21\,mH\,.$$

2. *Der Wirkungsgrad ist:*

$$\eta = \frac{2\,P_L}{2\,P_L + P_R} = \frac{2 \cdot 290\,W}{580\,W + 3\,\Omega \cdot 10^2\,A^2} = \frac{580\,W}{880\,W} = 0,66\,.$$

3. *Das neue Ersatzschaltbild ist:*

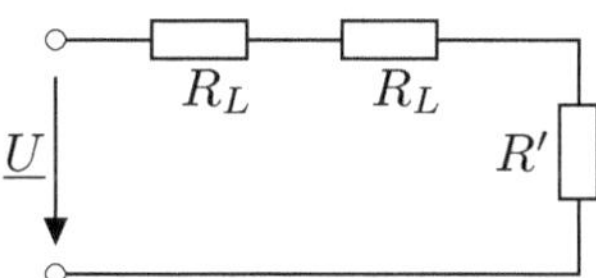

$$U = (2\,R_L + R')I \;\Rightarrow\; R' = \frac{U}{I} - 2\,R_L = 11\,\Omega - 5,8\,\Omega = 5,2\,\Omega\,.$$

Die Gesamtleistung wird:

$$P_g = 2\,P_L + P_{R'} = 580\,W + 520\,W = 1100\,W$$

und der Wirkungsgrad:

$$\eta' = \frac{580\,W}{1100\,W} = 0,527\,.$$

Die Lösung mit der Spule ist der Lösung mit dem Widerstand zu bevorzugen. Allerdings wäre bei der Schaltung ohne Spule $\cos\varphi = 1$. ■

11.2.2. Parallelschaltung, Stromteiler

Sind n passive Zweipole (ohne induktive Kopplung) mit den komplexen Admittanzen $\underline{Y}_1 = \frac{1}{\underline{Z}_1}$, $\underline{Y}_2 = \frac{1}{\underline{Z}_2}$, ..., $\underline{Y}_n = \frac{1}{\underline{Z}_n}$ jetzt parallel geschaltet, so ergibt die 1. Kirchhoffsche Gleichung (der Knotensatz) die folgende Gleichung für die Ströme:

$$\underline{I}_g = \underline{I}_1 + \underline{I}_2 + \ldots + \underline{I}_n \tag{11.11}$$

wo $\underline{I}_g$ der Gesamtstrom ist. Man sucht die gesamte Admittanz $\underline{Y}_g$ der Schaltung.
Sind die Zweipole passiv und besteht zwischen ihnen keine induktive Kopplung, so gilt für jeden einzelnen $\underline{I} = \underline{Y} \cdot \underline{U}$ und somit:

$$\underline{U} \cdot \underline{Y}_g = \underline{U} \cdot \underline{Y}_1 + \underline{U} \cdot \underline{Y}_2 + \underline{U} \cdot \underline{Y}_3 + \ldots \tag{11.12}$$

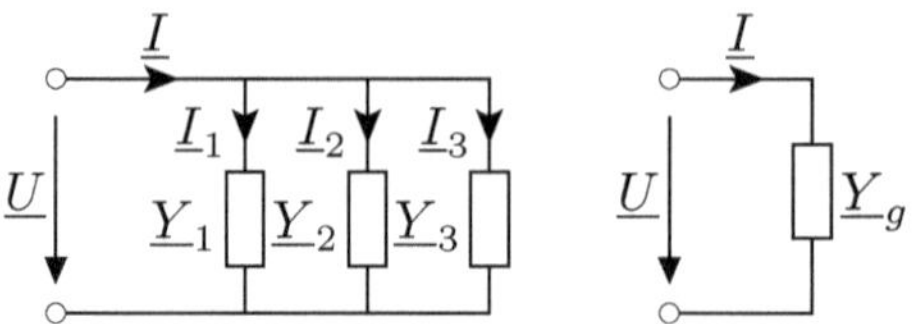

Abbildung 11.3.: Parallelschaltung von drei Admittanzen und die Gesamtadmittanz $\underline{Y}_g$ der Schaltung

da die Spannung $\underline{U}$ an allen Zweipolen dieselbe ist. Man kann durch $\underline{U}$ dividieren:

$$\boxed{\underline{Y}_g = \underline{Y}_1 + \underline{Y}_2 + \ldots + \underline{Y}_n = \sum_{\mu=1}^{n} \underline{Y}_\mu} \quad . \tag{11.13}$$

Durch Trennung der Real- und Imaginärteile ergeben sich zwei weitere Beziehungen:

$$G_g = \sum_{\mu=1}^{n} G_\mu \quad ; \quad B_g = \sum_{\mu=1}^{n} B_\mu \quad . \tag{11.14}$$

Bei parallel geschalteten passiven Zweipolen ohne induktive Kopplungen untereinander oder nach außen ergibt sich die gesamte komplexe Admittanz $\underline{Y}_g$ (komplexer Scheinleitwert) als Summe der komplexen Admittanzen der einzelnen Zweipole, die Gesamtkonduktanz G_g als Summe der Konduktanzen (Wirkleitwerte) und die Gesamtsuszeptanz B_g als Summe der einzelnen Suszeptanzen (Blindleitwerte) der Zweipole.

Bemerkungen:

- Allgemein gilt: $|\underline{Y}_g| = Y_g \neq \sum_{\mu=1}^{n} Y_\mu$
  d.h.: Der Betrag der Gesamtadmittanz ist *nicht* gleich der Summe der Beträge der einzelnen Admittanzen (mit der Ausnahme, dass alle parallel geschalteten Zweipole phasengleich sind).

- Für die gesamte Impedanz parallel geschalteter Zweipole ergibt sich aus (11.13) und mit $\underline{Z} = \frac{1}{\underline{Y}}$:

$$\boxed{\frac{1}{\underline{Z}_g} = \sum_{\mu=1}^{n} \frac{1}{\underline{Z}_\mu}} \quad . \tag{11.15}$$

- Für nur zwei parallel geschaltete Zweige ergibt sich:

$$\underline{Y}_g = \underline{Y}_1 + \underline{Y}_2 \quad ; \quad \boxed{\underline{Z}_g = \frac{\underline{Z}_1 \cdot \underline{Z}_2}{\underline{Z}_1 + \underline{Z}_2}} \quad . \tag{11.16}$$

Die letzte Formel wird sehr oft angewendet.

Stromteilerregel

Bei einer Parallelschaltung zweigt sich der Gesamtstrom $\underline{I}$ in die Teilströme $\underline{I}_\mu$ (siehe Abbildung 11.3) auf. Es soll bestimmt werden, wieviel von dem Gesamtstrom durch jede Teiladmittanz fließt.
Für jeden Strom gilt:

$$\underline{I}_\mu = \underline{Y}_\mu \cdot \underline{U} \quad \text{und} \quad \underline{I} = \underline{Y}_g \cdot \underline{U}$$

und da die Spannung dieselbe ist ergibt sich:

$$\boxed{\frac{\underline{I}_\mu}{\underline{I}} = \frac{\underline{Y}_\mu}{\underline{Y}_g}} = \frac{\underline{Y}_\mu}{\sum\limits_{\mu=1}^{n} \underline{Y}_\mu} \quad . \tag{11.17}$$

Die *Stromteilerregel* für Sinusstromnetzwerke besagt, dass die komplexen Ströme sich so zueinander verhalten, wie die Admittanzen, die von ihnen durchflossen werden. Wie bei Gleichstrom ist auch hier der Fall besonders interessant, wenn nur zwei Impedanzen $\underline{Z}_1$ und $\underline{Z}_2$ parallel geschaltet sind (Abbildung 11.4).

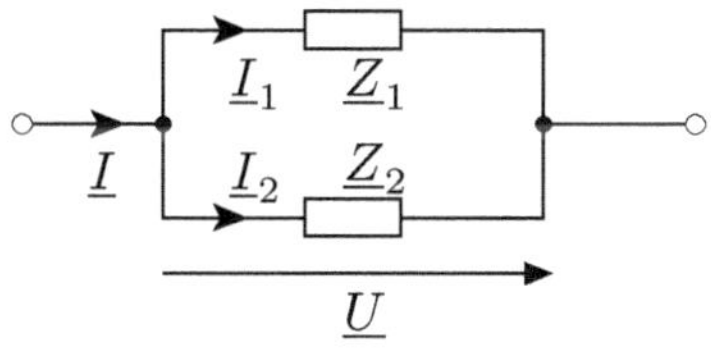

Abbildung 11.4.: Stromteiler

In diesem Falle ergeben sich für die zwei Teilströme die folgenden oft angewendeten Formeln:

$$\underline{I}_1 = \frac{\underline{Y}_1}{\underline{Y}_1 + \underline{Y}_2}\underline{I} = \frac{\underline{Z}_2}{\underline{Z}_1 + \underline{Z}_2}\underline{I}$$

$$\underline{I}_2 = \frac{\underline{Y}_2}{\underline{Y}_1 + \underline{Y}_2}\underline{I} = \frac{\underline{Z}_1}{\underline{Z}_1 + \underline{Z}_2}\underline{I} \quad .$$

Jeder Teilstrom ist also der Impedanz des gegenüberliegenden Zweiges (nicht der eigenen Impedanz) proportional.

■ Beispiel 11.4

Eine Reihenschaltung aus einem Widerstand R_r und einer (idealen) Induktivität L_r wird von einer Wechselspannung mit dem Effektivwert U und der Frequenz f gespeist (Bild links).

Es gilt: $R_r = 10\,\Omega$, $L_r = 100\,mH$, $f = 50\,Hz$.

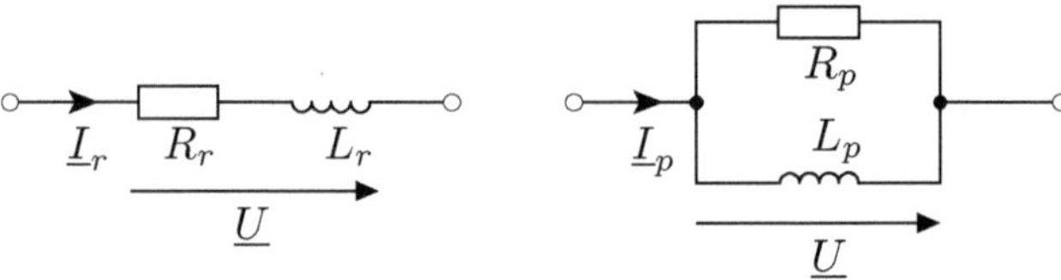

Eine Parallelschaltung aus einem Widerstand R_p und einer Induktivität L_p (Bild rechts) soll bei derselben Spannung $\underline{U}$ denselben Strom $\underline{I}$ (Größe und Phasenverschiebung) wie die Reihenschaltung R_r, L_r verbrauchen.

Berechnen Sie R_p und L_p.

Lösung:

Die Gleichheit der Ströme: $\underline{I}_r = \underline{I}_p$ bedeutet:

$$\frac{\underline{U}}{\underline{Z}_r} = \frac{\underline{U}}{\underline{Z}_p} \Rightarrow \underline{Z}_r = \underline{Z}_p \quad (oder: \ \underline{Y}_r = \underline{Y}_p).$$

$$R_r + j\omega L_r = \frac{R_p \cdot j\omega L_p}{R_p + j\omega L_p} = \frac{R_p \cdot j\omega L_p(R_p - j\omega L_p)}{R_p^2 + \omega^2 L_p^2} \quad .$$

Es scheint günstiger mit den Admittanzen zu arbeiten, weil dann die Unbekannten R_p und L_p getrennt erscheinen. (Bevor man komplizierte Berechnungen mit komplexen Zahlen durchführt, sollte man nach einem einfacheren Weg Ausschau halten. Hier gibt es ihn).

$$\frac{1}{R_r + j\omega L_r} = \frac{1}{R_p} + \frac{1}{j\omega L_p}$$

$$\frac{R_r - j\omega L_r}{R_r^2 + \omega^2 L_r^2} = \frac{1}{R_p} - j\frac{1}{\omega L_p} \quad .$$

Realteile gleich:

$$\frac{1}{R_p} = \frac{R_r}{R_r^2 + \omega^2 L_r^2} \Rightarrow R_p = \frac{R_r^2 + \omega^2 L_r^2}{R_r} \quad .$$

Mit Zahlen:

$$R_p = \frac{(10\,\Omega)^2 + (2\pi \cdot 50 \cdot 0,1)^2\Omega^2}{10\,\Omega} = 10\,\Omega + 10\pi^2\,\Omega = 108,7\,\Omega\,.$$

Imaginärteile gleich:

$$\frac{\omega L_r}{R_r^2 + \omega^2 L_r^2} = \frac{1}{\omega L_p} \;\Rightarrow\; L_p = \frac{R_r^2 + \omega^2 L_r^2}{\omega^2 L_r} = L_r + \frac{R_r^2}{\omega^2 L_r}\,.$$

Mit Zahlen:

$$L_p = 0,1\,H + \frac{100\,\Omega}{(2\pi\,50)^2\frac{1}{s^2} \cdot 0,1\,H} = 0,1\,H + \frac{1}{10\pi^2}H = 0,11\,H\,.$$

■

■ **Beispiel 11.5**
Ein Verbraucher, der aus der Reihenschaltung eines Widerstandes mit einem Kondensator besteht, weist einen $\cos\varphi = 0,85$ *auf.*
Wie groß wird $\cos\varphi'$, *wenn* R *und* C *parallel geschaltet werden ?*

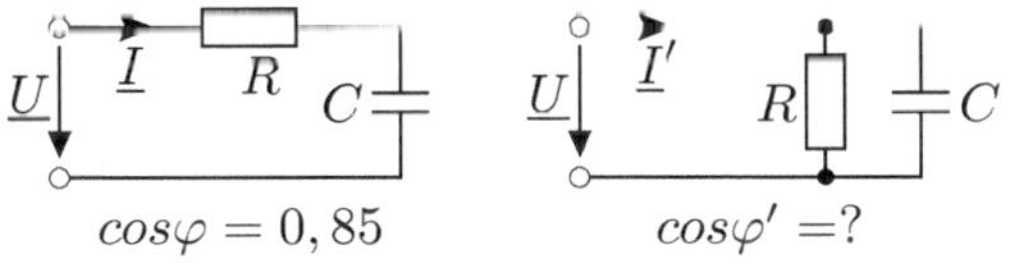

Lösung:
Aus dem bekannten $\cos\varphi$ *kann man den Winkel* φ *ermitteln und weiter, über die Impedanz* $\underline{Z}$:

$$\varphi = \arctan\frac{X}{R} \;\;;\;\; \underline{Z} = R - \frac{j}{\omega C} \;\;;\;\; \tan\varphi = -\frac{1}{\omega CR} \;\Rightarrow\; \omega CR = 1,613\,.$$

Im 2. Fall wird:

$$\underline{Z}' = \frac{R\frac{1}{j\omega C}}{R + \frac{1}{j\omega C}} = \frac{R}{j\omega RC + 1} = \frac{R(1 - j\omega RC)}{1 + \omega^2 R^2 C^2} \;;\; \tan\varphi' = -\omega CR\,,$$

wo $\tan\varphi'$ *als Verhältnis des Imaginär- und des Realteils von* $\underline{Z}'$ *bestimmt wurde.*
Somit wird:

$$\tan\varphi' = -1,613 \quad\Rightarrow\quad \cos\varphi' = 0,527\,.$$

■

11.2.3. Kombinierte Schaltungen

Da für Sinusstromnetzwerke mit konzentrierten Bauelementen, ohne magnetische Kopplung, die Kirchhoffschen Gleichungen in ähnlicher Form wie für Gleichstromnetzwerke gelten, sind auch für die Berechnung von Strömen und Spannungen sowie von Gesamtwiderständen und -leitwerten die gleichen Regeln anzuwenden.
Um alle aus der Gleichstromtechnik bekannten Berechnungsverfahren übernehmen zu können, müssen lediglich die im folgenden aufgeführten Gleichstromgrößen durch die entsprechenden komplexen Größen ersetzt werden:

Gleichstrom		Sinusstrom	
Gleichspannung	U	komplexe Spannung	$\underline{U}$
Gleichstrom	I	komplexer Strom	$\underline{I}$
Gleichstromwiderstand	R	komplexe Impedanz	$\underline{Z}$
Gleichstromleitwert	G	komplexe Admittanz	$\underline{Y}$

Diese formale Analogie kann, wie man leicht sieht, *nicht* ohne weiteres auf die *Leistung* ausgedehnt werden: Der Ausdruck $P = U \cdot I$ für die Gleichstromleistung führt bei einem Austausch der Größen nach der obigen Tabelle nicht auf die komplexe Leistung $\underline{S}$, die ja $\underline{S} = \underline{U} \cdot \underline{I}^*$ ist.
Beschränkt man sich jedoch auf die Berechnung von Strömen und Spannungen, so kann man alle von der Gleichstromtechnik bekannten Rechenverfahren auf die Sinusstromnetzwerke übertragen.
Wie von den Gleichstromnetzwerken bekannt, behalten auch für Sinusstromnetzwerken die für Reihen- und Parallelschaltungen hergeleiteten Regeln ihre Gültigkeit, wenn die beteiligten Zweipole ihrerseits wieder aus Reihen- bzw. Parallelschaltungen bestehen.
Die folgenden Beispiele zeigen, wie man kombinierte Wechselstromschaltungen rechnerisch behandelt.

■ Aufgabe 11.2

Dimensionierung eines Leuchtkörpers für die Bahnfrequenz $16\frac{2}{3}Hz$.

Eine einzelne Glühlampe gibt ein stark flimmerndes Licht, wenn sie an das Netz der Bundesbahn ($220V$, $16\frac{2}{3}Hz$) angeschlossen wird. Der Grund dafür ist, dass die von der Lampe aufgenommene Wirkleistung p (siehe folgende Abbildung), die mit doppelter Frequenz pulsiert, 33 mal pro Sekunde durch Null geht.
Die Wärmekapazität des Glühfadens ist relativ gering, so dass die Helligkeit der Lampe der von ihr aufgenommenen Wirkleistung p sehr angenähert folgt. Das Auge nimmt die Änderungen der Helligkeit wahr, das Licht flimmert. (Aus diesem Grund wurde die industrielle Frequenz $50\,Hz$ festgelegt, da 100 Änderun-

gen pro Sekunde vom Auge nicht mehr wahrgenommen werden). Eine Lösung gegen diesen unangenehmen Effekt besteht darin, zwei gleiche Glühlampen in einem Leuchtkörper dicht nebeneinander unterzubringen und diese so zu schalten, dass in jedem Augenblick die Helligkeit des Körpers praktisch dieselbe ist, d.h.: die gesamte aufgenommene Wirkleistung bleibt konstant.
Abgesehen davon, dass es auch andere technische Lösungen für das Problem gibt, soll hier die Schaltung mit zwei Lampen dimensioniert werden. Zur optimalen Auslegung der Leuchteinheit stellen sich die Fragen:

a) *Wie müssen die beiden Lampen prinzipiell geschaltet werden?*
b) *Wenn die gesamte Wirkleistung der Lichteinheit* $100W$ *betragen soll und die Betriebsspannung der Lampen frei wählbar ist, wie groß soll diese Spannung sein und welche Schaltelemente werden benötigt?*

■

■ Beispiel 11.6
In der folgenden gemischten Schaltung sind bekannt:

$$R = 3\,\Omega \quad , \quad \omega L = 2\,\Omega \quad , \quad \frac{1}{\omega C} = 6\,\Omega \quad , \quad U = 120\,V \quad .$$

Es sollen berechnet werden:

1. *Die komplexe Gesamtimpedanz der Schaltung an den Klemmen* $A - B$.
2. *Der komplexe Strom* $\underline{I}$, *wenn der Nullphasenwinkel der angelegten Spannung* $\varphi_u = 0^o$ *ist und die Zeitfunktion* $i(t)$.
3. *Die zwei Ströme* $\underline{I}_1$ *und* $\underline{I}_2$ *in den parallel geschalteten Zweipolen. (Überprüfung mit der Knotengleichung).*
4. *Wie verändert sich die komplexe Gesamtimpedanz, wenn die Frequenz der angelegten Spannung verdoppelt wird ?*

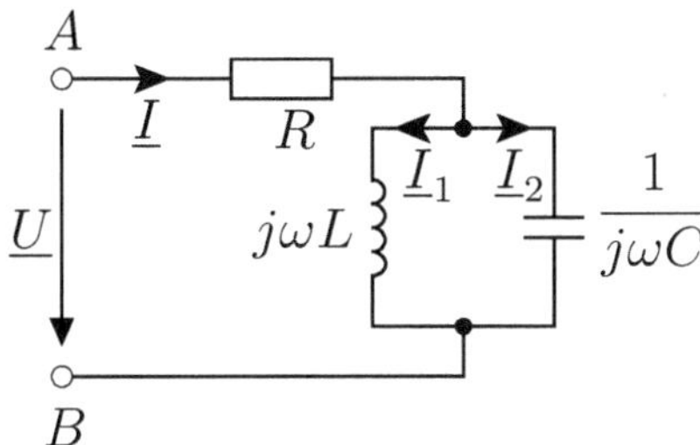

Lösung:

1. *Die komplexen Impedanzen der Parallelschaltung sind:*

$$\underline{Z}_1 = j\omega L = 2j\,\Omega \;;\; \underline{Z}_2 = \frac{1}{j\omega C} = -6j\,\Omega \;;\; \underline{Z}_p = \frac{\underline{Z}_1 \cdot \underline{Z}_2}{\underline{Z}_1 + \underline{Z}_2}$$

$$\underline{Z}_p = \frac{-2j \cdot 6j}{2j - 6j}\,\Omega = \frac{12}{-4j}\,\Omega = 3j\,\Omega \quad .$$

Die Gesamtimpedanz resultiert als:

$$\underline{Z}_{AB} = R + \underline{Z}_p = 3\,\Omega + 3j\,\Omega = 3\sqrt{2}\,e^{j45^o}\,\Omega$$

$$Z_{AB} = 3\sqrt{2}\,\Omega \quad ; \quad \varphi = 45^o > 0 \quad .$$

Die Schaltung verhält sich induktiv.

2. *Der Strom ist:*

$$\underline{I} = \frac{\underline{U}}{\underline{Z}_{AB}} = \frac{120\,V\,e^{j0^o}}{3\sqrt{2}\,\Omega\,e^{j45^o}} = 20\sqrt{2}\,A\,e^{-j45^o}$$

$$i(t) = 20\sqrt{2} \cdot \sqrt{2}\,A\,\sin(\omega t - 45^o) = 40\,A\,\sin(\omega t - 45^0) \quad .$$

3. *Mit der Stromteilerregel:*

$$\underline{I}_1 = \underline{I}\,\frac{\frac{1}{j\omega C}}{j\omega L + \frac{1}{j\omega C}} = \underline{I}\,\frac{-6j}{2j - 6j} = \underline{I}\,\frac{3}{2} = 60\frac{1}{\sqrt{2}}\,e^{-j45^o}\,A$$

$$\underline{I}_2 = \underline{I}\,\frac{j\omega L}{j\omega L + \frac{1}{j\omega C}} = \underline{I}\,\frac{2j}{-4j} = -\underline{I}\,\frac{1}{2} = -10\sqrt{2}\,e^{-j45^o}\,A$$

$$i_1(t) = 60\,A\,\sin(\omega t - 45^o) \quad ; \quad i_2(t) = 20\,A\,\sin(\omega t + 135^o) \quad .$$

Die Summe ergibt: $\underline{I}_1 + \underline{I}_2 = \underline{I}$.

4. *Bei* $\omega' = 2\omega$ *wird:*

$$\underline{Z}_1 = 4j\,\Omega \;;\; \underline{Z}_2 = -3j\,\Omega \;;\; \underline{Z}_p = \frac{-4j \cdot 3j}{4j - 3j}\,\Omega = -12j\,\Omega$$

$$\underline{Z}'_{AB} = 3\,\Omega - 12j\,\Omega = 12{,}37\,\Omega\,e^{-j76^o}$$

$$Z'_{AB} = 12{,}37\,\Omega \quad ; \quad \varphi' = -76^o < 0 \quad .$$

Die Schaltung verhält sich bei 2ω *kapazitiv.*

■

■ Aufgabe 11.3

Die folgende Schaltung ist gespeist mit der Spannung:

$$u = \sqrt{2} \cdot 100\,V\,\sin(\omega t + 225^o) \quad , \quad f = 50\,Hz \quad .$$

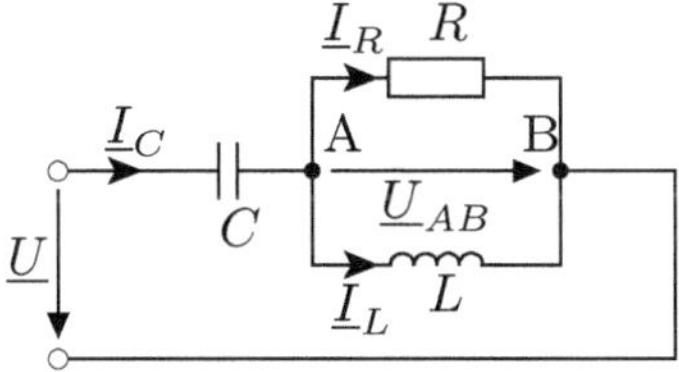

Bekannt sind: $R = 10\,\Omega$; $L = \dfrac{0,1}{\pi}\,H$; $C = \dfrac{1}{\pi}\,mF$.

Berechnen Sie:

1. *Die komplexe Gesamtimpedanz* $\underline{Z}_g$, R_g *und* X_g.
2. *Die komplexe Gesamtadmittanz* $\underline{Y}_g$, G_g *und* B_g.
3. *Die Zeitfunktionen der Ströme* i_C, i_R, i_L *und der Spannung* u_{AB}.
4. *Stellen Sie die Leistungsbilanz auf.*
5. *Skizzieren Sie die Zeigerdiagramme der Spannungen und Ströme mit* $\underline{I}_R$ *in der horizontalen Achse.*

■

11.3. Netzumwandlung bei Wechselstrom

11.3.1. Bedingung für Umwandlungen

Bei einer Netzumwandlung ersetzt man einen Teil einer Schaltung durch einen anderen, von einfacherer Struktur, wobei durch die Umwandlung die Verteilung der Ströme und Spannungen in der restlichen Schaltung unverändert bleiben muss.

Der Sinn der Umwandlung ist die sukzessive Vereinfachung der Schaltung, die dazu führen soll, dass man zur Bestimmung von Strömen und Spannungen nicht mehr große Gleichungssysteme mit vielen Unbekannten lösen muss, wie das bei der Anwendung der Kirchhoffschen Gleichungen der Fall ist.

In den vorherigen Abschnitten wurden bereits Netzumwandlungen durchgeführt, indem man in Reihe und parallel geschaltete Zweipole durch einen äquivalenten Zweipol ersetzt hat.

In manchen Schaltungen kann man jedoch die Impedanzen nicht mehr in Reihe oder parallel schalten, wie das Beispiel der unabgeglichenen Wechselstrombrücke in Abbildung 11.5 zeigt.

In der Tat, kann man jetzt die Gesamtimpedanz $\underline{Z}_{AB}$ nicht mehr direkt schreiben, wie man bei der „abgeglichenen" Brücke (ohne $\underline{Z}_5$) konnte.

In solchen Fällen kann man Umwandlungen von Dreiecken in Sterne (oder von Sternen in Dreiecke) vornehmen, wie von den Gleichstromschaltungen bekannt ist. Die Bedingung für die Umwandlung ist:

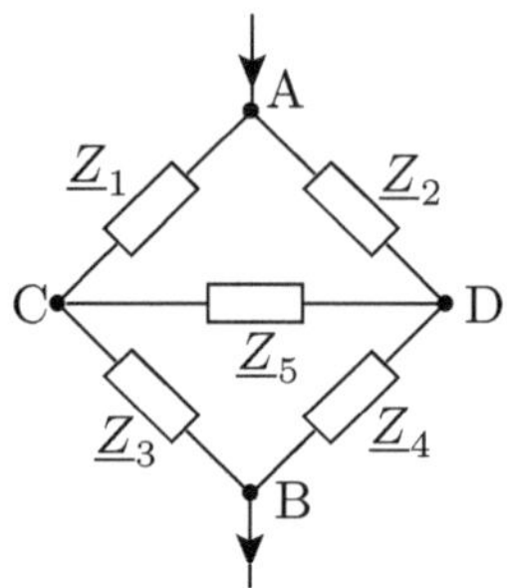

Abbildung 11.5.: Unabgeglichene Wechselstrombrücke

„Bei gleichen angelegten Klemmenspannungen müssen die aufgenommenen Ströme gleich bleiben“.

11.3.2. Die Umwandlung Dreieck-Stern

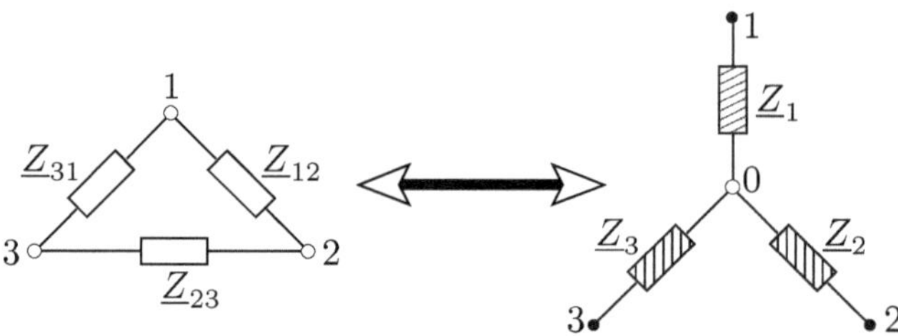

Abbildung 11.6.: Umwandlung Dreieck-Stern

Jedem Impedanz-Dreieck mit den Impedanzen $\underline{Z}_{12}$, $\underline{Z}_{23}$ und $\underline{Z}_{31}$ entspricht ein äquivalenter Impedanz-Stern mit den drei Impedanzen:

$$\boxed{\underline{Z}_1 = \frac{\underline{Z}_{12} \cdot \underline{Z}_{31}}{\underline{Z}_{12} + \underline{Z}_{23} + \underline{Z}_{31}}} \tag{11.18}$$

$$\underline{Z}_2 = \frac{\underline{Z}_{23} \cdot \underline{Z}_{12}}{\underline{Z}_{12} + \underline{Z}_{23} + \underline{Z}_{31}}$$

$$\underline{Z}_3 = \frac{\underline{Z}_{31} \cdot \underline{Z}_{23}}{\underline{Z}_{12} + \underline{Z}_{23} + \underline{Z}_{31}} \quad .$$

Für die Admittanzen des Sterns kann man schreiben:

$$\underline{Y}_1 = \frac{\underline{Y}_{12} \cdot \underline{Y}_{23} + \underline{Y}_{23} \cdot \underline{Y}_{31} + \underline{Y}_{31} \cdot \underline{Y}_{12}}{\underline{Y}_{23}} \ ; \ \underline{Y}_2 = \dots \ ; \ \underline{Y}_3 = \dots \tag{11.19}$$

Die Formelgruppen (11.18) bzw. (11.19) können jeweils aus einer Formel hergeleitet werden, wenn man die Indizes 1, 2, 3 *zyklisch* vertauscht.
Die Formeln (11.18) ergeben sich aus der Bedingung, dass die Gesamtimpedanz der beiden Schaltungen (Dreieck und Stern) dieselbe sein muss. Wenn z.B. die Klemme 1 nicht angeschlossen ist, müssen die verbliebenen Zweipole mit den Klemmen 2 und 3 dieselbe Impedanz aufweisen:

$$\frac{\underline{Z}_{23}\left(\underline{Z}_{12}+\underline{Z}_{31}\right)}{\underline{Z}_{12}+\underline{Z}_{23}+\underline{Z}_{31}}=\underline{Z}_2+\underline{Z}_3\,. \tag{11.20}$$

Dasselbe muss auftreten wenn die Klemme 2, bzw. die Klemme 3 nicht angeschlossen ist:

$$\frac{\underline{Z}_{31}\left(\underline{Z}_{23}+\underline{Z}_{12}\right)}{\underline{Z}_{12}+\underline{Z}_{23}+\underline{Z}_{31}}=\underline{Z}_3+\underline{Z}_1 \tag{11.21}$$

$$\frac{\underline{Z}_{12}\left(\underline{Z}_{31}+\underline{Z}_{23}\right)}{\underline{Z}_{12}+\underline{Z}_{23}+\underline{Z}_{31}}=\underline{Z}_1+\underline{Z}_2\,. \tag{11.22}$$

Durch Addition der Formeln (11.20), (11.21) und (11.22) ergibt sich:

$$\frac{\underline{Z}_{12}\cdot\underline{Z}_{23}+\underline{Z}_{23}\cdot\underline{Z}_{31}+\underline{Z}_{31}\cdot\underline{Z}_{12}}{\underline{Z}_{12}+\underline{Z}_{23}+\underline{Z}_{31}}=\underline{Z}_1+\underline{Z}_2+\underline{Z}_3\,. \tag{11.23}$$

Wenn man jetzt nacheinander die Formeln (11.20), (11.21) und (11.22) aus der Formel (11.23) subtrahiert, erreicht man die Umwandlungsformeln (11.18).

■ Beispiel 11.7

Es soll die Gesamtimpedanz $\underline{Z}_{AB}$ der unabgeglichenen Brücke (Abbildung 11.5) bestimmt werden.
Dazu wandelt man eines der zwei Dreiecke, z.B. ACD, in einen Stern um:

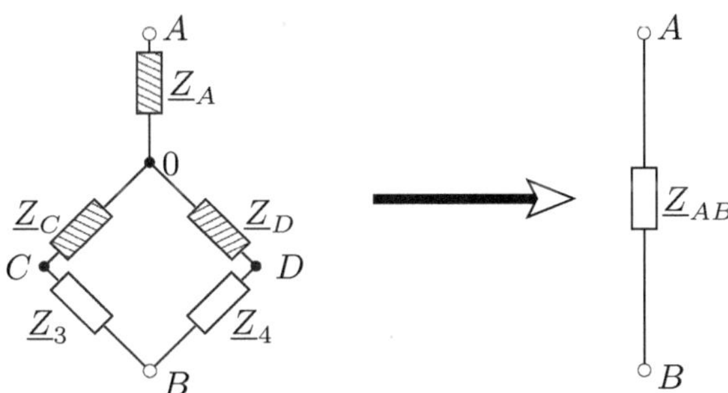

Abbildung 11.7.: Umwandlung Dreieck-Stern zur Bestimmung der Brückenimpedanz $\underline{Z}_{AB}$

Kennt man die umgewandelten Sternimpedanzen $\underline{Z}_A$, $\underline{Z}_C$, $\underline{Z}_D$, so kann die gesuchte Impedanz direkt geschrieben werden:

$$\underline{Z}_{AB}=\underline{Z}_A+\frac{(\underline{Z}_C+\underline{Z}_3)(\underline{Z}_D+\underline{Z}_4)}{\underline{Z}_C+\underline{Z}_3+\underline{Z}_D+\underline{Z}_4}\quad.$$

Die drei Sternimpedanzen ergeben sich nach den Formeln (11.18):

$$\underline{Z}_A = \frac{\underline{Z}_1 \cdot \underline{Z}_2}{\underline{Z}_1 + \underline{Z}_2 + \underline{Z}_5} \; ; \; \underline{Z}_C = \frac{\underline{Z}_1 \cdot \underline{Z}_5}{\underline{Z}_1 + \underline{Z}_2 + \underline{Z}_5}$$

$$\underline{Z}_D = \frac{\underline{Z}_2 \cdot \underline{Z}_5}{\underline{Z}_1 + \underline{Z}_2 + \underline{Z}_5} \quad .$$

■

11.3.3. Die Umwandlung Stern-Dreieck

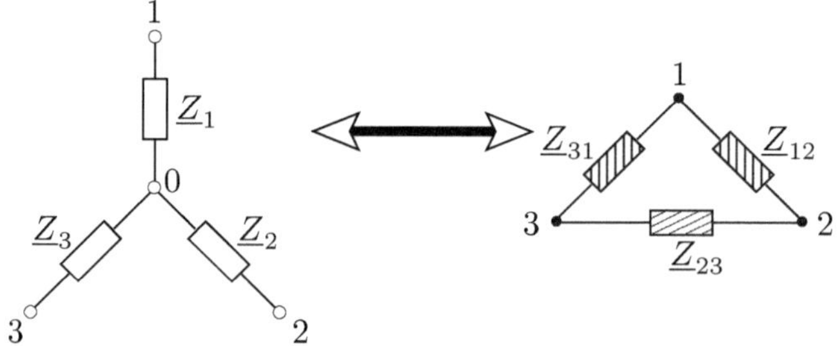

Abbildung 11.8.: Umwandlung Stern-Dreieck

Jedem Admittanz-Stern mit den Admittanzen $\underline{Y}_1 = \frac{1}{\underline{Z}_1}$, $\underline{Y}_2 = \frac{1}{\underline{Z}_2}$, $\underline{Y}_3 = \frac{1}{\underline{Z}_3}$ entspricht ein äquivalentes Admittanz-Dreieck mit den Admittanzen:

$$\boxed{\underline{Y}_{12} = \frac{\underline{Y}_1 \cdot \underline{Y}_2}{\underline{Y}_1 + \underline{Y}_2 + \underline{Y}_3}} \tag{11.24}$$

$$\underline{Y}_{23} = \frac{\underline{Y}_2 \cdot \underline{Y}_3}{\underline{Y}_1 + \underline{Y}_2 + \underline{Y}_3}$$

$$\underline{Y}_{31} = \frac{\underline{Y}_3 \cdot \underline{Y}_1}{\underline{Y}_1 + \underline{Y}_2 + \underline{Y}_3}$$

bzw. mit den Impedanzen:

$$\underline{Z}_{12} = \frac{1}{\underline{Y}_{12}} = \frac{\underline{Z}_1 \cdot \underline{Z}_2 + \underline{Z}_2 \cdot \underline{Z}_3 + \underline{Z}_3 \cdot \underline{Z}_1}{\underline{Z}_3} \; ; \; \underline{Z}_{23} = \ldots \; ; \; \underline{Z}_{31} = \ldots \tag{11.25}$$

Auch diese Formeln können durch *zyklisches* Vertauschen der Indizes hergeleitet werden.
Die Formeln (11.24) erreicht man wieder, wenn man schreibt, dass die Admittanzen des Sterns und des äquivalenten Dreiecks gleich sein müssen. Das

muss z.B. auch für den Fall gelten, dass die Klemmen 2 und 3 kurzgeschlossen werden. Für die verbleibenden Zweipole gilt:

$$\underline{Y}_{12} + \underline{Y}_{31} = \frac{\underline{Y}_1 (\underline{Y}_2 + \underline{Y}_3)}{\underline{Y}_1 + \underline{Y}_2 + \underline{Y}_3} \quad .$$

Ähnliche Beziehungen (mit zyklisch vertauschten Indizes) ergeben sich, wenn die Klemmen 3 und 1 bzw. 1 und 2 zusammengeschlossen werden. Addiert man die drei erhaltenen Beziehungen und subtrahiert anschließend nacheinander jede von ihnen aus der Summe, so ergeben sich die Formeln (11.24).

■ Beispiel 11.8

Der folgende Impedanz-Stern, mit $\omega L = \frac{1}{\omega C} = R$ *soll in ein Impedanz-Dreieck umgewandelt werden.*

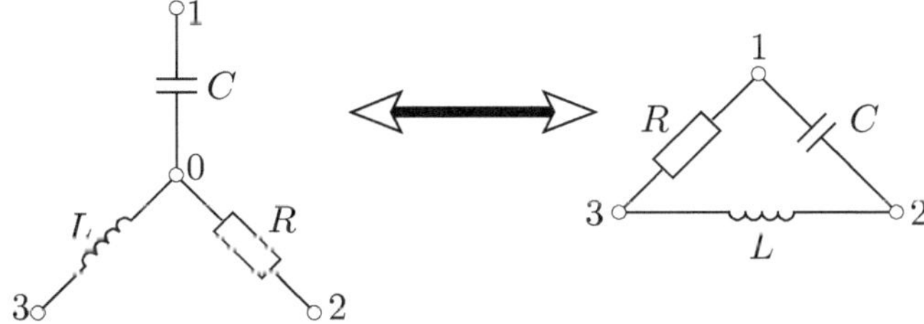

Mit den Formeln (11.24) berechnet man die umgewandelten Admittanzen:

$$\underline{Y}_{12} = \frac{\frac{1}{R} \cdot j\omega C}{\frac{1}{R} + \frac{1}{j\omega L} + j\omega C} = j\omega C$$

$$\underline{Y}_{23} = \frac{\frac{1}{R} \cdot \frac{1}{j\omega L}}{\frac{1}{R}} = \frac{1}{j\omega L}$$

$$\underline{Y}_{31} = \frac{\frac{1}{j\omega L} \cdot j\omega C}{\frac{1}{R}} = \frac{\omega^2 C^2}{\frac{1}{R}} = \frac{1}{R} \quad .$$

Das äquivalente Dreieck ist auf dem Bild rechts gezeigt.

■

11.4. Besondere Wechselstromschaltungen

In der Wechselstromtechnik besteht die Möglichkeit, mit Hilfe von Induktivitäten oder/und Kapazitäten die Phasenverschiebung zwischen Spannung und Strom zu verändern, wodurch Schaltungskombinationen entstehen können, die besondere Effekte bewirken, die bei den Gleichstromschaltungen ausgeschlossen sind. Viele solche spezielle Schaltungen werden in der Messtechnik angewendet. In bestimmten Anwendungsfällen, wie z.B. zur Messung von Blindleistungen, ist es erwünscht, dass zwischen einem bestimmten Strom und einer bestimmten Spannung eine Phasenverschiebung von 90° vorliegt.
Wenn man die Schaltelemente, mit denen diese Phasenverschiebung erzeugt werden kann, bestimmen möchte, muss man die folgende Überlegung anstellen: Wir gehen von der Problemstellung aus, dass ein Strom $\underline{I}$ einer Spannung $\underline{U}$ um genau $90°$ nacheilen soll. Man schreibt die Beziehung zwischen $\underline{U}$ und $\underline{I}$, die allgemein die Form $\underline{U} = (A + jB)\underline{I}$ hat (A und B sind hier reelle, positive Zahlen). Die erstrebte Phasenverschiebung wird dann erzielt, wenn $A = 0$ ist. Dann gilt: $\underline{U} = jB\underline{I}$, was bedeutet, dass der Zeiger der Spannung $\underline{U}$ durch Drehung des Stromzeigers $\underline{I}$ um $90°$ im positiven Sinne entsteht. Damit eilt der Strom der Spannung um $90°$ nach.

■ **Beispiel 11.9**

Bei einem Elektrizitätszähler soll mit Hilfe der folgenden Schaltung eine Phasenverschiebung von 90° zwischen dem Strom $\underline{I}_2$ und der Netzspannung $\underline{U}$ realisiert werden (siehe Abbildung).
Bestimmen Sie den dazu benötigten Widerstand R_1, wenn es gilt:

$$\underline{Z} = (100 + j500)\,\Omega$$

$$\underline{Z}_2 = (400 + j1000)\,\Omega \quad .$$

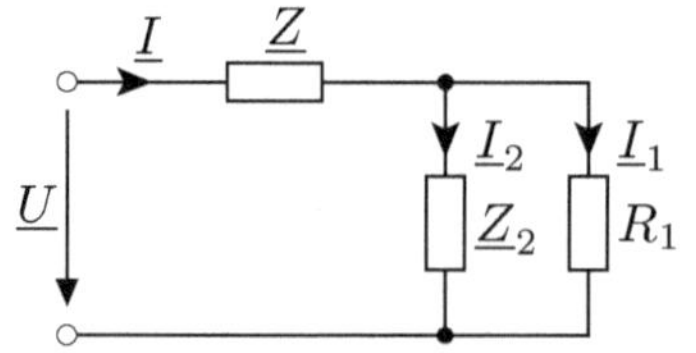

Lösung:

Damit $\underline{I}_2$ der Spannung $\underline{U} = U\,e^{j0^o}$ um 90° nacheilt, muss dieser komplexe Strom nur einen Imaginärteil haben, der Realteil soll Null sein.
Man schreibt den Strom $\underline{I}_2$ mit der Stromteilerregel:

$$\underline{I}_2 = \underline{I}\,\frac{R_1}{R_1 + \underline{Z}_2} \qquad mit: \quad \underline{I} = \frac{\underline{U}}{\underline{Z} + \frac{R_1\underline{Z}_2}{R_1+\underline{Z}_2}}$$

$$\underline{I}_2 = \frac{\underline{U}\,R_1}{\underline{Z}(R_1 + \underline{Z}_2) + R_1\,\underline{Z}_2} \quad .$$

Das ist eine komplexe Zahl der Form:

$$\frac{a}{b+jc} = \frac{a(b-jc)}{b^2+c^2} = \frac{ab}{b^2+c^2} - \frac{jac}{b^2+c^2} = A + jB \quad .$$

Die Bedingung, dass der Realteil Null ist, lautet:

$a\,b = 0$ und da $a \neq 0$ ist ($a = UR_1$), $\Rightarrow$ $b = 0$.

Man muss also den Realteil des Nenners von $\underline{I}_2$ gleich Null setzen.

$$Re\{(100 + j500)(R_1 + 400 + j1000) + R_1(400 + j1000)\} = 0$$

$$R_1 = \frac{46 \cdot 10^4}{500}\,\Omega = 920\,\Omega\,.$$

■

■ Beispiel 11.10
Wechselstromparadoxon

Auf der nächsten Abbildung ist eine Schaltung gezeigt, bei der durch entsprechende Dimensionierung eines Widerstandes (R_2) erreicht werden kann, dass der Betrag des durch die Schaltung fließenden Gesamtstromes $\underline{I}$ bei geöffnetem und geschlossenem Schalter S derselbe bleibt.

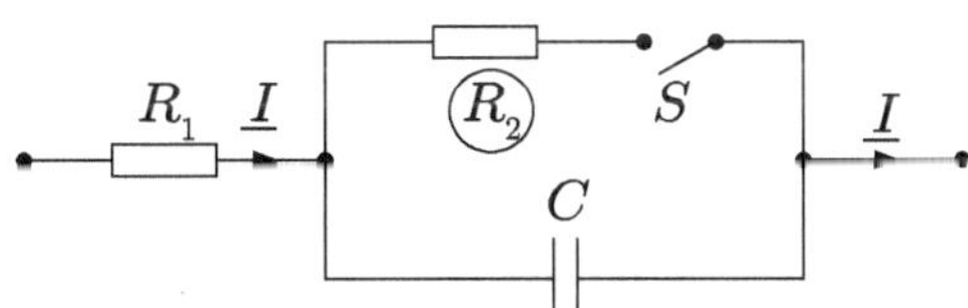

Abbildung 11.9.: Schaltung zum Wechselstromparadoxon

Auf den ersten Blick erscheint das nicht möglich; auf jeden Fall ist es in einer Gleichstromschaltung nicht möglich, einen Strom unverändert zu behalten, wenn ein zusätzlicher Widerstand eingeschaltet wird.

In der Schaltung Abb.11.9 ist das, für einen bestimmten Wert des Widerstandes R_2 und bei einer gegebenen Kapazität C und einer gegebenen Kreisfrequenz ω, möglich. Dieser bestimmte Wert R_2 soll im Folgenden festgelegt werden.

Lösung:

Damit $|\underline{I}|$ unverändert bleibt, muss die Impedanz der Schaltung in beiden Fällen (off: Schalter S offen, zu: Schalter S geschlossen) dieselbe sein:

$$|\underline{Z}_{off}| = |\underline{Z}_{zu}| \quad .$$

Es gilt:

$$\underline{Z}_{off} = R_1 - \frac{j}{\omega C}$$

$$\underline{Z}_{zu} = R_1 + \frac{R_2 \cdot \frac{1}{j\omega C}}{R_2 + \frac{1}{j\omega C}} = R_1 + \frac{R_2}{1 + jR_2\omega C} \quad .$$

Setzt man die beiden Beträge gleich, so hat man eine Gleichung mit der einzigen Unbekannten R_2.

Der Rechenweg zur Bestimmung von R_2 *erweist sich als ziemlich umständlich und es lohnt sich, nach Möglichkeiten Ausschau zu halten, die den Weg verkürzen und die Fehlerwahrscheinlichkeit minimieren. Eine Vereinfachung der Berechnung erhält man, wenn man die Impedanzen mit* (ωC) *multipliziert und weiter mit dimensionslosen Größen arbeitet:*

$$\underline{Z}_{off} \cdot \omega C = R_1\omega C - j$$

$$\underline{Z}_{zu} \cdot \omega C = R_1\omega C + \frac{R_2\omega C}{1 + jR_2\omega C} \quad .$$

Zur weiteren Vereinfachung kann man zwei neue Variablen einführen:

$$x_1 = R_1\omega C \quad , \quad x_2 = R_2\omega C \quad .$$

Damit wird:

$$\underline{Z}_{off} \cdot \omega C = x_1 - j$$

$$\underline{Z}_{zu} \cdot \omega C = x_1 + \frac{x_2}{1 + jx_2} = \frac{x_1 + x_2 + jx_1x_2}{1 + jx_2}$$

und weiter:

$$|\underline{Z}_{off} \cdot \omega C|^2 = x_1^2 + 1$$

$$|\underline{Z}_{zu} \cdot \omega C|^2 = \frac{(x_1 + x_2)^2 + (x_1x_2)^2}{1 + x_2^2} \quad .$$

Die Gleichung zur Bestimmung von x_2 *wird:*

$$1 + x_1^2 = \frac{(x_1 + x_2)^2 + (x_1x_2)^2}{1 + x_2^2}$$

$$(1 + x_1^2)(1 + x_2^2) = x_1^2 + x_2^2 + 2x_1x_2 + x_1^2x_2^2$$

$$2x_1x_2 = 1 \Rightarrow x_2 = \frac{1}{2x_1}$$

$$\boxed{R_2 = \frac{1}{2R_1\omega^2C^2}} \quad .$$

Für eine bestimmte Frequenz kann man also R_2 so auswählen, dass der Betrag des Gesamtstromes unverändert bleibt.

Zahlenbeispiel:

Sei es $\omega C = 1\,\Omega^{-1}$, $R_1 = 0{,}5\,\Omega$ *und somit* $R_2 = 1\,\Omega$.
Dann gilt: $x_1 = 0{,}5 \cdot 1 = 0{,}5$, $x_2 = 1 \cdot 1 = 1$

$$|\underline{Z}_{off}| = \sqrt{R_1^2 + \frac{1}{\omega^2 C^2}} = \sqrt{0{,}5^2 + 1^2}\,\Omega = \underline{1{,}18\,\Omega} \quad .$$

$$\underline{Z}_{zu} = 0{,}5\,\Omega + \frac{1\Omega}{1 + j \cdot 1} = 0{,}5\,\Omega + \frac{1 - j}{2} = 1\Omega - 0{,}5j\Omega$$

$$|\underline{Z}_{zu}| = \sqrt{1^2 + 0{,}5^2}\,\Omega = \underline{1{,}18\,\Omega} \; .$$

■

11.5. Aktive Ersatz-Zweipole

11.5.1. Ersatzquellen (Thévenin-Helmholtz-, Norton-Theorem)

Aus der Theorie der Gleichstromschaltungen ist bekannt, dass ganze Schaltungen oder Teile von Schaltungen, die zwei Ausgangsklemmen A,B aufweisen, durch eine Ersatzspannungs- oder Ersatzstromquelle ersetzt werden können. Auch bei Wechselstrom gelten dieselben Theoreme (Thévenin-Helmholtz, Norton), wenn die Schaltung nur lineare Schaltelemente enthält und keine induktive Kopplungen nach außen bestehen.

Eine solche Schaltung kann durch eine **Ersatzspannungsquelle** ersetzt werden, deren Quellenspannung gleich der Leerlaufspannung $\underline{U}_{AB0}$ der Schaltung an den Klemmen A-B und deren Innenimpedanz $\underline{Z}_i$ gleich der Impedanz der passiven Schaltung (ohne Quellen) $\underline{Z}_{AB0}$ ist (siehe Abbildung 11.10).

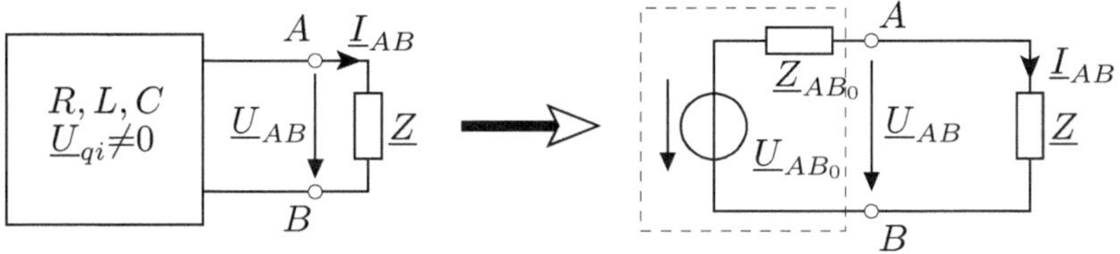

Abbildung 11.10.: Aktiver Zweipol und Ersatzspannungsquelle

Daraus ergibt sich der als Thévenin-Helmholtz-Theorem oder Theorem der Ersatzspannungsquelle bekannte Satz, mit dem die Stromstärke $\underline{I}_{AB}$ in einem beliebigen passiven Zweig eines Netzwerkes mit der Impedanz $\underline{Z}$ berechnet werden kann:

$$\boxed{\underline{I}_{AB} = \frac{\underline{U}_{AB0}}{\underline{Z} + \underline{Z}_{AB0}}} \quad . \tag{11.26}$$

Thévenin-Helmholtz–Theorem: In einem linearen Netzwerk ohne induktive Kopplungen nach außen kann die Stromstärke $\underline{I}_{AB}$ in einem beliebigen passiven Zweig so berechnet werden, dass der Zweig aus dem Netzwerk *herausgezogen* wird und das somit entstehende Restnetzwerk durch eine Ersatzspannungsquelle ersetzt wird. Die Quellenspannung der Ersatzquelle ist gleich der Leerlaufspannung $\underline{U}_{AB0}$ des Restnetzwerks nach Entfernen des herausgezogenen Zweiges. Die Innenimpedanz der Quelle $\underline{Z}_{AB0}$ kann als Eingangsimpedanz des Restnetzwerkes errechnet werden, wenn alle Quellen des Restnetzwerkes unwirksam gemacht werden (die Spannungsquellen kurzgeschlossen und die Stromquellen unterbrochen, wobei die Innenimpedanzen in der Schaltung bleiben).

Bemerkungen:

- Die Ersatzquellen werden vorteilhaft eingesetzt, wenn nur ein einzelner Zweigstrom oder eine einzelne Zweigspannung berechnet werden soll. Das kommt z.B. vor, wenn an den Klemmen *A*-*B* einer Schaltung veränderbare Impedanzen angeschlossen werden und ihre Wirkungen untersucht werden sollen. Auch wenn zum Zweck der Leistungsanpassung (s. nächsten Abschnitt) die äußere Impedanz $\underline{Z}_a$ bestimmt werden soll, muss die Schaltung durch eine Ersatzquelle ersetzt werden.
- Bei der Anwendung des Thévenin-Helmholtz–Theorems wird eine Schaltung behandelt, die einen Zweig weniger als die ursprüngliche Schaltung aufweist. Das kann, vor allem bei Wechselstrom, zu einer erheblichen Reduzierung des Rechenaufwandes führen.
- Zur Bestimmung der Leerlaufspannung des Restnetzwerkes müssen andere Methoden der Netzwerkanalyse herangezogen werden. Zu beachten ist, dass alle Ströme, die zu diesem Zweck berechnet werden, fiktiv sind; sie fließen nur im Restnetzwerk, das ein Denkmodell darstellt, und nicht in dem tatsächlichen Netzwerk, das einen Zweig mehr hat und somit eine vollkommen verschiedene Stromverteilung aufweist.

■ **Beispiel 11.11**
In der folgenden Schaltung sind bekannt:

$$\underline{Z}_1 = j2\,\Omega, \underline{Z}_2 = j5\,\Omega, \underline{Z}_3 = -j5\,\Omega, \underline{Z}_4 = -j5\,\Omega, \underline{Z}_5 = 3\,\Omega, \underline{Z}_6 = (3+j5)\,\Omega.$$

$$\underline{U}_1 = (5-j9)\,V\,, \quad \underline{U}_2 = (3+j13)\,V\,, \quad \underline{U}_3 = (9+j16)\,V\,.$$

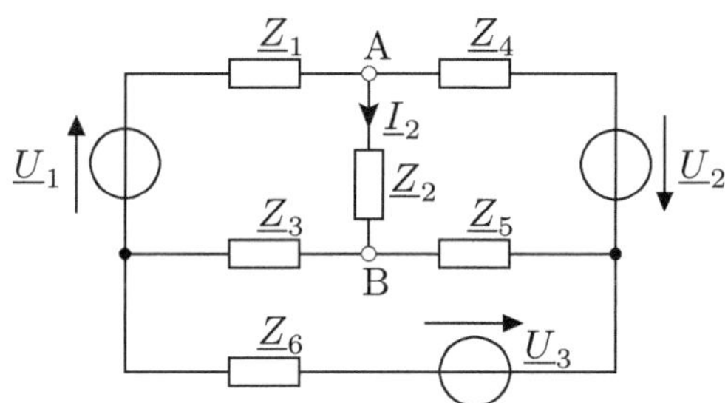

Der Strom $\underline{I}_2$ durch die Impedanz $\underline{Z}_2$ soll mit dem Thévenin-Helmholtz–Theorem der Ersatzspannungsquelle bestimmt werden.
Lösung*:*

$$I_2 = \frac{\underline{U}_{AB0}}{\underline{Z}_2 + \underline{Z}_i}$$

Man sucht die Impedanz $\underline{Z}_i$ der passiven Schaltung an den Klemmen A-B, ohne den Zweig $\underline{Z}_2$, bei kurzgeschlossenen Quellen $\underline{U}_1$, $\underline{U}_2$, $\underline{U}_3$ (nächstes Bild links).

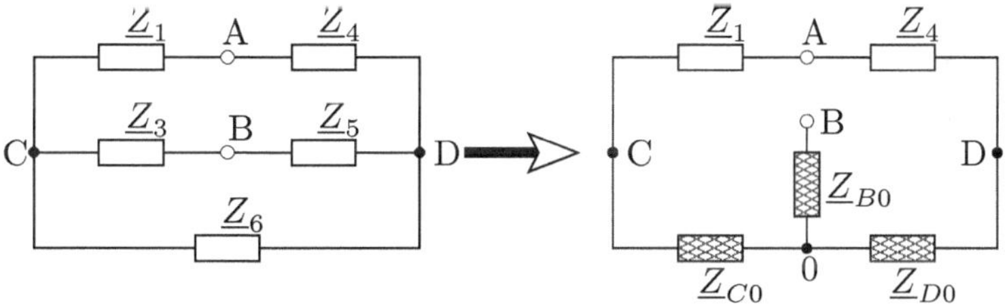

Durch die Umwandlung des Dreiecks CBD in einen Stern erreicht man eine Impedanzanordnung, die direkt zu der gesuchten Impedanz $\underline{Z}_i$ führt:

$$\underline{Z}_i = \underline{Z}_{B0} + (\underline{Z}_1 + \underline{Z}_{C0}) \parallel (\underline{Z}_4 + \underline{Z}_{D0}) = \underline{Z}_{B0} + \underline{Z}_{AC0} \parallel \underline{Z}_{AD0}\,.$$

Mit den Umwandlungsformeln (11.18) für die neuen Sternimpedanzen erreicht man:

$$\underline{Z}_{C0} = \frac{-5j(3+5j)}{6}\,\Omega = \left(\frac{25}{6} - j\frac{5}{2}\right)\Omega$$

$$\underline{Z}_{D0} = \frac{3(3+5j)}{6}\,\Omega = \left(\frac{3}{2} + j\frac{5}{2}\right)\Omega$$

$$\underline{Z}_{B0} = \frac{-15j}{6}\,\Omega = \left(-j\frac{5}{2}\right)\Omega$$

$$\underline{Z}_{AC0} = (2j + \frac{25}{6} - j\frac{5}{2})\,\Omega = (\frac{25}{6} - j\frac{1}{2})\,\Omega$$

$$\underline{Z}_{AD0} = (-j5 + \frac{3}{2} + j\frac{5}{2})\,\Omega = (\frac{3}{2} - j\frac{5}{2})\,\Omega$$

$$\underline{Z}_i = -j\frac{5}{2}\,\Omega + \frac{5 - j11,1\tilde{6}}{5,\tilde{6} - j3}\,\Omega = (1,5 - 3,674j)\,\Omega\,.$$

Zur Berechnung der Leerlaufspannung $\underline{U}_{AB0}$ der Schaltung ohne den Zweig $\underline{Z}_2$ muss man die Ströme $\underline{I}'_1$ durch die Impedanzen $\underline{Z}_1$ und $\underline{Z}_4$ und $\underline{I}'_3$ durch die Impedanzen $\underline{Z}_3$ und $\underline{Z}_5$ bestimmen (siehe nächstes Bild). Die gesuchte Spannung ergibt sich als:

$$\underline{U}_{AB0} = \underline{Z}_1 \cdot \underline{I}'_1 + \underline{Z}_3 \cdot \underline{I}'_3 - \underline{U}_1\,.$$

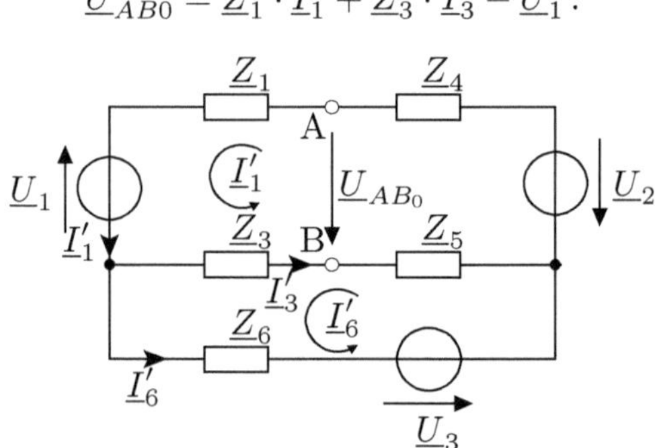

Die Schaltung hat 2 Knoten und 3 Zweige. Die Kirchhoff'schen Gleichungen ergeben das folgende komplexe Gleichungssystem:

$$\underline{I}'_1 = \underline{I}'_3 + \underline{I}'_6$$

$$\underline{I}'_1(\underline{Z}_1 + \underline{Z}_4) + \underline{I}'_3(\underline{Z}_3 + \underline{Z}_5) = \underline{U}_1 + \underline{U}_2$$

$$\underline{I}'_3(\underline{Z}_3 + \underline{Z}_5) - \underline{I}'_6\underline{Z}_6 = \underline{U}_3$$

Setzt man $\underline{I}'_1$ aus der ersten Gleichung in die anderen beiden ein, so ergibt sich für die Ströme $\underline{I}'_3$ und $\underline{I}'_6$:

$$\underline{I}'_3 = (0,89 + j1,205)\,A$$

$$\underline{I}'_6 = (2,5 + j1,44)\,A$$

und schließlich:

$$\underline{I}'_1 = (-1,61 - j0,235)\,A \quad .$$

Für die Leerlaufspannung $\underline{U}_{AB0}$ ergibt sich damit:

$$\underline{U}_{AB0} = j \cdot 2\underline{I}_1' - j \cdot 5\underline{I}_3' - (5 - j9) = (1,495 + j1,33)\,V \quad .$$

Der gesuchte Strom durch die Impedanz $\underline{Z}_2$ wird:

$$\underline{I}_2 = \frac{1,495 + j1,33}{1,5 - j3,674 + 5j} = 1\,A \quad .$$

■

■ Aufgabe 11.4

In der folgenden Schaltung soll der Strom $\underline{I}_3$ mit dem Theorem der Ersatzspannungsquelle (Thévenin-Helmholtz) ermittelt werden.

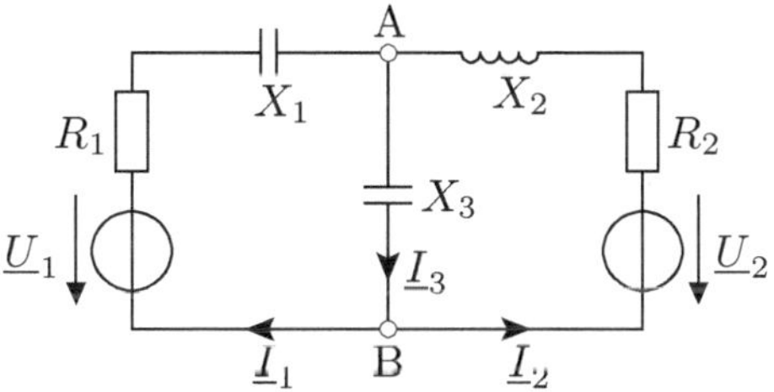

Bekannt sind: $R_1 = 5\,\Omega$, $X_1 = -20\,\Omega$, $X_2 = 5\,\Omega$, $R_2 = 10\,\Omega$, $X_3 = -20\,\Omega$, $\underline{U}_1 = (200 - j50)\,V$, $\underline{U}_2 = (100 - j175)\,V$.

■

Eine linerare Schaltung ohne magnetische Kopplung nach außen kann auch durch eine **Ersatzstromquelle** ersetzt werden, deren Quellenstrom der Kurzschlussstrom der Schaltung an den Klemmen A-B: $\underline{I}_{ABk}$ und deren Innenadmittanz $\underline{Y}_i$ gleich der Admittanz der passiven Schaltung (ohne Quellen) $\underline{Y}_{AB0}$ ist.

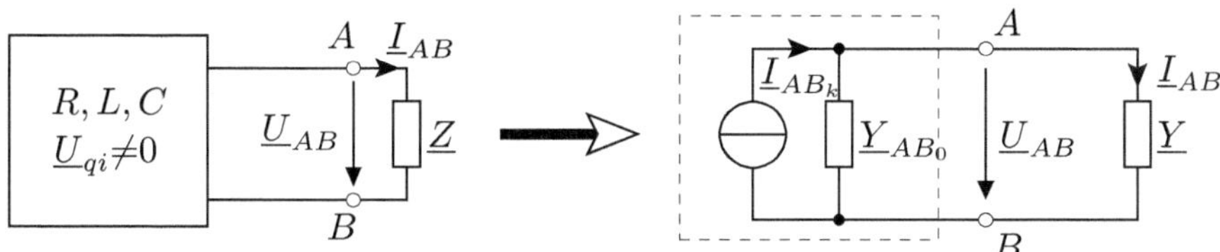

Abbildung 11.11.: Aktiver Zweipol und Ersatzstromquelle

Daraus ergibt sich:

Theorem der Ersatzstromquelle (Norton):

$$\boxed{\underline{U}_{AB} = \frac{\underline{I}_{ABk}}{\underline{Y} + \underline{Y}_{AB0}}}\,. \tag{11.27}$$

In einem linearen Netz ohne induktive Kopplungen nach außen kann die Spannung $\underline{U}_{AB}$ an einem beliebigen passiven Zweig A-B so berechnet werden, dass der Zweig aus dem Netzwerk herausgezogen wird und das somit entstehende Restnetzwerk durch eine Ersatzstromquelle ersetzt wird. Der Quellenstrom der Ersatzquelle ist gleich dem Kurzschlussstrom, der bei Kurzschließen der Klemmen A-B fließt. Die Innenadmittanz der Quelle $\underline{Y}_{AB0}$ kann als Eingangsadmittanz des Restnetzwerkes errechnet werden, wenn alle Quellen des Restnetzwerkes unwirksam gemacht werden (die Spannungsquellen kurzgeschlossen und die Stromquellen unterbrochen, wobei die Innenimpedanzen wirksam bleiben).
Damit ist:

$$\underline{Y}_{AB0} = \frac{1}{\underline{Z}_{AB0}}\,.$$

Bemerkungen:

- Der Kurzschlussstrom der Restschaltung kann mit dem Thévenin-Helmholtz-Theorem bestimmt werden, wenn $\underline{Z} = 0$ eingesetzt wird:

$$\boxed{\underline{I}_{ABk} = \frac{\underline{U}_{AB0}}{\underline{Z}_{AB0}} = \underline{U}_{AB0} \cdot \underline{Y}_{AB0}}\,. \tag{11.28}$$

  Diese Beziehung zwischen den 3 Parametern der Ersatzquellen zeigt, dass lediglich zwei von ihnen ausreichen, um die Ersatzschaltungen aufzustellen.

- Das Norton-Theorem wird vorzugsweise dann angewendet, wenn $Y_{AB0} \ll Y$ ist (z.B. bei elektronischen Schaltungen).

- Ersatzstrom- und Ersatzspannungsquelle verhalten sich *dual*, d.h. alle Gleichungen der zweiten ergeben sich aus den ersten, wenn man $\underline{U}$ und $\underline{I}$ sowie $\underline{Z}$ und $\underline{Y}$ gegeneinander vertauscht.

■ **Beispiel 11.12**

In der folgenden Schaltung soll die Spannung $\underline{U}_5$ an der Impedanz $\underline{Z}_5$ mit dem Theorem der Ersatzstromquelle bestimmt werden.
Hinweis: Zunächst soll die Spannungsquelle in eine Stromquelle umgewandelt werden.

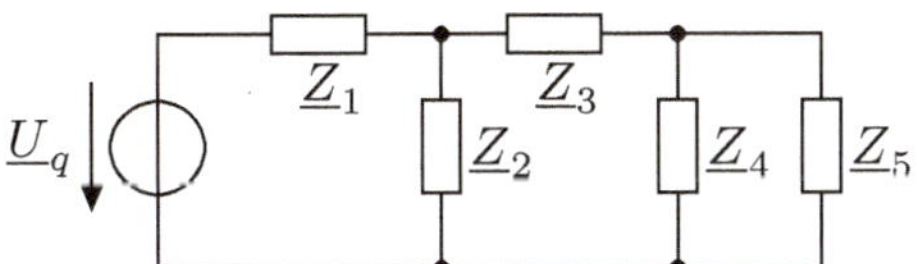

Lösung:
Durch Umwandlung der Spannungsquelle ergibt sich eine Stromquelle mit $\underline{I}_q = \dfrac{\underline{U}_q}{\underline{Z}_1}$ *und die folgende Schaltung:*

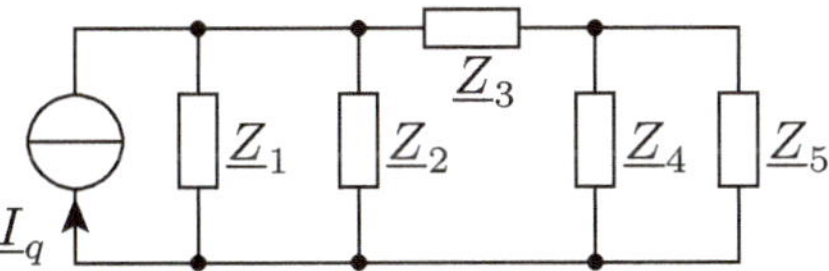

Der Kurzschlussstrom kann mit sehr geringem Rechenaufwand bestimmt werden (s. nächstes Bild, links):

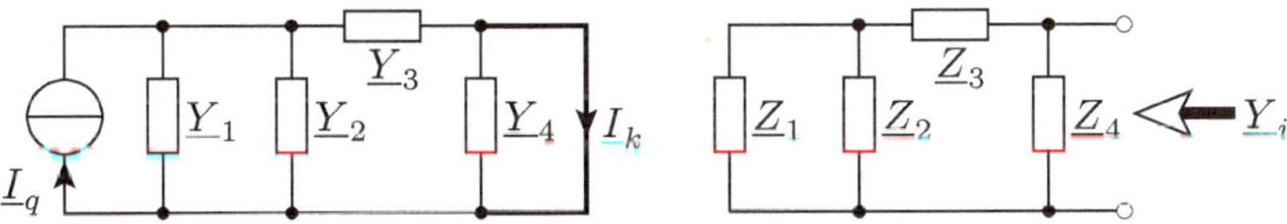

Da die Admittanz $\underline{Y}_4$ *kurzgeschlossen ist, bleiben drei parallel geschaltete Admittanzen* $\underline{Y}_1$, $\underline{Y}_2$ *und* $\underline{Y}_3$ *wirksam und der gesuchte Kurzschlussstrom ergibt sich direkt mit der Stromteilerregel:*

$$\underline{I}_k = \underline{I}_q \frac{\underline{Y}_3}{\underline{Y}_1 + \underline{Y}_2 + \underline{Y}_3} = \frac{\underline{U}_q \cdot \underline{Z}_2}{\underline{Z}_1 \cdot \underline{Z}_2 + \underline{Z}_2 \cdot \underline{Z}_3 + \underline{Z}_3 \cdot \underline{Z}_1} \,.$$

Die Innenadmittanz $\underline{Y}_i$ *der Ersatzstromquelle ist (s. voriges Bild, rechts):*

$$\underline{Y}_i = \frac{1}{\underline{Z}_4} + \frac{1}{\underline{Z}_3 + \frac{\underline{Z}_1 \cdot \underline{Z}_2}{\underline{Z}_1 + \underline{Z}_2}} = \frac{1}{\underline{Z}_4} + \frac{\underline{Z}_1 + \underline{Z}_2}{\underline{Z}_1 \cdot \underline{Z}_2 + \underline{Z}_2 \cdot \underline{Z}_3 + \underline{Z}_3 \cdot \underline{Z}_1}$$

$$\underline{Y}_i = \frac{\underline{Z}_1 \cdot \underline{Z}_2 + \underline{Z}_2 \cdot \underline{Z}_3 + \underline{Z}_3 \cdot \underline{Z}_1 + \underline{Z}_4(\underline{Z}_1 + \underline{Z}_2)}{\underline{Z}_4(\underline{Z}_1 \cdot \underline{Z}_2 + \underline{Z}_2 \cdot \underline{Z}_3 + \underline{Z}_3 \cdot \underline{Z}_1)}$$

Nach dem Norton-Theorem ist:

$$\underline{U}_5 = \frac{\underline{I}_k}{\underline{Y}_i + \underline{Y}_5} \,,$$

also:

$$\underline{U}_5 = \frac{\underline{Z}_2 \cdot \underline{Z}_4 \cdot \underline{Z}_5}{(\underline{Z}_4 + \underline{Z}_5)(\underline{Z}_1 \cdot \underline{Z}_2 + \underline{Z}_2 \cdot \underline{Z}_3 + \underline{Z}_3 \cdot \underline{Z}_1) + \underline{Z}_4 \cdot \underline{Z}_5(\underline{Z}_1 + \underline{Z}_2)} \underline{U}_q \,.$$

■

11.5.2. Leistungsanpassung bei Wechselstrom

Sei es eine Zweipolquelle der Quellenspannung $\underline{U}_q$ mit der Innenimpedanz $\underline{Z}_i = R_i + jX_i = Z_i \cdot e^{j\varphi_i}$ und $\underline{Z}_a = R_a + jX_a = Z_a \cdot e^{j\varphi_a}$ ein angeschlossener Verbraucher.

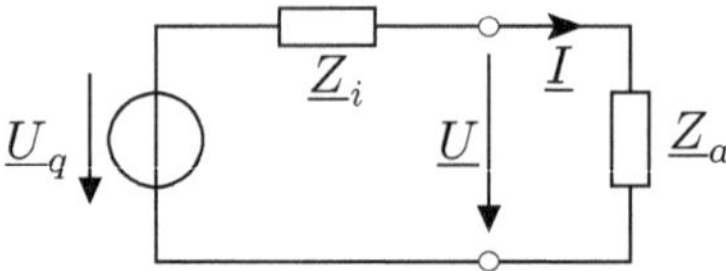

Abbildung 11.12.: Zweipolquelle und Verbraucherimpedanz $\underline{Z}_a$

In der Nachrichtentechnik ist es von Bedeutung, den komplexen Widerstand $\underline{Z}_a$ so anzupassen, dass er von der Quelle die größtmögliche Wirkleistung aufnimmt.
Diese Leistung ist

$$P = R_a I^2$$

mit

$$\underline{I} = \frac{\underline{U}_q}{\underline{Z}_a + \underline{Z}_i} = \frac{\underline{U}_q}{(R_i + R_a) + j(X_i + X_a)} \tag{11.29}$$

Da $I^2 = \underline{I} \cdot \underline{I}^*$ ist, und:

$$\underline{I}^* = \frac{\underline{U}_q^*}{(R_i + R_a) - j(X_i + X_a)} \,,$$

ergibt sich für die Wirkleistung P:

$$P = U_q^2 \frac{R_a}{(R_a + R_i)^2 + (X_a + X_i)^2} \,. \tag{11.30}$$

Hier sind die Parameter U_q, R_i und X_i der Quelle meistens vorgegeben und man sucht die Parameter R_a und X_a des Verbrauchers, für die die Wirkleistung P ein Maximum hat. Dazu müsste man die partiellen Ableitungen der Funktion $P = f(R_a, X_a)$ nach R_a und X_a bilden und gleich Null setzen.
Noch einfacher führen zu dem Ergebnis die folgenden Überlegungen: Hält man den Widerstand R_a konstant und lässt man den Blindwiderstand X_a variieren, so erreicht die Funktion (11.30) ihr Maximum, wenn der Nenner sein Minimum hat, also für:

$$\boxed{X_a = -X_i} \,. \tag{11.31}$$

Unter dieser Bedingung wird dem Verbraucher die folgende Wirkleistung übertragen:

$$P\big|_{X_a=-X_i} = U_q^2 \frac{R_a}{(R_a + R_i)^2}\,. \tag{11.32}$$

Die maximal übertragbare Wirkleistung ergibt sich aus der Bedingung:

$$\frac{dP}{dR_a} = U_q^2 \frac{(R_a + R_i)^2 - 2R_a(R_a + R_i)}{(R_a + R_i)^4} = 0$$

also für

$$\boxed{R_a = R_i}\,. \tag{11.33}$$

Die zwei erzielten Bedingungen für die „Leistungsanpassung“ kann man zusammen als:

$$\boxed{\underline{Z}_a - \underline{Z}_i^*} \tag{11.34}$$

oder:

$$Z_a = Z_i \quad \text{und} \quad \varphi_a = -\varphi_i \tag{11.35}$$

schreiben. Bei Leistungsanpassung wird dem Verbraucher $\underline{Z}_a$ die maximale Wirkleistung

$$P_{max} = \frac{U_q^2}{4R_i} \tag{11.36}$$

übertragen (aus Gl. (11.30)), während die Quelle die Leistung:

$$P_g\big|_{P_{max}} = (R_i + R_a)I^2 = 2P_{max} = \frac{U_q^2}{2R_i} \tag{11.37}$$

erzeugt. Daraus ergibt sich für den Wirkungsgrad der Leistungsübertragung:

$$\eta = \frac{P}{P_g} = \frac{R_a}{R_a + R_i}$$

und bei der Leistungsanpassung:

$$\eta\big|_{R_a=R_i} = 0{,}5\,. \tag{11.38}$$

In der Energietechnik wäre ein solcher Wirkungsgrad der Energieübertragung nicht vertretbar, da es hier im Gegensatz zu der Nachrichtentechnik darauf ankommt, die Energieverluste möglichst klein zu halten. Während in der Nachrichtentechnik im Allgemeinen kleine Leistungen auftreten und dem Verbraucher die größtmögliche Leistung von der Quelle übertragen werden sollte, soll in der Energietechnik dem Verbraucher eine bestimmte, von ihm verlangte Leistung bei vorgegebener Spannung geliefert werden. Dafür muss der Innenwiderstand der Quelle viel kleiner als der des Verbrauchers sein ($R_i \ll R_a$).

11.6. Analyse von Sinusstromnetzwerken

11.6.1. Unmittelbare Anwendung der Kirchhoffschen Sätze

Elektrische Netzwerke bestehen aus Zweigen (z), die an den Knotenpunkten (k) zusammenhängen und so Maschen bilden.
Einige Begriffe, die bereits bei Gleichstromkreisen (Teil II) erläutert wurden, sollen hier nochmals betrachtet werden.
In einem **Knoten** treffen mindestens drei Verbindungsleitungen zusammen. Sind Knoten miteinander verbunden, ohne dass zwischen ihnen ein Zweipol zwischengeschaltet ist, so werden sie als *ein* Knotenpunkt bewertet, mit einer Ausnahme: dass gerade der Strom in dieser Verbindungsleitung gesucht wird; dann wird dieser Verbindung eine Impedanz $Z = 0$ zugeordnet und sie wird als Zweig bewertet.

Ein **Zweig** verbindet zwei Knoten miteinander durch beliebige Schaltelemente, die alle von demselben Strom durchflossen werden.
Unter **Masche** versteht man in der Netzwerkanalyse einen in sich geschlossenen Kettenzug von Zweigen und Knoten.
Die Hauptaufgabe der Netzwerkanalyse ist die Bestimmung aller Spannungen und Ströme in einer Schaltung, wobei auch andere Aufgaben auftreten können, z.B. die Bestimmung einzelner Ströme oder Spannungen, der Verbraucher-Impedanz bei der Leistungsanpassung u.v.a.
Hat das Netzwerk z Zweige, so sind $2z$ Unbekannte zu bestimmen. Berücksichtigt man jedoch das Ohmsche Gesetz: $\underline{U} = \underline{Z} \cdot \underline{I}$, bleiben lediglich z Ströme oder z Spannungen zu bestimmen.
Die z Unbekannten können grundsätzlich in jedem Sinusstromnetzwerk durch Anwendung der zwei Kirchhoffschen Sätze bestimmt werden, wie im Abschnitt 11.1 gezeigt wurde. Hier sollen kurz einige **Regeln** angegeben werden, die bei der Vermeidung von Fehlern helfen sollen:

1. Zunächst soll für die Schaltung ein übersichtliches *Ersatzschaltbild* mit allen Schaltelementen *skizziert* werden.

2. Alle Spannungs- (oder Strom-)quellen werden durchnummeriert und mit *Zählpfeilen* versehen.

3. In alle Zweige werden *Zählpfeile für die Ströme* eingezeichnet.
Selbstverständlich sind alle Spannungen und Ströme Sinusgrößen, die ihre Richtung und Größe periodisch ändern. Trotzdem muss festgelegt werden, in welcher Richtung Strom i und Spannung u in einem bestimmten Augenblick *positiv gezählt* werden, sonst kann man die Gesetze nicht anwenden.

4. Jetzt kann man in *(k-1) Knoten* die Summe der komplexen Ströme gleich Null setzen. Ein Knoten muss ohne Gleichung bleiben! Man zählt dabei entweder *alle* hineinfließenden oder *alle* herausfließenden Ströme als positiv.

5. Der 2. Satz von Kirchhoff wird in $m = z - k + 1$ *Maschen* angewendet. In jeder Masche wird ein *Umlaufsinn* gewählt, der innerhalb der Masche beibehalten wird. Quellenspannungen $\underline{U}_{q\mu}$ und Spannungsabfälle $\underline{U}_{\mu} = \underline{Z}_{\mu} \cdot \underline{I}_{\mu}$, deren Zählpfeile dem als positiv gewählten Umlaufsinn folgen, werden mit positivem Vorzeichen behaftet, die anderen mit negativem.

6. Das aufgestellte lineare Gleichungssystem mit *z komplexen* Gleichungen muss aufgelöst werden. Jede komplexe Gleichung liefert zwei reelle Gleichungen, da sowohl die Real- als auch die Imaginärteile gleich sind. Somit bestimmt man die z komplexen Ströme mit ihren Effektivwerten und Nullphasenwinkeln.

Obwohl die Kirchhoffschen Sätze, zusammen mit dem Ohmschen Gesetz, immer zu den unbekannten Strömen und Spannungen führen, werden bei Sinusstromnetzwerken, wie bei Gleichstrom, meist andere Verfahren zur Netzwerkanalyse angewendet, die die Anzahl der zu lösenden Gleichungen entscheidend verringern. Diese Berechnungsverfahren werden in den folgenden Abschnitten beschrieben, wobei es sich um eine Übertragung vom Gleichstrom auf Sinusstrom handelt.

11.6.2. Überlagerungssatz (Superpositionsprinzip)

In *linearen* Schaltungen kann man für *lineare* Größen das Überlagerungsgesetz (Superpositionsprinzip) zur Berechnung der Ströme und Spannungen anwenden, was auch bei Wechselstrom oft vorteilhaft ist.
Eine Schaltung ist linear, wenn alle darin enthaltenen Zweipole: Wirkwiderstände R, Induktivitäten L und Kapazitäten C unabhängig von Strom I und Spannung U sind und die Quellen unabhängig von der Last konstante Quellenspannungen U_q oder konstante Quellenströme I_q liefern.
In solchen Schaltungen verhalten sich linear die Spannung $\underline{U}$ und der Strom $\underline{I}$, die nach dem Ohmschen Gesetz in linearen Zweipolen linear voneinander abhängen. Sie können somit überlagert werden; demgegenüber dürfen die Wirkleistungen, die quadratisch (und nicht linear) von I oder U abhängen, *nicht* überlagert werden.
In einem linearen Netzwerk mit mehreren Quellen kann man gemäß dem Überlagerungssatz die Wirkung einzelner Quellen *nacheinander* getrennt betrachten und die resultierende Wirkung durch Überlagerung der Einzelwirkungen finden.

Die Strategie zur Anwendung des Überlagerungssatzes enthält die folgenden Schritte:

1. Alle Quellen bis auf *eine* werden als energiemäßig nicht vorhanden angesehen, d.h.: die Spannungsquellen werden als spannungslos (kurzgeschlossen) und die Stromquellen als stromlos (unterbrochen) betrachtet, während ihre inneren Scheinwiderstände (in Reihe zu den Spannungsquellen) und Scheinleitwerte (parallel zu den Stromquellen) wirksam bleiben.

2. Mit der einzig wirksamen Quelle berechnet man die *komplexen Teilströme* in den Zweigen der Schaltung.

3. Man lässt alle n Quellen *nacheinander* wirken und berechnet jedes Mal die Verteilung der Teilströme (also n unterschiedliche Stromverteilungen).

4. Die tatsächlichen Zweigströme werden durch *Überlagerung* der Teilströme, unter Beachtung ihrer Phasenlage, bestimmt.

Der Überlagerungssatz eignet sich zur Berechnung von Schaltungen mit mehreren Quellen, wenn deren Wirkungen - einzeln betrachtet - leicht zu bestimmen sind und auch wenn die Quellen Ströme mit verschiedenen Frequenzen liefern (z.B. Überlagerungen von Gleich- und Wechselstrom oder von Wechselströmen verschiedener Frequenz).
Bei der Anwendung des Überlagerungsverfahrens hat man nur Netzwerke mit einem einzigen aktiven Zweig zu berechnen, d.h.: man muss Gesamtimpedanzen bestimmen und die Stromteilerregel (oder auch andere Strategien zur Bestimmung der Stromverteilungen) benutzen.

■ Beispiel 11.13

In der folgenden Schaltung soll der Strom $\underline{I}_3$ mit Hilfe des Überlagerungssatzes bestimmt werden.

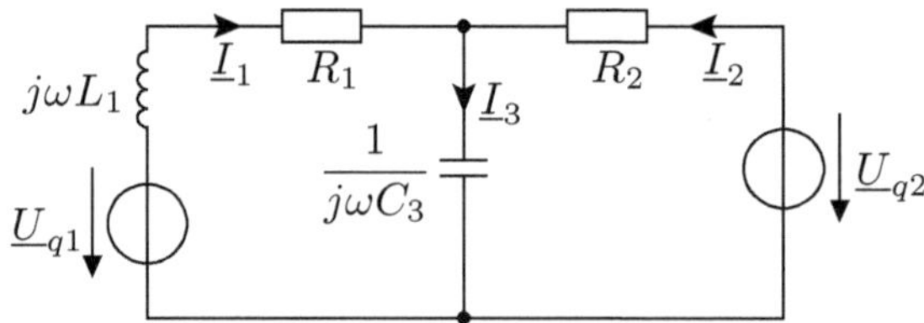

Lösung:

Man lässt zunächst die Quelle 1 allein wirken (s. Bild unten, a).

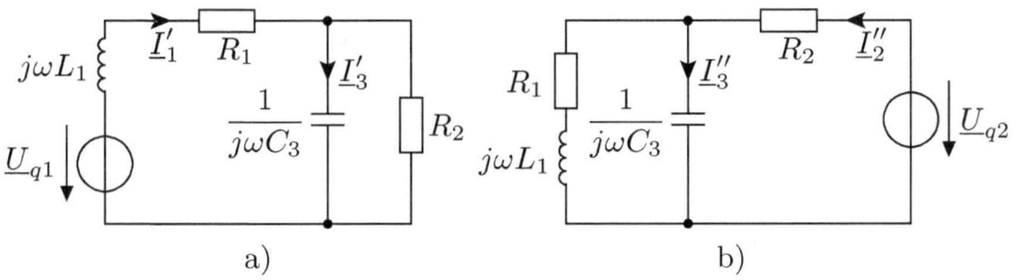

Wenn:

$$\underline{Z}_1 = R_1 + j\omega L_1 \quad , \quad \underline{Z}_2 = R_2 \quad , \quad \underline{Z}_3 = \frac{1}{j\omega C_3}$$

ist, dann gilt für den Teilstrom $\underline{I}_3'$*:*

$$\underline{I}_3' = \underline{I}_1' \frac{\underline{Z}_2}{\underline{Z}_2 + \underline{Z}_3}$$

mit:

$$\underline{I}_1' = \frac{\underline{U}_{q1}}{\underline{Z}_1 + \frac{\underline{Z}_2\,\underline{Z}_3}{\underline{Z}_2 + \underline{Z}_3}} = \frac{\underline{U}_{q1}(\underline{Z}_2 + \underline{Z}_3)}{\underline{Z}_1\underline{Z}_2 + \underline{Z}_2\underline{Z}_3 + \underline{Z}_3\underline{Z}_1}$$

$$\underline{I}_3' = \frac{\underline{U}_{q1}\,\underline{Z}_2}{\underline{Z}_1\underline{Z}_2 + \underline{Z}_2\underline{Z}_3 + \underline{Z}_3\underline{Z}_1} .$$

Jetzt soll die zweite Quelle allein wirken (s. Bild b):

$$\underline{I}_3'' = \underline{I}_2'' \frac{\underline{Z}_1}{\underline{Z}_1 + \underline{Z}_3}$$

$$\underline{I}_2'' = \frac{\underline{U}_{q2}}{\underline{Z}_2 + \frac{\underline{Z}_1\,\underline{Z}_3}{\underline{Z}_1 + \underline{Z}_3}} = \frac{\underline{U}_{q2}(\underline{Z}_1 + \underline{Z}_3)}{\underline{Z}_1\underline{Z}_2 + \underline{Z}_2\underline{Z}_3 + \underline{Z}_3\underline{Z}_1} .$$

Der zweite Teilstrom ist somit:

$$\underline{I}_3'' = \frac{\underline{U}_{q2}\,\underline{Z}_1}{\underline{Z}_1\underline{Z}_2 + \underline{Z}_2\underline{Z}_3 + \underline{Z}_3\underline{Z}_1} .$$

Die Überlagerung ergibt:

$$\underline{I}_3 = \underline{I}_3' + \underline{I}_3'' = \frac{\underline{U}_{q1}\,\underline{Z}_2 + \underline{U}_{q2}\,\underline{Z}_1}{\underline{Z}_1\underline{Z}_2 + \underline{Z}_2\underline{Z}_3 + \underline{Z}_3\underline{Z}_1}$$

oder, mit den entsprechenden Admittanzen:

$$\underline{I}_3 = \underline{Y}_3 \frac{\underline{U}_{q1}\underline{Y}_1 + \underline{U}_{q2}\underline{Y}_2}{\underline{Y}_1 + \underline{Y}_2 + \underline{Y}_3}\,.$$

Wenn man die Ausdrücke für die drei Impedanzen einsetzt ergibt sich:

$$\underline{I}_3 = \frac{\underline{U}_{q1}R_2 + \underline{U}_{q2}(R_1 + j\omega L_1)}{R_1R_2 + \frac{L_1}{C_3} + j(\omega L_1 R_2 - \frac{R_1 + R_2}{\omega C_3})}\,.$$

■

■ **Aufgabe 11.5**
In der bereits in Aufgabe 11.4 behandelten Schaltung (s. Bild) soll der Strom $\underline{I}_3$ *jetzt mit dem Überlagerungssatz bestimmt werden.*

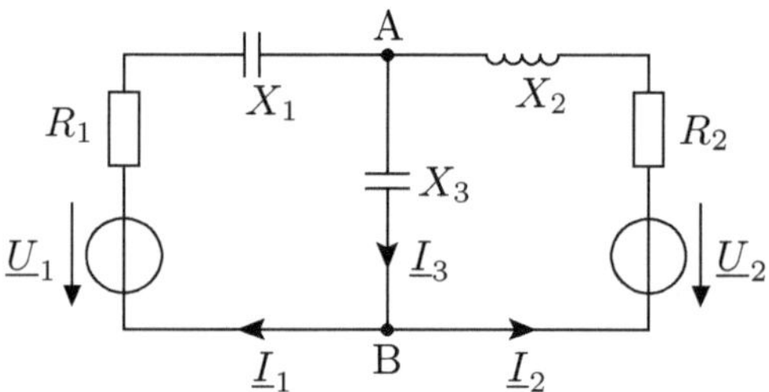

Es gilt: $R_1 = 5\,\Omega$, $X_1 = -20\,\Omega$, $X_2 = 5\,\Omega$, $R_2 = 10\,\Omega$, $X_3 = -20\,\Omega$, $\underline{U}_1 = (200 - j50)\,V$, $\underline{U}_2 = (100 - j175)\,V$.

■

11.6.3. Maschenstromverfahren

Zur Anwendung der zwei meist eingesetzten Rechenmethoden der Netzwerkanalyse: Maschenstrom- und Knotenpotentialverfahren (Abschnitt 11.6.4) werden einige Begriffe der **Topologie** der Netzwerke benötigt, die kurz wiederholt werden sollen.

- Die rein geometrische Anordnung einer Schaltung, die durch eine Skizze der Knoten und der sie verbindenden Zweige (ohne Schaltelemente und Quellen) dargestellt wird, nennt man *Graph.* Die Zweige des Graphs sollen sinnvollerweise durchnummeriert werden. Werden auch die Zählpfeile für die Ströme in den Graph eingetragen, so erhält man einen *gerichteten* Graph, wie auf Abbildung 11.13 c) dargestellt.

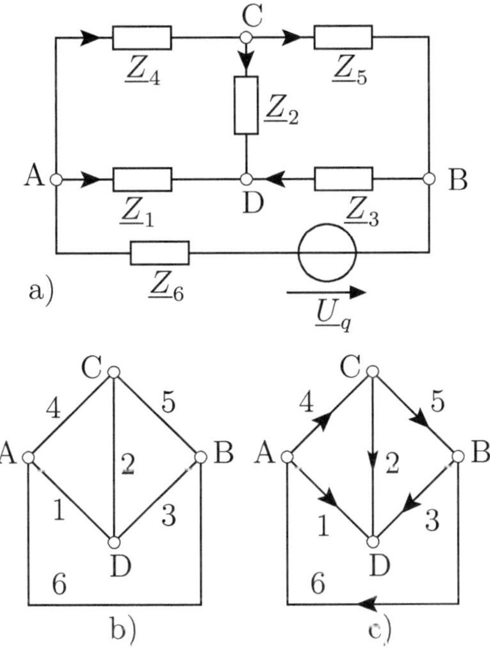

Abbildung 11.13.: Brückenschaltung a), Graph b), und gerichteter Graph c).

- Ein System von Zweigen, das *alle* Knoten miteinander verbindet, *ohne* dass geschlossene Maschen entstehen, nennt man *vollständigen Baum.* Alle 16 möglichen Bäume für die Brückenschaltung von Abbildung 11.13 wurden bereits im Abschnitt 7.3 (Abbildung 7.5) gezeigt.
- Die Zweige des vollständigen Baumes nennt man *Baumzweige.* Ihre Zahl ist $(k-1)$, was leicht ersichtlich ist: nimmt man den k-ten Zweig dazu, so entsteht eine geschlossene Masche. Jeder Baum der Brückenschaltung muss 3 Zweige $(k-1=4-1=3)$ haben.
- Die restlichen $(z-k+1)$ Zweige nennt man *Verbindungszweige.* Sie bilden ein System *unabhängiger* Zweige. Mit ihnen kann man m unabhängige Maschen bilden, wie man weiter sehen wird. Bei der untersuchten Brückenschaltung ist $z-k+1=6-4+1=3$.

Die Idee des Maschenstromverfahrens besteht darin, nur die m unabhängigen Ströme, die in den Verbindungszweigen fließen, die so genannten *Maschenströme*, zu bestimmen. Die restlichen $k-1$ abhängigen Ströme, die in den Baumzweigen fließen, ergeben sich anschließend durch Überlagerung der Maschenströme. Weitere Details findet der Leser in Abschnitt 7.4.

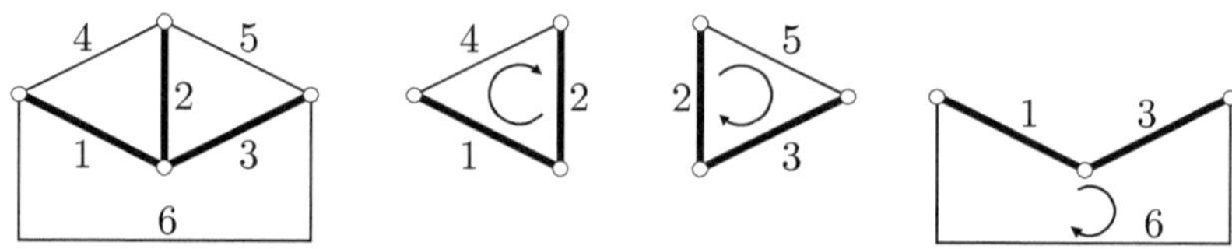

Abbildung 11.14.: Möglicher Baum und unabhängige Maschen für die Brückenschaltung aus Abbildung 11.13 a)

Als Beispiel ist in Abbildung 11.14 ein vollständiger Baum für die Brückenschaltung (Abbildung 11.13 a)) dargestellt; daneben sind die 3 unabhängigen Maschen, die diesem Baum entsprechen, gezeichnet worden. In jeder Masche ist nur *ein* Verbindungszweig vorhanden. Das Maschenstromverfahren geht davon aus, dass in jeder Masche ein „Maschenstrom" fließt und zwar derjenige, der in dem Verbindungszweig fließt.
Das Gleichungssystem für die Maschenströme kann sofort in Matrizenform geschrieben werden und sieht für die Schaltung auf Abbildung 11.13 a), mit der Baumwahl von Abbildung 11.14, folgendermaßen aus:

$\underline{I}_4$	$\underline{I}_5$	$\underline{I}_6$	
$\underline{Z}_1 + \underline{Z}_2 + \underline{Z}_4$	$-\underline{Z}_2$	$-\underline{Z}_1$	0
$-\underline{Z}_2$	$\underline{Z}_2 + \underline{Z}_3 + \underline{Z}_5$	$-\underline{Z}_3$	0
$-\underline{Z}_1$	$-\underline{Z}_3$	$\underline{Z}_1 + \underline{Z}_3 + \underline{Z}_6$	$\underline{U}_q$

Die **Impedanzmatrix** (Koeffizientenmatrix) wird nach denselben Regeln wie bei Gleichstrom aufgestellt, nur dass hier komplexe Ströme, Spannungen und Impedanzen auftreten.

- Die Elemente der *Hauptdiagonalen* enthalten jeweils die Summe sämtlicher Impedanzen in der betreffenden Masche (*Umlaufimpedanz*). Sie erhalten immer *positive* Vorzeichen.

- Die übrigen Elemente (*Kopplungsimpedanzen*) liegen *symmetrisch* zur Hauptdiagonalen. Sie erhalten das positive Vorzeichen, wenn die Zählpfeile für die zwei Maschenströme die sie durchfließen gleichsinnig sind, andernfalls das negative Vorzeichen. Sie können auch gleich Null sein, wenn die zwei betreffenden Maschen nicht „gekoppelt" sind, d.h. keinen gemeinsamen Zweig haben.

- Auf der rechten Seite steht jeweils die *Summe* der komplexen Quellenspannungen in der Masche, mit positivem Vorzeichen, wenn ihr Zählpfeil dem Zählpfeil des Maschenstroms *entgegengerichtet* ist, andernfalls mit negativem Vorzeichen.

Ganz allgemein können die Spannungsgleichungen für das Maschenstromverfahren als die folgende Matrizengleichung geschrieben werden:

$$\begin{vmatrix} \underline{Z}_{11} & \underline{Z}_{12} & \cdots & \underline{Z}_{1m} \\ \underline{Z}_{21} & \underline{Z}_{22} & \cdots & \underline{Z}_{2m} \\ \vdots & \vdots & & \vdots \\ \underline{Z}_{m1} & \underline{Z}_{m2} & \cdots & \underline{Z}_{mm} \end{vmatrix} \cdot \begin{vmatrix} \underline{I}'_1 \\ \underline{I}'_2 \\ \vdots \\ \underline{I}'_m \end{vmatrix} = \begin{vmatrix} \underline{U}'_{q1} \\ \underline{U}'_{q2} \\ \vdots \\ \underline{U}'_{qm} \end{vmatrix} \tag{11.39}$$

Hier bedeuten:

- $\underline{I}'_i$ die unbekannten Maschenströme
- $\underline{Z}_{ii}$ die Umlaufimpedanzen, deren Vorzeichen immer positiv genommen wird
- $\underline{Z}_{ij} = \underline{Z}_{ji}$ die Kopplungsimpedanzen, mit positivem oder negativem Vorzeichen
- $\underline{U}'_{qi}$ die Summe der komplexen Quellenspannungen in der Masche i.

Die **Regeln** zur Anwendung des Maschenstromverfahrens sind dieselben wie bei Gleichstrom und können von Abschnitt 7.4 direkt übernommen werden.
Die **Vorteile** der Maschenstromanalyse gegenüber der unmittelbaren Anwendung der Kichhoffschen Gleichungen sind die Reduzierung der Anzahl der Gleichungen von z auf $(z-k+1)$ und die Schematisierung der Lösungsstrategie, die auch komplizierte Netzwerkaufgaben der Lösung mit Digitalrechnern zugänglich macht.
Einige Beispiele sollen die Anwendung dieser Methode ausführlich erläutern.

■ Beispiel 11.14

In der folgenden („Poleckschen“) Schaltung soll zwischen dem Strom $\underline{I}_2$ und der angelegten Spannung $\underline{U}$ eine Phasenverschiebung von 90° bestehen.

Die dazu von den Schaltelementen L und C zu erfüllende Beziehung ist mit Hilfe des Maschenstromverfahrens zu bestimmen.

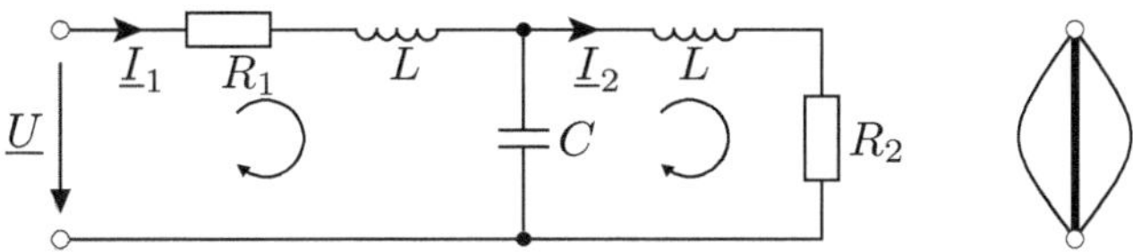

Lösung

Man wählt $\underline{I}_2$ als Maschenstrom. Mit:

$$\underline{Z}_1 = R_1 + j\omega L$$
$$\underline{Z}_2 = R_2 + j\omega L$$
$$\underline{Z}_3 = \frac{1}{j\omega C}$$

ergibt sich das folgende Gleichungssystem für die zwei Maschenströme:

$\underline{I}_1$	$\underline{I}_2$	
$\underline{Z}_1 + \underline{Z}_3$	$-\underline{Z}_3$	$\underline{U}$
$-\underline{Z}_3$	$\underline{Z}_2 + \underline{Z}_3$	0

Den Strom $\underline{I}_1$ kann man aus der 2. Gleichung eliminieren:

$$\underline{I}_1 = \underline{I}_2 \frac{\underline{Z}_2 + \underline{Z}_3}{\underline{Z}_3} \,.$$

Aus der 1. Gleichung wird:

$$\underline{I}_2 \frac{(\underline{Z}_2 + \underline{Z}_3)(\underline{Z}_1 + \underline{Z}_3)}{\underline{Z}_3} - \underline{Z}_3 \underline{I}_2 = \underline{U}$$

$$\underline{I}_2 \frac{\underline{Z}_1 \cdot \underline{Z}_2 + \underline{Z}_2 \cdot \underline{Z}_3 + \underline{Z}_3 \cdot \underline{Z}_1}{\underline{Z}_3} = \underline{U}$$

$$\underline{I}_2 (\underline{Z}_1 \cdot \underline{Z}_2 \cdot \underline{Y}_3 + \underline{Z}_1 + \underline{Z}_2) = \underline{U} \,.$$

Mit den Schaltelementen ergibt sich:

$$\underline{I}_2 \left[(R_1 + j\omega L)(R_2 + j\omega L) j\omega C + R_1 + j\omega L + R_2 + j\omega L \right] = \underline{U}$$

$$\underline{I}_2 \left[(R_1 + R_2) - \omega^2 LC(R_1 + R_2) + j(R_1 R_2 \omega C - \omega^2 L^2 \omega C + 2\omega L) \right] = \underline{U} \,.$$

Damit die Phasenverschiebung zwischen $\underline{I}_2$ und $\underline{U}$ gleich 90° wird, muss der Realteil Null sein:

$$(R_1 + R_2) - \omega^2 LC(R_1 + R_2) = (R_1 + R_2)(1 - \omega^2 LC) = 0.$$

$$\omega^2 LC = 1 \,, \quad \omega L = \frac{1}{\omega C} \,,$$

da $(R_1 + R_2) \neq 0$ ist. Die geforderte Bedingung wird damit:

$$\underline{U} = j \underline{I}_2 \left(\frac{R_1 R_2}{\omega L} + \omega L \right) .$$

■

■ Beispiel 11.15
Die drei Zweigströme $\underline{I}_1$, $\underline{I}_2$ und $\underline{I}_3$ in der folgenden Schaltung sollen mit dem Maschenstromverfahren bestimmt werden. Unabhängig sollen dabei die Ströme $\underline{I}_1$ und $\underline{I}_3$ sein.

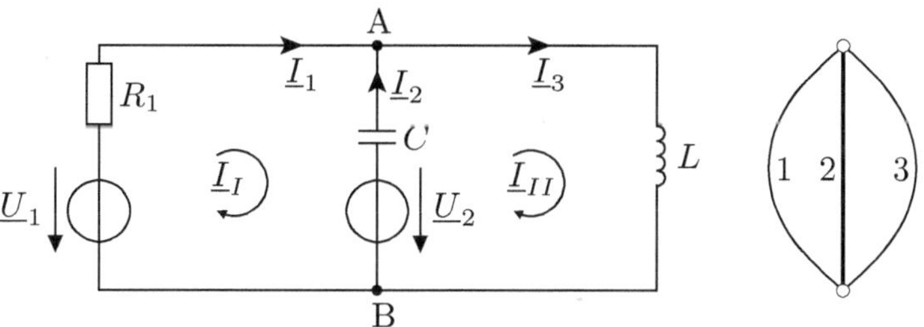

Bekannt sind: $R_1 = 1\,\Omega$, $X_L = 1\,\Omega$, $X_C = -1\,\Omega$, $\underline{U}_1 = 10\,V$, $\underline{U}_2 = 15\,V$.

Lösung

Man schreibt das Gleichungssystem für die zwei Maschenströme $\underline{I}_I$ *und* $\underline{I}_{II}$ *(s. Bild) in Matrixform:*

$$\begin{array}{cc|c} \underline{I}_I & \underline{I}_{II} & \\ \hline R_1 + jX_C & -jX_C & \underline{U}_1 - \underline{U}_2 \\ -jX_C & jX_L + jX_C & \underline{U}_2 \end{array}$$

mit Zahlen:

$$\begin{array}{cc|c} \underline{I}_I & \underline{I}_{II} & \\ \hline (1-j)\,\Omega & j\,\Omega & -5\,V \\ j\,\Omega & 0 & 15\,V \end{array}$$

Die unbekannten Maschenströme ergeben sich als:

$$\underline{I}_I = -j15\,A\,, \quad \underline{I}_{II} = (15 - j10)\,A\,.$$

Die gesuchten Zweigströme sind:

$$\underline{I}_1 = \underline{I}_I = -j15\,A\,; \quad \underline{I}_2 = \underline{I}_{II} - \underline{I}_I = (15 + j5)\,A\,; \quad \underline{I}_3 = \underline{I}_{II} = (15 - j10)\,A\,.$$

■

■ Aufgabe 11.6

In der folgenden Schaltung sind bekannt:

$$R_1 = 5\,\Omega\,; \quad X_1 = -20\,\Omega\,; \quad X_2 = 5\,\Omega\,; \quad R_2 = 10\,\Omega\,; \quad X_3 = -20\,\Omega\,.$$

$$\underline{U}_1 = (200 - j50)\,V\,; \quad \underline{U}_2 = (100 - j175)\,V\,.$$

$\underline{I}_1$ X_1 R_1 $\underline{U}_1$ $\underline{I}_I$ $\underline{I}_3$ X_3 $\underline{I}_{II}$ $\underline{I}_2$ X_2 R_2 $\underline{U}_2$

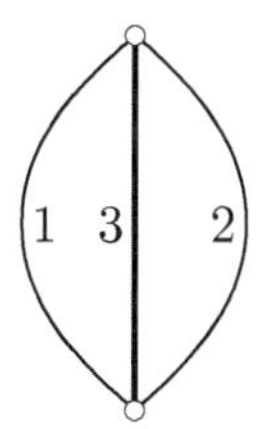

Die drei Zweigströme $\underline{I}_1$, $\underline{I}_2$, $\underline{I}_3$ sollen mit dem Maschenstromverfahren bestimmt werden.

■

■ **Aufgabe 11.7**

In der folgenden Schaltung mit 4 Knoten und 6 Zweigen sollen alle 6 unbekannten Zweigströme mit dem Maschenstromverfahren bestimmt werden.

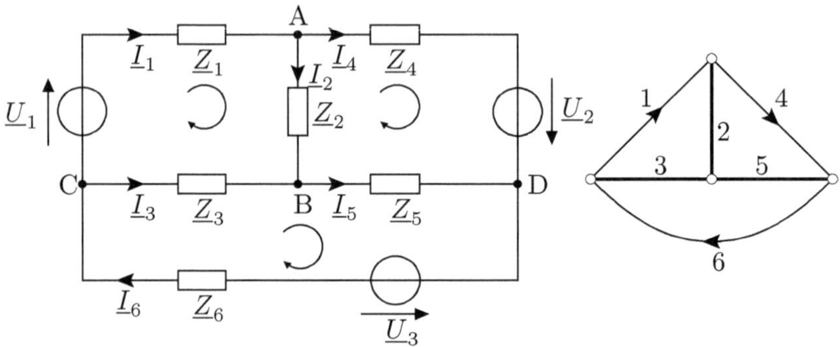

Gegeben sind: $\underline{Z}_1 = j2\,\Omega$, $\underline{Z}_2 = j5\,\Omega$, $\underline{Z}_3 = -j5\,\Omega$,
$\underline{Z}_4 = -j5\,\Omega$, $\underline{Z}_5 = 3\,\Omega$, $\underline{Z}_6 = (3 + j5)\,\Omega$,
$\underline{U}_1 = (5 - j9)\,V$, $\underline{U}_2 = (3 + j13)\,V$, $\underline{U}_3 = (9 + j16)\,V$.

■

11.6.4. Knotenpotentialverfahren

Eine weitere Methode der Netzwerkanalyse ist das Knotenpotentialverfahren, das ausführlich in Abschnitt 7.5 behandelt wurde. Es geht von der Feststellung aus, dass man auch die Zweigspannungen in „unabhängige“ und „abhängige“ aufteilen kann. Die unabhängigen Spannungen bestimmen eindeutig die gesamte Verteilung der Spannungen - und somit auch der Ströme - in dem Netzwerk. Welche und wie viele Spannungen sind unabhängig?

Man kann die Frage leicht beantworten, wenn man wieder das Beispiel der Brückenschaltung (Abbildung 11.13, a) und einen möglichen vollständigen Baum für die Brücke (Abbildung 11.15) betrachtet.

Für diesen vollständigen Baum sind die Baumspannungen: $\underline{U}_1$, $\underline{U}_2$ und $\underline{U}_3$. Man ersieht leicht, dass die Baumzweigspannungen unabhängig sind und dass sie alle anderen Spannungen (in den Verbindungszweigen) eindeutig bestimmen. In der Tat verbindet der vollständige Baum alle Knoten miteinander, ohne eine geschlossene Masche zu bilden. Nimmt man irgendeinen Verbindungszweig hinzu, so entsteht eine Masche, in der die Summe der Spannungen gleich Null *sein muss*! Somit ist die hinzugekommene Spannung des Verbindungszweiges nicht mehr frei wählbar, sondern wird von den Baumzweigspannungen bestimmt.

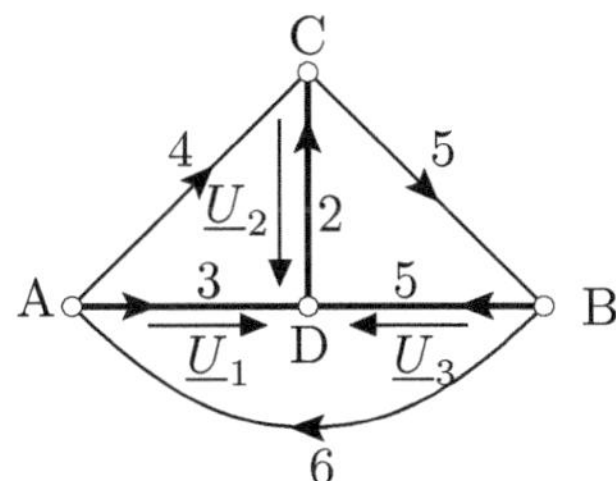

Abbildung 11.15.: Vollständiger Baum für die Brückenschaltung Abbildung 11.13, a) und unabhängige Spannungen

In der Abbildung 11.15 ergeben sich die drei abhängigen Spannungen: $\underline{U}_4$, $\underline{U}_5$ und $\underline{U}_6$ als:

$$U_1 - U_2 = U_4$$

$$U_2 - U_3 = U_5$$

$$U_3 - U_1 = U_6.$$

Die Spannungen der Verbindungszweige sind nicht frei wählbar, dagegen bilden die $(k-1)$ Spannungen der Baumzweige ein System von linear unabhängigen Spannungen.
Dass die Baumzweigspannungen die gesamte Spannungsverteilung bestimmen, kann man auch mit Hilfe des folgenden Gedankenexperimentes erkennen: Wenn alle Spannungen längs der Baumzweige gleich Null gemacht werden, indem man die Baumzweige kurzschließt, ist das *gesamte* Netzwerk spannungsfrei. In der Tat, werden somit alle Knoten des Netzwerkes miteinander verbunden, denn der vollständige Baum enthält alle Knoten. Somit kann keine Spannung im Netzwerk vorhanden sein, die unabhängig von den Baumzweigspannungen ist. Zur Analyse eines Netzwerkes reicht somit aus, die *(k - 1)* Baumzweigspannungen zu berechnen. Diese sind bekannt, wenn die Potentiale der k Knoten bekannt sind.
Die Zahl $(k-1)$ ist meistens kleiner als $m = (z-k+1)$, so dass das Gleichungssystem zur Bestimmung der unabhängigen Spannungen oft die kleinste Anzahl der Gleichungen aufweist, die man zur vollständigen Analyse eines Netzwerkes schreiben kann. Für Schaltungen mit wenigen Knoten ist das Knotenpotentialverfahren somit meist das günstigste Verfahren.
Das Knotenpotentialverfahren operiert, wie der Name sagt, mit den elektrischen Potentialen der Knoten. Da das Potential nur bis auf eine Konstante definiert ist, kann man irgendeinem *beliebigen* Knoten das Potential Null zuordnen. In der Praxis kann dieser Knoten durch das Gehäuse (Chassis) der Schaltung gebildet werden, das dann auf Erdpotential ($\varphi = 0$) gelegt wird. Doch auch jeder andere Knoten kann gedanklich das Potential Null erhalten

und als *Bezugsknoten* gewählt werden.
Es bleiben somit $(k-1)$ Knotenpotentiale zu bestimmen.
Mit der Wahl des Bezugsknotens hat man auch den vollständigen Baum festgelegt. Dieser verbindet *strahlenförmig* alle übrigen Knoten mit dem Bezugsknoten. Die unabhängigen Spannungen der Baumzweige haben jetzt eine bestimmte Richtung: Sie sind zu dem Bezugsknoten gerichtet, denn dieser hat das Potential Null.
Für die bereits betrachtete Brückenschaltung (Abbildung 11.13, a) ergibt sich der folgende Graph, wenn der Knoten D als Bezugsknoten gewählt wird:

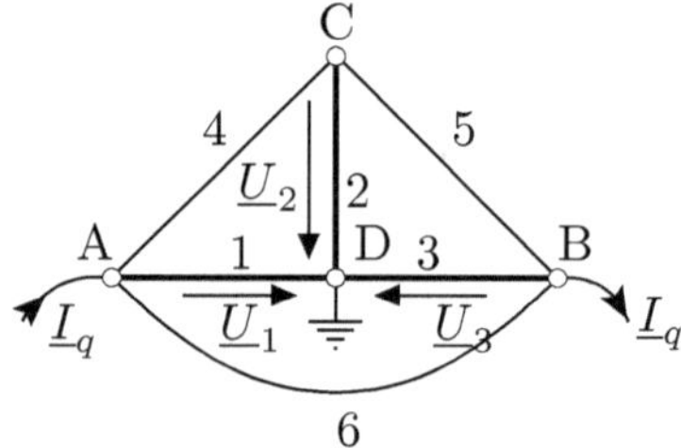

Abbildung 11.16.: Graph zur Bestimmung der Potentiale der Knoten A, B und C

Die Knotenanalyse liefert die drei Spannungen $\underline{U}_1$, $\underline{U}_2$ und $\underline{U}_3$, mit den oben eingezeichneten Richtungen, wobei die ursprünglich als positiv gezählten Richtungen der Ströme in den Zweigen 1, 2, 3 hier nicht bestimmend sind.
Um Spannungen leicht zu bestimmen, ist es sinnvoll, das Ohmsche Gesetz in der Form: $\underline{I} = \underline{Y} \cdot \underline{U}$ anzuwenden. Dazu müssen *alle Spannungsquellen in Stromquellen* umgewandelt und *alle Impedanzen $\underline{Z}$ in Admittanzen $\underline{Y}$* umgerechnet werden. Die Richtungen der Quellenströme sollen in den betreffenden Knoten skizziert werden, wie auf Abbildung 11.16 gezeigt.
Die komplexe Matrizengleichung für die unabhängigen Spannungen kann für jede Schaltung direkt aufgestellt werden, wenn man die folgenden **Regeln** befolgt:

1. Zunächst muss die vorgegebene Schaltung, in die bereits willkürliche Zählpfeile für die Ströme eingetragen wurden, umgeformt werden, indem man alle eventuell vorhandenen *Spannungsquellen* in *Stromquellen* mit den komplexen Strömen $\underline{I}_{qi}$ umwandelt und alle *Impedanzen* in *Admittanzen* umrechnet. Parallel geschaltete Stromquellen und Admittanzen können zusammengefasst werden.

2. Man wählt einen beliebigen *Bezugsknoten*, dem man das Potential Null zuordnet. Der Knoten mit den meisten Zweiganschlüssen ergibt das einfachste Gleichungssystem.

Die Spannungen zwischen den übrigen Knoten und dem Bezugsknoten sind die $(k-1)$ unabhängigen Spannungen, die bestimmt werden sollen.

3. Der Bezugsknoten legt den vollständigen Baum fest: Dieser verbindet *strahlenförmig* den Bezugsknoten mit den restlichen $(k-1)$ Knoten. Die *Zählpfeile* der Knotenspannungen sind *zu dem Bezugsknoten* gerichtet.

4. Das *Gleichungssystem* in Matrizenform kann direkt gebildet werden und hat die allgemeine Form:

$$\begin{vmatrix} \underline{Y}_{11} & \underline{Y}_{12} & \cdots & \underline{Y}_{1\,(k-1)} \\ \underline{Y}_{21} & \underline{Y}_{22} & \cdots & \underline{Y}_{2\,(k-1)} \\ \vdots & \vdots & & \vdots \\ \underline{Y}_{(k-1)\,1} & \underline{Y}_{(k-1)\,2} & \cdots & \underline{Y}_{(k-1)\,(k-1)} \end{vmatrix} \cdot \begin{vmatrix} \underline{U}'_1 \\ \underline{U}'_2 \\ \vdots \\ \underline{U}'_{(k-1)} \end{vmatrix} = \begin{vmatrix} \underline{I}'_{q1} \\ \underline{I}'_{q2} \\ \vdots \\ \underline{I}'_{q\,(k-1)} \end{vmatrix} \tag{11.40}$$

Jede Gleichung entspricht einem von den $(k-1)$ unabhängigen Knoten. *Der Bezugsknoten erhält keine Gleichung!*
In der Gleichung (11.40) bedeuten:

- $\underline{Y}_{ii}$ die Summe aller Admittanzen der Zweige, die in dem betreffenden Knoten verbunden sind; alle werden mit *positivem* Vorzeichen behaftet.
- $\underline{Y}_{ij} = \underline{Y}_{ji}$ die *Kopplungsadmittanzen*, die den betreffenden Knoten mit den übrigen unabhängigen Knoten (*nicht* mit dem Bezugsknoten) verbinden. Sie werden stets mit einem *negativen* Vorzeichen behaftet. Befindet sich zwischen zwei Knoten unmittelbar keine Admittanz, so wird an die entsprechende Stelle der Admittanzmatrix eine Null gesetzt.
- $\underline{U}'_i$ die unabhängigen Spannungen
- $\underline{I}'_{qi}$ die Summe aller *Quellenströme*, die in den betreffenden Knoten fließen. Sie werden *positiv* gezählt, wenn sie auf den Knoten weisen, andernfalls negativ. Diese Richtungen sind keine willkürlichen Zählrichtungen!

5. Das komplexe Gleichungssystem mit $(k-1)$ Gleichungen wird mit irgendeiner Methode gelöst.

6. Die übrigen $m = z - k + 1$ abhängigen Spannungen werden aus einfachen *Maschengleichungen* bestimmt. Dazu kehrt man am besten zu der ursprünglichen Schaltung zurück, trägt die bei Pkt.5 bestimmten $(k-1)$ Spannungen ein und bildet Maschen, in denen jeweils ein Verbindungszweig vorhanden ist, so dass man seine Spannung direkt berechnen kann. Allerdings können die gesuchten Ströme auch mit der 1. Kirchhoffschen Gleichung (Knotengleichung) bestimmt werden.

7. Sinnvollerweise sollen die Ergebnisse durch Anwendung der Kirchhoffschen Sätze *überprüft* werden.

Für die Schaltung auf Abbildung 11.16 lautet das komplexe Gleichungssystem:

$$\begin{vmatrix} \underline{Y}_1+\underline{Y}_4+\underline{Y}_6 & -\underline{Y}_4 & -\underline{Y}_6 \\ -\underline{Y}_4 & \underline{Y}_2+\underline{Y}_4+\underline{Y}_5 & -\underline{Y}_5 \\ -\underline{Y}_6 & -\underline{Y}_5 & \underline{Y}_3+\underline{Y}_5+\underline{Y}_6 \end{vmatrix} \cdot \begin{vmatrix} \underline{U}_1 \\ \underline{U}_2 \\ \underline{U}_3 \end{vmatrix} = \begin{vmatrix} \underline{I}_q \\ 0 \\ -\underline{I}_q \end{vmatrix} .$$

■ **Beispiel 11.16**

Für die unten links abgebildeten Schaltung (s. auch Aufgabe 11.4 und Aufgabe 11.5) soll der Strom in dem passiven, mittleren Zweig (diesmal mit dem Knotenpotentialverfahren) bestimmt werden. Es gilt:

$$\underline{Z}_1 = (5-j20)\,\Omega,\ \underline{Z}_2 = (10+j5)\,\Omega,\ \underline{Z}_3 = -j20\,\Omega,$$
$$\underline{U}_1 = (200-j50)\,V,\ \underline{U}_2 = (100-j175)\,V.$$

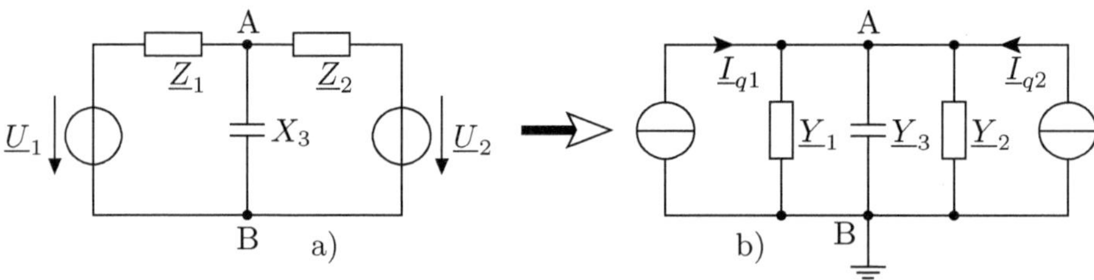

Lösung:

Auf dem Bild rechts ist die zur Anwendung des Knotenpotentialverfahrens umgewandelte Schaltung dargestellt. Als Bezugsknoten wurde B gewählt und geerdet. Die darin enthaltenen Schaltelemente müssen bestimmt werden.

$$\underline{I}_{q1} = \frac{\underline{U}_1}{\underline{Z}_1} = \frac{200-j50}{5-j20}\,A = (4,706+j8,82)\,A$$

$$\underline{I}_{q2} = \frac{\underline{U}_2}{\underline{Z}_2} = \frac{100-j175}{10+j5}\,A = (1-j18)\,A\,.$$

Die gesamte Admittanz $\underline{Y}$ zwischen den Knoten A und B besteht aus drei parallel geschalteten Admittanzen (s. Abbildung, rechts):

$$\underline{Y} = \left(\frac{1}{5-j20} - \frac{1}{j20} + \frac{1}{10+j5}\right) S = (0,0917+j0,057)\,S\,.$$

Die Spannung zwischen dem unabhängigen Knoten A und dem Bezugsknoten B ergibt sich aus der Gleichung:

$$\underline{Y}\cdot\underline{U}_{AB} = \underline{I}_{q1} + \underline{I}_{q2}$$

$$\underline{U}_{AB} = \frac{5,706 - j9,18}{0,0917 + j0,057}\,V = -j100\,V\,.$$

Der gesuchte Strom $\underline{I}_3$ ist somit wieder:

$$\underline{I}_3 = \frac{\underline{U}_{AB}}{\underline{Z}_3} = \frac{-j100}{-j20}\,A = 5\,A\,.$$

Sieht man davon ab, dass man bei dem Knotenpotentialverfahren die Schaltung umwandeln und die neuen Schaltelemente festlegen muss, erscheint dieser Lösungsweg in dem vorliegenden Fall einer Schaltung mit zwei Knoten als der einfachste, da man eine einzige komplexe Gleichung lösen muss.

■

■ Beispiel 11.17

In der folgenden Schaltung sind bekannt:

$$R_1 = 4\,\Omega\,,\ R_3 = R_5 = 2\,\Omega\,,\ \omega L_4 = \frac{1}{\omega C_2} = 1\,\Omega$$

$$u_{q2} = 20V \cdot \sin(\omega t + 45^\circ)\,,\ \ u_{q5} = 20\sqrt{2}V \cdot \sin\omega t\,.$$

Es sollen alle 5 Zweigströme mit dem Knotenpotentialverfahren bestimmt werden (in komplexer Darstellung und als Zeitfunktionen). Als Bezugsknoten gelte der Knoten C.

Lösung*:*

Die Schaltung wird umgeformt, indem die zwei Spannungsquellen in Stromquellen und die Impedanzen in Admittanzen umgewandelt werden.

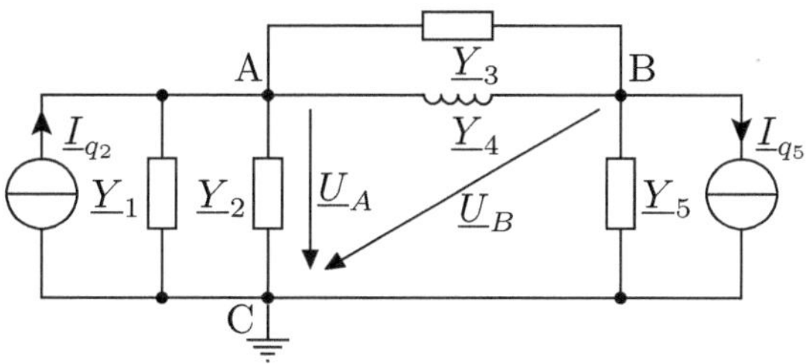

Die Admittanzen sind:

$$\begin{aligned}
\underline{Y}_1 &= \frac{1}{R_1} &&= 0,25\,S\\
\underline{Y}_2 &= j\omega C_2 &&= 1j\,S\\
\underline{Y}_3 &= \frac{1}{R_3} &&= 0,5\,S\\
\underline{Y}_4 &= \frac{1}{j\omega L_4} &&= -1j\,S\\
\underline{Y}_5 &= \underline{Y}_3 &&= 0,5\,S\,.
\end{aligned}$$

Die Gleichungen für die Spannungen $\underline{U}_A$ und $\underline{U}_B$ sind:

$\underline{U}_A$	$\underline{U}_B$	
$\underline{Y}_1 + \underline{Y}_2 + \underline{Y}_3 + \underline{Y}_4$	$-(\underline{Y}_3 + \underline{Y}_4)$	$\underline{I}_{q2}$
$-(\underline{Y}_3 + \underline{Y}_4)$	$\underline{Y}_3 + \underline{Y}_4 + \underline{Y}_5$	$-\underline{I}_{q5}$

Die drei benötigten Koeffizienten der Admittanz-Matrix ergeben sich als:

$$\begin{aligned}
&\underline{Y}_1 + \underline{Y}_2 + \underline{Y}_3 + \underline{Y}_4 = (0,25 + j + 0,5 - j)\,S = 0,75\,S\\
&\underline{Y}_3 + \underline{Y}_4 = (0,5 - j)\,S\\
&\underline{Y}_3 + \underline{Y}_4 + \underline{Y}_5 = (0,5 - j + 0,5)\,S = (1 - j)\,S\,.
\end{aligned}$$

Die zwei Quellenströme, die die rechte Seite des Gleichungssystems bilden, sind:

$$\begin{aligned}
&\underline{I}_{q2} = \underline{U}_{q2} \cdot j\omega C_2 = j\underline{U}_{q2} = j\frac{20}{\sqrt{2}}A \cdot e^{j135^\circ} = 10(-1 + j)\,A\\
&\underline{I}_{q5} = \frac{\underline{U}_{q5}}{R_5} = 10\,A\,.
\end{aligned}$$

Damit wird:

$\underline{U}_A$	$\underline{U}_B$	
$0,75\,S$	$-(0,5 - j)\,S$	$-10(1 - j)A$
$-(0,5 - j)\,S$	$(1 - j)\,S$	$10\,A$

Es ergibt sich für die zwei unbekannten Spannungen, in komplexer Darstellung:

$$\underline{U}_A = 20j\,V$$

$$\underline{U}_B = 10j\,V\,.$$

Diese Spannungen bestimmen alle 5 Zweigströme, die über Maschengleichungen berechnet werden können. Man kehrt zurück zu der ursprünglichen Schaltung, in der auch die Zählrichtungen der Ströme eingetragen wurden.
Der Strom $\underline{I}_1$ ergibt sich direkt aus $\underline{U}_A$:

$$\underline{I}_1 = \frac{\underline{U}_A}{R_1} = 5jA = 5 \cdot e^{j90^\circ}\,A$$

$$i_1 = 5\sqrt{2}\,A\sin(\omega t + 90^\circ)\,.$$

Um den Strom $\underline{I}_2$ zu berechnen, schreibt man die Spannung $\underline{U}_A$ als

$$\underline{U}_A = \underline{U}_{q2} - \frac{\underline{I}_2}{j\omega C_2} \qquad \text{mit } \omega C_2 = 1\,S\,.$$

$$j\underline{I}_2 = \underline{U}_A - \underline{U}_{q2} \quad \Longrightarrow \quad j\underline{I}_2 = j20 - 10(1+j) = j10 - 10$$

$$\underline{I}_2 = 10(1+j)\,A = 14,14\,A \cdot e^{j45^\circ}$$

$$i_2 = 20\,A\sin(\omega t + 45^\circ)\,.$$

Der Strom durch R_3 ergibt sich aus der Maschengleichung:

$$R_3\underline{I}_3 + \underline{U}_B - \underline{U}_A = 0 \quad \Longrightarrow \quad \underline{I}_3 = \frac{j10}{2}A = 5j\,A$$

$$i_3 = 5\sqrt{2}\,A\sin(\omega t + 90^\circ)\,.$$

Die letzten zwei Ströme ergeben sich aus Knotengleichungen in A bzw. B:

$$\underline{I}_4 = \underline{I}_2 - \underline{I}_1 - \underline{I}_3 = [10(1+j) - 5j - 5j]\,A = 10\,A$$

$$i_4 = 10\sqrt{2}\,A\sin\omega t$$

$$\underline{I}_5 = \underline{I}_3 + \underline{I}_4 = (5j + 10)\,A = 11,18\,A \cdot e^{j26,6^\circ}$$

$$i_5 = 15,8\,A\sin(\omega t + 26,6^\circ)\,.$$

■

12. Zweitore

12.1. Definitionen, Begriffe

Von der Zweipoltheorie ist bekannt, welche Vorteile es bringen kann, Teile eines komplizierten Stromkreises in Zweipole zusammenzufassen. Ein Zweipol ist eine Schaltung oder ein Teil einer Schaltung mit zwei Anschlüssen (Klemmen).

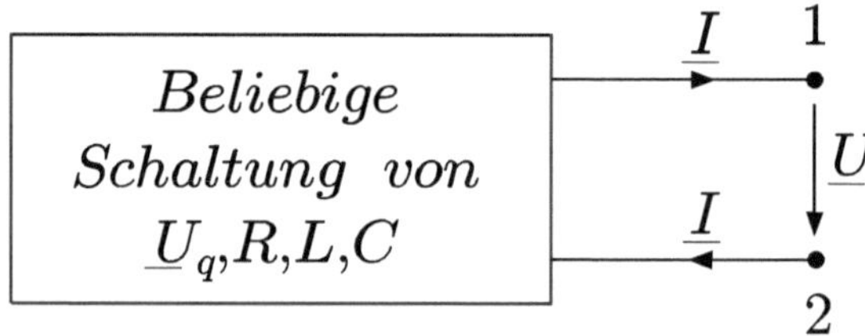

Abbildung 12.1.: Schematische Darstellung eines Zweipols

Der Einfluss des Zweipols auf das „äußere" Netzwerk ist nur von der Beziehung zwischen der Spannung $\underline{U}$ und dem Strom $\underline{I}$ an seinen Klemmen bestimmt und hängt nicht von dem Inneren des Zweipols ab. Wenn die Schaltelemente, die in dem Zweipol zusammengefasst sind $(R, L, C, \underline{U}_q)$, linear sind, dann ist auch die Beziehung zwischen $\underline{I}$ und $\underline{U}$ linear:

$$\underline{U} = \underline{U}_0 - \underline{Z} \cdot \underline{I} \text{ oder } \underline{I} = \underline{I}_0 - \underline{Y} \cdot \underline{U},$$

wo $\underline{U}_0$, $\underline{I}_0$, $\underline{Z}$, und $\underline{Y}$ konstante komplexe Größen sind.

Eine weitere Möglichkeit, die Betrachtungsweise eines Netzwerks zu vereinfachen, besteht darin, Teile des Stromkreises, die durch vier Klemmen mit dem Rest des Netzwerkes wechselwirken, in *Vierpole* zusammenzufassen.
Bei einem allgemeinen Vierpol sind die vier Klemmenströme $\underline{I}_1$, $\underline{I}_2$, $\underline{I}_3$, $\underline{I}_4$ verschieden voneinander, allerdings sind nur drei von ihnen unabhängig, den der Stromerhaltungssatz besagt, dass ihre Summe gleich Null ist:

$$\underline{I}_1 + \underline{I}_2 + \underline{I}_3 + \underline{I}_4 = 0\,.$$

Ebenfalls sind von den vier Potentialen der Klemmen V_1, V_2 ,V_3, V_4 lediglich drei unabhängig, da man ein Potential frei wählen kann.

M. Marinescu und N. Marinescu, *Elektrotechnik für Studium und Praxis*,
https://doi.org/10.1007/978-3-658-28884-6_12

Abbildung 12.2.: Schematische Darstellung eines Vierpols

Somit ist die Wirkung eines allgemeinen Vierpols auf das „äußere" Netzwerk durch *drei* voneinander unabhängige Ströme und *drei* unabhängige Spannungen bestimmt.

Im Folgenden wird nicht die Theorie der allgemeinen Vierpole behandelt, sondern diese weite Klasse von Schaltungen wird durch einige Bedingungen eingeschränkt:

1. Die Vierpole enthalten keinen Energieerzeuger, also keine Spannungs- oder Stromquellen. Sie werden als *passive* Vierpole bezeichnet, im Gegensatz zur Bezeichnung „aktive" Vierpole.

2. Die Vierpole wirken als *Übertragungsglieder*, d.h. sie werden nur im Zusammenhang mit äußeren Zweipolen eingesetzt.

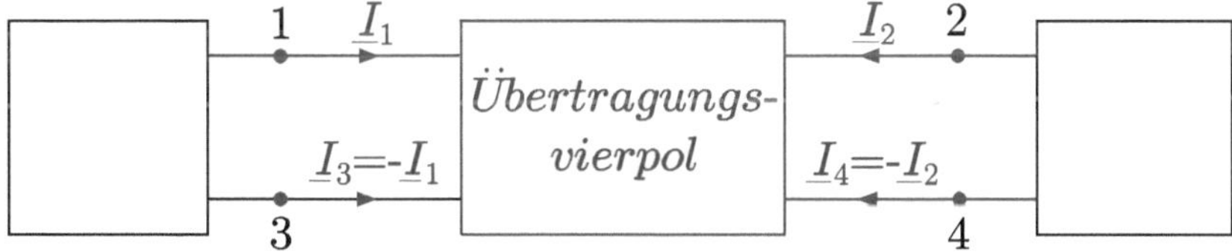

Abbildung 12.3.: Schematische Darstellung einer Zweitorschaltung

Dann sind die Klemmenströme links und rechts paarweise gleich:

$$\underline{I}_3 = -\underline{I}_1 \,, \underline{I}_4 = -\underline{I}_2 \,.$$

Der linke angeschlossene Zweipol kann ein Generator, der rechte ein Verbraucher sein, wie z. B. bei einem Transformator der Fall ist.

Dadurch entsteht ein Energie- bzw. Informationsfluss von links nach rechts durch den Vierpol. Man bezeichnet deswegen häufig das linke Klemmenpaar als „Eingang", das rechte als „Ausgang" des Vierpols. Ein solches Klemmenpaar nennt man *Tor*, sodass der Vierpol ein *Zweitor* ist. Die Richtung vom Generator zum Verbraucher nennt man *Vorwärtsrichtung* oder *Übertragungsrichtung*, die entgegengesetzte *Rückwärtsrichtung*.

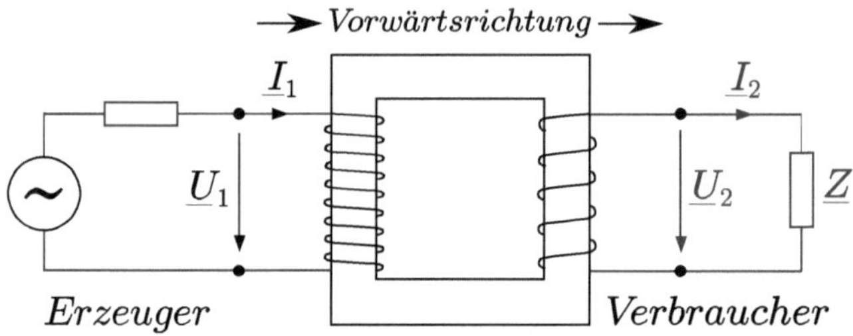

Abbildung 12.4.: Transformator als Übertragungsglied

Im Folgenden werden die Grundlagen der *Zweitortheorie* behandelt.
Bemerkung: Ein Vierpol kann als Zweitor bezeichnet werden, wenn:

- Seine Bauweise die Zweitorbedingung: $\underline{I}_1 = -\underline{I}_3$, $\underline{I}_2 = -\underline{I}_4$ automatisch gewährleistet, wie z.B. bei einem Transformator der Fall ist, wo das Eingangstor (Primärseite) und das Ausgangstor (Sekundärseite) nicht miteinander galvanisch gekoppelt sind;
- die Bauweise die Einschränkung des Zweitors nicht automatisch gewährleistet, aber diese durch die Schaltung des Vierpols mit dem äußeren Netzwerk erzwungen wird; in diesem Falle muss überprüft werden, ob die Bedingung tatsächlich erfüllt wird.

3. Eine weitere Einschränkung besteht in der Annahme, dass der Vierpol (das Zweitor) nur aus linearen Schaltelementen (R, L, C) zusammengesetzt ist, d.h.: R, L, C, hängen nicht von dem Strom oder Spannung ab. Hängen sie auch von der Zeit nicht ab, so handelt es sich um *lineare, zeitinvariante, Zweitore.*

4. Gelegentlich wird eine zusätzliche Einschränkung durchgeführt, die in der Praxis oft vorkommt: dass die Spannung zwischen einer Eingangs- und einer Ausgangsklemme gleich Null ist. Damit wird jeweils eine Klemme des Eingangstors und eine des Ausgangstors geerdet. Es entsteht ein *Dreipol,* wie auf Abb. 12.5 links dargestellt; rechts wird die häufig benutzte schematische Darstellung gezeigt.

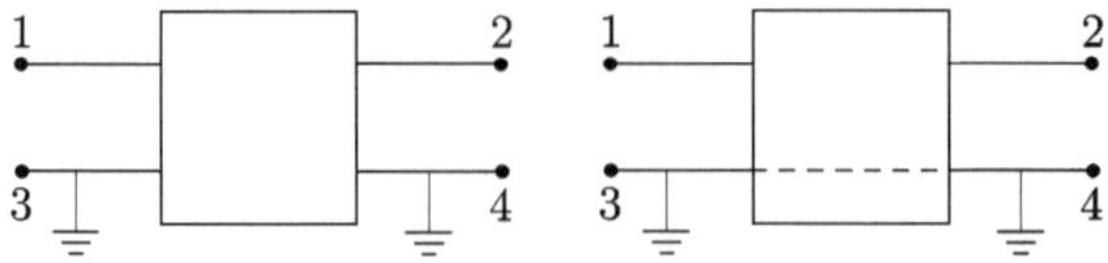

Abbildung 12.5.: Darstellung eines Dreipols

Ein Beispiel für einen Dreipol ist auf Abb. 12.6 gezeigt.

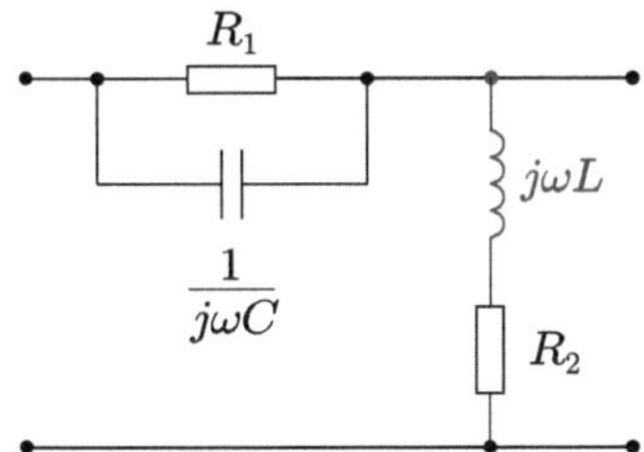

Abbildung 12.6.: Beispiel für einen Dreipol

Hier sollen noch zwei Begriffe der Vierpoltheorie eingeführt werden:

- Man nennt einen Vierpol *symmetrisch*, wenn seine Übertragungseigenschaften in Vorwärts- und Rückwärtsrichtung gleich sind, d.h., wenn man die Eingangs- und Ausgangsklemmen miteinander vertauschen kann, ohne dass die Ströme und Spannungen sich ändern.

- Ein Vierpol (Zweitor) ist *umkehrbar*, wenn bei Anlegen einer Spannung an das eine oder andere Klemmenpaar durch das jeweils andere kurzgeschlossene Tor der gleiche Strom fließt.
  Man kann zeigen, dass alle Vierpolschaltungen, die nur aus linearen, passiven Bauelementen bestehen, umkehrbar sind. Dabei muss ein umkehrbarer Vierpol *nicht* unbedingt symmetrisch aufgebaut werden. Die Umkehrbarkeit (Übertragungssymmetrie) gilt allgemein.

■ Beispiel 12.1

Für den dargestellen allgemeinen Vierpol sollen die Beziehungen zwischen den Strömen und Spannungen an den Klemmen bestimmt werden, wenn die Zweitorbedingungen erfüllt sind.

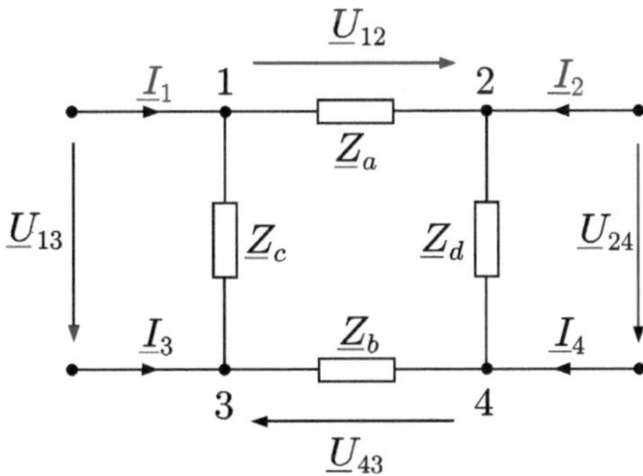

Lösung

Von den 4 Strömen ($\underline{I}_1$, $\underline{I}_2$, $\underline{I}_2$, $\underline{I}_4$) ist einer abhängig (weil die Summe gleich Null ist, nach dem Stromerhaltungssatz), sei es $\underline{I}_4$. Von den 4 Spannungen ist ebenfalls eine abhängig (die Summe der Teilspannungen auf jedem geschlossenen Umlauf ist gleich Null), sei es $\underline{U}_{43}$.

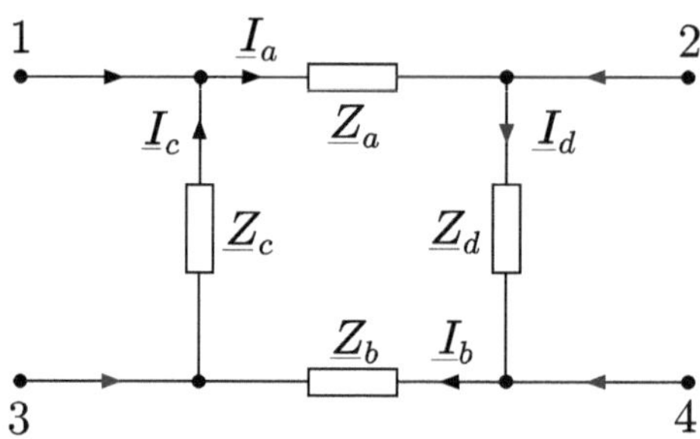

Bezeichnet man die Ströme durch die 4 Vierpolimpedanzen mit $\underline{I}_a$, $\underline{I}_b$, $\underline{I}_c$ und $\underline{I}_d$ und wählt man für sie - willkürlich - die eingezeichneten Richtungen, dann ergeben die 3 zur Verfügung stehenden Knotengleichungen:

$$\begin{aligned}\underline{I}_1 &= \underline{I}_a - \underline{I}_c = \underline{Y}_a \cdot \underline{U}_{12} + \underline{Y}_c \cdot \underline{U}_{13} \\ \underline{I}_2 &= \underline{I}_d - \underline{I}_a = \underline{Y}_d \cdot \underline{U}_{24} - \underline{Y}_a \cdot \underline{U}_{12} \\ \underline{I}_3 &= \underline{I}_c - \underline{I}_b = -\underline{Y}_c \cdot \underline{U}_{13} - \underline{Y}_b \cdot (\underline{U}_{13} - \underline{U}_{12} - \underline{U}_{24}), \\ &\text{da} \quad \underline{U}_{43} = \underline{U}_{13} - \underline{U}_{12} - \underline{U}_{24}.\end{aligned}$$

Die Zweitorbedingung am Eingangstor lautet:

$$\underline{I}_1 = -\underline{I}_3 \implies \underline{I}_1 + \underline{I}_3 = 0 \text{ , also:}$$

$$\underline{Y}_a \cdot \underline{U}_{12} + \underline{Y}_c \cdot \underline{U}_{13} - \underline{Y}_c \cdot \underline{U}_{13} - \underline{Y}_b \cdot \underline{U}_{13} + \underline{Y}_b \cdot \underline{U}_{12} + \underline{Y}_b \cdot \underline{U}_{24} = 0$$

$$\underline{U}_{12}(\underline{Y}_a + \underline{Y}_b) - \underline{Y}_b \cdot \underline{U}_{13} + \underline{Y}_b \cdot \underline{U}_{24} = 0$$

Somit wird noch eine Spannung abhängig und kann eliminiert werden:

$$\underline{U}_{12} = \frac{\underline{Y}_b}{\underline{Y}_a + \underline{Y}_b}(\underline{U}_{13} - \underline{U}_{24}) \, .$$

Durch die Zweitorbedingung sind nur 2 Parameter frei wählbar, in diesem Falle die Eingangsspannung $\underline{U}_{13}$ (weiter mit $\underline{U}_1$ bezeichnet) und die Ausgangsspannung $\underline{U}_{24}$ ($\underline{U}_2$).

Der Eingangsstrom $\underline{I}_1$ und der Ausgangsstrom $\underline{I}_2$ können jetzt als Funktion von den 2 vorgegebenen Spannungen $\underline{U}_1$ und $\underline{U}_2$ ausgedrückt werden:

$$\begin{aligned}\underline{I}_1 &= \frac{\underline{Y}_a \cdot \underline{Y}_b}{\underline{Y}_a + \underline{Y}_b}(\underline{U}_1 - \underline{U}_2) + \underline{Y}_c \cdot \underline{U}_1 \\ \underline{I}_2 &= \frac{-\underline{Y}_a \cdot \underline{Y}_b}{\underline{Y}_a + \underline{Y}_b}(\underline{U}_1 - \underline{U}_2) + \underline{Y}_d \cdot \underline{U}_2\end{aligned}$$

und weiter, nach $\underline{U}_1$ und $\underline{U}_2$ geordnet:

$$\begin{aligned}\underline{I}_1 &= (\underline{Y}_c + \frac{\underline{Y}_a \cdot \underline{Y}_b}{\underline{Y}_a + \underline{Y}_b})\underline{U}_1 - \frac{\underline{Y}_a \cdot \underline{Y}_b}{\underline{Y}_a + \underline{Y}_b} \cdot \underline{U}_2 \\ \underline{I}_2 &= \frac{-\underline{Y}_a \cdot \underline{Y}_b}{\underline{Y}_a + \underline{Y}_b} \cdot \underline{U}_1 + (\underline{Y}_d + \frac{\underline{Y}_a \cdot \underline{Y}_b}{\underline{Y}_a + \underline{Y}_b}) \cdot \underline{U}_2 \,.\end{aligned}$$

Man kann das Gleichungssystem auch folgendermaßen schreiben:

$$\begin{aligned}\underline{I}_1 &= \underline{Y}_{11} \cdot \underline{U}_1 + \underline{Y}_{12} \cdot \underline{U}_2 \\ \underline{I}_2 &= \underline{Y}_{21} \cdot \underline{U}_1 + \underline{Y}_{22} \cdot \underline{U}_2\end{aligned}$$

mit:

$$\underline{Y}_{11} = \frac{\underline{Y}_a \cdot \underline{Y}_c + \underline{Y}_b \cdot \underline{Y}_c + \underline{Y}_a \cdot \underline{Y}_b}{\underline{Y}_a + \underline{Y}_b} \; ; \; \underline{Y}_{22} = \frac{\underline{Y}_a \cdot \underline{Y}_d + \underline{Y}_b \cdot \underline{Y}_d + \underline{Y}_a \cdot \underline{Y}_b}{\underline{Y}_a + \underline{Y}_b}$$

$$\text{und } \underline{Y}_{12} = \underline{Y}_{21} = \frac{-\underline{Y}_a \cdot \underline{Y}_b}{\underline{Y}_a + \underline{Y}_b} \,.$$

Dieselben Strom-Spannungs-Gleichungen müssen sich ergeben, wenn man die andere Zweitor-Bedingung benutzt:

$$\underline{I}_2 = -\underline{I}_4 \implies \underline{I}_2 + \underline{I}_4 = 0$$

In der Tat gilt:

$$\underline{I}_4 = \underline{I}_b - \underline{I}_d = \underline{Y}_b(\underline{U}_{13} - \underline{U}_{12} - \underline{U}_{24}) - \underline{Y}_d \cdot \underline{U}_{24}$$

und

$$\underline{I}_2 + \underline{I}_4 = \underline{Y}_d \cdot \underline{U}_{24} - \underline{Y}_a \cdot \underline{U}_{12} + \underline{Y}_b(\underline{U}_{13} - \underline{U}_{12} - \underline{U}_{24}) - \underline{Y}_d \cdot \underline{U}_{24} = 0$$

$$\underline{U}_{12}(\underline{Y}_a + \underline{Y}_b) = \underline{Y}_b(\underline{U}_{13} - \underline{U}_{24})$$

$$\underline{U}_{12} = \frac{\underline{Y}_b}{\underline{Y}_a + \underline{Y}_b}(\underline{U}_{13} - \underline{U}_{24}) \,.$$

Das ist dieselbe Bedingung wie vorhin, sodass sich dasselbe Gleichungssystem ergibt.

■

12.2. Zweitorgleichungen und -parameter

12.2.1. Zählpfeilsysteme für Zweitore

Zwei unterschiedliche Zählpfeilsysteme können bei Zweitoren benutzt werden: Das Klemmenpaar 1,3 wird als Eingangstor, das Klemmenpaar 2,4 als Aus-

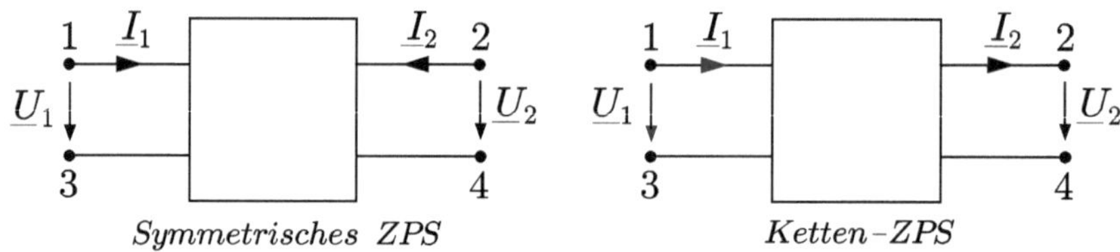

Abbildung 12.7.: Zählpfeilsysteme für Zweitore

gangstor bezeichnet.
Das symmetrische System (Abb.12.7, links) behandelt die zwei Tore gleich, indem sowohl beim Eingang wie beim Ausgang die Vereinbarung des Erzeugers angenommen wird (Ströme und Spannungen entgegengerichtet). Dieses System kann besonders vorteilhaft sein, wenn das Zweitor als Übertragungselement in beiden Richtungen (nach rechts: Vorwärtsrichtung, nach links: Rückwärtsrichtung) eingesetzt wird.
Bei dem Kettenpfeilsystem wird am Eingangstor die Strom-Spannung-Zuordnung eines Erzeugers, beim Ausgangstor die eines Verbrauchers vereinbart. Dieses System ist dann vorzuziehen, wenn die Übertragung in eine Richtung stattfindet.
Es ist leicht zu ersehen, dass alle Gleichungen, die man ausgehend von einem System aufstellt, in das andere System umgeschrieben werden können, indem man das Vorzeichen des Ausgangsstromes $\underline{I}_2$ umkehrt ($\underline{I}_2 \longrightarrow (-\underline{I}_2)$).
Um die Teorie der Zweitore einheitlich darzustellen, muss man konsequent eine der beiden Vereinbarungen anwenden.
Im Folgenden wird das *Ketten-Zählpfeilsystem* (Abb.12.7, rechts) angewendet.

12.2.2. Zweitor-Gleichungen in Admittanzform Y

Im Beispiel 12.1 wurde gezeigt, dass man für einen allgemeinen Vierpol, der die Zweitor-Bedingungen erfüllt, ein Gleichungssystem aufstellen kann, bei dem die Eingangs- und Ausgangsspannung $\underline{U}_1$ und $\underline{U}_2$ als vorgegeben, die Ströme $\underline{I}_1$ und $\underline{I}_2$ zu bestimmen sind. (Achtung: Beispiel 12.1 wurde mit dem „symmetrischen" Zählpfeilsystem behandelt!):

$$\begin{aligned} \underline{I}_1 &= \underline{Y}_{11} \cdot \underline{U}_1 + \underline{Y}_{12} \cdot \underline{U}_2 \\ \underline{I}_2 &= \underline{Y}_{21} \cdot \underline{U}_1 + \underline{Y}_{22} \cdot \underline{U}_2\,. \end{aligned} \qquad (12.1)$$

Das ist die *Admittanz-* oder *Leitwertform* der Vierpolgleichungen, so genannt weil die Koeffizienten $\underline{Y}_{ij}$ die Dimension einer Admittanz haben.
Das Verhalten des Zweitors in einem Netzwerk ist vollständig durch diese Beziehungen, d.h. durch die vier Koeffizienten $\underline{Y}_{11}$, $\underline{Y}_{12}$, $\underline{Y}_{21}$ und $\underline{Y}_{22}$ bestimmt. Die Kenntnis dieser vier komplexen Koeffizienten reicht also aus, um die Wirkung eines Zweitors in einem umfassenden Netz zu bestimmen.
Das Gleichungssystem (12.1) kann in Matrizenform geschrieben werden:

$$\begin{pmatrix} \underline{I}_1 \\ \underline{I}_2 \end{pmatrix} = \begin{pmatrix} \underline{Y}_{11} & \underline{Y}_{12} \\ \underline{Y}_{21} & \underline{Y}_{22} \end{pmatrix} \cdot \begin{pmatrix} \underline{U}_1 \\ \underline{U}_2 \end{pmatrix} \quad \text{oder: } \boldsymbol{I} = \boldsymbol{Y} \cdot \boldsymbol{U} \ . \tag{12.2}$$

Die letzte Gleichung sieht formell aus wie die Admittanz-Gleichung eines Zweipols: $\underline{I} = \underline{Y} \cdot \underline{U}$, mit dem Unterschied, dass beim Vierpol $\boldsymbol{I}$ und $\boldsymbol{U}$ komplexe 2-dimensionale Spaltenvektoren sind und $\boldsymbol{Y}$ eine 2×2 Matrix ist. Die Multiplikation auf der rechten Seite muss im Sinne der Matrixrechnung durchgeführt werden.

Die *Vierpolparameter* können schaltungstechnisch interpretiert werden. Dazu sind zwei Kurzschluss-Versuche notwendig, ein Mal im „Vorwärts"-Betrieb und ein zweites Mal im „Rückwärts"-Betrieb (Abb.12.8 a, b).
Für $\underline{U}_2 = 0$ (Abb.12.8 a), also beim ausgangsseitigen Kurzschluss, ergibt sich:

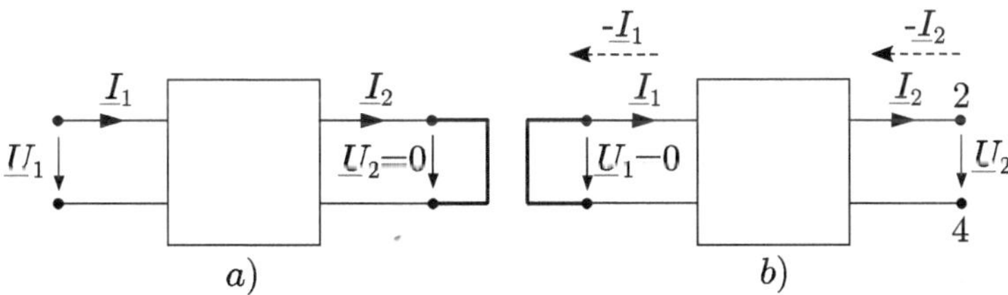

Abbildung 12.8.: Betriebsbedingungen zur Bestimmung der $\underline{Y}$-Parameter

$$\underline{Y}_{11} = \left(\frac{\underline{I}_1}{\underline{U}_1}\right)_{\underline{U}_2=0} \qquad \text{Kurzschluss-Eingangsadmittanz}$$

$$\underline{Y}_{21} = \left(\frac{\underline{I}_2}{\underline{U}_1}\right)_{\underline{U}_2=0} \qquad \text{Kurzschluss-Übertragungsadmittanz vorwärts.}$$

Für $\underline{U}_1 = 0$ (Abb.12.8, b), also beim eingangsseitigen Kurzschluss, ergeben sich die übrigen zwei $\underline{Y}$-Parameter:

$$\underline{Y}_{12} = \left(\frac{\underline{I}_1}{\underline{U}_2}\right)_{\underline{U}_1=0} \qquad \text{negative Kurzschluss-Übertragungsadmittanz rückwärts}$$

$$\underline{Y}_{22} = \left(\frac{\underline{I}_2}{\underline{U}_2}\right)_{\underline{U}_1=0} \qquad \text{negative Kurzschluss-Ausgangsadmittanz.}$$

Bemerkungen:

- Der Zusatz „negativ" im Rückwärtsbetrieb ergibt sich, wie die Abb.12.8, b deutlich zeigt, aus den Bezugsrichtungen. Wird das Eingangstor kurzgeschlossen, so fließen $\underline{I}_1$ und $\underline{I}_2$ entgegen den als positiv angenommenen Richtungen. Deswegen sind die Admittanzen $\underline{I}/\underline{U}$ als „negativ" zu bezeichnen, wobei diese Bezeichnung *keine physikalische Bedeutung* hat.

- Die Parameter $\underline{Y}_{12}$ und $\underline{Y}_{21}$ sind *nicht* gleichem Klemmenpaar zugeordnet, sie sind also keine Zweipolkenngrößen wie z.B. $\underline{Y}_{11}$ und $\underline{Y}_{22}$. Diese „Übertragungs"parameter verkoppeln eine Eingangs- mit einer Ausgangsgröße. Z.B. ist:

$$\underline{I}_2 = (\underline{Y}_{21} \cdot \underline{U}_1)_{\underline{U}_2=0}$$

Ausgangskurzschlussstrom=$\underline{Y}_{21}$·Eingangsspannung.

- Nach der Definition des umkehrbaren Vierpols (s. Abschn. 12.1): bei Anlegen einer Spannung an das eine oder andere Klemmenpaar fließt durch das jeweils andere kurzgeschlossene Tor der gleiche Strom, gilt hier:

$$\boxed{\underline{Y}_{12} = -\underline{Y}_{21}} \, .$$

■ Beispiel 12.2

Es sollen die Vierpolgleichungen in Y-Form (also $\underline{I}_1, \underline{I}_2$ als Funktionen von $\underline{U}_1, \underline{U}_2$) für die folgende Schaltung ermittelt werden (Bild a):

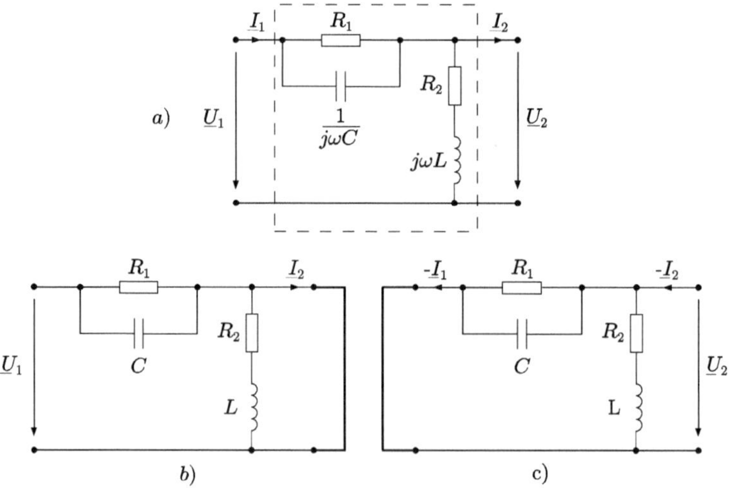

Lösung

1. Methode

Die vier Admittanzen werden gemäß ihren Definitionsgleichungen bestimmt.

$\underline{Y}_{11}$: *Die Ausgangsklemmen werden kurzgeschlossen (Bild b).*

$$\underline{Y}_{11} = \frac{1}{R_1} + j\omega C\,.$$

$\underline{Y}_{21}$: $\underline{I}_2$ *ist jetzt der Strom in der Kurzschlussverbindung zwischen den Ausgangsklemmen (Bild b):*

$$\begin{aligned}(\underline{I}_2)_{\underline{U}_2=0} &= \underline{U}_1(\frac{1}{R_1} + j\omega C)\\ \underline{Y}_{21} &= \left(\frac{\underline{I}_2}{\underline{U}_2}\right)_{\underline{U}_2=0} = \frac{1}{R_1} + j\omega C\,.\end{aligned}$$

$\underline{Y}_{12}$: *wird ähnlich wie* $\underline{Y}_{21}$ *berechnet, doch im Rückwärtsbetrieb (Bild b):*

$$\begin{aligned}(-\underline{I}_1)_{\underline{U}_1=0} &= \underline{U}_2(\frac{1}{R_1} + j\omega C)\\ \underline{Y}_{12} &= \left(\frac{\underline{I}_1}{\underline{U}_2}\right)_{\underline{U}_1=0} = -(\frac{1}{R_1} + j\omega C)\,.\end{aligned}$$

Eigentlich erübrigt sich diese Berechnung, da für umkehrbare Vierpole immer $\underline{Y}_{12} = -\underline{Y}_{21}$ *gilt.*

$\underline{Y}_{22}$ *ist die Admittanz an den Ausgangsklemmen, wenn die Eingangsklemmen kurzgeschlossen sind:*

$$\underline{Y}_{22} = \left(\frac{\underline{I}_2}{U_2}\right)_{\underline{U}_1=0} = -\left(\frac{1}{R_2 + j\omega L} + \frac{1}{R_1} + j\omega C\right)\,.$$

Die gesuchten Vierpolgleichungen werden:

$$\boxed{\begin{aligned}\underline{I}_1 &= \left(\frac{1}{R_1} + j\omega C\right)\underline{U}_1 - \left(\frac{1}{R_1} + j\omega C\right)\underline{U}_2\\ \underline{I}_2 &= \left(\frac{1}{R_1} + j\omega C\right)\underline{U}_1 - \left(\frac{1}{R_1} + j\omega C + \frac{1}{R_2 + j\omega L}\right)\underline{U}_2\end{aligned}}$$

Für ωL *und* ωC *gleich Null ergibt sich:*

$$\begin{aligned}\underline{I}_1 &= \frac{1}{R_1}\underline{U}_1 - \frac{1}{R_1}\underline{U}_2 = \frac{1}{R_1}(\underline{U}_1 - \underline{U}_2)\\ \underline{I}_2 &= \frac{1}{R_1}\underline{U}_1 - \left(\frac{1}{R_1} + \frac{1}{R_2}\right)\underline{U}_2\end{aligned}$$

was den Betrieb der Schaltung bei Gleichstrom beschreibt.

2. Methode
Man kann zur Bestimmung des Gleichungssystems in Y-Form auch die universelle Methode der Kirchhoffschen Sätze anwenden, mit:

$$\underline{Z}_C = \frac{R_1}{1 + j\omega C R_1} \quad , \quad \underline{Y}_C = \frac{1}{R_1} + j\omega C$$

$$\underline{Z}_L = R_2 + j\omega L \quad , \quad \underline{Y}_L = \frac{1}{R_2 + j\omega L} \, .$$

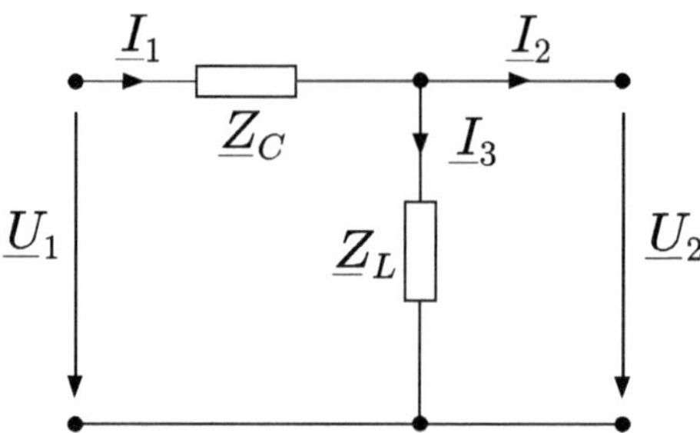

Die drei Gleichungen lauten:

Knotengleichung	:	$\underline{I}_1 = \underline{I}_2 + \underline{I}_3$
Maschengleichung links	:	$\underline{I}_1 \cdot \underline{Z}_C + \underline{U}_2 - \underline{U}_1 = 0$
Maschengleichung rechts	:	$\underline{I}_3 \cdot \underline{Z}_L - \underline{U}_2 = 0\,.$

Durch Elimination des Stromes $\underline{I}_3$: $\underline{I}_3 = \underline{I}_1 - \underline{I}_2$ ergibt sich

$$\underline{I}_1 = \frac{\underline{U}_1}{\underline{Z}_C} - \frac{\underline{U}_2}{\underline{Z}_C}$$
$$\underline{I}_1 - \underline{I}_2 = \frac{\underline{U}_2}{\underline{Z}_L}$$

und weiter

$$\underline{I}_1 = \underline{U}_1 \cdot \underline{Y}_C - \underline{U}_2 \cdot \underline{Y}_C$$
$$\underline{I}_2 = \underline{I}_1 - \frac{\underline{U}_2}{\underline{Z}_L} = \underline{U}_1 \cdot \underline{Y}_C - \underline{U}_2 \cdot (\underline{Y}_C + \underline{Y}_L)$$

$$\underline{I}_1 = \left(\frac{1}{R_1} + j\omega C\right)\underline{U}_1 - \left(\frac{1}{R_1} + j\omega C\right)\underline{U}_2$$
$$\underline{I}_2 = \left(\frac{1}{R_1} + j\omega C\right)\underline{U}_1 - \left(\frac{1}{R_1} + j\omega C + \frac{1}{R_2 + j\omega L}\right)\underline{U}_2$$

also dasselbe Gleichungssystem wie mit den Vierpolparametern.

■

12.2.3. Allgemeine Bedeutung der Vierpolgleichungen

In Analogie zu den Zweipolgleichungen soll im Folgenden zusammenfassend auf die Bedeutung der Vierpolgleichungen hingewiesen werden:

- Die Vierpol- (Zweitor-)gleichungen beschreiben das Wechselstromverhalten an den Klemmen eines (passiven) Vierpols vollständig.

- Sind die Schaltelemente des Vierpols *unbekannt* („schwarzer Kasten") so kann man durch *Messungen* die vier (im allgemeinen voneinander unabhängigen) Vierpolparameter $\underline{Y}_{ij}$ und somit die unbekannte Admittanz-Matrix bestimmen. Die Messvorschrift ergibt sich aus der Definition der Parameter.

- Sind die Schaltelemente *bekannt*, so kann man die Vierpolgleichungen aufstellen, indem man die Vierpolparameter gemäß der Definitionsgleichungen berechnet oder die Kirchhoffschen Gleichungen (Knoten- und Maschengleichungen) anwendet.

- Mit bekannten Vierpolparametern kann man eine *Ersatzschaltung* für den Vierpol aufstellen, die anstelle des „schwarzen Kastens" bzw. der gegebenen Schaltung in das Netzwerk eingesetzt werden kann. Die Ersatzschaltbilder werden im Abschn.12.2.7 diskutiert.

Die Vierpolgleichungen in Admittanzform Y geben die Ströme $\underline{I}_1$ und $\underline{I}_2$ als Funktion der Spannungen $\underline{U}_1$ und $\underline{U}_2$ an, d.h.: Die Spannungen wurden als unabhängige, die Ströme als abhängige Größen gewählt. Die Variablen $\underline{I}_1$, $\underline{I}_2$, $\underline{U}_1$ und $\underline{U}_2$ können jedoch auch in anderer Weise in abhängige und unabhängige aufgeteilt werden.
Es gibt dazu $\underline{6}$ Möglichkeiten, also 6 unterschiedliche Vierpolgleichungssysteme mit unterschiedlichen Vierpolparametern. Davon sind 4 Formen besonders wichtig. Außer der bereits ausführlich untersuchten Y-Form werden im Folgenden noch drei untersucht:

Impedanzform	Z	($\underline{U}_1$ und $\underline{U}_2$ abhängig)
Kettenform	A	($\underline{U}_1$ und $\underline{I}_1$ abhängig)
Hybridform	H	($\underline{U}_1$ und $\underline{I}_2$ abhängig) .

Die entsprechenden Gleichungssysteme und ihre Matrizformen sind:

Impedanz- oder Widerstandsform Z

$$\begin{aligned} \underline{U}_1 &= \underline{Z}_{11}\underline{I}_1 + \underline{Z}_{12}\underline{I}_2 \\ \underline{U}_2 &= \underline{Z}_{21}\underline{I}_1 + \underline{Z}_{22}\underline{I}_2 \end{aligned} \; ; \begin{pmatrix} \underline{U}_1 \\ \underline{U}_2 \end{pmatrix} = \begin{pmatrix} \underline{Z}_{11} & \underline{Z}_{12} \\ \underline{Z}_{21} & \underline{Z}_{22} \end{pmatrix} \cdot \begin{pmatrix} \underline{I}_1 \\ \underline{I}_2 \end{pmatrix} \; ; \boldsymbol{U} = \boldsymbol{Z} \cdot \boldsymbol{I} \; . \quad (12.3)$$

Kettenform A

$$\begin{aligned} \underline{U}_1 &= \underline{A}_{11}\underline{U}_2 + \underline{A}_{12}\underline{I}_2 \\ \underline{I}_1 &= \underline{A}_{21}\underline{U}_2 + \underline{A}_{22}\underline{I}_2 \end{aligned} \; ; \begin{pmatrix} \underline{U}_1 \\ \underline{I}_1 \end{pmatrix} = \begin{pmatrix} \underline{A}_{11} & \underline{A}_{12} \\ \underline{A}_{21} & \underline{A}_{22} \end{pmatrix} \cdot \begin{pmatrix} \underline{U}_2 \\ \underline{I}_2 \end{pmatrix} \quad (12.4)$$

Hybridform H

$$\begin{aligned} \underline{U}_1 &= \underline{H}_{11}\underline{I}_1 + \underline{H}_{12}\underline{U}_2 \\ \underline{I}_2 &= \underline{H}_{21}\underline{I}_1 + \underline{H}_{22}\underline{U}_2 \end{aligned} \; ; \begin{pmatrix} \underline{U}_1 \\ \underline{I}_2 \end{pmatrix} = \begin{pmatrix} \underline{H}_{11} & \underline{H}_{12} \\ \underline{H}_{21} & \underline{H}_{22} \end{pmatrix} \cdot \begin{pmatrix} \underline{I}_1 \\ \underline{U}_2 \end{pmatrix} \quad (12.5)$$

Die Bedeutung der 4 unterschiedlichen Formen für die Vierpolgleichungen und ihre Einsatzbereiche werden deutlich, wenn man mehrere Zweitore zusammenschaltet (Abschn.12.3). Nicht immer existieren alle Formen gleichzeitig.

12.2.4. Impedanzform Z, Kettenform A, Hybridform H

Impedanzform
Der Name dieser Vierpolgleichungen wird durch die Dimension der Vierpolparameter $\underline{Z}_{ij}$ in (12.3) bestimmt: Alle sind Impedanzen.
Wie bei der Admittanzform Y (Abschn. 12.2.2) können auch hier die vier Parameter schaltungstechnisch interpretiert und durch Messungen bestimmt werden.
Bei der Y-Form waren unabhängig die Spannungen $\underline{U}_1$ und $\underline{U}_2$ und diese wurden nacheinander zu Null gesetzt indem man ein Mal die Eingangs-, ein zweites Mal die Ausgangsklemmen *kurzgeschlossen* hat.
Bei der Z-Form sind die Ströme $\underline{I}_1$ und $\underline{I}_2$ unabhängig und diesmal werden diese zu Null gesetzt, was durch zwei *Leerlaufversuche* realisiert wird, wie die Abb. 12.9, a und 12.9, b zeigen.

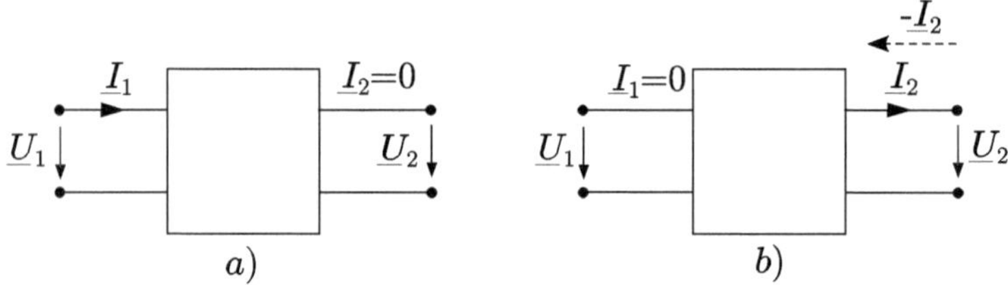

Abbildung 12.9.: Betriebsbedingungen zur Bestimmung der $\underline{Z}$-Parameter

Für $\underline{I}_2 = 0$ (Abb.12.9,a), also beim ausgangsseitigen Leerlauf, gilt:

$$\underline{Z}_{11} = \left(\frac{\underline{U}_1}{\underline{I}_1}\right)_{\underline{I}_2=0} \qquad \text{Leerlauf-Eingangsimpedanz}$$

$$\underline{Z}_{21} = \left(\frac{\underline{U}_2}{\underline{I}_1}\right)_{\underline{I}_2=0} \qquad \text{Leerlauf-Übertragungsimpedanz vorwärts.}$$

Lässt man die Eingangsklemmen offen $\underline{I}_1 = 0$ (Abb.12.9, b), so ergeben sich die übrigen zwei $\underline{Z}$-Vierpolparameter:

$$\underline{Z}_{12} \quad = \quad \left(\frac{\underline{U}_1}{\underline{I}_2}\right)_{\underline{I}_1=0} \qquad \text{negative Übertragungsimpedanz rückwärts}$$

(Für den Zusatz „negativ" siehe die Stromrichtung von $\underline{I}_2$ auf Abb.12.9, b).

$$\underline{Z}_{22} \quad = \quad \left(\frac{\underline{U}_2}{\underline{I}_2}\right)_{\underline{I}_1=0} \qquad \text{negative Leerlauf-Ausgangsimpedanz.}$$

Man soll hier noch zeigen, dass man die Vierpolgleichungen, die man mit Impedanzen, also in Z-Form geschrieben hat, durch einfache Berechnungen in Y-Form umschreiben kann.
Dazu geht man von der Impedanzform:

$$\boldsymbol{U} = \boldsymbol{Z} \cdot \boldsymbol{I}$$

aus und berücksichtigt, dass durch Multiplikation mit der inversen Matrix $\boldsymbol{Z}^{-1}$ die folgende Gleichung gilt:

$$\boldsymbol{Z}^{-1} \cdot \boldsymbol{U} = \boldsymbol{Z}^{-1} \cdot \boldsymbol{Z} \cdot \boldsymbol{I} = \boldsymbol{I} \ ,$$

da die Definition der inversen Matrix $\boldsymbol{Z}^{-1} \cdot \boldsymbol{Z} = \boldsymbol{1}$ ist. Der Vergleich mit der Admittanzform:

$$\boldsymbol{I} = \boldsymbol{Y} \cdot \boldsymbol{U}$$

ergibt gleich:

$$\boldsymbol{Y} = \boldsymbol{Z}^{-1} \ .$$

Die Auswertung der Inversion führt gleich (für $det\boldsymbol{Z} \neq 0$) zu:

$$\begin{pmatrix} \underline{Y}_{11} & \underline{Y}_{12} \\ \underline{Y}_{21} & \underline{Y}_{22} \end{pmatrix} = \frac{1}{det\mathrm{Z}} \begin{pmatrix} \underline{Z}_{22} & -\underline{Z}_{12} \\ -\underline{Z}_{21} & \underline{Z}_{11} \end{pmatrix}$$

und somit zu den 4 gesuchten Vierpolparametern in Y-Form:

$$\underline{Y}_{11} = \frac{\underline{Z}_{22}}{\underline{Z}_{11} \cdot \underline{Z}_{22} - \underline{Z}_{12} \cdot \underline{Z}_{21}} \quad ; \quad \underline{Y}_{12} = \frac{-\underline{Z}_{12}}{\underline{Z}_{11} \cdot \underline{Z}_{22} - \underline{Z}_{12} \cdot \underline{Z}_{21}} \ ;$$

$$\underline{Y}_{21} = \frac{-\underline{Z}_{21}}{\underline{Z}_{11} \cdot \underline{Z}_{22} - \underline{Z}_{12} \cdot \underline{Z}_{21}} \quad ; \quad \underline{Y}_{22} = \frac{\underline{Z}_{11}}{\underline{Z}_{11} \cdot \underline{Z}_{22} - \underline{Z}_{12} \cdot \underline{Z}_{21}} \ .$$

■ Beispiel 12.3

Für die folgende Schaltung sollen die $\underline{Z}$-Parameter aus ihren Definitionsgleichungen ermittelt werden:

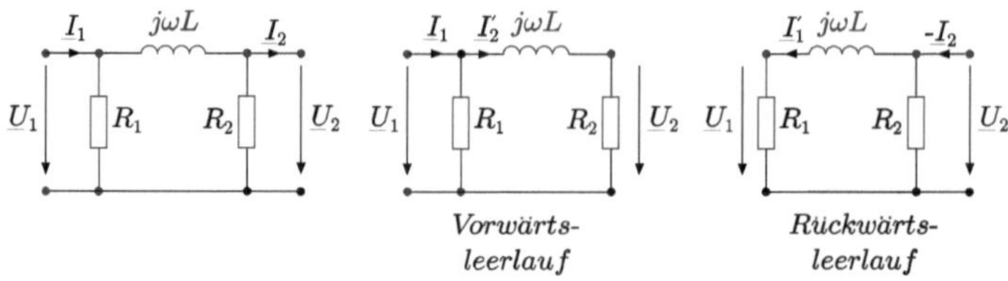

Lösung

Im Leerlauf (Vorwärtsbetrieb) gilt:

$$\underline{Z}_{11} = \left(\frac{\underline{U}_1}{\underline{I}_1}\right)_{\underline{I}_2=0} = \boxed{\frac{R_1(R_2 + j\omega L)}{R_1 + R_2 + j\omega L}}.$$

Für $\underline{Z}_{21} = \left(\frac{\underline{U}_2}{\underline{I}_1}\right)_{\underline{I}_2=0}$ *muss man die Spannung* $\underline{U}_2$ *ermitteln.*

$\underline{U}_2 = R_2\underline{I}_2'$ *und* $\underline{I}_2'$*, nach der Stromteilerregel:* $\underline{I}_2' = \underline{I}_1 \frac{R_2}{R_1 + R_2 + j\omega L}$

$$\underline{Z}_{21} = \left(\frac{\underline{U}_2}{\underline{I}_1}\right)_{\underline{I}_2=0} = \boxed{\frac{R_1 \cdot R_2}{R_1 + R_2 + j\omega L}}.$$

Im Rückwärtsbetrieb gilt bei Leerlauf ($\underline{I}_1 = 0$)*:*

$$\underline{Z}_{12} = \left(\frac{\underline{U}_1}{\underline{I}_2}\right)_{\underline{I}_1=0} \quad \text{also muss } \underline{U}_1 \text{ bestimmt werden.}$$

$\underline{U}_1 = R_1 \cdot \underline{I}_1'$ *und, mit der Stromteilerregel:*

$$\underline{I}_1' = -\underline{I}_2 \frac{R_2}{R_1 + R_2 + j\omega L}$$

$$\underline{U}_1 = -\underline{I}_2 \frac{R_1 R_2}{R_1 + R_2 + j\omega L} \implies \boxed{\underline{Z}_{12} = -\frac{R_1 R_2}{R_1 + R_2 + j\omega L} = -\underline{Z}_{21}}.$$

Schließlich gilt:

$$\underline{Z}_{22} = \left(\frac{\underline{U}_2}{\underline{I}_2}\right)_{\underline{I}_1=0} = \boxed{-\frac{R_2(R_1 + j\omega L)}{R_1 + R_2 + j\omega L}}$$

weil der Strom $\underline{I}_2$ *entgegen der als positiv betrachteten Richtung fließt. Ist* $R_1 = R_2$*, so wird* $\boxed{\underline{Z}_{22} = -\underline{Z}_{11}}$.

■

Bemerkungen: Der im Beispiel 12.3 behandelte Vierpol hat also bei $R_1 = R_2$ die Eigenschaft, dass

$$\begin{aligned} \underline{Z}_{11} &= -\underline{Z}_{22} \\ \text{und} \quad \underline{Z}_{12} &= -\underline{Z}_{21} \end{aligned}$$

gilt. Es ist ein Sonderfall des umkehrbaren, passiven Vierpols (bei dem lediglich $\underline{Z}_{12} = -\underline{Z}_{21}$ gilt) und zwar ein *symmetrischer* Vierpol (s. Abschn. 12.1). Ein solcher Vierpol hat das gleiche Verhalten, wenn man ihn umgekehrt (Tor 2 statt Tor 1) in das Netzwerk einsetzt.
Ein symmetrischer Vierpol besitzt nur *zwei* voneinander unabhängige Vierpol-Parameter. Die umkehrbaren Vierpole (das sind alle, die nur aus linearen, passiven Schaltelementen bestehen) besitzen in allen Darstellungsformen nur *drei* unabhängige Parameter. Bei der Z-Form und der Y-Form müssen $\underline{Z}_{12} = -\underline{Z}_{21}$, bzw. $\underline{Y}_{12} = -\underline{Y}_{21}$ sein, bei der A-Form und der H-Form, wo die Parameter unterschiedliche Dimensionen haben, gilt jeweils eine zusätzliche Beziehung zwischen den 4 Parametern, die einen von ihnen abhängig macht.

Kettenform
Eine bei Zusammenschaltung von Zweitoren oft angewendete Form der Gleichungen geht davon aus, dass die Ausgangsgrößen $\underline{U}_2$, und $\underline{I}_2$ unabhängig, dagegen die Eingangsgrößen $\underline{U}_1$, und $\underline{I}_1$ abhängig sind:

$$\begin{aligned} \underline{U}_1 &= \underline{A}_{11} \cdot \underline{U}_2 + \underline{A}_{12} \cdot \underline{I}_2 \\ \underline{I}_1 &= \underline{A}_{21} \cdot \underline{U}_2 + \underline{A}_{22} \cdot \underline{I}_2 \end{aligned}$$

oder, in Matrizenform:

$$\begin{pmatrix} \underline{U}_1 \\ \underline{I}_1 \end{pmatrix} = \begin{pmatrix} \underline{A}_{11} & \underline{A}_{12} \\ \underline{A}_{21} & \underline{A}_{22} \end{pmatrix} \cdot \begin{pmatrix} \underline{U}_2 \\ \underline{I}_2 \end{pmatrix}$$

Frei wählbar sind also $\underline{U}_2$ und $\underline{I}_2$. Wie bei der Y-Form und bei der Z-Form kann man auch hier die Matrix-Koeffizienten $\underline{A}_{ij}$ $(i, j = 1, 2)$ dadurch bestimmen, dass man nacheinander $\underline{I}_2$ gleich Null setzt (ausgangsseitiger Leerlauf) und $\underline{U}_2$ gleich Null setzt (ausgangsseitiger Kurzschluss).
Für $\underline{I}_2 = 0$ ergeben sich die Parameter $\underline{A}_{11}$ und $\underline{A}_{21}$:

$$\underline{A}_{11} = \left(\frac{\underline{U}_1}{\underline{U}_2}\right)_{\underline{I}_2=0} \qquad \text{reziproke Leerlauf-Spannungsübersetzung vorwärts}$$

$$\underline{A}_{21} = \left(\frac{\underline{I}_1}{\underline{U}_2}\right)_{\underline{I}_2=0} = \frac{1}{\underline{Z}_{21}}$$

Mit $\underline{U}_2 = 0$ erreicht man $\underline{A}_{12}$ und $\underline{A}_{22}$:

$$\underline{A}_{12} = \left(\frac{\underline{U}_1}{\underline{I}_2}\right)_{\underline{U}_2=0} = \frac{1}{\underline{Y}_{21}}$$

$$\underline{A}_{22} = \left(\frac{\underline{I}_1}{\underline{I}_2}\right)_{\underline{U}_1=0} \qquad \text{reziproke Kurzschluss-Stromübersetzung vorwärts.}$$

Die Matrixelemente haben hier nicht mehr, wie bei der Y- und bei der Z-Form der Vierpolgleichungen, dieselbe Dimension. Während $\underline{A}_{12}$ die Dimension einer Admittanz und $\underline{A}_{21}$ die einer Impedanz haben, sind $\underline{A}_{11}$ und $\underline{A}_{22}$ dimensionslos.
Die zur Kettenform symmetrische Kombination, bei der die Ausgangsgrößen $\underline{U}_2$, $\underline{I}_2$ abhängig und die Eingangsgrößen $\underline{U}_1$, $\underline{I}_1$ unabhängig sind, wird nicht benutzt.

Hybridform
Es bleiben noch zwei mögliche Kombinationen der vier Größen: $\underline{U}_1$, $\underline{I}_1$, $\underline{U}_2$, $\underline{I}_2$, die „Hybridformen" heißen:

$\underline{U}_1$ und $\underline{I}_2$ abhängig : H-Form oder Reihen-Parallelform

$\underline{I}_1$ und $\underline{U}_2$ abhängig : C-Form oder Parallel-Reihenform.

Die Bezeichnungen dieser Formen hängen mit ihrem Einsatz bei Zusammenschaltung von Zweitoren zusammen (siehe Abschn.12.3).

Von den Hybridformen wird die H-Form häufiger eingesetzt, sodass diese im Folgenden ausführlich behandelt wird. Die C-Parameter werden auf ähnliche Weise abgeleitet.
Das Gleichungssystem in H-Form ist:

$$\begin{aligned} \underline{U}_1 &= \underline{H}_{11}\underline{I}_1 + \underline{H}_{12}\underline{U}_2 \\ \underline{I}_2 &= \underline{H}_{21}\underline{I}_1 + \underline{H}_{22}\underline{U}_2 \end{aligned}$$

und in Matrixform:

$$\begin{pmatrix} \underline{U}_1 \\ \underline{I}_2 \end{pmatrix} = \begin{pmatrix} \underline{H}_{11} & \underline{H}_{12} \\ \underline{H}_{21} & \underline{H}_{22} \end{pmatrix} \cdot \begin{pmatrix} \underline{I}_1 \\ \underline{U}_2 \end{pmatrix} .$$

Die physikalische Bedeutung der Vierpolparameter $\underline{H}_{ij}$ $(i,j=1,2)$ bestimmt man wie bei den vorher betrachteten Formen durch Nullstellen der unabhängigen, also freiwählbaren Größen: $\underline{I}_1 = 0$ bedeutet schaltungstechnisch eingangsseitigen Leerlauf, $\underline{U}_2 = 0$ ausgangsseitigen Kurzschluss.
Für $\underline{I}_1 = 0$ ergeben sich die Parameter $\underline{H}_{12}$ und $\underline{H}_{22}$:

$$\underline{H}_{12} = \left(\frac{\underline{U}_1}{\underline{U}_2}\right)_{\underline{I}_1=0} \qquad \text{Leerlauf-Spannungsübersetzung rückwärts}$$

$$\underline{H}_{22} = \left(\frac{\underline{U}_2}{\underline{I}_1}\right)_{\underline{I}_2=0} = \frac{1}{\underline{Z}_{22}} .$$

Für $\underline{U}_2 = 0$ erreicht man die anderen zwei $\underline{H}$-Vierpolparameter:

$$\underline{H}_{11} = \left(\frac{\underline{U}_1}{\underline{I}_1}\right)_{\underline{U}_2=0} = \frac{1}{\underline{Y}_{11}} \qquad \text{Kurzschluss-Eingangsimpedanz}$$

$$\underline{H}_{21} = \left(\frac{\underline{I}_2}{\underline{I}_1}\right)_{\underline{U}_2=0} = \frac{1}{\underline{A}_{22}} \qquad \text{Kurzschluss-Stromübersetzung vorwärts.}$$

Die Dimensionen der H-Parameter sind, wie bei der Kettenform ($\underline{A}_{ij}$) nicht gleich: Während $\underline{H}_{12}$ und $\underline{H}_{21}$ dimensionslos sind, ist $\underline{H}_{22}$ eine Admittanz und $\underline{H}_{11}$ eine Impedanz.

12.2.5. Umrechnung der Vierpol-Parameter

Die Parameter verschiedener Vierpolgleichungen sind ineinander umrechenbar, wie einige Beispiele bereits gezeigt haben. Hierzu muss das eine Gleichungspaar so umgeformt werden, dass es die Aufteilung in abhängige und unabhängige Variablen des anderen Gleichungspaares erhält.
Die Umrechnung ist eine gute Übung für die Rechnung mit komplexen Größen. Hier sollen einige Umrechnungsformeln ohne Ableitung (diese ist jedoch sehr zu empfehlen) angegeben werden.

- Umrechnung der H-Form in Y-Form:

$$\begin{pmatrix} \underline{Y}_{11} & \underline{Y}_{12} \\ \underline{Y}_{21} & \underline{Y}_{22} \end{pmatrix} = \frac{1}{\underline{H}_{11}} \cdot \begin{pmatrix} 1 & -\underline{H}_{12} \\ \underline{H}_{21} & det(\underline{H}) \end{pmatrix}$$

mit $det(\underline{H}) = \underline{H}_{11} \cdot \underline{H}_{22} - \underline{H}_{12} \cdot \underline{H}_{21}$

- Umrechnung der A-Form in Z-Form:

$$\begin{pmatrix} \underline{A}_{11} & \underline{A}_{12} \\ \underline{A}_{21} & \underline{A}_{22} \end{pmatrix} = \frac{1}{\underline{Z}_{11}} \cdot \begin{pmatrix} \underline{Z}_{11} & -det(\underline{Z}) \\ 1 & -\underline{Z}_{22} \end{pmatrix}$$

- Umrechnung der Y-Form in Z-Form:

$$\begin{pmatrix} \underline{Y}_{11} & \underline{Y}_{12} \\ \underline{Y}_{21} & \underline{Y}_{22} \end{pmatrix} = \frac{1}{det(\underline{Z})} \cdot \begin{pmatrix} \underline{Z}_{22} & -\underline{Z}_{12} \\ -\underline{Z}_{21} & \underline{Z}_{11} \end{pmatrix} .$$

Andere Umrechnungsformeln findet man in Tabellen.

12.2.6. Elementare Zweitore

Für zwei sogenannte „elementare“ Zweitore, die besonders bei der Behandlung von zusammengeschalteten Zweitoren zum Einsatz kommen, sollen die Vierpolparameter in Y-, Z-, A- und H-Form bestimmt werden.

Längswiderstand

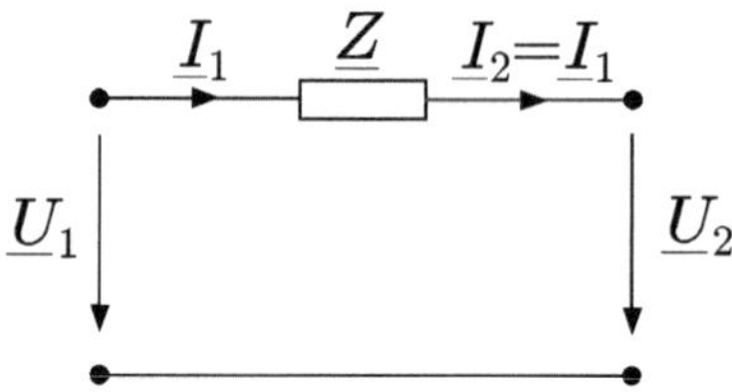

Die Gleichungen lauten:

$$\begin{aligned}\underline{U}_1 &= \underline{U}_2 + \underline{Z}\cdot\underline{I}_1\\ \underline{I}_1 &= \underline{I}_2\end{aligned}$$

Die *Admittanzform* Y bekommt man, wenn man das Gleichungssystem nach $\underline{I}_1$ und $\underline{I}_2$ auflöst:

$$\begin{aligned}\underline{I}_1 &= \frac{1}{\underline{Z}}\underline{U}_1 - \frac{1}{\underline{Z}}\underline{U}_2\\ \underline{I}_2 &= \frac{1}{\underline{Z}}\underline{U}_1 - \frac{1}{\underline{Z}}\underline{U}_2\end{aligned} \Longrightarrow \boldsymbol{Y} = \begin{pmatrix} \frac{1}{\underline{Z}} & -\frac{1}{\underline{Z}}\\ \frac{1}{\underline{Z}} & -\frac{1}{\underline{Z}}\end{pmatrix} = \begin{pmatrix} \underline{Y} & -\underline{Y}\\ \underline{Y} & -\underline{Y}\end{pmatrix}$$

Bei der *Impedanzform* Z sind die Spannungen $\underline{U}_1$ und $\underline{U}_2$ abhängig, $\underline{I}_1$ und $\underline{I}_2$ unabhängig. Ein solches Gleichungssystem kann nicht aufgestellt werden, da $\underline{I}_1 = \underline{I}_2$ ist und nur die Differenz $\underline{U}_1 - \underline{U}_2 = \underline{Z}\cdot\underline{I}_1$ bestimmt ist, nicht aber $\underline{U}_1$ und $\underline{U}_2$. Mathematisch betrachtet: $det(\underline{Y}) = 0$, sodass eine Z-Matrix nicht existiert.
Dagegen kann man die Gleichungen in *Kettenform* A, mit den abhängigen Größen $\underline{U}_1$ und $\underline{I}_1$ aufstellen (man setzt in die 1. Gleichung oben statt $\underline{I}_1 \longrightarrow \underline{I}_2$):

$$\begin{aligned}\underline{U}_1 &= \underline{U}_2 + \underline{Z}\cdot\underline{I}_2\\ \underline{I}_1 &= \underline{I}_2\end{aligned} \Longrightarrow \boldsymbol{A} = \begin{pmatrix} 1 & \underline{Z}\\ 0 & 1\end{pmatrix}.$$

Schießlich sieht die *H-Form* folgendermaßen aus:

$$\begin{aligned}\underline{U}_1 &= \underline{Z}\cdot\underline{I}_1 + \underline{U}_2\\ \underline{I}_2 &= \underline{I}_1\end{aligned} \Longrightarrow \boldsymbol{H} = \begin{pmatrix} \underline{Z} & 1\\ 1 & 0\end{pmatrix}.$$

Querwiderstand
Die Gleichungen:

$$\begin{aligned}\underline{U}_1 &= (\underline{I}_1 - \underline{I}_2)\cdot\underline{Z} = \underline{Z}\cdot\underline{I}_1 - \underline{Z}\cdot\underline{I}_2\\ \underline{U}_2 &= \underline{U}_1 = \underline{Z}\cdot\underline{I}_1 - \underline{Z}\cdot\underline{I}_2\end{aligned}$$

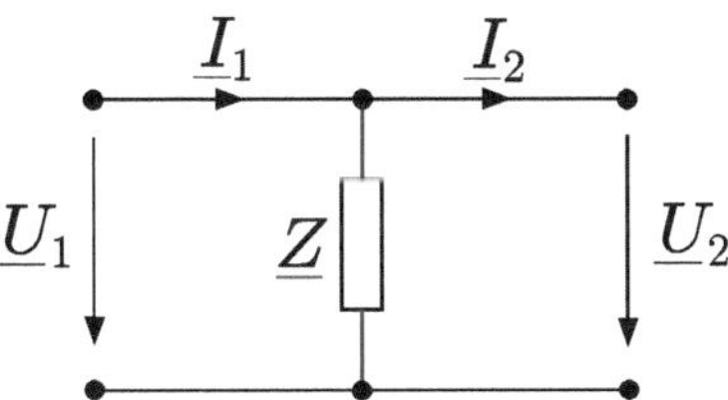

Die *Impedanzform* Z ist direkt ablesbar:

$$\boldsymbol{Z} = \begin{pmatrix} \underline{Z} & -\underline{Z} \\ \underline{Z} & -\underline{Z} \end{pmatrix} .$$

Eine Y-Matrix existiert nicht, weil $det(\underline{Z}) = 0$ ist. Bei Vorgabe der Spannungen $\underline{U}_1$ und $\underline{U}_2$ ist $(\underline{I}_1 - \underline{I}_2) = \frac{1}{\underline{Z}}\underline{U}_1$ bestimmt .

Die *Kettenform* A erzielt man, wenn man die Gleichungen nach $\underline{U}_1$ und $\underline{I}_1$ auflöst:

$$\begin{aligned} \underline{U}_1 &= \underline{U}_2 \\ \underline{I}_1 &= \frac{1}{\underline{Z}}\underline{U}_2 + \underline{I}_2 \end{aligned} \Longrightarrow \boldsymbol{A} = \begin{pmatrix} 1 & 0 \\ \frac{1}{\underline{Z}} & 1 \end{pmatrix}$$

und die *H-Form*:

$$\begin{aligned} \underline{U}_1 &= \underline{U}_2 \\ \underline{I}_2 &= \underline{I}_1 - \frac{1}{\underline{Z}}\underline{U}_2 \end{aligned} \Longrightarrow \boldsymbol{H} = \begin{pmatrix} 1 & 0 \\ 1 & \frac{1}{\underline{Z}} \end{pmatrix} .$$

12.2.7. Ersatzschaltbilder von Vierpolen

Eine Ersatzschaltung weist an den Klemmen dasselbe Verhalten von Strom und Spannung auf, wie die Ausgangsschaltung. Sie „modelliert" eine Schaltung und kann sie in einem komplizierten Netzwerk ersetzen, ohne dass die Verteilung der Ströme sich ändert.

Umkehrbare Vierpole (aus linearen Schaltelementen) werden meistens durch eine der folgenden Schaltungen ersetzt: T- oder Sternschaltung (Abb.12.10,links) und Π- oder Dreieckschaltung (Abb.12.10,rechts).

Dass diese beiden Ersatzschaltbilder ineinander überführbar sind, weiß man bereits, denn die Umrechnung bedeutet eine Stern-Dreieck- oder eine Dreieck-Stern-Umwandlung ($T - \Pi$ oder $\Pi - T$). (*Bemerkung*: Nicht immer sind beide Ersatzschaltbilder schalttechnisch realisierbar - z.B. wenn der Realteil einer Impedanz negativ herauskommt). Es genügt also, die Elemente eines Ersatzschaltbildes, z.B der Π-Schaltung, abzuleiten.

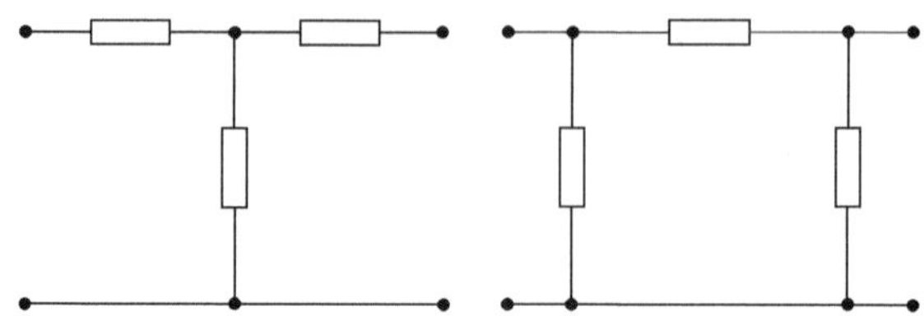

Abbildung 12.10.: Ersatzschaltbilder von Vierpolen

Man geht z.B. von der Admittanzform Y der Vierpolgleichungen aus:

$$\begin{aligned} \underline{I}_1 &= \underline{Y}_{11} \cdot \underline{U}_1 + \underline{Y}_{12} \cdot \underline{U}_2 \\ \underline{I}_2 &= -\underline{Y}_{12} \cdot \underline{U}_1 + \underline{Y}_{22} \cdot \underline{U}_2 \end{aligned}$$

(da $\underline{Y}_{21} = -\underline{Y}_{12}$ bei umkehrbaren Vierpolen gilt).
Die zwei Gleichungen kann man als Knotengleichungen interpretieren. Wenn man jetzt die zwei Knotengleichungen in der Ersatzschaltung Abb.12.11,a schreibt und die Koeffizienten mit denen des obigen Gleichungssystems vergleicht, kann man die Elemente des Ersatzschaltbildes bestimmen.
Es gilt:

$$\begin{aligned} \underline{I}_1 &= \underline{Y}_a \cdot \underline{U}_1 + \underline{Y}_b \cdot (\underline{U}_1 - \underline{U}_2) = (\underline{Y}_a + \underline{Y}_b) \cdot \underline{U}_1 - \underline{Y}_b \cdot \underline{U}_2 \\ \underline{I}_2 &= \underline{Y}_b \cdot (\underline{U}_1 - \underline{U}_2) - \underline{Y}_c \cdot \underline{U}_2 = \underline{Y}_b \cdot \underline{U}_1 - (\underline{Y}_b + \underline{Y}_c) \cdot \underline{U}_2 \end{aligned} \quad .$$

Jetzt kann man die Koeffizienten vergleichen.

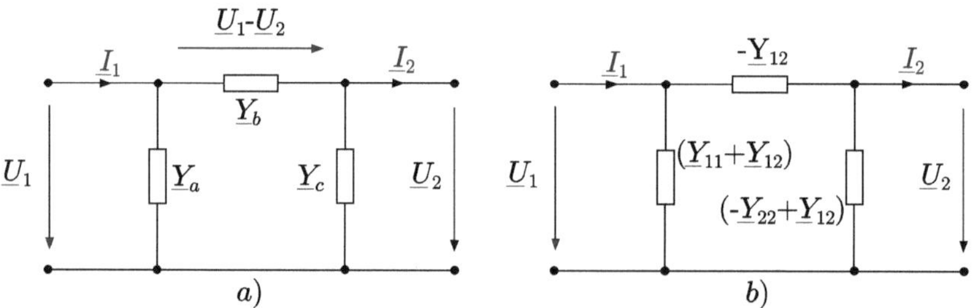

Abbildung 12.11.: Dreieck-Ersatzschaltbild eines umkehrbaren Vierpols

Es gilt gleich:

$$\underline{Y}_b = -\underline{Y}_{12} = \underline{Y}_{21}$$

und weiter:

$$\underline{Y}_{11} = \underline{Y}_a + \underline{Y}_b \Longrightarrow \underline{Y}_a = \underline{Y}_{11} + \underline{Y}_{12}$$

$$\underline{Y}_{22} = -(\underline{Y}_b + \underline{Y}_c) = \underline{Y}_{12} - \underline{Y}_c \Longrightarrow \underline{Y}_c = \underline{Y}_{12} - \underline{Y}_{22} \; .$$

Damit hat man $\underline{Y}_a$, $\underline{Y}_b$ und $\underline{Y}_c$ durch die Y-Parameter ausgedrückt und man kann das ESB auf Abb. 12.11,b aufstellen.
Der Leser kann jetzt die Dreieck-Stern-Transformation durchführen und das folgende ESB aufstellen:

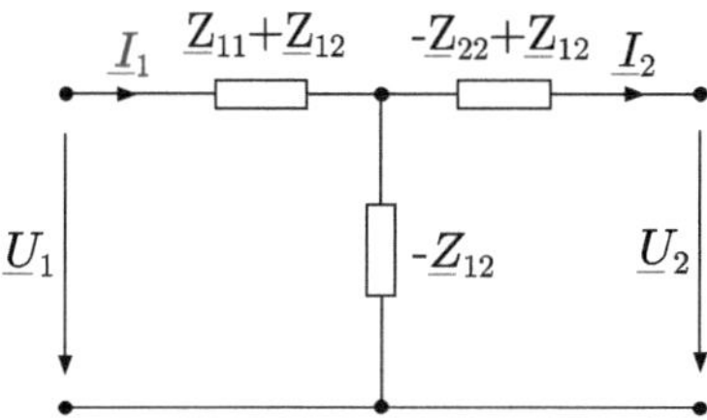

Abbildung 12.12.: Stern-Ersatzschaltbild eines umkehrbaren Vierpols

■ Beispiel 12.4

Von einem Zweitor sind die folgenden Matrixelemente der $\mathbf{A}$*-Matrix bekannt:*

$$\begin{aligned}\underline{A}_{11} &= 0,3+j0,6\\ \underline{A}_{21} &= (0,1+j0,2)S\\ \underline{A}_{22} &= 0,5+j0,5 \quad .\end{aligned}$$

Berechnen Sie die 3 Elemente $\underline{Z}_a$, $\underline{Z}_b$ *und* $\underline{Z}_c$ *eines T-Ersatzschaltbildes.*

Lösung

Das Gleichungssystem in A-Form ist:

$$\begin{aligned}\underline{U}_1 &= \underline{A}_{11}\cdot\underline{U}_2+\underline{A}_{12}\underline{I}_2\\ \underline{U}_2 &= \underline{A}_{21}\cdot\underline{U}_2+\underline{A}_{22}\underline{I}_2\end{aligned}$$

mit

$$\underline{A}_{11}=\left(\frac{\underline{U}_1}{\underline{U}_2}\right)_{\underline{I}_2=0} \quad ; \quad \underline{U}_1=\underline{I}_1\cdot(\underline{Z}_a+\underline{Z}_b) \quad ; \quad \underline{U}_2=\underline{I}_1\cdot\underline{Z}_b \Longrightarrow \frac{\underline{U}_1}{\underline{U}_2}=1+\frac{\underline{Z}_a}{\underline{Z}_b}=\underline{A}_{11}$$

$$\underline{A}_{12}=\left(\frac{\underline{U}_1}{\underline{I}_2}\right)_{\underline{U}_2=0} \quad ; \quad \underline{U}_1=\underline{I}_1\cdot\left(\underline{Z}_a+\frac{\underline{Z}_b\cdot\underline{Z}_c}{\underline{Z}_b+\underline{Z}_c}\right) \quad ; \quad \underline{I}_2=\underline{I}_1\cdot\frac{\underline{Z}_b}{\underline{Z}_b+\underline{Z}_c}$$

$$\frac{\underline{U}_1}{\underline{I}_2}=\frac{\underline{Z}_a+\frac{\underline{Z}_b\cdot\underline{Z}_c}{\underline{Z}_b+\underline{Z}_c}}{\frac{\underline{Z}_b}{\underline{Z}_b+\underline{Z}_c}}=\frac{\underline{Z}_a\cdot\underline{Z}_b+\underline{Z}_a\cdot\underline{Z}_c+\underline{Z}_b\cdot\underline{Z}_c}{Z_b}=\underline{Z}_a+\underline{Z}_c+\frac{\underline{Z}_a\cdot\underline{Z}_c}{\underline{Z}_b}=\underline{A}_{12}$$

$$\underline{A}_{22}=\left(\frac{\underline{I}_1}{\underline{I}_2}\right)_{\underline{U}_2=0} \quad ; \quad \underline{I}_1=\frac{\underline{U}_1}{\underline{Z}_a+\frac{\underline{Z}_b\cdot\underline{Z}_c}{\underline{Z}_b+\underline{Z}_c}}=\frac{\underline{U}_1(\underline{Z}_b+\underline{Z}_c)}{\underline{Z}_a\cdot\underline{Z}_b+\underline{Z}_a\cdot\underline{Z}_c+\underline{Z}_b\cdot\underline{Z}_c}$$

$$\underline{I}_2 = \underline{I}_1 \cdot \frac{\underline{Z}_b}{\underline{Z}_b + \underline{Z}_c} = \frac{\underline{U}_1 \cdot \underline{Z}_b}{\underline{Z}_a \cdot \underline{Z}_b + \underline{Z}_a \cdot \underline{Z}_c + \underline{Z}_b \cdot \underline{Z}_c}$$

$$\frac{\underline{I}_1}{\underline{I}_2} = 1 + \frac{\underline{Z}_c}{\underline{Z}_b} = \underline{A}_{22}$$

$$\underline{A}_{21} = \left(\frac{\underline{I}_1}{\underline{U}_2}\right)_{\underline{I}_2=0} \quad ; \quad \underline{U}_2 = \underline{I}_1 \cdot \underline{Z}_b \Longrightarrow \frac{\underline{I}_1}{\underline{U}_2} = \frac{1}{\underline{Z}_b} = \underline{A}_{21}$$

Die $\boldsymbol{A}$*-Matrix wird somit:*

$$\boldsymbol{A} = \begin{pmatrix} 1 + \dfrac{\underline{Z}_a}{\underline{Z}_b} & \underline{Z}_a + \underline{Z}_c + \dfrac{\underline{Z}_a \cdot \underline{Z}_c}{\underline{Z}_b} \\ \dfrac{1}{\underline{Z}_b} & 1 + \dfrac{\underline{Z}_c}{\underline{Z}_b} \end{pmatrix} .$$

Für die 3 unbekannten Impedanzen des T-Ersatzschaltbildes ergibt sich:

$$\begin{aligned} \underline{A}_{11} &= 1 + \frac{\underline{Z}_a}{\underline{Z}_b} = 0,3 + j0,6 \\ \underline{A}_{21} &= \frac{1}{\underline{Z}_b} = (0,1 + j0,2)S \\ \underline{A}_{22} &= 1 + \frac{\underline{Z}_c}{\underline{Z}_b} = 0,5 + j0,5 \end{aligned}$$

$\underline{Z}_b$ *ergibt sich direkt aus der 2. Gleichung:*

$$\underline{Z}_b = \frac{1}{0,1 + j0,2}\Omega = \frac{10}{1 + 2j}\Omega = \frac{10(1 - 2j)}{5} = \boxed{(2 - 4j)\Omega} .$$

Aus der 1. Gleichung ergibt sich anschließend $\underline{Z}_a$*:*

$$\begin{aligned} \frac{\underline{Z}_a}{\underline{Z}_b} &= -0,7 + j0,6 \\ \underline{Z}_a &= (-0,7 + j0,6)(2 - 4j)\Omega = \boxed{(1 + 4j)\Omega} . \end{aligned}$$

Schließlich ergibt die 3. Gleichung:

$$\begin{aligned} \frac{\underline{Z}_c}{\underline{Z}_b} &= -0,5 + j0,5 \\ \underline{Z}_c &= (-0,5 + j0,5)(2 - 4j)\Omega = \boxed{(1 + 3j)\Omega} . \end{aligned}$$

■

12.2.8. Wellenimpedanz

Eine charakteristische Impedanz der Vierpole, die für symmetrische Vierpole besonders interessant ist, ist die Wellenimpedanz (Wellenwiderstand).

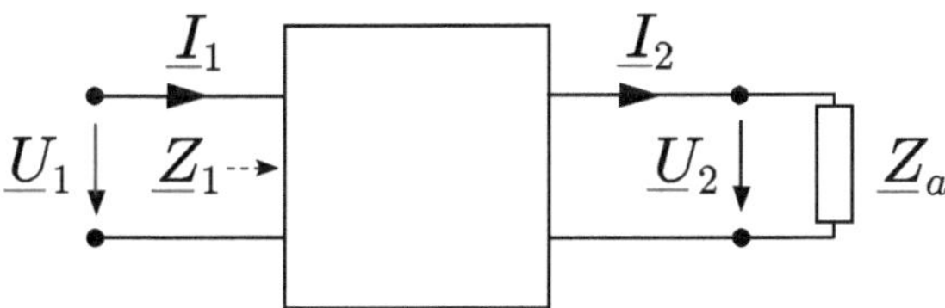

Abbildung 12.13.: Vierpol mit Abschlussimpedanz $\underline{Z}_a$

Es handelt sich hierbei um einen speziellen Wert der Eingangsimpedanz $\underline{Z}_1$, wenn der Vierpol eine Abschlussimpedanz $\underline{Z}_a$ am Ausgangstor hat.
Während die Leerlauf- und Kurzschlussimpedanzen ausschließlich von dem Vierpol selbst bestimmt sind, ist der komplexe Eingangswiderstand $\underline{Z}_1$ auch von $\underline{Z}_a$ abhängig.
Um $\underline{Z}_1 = \frac{\underline{U}_1}{\underline{I}_1}$ bei vorgegebener $\underline{Z}_a$ zu bestimmen, geht man von den Vierpolgleichungen in Z-Form aus:

$$\begin{aligned}\underline{U}_1 &= \underline{Z}_{11} \cdot \underline{I}_1 + \underline{Z}_{12} \cdot \underline{I}_2 \\ \underline{U}_2 &= \underline{Z}_{21} \cdot \underline{I}_1 + \underline{Z}_{22} \cdot \underline{I}_2 \, .\end{aligned}$$

Aus der 1. Gleichung gewinnt man:

$$\underline{Z}_1 = \frac{\underline{U}_1}{\underline{I}_1} = \underline{Z}_{11} + \underline{Z}_{12} \frac{\underline{I}_2}{\underline{I}_1} \, .$$

Dividiert man die 2. Gleichung durch $\underline{I}_2$ und setzt $\underline{Z}_a = \frac{\underline{U}_2}{\underline{I}_2}$ ein, so ergibt sich:

$$\underline{Z}_a = \underline{Z}_{22} + \underline{Z}_{21} \frac{\underline{I}_1}{\underline{I}_2} \, .$$

Nach $\frac{\underline{I}_2}{\underline{I}_1}$ aufgelöst und in die erste Gleichung eingesetzt, ergibt sich:

$$\boxed{\underline{Z}_1 = \underline{Z}_{11} + \underline{Z}_{12} \frac{\underline{Z}_{21}}{\underline{Z}_a - \underline{Z}_{22}}} \, . \tag{12.6}$$

Diese allgemeine Beziehung $\underline{Z}_1 = f(\underline{Z}_a)$ enthält die Grenzwerte:

- $\underline{Z}_a = \infty$ (Leerlauf ausgangsseitig)

$$\underline{Z}_{1l} = \underline{Z}_{11}$$

- $\underline{Z}_a = 0$ (Kurzschluss ausgangsseitig)

$$\underline{Z}_{1k} = \underline{Z}_{11} + \frac{\underline{Z}_{12} \cdot \underline{Z}_{21}}{-\underline{Z}_{22}} \,.$$

Für umkehrbare Vierpole gilt: $\underline{Z}_{12} = -\underline{Z}_{21}$ und die Gl. (12.6) wird:

$$\underline{Z}_1 = \underline{Z}_{11} - \frac{\underline{Z}_{12}^2}{\underline{Z}_a - \underline{Z}_{22}} \,.$$

Wenn $\underline{Z}_a$ variiert, durchläuft $\underline{Z}_1$ Werte zwischen $\underline{Z}_{1k}$ und $\underline{Z}_{1l}$. Im allgemeinen wird also auch einen Wert $\underline{Z}_a$ geben, bei dem $\underline{Z}_1 = \underline{Z}_a$, d.h. die Eingangsimpedanz gleich der Abschlussimpedanz ist. Der Vierpol „transformiert“ den Abschlusswiderstand am Ausgang 1:1 auf den Eingang.
Besonders für symmetrische Vierpole ist diese Impedanz, die dann “Wellenimpedanz“ $\underline{Z}_W$ genannt wird, interessant.

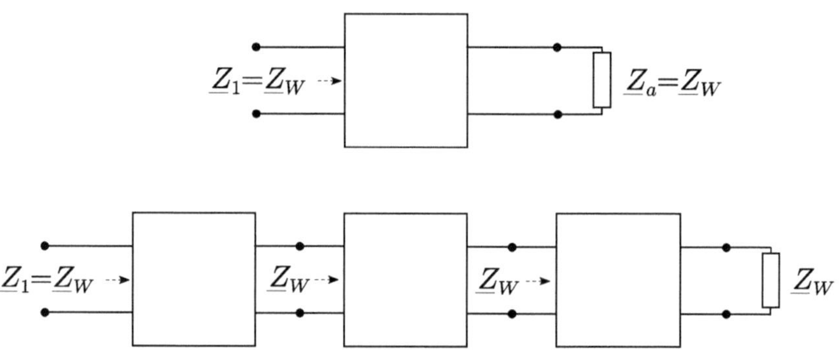

Abbildung 12.14.: Wellenimpedanz $\underline{Z}_W$

Bei einer beliebig langen Kettenschaltung gleicher Vierpole, die am Ausgang mit $\underline{Z}_W$ abgeschlossen ist, erreicht man auch am Eingang dieselbe Impedanz $\underline{Z}_W$. Mit $\underline{Z}_a = \underline{Z}_W$ und $\underline{Z}_1 = \underline{Z}_W$ wird die Gl (12.6):

$$\underline{Z}_W = \underline{Z}_{11} + \frac{\underline{Z}_{12} \cdot \underline{Z}_{21}}{\underline{Z}_W - \underline{Z}_{22}}$$

Man kann zeigen, dass für symmetrische Vierpole ($\underline{Z}_{12} = -\underline{Z}_{21}$) die folgende Beziehung gilt:

$$\boxed{\underline{Z}_W = \sqrt{\underline{Z}_{1k}\underline{Z}_{1l}} = \sqrt{\underline{Z}_k\underline{Z}_l}} \qquad (12.7)$$

Die komplexe Wellenimpedanz ist das geometrische Mittel aus komplexer Eingangskurzschluss- und Leerlaufimpedanz.

■ **Beispiel 12.5**

Es soll die Wellenimpedanz des folgenden umkehrbaren, symmetrischen Vierpols bestimmt werden:

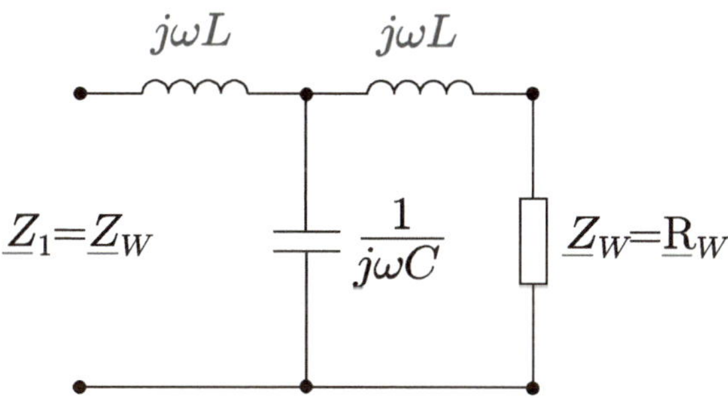

Lösung

$$\underline{Z}_{1l} = j\omega L + \frac{1}{j\omega C} = \frac{1}{j\omega C}(1-\omega^2 LC)$$

$$\underline{Z}_{1k} = j\omega L + \left(\frac{1}{j\omega C}\|j\omega L\right) = j\omega L + \frac{\frac{L}{C}}{j\omega L + \frac{1}{j\omega C}} = j\omega L\left(1 + \frac{1}{1-\omega^2 LC}\right)$$

$$\underline{Z}_{1l}\cdot\underline{Z}_{1k} = \frac{L}{C}(1-\omega^2 LC)\left(1+\frac{1}{1-\omega^2 LC}\right) = \frac{L}{C}[(1-\omega^2 LC)+1]$$

$$\boxed{\underline{Z}_W = \sqrt{\frac{L}{C}(2-\omega^2 LC)}}\,.$$

Die Wellenimpedanz ist reell bei $(2-\omega^2 LC) > 0$*, also* $2 > \omega^2 LC$ *oder*

$$\frac{\omega L}{2} > \frac{1}{\omega C}\,,$$

anderenfalls ist $\underline{Z}_W$ *imaginär.*

■

12.3. Zusammenschaltung von Zweitoren

12.3.1. Überblick der möglichen Schaltungen, Diskussion

Die Frage, warum man so viele unterschiedliche Formen der Vierpolgleichungen (Z-, Y-, A-, H-Form) benutzt, wenn bereits *ein* Gleichungspaar das Verhalten des Vierpols an den Klemmen vollständig beschreibt, kann überzeugend beantwortet werden, wenn man Zusammenschaltungen von Zweitoren untersucht. Vierpole können zusammengeschaltet werden, indem man die Klemmenpaare (Tore) in Reihe, parallel oder in Kette schaltet, wie die Abb.12.15 zeigt.

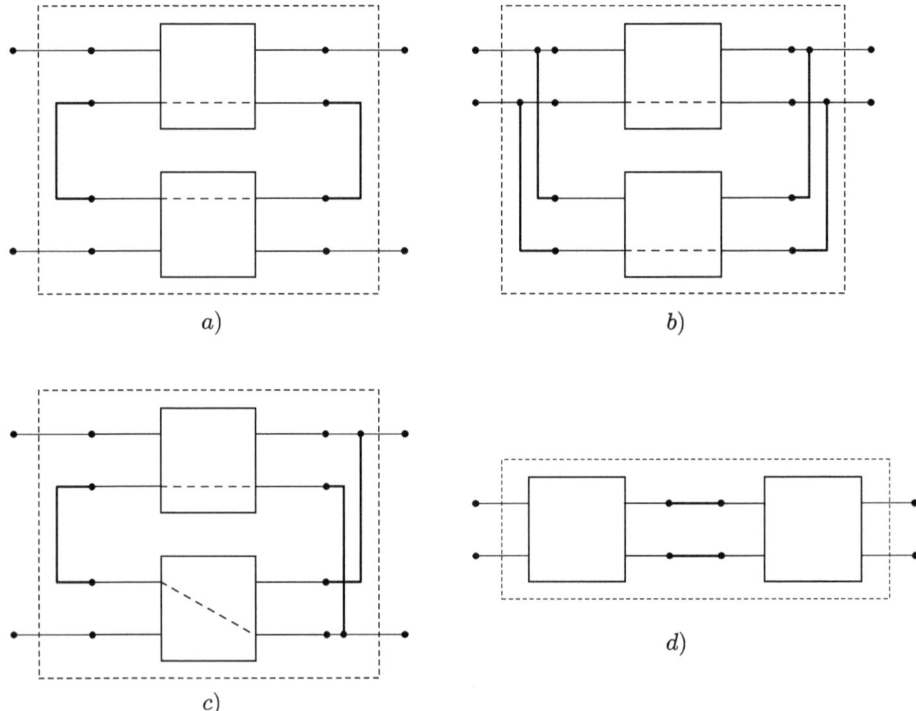

Abbildung 12.15.: Zusammenschaltung von Vierpolen
(a) Reihenschaltung, (b) Parallelschaltung
(c) Reihen-Parallel-Schaltung, (d) Kettenschaltung

Eine fünfte Möglichkeit, die Parallel-Reihen-Schaltung, soll hier nicht mehr untersucht werden, da sie auf eine fünfte Matrizendarstellung (C-Form) führt, die ebenfalls im Abschn. 12.2 nicht berücksichtigt wurde. Die untersuchten vier Darstellungen werden am meisten angewendet, außerdem hat diese fünfte Schaltung Ähnlichkeit mit der Schaltung Abb. 12.15,c.

Die Problemstellung bei der Zusammenschaltung besteht darin, die Matrix des zusammengesezten Zweitors aus den Matrizen der zusammengeschalteten Zweitore zu erhalten. Das ist in der Praxis oft sehr nützlich, denn man kann kompliziertere Zweitore als Zusammenschaltung von einfacheren auffassen, deren Matrizen bekannt sind. Dann muss man diese Matrizen nur entsprechend des Zusammenschaltungsschema (s. Abb. 12.15 und den folgenden Abschnitt) zusammen stellen.
Ein besonderes Problem bei Zusammenschaltung von Zweitoren besteht darin, dass die Zweitorbedingung: *Gleichheit der Ströme durch die zwei Pole eines Tores*, nicht immer automatisch erfüllt wird. Allein die Kettenschaltung (Abb. 12.15,d) gewährleistet immer die Gleichheit der Ströme und Spannungen an der Stelle der Zusammenschaltung. Auf Abb. 12.15 wird mit Strichlinien angedeutet, über welchen Punkten die Längsspannungen gleich sein müssen. Bei den anderen 3 Schaltungen (Abb. 12.15 a,b,und c) muss man beachten, dass durch Zusammenschaltung die Strom- bzw. Spannungsverteilung auf die einzelnen Klemmen sich *nicht* ändern darf.

12.3.2. Reihenschaltung von Zweitoren

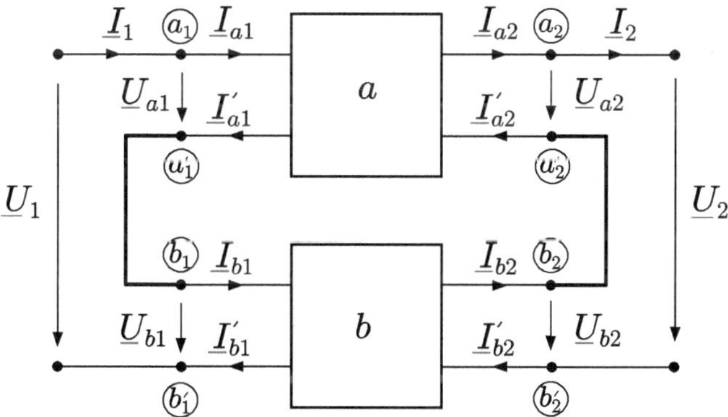

Abbildung 12.16.: Reihenschaltung von zwei allgemeinen Vierpolen a, b.

Bei dieser Art von Zusammenschaltung (Abb. 12.16) sind die Zweitor-Bedingungen $\underline{I}_{a1} = \underline{I}'_{a1}$, $\underline{I}_{a2} = \underline{I}'_{a2}$, $\underline{I}_{b1} = \underline{I}'_{b1}$, und $\underline{I}_{b2} = \underline{I}'_{b2}$ nicht automatisch erfüllt. Die Behandlung der beteiligten Vierpole a und b als Zweitore erfordert eine genaue Untersuchung und ist nur dann erlaubt, wenn man beweisen kann, dass die Zweitor-Bedingungen erfüllt sind.
Sind dagegen die beteiligten Vierpole a und b vom Typ Dreipol, so können die Zweitor-Bedingungen durch die Schaltung auf Abb. 12.17 gesichert werden:

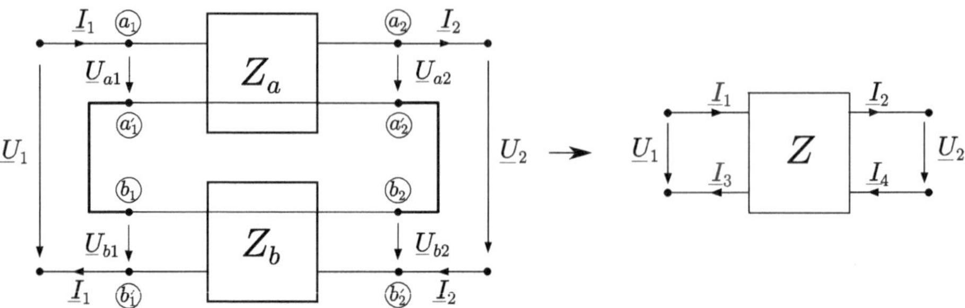

Abbildung 12.17.: Reihenschaltung von zwei Zweitoren

Wenn man jetzt die Klemmen a_1' und b_1 kurzschließt, so haben (durch die durchgehenden Leitungen) auch die Klemmen a_2' und b_2 dieselben Potentiale und können ebenfalls kurzgeschlossen werden, ohne dass die Strom- oder Spannungsverteilung sich ändert.
Für die Reihenschaltung gelten, nach Abb. 12.17, die folgenden Beziehungen:

$$\begin{aligned} \underline{U}_1 &= \underline{U}_{a1} + \underline{U}_{b1} \\ \underline{U}_2 &= \underline{U}_{a2} + \underline{U}_{b2} \\ \underline{I}_1 &= \underline{I}_{a1} = \underline{I}_{b1} \\ \underline{I}_2 &= \underline{I}_{a2} = \underline{I}_{b2} \end{aligned} \tag{12.8}$$

Da hier die Ströme der beiden Zweitore unverändert bleiben und die Spannungen summiert werden, ist es naheliegend, die Impedanzform (Z) zu verwenden. Gemäß Gl. (12.3) kann man schreiben:

$$\begin{aligned} \underline{U}_{a1} &= \underline{Z}_{11_a}\underline{I}_{a1} + \underline{Z}_{12_a}\underline{I}_{a2} \\ \underline{U}_{a2} &= \underline{Z}_{21_a}\underline{I}_{a1} + \underline{Z}_{22_a}\underline{I}_{a2} \end{aligned}$$

und:

$$\begin{aligned} \underline{U}_{b1} &= \underline{Z}_{11_b}\underline{I}_{b1} + \underline{Z}_{12_b}\underline{I}_{b2} \\ \underline{U}_{b2} &= \underline{Z}_{21_b}\underline{I}_{b1} + \underline{Z}_{22_b}\underline{I}_{b2} \,. \end{aligned}$$

Vertauscht man die 2. mit der 3. Gleichung und benutzt die Gleichheit der Ströme (12.8), so ergibt sich:

$$\begin{aligned} \underline{U}_{a1} &= \underline{Z}_{11_a}\underline{I}_1 + \underline{Z}_{12_a}\underline{I}_2 \\ \underline{U}_{b1} &= \underline{Z}_{11_b}\underline{I}_1 + \underline{Z}_{12_b}\underline{I}_2 \end{aligned}$$

$$\begin{aligned} \underline{U}_{a2} &= \underline{Z}_{21_a}\underline{I}_1 + \underline{Z}_{22_a}\underline{I}_2 \\ \underline{U}_{b2} &= \underline{Z}_{21_b}\underline{I}_1 + \underline{Z}_{22_b}\underline{I}_2 \,. \end{aligned}$$

Um die Spannungsgleichungen des resultierenden Zweitors zu erhalten, muss man die Gleichungen paarweise addieren:

$$\begin{aligned} \underline{U}_1 &= \underline{U}_{a1} + \underline{U}_{b1} = (\underline{Z}_{11_a} + \underline{Z}_{11_b})\underline{I}_1 + (\underline{Z}_{12_a} + \underline{Z}_{12_b})\underline{I}_2 \\ \underline{U}_2 &= \underline{U}_{a2} + \underline{U}_{b2} = (\underline{Z}_{21_a} + \underline{Z}_{21_b})\underline{I}_1 + (\underline{Z}_{22_a} + \underline{Z}_{22_b})\underline{I}_2 \,. \end{aligned}$$

Die Matrixform dieses Gleichungssystems lautet:

$$\begin{pmatrix} \underline{U}_1 \\ \underline{U}_2 \end{pmatrix} = \begin{pmatrix} \underline{Z}_{11_a} + \underline{Z}_{11_b} & \underline{Z}_{12_a} + \underline{Z}_{12_b} \\ \underline{Z}_{21_a} + \underline{Z}_{21_b} & \underline{Z}_{22_a} + \underline{Z}_{22_b} \end{pmatrix} \begin{pmatrix} \underline{I}_1 \\ \underline{I}_2 \end{pmatrix} = \boldsymbol{Z} \begin{pmatrix} \underline{I}_1 \\ \underline{I}_2 \end{pmatrix} \tag{12.9}$$

Die Impedanzmatrix des resultierenden Zweitors ist gleich der Summe der Impedanzmatrizen der Teilzweitore:

$$\boldsymbol{Z} = \boldsymbol{Z}_a + \boldsymbol{Z}_b \tag{12.10}$$

Zu demselben Ergebnis gelangt man schneller, wenn man konsequent die Matrizenrechnung anwendet. Für die Zusammenschaltung gilt:

$$\begin{pmatrix} \underline{U}_1 \\ \underline{U}_2 \end{pmatrix} = \begin{pmatrix} \underline{U}_{a1} + \underline{U}_{b1} \\ \underline{U}_{a2} + \underline{U}_{b2} \end{pmatrix} = \begin{pmatrix} \underline{U}_{a1} \\ \underline{U}_{a2} \end{pmatrix} + \begin{pmatrix} \underline{U}_{b1} \\ \underline{U}_{b2} \end{pmatrix}$$

und für die einzelnen Zweitore:

$$\begin{pmatrix} \underline{U}_{a1} \\ \underline{U}_{a2} \end{pmatrix} = \boldsymbol{Z}_a \begin{pmatrix} \underline{I}_{a1} \\ \underline{I}_{a2} \end{pmatrix} = \boldsymbol{Z}_a \begin{pmatrix} \underline{I}_1 \\ \underline{I}_2 \end{pmatrix}$$

$$\begin{pmatrix} \underline{U}_{b1} \\ \underline{U}_{b2} \end{pmatrix} = \boldsymbol{Z}_b \begin{pmatrix} \underline{I}_{b1} \\ \underline{I}_{b2} \end{pmatrix} = \boldsymbol{Z}_b \begin{pmatrix} \underline{I}_1 \\ \underline{I}_2 \end{pmatrix} .$$

damit wird:

$$\begin{pmatrix} \underline{U}_1 \\ \underline{U}_2 \end{pmatrix} = \boldsymbol{Z}_a \begin{pmatrix} \underline{I}_1 \\ \underline{I}_2 \end{pmatrix} + \boldsymbol{Z}_b \begin{pmatrix} \underline{I}_1 \\ \underline{I}_2 \end{pmatrix} = (\boldsymbol{Z}_a + \boldsymbol{Z}_b) \begin{pmatrix} \underline{I}_1 \\ \underline{I}_2 \end{pmatrix} = \boldsymbol{Z} \begin{pmatrix} \underline{I}_1 \\ \underline{I}_2 \end{pmatrix} .$$

Bemerkung: Das aus der Reihenschaltung von zwei Zweitoren vom Dreipol-Typ resultierende Zweitor ist nicht vom selben Typ. Die Reihenschaltung weiterer Zweitore ist ohne zusätzliche Vorsichtsmaßnahmen nicht erlaubt.

■ **Beispiel 12.6**

Es sollen die Parameter der Z-Matrix für ein Zweitor bestimmt werden, das als Reihenschaltung von zwei T-Gliedern entsteht.

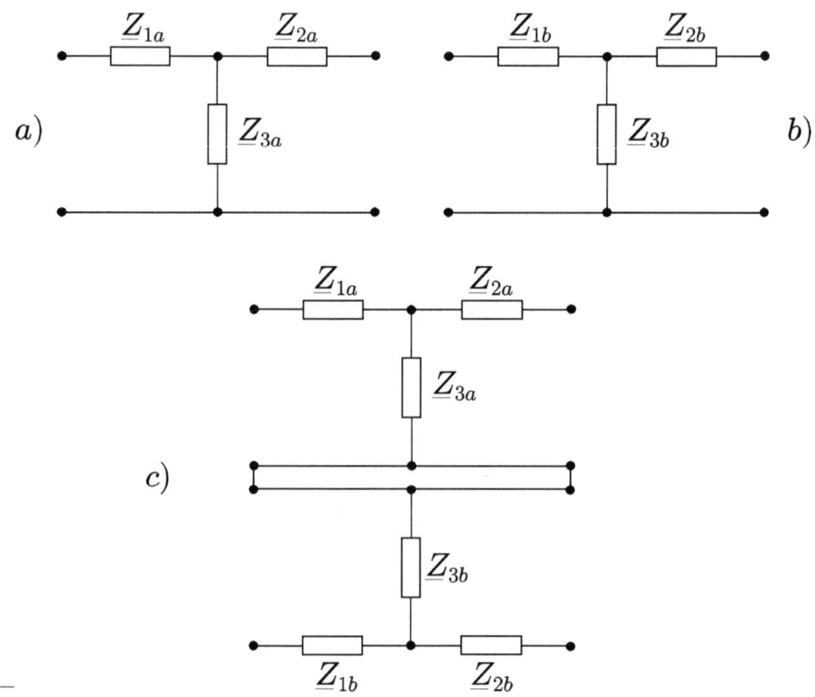

Lösung

Die Z-Matrizen der zwei T-Glieder sind

$$\boldsymbol{Z}_a = \begin{pmatrix} \underline{Z}_{1a} + \underline{Z}_{3a} & -\underline{Z}_{3a} \\ \underline{Z}_{3a} & -(\underline{Z}_{2a} + \underline{Z}_{3a}) \end{pmatrix} \text{ und } \boldsymbol{Z}_b = \begin{pmatrix} \underline{Z}_{1b} + \underline{Z}_{3b} & -\underline{Z}_{3b} \\ \underline{Z}_{3b} & -(\underline{Z}_{2b} + \underline{Z}_{3b}) \end{pmatrix}$$

Man ersieht, dass beide umkehrbare Vierpole sind ($\underline{Z}_{12} = -\underline{Z}_{21}$) *und, falls* $\underline{Z}_{1a} = \underline{Z}_{2a}$, $\underline{Z}_{1b} = \underline{Z}_{2b}$ *zusätzlich stimmt, auch symmetrische Vierpole wären* ($\underline{Z}_{11} = -\underline{Z}_{22}$). *Das resultierende Zweitor hat die Matrix:*

$$\boldsymbol{Z} = \boldsymbol{Z}_a + \boldsymbol{Z}_b = \begin{pmatrix} \underline{Z}_{1a} + \underline{Z}_{3a} + \underline{Z}_{1b} + \underline{Z}_{3b} & -(\underline{Z}_{3a} + \underline{Z}_{3b}) \\ \underline{Z}_{3a} + \underline{Z}_{3b} & -(\underline{Z}_{2a} + \underline{Z}_{3a} + \underline{Z}_{2b} + \underline{Z}_{3b}) \end{pmatrix}$$

und ist, wie das vorige Bild zeigt, nicht mehr vom Typ „Dreipol", wie die zusammengeschalteten Zweitore a und b.

■

12.3.3. Parallelschaltung

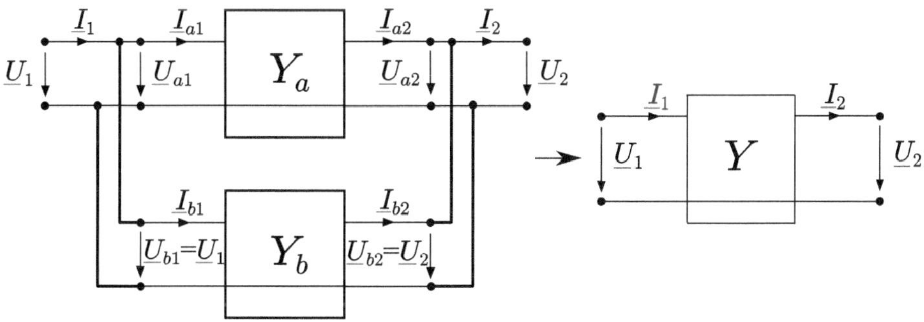

Abbildung 12.18.: Parallelschaltung von zwei Zweitoren

Auch bei dieser Schaltung sind die Zweitorbedingungen nicht automatisch erfüllt, aber auch hier kann man, wie bei der Reihenschaltung (Abschn. 12.3.2), immer Zweitore vom Typ Dreipol, wie auf Abb. 12.18 gezeigt, ohne Sorge zusammenschalten. Wenn die durchgehenden Leitungen wie auf Abb. 12.18 (innerhalb der Zweitor-Kästchen) verlaufen, dann sind die Zweitor-Bedingungen erfüllt.

Die Spannungs- und Strom-Gleichungen sind jetzt:

$$\begin{aligned} \underline{U}_1 &= \underline{U}_{a1} = \underline{U}_{b1} \\ \underline{U}_2 &= \underline{U}_{a2} = \underline{U}_{b2} \\ \underline{I}_1 &= \underline{I}_{a1} + \underline{I}_{b1} \\ \underline{I}_2 &= \underline{I}_{a2} + \underline{I}_{b2} \end{aligned} \tag{12.11}$$

Somit eignet sich am besten die Admittanz-Form (siehe Gl. 12.2):

$$\begin{pmatrix} \underline{I}_{a1} \\ \underline{I}_{a2} \end{pmatrix} = \boldsymbol{Y}_a \begin{pmatrix} \underline{U}_{a1} \\ \underline{U}_{a2} \end{pmatrix} = \boldsymbol{Y}_a \begin{pmatrix} \underline{U}_1 \\ \underline{U}_2 \end{pmatrix}$$

$$\begin{pmatrix} \underline{I}_{b1} \\ \underline{I}_{b2} \end{pmatrix} = \boldsymbol{Y}_b \begin{pmatrix} \underline{U}_{b1} \\ \underline{U}_{b2} \end{pmatrix} = \boldsymbol{Y}_b \begin{pmatrix} \underline{U}_1 \\ \underline{U}_2 \end{pmatrix} .$$

Durch Addition (siehe Gl. 12.10) erhält man die Admittanz-Form des resultierenden Zweitors:

$$\begin{pmatrix} \underline{I}_{a1} \\ \underline{I}_{a2} \end{pmatrix} + \begin{pmatrix} \underline{I}_{b1} \\ \underline{I}_{b2} \end{pmatrix} = (\boldsymbol{Y}_a + \boldsymbol{Y}_b) \begin{pmatrix} \underline{U}_1 \\ \underline{U}_2 \end{pmatrix}$$

$$\begin{pmatrix} \underline{I}_{a1} + \underline{I}_{b1} \\ \underline{I}_{a2} + \underline{I}_{b2} \end{pmatrix} = \begin{pmatrix} \underline{I}_1 \\ \underline{I}_2 \end{pmatrix} = \boldsymbol{Y} \begin{pmatrix} \underline{U}_1 \\ \underline{U}_2 \end{pmatrix} \tag{12.12}$$

mit $\boldsymbol{Y} = \boldsymbol{Y}_a + \boldsymbol{Y}_b$ oder :

$$\begin{pmatrix} \underline{Y}_{11} & \underline{Y}_{12} \\ \underline{Y}_{21} & \underline{Y}_{22} \end{pmatrix} = \begin{pmatrix} \underline{Y}_{11_a} + \underline{Y}_{11_b} & \underline{Y}_{12_a} + \underline{Y}_{12_b} \\ \underline{Y}_{21_a} + \underline{Y}_{21_b} & \underline{Y}_{22_a} + \underline{Y}_{22_b} \end{pmatrix} \tag{12.13}$$

Die Admittanz-Matrixelemente des resultierenden Zweitors ergeben sich jeweils als Summe der entsprechenden $\boldsymbol{Y}$-Elemente der parallel geschalteten Zweitore.

Bemerkung: Anders als bei der Reihenschaltung ist das resultierende Zweitor ebenfalls vom Dreipol-Typ.

■ Beispiel 12.7

Gegeben ist der dargestelle Vierpol (überbrücktes T-Glied):

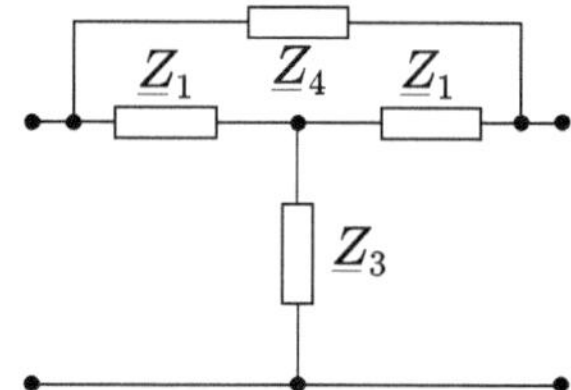

Man bestimme die Y-Matrix durch Addition der Matrizen zweier einfacherer Zweitore.

Lösung

Das überbrückte T-Glied kann als Parallelschaltung eines Längswiderstandes ($\underline{Z}_4$) mit einem T-Glied aufgefasst werden:

Die Y-Matrix des Längswiderstandes ist bekannt aus Absch. 12.2.6:

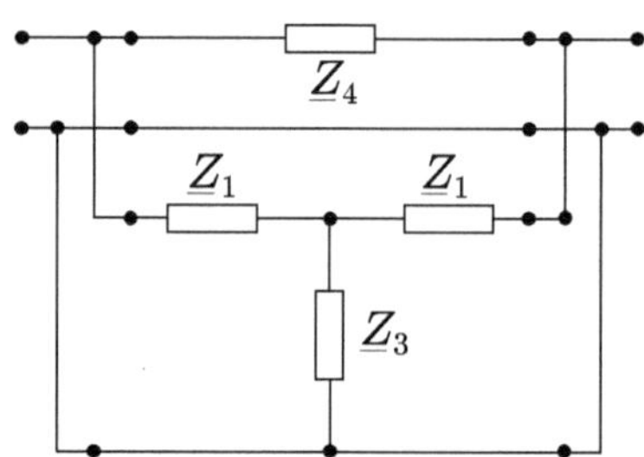

$$\boldsymbol{Y}_{oben} = \begin{pmatrix} \underline{Y}_4 & -\underline{Y}_4 \\ \underline{Y}_4 & -\underline{Y}_4 \end{pmatrix} = \begin{pmatrix} \dfrac{1}{\underline{Z}_4} & -\dfrac{1}{\underline{Z}_4} \\ \dfrac{1}{\underline{Z}_4} & -\dfrac{1}{\underline{Z}_4} \end{pmatrix} .$$

Für das T-Glied stellen wir die Y-Matrix fest:

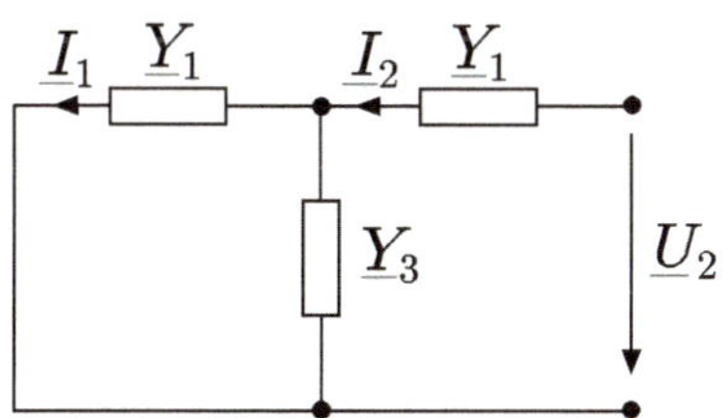

$$\begin{aligned}\underline{I}_1 &= \underline{Y}_{11}\underline{U}_1 + \underline{Y}_{12}\underline{U}_2\\ \underline{I}_2 &= \underline{Y}_{21}\underline{U}_1 + \underline{Y}_{22}\underline{U}_2\end{aligned}$$

$$\underline{Y}_{11} = \left(\frac{\underline{I}_1}{\underline{U}_1}\right)_{\underline{U}_2=0} = \frac{\underline{Y}_1(\underline{Y}_1+\underline{Y}_3)}{2\underline{Y}_1+\underline{Y}_3} = \frac{\frac{1}{\underline{Z}_1}\left(\frac{1}{\underline{Z}_1}+\frac{1}{\underline{Z}_3}\right)}{\frac{2}{\underline{Z}_1}+\frac{1}{\underline{Z}_3}} = \frac{1}{\underline{Z}_1}\cdot\frac{\underline{Z}_1+\underline{Z}_3}{2\underline{Z}_3+\underline{Z}_1}$$

$$\underline{Y}_{12} = \left(\frac{\underline{I}_1}{\underline{U}_2}\right)_{\underline{U}_1=0} \quad ; \quad \underline{I}_2 = \frac{\underline{U}_2}{\underline{Z}_1+\frac{\underline{Z}_1\underline{Z}_3}{\underline{Z}_1+\underline{Z}_3}} = \frac{\underline{U}_2(\underline{Z}_1+\underline{Z}_3)}{\underline{Z}_1^2+2\underline{Z}_1\underline{Z}_3}$$

$$\underline{I}_1 = \underline{I}\frac{\underline{Z}_3}{\underline{Z}_1+\underline{Z}_3} = \frac{\underline{U}_2\underline{Z}_3}{\underline{Z}_1^2+2\underline{Z}_1\underline{Z}_3}$$

$$\underline{Y}_{12} = -\frac{\underline{Z}_3}{\underline{Z}_1(\underline{Z}_1+2\underline{Z}_3)} = -\underline{Y}_{21}$$

$$\underline{Y}_{22} = \left(\frac{\underline{I}_2}{\underline{U}_2}\right)_{\underline{U}_1=0} = -\frac{\underline{Z}_1+\underline{Z}_3}{\underline{Z}_1(\underline{Z}_1+2\underline{Z}_3)}$$

$$\boldsymbol{Y}_{unten} = \begin{pmatrix} \frac{1}{\underline{Z}_1}\cdot\frac{\underline{Z}_1+\underline{Z}_3}{2\underline{Z}_3+\underline{Z}_1} & -\frac{\underline{Z}_3}{\underline{Z}_1(\underline{Z}_1+2\underline{Z}_3)} \\ \frac{\underline{Z}_3}{\underline{Z}_1(\underline{Z}_1+2\underline{Z}_3)} & -\frac{\underline{Z}_1+\underline{Z}_3}{\underline{Z}_1(\underline{Z}_1+2\underline{Z}_3)} \end{pmatrix}$$

Damit ergibt sich für die gesuchte Y-Matrix:

$$\boldsymbol{Y} = \boldsymbol{Y}_{oben} + \boldsymbol{Y}_{unten}$$

$$\boldsymbol{Y} = \begin{pmatrix} \frac{1}{\underline{Z}_4}+\frac{1}{\underline{Z}_1}\cdot\frac{\underline{Z}_1+\underline{Z}_3}{2\underline{Z}_3+\underline{Z}_1} & -\frac{1}{\underline{Z}_4}-\frac{\underline{Z}_3}{\underline{Z}_1(\underline{Z}_1+2\underline{Z}_3)} \\ \frac{1}{\underline{Z}_4}+\frac{\underline{Z}_3}{\underline{Z}_1(\underline{Z}_1+2\underline{Z}_3)} & -\frac{1}{\underline{Z}_4}-\frac{\underline{Z}_1+\underline{Z}_3}{\underline{Z}_1(\underline{Z}_1+2\underline{Z}_3)} \end{pmatrix}.$$

■

12.3.4. Reihen-Parallel-Schaltung

Bei den bisher betrachteten Zusammenschaltungen wurden sowohl die Eingangs- als auch die Ausgangstore gleich -in Reihe oder parallel- geschaltet. Es gibt jedoch die Möglichkeit, die Eingangs- und die Ausgangstore unterschiedlich zu schalten. Eine von diesen beiden Möglichkeiten soll im Folgenden untersucht werden.

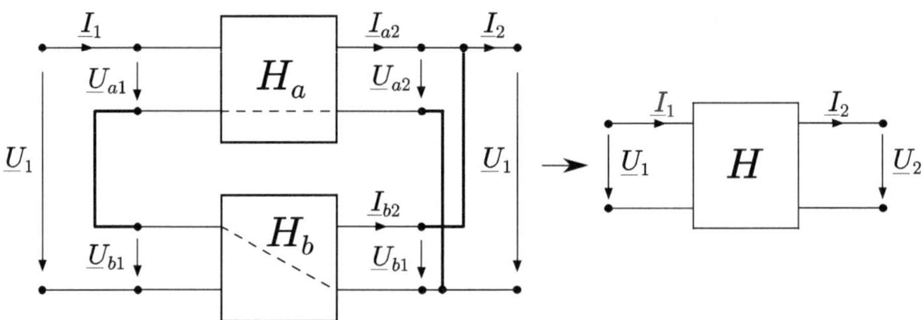

Abbildung 12.19.: Reihen-Parallel-Schaltung von zwei Zweitoren

Um die Zweitor-Bedingungen zu erfüllen muss die „Erdung" der zwei Dreipol-Zweitore wie auf Abb. 12.19 erfolgen. Es gelten jetzt die Gleichungen:

$$\begin{aligned} \underline{U}_1 &= \underline{U}_{a1} + \underline{U}_{b1} \quad ; \quad \underline{U}_2 = \underline{U}_{a2} = \underline{U}_{b2} \\ \underline{I}_2 &= \underline{I}_{a2} + \underline{I}_{b2} \quad ; \quad \underline{I}_1 = \underline{I}_{a1} = \underline{I}_{b1} \end{aligned} \tag{12.14}$$

was leicht zu erkennen läßt, dass hier die Hybridform H (Gl. 12.4) die geeignetste ist, da auch dort die abhängigen Größen $\underline{U}_1$ und $\underline{I}_2$ sind. Man schreibt dann:

$$\begin{pmatrix} \underline{U}_{a1} \\ \underline{I}_{a2} \end{pmatrix} = \boldsymbol{H}_a \begin{pmatrix} \underline{I}_{a1} \\ \underline{U}_{a2} \end{pmatrix} = \boldsymbol{H}_a \begin{pmatrix} \underline{I}_1 \\ \underline{U}_2 \end{pmatrix}$$

$$\begin{pmatrix} \underline{U}_{b1} \\ \underline{I}_{b2} \end{pmatrix} = \boldsymbol{H}_b \begin{pmatrix} \underline{I}_{b1} \\ \underline{U}_{b2} \end{pmatrix} = \boldsymbol{H}_b \begin{pmatrix} \underline{I}_1 \\ \underline{U}_2 \end{pmatrix} .$$

Weiter gilt, durch Addition der Matrizen und unter Berücksichtigung von (12.14):

$$\begin{pmatrix} \underline{U}_{a1} + \underline{U}_{b1} \\ \underline{I}_{a2} + \underline{I}_{b2} \end{pmatrix} = (\boldsymbol{H}_a + \boldsymbol{H}_b) \begin{pmatrix} \underline{I}_1 \\ \underline{U}_2 \end{pmatrix} = \begin{pmatrix} \underline{U}_1 \\ \underline{I}_2 \end{pmatrix} .$$

Die H-Form für die Zusammenschaltung ist also:

$$\begin{pmatrix} \underline{U}_1 \\ \underline{I}_2 \end{pmatrix} = \boldsymbol{H} \begin{pmatrix} \underline{I}_1 \\ \underline{U}_2 \end{pmatrix} .$$

Die H-Matrix des resultierenden Zweitors ist die Summe der H-Matrizen der beteiligten Zweitore.

12.3.5. Kettenschaltung

Die am meisten angewendete Schaltung, die ohne besondere Vorsichtsmaßnahme bei der Zusammenschaltung mehrerer Zweitore eingesetzt werden kann, ist die in Abb. 12.20 dargestelle Kettenschaltung. Da hier das Ausgangstor eines Zweitors gleichzeitig das Eingangstor des nächsten Zweitors ist, werden die Zweitor-Bedingungen immer automatisch erfüllt.

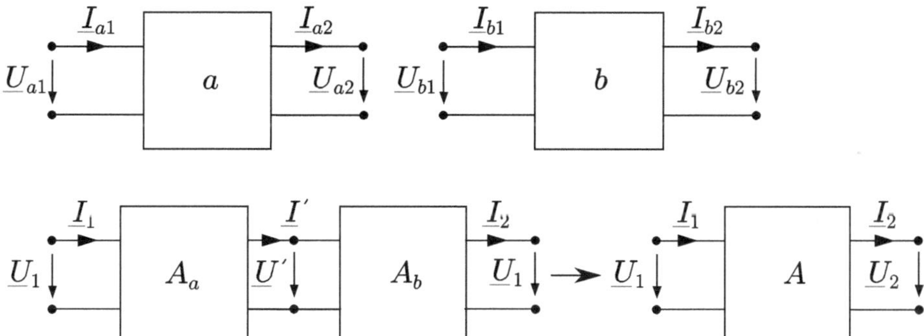

Abbildung 12.20.. Zwei Zweitore (oben) und ihre Kettenschaltung (unten):

Man kann schreiben:

$$\begin{array}{llll} \underline{I}_{a1} = \underline{I}_1 & , \ \underline{U}_{a1} = \underline{U}_1 & , \ \underline{U}_{b2} = \underline{U}_2 & , \ \underline{I}_{b2} = \underline{I}_2 \\ \underline{I}' = \underline{I}_{a2} = \underline{I}_{b1} & , \ \underline{U}' = \underline{U}_{a2} = \underline{U}_{b1} \, . & & \end{array} \tag{12.15}$$

Die Kettenmatrix $\boldsymbol{A}$ des resultierenden Zweitors läßt sich einfach aus den A-Matrizen der beteiligten Zweitore a und b bestimmen:

$$\begin{pmatrix} \underline{U}_{a1} \\ \underline{I}_{a1} \end{pmatrix} = \boldsymbol{A}_a \begin{pmatrix} \underline{U}_{a2} \\ \underline{I}_{a2} \end{pmatrix} \Longrightarrow \begin{pmatrix} \underline{U}_1 \\ \underline{I}_1 \end{pmatrix} = \boldsymbol{A}_a \begin{pmatrix} \underline{U}' \\ \underline{I}' \end{pmatrix}$$

$$\begin{pmatrix} \underline{U}_{b1} \\ \underline{I}_{b1} \end{pmatrix} = \boldsymbol{A}_b \begin{pmatrix} \underline{U}_{b2} \\ \underline{I}_{b2} \end{pmatrix} \Longrightarrow \begin{pmatrix} \underline{U}' \\ \underline{I}' \end{pmatrix} = \boldsymbol{A}_b \begin{pmatrix} \underline{U}_2 \\ \underline{I}_2 \end{pmatrix}$$

Durch Einsetzen der Matrix $\begin{pmatrix} \underline{U}' \\ \underline{I}' \end{pmatrix}$ aus der zweiten in die 1. Matrizengleichung erhält man:

$$\begin{pmatrix} \underline{U}_1 \\ \underline{I}_1 \end{pmatrix} = \boldsymbol{A}_a \cdot \boldsymbol{A}_b \cdot \begin{pmatrix} \underline{U}_2 \\ \underline{I}_2 \end{pmatrix}$$

$$\begin{pmatrix} \underline{U}_1 \\ \underline{I}_1 \end{pmatrix} = \boldsymbol{A} \cdot \begin{pmatrix} \underline{U}_2 \\ \underline{I}_2 \end{pmatrix} \text{ mit } \boldsymbol{A} = \boldsymbol{A}_a \cdot \boldsymbol{A}_b \tag{12.16}$$

Die Kettenmatrix $\boldsymbol{A}$ des resultierenden Zweitors ist gleich dem Produkt der A-Matrizen der beteiligten Zweitore.

■ Beispiel 12.8

Beweisen Sie, dass die Kettenschaltung eines Längs- und eines Querwiderstandes ein T-Halbglied bildet:

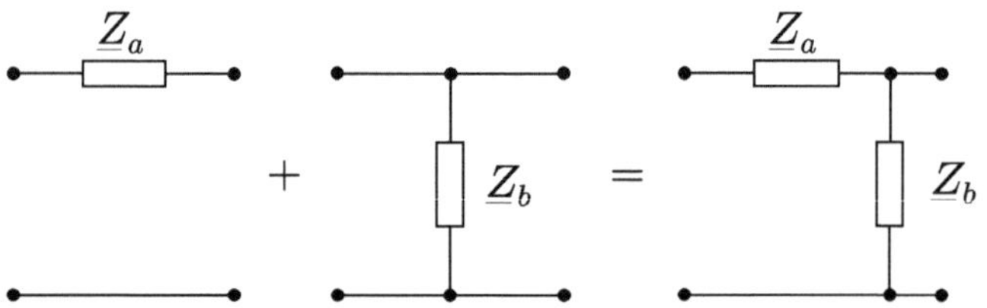

Schalten Sie weiter einen Längswiderstand dazu und zeigen Sie, dass die Kettenschaltung der 3 elementaren Zweitore ein T-Glied ergibt.

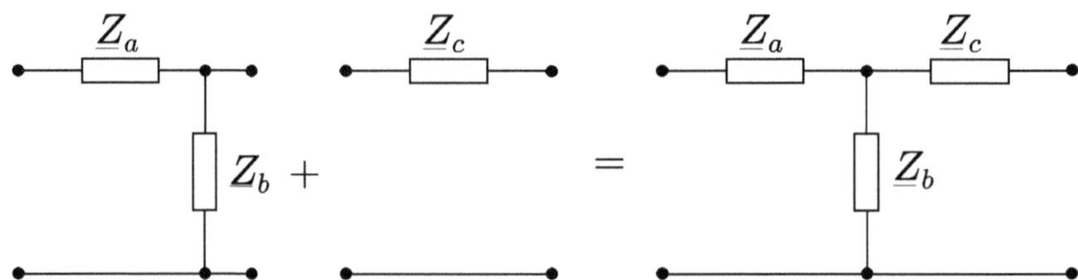

Lösung

Die A-Matrizen der elementaren Zweitore wurden im Abschn. 12.2.6 festgelegt:

$$\boldsymbol{A}_a = \begin{pmatrix} 1 & \underline{Z}_a \\ 0 & 1 \end{pmatrix} \quad , \quad \boldsymbol{A}_b = \begin{pmatrix} 1 & 0 \\ \dfrac{1}{\underline{Z}_b} & 1 \end{pmatrix} .$$

Man muss ihr Produkt bilden:

$$\boldsymbol{A}_{T-Halbglied} = \boldsymbol{A}_a \cdot \boldsymbol{A}_b = \begin{pmatrix} 1 + \dfrac{\underline{Z}_a}{\underline{Z}_b} & \underline{Z}_a \\ \dfrac{1}{\underline{Z}_b} & 1 \end{pmatrix} .$$

Die A-Matrix eines vollständigen T-Gliedes (mit einer dritten Impedanz $\underline{Z}_c$) ist dann:

$$\boldsymbol{A}_{T-Glied} = \begin{pmatrix} 1 + \dfrac{\underline{Z}_a}{\underline{Z}_b} & \underline{Z}_a + \underline{Z}_c + \dfrac{\underline{Z}_a \cdot \underline{Z}_c}{\underline{Z}_b} \\ \dfrac{1}{\underline{Z}_b} & 1 + \dfrac{\underline{Z}_c}{\underline{Z}_b} \end{pmatrix} .$$

Schaltet man zu dem oberen T-Halbglied noch einen Längswiderstand $\underline{Z}_c$, (siehe Bild), so erreicht man in der Tat die obige Matrix des T-Gliedes:

$$\boldsymbol{A} = \boldsymbol{A}_{T-Halbglied} \cdot \boldsymbol{A}_c = \begin{pmatrix} 1+\dfrac{\underline{Z}_a}{\underline{Z}_b} & \underline{Z}_a \\ \dfrac{1}{\underline{Z}_b} & 1 \end{pmatrix} \cdot \begin{pmatrix} 1 & \underline{Z}_c \\ 0 & 1 \end{pmatrix} = \boldsymbol{A}_{T-Glied} \cdot$$

■

■ Beispiel 12.9

In der folgenden Schaltung sind $R = \dfrac{1}{\omega C} = 1\Omega$ *vorgegeben.*

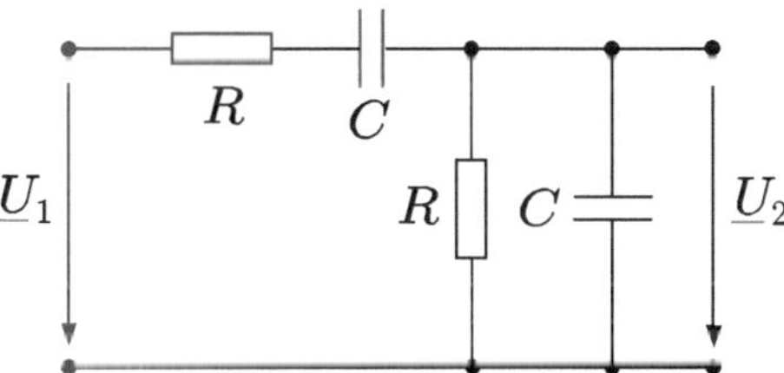

1. *Zerlegen Sie die Schaltung in drei Zweitore, die in Kettenschaltung zusammengefasst sind.*
2. *Berechnen Sie die Kettenmatrizen der drei Zweitore.*
3. *Stellen Sie die Kettenmatrix* $\boldsymbol{A}$ *des gesamten Zweitors auf.*
4. *Bestimmen Sie die Leerlauf-Spannungsübersetzung vorwärts der Schaltung:* $\left(\dfrac{\underline{U}_2}{\underline{U}_1}\right)_{\underline{I}_2=0}$.
5. *Jetzt wird am Ausgangstor ein ohmscher Widerstand* $R = 1\Omega$ *geschaltet. Die Eingangsspannung soll* $\underline{U}_1 = 30V \cdot e^{j0^\circ}$ *sein. Bestimmen Sie die Ausgangsspannung* $\underline{U}_2$.

Lösung

1. *Die drei elementare Zweitore sind:*

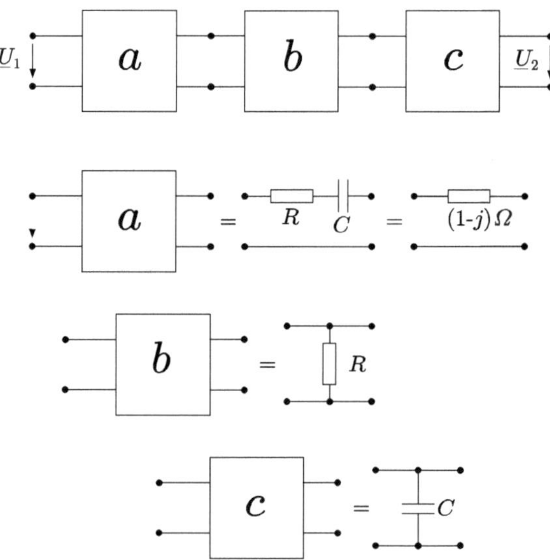

2. *Die drei Kettenmatrizen sind (s. Abschn. 12.2.6):*

$$\boldsymbol{A}_a = \begin{pmatrix} 1 & (1-j) \\ 0 & 1 \end{pmatrix} \quad ; \quad \boldsymbol{A}_b = \begin{pmatrix} 1 & 0 \\ 1 & 1 \end{pmatrix} \quad ; \quad \boldsymbol{A}_c = \begin{pmatrix} 1 & 0 \\ j & 1 \end{pmatrix}$$

da $R = \dfrac{1}{\omega C} = 1\Omega$ *gilt.*

3. *Die A-Matrix des gesamten Zweitors ist das Produkt der 3 Matrizen:*

$$\boldsymbol{A} = \boldsymbol{A}_a \cdot \boldsymbol{A}_b \cdot \boldsymbol{A}_c \quad .$$

Am besten löst man das Problem in zwei Schritten: zunächst multipliziert man $\boldsymbol{A}_b$ *mit* $\boldsymbol{A}_c$ *und anschließend das Ergebnis mit* $\boldsymbol{A}_a$.
Erster Schritt:

$$\boldsymbol{A}_{bc} = \boldsymbol{A}_b \cdot \boldsymbol{A}_c = \begin{pmatrix} 1 & 0 \\ 1 & 1 \end{pmatrix} \cdot \begin{pmatrix} 1 & 0 \\ j & 1 \end{pmatrix} = \begin{pmatrix} 1 & 0 \\ 1+j & 1 \end{pmatrix} .$$

Bemerkung: Die Kettenschaltung der Zweitore b und c ergibt ein Zweitor (Querwiderstand) mit der Impedanz $\underline{Z}_{bc} = \dfrac{1}{1+j}$, *der in der Tat die obere A-Matrix hat.*

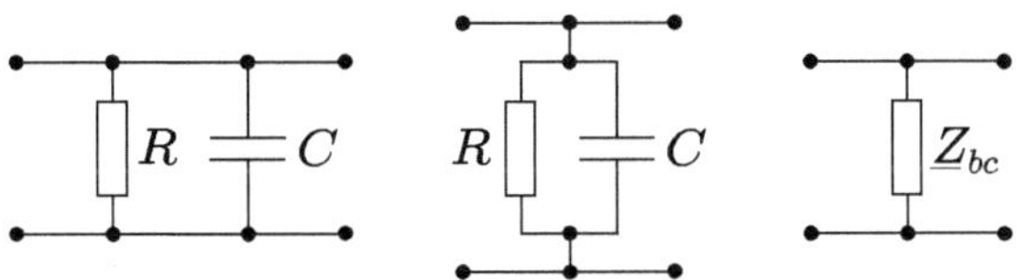

Zweiter Schritt:

$$\boldsymbol{A} = \boldsymbol{A}_a \cdot \boldsymbol{A}_{bc} = \begin{pmatrix} 1 & 1-j \\ 0 & 1 \end{pmatrix} \cdot \begin{pmatrix} 1 & 0 \\ 1+j & 1 \end{pmatrix}$$

$$= \begin{pmatrix} 1+(1-j)(1+j) & 1-j \\ 1+j & 1 \end{pmatrix}$$

$$\boldsymbol{A} = \begin{pmatrix} 3 & 1-j \\ 1+j & 1 \end{pmatrix}.$$

4. *Die gesuchte Spannungsübersetzung ist gleich* $\frac{1}{\underline{A}_{11}}$*, also* $\frac{1}{3}$*:*

$$\boxed{U_2 = \frac{1}{3} U_1}.$$

5. *Wenn ein Lastwiderstand* $R = 1\Omega$ *am Ausgangstor geschaltet wird, kann man schreiben:*

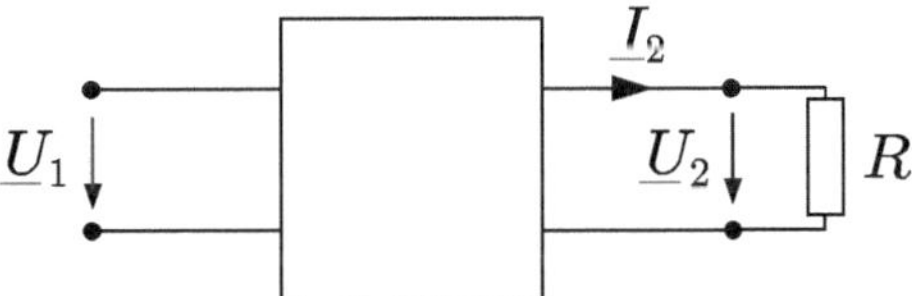

$$\begin{pmatrix} \underline{U}_1 \\ \underline{I}_1 \end{pmatrix} = \boldsymbol{A} \cdot \begin{pmatrix} \underline{U}_2 \\ \underline{I}_2 \end{pmatrix} = \begin{pmatrix} 3 & 1-j \\ 1+j & 1 \end{pmatrix} \cdot \begin{pmatrix} \underline{U}_2 \\ \underline{I}_2 \end{pmatrix}$$

$$\underline{U}_1 = 3\underline{U}_2 + (1-j)\underline{I}_2$$

$$\underline{I}_1 = (1+j)\underline{U}_2 + \underline{I}_2$$

Setzt man in die erste Gleichung $\underline{U}_2 = R\underline{I}_2 = 1 \cdot \underline{I}_2$*, also* $\underline{I}_2 = \underline{U}_2$ *ein, so wird:*

$$\underline{U}_1 = 3\underline{U}_2 + (1-j)\underline{U}_2 = (4-j)\underline{U}_2$$

$$\underline{U}_2 = \frac{\underline{U}_1}{4-j} \Longrightarrow U_2 = \frac{30}{\sqrt{17}} V = \boxed{7,28V}.$$

■

13. Schwingkreise

13.1. Schaltungen mit besonderem Frequenzverhalten

Die Blindwiderstände (bzw. -leitwerte) von Induktivitäten L und Kapazitäten C sind frequenzabhängig, sodass ihre Zusammenschaltung untereinander bzw. mit Wirkwiderständen R typische, durch entsprechende Dimensionierung genau festlegbare *Frequenzverläufe* ergeben können (z.B. für die Eingangsimpedanz, für eine Teilspannung oder einen Strom).
Solche Schaltungen werden in der Nachrichtentechnik sehr häufig benötigt (Schwingungserzeuger, Filter) und werden mit charakteristischen Kenngrößen beschrieben.
So ergeben Kombinationen von L und R, bzw. C und R einfachste *Tief-* oder *Hochpass-Glieder*, d.h., die tiefen bzw. hohen Frequenzen werden im Frequenzgang einer Teilspannung hervorgehoben. Die nächsten 2 Tabellen zeigen jeweils 2 Stromkreise, die als „ Hochpässe“ oder „Tiefpässe“ eingesetzt werden können.
„Tief“ und „Hoch“ wird dabei betrachtet von einer sogenannter *Grenzfrequenz* ω_g aus.
Mehr oder weniger schmale Frequenzbänder um eine Mittelfrequenz lassen sich mit *RLC*- Schaltungen (Resonanzkreise) erzeugen. Die elementaren Grundschaltungen der Resonanzkreise werden im nächsten Abschnitt behandelt. Verbesserte Frequenzverläufe (z.B. steilere Flanken) werden durch mehrgliedrige Schaltungen erreicht, deren Berechnung in das Gebiet der Filtertheorie gehört.

Schließlich werden im Abschnitt 13.3 die Ersatzschaltungen „technischer“ Schaltelemente behandelt, also der Bauelemente Widerstand, Kondensator und Spule, die nur im Idealfall allein einen realen Widerstand, eine Kapazität bzw. eine Induktivität aufweisen.

M. Marinescu und N. Marinescu, *Elektrotechnik für Studium und Praxis*,
https://doi.org/10.1007/978-3-658-28884-6_13

Hochpässe

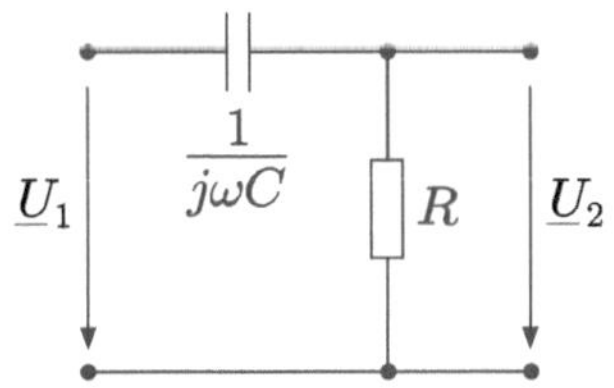

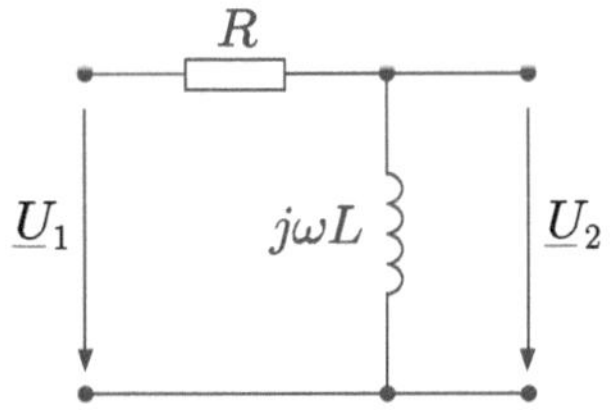

$\frac{\underline{U}_2}{\underline{U}_1} = \frac{R}{R + \frac{1}{j\omega C}}$	$\frac{\underline{U}_2}{\underline{U}_1} = \frac{j\omega L}{R + j\omega L}$

$$\frac{\underline{U}_2}{\underline{U}_1} = \frac{1}{1 + \frac{\omega_g}{\omega}}$$

$$\frac{U_2}{U_1} = \frac{1}{\sqrt{1 + \left(\frac{\omega_g}{\omega}\right)^2}}$$

Tiefpässe

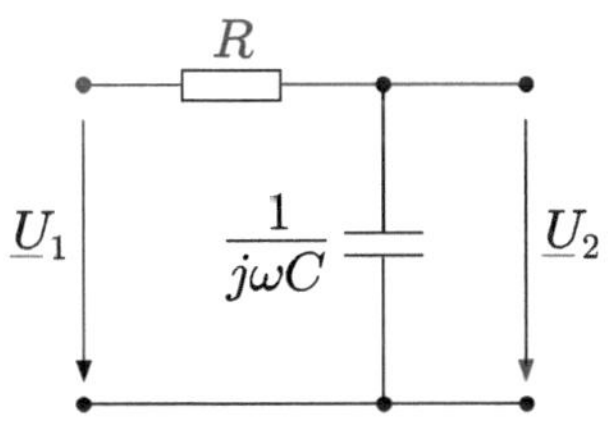

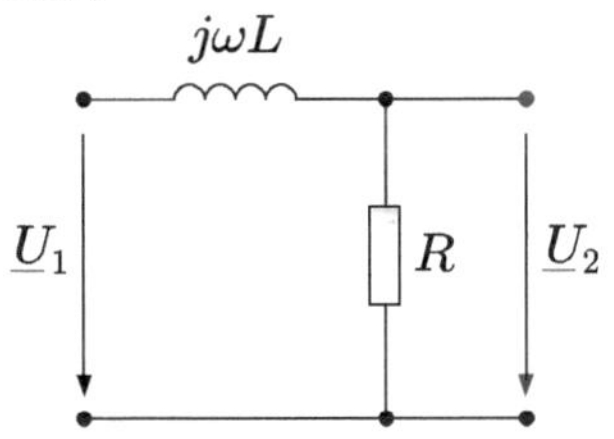

$\frac{\underline{U}_2}{\underline{U}_1} = \frac{\frac{1}{j\omega C}}{R + \frac{1}{j\omega C}}$	$\frac{\underline{U}_2}{\underline{U}_1} = \frac{R}{R + j\omega L}$

$$\frac{\underline{U}_2}{\underline{U}_1} = \frac{1}{1 + \frac{\omega}{\omega_g}}$$

$$\frac{U_2}{U_1} = \frac{1}{\sqrt{1 + \left(\frac{\omega}{\omega_g}\right)^2}}$$

13.2. Resonanzkreise, Reihen- und Parallelresonanz

Resonanzkreise sind $R - L - C$- Schaltungen, bei denen mit Änderung der Frequenz ein Extremwert (Maximum oder Minimum) des Betrags von Strom oder Spannung, Reaktanz usw. auftreten kann.
Reihen- oder Parallelschaltungen von R, L, C können auf Grund ihrer dualen Struktur nebeneinander betrachtet werden (s. folgende Tabelle).

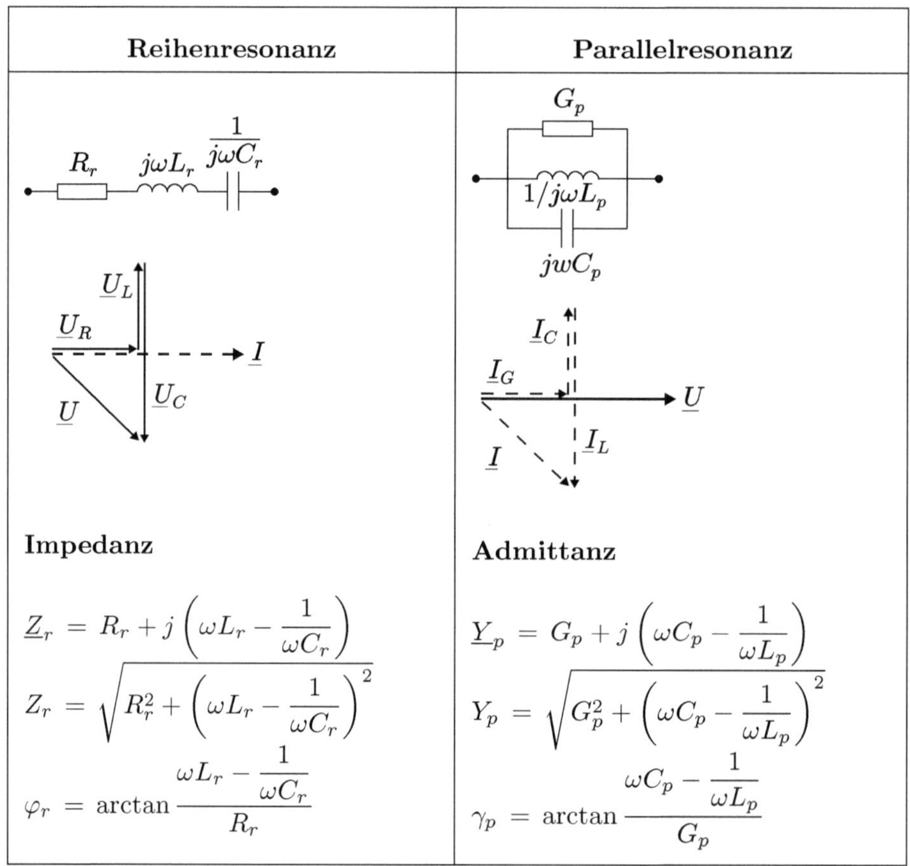

Reihenresonanz	Parallelresonanz
Impedanz	**Admittanz**
$\underline{Z}_r = R_r + j\left(\omega L_r - \frac{1}{\omega C_r}\right)$	$\underline{Y}_p = G_p + j\left(\omega C_p - \frac{1}{\omega L_p}\right)$
$Z_r = \sqrt{R_r^2 + \left(\omega L_r - \frac{1}{\omega C_r}\right)^2}$	$Y_p = \sqrt{G_p^2 + \left(\omega C_p - \frac{1}{\omega L_p}\right)^2}$
$\varphi_r = \arctan \frac{\omega L_r - \frac{1}{\omega C_r}}{R_r}$	$\gamma_p = \arctan \frac{\omega C_p - \frac{1}{\omega L_p}}{G_p}$

13.2.1. Frequenzabhängigkeit von Betrag und Phase von $\underline{Z}$, bzw. $\underline{Y}$.

Abb. 13.1a) zeigt am Beispiel des Reihenkreises die Frequenzabhängigkeit der Reaktanzen von L und C (gestrichelt) und deren Differenz $|\omega L_r - \frac{1}{\omega C_r}|$ (dünne Linie) sowie R_r. Die dick ausgezogene Kurve stellt die Überlagerung $Z_r = \sqrt{R^2 + (\omega L_r - \frac{1}{\omega C_r})^2}$ dar.

Man erkennt: $Z_r(\omega)$ läuft durch ein Minimum (d.h.: $Y_r(\omega)$ durch ein Maximum). Das Minimum beträgt R_r und liegt bei der Frequenz $f_0 = \frac{\omega_0}{2\pi}$, bei der $\omega L_r - \frac{1}{\omega C_r} = 0$ ist. Mit kleinerem R_r- Wert wird das Minimum immer kleiner und somit die Resonanzerscheinung immer ausgeprägter.

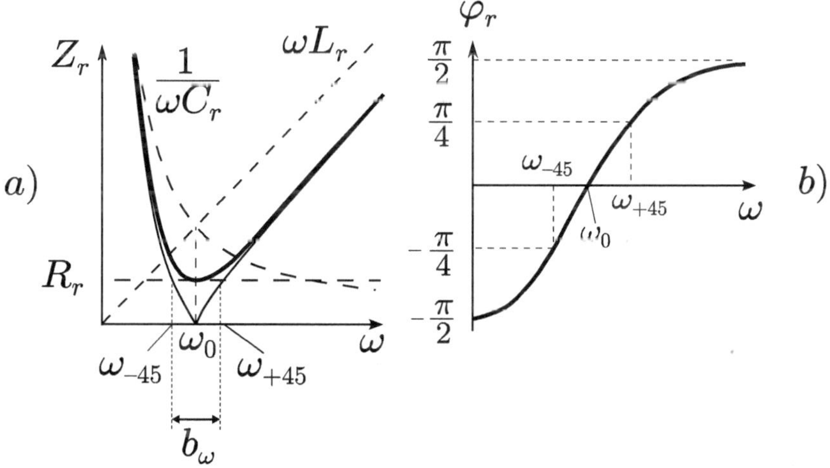

Abbildung 13.1.: Betrag- (a) und Phasenverlauf (b) bei einem Reihenkreis $R - L - C$.

Der Phasenverlauf (Abb. 13.1, b) zeigt $\varphi_r = 0$ bei ω_0; bei $\omega < \omega_0$ ist $\frac{1}{\omega_r C_r} > \omega L_r$, der Kreis ist kapazitiv; bei $\omega > \omega_0$ ist dagegen $\omega L_r > \frac{1}{\omega_r C_r}$, der Kreis ist induktiv.

Beim Parallelkreis gelten die gleichen Beziehungen und Verläufe, wenn man die dualen Größen einsetzt.

13.2.2. Charakteristische Größen der Resonanzkreise

Resonanzfrequenz f_0
ist diejenige Frequenz, bei der $\underline{Z}_r$ bzw. $\underline{Y}_p$ reell, d.h. deren Imaginärteile Null sind. Für beide Kreise (Reihen- und Parallelschaltung $R-L-C$) ergibt sich:

$$\boxed{\omega_0 = \frac{1}{\sqrt{LC}}} . \tag{13.1}$$

Bei der Resonanzfrequenz f_0 sind die kapazitive und induktive Blindkomponente betragsmäßig gleich ($\omega_0 L = \frac{1}{\omega_0 C}$). Beim Reihenkreis sind also die Beträge der Spannungsabfälle über L und C ebenfalls gleich.
Die Energie im Kondensator ist bei der Resonanzfrequenz:

$$W_{C0} = \frac{C_r \hat{U}_C^2}{2} = \frac{C_r \hat{I}^2}{2\omega_0^2 C_r^2} = \frac{L_r \hat{I}^2}{2}, \text{ da } \omega_0 = \frac{1}{\sqrt{L_r C_r}} \text{ ist.}$$

Man erkennt, dass bei der Resonanzfrequenz die bei dem Maximalwert des Stromes im Magnetfeld (Induktivität L) gespeicherte Energie gleich der bei der maximalen Spannung im elektrischen Feld (Kondensator C) gespeicherten Energie ist.
Da i und u_C um $\frac{\pi}{2}$ phasenverschoben sind (s. auch das Zeigerdiagramm in der vorigen Tabelle), ist die Energie in der Spule Null, wenn die Kondensatorenergie maximal ist und umgekehrt. Zwischen Kondensator und Spule pendelt gleich große Energie. Der angeschlossene Generator mit der Frequenz f_0 „merkt“ von der Energiependelung nichts, er liefert nur die Wirkleistung $I^2 \cdot R_r$. Eine analoge Betrachtung gilt auch für den Parallelkreis.

Ist im Idealfall der ohmsche Widerstand (somit der Wärmeverlust) Null, so fließt beim Parallelresonanzkreis kein Strom aus der Quelle in den Kreis. Man kann die Quelle *abtrennen* und der Kreis schwingt ewig, wie ein Pendel ohne Reibungsverluste, wenn es einmal angestoßen ist. Beim Reihenresonanzkreis kann man die Eingangsklemmen *kurzschließen* und der Kreis schwingt weiter.

$$\boxed{Z_0 = \omega_0 L = \frac{1}{\omega_0 C}}$$

Auf Abb. 13.2 sind zur Veranschaulichung der Strom- Spannungs- und Energieverlauf im Zeitabsand von je $T/4$ „Momentaufnahmen“ gezeichnet, wobei die Schaltbilder (bzw. Pendellagen) den Augenblickwerten der Zeitverläufe zugeordnet sind:

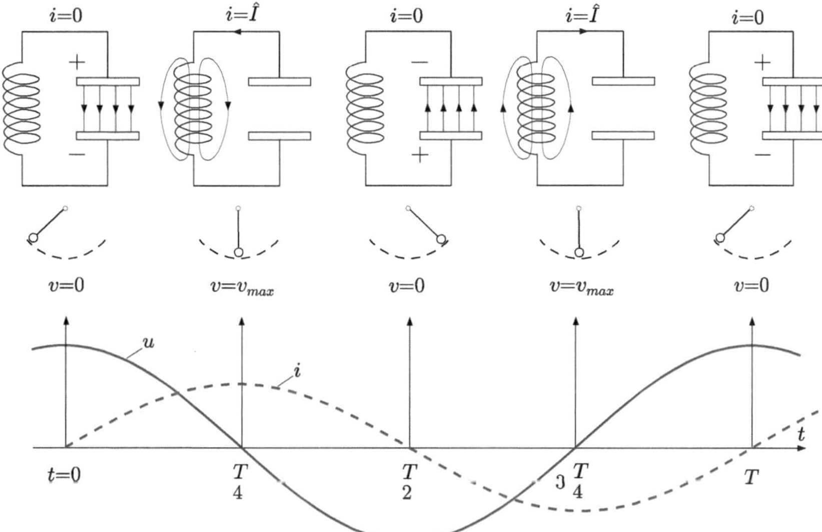

Abbildung 13.2.: Strom und Spannung in einem Parallelresonanzkreis verglichen mit Geschwindigkeit und Auslenkung einer Pendelschwingung.

Bei $u = \hat{U}$ ist $i = 0$, aber di/dt ist maximal: der Kondensator ist maximal aufgeladen, die gesamte Energie ist im elektrischen Feld. Beim Pendel entspricht dies einer Lage mit maximaler potentieller Energie (Geschwindigkeit $v = 0$). $T/4$ später ist die Spannung Null, der Strom hat sein Maximum erreicht (dagegen ist $di/dt = 0$), die gesamte Energie ist im Magnetfeld. Beim Pendel gilt jetzt $v = v_{max}$ und die kynetische Energie erreicht ihr Maximum. Weitere $T/4$ ($t = T/2$) ist der Kondensator entgegengesetzt aufgeladen und weitere $T/4$ ($t = 3T/4$) fließt maximaler Strom entgegengesetzt dem zur Zeit $t = T/4$, usw.

Kennwiderstand Z_0
ist die Impedanz der einzelnen Bauteile bei der Resonanzfrequenz ω_0.

$$\boxed{Z_0 = \omega_0 L = \frac{1}{\omega_0 C}}$$

Resonanzschärfe oder Güte Q, Dämpfung d

$$Q = \left(\frac{\text{Betrag der induktiven oder kapazitiven Komponente}}{\text{Wirkkomponente}}\right)_{\omega=\omega_0}.$$

Beim Reihenresonanzkreis gilt:

$$Q = \frac{\omega_0 L_r}{R_r} = \frac{1}{\omega_0 C_r R_r} = \frac{1}{R_r}\sqrt{\frac{L_r}{C_r}}, \tag{13.2}$$

beim Parallelresonanzkreis:

$$Q = \frac{\omega_0 C_p}{G_p} = \frac{1}{\omega_0 L_p G_p} = \frac{1}{G_p}\sqrt{\frac{C_p}{L_p}}.$$

Die Güte Q ist um so größer, je kleiner die Wirkkomponente (R_r bzw. G_p) ist. Der Kehrwert der Güte wird als *Dämpfung* (oder Kennverlustzahl) bezeichnet:

$$d = \frac{1}{Q}$$

45° - *Frequenzen :* $f_{\pm 45^\circ}$

sind diejenigen Frequenzen, bei denen die Blindkomponente gleich der Wirkkomponente ist (s. Abb. 13.1a).

$$\omega_{\pm 45} \cdot L_r - \frac{1}{\omega_{\pm 45} C_r} = \pm R_r \text{ bzw. } \omega_{\pm 54} \cdot C_p = \frac{1}{\omega_{\pm 45} L_p} = \pm G_p$$

ergibt:

$$\omega_{\pm 45} = \sqrt{\frac{1}{L_r C_r} + \left(\frac{R_r}{2L_r}\right)^2} \pm \frac{R_r}{2L_r} \text{ bzw. } \omega_{\pm 45} = \sqrt{\frac{1}{L_p C_p} + \left(\frac{G_p}{2C_p}\right)^2} \pm \frac{G_p}{2C_p}.$$

Mit der Gl. (13.2) wird für beide Kreise:

$$\boxed{\omega_{\pm 45} = \omega_0 \left(\sqrt{1 + \left(\frac{1}{2Q}\right)^2} \pm \frac{1}{2Q}\right)}. \tag{13.3}$$

Die 45°- Frequenzen f_{+45} und f_{-45} rücken immer näher aneinder, je größer die Güte Q des Kreises, d.h. je kleiner die Wirkkomponente ist.

Bandbreite b_f

nennt man das Frequenzintervall zwischen den beiden 45°- Frequenzen:

$$\boxed{b_f = f_{+45} - f_{+45}} \tag{13.4}$$

oder

$$\boxed{b_\omega = \omega_{+45} - \omega_{-45}}. \tag{13.5}$$

Mit (13.3) ergibt sich:

$$\boxed{b_\omega = \frac{\omega_0}{Q}}\,. \tag{13.6}$$

Die *relative Bandbreite* ist also:

$$\boxed{\frac{b_\omega}{\omega_0} = \frac{1}{Q}}\,. \tag{13.7}$$

Verstimmung v

nennt man:

$$\boxed{v = \frac{\omega}{\omega_0} - \frac{\omega_0}{\omega}}\,. \tag{13.8}$$

Bei $\omega = \omega_0$ ist die Verstimmung $v = 0$. Die Verstimmung gibt die relative Frequenzabweichung von der Resonanzfrequenz an: sie ist negativ wenn $\omega < \omega_0$ und positiv wenn $\omega > \omega_0$ ist.
Setzt man in (13.8) für ω nach Gl. (13.3) $\omega_{\pm 45}$ ein, so erhält man die

$$45^\circ - \text{Verstimmung:}\;\; v_{\pm 45} = \pm\frac{1}{Q}\,. \tag{13.9}$$

Diese Gleichung besagt, dass die erforderliche Verstimmung, um die 45°-Frequenzen zu erreichen, desto kleiner ist, je größer die Resonanzschärfe Q, d.h. je kleiner R_r bzw. G_p, ist.
Die 45°- Verstimmung ist gemäß (13.7) gleich der relativen Bandbreite.

Normierte Form der Impedanz bzw. Admittanz.

Geht man von der Gleichung

$$\underline{Z}_r = R_r + j\left(\omega L_r - \frac{1}{\omega C_r}\right)$$

aus und berücksichtigt man die Gl. (13.2) und (13.8), so kann man schreiben:

$$\frac{\underline{Z}_r}{R_r} = 1 + jQv = \frac{\underline{Y}_p}{\underline{G}_p} \tag{13.10}$$

oder, im Betrag und Phasenwinkel:

$$\frac{Z_r}{R_r} = \frac{Y_p}{G_p} = \sqrt{1 + (Qv)^2} \tag{13.11}$$

$$\varphi_r = \gamma_p = \arctan(Qv)\,. \tag{13.12}$$

13.2.3. Frequenzabhängigkeit von Strom und Spannung

Bei sinusförmiger Aussteuerung der $R-L-C$- Kreise mit variabler Frequenz treten Besonderheiten im Strom- und Spannungsverhalten auf, die eine vielseitige Anwendung finden.
Im Folgenden werden nur die *Beträge* (Effektivwerte) von Strom und Spannung, also Betragsgleichungen, berücksichtigt.
Das Verhalten soll am Beispiel des Reihenresonanzkreises abgeleitet werden. Für Parallelkreise gilt das gleiche Verhalten für die dualen Größen, d.h., man ersetzt Strom durch Spannung, Impedanz Z durch Admittanz Y, Induktivität durch Kapazität und umgekehrt. In normierter Form ergeben sich dieselben Gleichungen.
Um das Charakteristische hervorzuheben, soll bei Änderung der Frequenz die folgende Bedingung erfüllt werden:

$$\begin{array}{ll} \text{für Reihenkreis} & U(\omega) = \text{konst.}, \\ \text{für Parallelkreis} & I(\omega) = \text{konst.} \end{array}$$

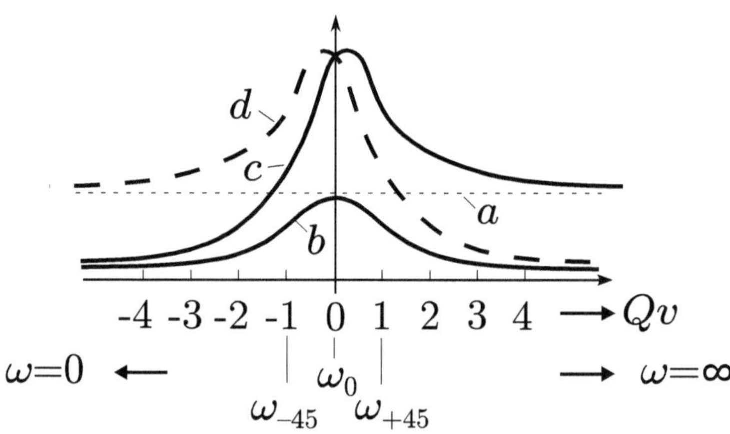

Abbildung 13.3.: Verhalten der Resonanzkreise

Auf Abb. 13.3 ist dieser konstante Wert durch die Horizontale a dargestellt. Dann gilt für den Klemmenstrom:

$$\underline{I}(\omega) = \frac{U}{\underline{Z}(\omega)} = \text{konst.}\underline{Y}(\omega)\,.$$

Der Betrag des Stromes ist, mit (13.11):

$$I(\omega) = \frac{U}{R_r\sqrt{1+(Qv)^2}}\,. \tag{13.13}$$

Bei der Resonanzfrequenz gilt:

$$(I)_{Qv=0} = I_0 = \frac{U}{R_r} \,. \tag{13.14}$$

Das ist der größtmögliche Strom im Reihenkreis. Er ist so groß als wären L_r und C_r nicht und nur R_r vorhanden.

Beim *Parallelkreis* gilt der gleiche Verlauf für $U(\omega)$ bei $I(\omega)$ = konst. Hier durchläuft die Spannung ein Maximum bei $\omega = \omega_0$: $U(\omega_0) = IR_p = U_0$. Man kann also schreiben:

$$\frac{I(\omega)}{I_0} = \frac{1}{\sqrt{1+(Qv)^2}} = \frac{U(\omega)}{U_0} \tag{13.15}$$

Reihenkreis Parallelkreis

Dieser Verlauf ist auf Abb. 13.3 als Kurve b dargestellt. Bei $\omega = \omega_0$ $(Qv = 0)$ ist $I = I_0 = \frac{U}{R_r}$. Bei $Qv = \pm 1$ ist $I = I_0/\sqrt{2}$. Die Kurve ist symmetrisch gegenüber $\omega = \omega_0$.

Teilspannungen (Reihenkreis), Teilströme (Parallelkreis)

Die Spannung über R_r verläuft wie der Strom, also nach (13.13):

$$U_R(\omega) = R_r I = \frac{U}{\sqrt{1+(Qv)^2}} \,.$$

$$\frac{U_R(\omega)}{U} = \frac{1}{\sqrt{1+(Qv)^2}} = \frac{I_G(\omega)}{I} \,. \tag{13.16}$$

Reihenkreis Parallelkreis

Der Verlauf dieses Verhältnisses über ω ist auf Abb. 13.3 durch die Kurve b dargestellt. Die Spannung über dem Widerstand R durchläuft ein Maximum: bei ω_0 ist $U_r(\omega_0) = U$ (Klemmenspannung). Diese Gleichheit kann als Messmethode für die Resonanzfrequenz dienen.
Teilspannungen über L und C bzw. Teilströme durch C- und L- Zwieige:

$$U_C(\omega) = \frac{1}{\omega C} I(\omega) \quad \text{und} \quad U_L(\omega) = \omega L I(\omega) \,.$$

Der *Frequenzgang von* U_C (U_L) unterscheidet sich also von $I(\omega)$ dadurch, dass noch ein $\frac{1}{\omega}$- Gang überlagert wird. Das Maximum verschiebt sich also zu etwas niedrigeren (höheren) Frequenzen.

Bei $\omega = 0$ ($\omega = \infty$) ergibt sich nicht der Wert Null, sondern $U_C(0) = U$ ($U_L(\infty) = U$), da bei $\omega = 0$ ($\omega = \infty$) $I = 0$ ist und über L und R (C und R) kein Spannungsabfall entstehen kann, die Gesamtspannung also über C (L) abfällt.
Ähnliche Überlegungen kann man für die „dualen" Größen $I_L(\omega)$ und $I_C(\omega)$ beim Parallelkreis bei $I = konst.$ anstellen.
Mit der Gl. (13.13) kann man weiter schreiben:

$$U_C(\omega) = U \frac{\dfrac{1}{\omega C R_r}}{\sqrt{1 + (Qv)^2}} \, .$$

Wenn man den Zähler mit ω_0 erweitert und die Gl. (13.2) einsetzt, ergibt sich:

$$U_C(\omega) = QU \frac{\dfrac{\omega_0}{\omega}}{\sqrt{1 + (Qv)^2}} \, .$$

Ähnlich kann man die Spannung $U_L(\omega)$ über L umschreiben:

$$U_L(\omega) = U \frac{\dfrac{\omega L}{R_r}}{\sqrt{1 + (Qv)^2}} = QU \frac{\dfrac{\omega_0}{\omega}}{\sqrt{1 + (Qv)^2}} \, .$$

Für beide Spannungsabfälle gilt bei $\omega = \omega_0$, d.h. $Qv = 0$:

$$U_L(\omega_0) = U_C(\omega_0) = QU \text{ (Reihenkreis)}$$

$$I_C(\omega_0) = I_L(\omega_0) = QI \text{ (Parallelkreis)} \, .$$

Bei der Resonanzfrequenz ω_0 sind die beiden Blindkomponenten (U_L und U_C, bzw. I_C und I_L) Q-mal größer als die Klemmengröße. Das bedeutet bei dem Reihenresonanzkreis mit z.B. $Q = 100$ (durchaus möglicher Wert), dass die induktive Spannung gleich der kapazitiver und 100-mal größer als die Gesamtspannung ist. Entsprechend spannungsfest sind die Bauelemente auszulegen.
In normierter Form kann man schreiben:

$$\frac{U_C(\omega)}{QU} = \frac{\dfrac{\omega_0}{\omega}}{\sqrt{1 + (Qv)^2}} = \frac{I_L(\omega)}{QI} \tag{13.17}$$

$$\frac{U_L(\omega)}{QU} = \frac{\dfrac{\omega}{\omega_0}}{\sqrt{1 + (Qv)^2}} = \frac{I_C(\omega)}{QI} \tag{13.18}$$

Reihenkreis Parallelkreis

Diese Verläufe sind für $Q = 3$ in der Abb. 13.3 als Kurven c und d dargestellt.

■ Beispiel 13.1
Reihen-Resonanzkreis

Es soll ein Reihenresonanzkreis entworfen werden, für eine Resonanzfrequenz von $f_0 = 5kHz$. Zur Verfügung steht eine Kapazität von $C = 20nF$. Die Bandbreite soll 200 Hz betragen.

1. *Wie groß soll die Induktivität L der Spule sein und welchen maximalen Widerstand darf die Spule aufweisen?*
2. *Wie groß ist die Resonanzschärfe (Güte) Q des Kreises und die 45°- Verstimmung?*
3. *Wie groß ist bei Resonanzfrequenz der Effektivwert der Spannung über die Kapazität U_C, wenn der Effektivwert der Gesamtspannung $U = 100V$ beträgt?*
4. *Welcher Strom fließt bei 45°- Verstimmung?*

Lösung

1. Die Resonanzfrequenz ω_0 ist, laut (13.1):

$$\omega_0 = \frac{1}{\sqrt{LC}} \Longrightarrow L = \frac{1}{\omega_0^2 \cdot C} = \frac{1}{(2\pi \cdot 5 \cdot 10^3)^2 s^{-1} \cdot 20 \cdot 10^{-9} F} = \boxed{0,05H} .$$

Den Widerstand des Stromkreises liefert die gewünschte Bandbreite:

$$b_\omega = \frac{\omega_0}{Q} = \frac{\not{\omega}_0 R}{\not{\omega}_0 L} \Longrightarrow R = L \cdot b_\omega = L \cdot 2\pi \cdot b_f = 0,05H \cdot 2\pi \cdot 200s^{-1}$$

$$\boxed{R = 62,8\Omega} .$$

Falls die Spule einen kleineren Widerstand hat, muss der fehlende Rest in Reihe geschaltet werden, um die Forderung nach der Bandbreite von $200Hz$ zu erfüllen.

2. Die Güte ist, nach Gl.(13.2):

$$Q = \frac{\omega_0 L}{R} = \frac{1}{\omega_0 CR} = \frac{\not{2}\pi \cdot f_0 \cdot L}{\not{2}\pi \cdot L \cdot b_f} = \frac{5 \cdot 10^3}{200} = \boxed{25} .$$

Die 45°- Verstimmung, nach (13.9):

$$v_{\pm 45} = \pm \frac{1}{Q} = \boxed{\pm 0,04} .$$

3. *Nach der Spannungsteilerregel gilt, bei der Resonanzfrequenz:*

$$\frac{U_C}{U} = \frac{\frac{1}{\omega_0 C}}{R} = \frac{1}{\omega_0 CR},$$

da der gesamte Stromkreis als Widerstand R arbeitet.

$$U_C = U \cdot Q = 100V \cdot 25 = \boxed{2500V}\ !$$

Bemerkung: Obwohl an den Klemmen der Schaltung nur 100V angelegt werden, müssen der Kondensator und auch die Spule für diese viel höhere Spannung ausgelegt werden!

4. *Der Strom ist:*

$$\underline{I} = \frac{\underline{U}}{\underline{Z}_r} = \frac{\underline{U}}{R(1+jQv)} \Longrightarrow I = \frac{U}{R\sqrt{1+(Qv)^2}}$$

$$I = \frac{100V}{62{,}8\Omega\sqrt{1+(25\cdot 0{,}04)^2}} = \boxed{1{,}1A}.$$

Bei 45°- Verstimmung ist $Q \cdot v = 1$, also der Strom ist: $I = \frac{U}{R\sqrt{2}}$, d.h. $1/\sqrt{2}$ mal kleiner als bei Resonanz, wo $Q \cdot v = 0$ ist.

■

13.3. Technische Schaltelemente

13.3.1. Allgemeine Betrachtungen

Die Bauelemente Widerstand, Spule, Kondensator sollen möglichst gut den realen Widerstand, eine Induktivität bzw. eine Kapazität (die drei Grundschaltelemente R, L, C) realisieren, können dies jedoch nicht ideal erreichen.

In dem Bauelement *Widerstand* wird hauptsächlich elektrische Energie in Wärme umgewandelt, doch erzeugt der durchfließende Strom auch ein Magnetfeld, sodass auch ein induktiver Effekt auftritt. Außerdem haben verschiedene Stellen des Widerstandes unterschiedliche elektrische Potentiale, weshalb in der nichtleitenden Umgebung zeitlich veränderliche elektrische Felder und folglich zusätzliche Verschiebungsströme, also kapazitive Effekte, auftreten können. (Siehe Abschn.13.3.2).

In einer technischen *Spule* wird hauptsächlich ein Magnetfeld erzeugt und magnetische Energie gespeichert, doch erzeugt der Strom verständlicherweise auch eine Erwärmung der Spule, infolge des Wicklungswiderstandes. Außerdem erscheinen auch hier, als Folge der Potentialunterschiede, Verschiebungsströme im Nichtleiter, also kann auch ein kapazitiver Effekt auftreten. (Siehe Abschn. 13.3.4).

Noch komplizierter sind die physikalischen Vorgänge in einer Spule mit *Eisenkern*, wo zusätzlich Wärme durch Wirbelströme und Ummagnetisierungsverluste (Hystereseverluste) entsteht. (Siehe Abschn.13.3.4).

Ein technischer *Kondensator* weist neben dem erwünschten Verschiebungsstrom noch einen „Leckstrom" auf, wenn das Dielektrikum nicht ideal isoliert. Dieser Strom erzeugt verständlicherweise Wärme. Bei zeitlicher Änderung der Spannung entstehen neben dem erwünschten Verschiebungsstrom im Dielektrikum u.U. Umelektrisierungsverluste, die Wärme erzeugen, sodass neben dem Blindstrom auch eine Wirkkomponente auftritt. Beide Ströme sind von einem Magnetfeld umgeben. Ein technischer Kondensator hat also nicht nur kapazitive, sondern auch - schwache - ohmsche und induktive Eigenschaften. (Siehe Abschn. 13.3.3).

Die physikalischen Vorgänge in den wahren Bauelementen können durch *Ersatzschaltbilder* erfasst werden, die die elektrischen und magnetischen Felder (über C und L) und die Wärmeabstrahlung (über R) veranschaulichen. Durch Messungen kann man den Elementen der Ersatzschaltbilder bestimmte Werte zuordnen, deren Abhängigkeit von Frequenz, Spannung, Temperatur usw. zu untersuchen ist.

Als *Kenngröße* für die technische Unvollkommenheit eines Bauelementes wird der *Fehlwinkel* δ (auch Verlustwinkel δ) bzw. der *Verlustfaktor* d angegeben. Diese sollen anhand der einfachsten Ersatzschaltbilder erläutert werden.

13.3.2. Technischer Widerstand

Ein technischer Widerstand weist eine in Reihe zu R geschaltete Induktivität L, denn eine zeitliche Änderung des Stromes (Magnetfeldes) bewirkt - nach dem Induktionsgesetz ($u = -d\phi/dt$) eine zusätzliche induzierte Spannung.
Der Verschiebungsstrom dagegen tritt in einem Nebenzweig, z.B. im Widerstandskörper, auf. Das ergibt das Ersatzschaltbild Abb.13.4,a.

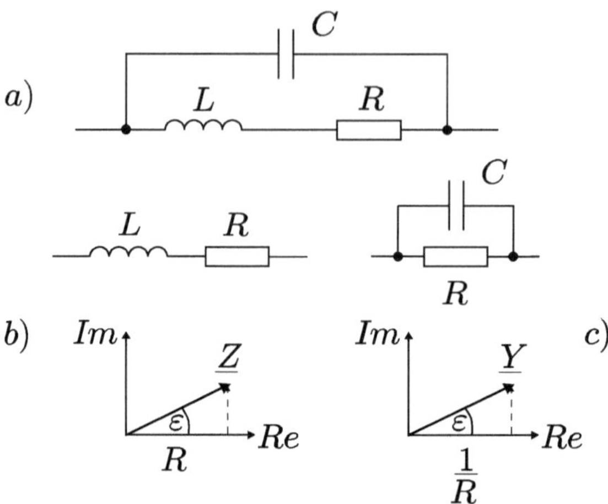

Abbildung 13.4.: Ersatzschaltungen für einen technischen Widerstand

Im allgemeinen ist $R \gg \omega L$ und in dem Parallelschwingkreis von Abb.13.4,a tritt kein Resonanzeffekt auf ($Q = \dfrac{\omega_0 L_r}{R_r}$). Nur bei sehr kleinen Widerstandswerten tritt der induktive Effekt hervor; dann ist jedoch der kapazitive untergeordnet und man kann das Ersatzschaltbild Abb.13.4,b benutzen.
Umgekehrt überwiegt bei großen Widerstandswerten und hohen Frequenzen der Verschiebungsstrom und man kann in guter Näherung das Ersatzschaltbild von Abb.13.4,c einsetzen ($Q = \dfrac{\omega_0 C_p}{G_p}$).
Bemerkung: Eine noch genauere Erfassung der auftretenden Verschiebungsströme erlaubt das Ersatzschaltbild Abb.13.5.

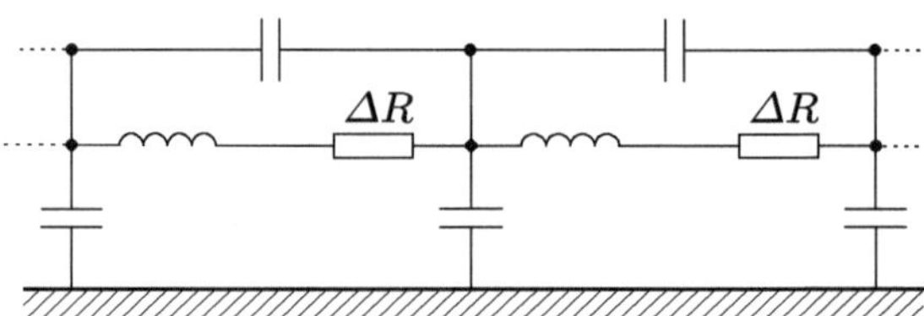

Abbildung 13.5.: Genaueres Ersatzschaltbild für einen technischen Widerstand

Dabei wird berücksichtigt, dass der Verschiebungsfluss nicht nur zwischen den Endpunkten des Widerstandes (maximale Potentialdifferenz) fließt, wie auf Abb.13.4,a und c, sondern dass er verteilt ist. Zusätzlich wurden auf Abb.13.5 noch verteilte „Erdkapazitäten“ berücksichtigt, für den Fall, dass der

Widerstandskörper Potentialunterschiede gegenüber dem Chassis (Gehäuse) aufweist, durch die ebenso Verschiebungsströme entstehen können.
Solche komplizierte Strukturen sind nur bei sehr hohen Frequenzen (bei gewendelten Kohleschichtwiderständen über 100 MHz) zu berücksichtigen.

13.3.3. Technischer Kondensator

Leckstrom und Erwärmung des Dielektrikums durch Verluste bei wechselnder Polarisation sind durch Parallelwiderstände zu dem idealen Kondensator im Ersatzschaltbild zu berücksichtigen, da sie von der Spannung bestimmt werden. Hinzu kommen noch Widerstand und Induktivität der Zuleitung als Reihenelemente (Abb.13.6,a).

In der Abb.13.6 bedeuten: G_{isol} = Isolationsleitwert, G_{Pol} = Polarisationsleitwert, $G_c = G_{isol} + G_{Pol}$.

Ein technischer Kondensator wirkt also bei entsprechend hohen Frequenzen wie ein Schwingkreis. Oberhalb der Reihenresonanzfrequenz f_r wirkt der Kondensator wie eine Spule. Das passiert jedoch erst im Bereich über 1 MHz. Bei nicht zu hohen Frequenzen kann man das Ersatzschaltbild von Abb.13.6,a weiter vereinfachen und nur die Wärmeverluste durch einen Leitwert (G_C auf Abb.13.6,b) berücksichtigen. In dem dazugehörigen Zeigerdiagramm (Abb.13.6,c) ist der Verlustwinkel δ_C eingetragen, um den die komplexe Admittanz $\underline{Y} = j\omega C + G_C$ vom idealen Wert $j\omega C$ abweicht.
Mit $G_C = \dfrac{1}{R_p}$ kann man schreiben:

$$\boxed{\tan\delta_C = \frac{G_c}{\omega C} = \frac{1}{\omega C R_p}} = d_C \implies \boxed{G_C = d_C \omega C} \,. \tag{13.19}$$

Die allgemeine Definition des *Verlustfaktors d* ist:

$$d = \frac{\text{Wirkleistung}}{\text{Blindleistung}} \,. \tag{13.20}$$

Da der Winkel δ_C meistens sehr klein ist (einige Grad), gilt in guter Näherung:

$$d_C = \tan\delta_C \approx \delta_C \,.$$

Die Verlustfaktoren liegen in der Größenordnung von 10^{-3} .

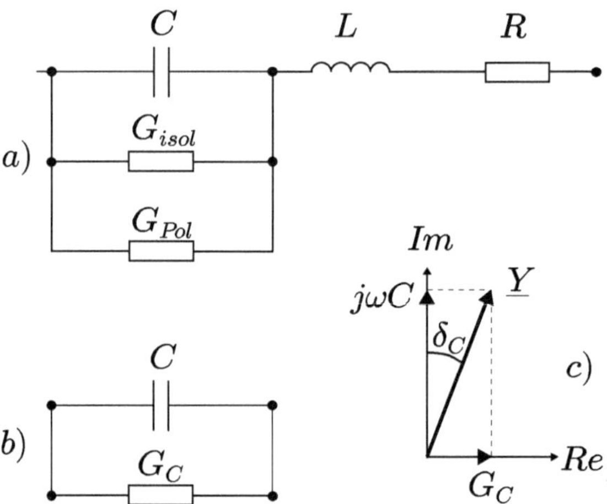

Abbildung 13.6.: Ersatzschaltbilder für einen technischen Kondensator

13.3.4. Technische Spule

Zunächst sollen *Spulen ohne Eisenkern* (Abb.13.7,a) betrachtet werden. Bei sinusförmiger Aussteuerung sind in diesem Falle der Strom i und der Magnetfluss Φ in Phase ($\Phi = Li$ mit $L = konst.$). Den Wicklungswiderstand kann man näherungsweise als konzentriertes Schaltelement R_L in Reihe darstellen, da er einen zusätzlichen Spannungsabfall $R_L i$ bewirkt. In komplexer Schreibweise lautet die Spannungsgleichung:

$$\underline{U} = (j\omega L + R_L)\underline{I} \ .$$

Das Ersatzschaltbild ist auf Abb.13.7,c dargestellt.

Auf Abb.13.7,a rechts ist auch eine Spulenkapazität C eingezeichnet. Diese setzt sich aus verschiedenen Teilkapazitäten zusammen. So haben je nach Ausführung der Wicklung einzelne Windungen sowie Windungslagen untereinander und u.U. auch gegen die „Erde“ (Gehäuse) Potentialdifferenzen, die Quellen von Verschiebungsströmen sind. Das verfeinerte Ersatzschaltbild ist, ähnlich wie bei dem technischen Widerstand (s. Abb.13.5), eine Zusammenschaltung vieler Schwingkreise.

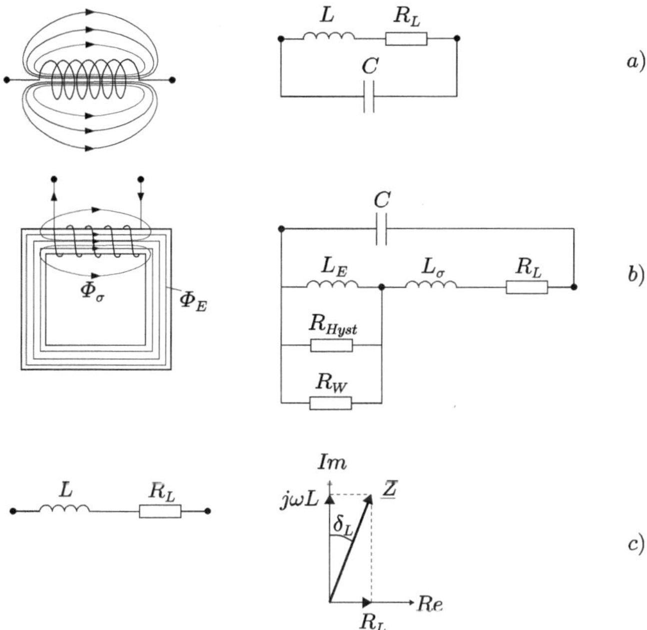

Abbildung 13.7.: Ersatzschaltungen für technische Spulen ohne und mit Eisenkern

Bei *Spulen mit Eisenkern* treten gegenüber den Luftspulen zusätzliche Effekte auf:

- Der Fluss Φ schließt sich nicht nur längs des Eisenweges, sondern ein Teil Φ_σ „streut" nach außen. Diesem Streufluss entspricht eine „Streuinduktivität" L_σ, die in Reihe mit der „Eiseninduktivität" L_E geschaltet werden muss (Abb.13.7,b).

- Das Eisen erwärmt sich durch ständige Ummagnetisierung - *Hystereseverluste* - und durch Wirbelströme - *Wirbelstromverluste*. Beide werden durch reale Widerstände R_{Hyst} und R_W in dem Ersatzschaltbild (Abb.13.7,b) berücksichtigt, parallel zu L_E, da sie durch die zeitliche Änderung des Eisenflusses entstehen.

In den meisten Fällen kann man in guter Näherung das vereinfachte Ersatzschaltbild auf Abb.13.7,c verwenden, dem das rechts daneben dargestellte Zeigerdiagramm entspricht.
Der Verlustfaktor einer technischen Spule ist, nach der Definition von d:

$$d_L = \tan \delta_L = \frac{R_L}{\omega L} , \tag{13.21}$$

wobei δ_L der Verlustwinkel ist.

■ **Beispiel 13.2**

Für die Parallelschaltung eines verlustbehafteten Kondensators und einer verlustbehafteten Induktivität soll die Resonanzkreisfrequenz ω_r bestimmt werden.

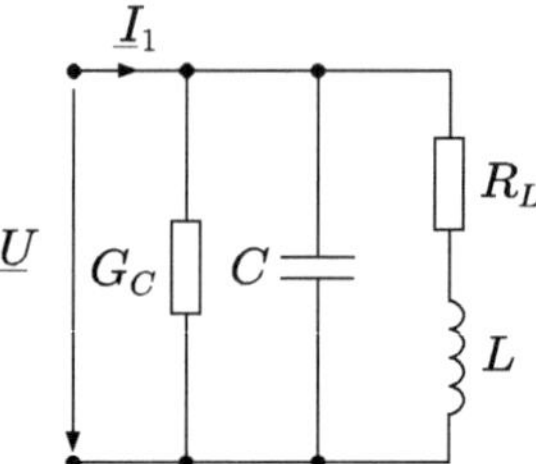

Lösung

Ein verlustbehafteter Kondensator wird als eine Parallelschaltung von Kapazität C mit einem Wirkleitwert und eine verlustbehaftete Spule als Reihenschaltung einer Induktivität L mit einem Wirkwiderstand R_L aufgefasst. Es gilt:

$$\underline{Y} = G_C + j\omega C + \frac{1}{R_L + j\omega L} = G - jB$$

$$\underline{Y} = G_C + j\omega C + \frac{R_L - j\omega L}{R_L^2 + \omega^2 L^2} = G - jB \implies B = \frac{\omega L}{R_L^2 + \omega^2 L^2} - \omega C\,.$$

Die Resonanzbedingung $\underline{B = 0}$ ergibt hier:

$$\omega_r C = \frac{\omega_r L}{R_L^2 + \omega_r^2 L^2}$$

$$R_L^2 + \omega_r^2 L^2 = \frac{L}{C}$$

$$\omega_r^2 = \frac{1}{LC} - \frac{R_L^2}{L^2}$$

$$\boxed{\omega_r = \sqrt{\frac{L - R_L^2 C}{L^2 C}}}$$

und weiter, mit:

$$\omega_0 = \frac{1}{\sqrt{LC}} \quad \text{und } Z_0 = \sqrt{\frac{L}{C}} \ :$$

$$\boxed{\omega_r = \omega_0 \sqrt{1 - \left(\frac{R_L}{Z_0}\right)^2}}\,.$$

Nur für $R_L \ll Z_0$ wird $\omega_r \approx \omega_0$.

■

14. Drehstromsysteme

14.1. Allgemeines, Vorteile des Drehstroms

Das „Einphasen-Wechselstromsystem" besteht aus einem Wechselstromgenerator und aus zwei Leitern, die ihn mit dem Verbraucher Z verbinden (14.1a). Welche maximale Wirkleistung kann man mit einem solchen System übertragen? Wenn für die Leitung ein maximaler Strom I_N (dessen Überschreitung zu unannehmbaren Verlusten RI^2 führen würde) und eine maximale Spannung U_N (deren Überschreitung die elektrische Isolation der Leitung gefährden würde) definiert werden, so kann die Leitung die maximale Wirkleistung

$$P_{max} = U_N I_N \tag{14.1}$$

(bei $\cos\varphi = 1$) übertragen.

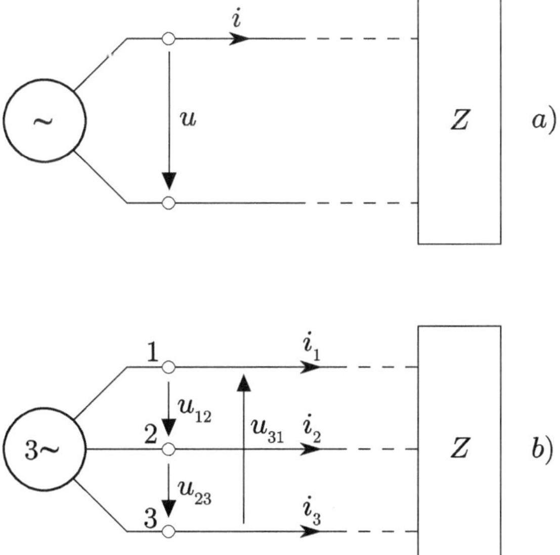

Abbildung 14.1.: Einphasiges (a) und dreiphasiges System (b).

M. Marinescu und N. Marinescu, *Elektrotechnik für Studium und Praxis*,
https://doi.org/10.1007/978-3-658-28884-6_14

Pro Leiter (hier zwei) kann man übertragen:

$$P_{Leiter} = \frac{U_N I_N}{2}. \tag{14.2}$$

Sehr schnell erkannte man die Möglichkeit, die Leistung pro Leiter bei sonst unveränderten Bedingungen zu erhöhen, wenn man statt Einphasen-Wechselstrom "Dreiphasen-Wechselstrom" oder "Drehstrom" benutzt. Der Name "Drehstrom" stammt von dem Erfinder, dem Chefelektriker der AEG Berlin, Michael von Dolivo-Dobrowolsky, und ist jetzt über 100 Jahre alt (1891). Diese Erfindung zeigte sich als allen bekannten Systemen so überlegen, dass sie sich sehr schnell überall durchsetzte. Nur die Bahn benutzt noch Gleichstrom oder Einphasen-Wechselstrom (allerdings mit $16\frac{2}{3}$ Hz).

Drehstrom wird erzeugt mit „Drehstrom-Generatoren", das sind elektrische Maschinen die ein System von drei Spannungen erzeugen, die gleiche Frequenz und gleiche Effektivwerte haben, aber gegenseitig um 120° phasenverschoben sind. Man kann also ein Drehstrom-System als Kombination von drei Wechselstromsystemen betrachten, die gemeinsam in einem Generator erzeugt werden.
Bemerkung:

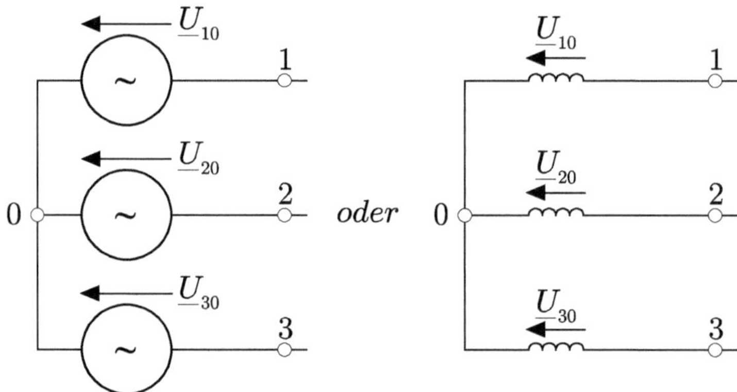

Abbildung 14.2.: Darstellungen von Generatorwicklungen

Auf Abbildung 14.2 rechts sind Generatorwicklungen, wie allgemein üblich, nicht durch das Schaltsymbol für eine Spannungsquelle (Abbildung 14.2 links), sondern durch das Symbol für eine Induktivität dargestellt. Obwohl keine Quellen dargestellt werden, sind die Spannungen $\underline{U}_{10}$, $\underline{U}_{20}$ und $\underline{U}_{30}$ Quellenspannungen. Die Darstellung Abb. 14.2 rechts wird hier überall eingesetzt, wie in den meisten Büchern.

Schließt man die drei Wechselspannungsquellen an drei getrennte Verbraucher Z an, wie auf Abb. 14.3, so sind zur Übertragung der Energie 6 Leiter erforderlich. Die maximal übertragbare Leistung P_{max} (bei $\cos\varphi = 1$) ist:

$$P_{max} = 3U_N I_N \tag{14.3}$$

und pro Leiter kann man wieder, wie bei dem Einphasensystem (Gl.2):

$$P_{Leiter} = \frac{P_{max}}{6} = \frac{U_N I_N}{2} \tag{14.4}$$

übertragen.

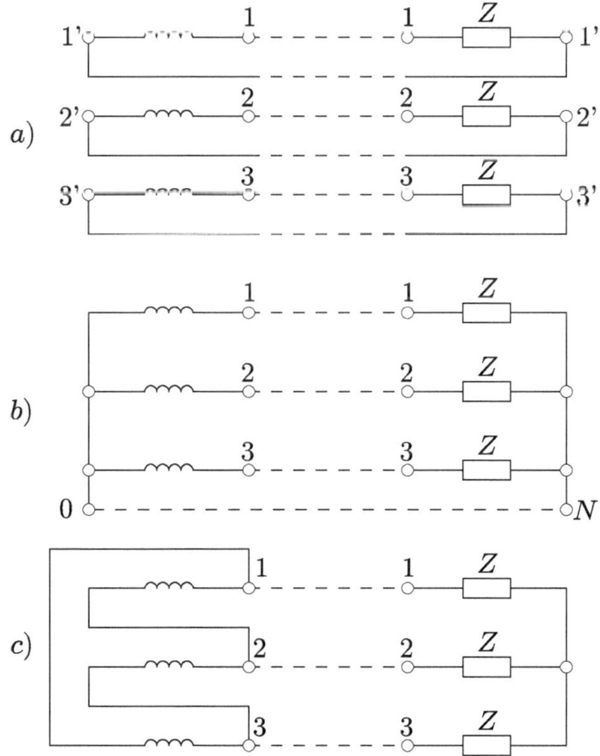

Abbildung 14.3.: Drehstromsystem, Generatorstränge mit Verbraucherwiderständen
(a) unverkettet, (b) Sternschaltung, (c) Dreieckschaltung

Verkettet man aber die drei Generator-Wicklungen (Stränge) miteinander, wie z.B. auf Abb. 14.3b, indem man ihre Anschlussklemmen $1'$, $2'$, $3'$ miteinander verbindet (Punkt 0) und verbindet man auch die Klemmen $1'$, $2'$, $3'$ der drei Verbraucherwiderstände miteinander (Punkt N), so sind zur Energieübertragung lediglich *vier Leiter* erforderlich, bei gleichgroßen Widerständen Z sogar nur drei (siehe Abschn.12.4).

Man nennt die Schaltung Abb. 14.3b "Sternschaltung", und zwar liegt hier sowohl beim Generator als auch bei dem Verbraucher eine solche Schaltung vor, bei der alle Anfänge (oder Enden) zusammengeschaltet werden.

Die Generatorstränge können außerdem wie auf Abb. 14.3c geschaltet werden, indem der Anfang des Stranges 1 mit dem Ende des Stranges 2, usw. zusammengeschaltet werden. Diese ist die „Dreieckschaltung", bei der ebenfalls nur drei Leiter erforderlich sind. Auf Abb. 14.3c sind die Verbraucherwiderstände weiter in Stern geschaltet; man kann jedoch auch beim Verbraucher die Dreieckschaltung benutzen.
Dreiphasige Systeme übertragen die Leistung (Gl. 14.3) mit nur 3 Leitern, womit die pro Leiter übertragene Leistung P_{Leiter} scheinbar 2mal größer als bei einphasigen Systemen wird. (In Wirklichkeit ist die Einsparung nicht ganz so groß, da bei dem Drehstrom-System - wie man weiter sehen wird - die Spannung zwischen den Leitern um den Faktor $\sqrt{3}$ größer ist. Die Isolation muss dementsprechend ausgelegt werden, oder, wenn man dieselbe Isolation wie bei den einphasigen Systemen beibehalten möchte, muss die Spannung um den Faktor $\sqrt{3}$ reduziert werden. Dann ist die maximal übertragbare Leistung:

$$P^{(3)}_{max} = 3\left(\frac{U_N}{\sqrt{3}}\right) I_N = \sqrt{3} U_N I_N$$

und pro Leiter kann man:

$$P^{(3)}_{max} = \frac{\sqrt{3} U_N I_N}{3} = \frac{U_N I_N}{\sqrt{3}} ,$$

übertragen, also um den Faktor $2/\sqrt{3}$ mehr als mit dem einphasigen System).

Das Drehstromsystem hat gegenüber dem Einphasensystem wesentliche *Vorteile*:

- Da statt 6 nur 4 (bei symmetrischen Verbrauchern sogar nur 3) *Leiter* zur Energieübertragung erforderlich sind, spart man erheblich an Leitungsmaterial, die Spannungsabfälle und Wärmeverluste im Netz sind geringer.
- Man verfügt über *zwei verschiedene Spannungen* für einphasige Verbraucher, die sich betragsmäßig um den Faktor $\sqrt{3}$ unterscheiden (in Europa

z.B. 400 V und 230 V). Man kann an ein Netz sowohl drei- als auch einphasige Verbraucher anschließen.

- Die elektrische Generatorgesamtleistung in einem Drehstromsystem ist *zeitlich konstant* (Abschn. 12.5) (wärend in einem Einphasenwechselstromsystem alle Leistungen zeitabhängig sind - siehe Abschnitt 9.10). Das ist für die Energietechnik besonders vorteilhaft.

- Ein großer Vorteil von dreiphasigen Spannungen, die zeitlich um 120° (elektrisch) gegeneinander verschoben sind, ist die Möglichkeit, damit magnetische „Drehfelder“ zu erzeugen. Wird damit ein System von drei Wicklungen gespeist (z.B. in einem elektrischen Motor), die räumlich ebenfalls um 120° gegeneinander versetzt sind, so entsteht ein Magnetfeld, das sich gegenüber dem stehenden Spulensystem dreht. Daher rührt die Bezeichnung "Drehstromsystem". Obwohl die Spulen sich nicht bewegen, entsteht also ein magnetisches Drehfeld, mit dem ein Drehmoment in einem Motor erzeugt werden kann. Die robustesten und wirtschaftlichsten elektrischen Motoren, die folglich die weiteste Verbreitung gefunden haben, sind die Asynchronmotoren, die mit Drehstrom gespeist werden.

14.2. Spannungen an symmetrischen Drehstromgeneratoren

Das von Drehstromgeneratoren erzeugte Spannungssystem ist in der Regel *symmetrisch*, d.h. die Spannungen haben gleiche Amplitude und Frequenz und sind gegeneinander um jeweils $120° = 2\frac{\pi}{3}$ phasenverschoben. Diese Symmetrie der Generatoren wird im Folgenden vorausgesetzt; dagegen kann der dreiphasige Verbraucher auch unsymmetrisch sein.
Die Zeitfunktionen der 3 Spannungen sind:

$$\begin{aligned} u_1(t) &= U\sqrt{2}\cos\omega t \\ u_2(t) &= U\sqrt{2}\cos(\omega t - \frac{2\pi}{3}) \\ u_3(t) &= U\sqrt{2}\cos(\omega t - \frac{4\pi}{3}) = U\sqrt{2}\cos(\omega t + \frac{2\pi}{3}) \end{aligned} \tag{14.5}$$

Bemerkungen:
- Statt cos-Funktionen hätten genauso gut sin-Funktionen angegeben werden können (im Abschnitt "Wechselstromschaltungen"wurden sin-Funktionen benutzt, hier - wie in der Literatur meist üblich bei Drehstrom - cos-Funktionen);

- Ein solches System, bei dem die Spannung u_2 um $\frac{2\pi}{3}$ *hinter* der Spannung u_1 und u_3 um $\frac{2\pi}{3}$ hinter u_2 liegt (Abb. 14.4), nennt man *direkt* (auch *Mitsystem* oder *Rechtssystem* oder *System in normaler Phasenfolge*). Genauso gut könnte man ein *inverses* System (*Gegensystem* oder *Linkssystem* oder *System im gegenläufigen Umlauf*) benutzen, bei dem u_2 *vor* u_1 liegt, usw. Der Unterschied liegt nur in der Bezeichnung der 3 Klemmen 1, 2, 3, sodass solange nur *ein* dreiphasiges System vorliegt, immer die Zuordnung „direkt" gewählt werden kann. Im Folgenden wird ausschließlich das von dem Gleichungssystem (14.5)

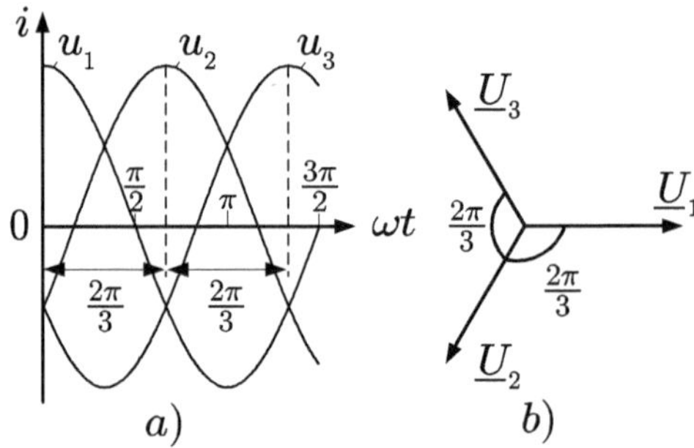

Abbildung 14.4.: Strangspannungen eines symmetrischen Drehstromgenerators (a) Zeit-(oder Linien-)diagramm (b) Zeigerdiagramm

definierte und auf Abb. 14.4 dargestellte Generator-Spannungssystem benutzt. Benutzt man für die Spannungen $u_1(t)$, $u_2(t)$, $u_3(t)$ die komplexe Schreibweise (mit komplexen Effektivwerten), so wird aus (14.5):

$$\begin{aligned} \underline{U}_1 &= U \\ \underline{U}_2 &= U \cdot e^{-j\frac{2\pi}{3}} \\ \underline{U}_3 &= U \cdot e^{-j\frac{4\pi}{3}} = U \cdot e^{+j\frac{2\pi}{3}} . \end{aligned} \tag{14.6}$$

Zur Erinnerung: Die Zeitfunktionen erreicht man aus den komplexen durch die Rücktransformation, wie z.B.:

$$u_2(t) = \mathcal{R}e\{\sqrt{2} \cdot e^{j\omega t} \cdot \underline{U}_2\} .$$

Bemerkung: In manchen Büchern werden statt komplexe Effektivwerte komplexe Amplituden benutzt (immer seltener). Dann wird die Rücktransformation ohne den Faktor $\sqrt{2}$ durchgeführt.

Oft benutzt man einen speziellen komplexen Operator, um die Schreibweise (14.6) weiter zu vereinfachen. Man kann den Ausdruck $e^{j\frac{2\pi}{3}}$ abkürzen, wenn man einen "120° -Phasen-Operator":

$$\boxed{a = e^{j\dfrac{2\pi}{3}} = \frac{1}{2}\left(-1 + j\sqrt{3}\right)} \qquad (14.7)$$

definiert.

Bemerkung: Obwohl a eine komplexe Zahl ist, lässt man meist die Unterstreichung weg, wie bei dem "90°-Phasen-Operator" $j = e^{j\frac{\pi}{2}}$.

Einige Rechenregeln für a werden oft angewendet:

$$\begin{aligned} a^2 &= e^{j\frac{4\pi}{3}} = e^{-j\frac{2\pi}{3}} = a^{-1} = \frac{1}{2}(-1 - j\sqrt{3}) = a^* \\ a^3 &= e^{j2\pi} = 1 \\ & \boxed{1 + a + a^2 = 0}\,. \end{aligned} \qquad (14.8)$$

Die Multiplikation eines beliebigen Zeigers $\underline{A}$ mit dem Operator a bedeutet eine Drehung um 120° im positiven Sinn, dagegen mit a^2 im negativen Sinn. Das Gleichungssystem (14.6) wird somit zu:

$$\begin{aligned} \underline{U}_1 &= U \\ \underline{U}_2 &= a^2 \cdot U \\ \underline{U}_3 &= a \cdot U \end{aligned} \qquad (14.9)$$

und es gilt:

$$\boxed{\underline{U}_1 + \underline{U}_2 + \underline{U}_3 = 0}\,. \qquad (14.10)$$

In der Technik der Drehstromsysteme spielt auch die *Differenz* von zwei Systemspannungen eine wichtige Rolle.

Mit Hilfe der Abb. 14.5 und der Formeln (14.8) erkennt man leicht:

- Die Differenz zwischen einer Spannung, z.B. $\underline{U}_1$, und der nächsten, $\underline{U}_2$, die um $\dfrac{2\pi}{3}$ nacheilt, ist im Betrag um den Faktor $\sqrt{3}$ größer und eilt der ersten Spannung um $\dfrac{\pi}{6}$ vor. In der Tat:

$$\begin{aligned} \underline{U}_1 - \underline{U}_2 &= U(1 - a^2) = U(1 + \frac{1}{2} + j\frac{\sqrt{3}}{2}) = U(\frac{3}{2} + j\frac{\sqrt{3}}{2}) = \\ &= U\sqrt{3}(\frac{\sqrt{3}}{2} + j\frac{1}{2}) = U\sqrt{3}e^{j\dfrac{\pi}{6}} \end{aligned} \qquad (14.11)$$

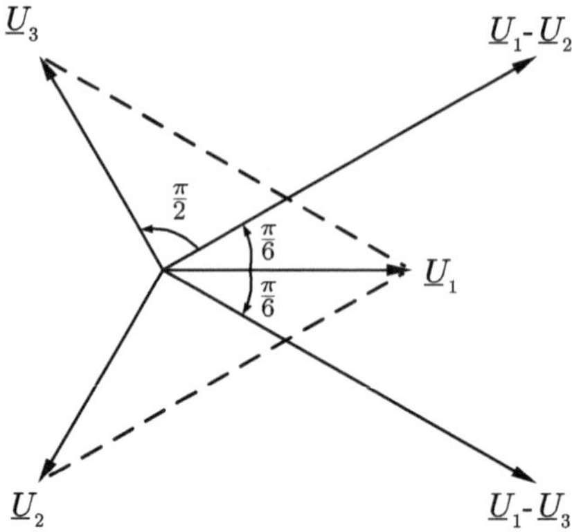

Abbildung 14.5.: Differenz zwischen zwei System-Spannungen

- Die Differenz zwischen $\underline{U}_1$ und $\underline{U}_3$, die um $2\dfrac{\pi}{3}$ voreilt, ist ebenfalls um $\sqrt{3}$ größer und eilt $\underline{U}_1$ um $\frac{\pi}{6}$ nach:

$$\begin{aligned} \underline{U}_1 - \underline{U}_3 &= U(1-a) = U(1+\frac{1}{2} - j\frac{\sqrt{3}}{2}) = U(\frac{3}{2} - j\frac{\sqrt{3}}{2}) = \\ &= U\sqrt{3}(\frac{\sqrt{3}}{2} - j\frac{1}{2}) = U\sqrt{3}e^{-j\dfrac{\pi}{6}} . \end{aligned} \tag{14.12}$$

14.3. Generatorschaltungen

Die drei Generatorstränge können entweder in Stern oder in Dreieck (viel seltener) geschaltet werden, wie bereits auf Abb. 14.3 und nochmals auf Abb.14.6 gezeigt wird. Man bemerkt, dass bei der Dreieckschaltung die drei Stränge in Reihe geschaltet sind; da die Summe der drei Spannungen in jedem Augenblick gleich Null ist, fließt kein Strom.

Einige übliche Bezeichnungen sollen kurz erläutert werden:

- Die 3 Leiter, die den Generator mit dem Verbraucher verbinden, nennt man *Außenleiter*: $L1$, $L2$, $L3$, oder einfach 1, 2, 3. Bei der Sternschaltung wird noch ein vierter, *Neutralleiter* oder *Mittelpunktleiter* (meistens N) oder *Nullleiter* eingeführt.

- Die Spannungen zwischen den Außenleitern nennt man *Außenleiterspannungen* (sie werden manchmal mit U_Δ bezeichnet, da sie direkt an den Dreieckimpedanzen liegen - Abb. 14.6b, oft U_L), im Gegensatz zu den *Strangspannungen* an den Generatorwicklungen.

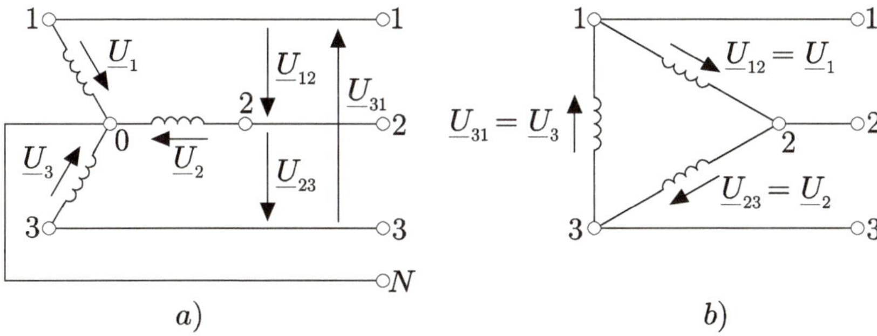

Abbildung 14.6.: Stern -(a) und Dreieck (b)- Generatorschaltung

- Die Ströme, die entlang den Außenleitern fließen, sind die *Außenleiterströme* (oft mit $\underline{I}_L$ bezeichnet), diejenigen, die durch die Generatorwicklungen fließen, sind die *Strangströme* .

Bemerkung: Wenn bei einem Mehrphasensystem von der Spannung U oder von dem Strom I - ohne weitere Bezeichnung - gesprochen wird, sind stets die *Außenleiterspannung* oder der *Außenleiterstrom* gemeint. Das ist verständlich, da diese messtechnisch immer erfassbar sind, während die Stranggrößen oft unzugänglich sind.
Im Folgenden sollen die Strang- und Außenleiterspannungen bei Stern- und Dreieckschaltung anhand der Abb. 14.6 und den Gl. (14.9) abgeleitet werden.

14.3.1. Generatorsternschaltung

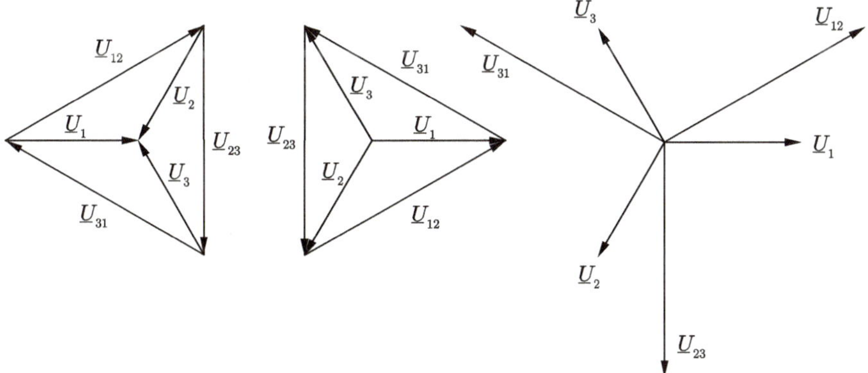

Abbildung 14.7.: Spannungszeigerdiagramme bei Sternschaltung

Das Zeigerdiagramm aller Spannungen bei *Sternschaltung* ist auf Abb. 14.7, links dargestellt. Man sieht, dass die Außenleiterspannungen nicht gleich den Strangspannungen sind, sondern aus Maschengleichungen abgeleitet werden müssen (Abb. 14.6a). Mit (14.8) und (14.11) wird:

$$\begin{aligned}
\underline{U}_{12} &= \underline{U}_1 - \underline{U}_2 = U(1-a^2) = U\sqrt{3}\cdot e^{j\frac{\pi}{6}} \\
\underline{U}_{23} &= \underline{U}_2 - \underline{U}_3 = U(a^2-a) = U\frac{1}{2}(-1-j\sqrt{3}+1-j\sqrt{3}) \\
&= -j\sqrt{3}\cdot U = U\sqrt{3}\cdot e^{-j\frac{\pi}{2}} \qquad (14.13)\\
\underline{U}_{31} &= \underline{U}_3 - \underline{U}_1 = U(a-1) = U(-\frac{1}{2}+j\frac{\sqrt{3}}{2}-1) = \\
&= U\sqrt{3}(-\frac{\sqrt{3}}{2}+j\frac{1}{2}) = U\sqrt{3}\cdot e^{j5\frac{\pi}{6}}\,.
\end{aligned}$$

Die Außenleiterspannungen bei der Generatorsternschaltung bilden ebenfalls ein symmetrisches, (direktes) Spannungssystem, wobei die Spannungen um $\sqrt{3}$ *größer* als die Strangspannungen sind und das System um 30° *voreilt.*

Bemerkung: Außer der Darstellung auf der Abb.14.7 links werden auch die Zeigerdiagramme auf Abb.14.7 Mitte und rechts oft benutzt, die eigentlich dieselben 6 Spannungszeiger, jedoch in anderen Gruppierungen darstellen, die manchmal übersichtlichere graphische Konstruktionen ermöglichen. In der Tat haben alle Zeiger: $\underline{U}_1$, $\underline{U}_2$ ... , $\underline{U}_{12}$, usw. auf allen 3 Diagrammen jeweils dieselbe Länge und denselben Phasenwinkel, sie wurden lediglich durch parallele Verschiebung anders platziert. Es leuchtet ein, dass mit der Darstellung auf der Abb. 14.7 rechts (alle Zeigeranfänge im selben Punkt) Additionen oder Subtraktionen leichter zu konstruieren sind, als mit der linken Darstellung. Man kann z.B. leicht überprüfen, dass die Maschengleichungen auf allen 3 Zeigerdiagrammen (Abb. 14.7 links, Mitte und rechts) erfüllt sind. Die Tatsache, dass die Spannungszeiger $\underline{U}_1$, $\underline{U}_2$, $\underline{U}_3$ auf den Abb. 14.7 Mitte und rechts nicht mehr zum Mittelpunkt hin gerichtet sind, sollte keine Verwirrung stiften: Zeiger können in der Ebene beliebig verschoben werden, solange ihre Länge und ihr Nullphasenwinkel unverändert bleiben.

14.3.2. Generatordreieckschaltung

Hier sind die Außenleiterspannungen *identisch* mit den Strangspannungen, wie man auf Abb. 14.6b sieht.

$$\begin{aligned}
\underline{U}_{12} &= \underline{U}_1 = U \\
\underline{U}_{23} &= \underline{U}_2 = a^2\cdot U \qquad (14.14)\\
\underline{U}_{31} &= \underline{U}_3 = a\cdot U
\end{aligned}$$

Zwischen den Außenleiterspannungen der Stern- und der Dreieckschaltung besteht demzufolge die Beziehung:

$$U_{12} = U_{23} = U_{31} = \sqrt{3}U_{12_\Delta} = \sqrt{3}U_{23_\Delta} = \sqrt{3}U_{31_\Delta} \ . \tag{14.15}$$

14.4. Symmetrische Verbraucher

Als symmetrisch wird ein Verbraucher in Sternschaltung genannt, dessen Impedanzen gleichgroß sind: $\underline{Z}_1 = \underline{Z}_2 = \underline{Z}_3 = \underline{Z}$. Der Verbraucher kann nur drei Anschlussklemmen: 1, 2, 3 aufweisen (in diesem Fall liegt ein "Dreileiternetz" vor, ohne Neutralleiter), oder auch eine vierte Klemme N (wie auf Abb.14.8) haben, sodass die Leitung auch einen Neutralleiter haben kann ("Vierleiternetz").

Ein Verbraucher in Dreieckschaltung mit gleichen Impedanzen $\underline{Z}_\Delta$ ist ebenfalls symmetrisch, da er nach dem bekannten Umwandlungstheorem in einen äquivalenten Stern mit den gleichgroßen Impedanzen $\underline{Z} = \underline{Z}_\Delta/3$ umgewandelt werden kann.

Im Folgenden wird überall angenommen, dass die Impedanzen einzelner Phasen *nicht* induktiv miteinander gekoppelt sind. (Induktive Kopplungen entstehen dann, wenn das von einer Spule erzeugte Magnetfeld durch eine andere Spule, die in einem benachbarten Strang liegt, hindurch geht. Ein solches Kopplungsfeld erzeugt eine sogenannte induzierte Spannung, die hier außer Acht gelassen werden muss).

14.4.1. Symmetrischer Verbraucher in Sternschaltung

Der Verbraucher wird mit einem symmetrischen Spannungssystem, z.B.:

$$\begin{aligned} \underline{U}_{10} &= U \cdot e^{j0^\circ} \\ \underline{U}_{20} &= a^2 U = U \cdot e^{-j\frac{2\pi}{3}} \\ \underline{U}_{30} &= aU = U \cdot e^{j\frac{2\pi}{3}} \end{aligned} \tag{14.16}$$

gespeist. Die Verbraucherimpedanzen sind:

$$\underline{Z}_1 = \underline{Z}_2 = \underline{Z}_3 = \underline{Z} = Z \cdot e^{j\varphi} \ , \tag{14.17}$$

wo φ der Phasenwinkel zwischen dem Strom $\underline{I}_1$ und der Spannung $\underline{U}_{1N}$, wie auch zwischen $\underline{I}_2$ und $\underline{U}_{2N}$ und $\underline{I}_3$ und $\underline{U}_{3N}$, bedeutet. Die Impedanz des Neutralleiters soll:

$$\underline{Z}_N = Z_N \cdot e^{j\varphi_N} \tag{14.18}$$

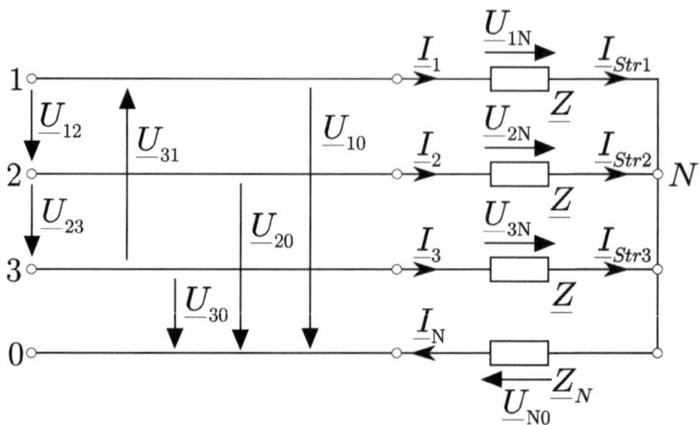

Abbildung 14.8.: Drehstrom-Vierleiternetz mit symmetrischem Verbraucher in Sternschaltung

sein. Sollen die Impedanzen der Leiter, die den Generator mit dem Verbraucher verbinden, nicht vernachlässigbar sein, so werden sie zu den Impedanzen (14.17) dazuaddiert (also in Reihe geschaltet).
Da die Außenleiter in Reihe mit den Sternimpedanzen geschaltet sind, gilt hier: *Die Außenleiterströme sind identisch mit den Strangströmen*:

$$\underline{I}_1 = \underline{I}_{Str1}, \quad \underline{I}_2 = \underline{I}_{Str2}, \quad \underline{I}_3 = \underline{I}_{Str3} \,.$$

Sie sind einfach aus den Maschengleichungen ableitbar:

$$\underline{I}_1 = \frac{\underline{U}_{1N}}{\underline{Z}} = \frac{\underline{U}_{10} - \underline{U}_{N0}}{\underline{Z}} \quad ; \quad \underline{I}_2 = \frac{\underline{U}_{2N}}{\underline{Z}} = \frac{\underline{U}_{20} - \underline{U}_{N0}}{\underline{Z}} \quad ; \tag{14.19}$$

$$\underline{I}_3 = \frac{\underline{U}_{3N}}{\underline{Z}} = \frac{\underline{U}_{30} - \underline{U}_{N0}}{\underline{Z}} \,.$$

Der Strom in dem Neutralleiter ergibt sich aus der Knotengleichung:

$$\underline{I}_N = \frac{\underline{U}_{N0}}{\underline{Z}_N} = \underline{I}_1 + \underline{I}_2 + \underline{I}_3 \,. \tag{14.20}$$

Die 4 Gleichungen (14.19) und (14.20) bestimmen die 4 Unbekannten : $\underline{I}_1$, $\underline{I}_2$, $\underline{I}_3$ und $\underline{U}_{N0}$.

Zunächst soll bewiesen werden, dass in dem vorliegenden Falle des symmetrischen Generators und symmetrischen Sternverbrauchers, *der Strom im Neutralleiter* $\underline{I}_N$ *und die Spannung* $\underline{U}_{N0}$ *zwischen Generator- und Verbraucher-Sternpunkt gleich Null sind.*

Setzt man in (14.20) die Ausdrücke (14.19) für die drei Ströme ein, so wird:

$$(\underline{U}_{10} + \underline{U}_{20} + \underline{U}_{30})\frac{1}{\underline{Z}} = \underline{U}_{N0}(\frac{3}{\underline{Z}} + \frac{1}{\underline{Z}_N})\,. \tag{14.21}$$

Die linke Seite der Gleichung ist gleich Null, da bei symmetrischen Spannungssystemen:

$$\underline{U}_{10} + \underline{U}_{20} + \underline{U}_{30} = 0$$

gilt. Der Ausdruck in der Klammer auf der rechten Seite kann nicht Null sein, da der Realteil der Impedanzen und Admittanzen nicht Null sein kann. Es bleibt:

$$\boxed{\underline{U}_{N0} = 0} \tag{14.22}$$

$$\boxed{\underline{I}_N = \frac{\underline{U}_{N0}}{\underline{Z}_N} = 0}$$

und weiter:

$$\underline{U}_{1N} = \underline{U}_{10} \quad , \quad \underline{U}_{2N} = \underline{U}_{20} \quad , \quad \underline{U}_{3N} = \underline{U}_{30}\,. \tag{14.23}$$

Bemerkung: Bei symmetrischen Sternverbrauchern fließt durch den Neutralleiter kein Strom, sodass man auf diesen vierten Leiter verzichten kann, was eine bedeutende Einsparung darstellt.

Die Strang- (und Außenleiter-) Ströme sind also:

$$\begin{aligned} \underline{I}_1 &= \frac{\underline{U}_{10}}{\underline{Z}} = \frac{U}{Z} \cdot e^{-j\varphi} \\ \underline{I}_2 &= \frac{\underline{U}_{20}}{\underline{Z}} = \frac{U}{Z} \cdot e^{-j(\varphi + \frac{2\pi}{3})} = a^2 \cdot \underline{I}_1 \\ \underline{I}_3 &= \frac{\underline{U}_{30}}{\underline{Z}} = \frac{U}{Z} \cdot e^{-j(\varphi + \frac{4\pi}{3})} = a \cdot \underline{I}_1 \end{aligned} \tag{14.24}$$

und bilden ebenfalls ein symmetrisches (direktes) System, wie die Spannungen. Alle Ströme haben den Betrag:

$$|\underline{I}_1| = |\underline{I}_2| = |\underline{I}_3| = \frac{U}{Z} \tag{14.25}$$

wo U der Effektivwert der Generator-Strangspannung ist. Zur Erinnerung: Der Phasenverschiebungswinkel φ zwischen Strangstrom und Strangspannung wird vom *Stromzeiger aus* in Gegenuhrzeigersinn positiv gezählt.
Die Gleichungen (14.23) und (14.25) führen zu dem Schluss, dass die Ströme in einem symmetrischen dreiphasigen Sternverbraucher genauso wie in einem

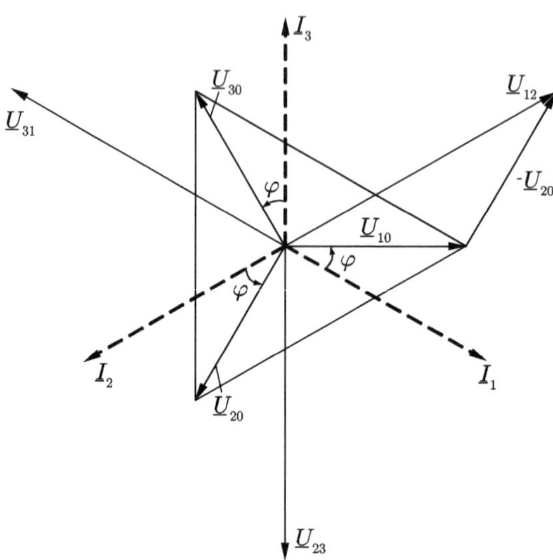

Abbildung 14.9.: Zeigerdiagramme der Spannungen und Ströme für das Netz von Abb.14.8

einphasigen System berechnet werden können, das mit der Strangspannung des Generators gespeist wird.

Es bleiben die Außenleiterspannungen, die sich aus Maschengleichungen und (14.11) ergeben:

$$\begin{aligned} \underline{U}_{12} &= \underline{U}_{10} - \underline{U}_{20} = \sqrt{3} \cdot Ue^{j\frac{\pi}{6}} \\ \underline{U}_{23} &= \underline{U}_{20} - \underline{U}_{30} = a^2\sqrt{3} \cdot Ue^{j\frac{\pi}{6}} = a^2 \cdot \underline{U}_{12} \\ \underline{U}_{31} &= \underline{U}_{30} - \underline{U}_{10} = a\sqrt{3} \cdot Ue^{j\frac{\pi}{6}} = a \cdot \underline{U}_{12} \,. \end{aligned} \tag{14.26}$$

Die Beträge der Außenleiterspannungen sind um den *Faktor* $\sqrt{3}$ größer als die der Strangspannungen. Sie bilden, wie auf Abb.14.9 ersichtlich, wieder ein symmetrisches System, das dem der Strangspannungen um $\frac{\pi}{6}$ *voreilt.*

14.4.2. Symmetrischer Verbraucher in Dreieckschaltung

Hier wird das System der Außenleiterspannungen $\underline{U}_{12}$, $\underline{U}_{23}$, $\underline{U}_{31}$ und es werden die Strangimpedanzen:

$$\underline{Z}_{12} = \underline{Z}_{23} = \underline{Z}_{31} = \underline{Z} = Z \cdot e^{j\varphi}$$

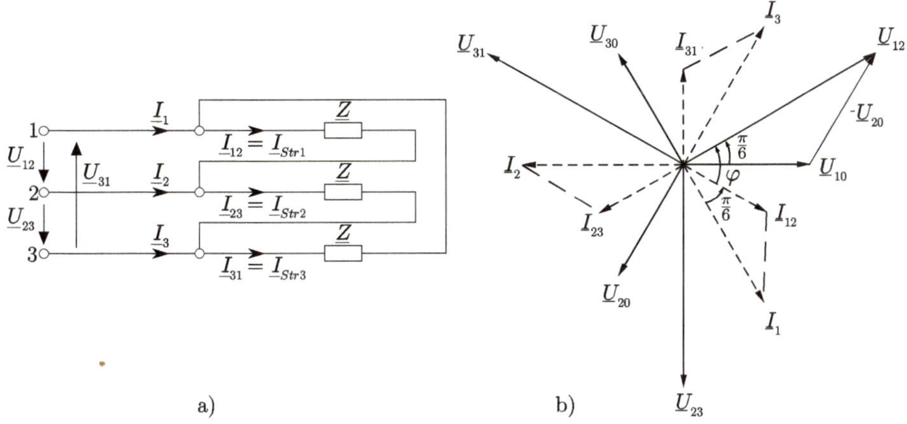

Abbildung 14.10.: Symmetrischer Dreieckverbraucher,
(a) Schaltung, (b) Zeigerdiagramme der Ströme und Spannungen.

als bekannt betrachtet. Unbekannt sind dann die drei Außenleiterströme $\underline{I}_1$, $\underline{I}_2$, $\underline{I}_3$ und die drei Strangströme $\underline{I}_{12}$, $\underline{I}_{23}$, $\underline{I}_{31}$.

Auf Abb. 14.10 sieht man, dass hier *die Außenleiterspannungen identisch mit den Strangspannungen sind*, da sie unmittelbar an den Strangimpedanzen $\underline{Z}$ liegen. Somit kann man die Strangströme direkt schreiben;

$$\underline{I}_{12} = \frac{\underline{U}_{12}}{\underline{Z}} = \frac{\sqrt{3}\,U}{Z} e^{j(\frac{\pi}{6}-\varphi)}\,; \quad \underline{I}_{23} = \frac{\underline{U}_{23}}{\underline{Z}} = a^2 \underline{I}_{12}\,; \quad \underline{I}_{31} = \frac{\underline{U}_{31}}{\underline{Z}} = a\underline{I}_{12} \tag{14.27}$$

wenn U wieder den Effektivwert der Strangspannung beim Generator (der in der Regel eine Sternschaltung hat) bedeutet.

Die Strangströme bilden ein symmetrisches System mit den Effektivwerten

$$|\underline{I}_{12}| = |\underline{I}_{23}| = |\underline{I}_{31}| = \frac{\sqrt{3}U}{Z}\,. \tag{14.28}$$

Jeder Strangstrom hat die Phasenverschiebung φ gegenüber der entsprechenden Strangspannung: $\underline{I}_{12}$ gegenüber $\underline{U}_{12}$, usw.

Die Außenleiterströme ergeben sich aus dem Knotensatz, dreimal an den Anschlussklemmen des Verbrauchers angewendet. Mit (14.12) und (14.27) wird also:

$$\begin{aligned}
\underline{I}_1 &= \underline{I}_{12} - \underline{I}_{31} = \sqrt{3}\,\underline{I}_{12} \cdot e^{-j\frac{\pi}{6}} = \sqrt{3}\frac{\sqrt{3}U}{Z}e^{-j\varphi} \\
\underline{I}_2 &= \underline{I}_{23} - \underline{I}_{12} = \sqrt{3}\,\underline{I}_{23} \cdot e^{-j\frac{\pi}{6}} = a^2\underline{I}_1 \\
\underline{I}_3 &= \underline{I}_{31} - \underline{I}_{23} = \sqrt{3}\,\underline{I}_{31} \cdot e^{-j\frac{\pi}{6}} = a\underline{I}_1\,.
\end{aligned} \tag{14.29}$$

Die Außenleiterströme $\underline{I}_1$, $\underline{I}_2$, $\underline{I}_3$ sind also bei der symmetrischen Dreieckschaltung des Verbrauchers um $\sqrt{3}$ *größer als die Strangströme.* Sie bilden ebenfalls ein symmetrisches (direktes) System, das die Phasenverschiebung $(\varphi + \frac{\pi}{6})$ gegenüber dem System der Außenleiterspannungen $\underline{U}_{12}$, $\underline{U}_{23}$, $\underline{U}_{31}$ (Abb. 14.10b) hat.

14.5. Leistungen in Drehstromsystemen

Die Wirk- und die Blindleistung des Drehstromsystems ergeben sich als Summe der in den Strängen auftretenden Teilleistungen:

$$P = \sum_{k=1}^{3} P_{Str_k} \quad , \quad Q = \sum_{k=1}^{3} Q_{Str_k} \tag{14.30}$$

wobei P und Q durch die vom Einphasen-Wechselstrom bekannten Gleichungen (siehe Abschnitt 9.10):

$$\begin{aligned}
P &= UI\cos\varphi \\
Q &= UI\sin\varphi
\end{aligned}$$

definiert werden.

Für die komplexe Leistung gilt somit:

$$\underline{S} = P + jQ = \sum_{k=1}^{3} P_{Str_k} + j\sum_{k=1}^{3} Q_{Str_k} = \sum_{k=1}^{3} \underline{S}_{Str_k} = \sum_{k=1}^{3} \underline{U}_{Str_k} \cdot \underline{I}^*_{Str_k} \tag{14.31}$$

Bemerkung:
Es gilt pro Strang: $S_{Str} = \sqrt{P^2 + Q^2}$, aber:

$$S \neq \sum_{k=1}^{3} S_{Str_k} \quad , \quad S \neq \sqrt{\sum_{k=1}^{3} S^2_{Str_k}} \quad !$$

Es gilt also in Drehstromsystemen allgemein:

$$\boxed{P = \sum_{k=1}^{3} U_{Str_k} \cdot I_{Str_k} \cdot \cos\varphi_{Str_k}} \quad , \quad \boxed{Q = \sum_{k=1}^{3} U_{Str_k} \cdot I_{Str_k} \cdot \sin\varphi_{Str_k}} \tag{14.32}$$

Hier ist φ_{Str_k} die Phasenverschiebung zwischen dem Strangstrom und der Strangspannung in der Phase k. Für *symmetrische* Systeme vereinfachen sich die Gleichungen (14.32) zu:

$$\boxed{P = 3\,U_{Str} \cdot I_{Str} \cdot \cos\varphi_{Str}} \quad , \quad \boxed{Q = 3\,U_{Str} \cdot I_{Str} \cdot \sin\varphi_{Str}} \tag{14.33}$$

und zwar unabhängig davon, ob der Verbraucher in Stern oder in Dreieck geschaltet ist.

Noch eine Bemerkung zur gesamten Augenblickleistung $p(t)$ in einem symmetrischen Drehstromsystem.
In einem Einphasensystem mit:

$$\begin{aligned} u &= U\sqrt{2}\cos\omega t \\ i &= I\sqrt{2}\cos(\omega t - \varphi) \end{aligned}$$

ist die Leistung:

$$p(t) = u \cdot i = 2UI \cdot \cos\omega t \cdot \cos(\omega t - \varphi)$$

was, mit dem Additionstheorem:

$$\cos\alpha \cdot \cos\beta = \frac{1}{2}[\cos(\alpha - \beta) + \cos(\alpha + \beta)]$$

ergibt:

$$p(t) = UI[\cos\varphi + \cos(2\omega t - \varphi)]\,.$$

Die Leistung hat einen zeitunabhängigen Teil: $U \cdot I \cdot \cos\varphi$ (Wirkleistung P) und einen mit der doppelten Kreisfrequenz schwankenden Teil.
Dagegen ist in dem Drehstromsystem mit den Spannungen (14.5):

$$u_1(t) = U\sqrt{2} \cdot \cos\omega t \quad ; \quad u_2(t) = U\sqrt{2} \cdot \cos(\omega t - \frac{2\pi}{3}) \quad ; \quad u_3(t) = U\sqrt{2} \cdot \cos(\omega t - \frac{4\pi}{3})$$

und den Strömen:

$$i_1(t) = I\sqrt{2} \cdot \cos(\omega t - \varphi); \quad i_2(t) = I\sqrt{2} \cdot \cos(\omega t - \frac{2\pi}{3} - \varphi); \quad i_3(t) = I\sqrt{2} \cdot \cos(\omega t - \frac{4\pi}{3} - \varphi)$$

die Augenblickleistung:

$$\begin{aligned} p(t) &= u_1 \cdot i_1 + u_2 \cdot i_2 + u_3 \cdot i_3 = 2UI[\cos\omega t \cdot \cos(\omega t - \varphi) + \\ &+ \cos(\omega t - \frac{2\pi}{3}) \cdot \cos(\omega t - \frac{2\pi}{3} - \varphi) + \cos(\omega t - \frac{4\pi}{3}) \cdot \cos(\omega t - \frac{4\pi}{3} - \varphi)] \end{aligned}$$

und, gemäß demselben Additionstheorem wie vorher:

$$p(t) = UI \left\{ \cos[2\omega t - \varphi] + \cos[2(\omega t - \frac{2\pi}{3}) - \varphi] + \cos[2(\omega t - \frac{4\pi}{3}) - \varphi] + 3 \cdot \cos\varphi \right\} .$$

Die Summe der drei zeitabhängigen cos-Funktionen ist hier *gleich Null*, da sie gegeneinander um $\frac{2\pi}{3}$ verschoben sind, sodass die Leistung:

$$p(t) = 3UI\cos\varphi \qquad (14.34)$$

zeitlich konstant ist. Obwohl die Leistung in jedem Strang "schwingt", kompensieren sich also im Gesamtsystem die Schwingungen. Das ist ein großer Vorteil der symmetrischen Drehstromsysteme in der Energietechnik. (Z.B. sollen die Dampfturbinen oder die Verbrennungsmotoren, die die großen Generatoren in Kraftwerken antreiben, zeitlich konstant belastet werden).

■ **Beispiel 14.1**
Symmetrischer Verbraucher in Dreieck- und Sternschaltung

Ein symmetrisches 3-Phasenspannungssystem mit der Außenleiterspannung $U_\Delta = 400\,V$, ($f = 50\,Hz$) speist einen symmetrischen Verbraucher in Dreieckschaltung mit den Impedanzen $\underline{Z} = R + jX = (8,4 + j11,1)\,\Omega$. Die Leiter der Leitung weisen jeweils die Impedanz $\underline{Z_l} = R_l + jX_l = (0,2 + j0,3)\,\Omega$ auf.

Gesucht sind:

1. *Die Außenleiterströme (Betrag und Phasenwinkel)*
2. *Die Strangspannungen an dem Dreieckverbraucher (Betrag)*
3. *Die Strangströme (Betrag)*
4. *Welche Wirkleistung P geht auf der Leitung verloren?*

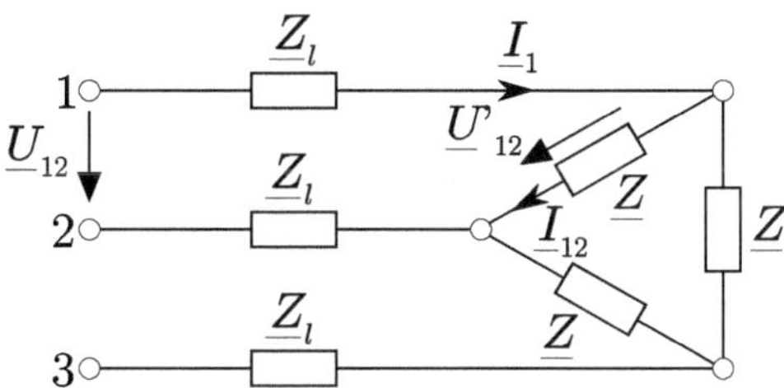

Lösung

1. *Um die Leitungsimpedanz $\underline{Z}_l$ und die Verbraucherimpedanz $\underline{Z}$ zusammenzuschalten, muss zunächst das Dreieck in einen Stern mit den Impedanzen $\underline{Z}/3$ umgewandelt werden. Nur auf diese Weise können die Leitungsimpedanz und die Verbraucherimpedanz in Reihe geschaltet werden. Jeder Phase entspricht jetzt eine Gesamtimpedanz (siehe nächstes Bild):*

$$\underline{Z}' = \underline{Z}_l + \frac{\underline{Z}}{3} = (0,2 + j0,3)\Omega + (2,8 + j3,7)\Omega = (3 + 4j)\Omega\,.$$

$$\underline{Z}' = 5\,\Omega\, e^{j53^\circ}$$

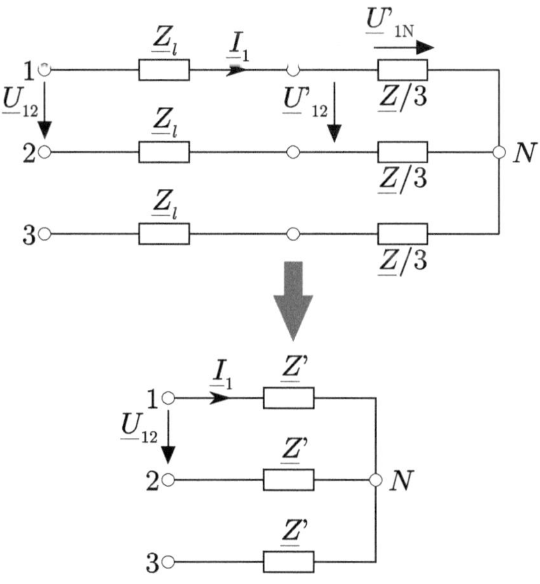

Die 3 Außenleiterströme lassen sich direkt berechnen, wenn man z.B., wie üblich, der Generatorspannung $\underline{U}_1$ den Nullphasenwinkel 0° zuordnet:

$$\underline{U}_1 = \frac{U_\Delta}{\sqrt{3}} e^{j0^\circ}$$

$$\underline{I}_1 = \frac{\underline{U}_1}{\underline{Z}'} = \frac{400V}{\sqrt{3}\cdot 5\Omega} e^{-j53^\circ} = \boxed{46,19\,A \cdot e^{-j53^\circ}}\,.$$

Die anderen zwei Außenleiterströme haben denselben Betrag und eilen um jeweils 120° nach:

$$\boxed{\underline{I}_2 = 46,19\,Ae^{-j173^\circ} \quad , \quad \underline{I}_3 = 46,19\,Ae^{j67^\circ}}\,.$$

2. *Gesucht wird jetzt die Spannung $\underline{U}'_{12}$, die am Dreieck als Strangspannung erscheint. Man kann an dem Sternverbraucher $\underline{Z}/3$ die Strangspannung $\underline{U}'_{1N}$ mit Hilfe des jetzt bekannten Stromes $\underline{I}_1$ bestimmen:*

$$\begin{aligned} \underline{U}'_{1N} &= \underline{I}_1 \cdot \frac{\underline{Z}}{3} = 46,19\,A \cdot e^{-j53^\circ} \cdot (2,8 + j3,7)\,\Omega \\ U'_{1N} &= 214\,V \end{aligned}$$

$$U'_{12} = \sqrt{3}\,U'_{1N} \approx \boxed{370\,V}\,.$$

Von den 400 V Außenleiterspannung am Generator gelangen also 370 V am Verbraucher.

3. *Die Strangströme des Dreieckverbrauchers sind um $\sqrt{3}$ kleiner als die Außenleiterströme:*

$$I_{12} = \frac{46,19\,A}{\sqrt{3}} = \boxed{26,67\,A}\,,$$

oder:

$$I_{12} = \frac{U_{12}}{Z} = \frac{370\,V}{\sqrt{8,4^2 + 11,1^2}\,\Omega} = 26,63\,A\,.$$

4.

$$P = 3R_l I_1^2 = 3 \cdot 0,2\,\Omega \cdot (46,19\,A)^2 = \boxed{1280\,W}\,.$$

■

■ Beispiel 14.2

Symmetrische Drehstromverbraucher in Stern und Dreieck und Blindleistungskompensation

Ein Drehstrom-Vierleiternetz mit der Außenleiterspannung $U_{\Delta} = 400\,V$, $50\,Hz$ *speist einen Drehstromverbraucher in Dreieckschaltung (V), mit den Impedanzen* $\underline{Z} = R + jX$. *Der Verbraucher (dreiphasiger Asynchronmotor) nimmt insgesamt die Wirkleistung* $P = 40\,kW$ *mit dem Leistungsfaktor* $\cos\varphi = 0,75$ *(induktiv) auf.*

Dem Verbraucher parallel geschaltet ist eine Kondensatorbatterie (C) in Sternschaltung, die den Leistungsfaktor der Gesamtanlage auf $\cos\varphi' = 0,95$ *erhöht.*

1. *Zeichnen Sie den Schaltplan der Anlage (Vierleiternetz, Verbraucher, Kondensatorbatterie).*
2. *Berechnen Sie für den Verbraucher V:*
   - *Die Außenleiterströme (Betrag)*
   - *Die Strangströme*
   - *Die Strangwiderstände (Wirk- und Blindkomponente)*
3. *Skizzieren Sie das Diagramm aller Spannungen, wenn* $\underline{U}_{1N} = U_{1N} \cdot e^{j0^\circ}$ *ist und das Zeigerdiagramm der Strangströme des Verbrauchers (ohne Batterie).*
4. *Berechnen Sie die in der Kondensatorbatterie installierte Blindleistung* Q_C, *sowie die Ströme und Kapazitäten je Strang der Batterie.*

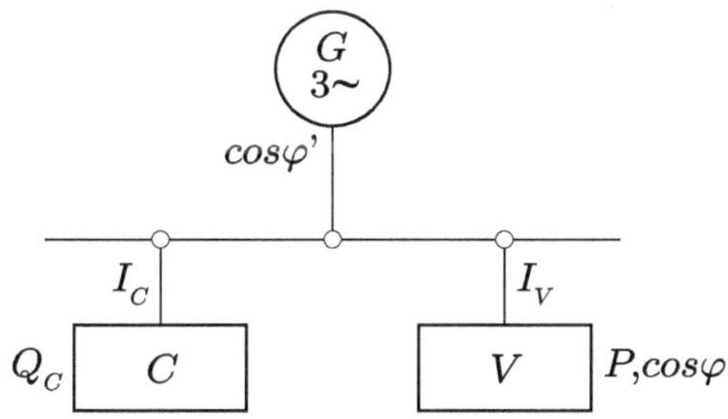

Lösung

1. *Der Schaltplan der Anlage:*

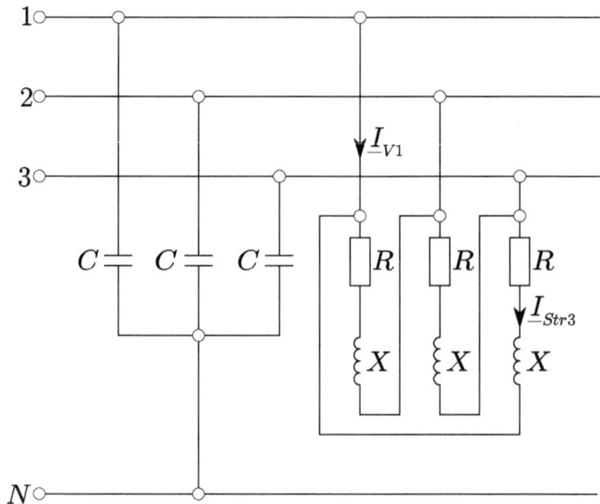

2. *Da die Impedanz $\underline{Z}$ nicht bekannt ist, dagegen die Wirkleistung P und der Leistungsfaktor $\cos\varphi$, geht man von:*

$$P = 3U_{Str} \cdot I_{Str} \cdot \cos\varphi$$

aus, wobei $U_{Str} = U_{\Delta} = 400\,V$ ist.
Es ergibt sich:

$$I_{Str} = \frac{P}{3U_{Str} \cdot \cos\varphi} = \frac{40 \cdot 10^3\,W}{3 \cdot 400\,V \cdot 0,75} = \boxed{44,\tilde{4}\,A}\,.$$

Die Außenleiterströme sind um $\sqrt{3}$ größer:

$$I_V = I_{Str} \cdot \sqrt{3} = \boxed{77\,A}\,.$$

Der Betrag der Strangimpedanz ist:

$$Z_{Str} = \frac{U_{Str}}{I_{Str}} = \frac{400\,V}{44,\tilde{4}\,A} = 9\,\Omega\,.$$

Die Wirk- und Blindkomponente ergeben sich mit dem bekannten Phasenverschiebungswinkel φ zu:

$$R_{Str} = Z_{Str} \cdot \cos\varphi = 9\,\Omega \cdot 0,75 = \boxed{6,75\,\Omega}$$

$$X_{Str} = Z_{Str} \cdot \sin\varphi = 9\,\Omega \cdot 0,661 = \boxed{5,95\,\Omega}\,.$$

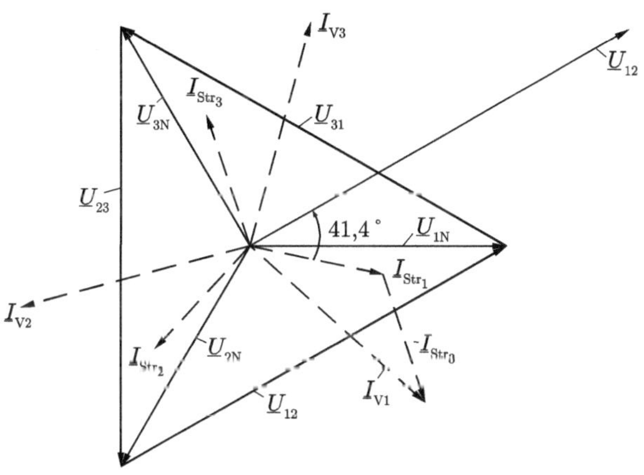

3. *Man zeichnet das System der Generatorstrangspannungen mit $\underline{U}_{1N}$ in der reellen Achse und anschließend die Außenleiterspannungen $\underline{U}_{12}$, usw.*

   Es folgt der Strangstrom $\underline{I}_{Str1}$, der der Spannung $\underline{U}_{12}$ um $41,4°$ ($\cos\varphi = 0,75 \Rightarrow \varphi = 41,4°$) nacheilt. Die anderen Strangströme bilden ein symmetrisches System. Schließlich konstruiert man den Außenleiterstrom $\underline{I}_{V1} = \underline{I}_{Str_1} - \underline{I}_{Str_3}$ (Knotensatz) und die übrigen zwei Ströme $\underline{I}_{V2}$ und $\underline{I}_{V3}$.

4. *Ohne Batterie hat die Anlage die Wirkleistung $P = 40\,kW$ und die Blindleistung:*

$$Q_v = 3 \cdot U_{Str} \cdot I_{Str} \sin\varphi = 3 \cdot 400\,V \cdot 44,\tilde{4}\,A \cdot 0,661 = \\ = 35,25\,kvar$$

verbraucht.
Mit Batterie (die als ideal angenommen wird) ändert sich die Wirkleistung nicht, $P_{ges} = 40\,kW$. Man kennt $\cos\varphi_{ges} = 0,95 \Rightarrow \varphi_{ges} = 18,2°$,

also kann man schreiben:

$$\begin{aligned} P_{ges} &= S_{ges} \cdot \cos\varphi_{ges} \\ Q_{ges} &= S_{ges} \cdot \sin\varphi_{ges} = \frac{P_{ges}}{\cos\varphi_{ges}} \cdot \sin\varphi_{ges} = P_{ges} \cdot \tan\varphi_{ges} \end{aligned}$$

$$Q_{ges} = 40 \cdot 10^3 \cdot 0,329\,var = 13,16\,kvar\,.$$

Die Differenz zwischen Q_V und der neuen Blindleistung Q_{ges} wird von den Kondensatoren aufgebracht:

$$Q_C = Q_{ges} - Q_V = (35,25 - 13,16)\,kvar = \boxed{22,12\,kvar}\,.$$

Die Kondensatorströme ergeben sich aus:

$$Q_c = 3I_C \cdot U_{Str} \cdot \sin\varphi_c \qquad \textit{mit } \sin\varphi_c = 1$$

$$I_C = \frac{22,12 \cdot 10^3 \cdot \sqrt{3}\,var}{3 \cdot 400\,V} = \boxed{31,93\,A}\,.$$

Die Kapazitäten bestimmt man aus dem Blindwiderstand:

$$\begin{aligned} X_C &= \frac{U_{Str}}{I_C} = \frac{400\,V}{\sqrt{3} \cdot 31,93\,A} = 7,23\,\Omega \\ X_C &= \frac{1}{\omega C} \Rightarrow C = \frac{1}{X_C \cdot \omega} = \frac{1}{7,23\,\Omega \cdot 2\pi \cdot 50 s^{-1}} = \boxed{440\,\mu F}\,. \end{aligned}$$

■

14.6. Zusammenfassende Betrachtung symmetrischer Drehstromsysteme

Im Prinzip gibt es vier mögliche Kombinationen symmetrischer Generatoren mit symmetrischen Verbrauchern:

	Generator	*Verbraucher*
1.	Stern	Stern
2.	Stern	Dreieck
3.	Dreieck	Stern
4.	Dreieck	Dreieck

Die Kombinationen 1 und 2 sollen miteinander verglichen werden.
Im folgenden wird von einem Netz mit der Außenleiterspannung U_L und dem Außenleiterstrom I_L und von gleichen Impedanzen $\underline{Z}$ ausgegangen. Die Stranggrößen werden U_{Str}, I_{Str} genannt.

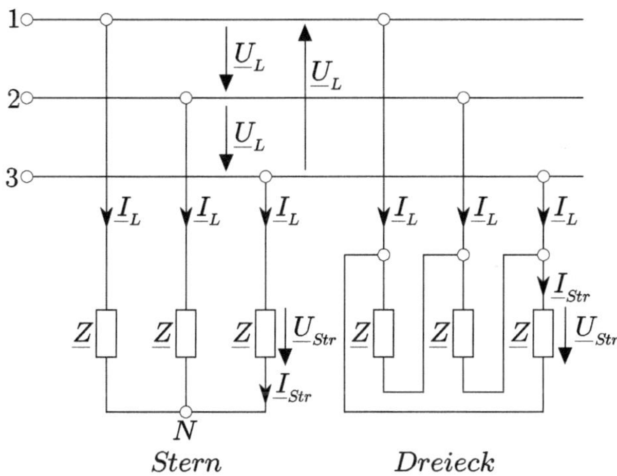

Stern	Dreieck
$\boxed{\underline{I}_{Str} = \underline{I}_L} = \frac{\underline{U}_{Str}}{\underline{Z}} = \frac{\underline{U}_L}{\sqrt{3}\,\underline{Z}}$	$\boxed{\underline{I}_{Str} = \frac{I_L}{\sqrt{3}}} = \frac{\underline{U}_{Str}}{\underline{Z}} = \frac{\underline{U}_L}{\underline{Z}}$
$\boxed{\underline{U}_{Str} = \frac{\underline{U}_L}{\sqrt{3}}}$	$\boxed{\underline{U}_{Str} = \underline{U}_L}$
$S = 3\,I_{Str} \cdot U_{Str} = \frac{\underline{U}_L^2}{\underline{Z}}$	$S = 3\,I_{Str} \cdot U_{Str} = 3\frac{\underline{U}_L^2}{\underline{Z}}$
$P = 3\,I_{Str} \cdot U_{Str} \cos\varphi = \sqrt{3} U_L I_L \cos\varphi$	$P = 3\,I_{Str} \cdot U_{Str} \cos\varphi = \sqrt{3} U_L I_L \cos\varphi$
$Q = 3\,I_{Str} \cdot U_{Str} \sin\varphi = \sqrt{3} U_L I_L \sin\varphi$	$Q = 3\,I_{Str} \cdot U_{Str} \sin\varphi = \sqrt{3} U_L I_L \sin\varphi$

Bemerkungen:

- In den letzten Formeln für die Wirkleistung P und für die Blindleistung Q ist φ nicht der Winkel zwischen $\underline{U}_L$ und $\underline{I}_L$, sondern φ ist immer der Winkel zwischen den *Strang*größen $\underline{I}_{Str}$ und $\underline{U}_{Str}$.

- Die Wirkleistungen können auch als:

$$P = 3I_{Str}^2 \cdot R = 3\,I_{str}^2 \cdot Z\cos\varphi$$

berechnet werden. Dann ist die von dem Sternverbraucher aufgenommene Wirkleistung:

$$P = 3 \cdot \frac{U_L^2}{3Z^2} \cdot Z\cos\varphi = \frac{U_L^2}{Z}\cos\varphi$$

während der Dreiecksverbraucher die Leistung:

$$P_\Delta = 3 \cdot \frac{U_L^2}{Z^2} \cdot Z \cos\varphi = 3 \cdot \frac{U_L^2}{Z} \cos\varphi\,,$$

also die *dreifache* Wirkleistung aufnimmt.

- Wenn man als Maß für den *Wirkungsgrad* der Energieübertragung das Verhältnis der vom Verbraucher aufgenommenen Wirkleistung zu den Leitungsverlusten (die dem Wert I_L^2 proportional sind) betrachtet, so ergibt sich bei der Sternschaltung:

$$\frac{P}{I_L^2} = \frac{P}{U_L^2} 3Z^2 = \frac{U_L^2}{Z} \cdot \frac{3Z^2}{U_L^2} \cos\varphi = 3Z\cos\varphi\,,$$

während bei der Dreieckschaltung:

$$\frac{P_\Delta}{I_L^2} = \frac{P_\Delta}{3U_L^2} \cdot Z^2 = 3\frac{U_L^2}{Z} \cdot \frac{Z^2}{3U_L^2} \cos\varphi = Z\cos\varphi\,,$$

ist, also dreimal kleiner. Der Wirkungsgrad der Übertragung ist also bei der Sternschaltung besser.

Diese Eigenschaften werden in der Technik benutzt, indem man bei verschiedenen Verbrauchern die Möglichkeit der $Y - \Delta$- Umschaltung vorsieht. Dann kann man durch die Wahl der Schaltung bestimmen, ob der Motor einen großen Strom und somit eine große Wirkleistung aufnehmen soll (Dreieckschaltung), oder ob ein hoher Wirkungsgrad der Energieübertragung erzielt werden sollte (Sternschaltung).

14.7. Unsymmetrische Drehstromsysteme

14.7.1. Elektrische Energieverteilung

Drehstrom wird bis auf wenige Ausnahmen mit großen Synchrongeneratoren erzeugt, deren Leistung heute bis zu $2\,GVA$ und deren Spannung bis zu $30\,kV$ gehen kann. Die elektrische Energie wird mittels Transformatoren auf Spannungen von z.B. $20\,kV$, $60\,kV$, $110\,kV$, $220\,kV$, $400\,kV$(in Europa) und sogar $700\,kV$ (Russland, Kanada) hochtransformiert und über *Dreileiter*netze zu Verteilungstransformatoren geleitet. Sekundärseitig weisen diese meistens *Vierleiter*netze (Abb.14.11) auf. Solche Netze liefern 6 Spannungen: 3 Außenleiterspannungen (üblicherweise $400\,V$) und 3 Nullleiterspannungen ($230\,V$).

Die Einphasenverbraucher werden an $230\,V$, die Drehstromverbraucher (auf

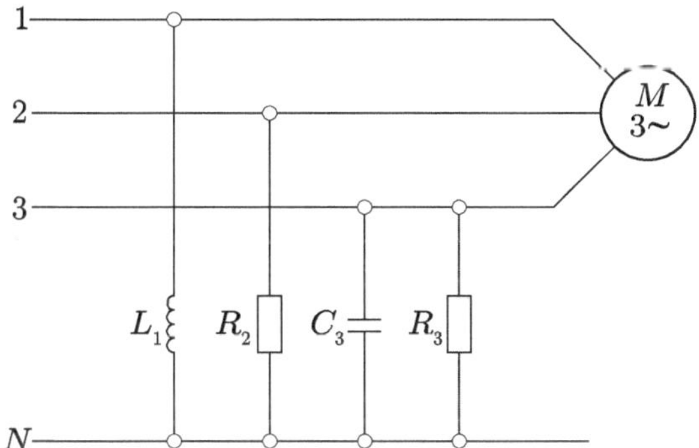

Abbildung 14.11.: Vierleiternetz mit Einphasen- und Dreiphasenlasten

Abb. 14.11 ein Asynchromotor) an $400\,V$ gelegt. Die Belastung der Phasen kann unterschiedlich sein, wobei Unsymmetrien sowohl bezüglich der Phasenwinkel als auch infolge ungleicher Beträge der Impedanzen auftreten können. Auf Abbildung 14.11 is ein Beispiel für eine unsymmetrische Belastung eines symmetrischen Spannungssystems gezeigt. Zwischen dem Strang 3 und dem Nullleiter sind zwei einphasige Verbraucher parallel geschaltet.

Es genügt nicht mehr die Betrachtung nur eines Stranges, wie es bei vollkommener Symmetrie der Fall war.

14.7.2. Sternverbraucher: Die Spannung zwischen Generator- und Verbraucher-Sternpunkt

Im Abschn. 12.4.1 wurde gezeigt, dass bei einem symmetrischen Sternverbraucher (die Generatoren werden immer als symmetrisch vorausgesetzt) die Spannung $\underline{U}_{N0} = 0$ ist (Abb. 12.9). Ist der Verbraucher nicht mehr symmetrisch

(Abb. 14.12), so tritt eine *Verlagerungsspannung* $\underline{U}_{N0}$ auf, die hier untersucht werden sollte.

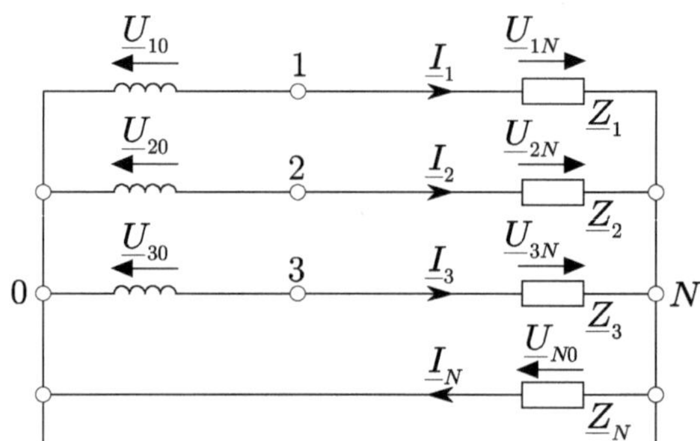

Abbildung 14.12.: Generator mit unsymmetrischem Sternverbraucher

Die Spannung $\underline{U}_{N0}$ läßt sich einfach mit der Methode der Ersatzstromquelle (Norton-Theorem) bestimmen, da der Kurzschlussstrom an den Klemmen $0 - N$ direkt geschrieben werden kann:

$$\underline{I}_k = \frac{\underline{U}_{10}}{\underline{Z}_1} + \frac{\underline{U}_{20}}{\underline{Z}_2} + \frac{\underline{U}_{30}}{\underline{Z}_3}$$

(die Spannungen $\underline{U}_{10}$, $\underline{U}_{20}$, $\underline{U}_{30}$ sind *Quellen*spannungen, auch wenn man für sie, wie üblich, das Schaltsymbol für Induktivitäten und nicht für Spannungsquellen benutzt).

Die *Innen*admittanz der Ersatzstromquelle ist:

$$\underline{Y}_i = \frac{1}{\underline{Z}_1} + \frac{1}{\underline{Z}_2} + \frac{1}{\underline{Z}_3}$$

und somit ist die Spannung $\underline{U}_{N0}$, gemäß dem Norton-Theorem:

$$\underline{U}_{N0} = \frac{\underline{I}_k}{\underline{Y}_i + \underline{Y}_N} = \boxed{\frac{\dfrac{\underline{U}_{10}}{\underline{Z}_1} + \dfrac{\underline{U}_{20}}{\underline{Z}_2} + \dfrac{\underline{U}_{30}}{\underline{Z}_3}}{\dfrac{1}{\underline{Z}_1} + \dfrac{1}{\underline{Z}_2} + \dfrac{1}{\underline{Z}_3} + \dfrac{1}{\underline{Z}_N}}} . \tag{14.35}$$

Die Außenleiterströme ergeben sich aus Maschengleichungen:

$$\underline{I}_1 = \frac{\underline{U}_{10} - \underline{U}_{N0}}{\underline{Z}_1} \quad , \quad \underline{I}_2 = \frac{\underline{U}_{20} - \underline{U}_{N0}}{\underline{Z}_2} \quad , \quad \underline{I}_3 = \frac{\underline{U}_{30} - \underline{U}_{N0}}{\underline{Z}_3} . \tag{14.36}$$

Diskussion:
Gl. (14.35) zeigt, dass bei unsymmetrischer Belastung $\underline{U}_{N0} \neq 0$ wird (der Nullpunkt „verlagert" sich), auch wenn die Generatorspannungen symmetrisch sind. Ist jedoch Z_N sehr klein, so geht $U_{N0} \to 0$, d.h.: in Netzen mit genügend starkem Neutralleiter bleibt das Spannungssystem am Verbraucher ($\underline{U}_{1N} = \underline{U}_{10} - \underline{U}_{N0} \approx \underline{U}_{10}, \underline{U}_{2N} = \underline{U}_{20} - \underline{U}_{N0} \approx \underline{U}_{20}, \underline{U}_{3N} = \underline{U}_{30} - \underline{U}_{N0} \approx \underline{U}_{30}$) praktisch symmetrisch. Das ist besonders wichtig bei Niederspannungsnetzen mit vielen einphasigen Verbrauchern.
Andererseits, wenn Z_N groß ist oder sogar $Z_N = \infty$ (der Nullleiter fehlt oder ist unterbrochen), so kann die Verlagerungsspannung U_{N0} groß werden und die Spannungen an den Verbrauchern werden stark unterschiedlich. Damit können einige Verbraucher viel zu große Spannungen bekommen, - was gefährlich sein kann -, andere dagegen bekommen zu niedrige Spannungen, was ihre Funktionsweise beeinträchtigen kann.
Das folgende Beispiel soll zeigen, was die Verlagerungsspannung bewirken kann.

■ Beispiel 14.3

Verlagerungsspannung an einem unsymmetrischen ohmschen Sternverbraucher

Gegeben ist ein rein ohmscher Verbraucher, aus drei Glühlampen mit $R_1 = 100\,\Omega$, $R_2 = R_3 = 10\,\Omega$.

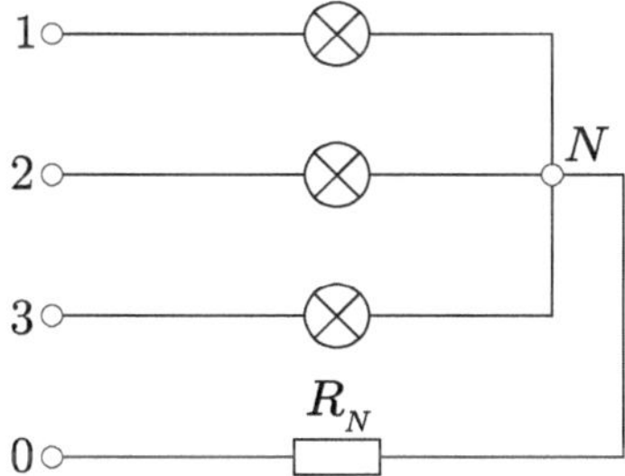

(Diese Widerstände enthalten auch die Leitungswiderstände, die Leitungsinduktivitäten sind hier vernachlässigbar). Die Sternschaltung wird mit einem symmetrischen Spannungssystem $400\,V/230\,V$, $50\,Hz$ *gespeist.*
Gesucht sind die Verlagerungsspannung $\underline{U}_{N0}$ *und die drei Spannungen an den Verbrauchersträngen, in zwei Fällen:*

1. *Der Nullleiter hat den Widerstand* $R_N = 0,6\,\Omega$ $(L_N \approx 0)$.
2. *Der Nullleiter fehlt.*

Lösung

1. $\underline{Y}_1 = 0,01\,S$, $\underline{Y}_2 = \underline{Y}_3 = 0,1\,S$, $\underline{Y}_N = 1,67\,S$; $\underline{U}_{10} + \underline{U}_{20} + \underline{U}_{30} = 0 \Rightarrow \underline{U}_{20} + \underline{U}_{30} = -\underline{U}_{10}$.

$$\underline{U}_{N0} = \frac{0,01\underline{U}_{10} - 0,1\underline{U}_{10}}{0,01 + 0,1 + 0,1 + 1,67} = -0,048 \cdot \underline{U}_{10}$$

$$|U_{N0}| = 0,048 \cdot 230\,V = \boxed{11,04\,V}.$$

Die Verlagerungsspannung liegt unter 5%, so dass die Verbraucherspannungen praktisch symmetrisch und gleichgroß wie die Netzspannungen sind.

2. $\underline{Y}_N = 0$; $\underline{U}_{N0} = \dfrac{0,01\underline{U}_{10} - 0,1\underline{U}_{10}}{0,01 + 0,1 + 0,1} = -0,43\,\underline{U}_{10}$

$$|U_{N0}| = 0,43 \cdot 230\,V = \boxed{98,9\,V}.$$

Die Verlagerungsspannung beträgt jetzt 43% (!) von der angelegten Spannung. An den 3 Glühlampen liegen jetzt die Spannungen:

$\underline{U}_{1N} = \underline{U}_{10} - \underline{U}_{N0} = 1,43\,\underline{U}_{10}$; $\boxed{U_{1N} = 329\,V}$ *(viel zu groß)*

$\underline{U}_{2N} = \underline{U}_{20} - \underline{U}_{N0} = U_{10}(e^{-j120^\circ} + 0,43)$ $U_{2N} = 230\,V \cdot 0,868 = \boxed{199,6\,V}$

$\underline{U}_{3N} = \underline{U}_{30} - \underline{U}_{N0} = U_{10}(e^{j120^\circ} + 0,43)$ $U_{3N} = \boxed{199,6\,V}.$

Die Glühlampen der Phase 1, die weniger belastet ist, werden einer viel zu hohen Spannung ausgesetzt.

■

Dieses Beispiel weist auf die Notwendigkeit des Neutralleiters bei dreiphasigen Netzen mit einphasigen Verbrauchern (meistens sind es Niederspannungsnetze) hin. Der Neutralleiter darf nie unterbrochen werden.

■ Beispiel 14.4
Unsymmetrischer Sternverbraucher

Gegeben ist ein Vierleiternetz mit einem symmetrischen Spannungssystem $400\,V/230\,V$, $50\,Hz$. Die Last in Sternschaltung ist unsymmetrisch:

$$R_1 = 200\,\Omega, \quad R_2 = 173\,\Omega, \quad C_2 = 31,8\,\mu F, \quad L_3 = 318\,mH$$

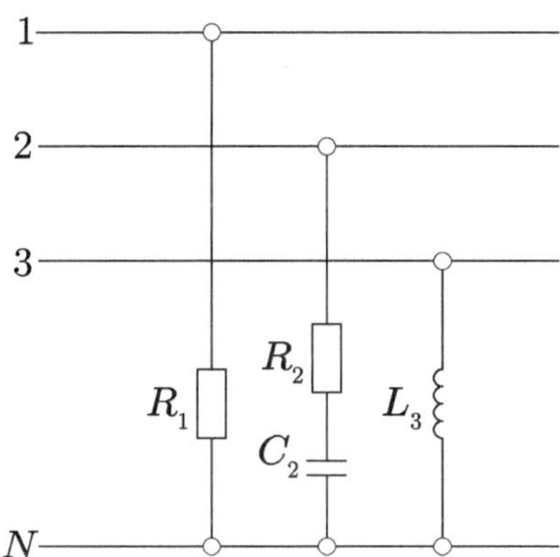

1. *Gesucht sind die komplexen Strang- und Außenleiterströme, der Neutralleiter-Strom, sowie die komplexen Leistungen der Verbraucherstränge und die Gesamtleistung $\underline{S}$. Es gilt: $\underline{U}_{1N} = 230\,V \cdot e^{j0^\circ}$.*
2. *Das Zeigerdiagramm für die Ströme soll mit dem Maßstab $m_I = 0,5\,A/cm$ dargestellt werden. Der Strom im Neutralleiter soll graphisch überprüft werden.*

Lösung:

1. *Strang und Außenleiterströme sind bei der Sternschaltung identisch.*

$$\underline{I}_1 = \frac{\underline{U}_{1N}}{\underline{Z}_1} = \frac{230\,V \cdot e^{j0^\circ}}{200\,\Omega} = \underline{1,15\,A \cdot e^{j0^\circ}}$$

$$\underline{I}_2 = \frac{\underline{U}_{2N}}{\underline{Z}_2} = \frac{230\,V \cdot e^{-j120^\circ}}{200\,\Omega e^{-j30^\circ}} = \underline{1,15\,A \cdot e^{-j90^\circ}}$$

$$\text{mit} \quad \underline{Z}_2 = R_2 + \frac{1}{j\omega C_2} = 173\,\Omega - j\frac{1}{2\pi \cdot 50 \cdot s^{-1} \cdot 31,8 \cdot 10^{-6}F}$$

$$= 173\,\Omega - j100,1\,\Omega$$

$$\underline{Z}_2 \approx 200\,\Omega \cdot e^{-j30^\circ}$$

$$\underline{I}_3 = \frac{\underline{U}_{3N}}{\underline{Z}_3} = \frac{230\,V \cdot e^{j120}}{2\pi \cdot 50 \cdot s^{-1} \cdot 318 \cdot 10^{-3} H \cdot e^{j90^\circ}} = \frac{230\,V}{100\,\Omega} \cdot e^{j30^\circ} = \underline{2,3\,A \cdot e^{j30^\circ}}\,.$$

Der Strom im Neutralleiter $\underline{I}_N$ ist:

$$\underline{I}_N = \underline{I}_1 + \underline{I}_2 + \underline{I}_3\,.$$

Zur Addition ist die Komponentenform der komplexen Ströme geeignet:

$$\underline{I}_1 = 1,15\,A + j0 \quad ; \quad \underline{I}_2 = 0 - j1,15\,A \quad ; \quad \underline{I}_3 = 2\,A + j1,15\,A$$

$$\underline{\underline{I}_N = 3,15\,A \cdot e^{j0^\circ}}$$

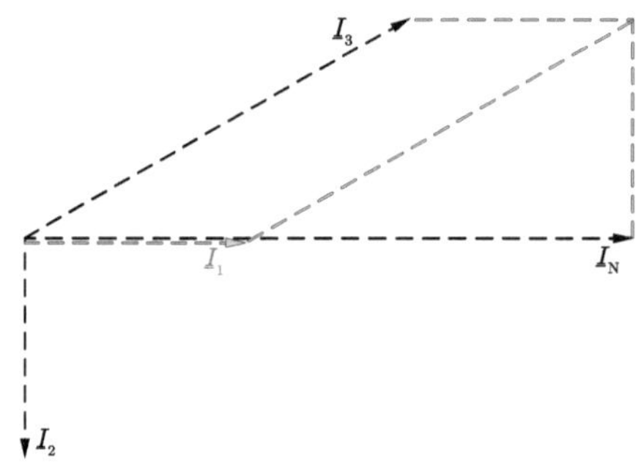

Leistungen: $\underline{S}_1 = \underline{U}_1 \cdot \underline{I}_1^* = 230\,V \cdot e^{j0^\circ} \cdot 1,15\,A \cdot e^{j0^\circ} = \underline{264,5\,VA \cdot e^{j0^\circ}}$

$\underline{S}_2 = \underline{U}_2 \cdot \underline{I}_2^* = 230\,V \cdot e^{-j120^\circ} \cdot 1,15\,A \cdot e^{j90^\circ} = \underline{264,5\,VA \cdot e^{-j30^\circ}}$

$\underline{S}_3 = \underline{U}_3 \cdot \underline{I}_3^* = 230\,V \cdot e^{j120^\circ} \cdot 2,3\,A \cdot e^{-j30^\circ} = \underline{529\,VA \cdot e^{j90^\circ}}$

$$\underline{S} = \underline{S}_1 + \underline{S}_2 + \underline{S}_3 = 633,23\,VA \cdot e^{j38,8^\circ} = (493,5 + j \cdot 396,8)\,VA.$$

Überprüfung:

$$P = 200\,\Omega\,(1,15\,A)^2 + 173\,\Omega\,(1,15\,A)^2 = (264,5 + 228,8)\,W = 493,3\,W.$$

2. $\underline{I}_N \approx 6,3\,cm \approx 3,15\,A.$

■

14.7.3. Unsymmetrischer Dreieck-Verbraucher

Man geht von bekannten Außenleiterspannungen $\underline{U}_{12}$, $\underline{U}_{23}$, $\underline{U}_{31}$ aus, wobei dieses System nicht symmetrisch sein muss (z.B. weil die Impedanzen der drei Leiter, die den Generator mit dem Verbraucher verbinden, nicht gleich sind). Die Summe der 3 Spannungen muss allerdings *immer* gleich Null sein, gemäß des Maschensatzes.
Die 3 Strangströme ergeben sich direkt aus den bekannten Spannungen:

$$\underline{I}_{12} = \frac{\underline{U}_{12}}{\underline{Z}_{12}} \quad , \quad \underline{I}_{23} = \frac{\underline{U}_{23}}{\underline{Z}_{23}} \quad , \quad \underline{I}_{31} = \frac{\underline{U}_{31}}{\underline{Z}_{31}} \tag{14.37}$$

und die Außenleiterströme aus Knotengleichungen (s. Abb. 14.13):

$$\underline{I}_1 = \underline{I}_{12} - \underline{I}_{31} \quad , \quad \underline{I}_2 = \underline{I}_{23} - \underline{I}_{12} \quad , \quad \underline{I}_3 = \underline{I}_{31} - \underline{I}_{23} \tag{14.38}$$

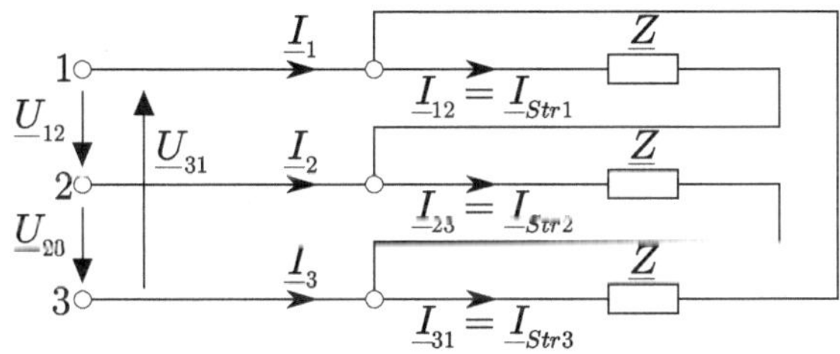

Abbildung 14.13.: Unsymmetrischer Verbraucher in Dreieck

Die Scheinleistung kann entweder mit den Strang- oder mit den Außenleitergrößen ausgedrückt werden:

$$\begin{aligned} \underline{S} &= \underline{U}_{Str_1} \cdot \underline{I}^*_{Str_1} + \underline{U}_{Str_2} \cdot \underline{I}^*_{Str_2} + \underline{U}_{Str_3} \cdot \underline{I}^*_{Str_3} \\ \underline{S} &= \underline{U}_{12} \cdot \underline{I}^*_{12} + \underline{U}_{23} \cdot \underline{I}^*_{23} + \underline{U}_{31} \cdot \underline{I}^*_{31} \end{aligned} \tag{14.39}$$

Die Wirk- und Blindleistung des Systems sind:

$$P = \mathcal{R}e\underline{S} \quad ; \quad Q = \mathcal{I}m\underline{S} \, . \tag{14.40}$$

14.7.4. Diskussion zur Behandlung besonderer unsymmetrischer Systeme

Es soll noch kurz die rechnerische Behandlung von einigen unsymmetrischen Drehstromsystemen diskutiert weden, die nicht immer direkt mit den in diesem Abschnitt angegebenen Formeln möglich ist.

- Wenn ein Verbraucher in Dreieckschaltung über eine Leitung gespeist wird, deren Phasenimpedanzen nicht vernachläßigbar sind, dann müssen auch die Spannungsabfälle an der Leitung mitberücksichtigt werden. Das lässt sich nur bewerkstelligen, wenn das Dreieck in einen Stern umgewandelt wird (s. auch Beispiel 12.1). Die erzielten Impedanzen der Sternstränge werden mit denen der Leitung phasenweise in Reihe geschaltet (addiert), wodurch sich ein unsymmetrischer Sternverbraucher ergibt, der mit den Formeln vom Abschnitt 12.7.2. behandelt werden kann. Mit den berechneten Strömen kann man gegebenenfalls zurück zu dem ursprünglichen Dreieck kehren.

- Wenn ein Generator mehrere unsymmetrische Sternverbraucher speist, deren Sternpunkte isoliert und nicht miteinander verbunden sind, so besitzen diese Punkte unterschiedliche Potentiale und somit dürfen die entsprechenden Impedanzen der Sternseiten (1, 2 und 3) *nicht* parallel geschaltet werden. Werden in diesem Falle jedoch alle Sterne in Dreiecke umgewandelt, so *darf* man die entsprechenden Dreieckseiten (1-2, 2-3, 3-1) parallelschalten, wodurch man ein Ersatzdreieck für das Netz aufstellt, das mit den Formeln vom Abschn. 12.7.3. behandelt werden kann.

- Bestehen zwischen den Phasen der Verbraucher induktive Kopplungen, so sind die Lösungsstrategien vom Abschn. 12.7 im allgemeinen nicht anwendbar und man muss von den Kirchhoffschen Sätzen (unter Berücksichtigung der Gegeninduktivitäten) ausgehen.

Teil IV.

Schaltvorgänge

15. Berechnung von Ausgleichsvorgängen im Zeitbereich mithilfe von Differentialgleichungen

15.1. Untersuchte Schaltvorgänge, Einschränkungen

Seit dem Anfang des 21. Jahrhunderts haben umwälzende Veränderungen bei der Erzeugung und Übertragung der elektrischen Energie stattgefunden: Die sogenannte „Energiewende" wird überall auf der Welt intensiv eingeführt. Somit werden die großen Kraftwerke, die mit Kohle oder Atomenergie betrieben wurden, allmählich durch unzählige kleine Energiequellen ersetzt, die erneuerbare Energien - Wind, Sonne - in elektrische Energie umwandeln. Diese Quellen stehen naturgemäß nicht immer zur Verfügung, somit müssen die elektrischen Maschinen, die von diesen Quellen gespeist werden, oft ein- und ausgeschaltet werden, wodurch die Einschwing- (oder Ausgleichs-)Vorgänge eine große Bedeutung erlangen. Aber nicht nur im Bereich großer Leistungen (Energietechnik), sondern auch in der Nachrichten-, Regelungs-, Computertechnik u.a. gewinnen Schaltvorgänge immer mehr an Bedeutung.

In diesem Buch wurden bisher Stromkreise bei Gleich- oder sinusförmigen Wechselspannungen untersucht, die sich im „*eingeschwungenen*" (oder stationären) Zustand befinden.

Beim Einschalten oder Ausschalten von Stromkreisen treten Übergangserscheinungen auf, die im Folgenden untersucht werden sollen. Es sollen also Ströme und Spannungen berechnet werden, die bei dem Übergang von einem *stationären* (oder eingeschwungenen) Zustand in einen anderen auftreten.

Die Untersuchung der Einschwingvorgänge in elektrischen Netzwerken erfordert Kenntnisse der höheren Mathematik. Lässt man jedoch einige Einschränkungen zu, so kann man Schaltvorgänge auch mit relativ einfachen mathematischen

M. Marinescu und N. Marinescu, *Elektrotechnik für Studium und Praxis*,
https://doi.org/10.1007/978-3-658-28884-6_15

Mitteln behandeln. Die Hauptschwierigkeit besteht darin, dass jetzt die Kirchhoffschen Gleichungen nicht mehr lineare algebraische Gleichungen sind - wie sie sowohl bei Gleichstrom als auch bei sinusförmigem Wechselstrom, dort mit Hilfe der komplexen Schreibweise, waren - sondern *lineare Differentialgleichungen erster und zweiter Ordnung* mit konstanten (zeitinvarianten) Koeffizienten. Folgende Einschränkungen werden in diesem Abschnitt vorausgesetzt:

- Es werden zunächst nur *sprunghafte* Änderungen berücksichtigt.
- Als aufgeprägte Größen werden nur *Gleichspannungen* (Abb. 15.1a) und *sinusförmige Wechselspannungen* (Abb. 15.1b) betrachtet.
- Die *Schaltelemente* R, L, C bleiben während des Schaltvorgangs *konstant*, was in den meisten Fällen gewährleistet ist (das führt zu Differentialgleichungen mit zeitlich konstanten Koeffizienten).
- Die untersuchten Netzwerke haben eine *einfache* Struktur.

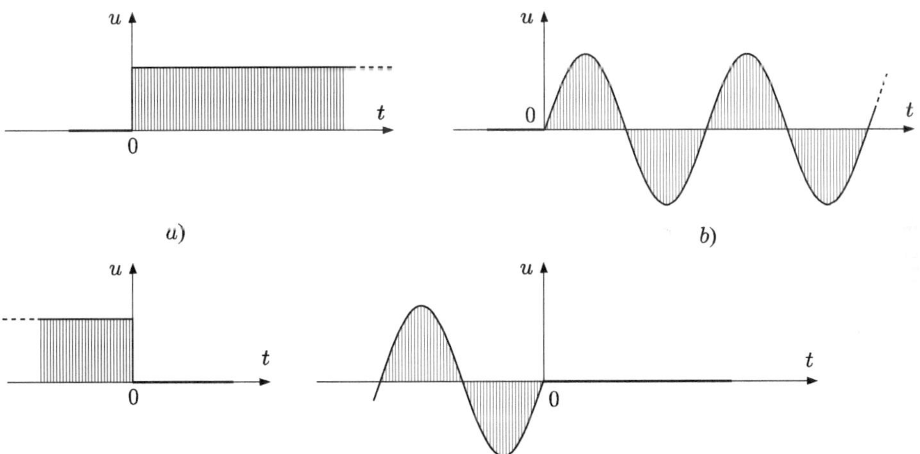

Abbildung 15.1.: (a) Ein- und Abschalten einer Gleichspannung; (b) Dasselbe bei einer Wechselspannung

Zunächst werden im Abschnitt 15 die Ausgleichsvorgänge im Zeitbereich untersucht, wofür man Differentialgleichungen lösen muss. Anschließend wird im Abschnitt 16 ein symbolisches Verfahren (Laplace-Transformation) behandelt, mit dessen Hilfe die Gleichungen von Kirchhoff als algebraische Gleichungen geschrieben werden können, womit sich der Rechenweg in vielen Fällen einfacher als mit Differentialgleichungen gestaltet.

15.2. Differentialgleichungen zur Beschreibung der Schaltvorgänge

Wo treten Differentialgleichungen bei der Behandlung von Ausgleichsvorgängen auf? Vorweg: In allen Schaltungen, in denen zumindest ein „Energiespeicher", also eine Induktivität oder eine Kapazität vorhanden ist.

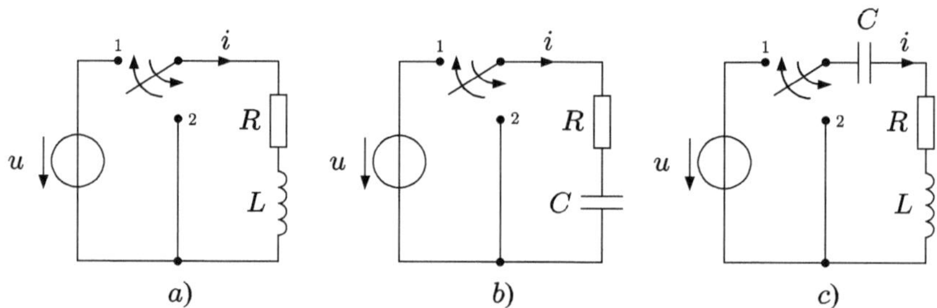

Abbildung 15.2.: (a)R-L-Kreis; (b)R-C-Kreis; (c)R-L-C-Kreis

Verlustbehaftete Spule (Abb. 15.2(a))

Wird eine Spule mit der Induktivität L und dem Widerstand R an eine Spannungsquelle u (das kann eine Gleichspannung U oder eine Wechselspannung $U\sqrt{2}\sin\omega t$ sein) geschaltet (Schalter in Stellung 1), so ergibt sich für den Strom i die folgende Maschengleichung:

$$Ri + L\frac{di}{dt} = u\,. \tag{15.1}$$

Das ist eine Differentialgleichung *erster Ordnung*, *inhomogen*, mit *konstanten Koeffizienten* (bei R und L zeitinvariant).
Wird jetzt der Schalter von der Stellung 1 in die Stellung 2 umgelegt, so lautet die neue Maschengleichung:

$$Ri + L\frac{di}{dt} = 0\,, \tag{15.2}$$

also eine *homogene* Differentialgleichung mit konstanten Koeffizienten.

Reihenschaltung Widerstand-Kondensator (Abb. 15.2(b))

Wird der Schalter in die Stellung 1 gebracht, so wird der Kondensator aufgeladen.

Die Maschengleichung lautet:

$$u_R + u_C = u$$

mit $u_R = Ri$. Die Spannung an der Kapazität u_C ist:

$$u_C = \frac{q}{C}$$

und die Ladung q auf den Elektroden ist mit dem Strom i über die Definition des Stromes:

$$i = \frac{dq}{dt}$$

verknüpft. Die Ladung soll (zunächst) im Einschaltaugenblick gleich Null sein, der Kondensator also unbeladen. Damit ist die Ladung:

$$q = \int i \quad dt\,.$$

Zurück in die Maschengleichung ergibt sich für den Kondensatorstrom die Gleichung:

$$Ri + \frac{1}{C}\int i \cdot dt = u\,.$$

Durch Ableitung wird:

$$R\frac{di}{dt} + \frac{1}{C}i = 0 \text{ oder } U\sqrt{2}\,\omega\cos\omega t \tag{15.3}$$

also wieder eine Differentialgleichung erster Ordnung, mit konstanten Koeffizienten. Die Gleichung ist homogen, wenn die Spannung $U = konst.$ ist. (In der Tat wirkt der Kondensator bei Gleichstrom wie eine Unterbrechung des Stromkreises). Dagegen ist die Gleichung bei einer angeschalteter Wechselspannung *inhomogen.*

Anmerkung:
Man kommt schneller zu dem Strom i, wenn man erst die DGL für die Kondensatorspannung u_C aufstellt, indem man von der bekannten Beziehung zwischen i und u_C:

$$i = C\,\frac{du_C}{dt}$$

(siehe weiter) Gebrauch macht. Es wird

$$RC\,\frac{du_C}{dt} + u_C = u,$$

also eine inhomogene DGL ersten Grades.
Mit der Lösung für u_C kann man anschließend direkt i bestimmen.

Schaltet man den Schalter von 1 auf 2, so entlädt sich der Kondensator und die Gleichung für i wird *homogen.*

$$R\frac{di}{dt} + \frac{1}{C}i = 0\,. \tag{15.4}$$

Reihenschaltung R, L, C (Abb. 15.2(c))

In der Stellung 1 des Schalters lautet die Maschengleichung:

$$u_R + u_L + u_C = u$$

mit $u_R = Ri$ und $u_L = L\frac{di}{dt}$.
Um auch die Spannung u_C am Kondensator über den Strom i auszudrücken, schreibt man wieder:

$$i = \frac{dq}{dt} \quad \Rightarrow \quad q = \int i \cdot dt \quad \Rightarrow \quad u_C = \frac{q}{C} = \frac{1}{C}\int i \cdot dt\,.$$

Die Maschengleichung wird:

$$Ri + L\frac{di}{dt} + \frac{1}{C}\int i \cdot dt = u$$

und durch Ableitung:

$$L\frac{d^2i}{dt^2} + R\frac{di}{dt} + \frac{1}{C}i = 0 \text{ oder } U\sqrt{2}\,\omega\cos\omega t\,. \tag{15.5}$$

Dies ist eine Differentialgleichung *zweiter Ordnung*, mit konstanten Koeffizienten, homogen oder inhomogen, je nach Erregung.
Die Gleichung ist *homogen*, wenn der Schalter auf 2 umgelegt wird:

$$\frac{d^2i}{dt^2} + \frac{R}{L}\frac{di}{dt} + \frac{1}{LC}i = 0\,. \tag{15.6}$$

Im Folgenden wird für die Schaltelemente L und C die Bezeichnung *Energiespeicher* verwendet. In der Tat wird in dem Magnetfeld einer Induktivität L die Magnetenergie:

$$W_m = \frac{1}{2}Li^2$$

(siehe Abschnitt 9.3, Abb. 9.2) und in dem elektrischen Feld einer Kapazität C die elektrische Energie:

$$W_e = \frac{1}{2}Cu^2$$

(siehe Abschnitt 9.3, Abb. 9.3) gespeichert, während ein Widerstand R keine Energie speichern kann.
Die Ordnung n der Differentialgleichung eines Schaltvorganges wird *durch die Zahl der unterschiedlichen* (L oder C) *Energiespeicher* bestimmt.

15.3. Verhalten der Grundschaltelemente R, L, C bei Schaltsprüngen

Widerstand R
Wird an einem Widerstand R ein Spannungssprung angelegt, so ändert sich der Strom i nach dem Ohmschen Gesetz $u = Ri$ ebenfalls sprunghaft. Die Leistung $P = u \cdot i$ erfährt einen Sprung, doch ist dieser endlich.

Kapazität C
Wird ein Spannungssprung an einem Stromkreis mit einem Kondensator angelegt, so kann sich die *Spannung u_C* am Kondensator *nicht sprunghaft ändern.* In der Tat, bei einer sprunghaften Änderung von u_C wäre der Strom i_C durch den Kondensator

$$i_C = C\frac{du_C}{dt}$$

unendlich groß.
Die Kondensatorspannung kann sich nur stetig ändern, ihr zeitlicher Verlauf darf keine Sprünge enthalten.
Anderes Argument (energetische Betrachtung): Die Energie im Kondensator kann sich (wie jede Energieform) nicht sprunghaft ändern, denn die Leistung P_C:

$$P_C = \frac{dW_e}{dt} = \frac{d}{dt}\left(\frac{C}{2}u_C^2\right) < \infty$$

muss endlich bleiben. Das bedeutet:

$$Cu_C\frac{du_C}{dt} = u_C \cdot i_C < \infty\,. \tag{15.7}$$

Induktivität L
Hier gilt $u_L = L\dfrac{di_L}{dt}$, was bedeutet, dass der Strom i_L sich nicht sprunghaft ändern kann. Die Leistung ist:

$$P_L = \frac{dW_m}{dt} = \frac{d}{dt}\left(\frac{L}{2}i^2\right)\,,$$

sodass:

$$Li\frac{di}{dt} = u_L \cdot i_L < \infty \tag{15.8}$$

bleiben muss.
Der Strom durch eine Induktivität kann sich nur stetig ändern, sein zeitlicher Verlauf darf keine Sprünge enthalten.

15.4. Stromkreise mit einem Energiespeicher bei Gleichspannung

15.4.1. Lösung von Differentialgleichungen erster Ordnung (Beispiel: Einschalten einer verlustbehafteten Induktivität)

Einige *Begriffe* der Differentialgleichungen (weiter auch DGL) sollen zusammengefasst werden:

- *homogen* (die „rechte Seite" der Gleichung ist gleich Null, d.h. es gibt kein „Störungsglied" oder keine „Erregung");
- *inhomogen* (es gibt eine Erregung, die rechte Seite ist nicht Null);
- *linear* (Produkte der Form $u(t) \cdot u'(t)$ kommen nicht vor);
- *konstante Koeffizienten* (alle Koeffizienten – R, L, C – der Variablen oder ihrer Ableitungen sind zeitunabhängig)
- *Ordnung* der DGL: Grad der höchsten Ableitung.

Als Beispiel sollte die DGL beim *Einschalten einer verlustbehafteten Spule* betrachtet werden.

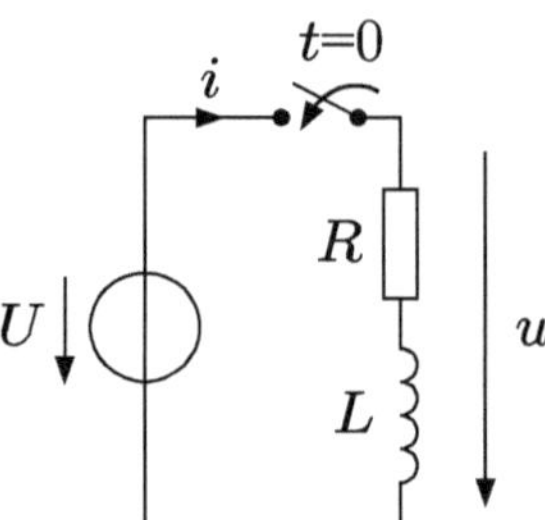

Abbildung 15.3.: Einschalten eines R-L-Stromkreises

Die Differentialgleichung für den Strom i ist die folgende Maschengleichung:

$$Ri + L\frac{di}{dt} = U \quad (t > 0). \tag{15.9}$$

Die allgemeine Lösung einer solchen *inhomogenen* linearen Differentialgleichung 1. Ordnung ist die *Summe* der *allgemeinen* Lösung der zugehörigen *homogenen* Differentialgleichung:

i_h (von „homogen") oder i_f („flüchtiges" Glied)

und einer (beliebigen) *partikulären* Lösung i_p der *inhomogenen* Gleichung:

$$i(t) = i_h(t) + i_p(t)\,. \tag{15.10}$$

Man fängt also mit der homogenen Gleichung an:

$$Ri_h + L\frac{di_h}{dt} = 0\,,$$

und sucht für i_h eine Lösung der Form:

$$i_h(t) = K \cdot e^{-\frac{t}{\tau}}\,, \tag{15.11}$$

wo τ = *Zeitkonstante* genannt wird und die Einheit *Sekunde* hat (verständlicherweise, da der Exponent der Exponentialfunktion dimensionslos ist).
Die Exponentialfunktion in dem Ansatz hat, physikalisch bedingt, immer einen *negativen* Exponent. In der Tat muss i_h bei $t \to \infty$ verschwinden, da ohne Erregung kein Strom lange Zeit fließen kann. Wäre der Exponent positiv, so würde i_h mit der Zeit t immer größer werden!
Bemerkung
Dieser Ansatz wurde gewählt, um die Forderung, dass die Ableitung der gesuchten Funktion (hier i_h) proportional zur Funktion ist, zu erfüllen. Diese Bedingung erfüllt nur die Exponentialfunktion. Setzt man den Ansatz 15.11 in die DGL, so ergibt sich:

$$R \cdot K \cdot e^{-\frac{t}{\tau}} - \frac{1}{\tau} \cdot K \cdot L \cdot e^{-\frac{t}{\tau}} = 0$$

$$K \cdot e^{-\frac{t}{\tau}} \left(R - \frac{1}{\tau} L \right) = 0\,.$$

In diesem Produkt kann die Konstante K nicht Null sein (sonst wäre i_h immer gleich Null) und auch die Exponentialfunktion nimmt nie den Wert Null an (siehe ANHANG C). Somit muss der Ausdruck in den Klammern gleich Null sein und das führt zu:

$$\boxed{\tau = \frac{L}{R}}\,. \tag{15.12}$$

Bemerkung:
τ wird immer das Verhältnis zwischen dem Koeffizienten der Ableitung der Unbekannten und dem Koeffizienten der Unbekannten (hier R, sonst ein Widerstand, der sich aus der Schaltung ergibt), sein. Somit kann man τ direkt aufstellen. Die Lösung der homogenen Gleichung wird:

$$i_h(t) = K \cdot e^{-\frac{R}{L}t}\,. \tag{15.13}$$

τ hat, wie man sich leicht überzeugen kann, die Einheit Sekunde:

$$[\tau] = [L] \cdot [R]^{-1} = [\phi] \cdot [I]^{-1} \cdot [R]^{-1} = [\phi] \cdot [U]^{-1} = Vs \cdot V^{-1} = s\,.$$

Die Integrationskonstante K wird später aus der *Anfangsbedingung*, die die allgemeine Lösung $i(t)$ erfüllen muss, bestimmt.

Bemerkung: Die Lösung der homogenen Gleichung klingt ab, das heißt:

$$\lim_{t\to\infty} i_h(t) = 0\,.$$

Physikalische Erläuterung: Homogene Differentialgleichungen treten bei passiven Netzwerken auf, bei denen keine aufgeprägte Größe (Strom oder Spannung) existiert. Der Ausgleichsvorgang ist das *Abklingen* der im elektrischen Feld (in Kondensatoren) und im magnetischen Feld (in Induktivitäten) gespeicherten Energie.

Der zweite Teil der Lösung, $i_p(t)$ in (15.10), ist eine beliebige partikuläre Lösung der inhomogenen Gleichung (15.9). Diese Lösung ist bestimmt von der *Störfunktion* (die rechte Seite der Gleichung), also von den äußeren Bedingungen und nicht von der Schaltung selber (R, L).

Ist die Störfunktion der Differentialgleichung ein Gleichglied oder eine Sinusfunktion (Einschalten einer Gleich- oder Sinusgröße), *so ist eine partikuläre Lösung der vollständigen Differentialgleichung der eingeschwungene Zustand.* Dieser Zustand wurde untersucht bei der Behandlung von Gleich- und Wechselstromschaltungen. Alle betrachteten Netzwerk-Berechnungsmethoden, inklusive die komplexe Rechnung bei sinusförmigem Störungsglied, sind einsetzbar. Mathematisch: Man sucht eine Funktion für $i_p(t)$, die vom selben Typ wie die Störfunktion ist und setzt sie in die vollständige Differentialgleichung ein; die Konstanten ergeben sich durch *Koeffizientenvergleich*. Hier kann man eine Lösung der Form:

$$i_p = I$$

suchen. Eingesetzt in (15.9) ergibt das:

$$RI = U \quad \Rightarrow \quad I = \frac{U}{R}$$

und

$$i_p(t) = \frac{U}{R}\,. \tag{15.14}$$

Mit (15.13) und (15.14) wird:

$$i(t) = K \cdot e^{-\frac{R}{L}t} + \frac{U}{R}\,. \tag{15.15}$$

Die Konstante K wird aus einer *Anfangsbedingung* bestimmt. Die *physikalische* Überlegung lautet im Falle des Einschaltens einer Induktivität: Der Strom war vor dem Schließen des Schalters Null und kann sich *nicht sprunghaft* ändern, also es gilt:

$$i(0-\varepsilon) = i(0+\varepsilon) = i(0) \;=\; 0.$$

Aus (15.15):

$$i(0) = K + \frac{U}{R} \qquad \Rightarrow K = -\frac{U}{R}$$

und somit ist die gesuchte Lösung:

$$\boxed{i(t) = \frac{U}{R}\left(1 - e^{-\frac{R}{L}t}\right)} \qquad t > 0\,. \tag{15.16}$$

Die Abb. 15.4 zeigt die Zeitverläufe der Größen $i(t)$, $i_h(t)$, $i_p(t)$ und $u(t)$.

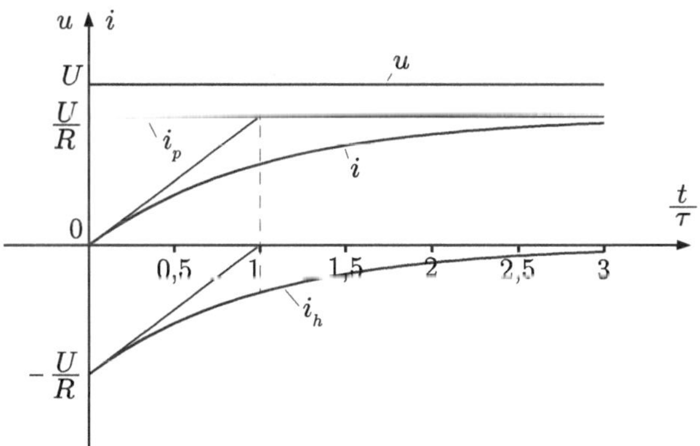

Abbildung 15.4.: Strom und Spannung beim Einschalten eines R-L-Kreises

In der Schaltung Abb. 15.3 darf man den Schalter nicht einfach öffnen, ohne geeignete Maßnahmen zu treffen! Die Erklärung leuchtet ein: Unterbricht man den Strom I (der den Wert U/R im eingeschwungenen Zustand erreicht hat), so kann er theoretisch nicht mehr fließen, er wird also plötzlich $I \;=\; 0$.

Dann erscheint an den Klemmen des Schalters die Spannung $L\,\dfrac{di}{dt}$. Doch $\dfrac{di}{dt}$ ist, bei einem plötzlichen Abfall des Stromes auf 0, unendlich groß! Am Schalter erscheint kurzzeitig eine sehr große Spannung, sodass die elektrische Feldstärke E in dem Raum zwischen den Kontakten mit großer Wahrscheinlichkeit die Durchschlagfestigkeit der Luft (ca. $20\,kV/cm$) übersteigt. Die Folge: Funken,

eventuell „Schaltfeuer“ und Zerstörung des Schalters.
Die folgenden Beispiele machen deutlich, welche Gefahren mit dem Abschalten einer Induktivität verbunden sind.

Bemerkungen:

Theoretisch dauern die Schaltvorgänge unendlich lange, praktisch wird jedoch $i \approx i_p$ nach etwa (4...5) τ erreicht. Bereits nach 3τ ist der neue Endzustand bis auf 5% Abweichung erreicht. So dauert der Einschaltvorgang einer großen Induktivität mit $L = 0,5\,H$ und $R = 5\,\Omega$, mit $\tau = L/R = 0,1\,s$, praktisch eine halbe Sekunde, sodass der Vorgang messtechnisch nicht erfasst werden kann. Große Zeitkonstanten - einige Sekunden - treten nur bei sehr großen Spulen mit Eisenkern und mit sehr geringem Widerstand auf, wie z.B. bei Wicklungen großer Synchrongeneratoren in Kraftwerken.

15.4.2. Strategie zur Lösung von Differentialgleichungen erster Ordnung

Folgende Schritte sind empfehlenswert:

1. Man schätzt die Anfangs- und die Endwerte der Ströme und Spannungen ab, also im stationären Zustand vor und nach dem Schaltvorgang (das ist Gleich- oder Wechselstromtechnik, je nach Erregung).

2. Man schreibt die Gleichungen von Kirchhoff (Knoten- und Maschengleichungen).

3. Für die Beziehungen zwischen Spannung $u(t)$ und Strom $i(t)$ an den Schaltelementen R, L, C gelten jetzt:

   - an Widerständen R: $u_R(t) = R \cdot i_R(t)$
   - an Induktivitäten L: $u_L(t) = R \cdot \dfrac{di_L(t)}{dt}$
   - an Kapazitäten S: $i_C(t) = C \cdot \dfrac{du_C(t)}{dt}$

   und daraus: $u_C(t) = \dfrac{1}{C} \int i_C \cdot dt$.

4. Man löst die Gleichungen nach der gewünschten Größe (i oder u).

5. Man wählt den Ansatz:

$$u_h(t) = K_U \cdot e^{-\frac{t}{\tau}}$$

oder

$$i_h(t) = K_I \cdot e^{-\frac{t}{\tau}}$$

und man bestimmt τ (die Zeitkonstante) direkt aus der DGL, als Verhältnis zwischen dem Koeffizienten der Ableitung und dem Koeffizienten der Unbekannten.

6. Die partikuläre Lösung u_p (oder i_p) liefert der stationäre Zustand bei $t \to \infty$.

7. Jetzt sind die Lösungen:

$$u(t) = K_U \cdot e^{-\frac{t}{\tau}} + u_p$$

$$i(t) = K_I \cdot e^{-\frac{t}{\tau}} + i_p \,.$$

   Die Konstanten K_U und K_I werden aus den Anfangsbedingungen $u(0)$ oder $i(0)$ bestimmt.

8. Es lohnt sich eine „Plausibilitätsüberprüfung" der Lösungen bei $t = 0$ und $t \to \infty$ durchzuführen.

Hinweis
Grafische Darstellungen der Ströme und Spannungen, die sich als Lösungen der Differentialgleichungen ergeben, sind erfahrungsgemäß sehr hilfreich, um den Ausgleichsvorgang besser zu verstehen. Alle diese Lösungen enthalten Exponentialfunktionen mit negativem Exponenten.
Aus einer korrekten grafischen Darstellung kann man viele nützliche Informationen ablesen, sodass es lohnenswert erscheint, den Umgang mit diesen Funktionen zu lernen. Im ANHANG C findet man eine ausführliche Diskussion über „Abkling"- und „Sättigunsfunktionen".

15.4.3. Beispiele zur Berechnung von Strömen und Spannungen in R-L-Stromkreisen mithilfe von Differentialgleichungen

■ **Beispiel 15.1**

Spitzenspannung beim Ausschalten einer Induktivität

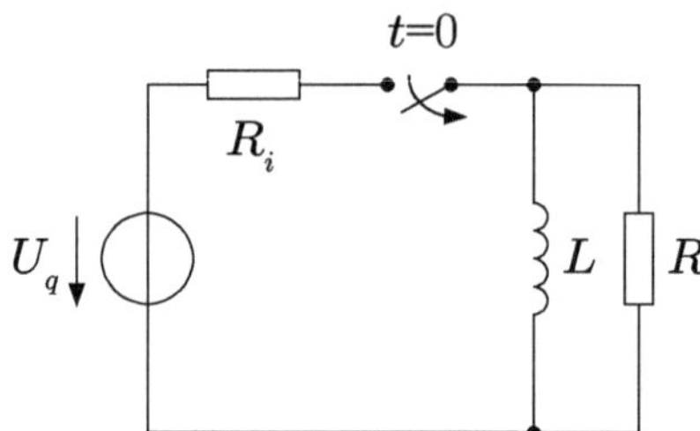

Beim Ausschalten einer Induktivität L tritt an ihren Klemmen eine hohe Spannung auf.

1. *Welcher Widerstand R muss parallel zu der Induktivität geschaltet werden, damit die Spitzenspannung $100\,V$ nicht überschreitet?*
2. *Welche Spannung erscheint zwischen den Kontakten des Schalters, wenn der Schalter plötzlich geöffnet wird?*
3. *Was passiert, wenn $R = \infty$ ist?*

   Zahlenwerte: $U_q = 2\,V$, $R_i = 1\,k\Omega$.

Lösung:

1. *Der Strom durch die Induktivität ist vor dem Ausschalten*

$$i_L = \frac{U_q}{R_i} = \frac{2V}{1\,k\Omega} = 2\,mA\,,$$

da der Widerstand R durch L kurzgeschlossen wird.
Beim Öffnen des Schalters bleibt $i_L = 2\,mA$ unverändert und schließt sich durch den Widerstand R. Damit die Spannung an der Induktivität $100\,V$ nicht überschreitet, gilt:

$$\boxed{R = 50\,k\Omega}\,.$$

2. *Nach dem Öffnen des Schalters fließt der Strom durch die Induktivität - für kurze Zeit - weiter und schließt sich durch den Widerstand R.*

An den Kontakten des Schalters liegt unmittelbar nach dem Öffnen, gemäß der Maschengleichung, die Spannung $100\,V + 2\,V = 102\,V$, da die Spannung an der Parallelschaltung $R - L$ dieselbe Richtung wie U_q hat. Da am Anfang der Abstand der Schaltkontakte sehr klein ist, entsteht zwischen ihnen eine elektrische Feldstärke $E = U/d$, die zu einem Überschlag durch Funken führen kann.

3. *Wird R größer ($R \to \infty$), so wird auch die Spannungsspitze immer größer und es tritt schließlich ein Durchschlag an der Spule oder an der Trennstelle ein (Schaltfeuer!). Die Energie, die dabei sichtbar wird, war im Magnetfeld der Spule gespeichert. Ist ein Parallelwiderstand R vorhanden, so wird diese Energie als Ri^2 in dem Widerstand in Wärme umgewandelt.*

■

■ Beispiel 15.2
R-L-Reihenkreis

Die dargestellte Schaltung arbeitet im stationären Zustand mit geöffnetem Schalter S. Im Augenblick $t = 0$ wird der Schalter geschlossen und somit der Widerstand R_1 kurzgeschlossen.
Gesucht ist der Verlauf des Stromes $i(t)$.
Zahlenwerte: $U_0 = 120\,V$, $R = 10\,\Omega$, $R_1 = 30\,\Omega$, $L = 0{,}1\,H$.

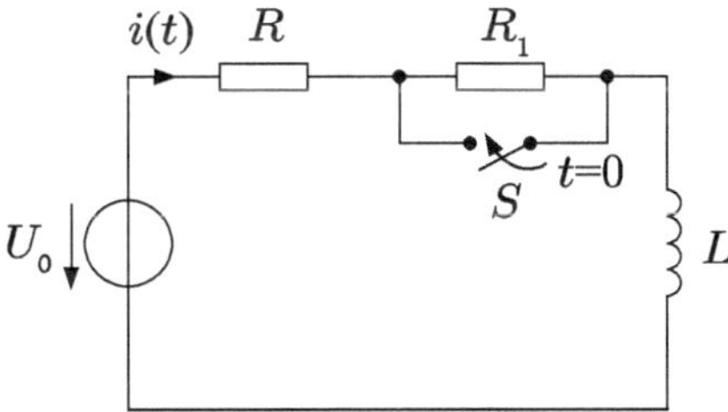

Lösung:
Die DGL des Stromkreises lautet für $t \geq 0$:

$$L\frac{di}{dt} + Ri = U_0\,.$$

Die allgemeine Lösung lautet: $i(t) = K \cdot e^{-\frac{R}{L}t} + i_p$, wo i_p eine partikuläre Lösung ist; am einfachsten ist die Lösung im stationären Zustand: $i_p = \dfrac{U_0}{R}$.
Es wird:

$$i(t) = K \cdot e^{-\frac{R}{L}t} + \frac{U_0}{R}\,.$$

K wird aus der Anfangsbedingung bestimmt:

$$i(0) = \frac{U_0}{R + R_1}$$

$$\frac{U_0}{R + R_1} = K + \frac{U_0}{R} \curvearrowright K = \frac{U_0}{R + R_1} - \frac{U_0}{R}$$

$$\boxed{i(t) = \frac{U_0}{R} - \frac{U_0\,R_1}{R(R + R_1)} \cdot e^{-\frac{R}{L}t}}$$

$$i(t) = \frac{120\,V}{10\,\Omega} - \frac{120\,V \cdot 30}{10 \cdot 40\,\Omega} \cdot e^{-\frac{10}{0,1}s^{-1} \cdot t}$$

$$i(t) = \boxed{12\,A - 9\,A \cdot e^{-100s^{-1}\,t}}\,.$$

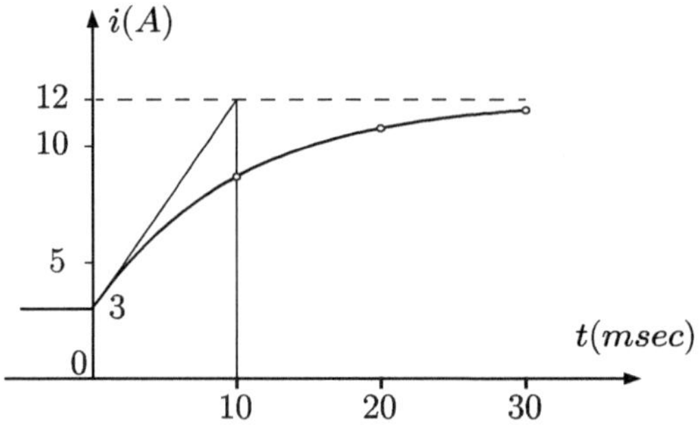

■

■ Beispiel 15.3
Elektromagnetisches Relais

Ein elektromagnetisches Relais besteht aus einer Spule mit dem Widerstand $R = 50\,\Omega$, die im stromdurchflossenen Zustand einen beweglichen Anker anzieht. Im angezogenen (geschlossenen) Zustand beträgt die Induktivität der Spule $L = 1\,H$.
Der Relaisspule ist ein Widerstand $R_p = 200\,\Omega$ parallel geschaltet. Die Schaltung ist an einer Spannungsquelle mit $U_0 = 100\,V$ und dem inneren Widerstand $R_i = 60\,\Omega$ geschaltet (s. Bild).

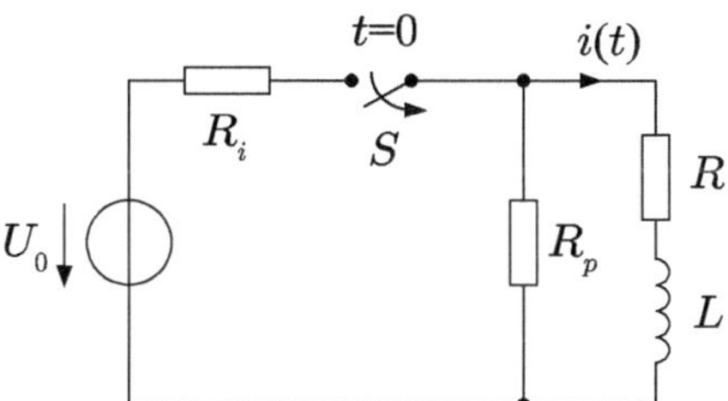

Im Augenblick $t = 0$ wird der Schalter S geöffnet. Es soll bestimmt werden, wie viel Zeit vergeht, bis das Relais öffnet (d.h.: der bewegliche Anker nicht mehr angezogen ist), wenn dazu der Strom durch die Relaisspule unter $I_{Anz} = 0,2\,A$ sinken muss.

Lösung:
Nach Öffnen des Schalters gilt:

$$L\frac{di}{dt} + (R + R_p)i = 0 \curvearrowright i(t) = K \cdot e^{-\frac{t}{\tau}} \quad \text{mit} \quad \tau = \frac{L}{R + R_p}.$$

Die Anfangsbedingung ist (nach der Stromteilerregel):

$$i(0) = \frac{U_0}{R_i + \dfrac{R \cdot R_p}{R + R_p}} \cdot \frac{R_p}{R + R_p} = \frac{U_0 R_p}{R_i(R + R_p) + R \cdot R_p}$$

$$i(0) = \frac{U_0}{R + R_i + \dfrac{R_i R}{R_p}}$$

$$i(t) = \frac{U_0}{R + R_i + \dfrac{R_i R}{R_p}} \cdot e^{-\frac{t}{\tau}}; \quad \tau = \frac{1\,H}{250\,\Omega} = 4\,ms$$

$$i(t) = \frac{100\,V}{\left(50 + 60 + \dfrac{60 \cdot 50}{200}\right)\Omega} \cdot e^{-\frac{t}{4\,ms}} = 0,8\,A \cdot e^{-\frac{t}{4\,ms}}$$

Jetzt setzt man $i = I_{Anz}$ ein:

$$0,2\,A = 0,8\,A \cdot e^{-\frac{t}{4\,ms}} \qquad \text{oder} \qquad e^{-\frac{t}{4\,ms}} = 0,25$$

Beide Seiten werden logarithmiert:

$$\ln e^{-\frac{t}{4\,ms}} = \ln 0,25$$

$$-\frac{t}{4\,ms} = -1,386$$

$$\boxed{t = 5,54\,ms}.$$

■

■ Beispiel 15.4
Überspannung an einer Induktivität

Beim plötzlichen Unterbrechen einer R-L-Reihenschaltung kann der Strom nicht plötzlich Null werden.
In der Praxis erscheint zwischen den Klemmen des Schalters ein Funke (Bogen), der für kurze Zeit den Strom weiter erhält. Ein parallel zu dem Schalter geschalteter Widerstand R_a reduziert die Spannung am Schalter bei $t = 0$, doch er verursacht nachher Verluste, denn die Induktivität L und die Widerstände R_a und R bleiben weiter stromdurchflossen.

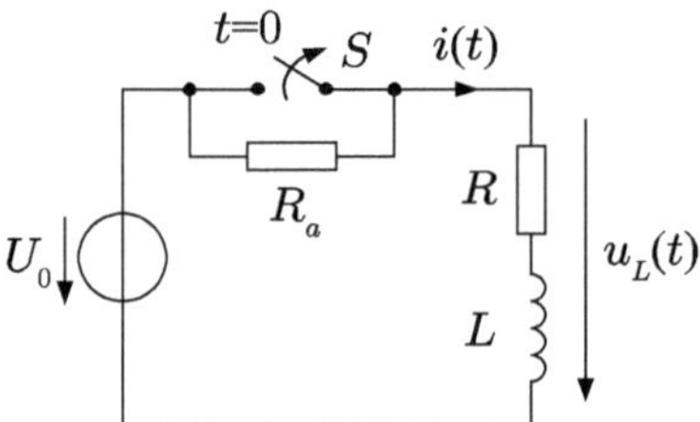

Der zeitliche Verlauf der Spannung $u_L(t)$ an der Spule soll bestimmt werden.

Lösung:

Der Strom $i(t)$ bei $t > 0$ ergibt sich aus der Differentialgleichung:

$$L\frac{di}{dt} + (R + R_a)i = U_0$$

mit der Anfangsbedingung: $i(0) = \dfrac{U_0}{R}$ *und ist:*

$$i(t) = \frac{U_0}{R+R_a} + \left(\frac{U_0}{R} - \frac{U_0}{R+R_a}\right) \cdot e^{-\frac{R+R_a}{L}\cdot t}; \qquad t > 0$$

Die Spannung an der Spule ist:

$$u_L = L\frac{di}{dt} + R\,i = U_0 - R_a \cdot i$$

$$(Maschengleichung: \quad U_0 = R_a \cdot i + u_L)$$

$$\frac{u_L(t)}{U_0} = 1 - \left[\frac{R_a}{R+R_a} + \left(\frac{R_a}{R} - \frac{R_a}{R+R_a}\right) \cdot e^{-\frac{R+R_a}{L} \cdot t}\right]$$

$$\frac{u_L(t)}{U_0} = \frac{R}{R+R_a} - \frac{R_a^2}{R(R+R_a)} \cdot e^{-\frac{t}{\tau}} = \frac{R}{R+R_a}\left[1 - \left(\frac{R_a}{R}\right)^2 \cdot e^{-\frac{t}{\tau}}\right]$$

mit $\tau = \dfrac{L}{R+R_a}$.

$$\boxed{\frac{u_L(t)}{U_0} = \frac{1}{1+\dfrac{R_a}{R}}\left[1 - \left(\frac{R_a}{R}\right)^2 \cdot e^{-\frac{t}{\tau}}\right].}$$

Bei $t = 0$:

$$\left|\frac{u_L(0)}{U_0}\right| = \left|1 - \frac{R_a}{R}\right|$$

mit der Formel: $a^2 - b^2 = (a+b)(a-b)$ *mit* $a = 1$ *und* $b = \dfrac{R_a}{R}$. *Als Beispiel für den zeitlichen Verlauf der relativen Spannung an der Spule* $(\dfrac{u_L}{U_0})$ *soll ein Verhältnis* $\dfrac{R_a}{R} = 2$ *betrachtet werden. Bei* $t = 0$ *ergibt sich* $\dfrac{u_L}{U_0} = -1$, *d.h. die Spannung an der Spule ist gleich der Erregerspannung* U_0, *aber entgegen gerichtet. Der Nullpunkt ergibt sich als:*

$$1 - \left(\frac{R_a}{R}\right)^2 \cdot e^{-\frac{t}{\tau}} = 0 \quad \curvearrowright \quad 1 - 4 \cdot e^{-\frac{t}{\tau}} = 0$$

$$e^{-\frac{t}{\tau}} = \frac{1}{4} \quad \curvearrowright \quad -\frac{t}{\tau} = \ln\frac{1}{4} \quad \curvearrowright \quad \frac{t}{\tau} = 1{,}386\,.$$

Ähnlich kann man mehrere Punkte bestimmen und daraus den dargestellten Verlauf.

In der Praxis muss der Entwicklungsingenieur entscheiden, ob die Vorteile, die der Widerstand R_a *bringt (Reduzierung der Überspannung an der Induktivität und am Schalter), den Nachteil der ständig im Stromkreis entstehenden Verluste aufwiegen.*

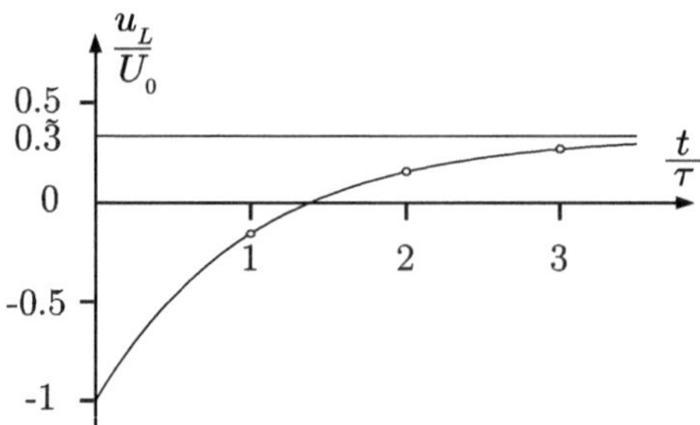

■

■ Aufgabe 15.1

Begrenzung der Überspannung an einer verlustbehafteten Spule durch Parallelschaltung eines Widerstandes

Zur Begrenzung der Überspannung an den Klemmen einer Spule bei plötzlicher Unterbrechung des Stromes, kann man parallel zur Spule einen Widerstand R_p schalten, wie bereits mit dem ersten Beispiel anschaulich gemacht wurde. Wenn man den elektrischen Bogen zwischen den Kontakten des Schalters nicht berücksichtigt (das ist die ungünstigste Annahme), wie variiert die Spannung an der Spule?

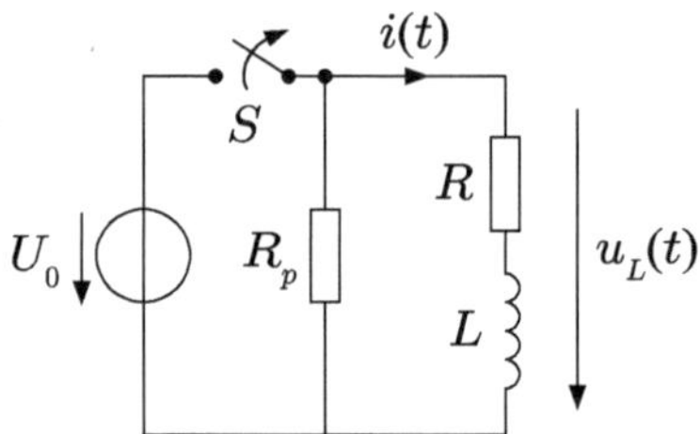

■

■ Beispiel 15.5

Ausführliche Untersuchung einer R-L-Schaltung mit drei Zweigen

In der folgenden Schaltung mit drei Zweigen und einer Induktivität L wird im Zeitpunkt $t = 0$ die Gleichspannung U eingeschaltet. Gesucht sind die Zeitfunktionen $i_L(t)$ und $i_2(t)$. Damit kann man alle anderen Größen der Schaltung berechnen: $i = i_2 + i_L$, $u_1 = R_1 i$, $u_2 = R_2 i_2$.

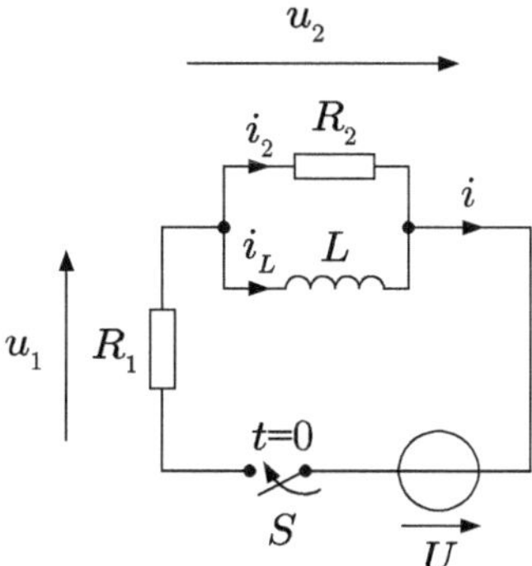

Lösung:

Die Schaltung hat zwei Knoten und zwei unabhängige Maschen. Die Gleichungen der Zweigstrom-Analyse lauten:

$$\begin{aligned} &\textit{Knotengleichung:} && i = i_2 + i_L \\ &\textit{Masche über } R_1 \textit{ und } L: && R_1 i + L\frac{di_L}{dt} = U \\ &\textit{Masche über } R_2 \textit{ und } L: && R_2 i_2 - L\frac{di_L}{dt}\,. \end{aligned}$$

Der Strom i_2 kann aus der letzten Gleichung eliminiert werden:

$$i_2 = \frac{L}{R_2}\cdot\frac{di_L}{dt}\,.$$

Man erreicht eine Gleichung für den Strom i_L:

$$R_1\cdot\frac{L}{R_2}\cdot\frac{di_L}{dt} + R_1\cdot i_L + L\cdot\frac{di_L}{dt} = U$$

$$\frac{di_L}{dt}L\left(1+\frac{R_1}{R_2}\right) + R_1 i_L = U\,.$$

Die homogene Gleichung ist:

$$\frac{di_{L_h}}{dt}L\frac{R_1+R_2}{R_1R_2} + i_{L_h} = 0$$

$$\frac{di_{L_h}}{dt} + \frac{R_1R_2}{R_1+R_2}\cdot\frac{1}{L}i_{L_h} = 0$$

mit der Lösung:

$$i_{L_h} = K\cdot e^{-\frac{t}{\tau}} \text{ mit } \tau = \frac{L}{R_\|}\ ;\ R_\| = \frac{R_1R_2}{R_1+R_2}\,.$$

Die partikuläre Lösung der vollständigen DGL ist der Strom durch die Induktivität im eingeschwungenen Zustand:

$$i_{L_p} = \frac{U}{R_1},$$

da die Induktivität bei Gleichstrom wie ein Kurzschluss wirkt.

$$i_L(t) = i_{L_h} + i_{L_p} = K \cdot e^{-\frac{t}{\tau}} + \frac{U}{R_1}.$$

Die Konstante K ergibt die Anfangsbedingung: Der Strom durch eine Induktivität kann sich nicht sprunghaft ändern.

$$i_L(0) = 0$$

$$i_L(0) = K + \frac{U}{R_1} = 0 \quad \Rightarrow \quad K = -\frac{U}{R_1}$$

$$\boxed{i_L(t) = \frac{U}{R_1}\left(1 - e^{-\frac{t}{\tau}}\right)} \text{ mit } \tau = \frac{L}{R_1 R_2}(R_1 + R_2).$$

Der Strom i_2 wird damit:

$$i_2 = \frac{L}{R_2} \cdot \frac{di_L}{dt} = \frac{L}{R_2} \cdot \frac{U}{R_1} \cdot \frac{R_1 R_2}{R_1 + R_2} \cdot \frac{1}{L} \cdot e^{-\frac{t}{\tau}}$$

$$\boxed{i_2 = \frac{U}{R_1 + R_2} \cdot e^{-\frac{t}{\tau}}}.$$

Bemerkungen und Diskussion

- *Die Anfangsbedingung $i(0 - \varepsilon) = i(0 + \varepsilon)$ gilt nur in der Induktivität! (ε ist eine kleine Zeitspanne)*
- *Hier hätte man die gesamte Schaltung bis auf die Induktivität L durch eine Ersatzspannungsquelle ersetzen können:*

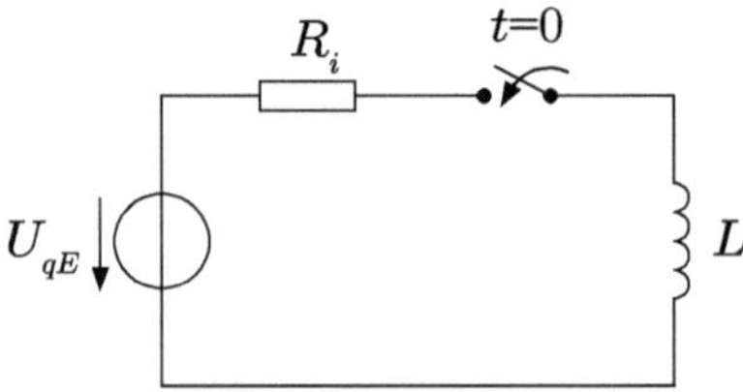

Die Quellenspannung U_{q_E} ist:

$$U_{q_E} = U \frac{R_2}{R_1 + R_2}$$

und der Innenwiderstand ist:

$$R_i = \frac{R_1 R_2}{R_1 + R_2} .$$

Damit hätte man direkt die Gleichung für i_L schreiben können:

$$L \frac{di_L}{dt} + \frac{R_1 R_2}{R_1 + R_2} i_L = U \frac{R_2}{R_1 + R_2} .$$

Achtung! Das kann man nur bei Zweipolen machen, die ausschließlich aus ohmschen Widerständen bestehen, also keine Energiespeicher L oder C beinhalten, die Ausgleichsvorgänge hervorrufen würden. Für das Ausschalten (Schalter wieder geöffnet) gilt die Ersatzschaltung mit U_{q_E} und R_i nicht mehr, da bei Öffnen des Schalters die Induktivität L nicht tatsächlich abgetrennt wird.

- *Man hätte die Lösung der DGL direkt schreiben können, als*

$$i_L = \frac{U}{R_1} \left(1 - e^{-\dfrac{t}{\tau}} \right) ,$$

wenn man in die Zeitkonstante $\tau = L/R$ den Innenwiderstand der Schaltung, von L aus gesehen, eingesetzt hätte: $R = R_1 \| R_2$.

- *Um verschiedene Ströme und Spannungen grafisch darzustellen, bemerkt man Folgendes: Der Zeitverlauf ist entweder abfallend, gemäß*

$$e^{-\dfrac{t}{\tau}}$$

oder ansteigend, gemäß

$$\left(1 - e^{-\dfrac{t}{\tau}} \right) .$$

Man braucht also, außer der Zeitkonstante τ, nur den Anfangs- und Endwert zu kennen, um qualitative Verläufe zu skizzieren. Bei dem hier untersuchten Einschaltvorgang sind folgende Werte für die graphische Darstellung notwendig:

	i_L	i_2	i	u_1	$u_2 = u_L$
$t = 0$	0	$\frac{U}{R_1 + R_2}$	$\frac{U}{R_1 + R_2}$	$U\frac{R_1}{R_1 + R_2}$	$U\frac{R_2}{R_1 + R_2}$
$t = \infty$	$\frac{U}{R_1}$	0	$\frac{U}{R_1}$	U	0

Erläuterungen:

- *Die Ströme i und i_2 durch die Widerstände R_1 und R_2 waren vor dem Schließen des Schalters ($t = 0 - \varepsilon$) gleich Null, doch sie springen im Augenblick $t = (0 + \varepsilon)$ auf den Wert $\frac{U}{R_1 + R_2}$.*
  Nur der Strom i_L kann sich nicht sprunghaft ändern und bleibt auch bei $t = (0 + \varepsilon)$ gleich Null.

- *Die Spannungen u_1 und u_2 sind somit, nach dem Ohmschen Gesetz, bei $t = (0 + \varepsilon)$: $R_1 \cdot i$, bzw. $R_2 \cdot i$.*

- *Nach einiger Zeit, im stationären Zustand, wirkt L wie ein Kurzschluss, und somit gilt $u_2 = 0$, dagegen $u_1 = U$.*

Somit ergeben sich für die 3 Ströme und 3 Spannungen die folgenden qualitativen Zeitverläufe:

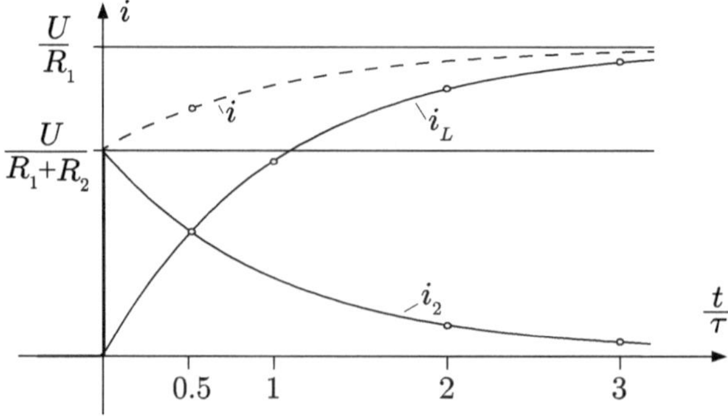

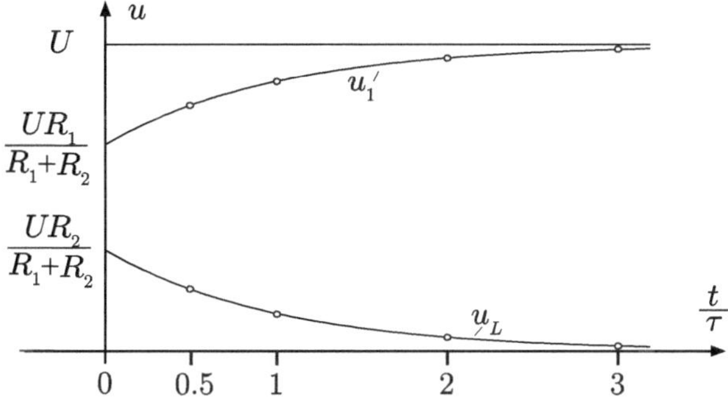

■

15.4.4. Schaltvorgänge in Kondensatorschaltungen

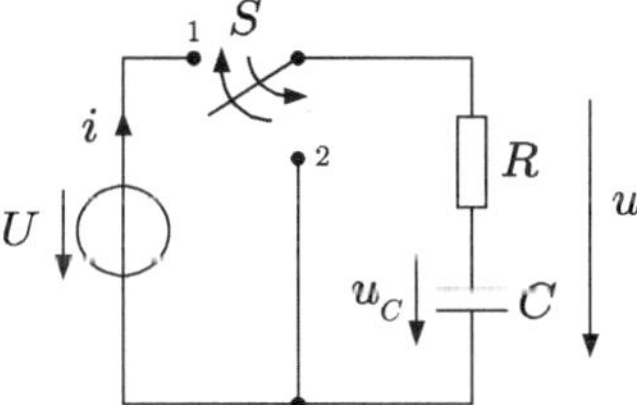

Abbildung 15.5.: Einschalten und Ausschalten eines R-C-Stromkreises

In einem Stromkreis bestehend aus der Reihenschaltung eines (ungeladenen) Kondensators C und eines Widerstandes R wird bei $t = 0$ die Gleichspannung U eingeschaltet (Abb. 15.5, Stellung 1).
Es sollen die Übergangserscheinungen für den Strom i und der Kondensatorspannung u_C betrachtet werden.

Einschalten
Kondensatorspannung

Die Maschengleichung lautet:

$$U = Ri + u_C \,.$$

Mit:

$$i = \frac{dq}{dt} = C\frac{du_C}{dt}$$

ergibt sich die inhomogene Differentialgleichung 1. Ordnung mit konstanten Koeffizienten:

$$RC\frac{du_C}{dt} + u_C = U \quad (t > 0)\,. \tag{15.17}$$

Die homogene DGL hat eine Lösung der Form

$$u_{Ch} = K \cdot e^{-\dfrac{t}{\tau}}$$

wo τ sich als Verhältnis des Koeffizienten der Ableitung (RC) und dem Koeffizienten der Variablen (1) ergibt:

$$\boxed{\tau = RC}\,. \tag{15.18}$$

Die Zeitkonstante ist hier RC, die Einheit:

$$[\tau] = [R][C] = [U] \cdot [I]^{-1}[Q] \cdot [U]^{-1} = A^{-1} \cdot A \cdot s = s\,.$$

Die partikuläre Lösung der vollständigen Gleichung (15.17) ist der eingeschwungene Zustand, der nach beliebig langer Zeit erreicht wird, also:

$$u_{C_p} = U\,.$$

Die Überlagerung ergibt die Lösung:

$$u_C(t) = K \cdot e^{-\frac{t}{\tau}} + U\,. \tag{15.19}$$

Die Konstante K wird von der Anfangsbedingung bestimmt. Die physikalische Überlegung ist: Vor dem Schalten war der Kondensator ungeladen, also $u_C(0-\varepsilon) = 0$, und die Spannung u_C kann sich nicht sprunghaft ändern, also gilt:

$$u_C(0-\varepsilon) = u_C(0+\varepsilon) = 0$$

$$u_C(0) = K + U = 0 \quad \Rightarrow \quad K = -U\,.$$

Die gesuchte Lösung für die Kondensatorspannung ist:

$$\boxed{u_C(t) = U\left(1 - e^{-\frac{t}{RC}}\right)} \quad t > 0\,. \tag{15.20}$$

Für den Aufladestrom des Kondensators ergibt sich:

$$i = C\frac{du_C}{dt} = \frac{U}{R}e^{-\frac{t}{RC}}\,, \tag{15.21}$$

d.h.: Der Strom springt bei $t = 0$ von Null auf U/R, klingt jedoch anschließend ab. Eine Gleichspannung kann keinen Strom durch einen Kondensator erzeugen, dieser wirkt wie eine Unterbrechung des Stromkreises.

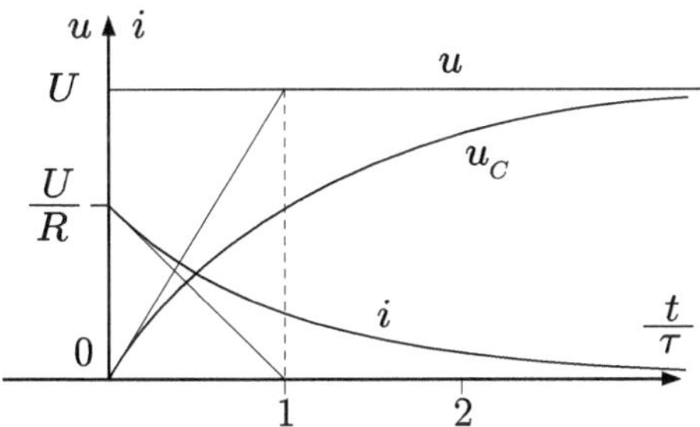

Abbildung 15.6.: Strom und Spannung beim Einschalten des R-C-Kreises

Bemerkung
Wie bei Spulen sind auch bei üblichen Kondensatoren die Zeitkonstanten τ sehr klein. Wird ein großer Kondensator mit $C = 100\,\mu F$ über einen Widerstand $R = 100\,\Omega$ aufgeladen, so wird $\tau = 0,01\,s$. Hier kann man jedoch relativ große Zeitkonstanten erzielen, wenn man sehr große Widerstände wählt. Bei $R = 10\,M\Omega$ wird $\tau = 16,7$ Minuten, wobei der Aufladestrom stark reduziert wird. Große Kondensator-Batterien werden immer über Widerstände aufgeladen, die sie vor zu großen Strömen (U/R) schützen, dabei nimmt man die lange Aufladezeit in Kauf.

Kondensatorstrom

Hätte man die Maschengleichung des Stromkreises mit dem Strom i als Unbekannte geschrieben, so hätte man eine integro-differentiale Gleichung bekommen:

$$U = Ri + \frac{1}{C}\int i\,dt\,,$$

da $u_C = \dfrac{q}{C}$ und $\dfrac{dq}{dt} = i \;\Rightarrow\; q = \int i\,dt$ gilt.
Solche Gleichungen werden abgeleitet, wodurch sich beim konstanten Störglied U eine homogene Gleichung ergibt:

$$0 = R\frac{di}{dt} + \frac{i}{C}$$

mit der Lösung:

$$i = K_I \cdot e^{-\frac{t}{RC}}\,.$$

Die Anfangsbedingung ist wieder $u_C(0) = 0$, wodurch:

$$i(0) = \frac{U}{R}$$

wird. Es ergibt sich erneut die Lösung (15.21).

<u>*Ausschalten*</u> (Stellung 2)

Wird der Schalter bei $t = 0$ umgeschaltet (Bild 15.5, Stellung 2), so gilt für u_C die homogene DGL

$$RC\frac{du_C}{dt} + u_C = 0 \quad t > 0\,. \tag{15.22}$$

Die Lösung ist:

$$u_C(t) = K \cdot e^{-\frac{t}{RC}}$$

aber die Anfangsbedingung eine andere als beim Einschalten.
Die Kondensatorspannung kann sich nach wie vor nicht sprunghaft ändern, also

$$u_C(0) = U\,,$$

sodass die Integrationskonstante K jetzt gleich U ist:

$$u_C(0) = K = U\,.$$

Die Spannung am Kondensator klingt exponentiell ab:

$$\boxed{u_C(t) = U \cdot e^{-\frac{t}{RC}}} \tag{15.23}$$

wie auf Abb. 15.7 dargestellt. Der Strom i ergibt sich aus (15.23) als:

$$i = C\frac{du_C}{dt} = C\left(-\frac{1}{RC}\right) \cdot U \cdot e^{-\frac{t}{RC}} = -\frac{U}{R} \cdot e^{-\frac{t}{RC}}\,. \tag{15.24}$$

Vor dem Ausschalten war der Strom gleich Null, bei $t = 0$ springt er auf $-\frac{U}{R}$, um anschließend abzuklingen (siehe Abb. 15.7).

Kondensatorladung

Bei RC-Reihenschaltungen ist manchmal vorteilhaft, den Schaltvorgang in Abhängigkeit von der Ladung q darzustellen. Daraus kann man den Strom als $i = \frac{dq}{dt}$ durch Differentiation erhalten.
Die Gleichung für die Ladung ist:

$$\frac{q}{C} + R\frac{dq}{dt} = U \quad \Rightarrow \quad \frac{dq}{dt} + \frac{1}{RC}q = \frac{U}{R} \tag{15.25}$$

und die Lösung der homogenen Gleichung:

$$q_h(t) = K \cdot e^{-\frac{t}{\tau}} \quad \text{mit} \quad \tau = RC\,.$$

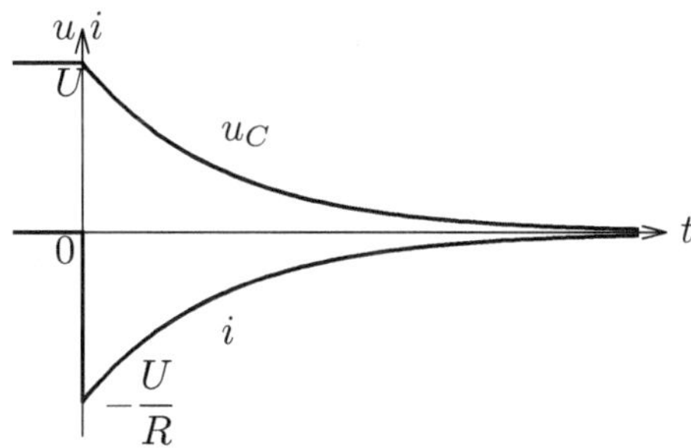

Abbildung 15.7.: Strom und Spannung beim Abschalten des R-C-Kreises

Beim Einschalten der Gleichspannung (der Schalter im Abb. 15.5 wird bei $t = 0$ in Stellung 1 gebracht), war die Ladung Null:

$$q(0) = 0\,,$$

im eingeschwungenen Zustand ist der Kondensator vollständig geladen und

$$q_p = CU\,.$$

Die Lösung für die Ladung ist:

$$q(t) = q_h(t) + q_p = K_q \cdot e^{-\frac{t}{\tau}} + CU$$

mit $K_q = -CU$.

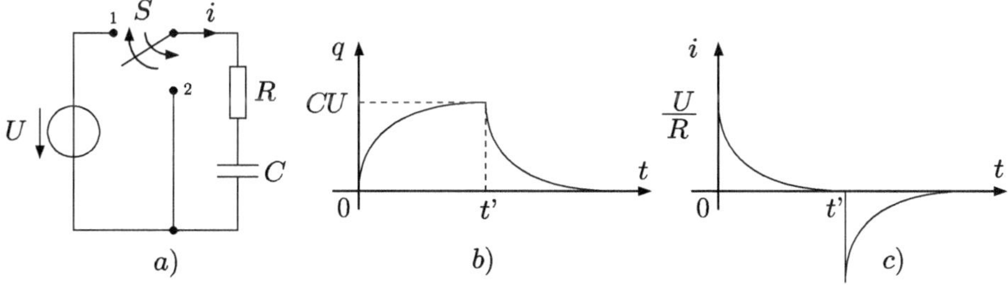

Abbildung 15.8.: Ladung und Strom beim Einschalten und Ausschalten des R-C-Kreises

Somit nimmt die Ladung exponentiell zu:

$$q(t) = CU\left(1 - e^{-\frac{t}{RC}}\right)\,. \tag{15.26}$$

Beim Umschalten des Schalters auf Stellung 2 (Abb. 15.8a) gilt die Lösung der homogenen Gleichung,
mit $K_{qA} = CU$:

$$q(t) = CU \cdot e^{-\frac{t}{RC}} , \tag{15.27}$$

die Ladung klingt exponentiell ab (Abb. 15.8b)
Auf der Abb. 15.8c ist auch der Strom, beim Ein- und Ausschalten, dargestellt. Durch Differentiation von (15.27) ergibt sich beim Einschalten:

$$i(t) = \frac{dq}{dt} = CU \cdot \frac{1}{RC} \cdot e^{-\frac{t}{RC}} = \frac{U}{R} \cdot e^{-\frac{t}{RC}}$$

und durch Differentiation von (15.27) beim Ausschalten (und Kurzschließen, wie auf Abb. 15.8a):

$$i(t) = -CU \cdot \frac{1}{RC} \cdot e^{-\frac{t}{RC}} = -\frac{U}{R} \cdot e^{-\frac{t}{RC}} .$$

Das Verhalten des Stromes war vorhin auf einem anderen Weg festgelegt (Abb. 15.6 und Abb. 15.7).

15.4.5. Beispiele zur Berechnung von Strömen, Spannungen und Ladungen in R-C-Stromkreisen mithilfe von Differentialgleichungen

■ **Beispiel 15.6**
Periodische Umschaltung einer R-C-Schaltung.

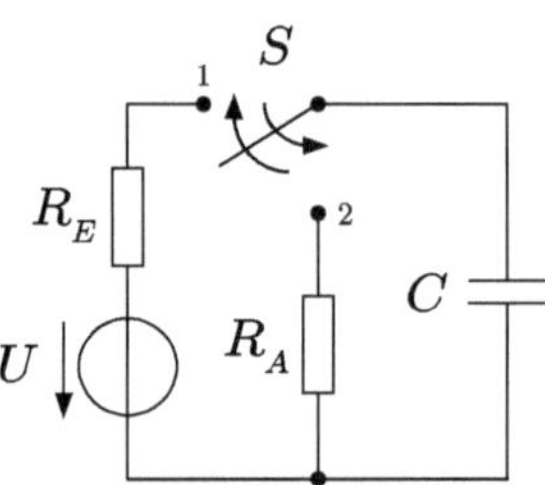

Auf dem Bild ist der Schalter S der Kontaktsatz eines polarisierten Relais, das von Wechselstrom der Frequenz f gesteuert wird. Die Umschaltzeit ist vernachlässigbar.
Gegeben sind: $f = 50\,Hz$, $C = 1\,\mu F$, $R_E = 7\,k\Omega$, $R_A = 2\,k\Omega$.
Gesucht werden:

1. *Der zeitliche Verlauf der Spannung u_C am Kondensator (rechnerisch und graphisch).*

2. *Der zeitliche Verlauf des Kondensatorstromes i_C (rechnerisch und graphisch).*

Lösung:

1. *Der Umschalter bleibt in jeder Stellung eine halbe Periode lang:*

$$\frac{T}{2} = \frac{1}{2f} = \frac{1}{100s^{-1}} = 10\,ms\,.$$

Beim Einschalten (Stellung 1) nimmt die Spannung am Kondensator nach der Formel (15.20) zu:

$$u_C(t) = U\left(1 - e^{-\frac{t}{R_E C}}\right)\,.$$

Die Zeitkonstante ist

$$\tau_E = R_E \cdot C = 7\,k\Omega \cdot 1\,\mu F = 7\,ms\,.$$

Die 10 ms reichen nicht aus, damit der eingeschwungene Zustand erreicht wird. Die Kondensatorspannung ist im Augenblick des Umschaltens:

$$u_C(10\,ms) = U_{C_E} = U\left(1 - e^{-\frac{10\,ms}{7\,ms}}\right) \approx 0,76\,U\,.$$

Der Ausschaltvorgang erfolgt nach der Formel (15.23), wobei der Anfangswert nicht U, sondern U_{C_E} ist:

$$u_C = U_{C_E} \cdot e^{-\frac{t}{R_A C}}$$

mit $\tau_A = R_A \cdot C = 2\,k\Omega \cdot 1\,\mu F = 2\,ms$. Nach 10 ms bleibt die Spannung

$$u_C(10\,ms) = 0,76 \cdot U \cdot e^{-\frac{10\,ms}{2\,ms}} = 0,005U \approx 0\,.$$

Der Ausschaltvorgang ist praktisch vollständig, so dass für das nächste Einschalten die Anfangsbedingung $u_C(0) \approx 0$ gilt.
Da U nicht vorgegeben ist, werden die Gleichungen normiert:

$$\text{Einschalten:} \quad \frac{u_C}{U} = 1 - e^{-\frac{t}{\tau_E}}$$

$$\text{Ausschalten:} \quad \frac{u_C}{U} \approx 0,76 \cdot e^{-\frac{t}{\tau_A}}$$

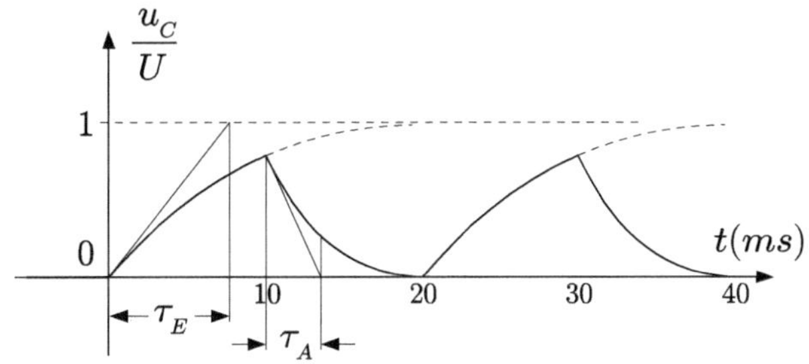

2. *Beim Einschalten springt der Kondensatorstrom auf den Wert* $\dfrac{U}{R_E}$, *um anschließend nach der Gleichung (15.21) abzunehmen:*

$$i_C = \frac{U}{R_E} \cdot e^{-\frac{t}{\tau_E}} \quad \text{mit} \quad \tau_E = R_E \cdot C = 7\,ms\,.$$

Innerhalb von $10\,ms$ *wird nicht der eingeschwungene Zustand erreicht* $(i_C \approx 0)$, *sondern der letzte Wert ist:*

$$i_C(t = 10\,ms) = \frac{U}{R_E} \cdot e^{-\frac{10}{7}} \approx \frac{U}{R_E} \cdot 0,24 = I_{C_0} \cdot 0,24\,.$$

Der Ausschaltvorgang fängt also nicht bei Null an, sondern bei dem obigen Stromwert. Nach (15.24) springt der Strom auf den Wert:

$$i_C = -\frac{0,76 \cdot U}{R_A} = -\frac{0,76}{R_A} \cdot R_E \cdot I_{C_0} = -2,\tilde{6} \cdot I_{C_0}.$$

Die normierten Gleichungen für den Strom sind:

$$\text{Einschalten:} \qquad \frac{i_C}{I_{C_0}} = e^{-\dfrac{t}{\tau_E}}$$

$$\text{Ausschalten:} \qquad \frac{i_C}{I_{C_0}} = -2,\tilde{6} \cdot e^{-\dfrac{t}{\tau_A}}$$

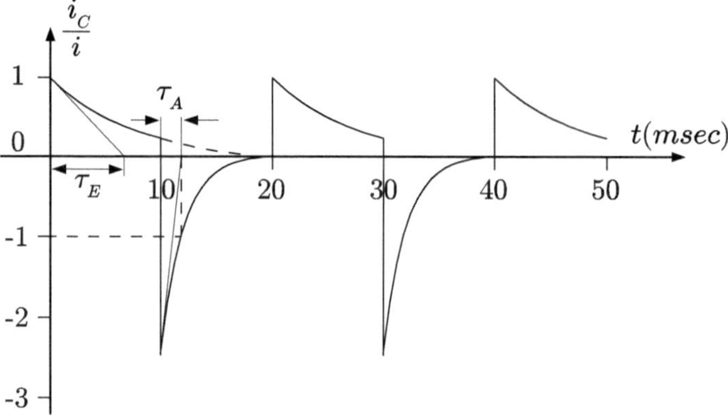

■

■ Beispiel 15.7

Aufladen eines Kondensators, der bereits eine Ladung trägt.

Der dargestellte Stromkreis arbeitet im stationären Zustand mit geschlossenem Schalter S.
Gesucht ist der zeitliche Verlauf der Kondensatorspannung $u_C(t)$ nach dem plötzlichen Öffnen des Schalters.
Gegeben sind R_1, R_2, U_{q1}, U_{q2}, C.

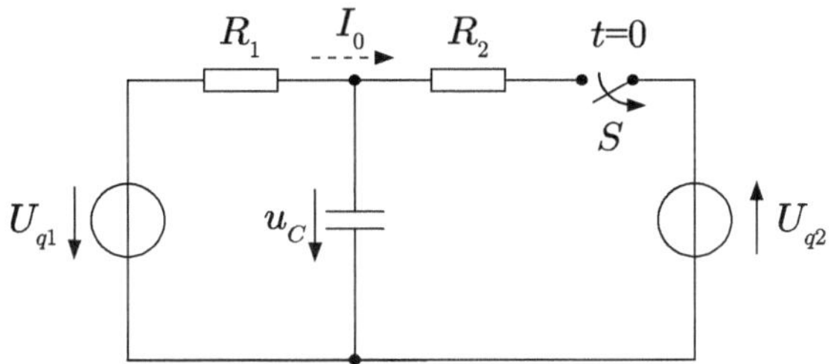

Lösung:

Nach dem Öffnen arbeitet der Stromkreis als R-C-Reihenschaltung mit der Maschengleichung.

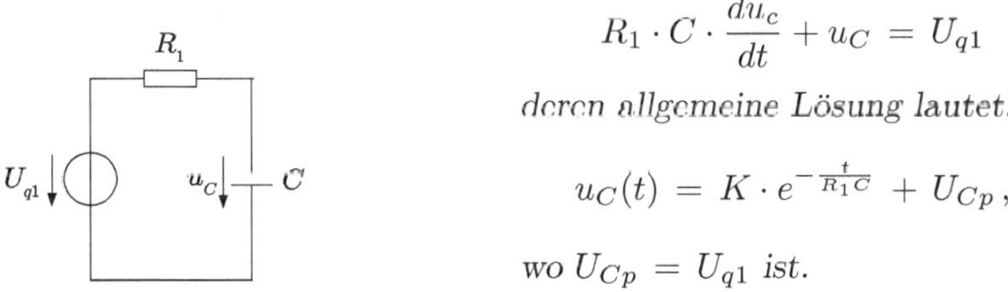

$$R_1 \cdot C \cdot \frac{du_c}{dt} + u_C = U_{q1}$$

deren allgemeine Lösung lautet:

$$u_C(t) = K \cdot e^{-\frac{t}{R_1 C}} + U_{Cp},$$

wo $U_{Cp} = U_{q1}$ ist.

Für die Anfangsbedingung betrachtet man den gesamten Stromkreis bei geschlossenem Schalter S ($t = 0 - \varepsilon$). Es fließt ein Strom $I_0 = \dfrac{U_{q1} + U_{q2}}{R_1 + R_2}$ und die Spannung am Kondensator ergibt sich aus der Maschengleichung auf der linken Masche:

$$u_C(0) = U_{q1} - R_1 I_0 = U_{q1} - R_1 \frac{U_{q1} + U_{q2}}{R_1 + R_2}$$

In die obere Lösung eingesetzt:

$$u_C(0) = K + U_{q1} = U_{q1} - R_1 \frac{U_{q1} + U_{q2}}{R_1 + R_2}$$

$$K = -R_1 \frac{U_{q1} + U_{q2}}{R_1 + R_2}$$

somit ist:

$$u_C(t) = U_{q1} - \frac{R_1}{R_1 + R_2}(U_{q1} + U_{q2}) \cdot e^{-\frac{t}{R_1 C}}.$$

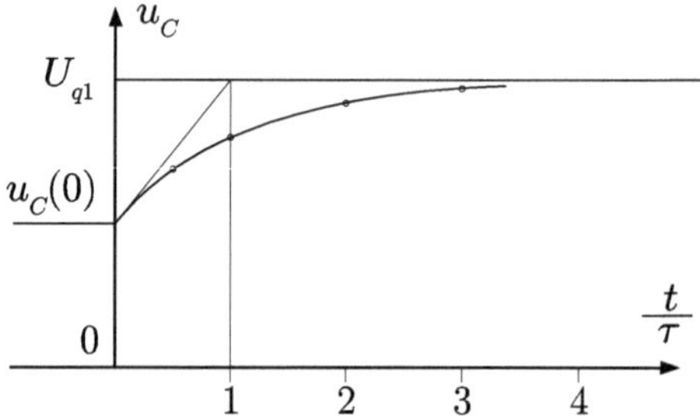

■

■ Beispiel 15.8
R-*C*-Schaltung mit 3 Zweigen

In der folgenden Schaltung wird der Widerstand R_4 plötzlich kurzgeschlossen. Bekannt sind:
$R_1 = 5\,\Omega$, $R_2 = R_3 = 10\,\Omega$, $R_4 = 15\,\Omega$, $C = 100\,\mu F$, $U_0 = 60\,V$.
Gesucht werden: Die Spannung $u_C(t)$ am Kondensator und die drei Ströme $i_1(t)$, $i_2(t)$ und $i_3(t)$ bei $t \geq 0$.

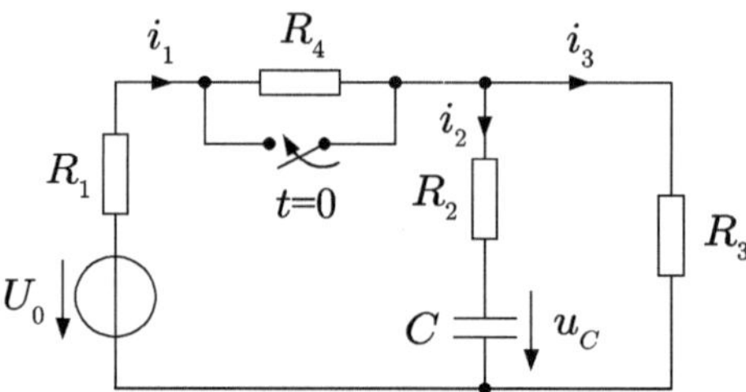

Lösung:
Die Anfangsbedingung liefert der Kondensator: $u_C(0-\varepsilon) = u_C(0+\varepsilon)$. Die Schaltung hat 3 Zweige, sodass man 3 Gleichungen schreiben muss (eine Knotengleichung und zwei Maschengleichungen).

$$i_1 = i_2 + i_3 \tag{15.28}$$

$$R_1 i_1 + R_2 C \frac{du_C}{dt} + u_C = U_0 \tag{15.29}$$

$$R_1 i_1 + R_3 i_3 = U_0 \tag{15.30}$$

Am besten gleich mit Zahlen! Aus (15.29) und (15.30) folgt:

$$5\,\Omega \cdot i_1 + 10\,\Omega \cdot 10^{-4}\frac{As}{V} \cdot \frac{du_C}{dt} + u_C = 60\,V \tag{15.31}$$

$$5\,\Omega \cdot i_1 + 10\,\Omega \cdot i_3 = 60\,V. \tag{15.32}$$

Jetzt müssen die Ströme aus diesem Gleichungssystem eliminiert werden, um die DGL für $u_C(t)$ zu erhalten.
Aus (15.32) folgt $i_3 = -0,5\,i_1 + 6\,A$. Wenn man diese Gleichung und die Strom-Spannung-Beziehung an den Kondensatorklemmen: $i_2 = C\dfrac{du_C}{dt}$ in die Knotengleichung (15.28) einsetzt, bekommt man

$$i_1 = C\frac{du_C}{dt} - 0,5\,i_1 + 6\,A$$

$$1,5\,i_1 = C\frac{du_C}{dt} + 6\,A \curvearrowright i_1 = \frac{1}{1,5}10^{-4}\frac{du_C}{dt} + 4\,A\,.$$

i_1 kann jetzt aus der Gl. (15.31) eliminiert werden. So bekommt man die DGL für u_C:

$$\frac{du_C}{dt} + 750\,u_C - 30000\frac{V}{s}\,.$$

Mit dem Ansatz:

$$u_C = K \cdot e^{-\frac{t}{\tau}} + U_p$$

bekommt man

$$\boxed{\tau = \frac{1}{750}\,s}\,.$$

Die partikuläre Lösung folgt aus dem stationären Zustand:

$$U_p = R_3\,I_3 = R_3\frac{U_0}{R_1 + R_3} = 40\,V\,.$$

Die Konstante K bestimmt man aus der Anfangsbedingung. Vor dem Schließen des Schalters ist $i_2(0) = 0$ und so ist die Kondensatorspannung gleich der Spannung an dem Widerstand R_3: $u_C(0) = R_3 \cdot i_3(0)$. Diese kann mithilfe der Spannungsteilerregel bestimmt werden und so bekommt man:

$$u_C(0) = R_3 \cdot \frac{U_0}{R_1 + R_4 + R_3} = 10\,\Omega \cdot \frac{60V}{30\,\Omega}$$

$$u_C(0) = 20\,V\,.$$

Aus dem Lösungsansatz und der partikulären Lösung folgt:

$$u_C(0) = K + 40\,V = 20\,V \curvearrowright K = -20\,V$$

$$\boxed{u_C = -20\,V \cdot e^{-\frac{t}{\tau}} + 40\,V}\,.$$

Jetzt ergibt sich $i_1(t)$ als:

$$\boxed{i_1(t) = 4\,A + 1\,A \cdot e^{-750\,t}}\,.$$

Es folgt:

$$i_3 = -0,5\,i_1 + 6\,A = \boxed{4\,A - 0,5\,A \cdot e^{-750\,t}}$$

$$i_2 = i_1 - i_3 = \boxed{1,5\,A \cdot e^{-750\,t}}$$

oder: $i_2 = C\dfrac{du_C}{dt} = 10^{-4} \cdot 20 \cdot 750 \cdot e^{-750\,t} = 1,5\,A \cdot e^{-750\,t}$
Probe: $i_2 + i_3 = 4\,A + 1\,A \cdot e^{-750\,t}$.

■

■ Aufgabe 15.2

R - C - Reihenschaltung an zwei unterschiedlichen Spannungsquellen

Gegeben ist die Schaltung auf dem Bild links, mit: $U_1 = 50\,V$, $U_2 = 20\,V$, $R = 100\,\Omega$, $C = 50\,\mu F$.

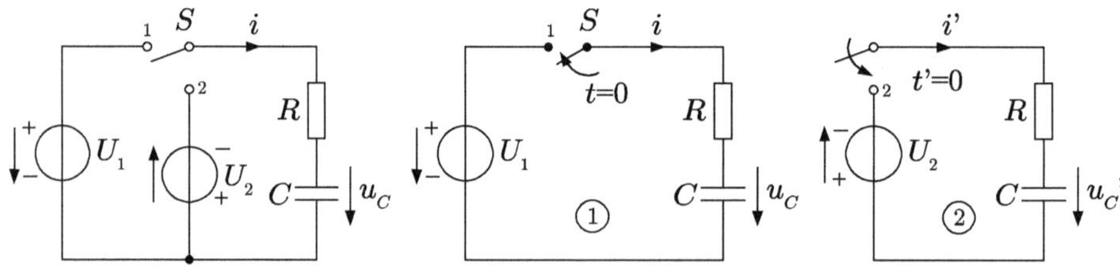

Die positiven Zählrichtungen für den Strom und die Kondensatorspannung gelten für beide Stellungen des Schalters S.
Bei $t = 0$ wird der Schalter S in die Stellung 1 gebracht (Bild 1, Mitte).
Gesucht sind:

1. *Die Differentialgleichung für die Spannung $u_C(t)$.*
2. *$u_C(0)$ und u_{Cp} im stationären Zustand.*

3. *Die Spannung am Kondensator* $u_C(t)$ *mit Zahlenwerten.*

4. *Der Strom* $i(t)$ *mit Zahlenwerten.*

Bei $t = \tau$ *wird der Schalter* S *in die Stellung 2 gebracht. Jetzt soll die Spannung* $u_C(\tau)$ *bestimmt werden.*

In der Stellung 2 gilt die Schaltung auf dem Bild 2 (rechts). Zur Vereinfachung kann man den Zeitpunkt der Umschaltung von 1 auf 2: $t' = 0$ *nennen (es ist eigentlich* $t = \tau$*). Damit zählt man die Zeit* t' *von dem Zeitpunkt des Umschaltens aus.*

5. *Wie groß ist die Spannung* $u'_C(0)$ *im Augenblick* $t' = 0$ *des Umschaltens von Stellung 1 auf Stellung 2?*

6. *Wie groß ist* u'_{cp}*, die Spannung am Kondensator nach langer Zeit?*

7. *Die Spannung* $u'_C(t')$ *bei* $t' \geq 0$*?*

8. *In welchem Zeitpunkt* t' *wird* $u'_C(t') = 0$*?*

■

15.5. Stromkreise mit einem Energiespeicher bei Wechselspannung

Das Störglied (die rechte Seite der DGL) ist jetzt nicht mehr eine Konstante, sondern eine Sinus- oder Cosinusfunktion.
Die Lösung der homogenen Gleichung ist dieselbe wie bei der Gleichspannung; die partikuläre Lösung der vollständigen Gleichung wird jetzt eine Sinusfunktion, die mit der komplexen Rechenmethode bestimmt werden kann.

15.5.1. Verlustbehaftete Induktivität

Bekannt sind jetzt: R, L, $u(t) = U\sqrt{2}\sin(\omega t + \varphi_u)$.
In die Gleichung (15.9), Abschn. 15.4.1, ist lediglich anstelle von U die zeitabhängige Spannung $u(t)$ zu setzen:

$$L\frac{di}{dt} + Ri = U\sqrt{2}\sin(\omega t + \varphi_u)\,. \tag{15.33}$$

Hier ist φ_u die Schaltphase, d.h.: im Schaltaugenblick ist die Spannung $U\sqrt{2}\sin\varphi_u$.

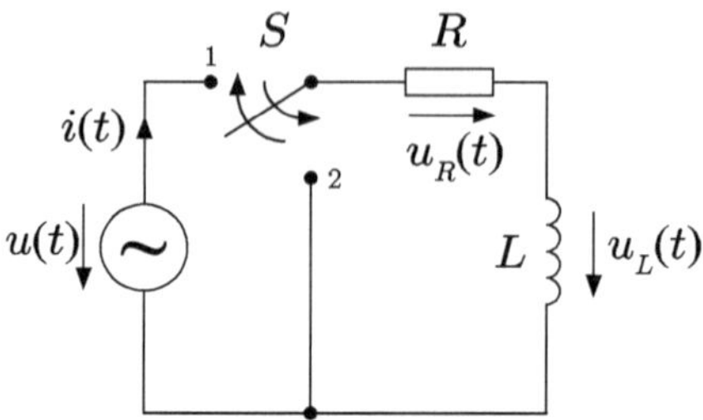

Abbildung 15.9.: Ein- und Abschalten einer Wechselspannung an einem R-L-Reihenkreis.

Die Lösung der homogenen DGL.:

$$\frac{di_h}{dt} + \frac{R}{L} i_h = 0$$

ist wieder die Exponentialfunktion:

$$i_h(t) = K \cdot e^{-\frac{R}{L}t} .$$

Die partikuläre Lösung ist der eingschwungene Strom, den man komplex ermitteln kann:

$$\underline{I} = \frac{\underline{U}}{\underline{Z}} = \frac{U \cdot e^{j\varphi_u}}{Z \cdot e^{j\varphi}} \quad \text{mit} \quad Z = \sqrt{R^2 + (\omega L)^2}, \quad \varphi = \arctan \frac{\omega L}{R} .$$

Zurück zum Zeitbereich:

$$i_p(t) = \frac{U\sqrt{2}}{\sqrt{R^2 + (\omega L)^2}} \sin(\omega t + \varphi_u - \varphi) \quad \text{mit} \quad \varphi_u - \varphi = \varphi_i .$$

Die Gesamtlösung wird:

$$i(t) = i_h(t) + i_p(t) = K \cdot e^{-\dfrac{t}{\tau}} + \frac{U\sqrt{2}}{\sqrt{R^2 + (\omega L)^2}} \sin(\omega t + \varphi_u - \varphi) . \qquad (15.34)$$

Die Konstante K ergibt sich aus der Anfangsbedingung:

$$i(0) = 0$$

$$K + \frac{U\sqrt{2}}{\sqrt{R^2 + (\omega L)^2}} \sin \varphi_i = 0$$

$$i(t) = \frac{U\sqrt{2}}{\sqrt{R^2 + (\omega L)^2}} \left[\sin(\omega t + \varphi_i) - \sin \varphi_i \cdot e^{-\dfrac{t}{\tau}} \right] . \qquad (15.35)$$

Der Strom besteht aus einem abklingenden und einem schwingenden Teil (Abb. 15.10). Bei $t = 0$ ist $i = 0$.
Die Spannung an der Induktivität ist:

$$u_L = L\frac{di}{dt} = \frac{LU\sqrt{2}}{\sqrt{R^2 + (\omega L)^2}} \left[\omega \cdot \cos(\omega t + \varphi_i) + \frac{1}{\tau} \cdot \sin\varphi_i \cdot e^{-\frac{t}{\tau}}\right]. \quad (15.36)$$

Beim Abschalten (Schalter im Abb. 15.9 auf 2) nimmt der bei $t = 0$ existierende Strom exponentiell ab.
Der Zeitverlauf ist genau wie beim Ausschalten der Gleichspannung (Abb. 15.7), mit dem Unterschied, dass der Anfangswert von der Schaltphase abhängt (Abb. 15.11).

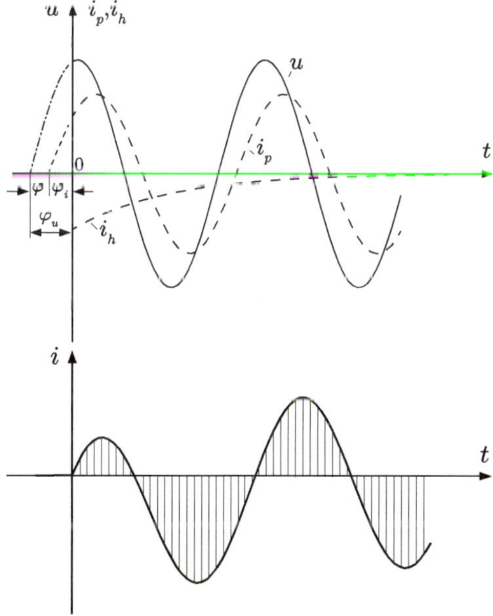

Abbildung 15.10.: Einschaltvorgang einer sinusförmigen Spannung an einem R-L-Reihenkreis.

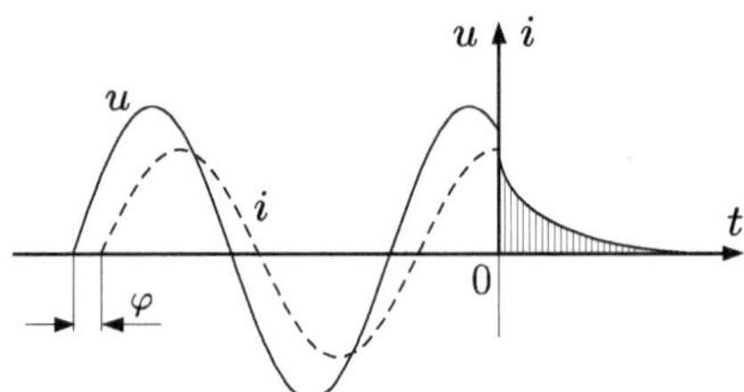

Abbildung 15.11.: Ausschalten einer sinusförmigen Spannung an einem *R*-*L*-Reihenkreis.

15.5.2. Reihenschaltung R-C

Kondensatorspannung

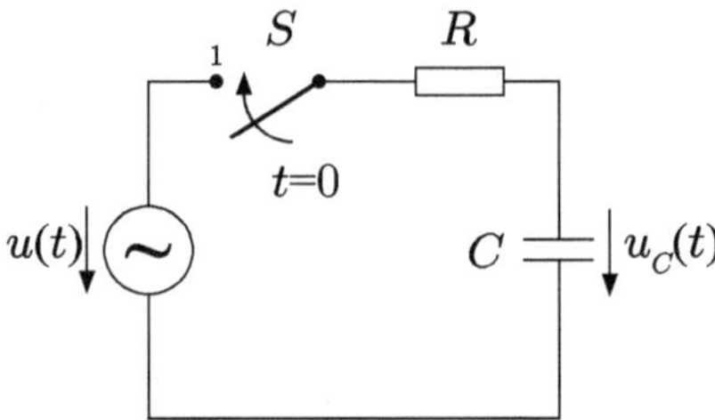

Abbildung 15.12.: Einschalten einer Wechselspannung an einem *R*-*C*-Reihenkreis.

Im Zeitpunkt $t = 0$ wird eine Wechselspannung

$$u = U\sqrt{2}\,\sin(\omega t + \varphi_u)$$

eingeschaltet.

Man betrachtet zunächst die Spannung $u_C(t)$ an die Kapazität, für die die Anfangsbedingung bekannt ist:

$$u_C(0) = 0\,.$$

Die DGL ist die gleiche wie bei der Gleichspannung (Gl. 15.17, Abschn 15.4.4) mit dem Unterschied, dass die rechte Seite jetzt nicht mehr eine Konstante, sondern eine Sinusfunktion ist:

$$RC\frac{du_C}{dt} + u_C = U\sqrt{2}\,\sin(\omega t + \varphi_u)\,. \tag{15.37}$$

Die Lösung der homogenen Gleichung ist, wie in allen Fällen eines einzigen Energiespeichers, eine Exponentialfunktion:

$$u_{C_h}(t) = K_C \cdot e^{-\frac{t}{\tau}} \quad \text{mit} \quad \tau = RC\,.$$

Die partikuläre Lösung der vollständigen Gleichung ist die Spannung am Kondensator im eingeschwungenen Zustand. Diese Lösung kann man in der Gaußschen Ebene, also komplex, bestimmen:

$$\underline{U}_{C_p} = \frac{\underline{Z}_C}{\underline{Z}}\underline{U} = \frac{-\frac{j}{\omega C}}{Z \cdot e^{j\varphi}} \cdot U \cdot e^{j\varphi_u}$$

mit

$$\underline{Z}_C = -\frac{j}{\omega C}\,, \quad \underline{Z} = R - \frac{j}{\omega C} = |\underline{Z}| \cdot e^{j\varphi}\,, \quad \tan\varphi = -\frac{1}{R\omega C}$$

$$|Z| = \sqrt{R^2 + \left(\frac{1}{\omega C}\right)^2}$$

$$\underline{U}_{C_p} = \frac{U}{\omega C \cdot Z} \cdot e^{j(\varphi_u - \varphi - \frac{\pi}{2})} \quad \text{mit} \quad \varphi_u - \varphi = \varphi_i\,.$$

Zurück zum Zeitbereich, ergibt sich die gesuchte partikuläre Lösung als:

$$u_{C_p}(t) = \frac{U\sqrt{2}}{\omega C Z}\sin(\omega t + \varphi_i - \frac{\pi}{2}) = -\frac{U\sqrt{2}}{\omega C Z}\cos(\omega t + \varphi_i)\,.$$

Die Lösung der vollständigen DGL ist somit:

$$u_C(t) = K_C \cdot e^{-\frac{t}{\tau}} - \frac{U\sqrt{2}}{\omega C Z}\cos(\omega t + \varphi_i)\,. \tag{15.38}$$

Die Konstante K_C ergibt sich aus der bekannten Anfangsbedingung:

$$u_C(0) = 0 = K_C - \frac{U\sqrt{2}}{\omega C Z}\cos\varphi_i \quad \Rightarrow \quad K_C = \frac{U\sqrt{2}}{\omega C Z}\cos\varphi_i$$

$$\boxed{u_C(t) = U\sqrt{2}\,\frac{Z_C}{Z}\left[\cos\varphi_i \cdot e^{-\frac{t}{\tau}} - \cos(\omega t + \varphi_i)\right]}\,. \tag{15.39}$$

Auf der Abb. 15.13 oben sind die angelegte Spannung $u(t)$, die Spannung am Kondensator im eingeschwungenen Zustand $u_{C_p}(t)$ und der Kondensatorstrom im eingeschwungenen Zustand $i_p(t)$ dargestellt. Dieser ist, in komplexer Schreibweise:

$$\underline{I}_p = \frac{\underline{U}}{\underline{Z}} = \frac{U \cdot e^{j\varphi_u}}{Z \cdot e^{j\varphi}} = \frac{U}{Z} \cdot e^{j(\varphi_u - \varphi)} = \frac{U}{Z} \cdot e^{j\varphi_i}$$

mit $\varphi = \varphi_u - \varphi_i$. Im Zeitbereich wird:

$$i_p(t) = \frac{U\sqrt{2}}{Z} \cdot \sin(\omega t + \varphi_i)\,. \tag{15.40}$$

Auf der Abb. 15.13 unten sind die Spannungen am Kondensator dargestellt: die sinusförmige Spannung $u_{C_p}(t)$ im eingeschwungenen Zustand, die abklingende Komponente $u_{C_h}(t)$ und ihre Überlagerung, die Spannung $u_C(t)$, die beim Einschalten ($t = 0$) gleich Null ist, doch nach kurzer Zeit in die Lösung des eingeschwungenen Zustandes $u_{C_p}(t)$ übergeht.

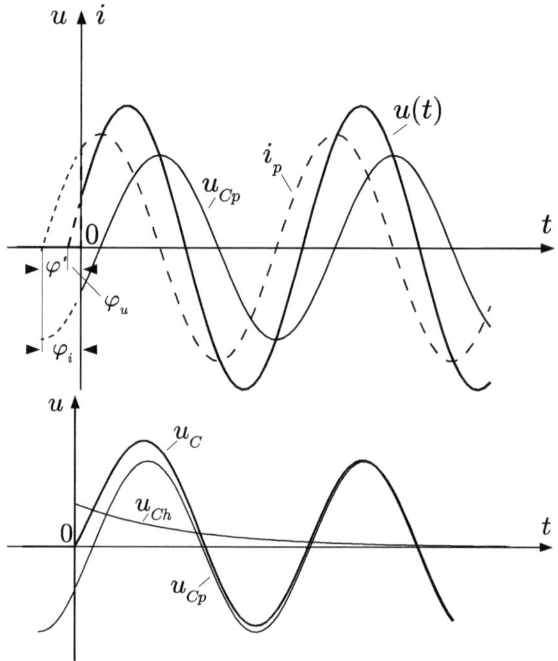

Abbildung 15.13.: Einschaltvorgang einer sinusförmigen Spannung an einem R-C-Reihenkreis.

Kondensatorstrom

Der Strom $i(t)$ kann durch Ableitung der ermittelten Spannung $u_C(t)$ (15.39) gewonnen werden:

$$i(t) = C\frac{du_C}{dt} = \frac{U\sqrt{2}}{Z}\left[\sin(\omega t + \varphi_i) - \frac{1}{\tau\omega}\cos\varphi_i \cdot e^{-\frac{t}{\tau}}\right]. \tag{15.41}$$

Auf Abb. 15.14 ist der zeitliche Verlauf des Stromes $i(t)$ und seiner Komponenten i_h und i_p dargestellt. Der Anteil $i_h(t)$ klingt schnell ab und $i(t)$ geht in den Strom des eingeschwungenen Zustandes $i_p(t)$ über.

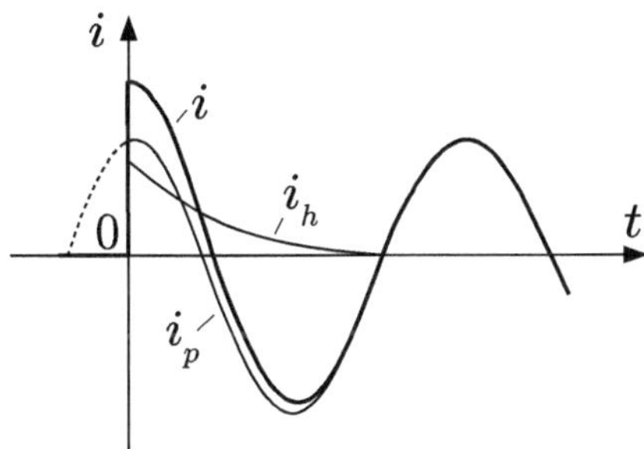

Abbildung 15.14.: Strom durch den Kondensator beim Einschalten einer Wechselspannung.

Als Überprüfung der Ergebnisse 15.39 und 15.41 kann man die Maschengleichung

$$Ri(t) + u_C(t) = u(t) = U\sqrt{2}\,\sin(\omega t + \varphi_u)$$

im eingeschwungenen Zustand schreiben:

$$\begin{gathered} U\sqrt{2}\,\left[\tfrac{R}{Z}\sin(\omega t + \varphi_i) - \tfrac{1}{\omega CZ}\cos(\omega t + \varphi_i)\right] = \\ U\sqrt{2}\,[\cos\varphi \cdot \sin(\omega t + \varphi_i) - \sin\varphi \cdot \cos(\omega t + \varphi_i)] = \\ U\sqrt{2}\,\sin(\omega t + \varphi_i - \varphi) = U\sqrt{2}\,\sin(\omega t + \varphi_u) \end{gathered}$$

da $\dfrac{R}{Z} = \cos\varphi$ und $\dfrac{1}{\omega CZ} = \dfrac{Z_C}{Z} = \sin\varphi$ und $\varphi_i = \varphi_u + \varphi$ gilt. (Man hat das Theorem $\sin(\alpha - \beta) = \sin\alpha \cdot \cos\beta - \cos\alpha \cdot \sin\beta$ angewendet).

■ Beispiel 15.9

Übergangsvorgang in einem L-R-Stromkreis an Wechselspannung

In der vorliegenden Schaltung sind bekannt:

$$R_1 = 600\,\Omega,\ R_2 = 200\,\Omega,\ L = 100\,mH.$$

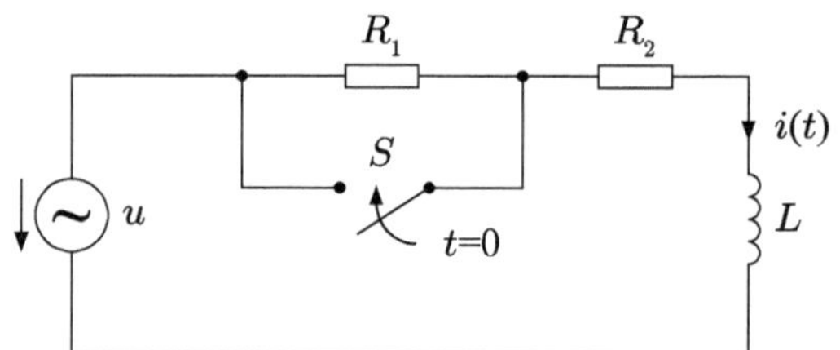

Die Spannung u hat den Scheitel- (oder Maximal-)Wert $\hat{u} = 35\,V$ und die Frequenz $f = 1\,kHz$.
Im Schaltaugenblick $t = 0$ befindet sich die Spannung im positiven Nulldurchgang.
Gesucht wird die Zeitabhängigkeit des Stromes $i(t)$ bei $t \geqslant 0$.

Lösung:
Die Spannung ist: $u(t) = 35\,V \cdot \sin \omega t$ mit $\omega = 2\pi f = 2\pi \cdot 10^3\,s^{-1}$.
Die Periode der Spannung ist: $T = \dfrac{1}{f} = 1\,ms$.
Die DGL für $i(t)$ bei $t \geqslant 0$ ist:

$$R_2 \cdot i + L\frac{di}{dt} = u$$

und die Lösung: $i = i_h + i_p$, wo $i_h = K \cdot e^{-\frac{t}{\tau}}$ mit:

$$\tau = \frac{L}{R_2} = \frac{0,1}{200}\,s = \underline{0,5\,ms}\,.$$

Der Strom i_h wird bei etwa $(3 \cdots 4)\,\tau$, also nach ca. $2\,ms$, abklingen.
Der Strom i_p ist der Wechselstrom, der nach $\approx 2\,ms$ fließt.
Man verfährt wie bei stationärem Wechselstrom:

$$\underline{I}_p = \frac{\underline{U}}{\sqrt{R_2^2 + (\omega L)^2}} \cdot e^{-j \arctan \frac{\omega L}{R_2}} \quad (\text{weil} \quad \underline{Z} = Z \cdot e^{j\varphi} = \sqrt{R_2^2 + (\omega L)^2} \cdot e^{-j \arctan \frac{\omega L}{R_2}})$$

$$\underline{U} = \frac{35\,V}{\sqrt{2}} \cdot e^{j0^\circ}$$

$$\underline{I}_p = \frac{35\,V}{\sqrt{2}} \cdot \frac{1}{\sqrt{(200)^2 + (2\pi \cdot 10^3 \cdot 0,1)^2}\,\Omega} \cdot e^{-j72,3^\circ}$$

$$\boxed{i_p(t) = 53\,mA \cdot \sin(\omega t - 72,3^\circ)}\,.$$

Auf dem nächsten Bild sind der Strom i_p und die Spannung u in dem stationären Zustand bei $t > 2\,ms$ dargestellt.

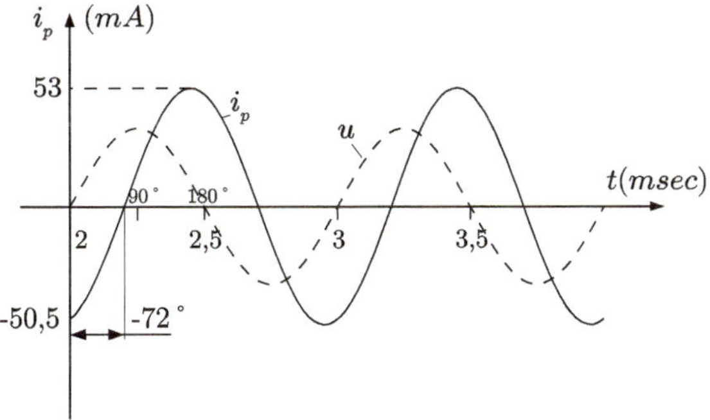

Jetzt wird: $i = K \cdot e^{-\frac{t}{0,5\,ms}} + 53\,mA \cdot \sin(\omega t - 72,3°)$ *wobei die Konstante K aus der Bedingung* $i(0)$ *bei* $t = 0$ *hergeleitet wird.*
Was war bei $t < 0$*? Ein anderer stationärer Zustand, wie im Bild unten!*

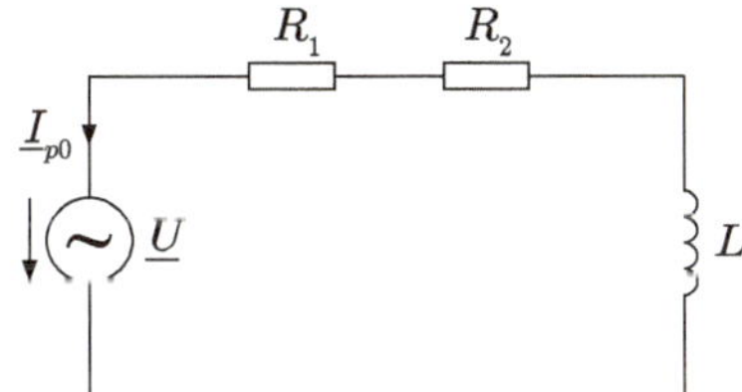

Sei der Strom in diesem stationären Zustand $\underline{I}_{p0}$.
$\underline{I}_{p0} = \frac{\underline{U}}{\underline{Z}_0}$ mit $Z_0 = \sqrt{(R_1 + R_2)^2 + (\omega L)^2}$ und $\varphi_0 = \arctan\frac{\omega L}{R_1 + R_2}$, d.h. $\varphi_0 = 38°$.

$$\underline{I}_{p0} = \frac{35\,V}{\sqrt{2}} \cdot \frac{1}{\sqrt{(800)^2 + (200\pi)^2}\,\Omega} \cdot e^{-j38°}$$

$$\boxed{i_{p0}(t) = 34,4\,mA \cdot \sin(\omega t - 38°)}.$$

Dieser Strom ist auf dem nächsten Bild, das für $t \leq 0$ *gilt, dargestellt.*

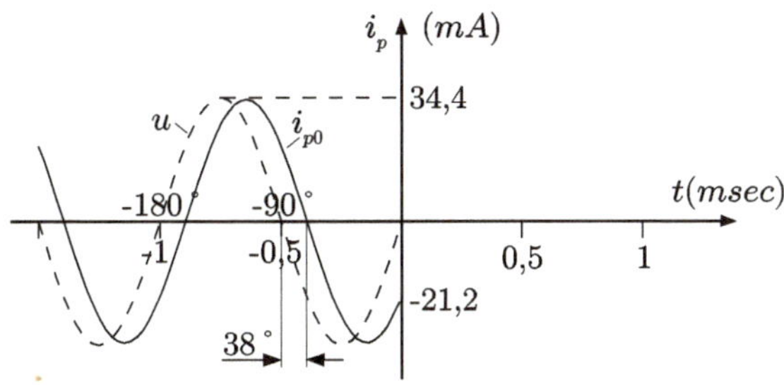

Die Anfangsbedingung bei $t = 0$ *lautet dann:*

$$i(0) = i_{p0}(0) = 34,4\,mA \cdot \sin(-38°) = -21,2\,mA\,.$$

Daraus ergibt sich die Konstante K*:*

$-21,2\,mA = K + 53\,mA{\cdot}\sin(-72,3°) = K - 50,5\,mA$ *und somit* $K = 29,3\,mA\,.$

Damit wird der abklingende Strom i_h*:*

$$\boxed{i_h(t) = 29,3\,mA \cdot e^{-\dfrac{t}{0,5\,ms}}}$$

und der gesuchte Strom:

$$\boxed{i(t) = 29,3\,mA \cdot e^{-\dfrac{t}{0,5\,ms}} + 53\,mA \cdot \sin(\omega t - 72,3°)}\,.$$

Das nächste Bild zeigt den Strom $i(t)$ *in dem Übergangszeitraum* $0 \le t < 2\,ms$*, als Überlagerung von* i_h *und* i_p*.*

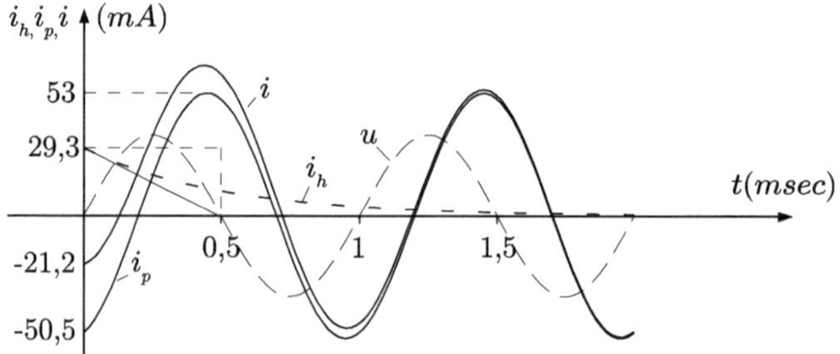

■

■ Beispiel 15.10

Einschalten eines verlustbehafteten Kondensators an eine Wechselspannung

In der folgenden Schaltung wird bei $t = 0$ *der Schalter geschlossen und die Spannung*

$$u = U\sqrt{2} \cdot \sin(\omega t + \varphi_u) = 220\,V\,\sqrt{2} \cdot \sin(\omega t + 185°)$$

mit $f = 500\,Hz$ *eingeschaltet.*

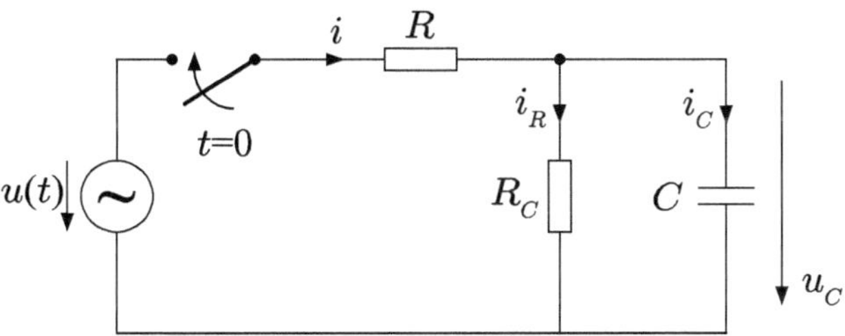

Es gilt auch: $R = 1\,k\Omega$, $R_C = 10\,k\Omega$, $C = 1\,\mu F$.
Berechnen Sie den Verlauf von u_{Ch}, u_{Cp}*und* u_C*!*

Lösung:
Hier kann man die Knotengleichung anwenden:

$$i = i_R + i_C = \frac{u_C}{R_C} + C \cdot \frac{du_C}{dt}$$

und die Maschengleichung:

$$Ri + u_C = u = U\sqrt{2} \cdot \sin(\omega t + \varphi_u)\,.$$

Diese lässt sich weiterbearbeiten:

$$R\left(\frac{u_C}{R_C} + C \cdot \frac{du_C}{dt}\right) + u_C = u$$

$$RC \cdot \frac{du_C}{dt} + u_C\left(1 + \frac{R}{R_C}\right) = U\sqrt{2} \cdot \sin(\omega t + \varphi_u)\,.$$

Die Lösung dieser Gleichung ist

$$u_C = u_{Ch} + u_{Cp}$$

mit $u_{Ch} = K \cdot e^{-\frac{t}{\tau}}$ *als Lösung der homogenen Gleichung.*
Die Zeitkonstante τ *ist hier:*

$$\tau = \frac{RC}{1 + \dfrac{R}{R_C}} = \frac{C \cdot R \cdot R_C}{R + R_C}\,.$$

Mit der Bezeichnung:

$$R_{\|} = \frac{R \cdot R_C}{R + R_C} = \frac{10 \cdot 1}{10 + 1}\,k\Omega \approx 0,9\,k\Omega$$

bekommt man:

$$\tau = C\,R_{\|} = 10^{-6} \cdot 0{,}9 \cdot 10^{3}\,s = \boxed{0{,}9\,ms}\,.$$

Die Lösung der homogenen Gleichung ist dann:

$$\boxed{u_{Ch} = K \cdot e^{-\dfrac{t}{0{,}9\,ms}}}\,.$$

Der zweite Teil der Lösung, u_{Cp}, ist die Spannung am Kondensator im stationären Zustand ($t \gg 3\,ms$) welcher durch dem im nächsten Bild angegebenen Wechselstromkreis dargestellt ist.

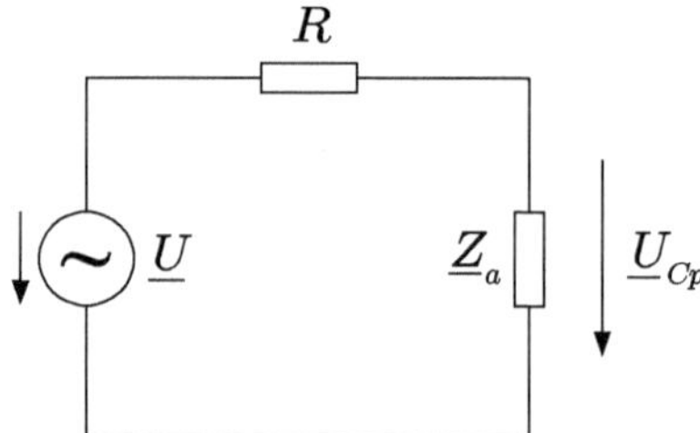

Mit der Spannungsteilerregel bekommt man:

$$\underline{U}_{Cp} = \underline{U}\,\frac{\underline{Z}_a}{R + \underline{Z}_a}\,,$$

wo die „Ausgangsimpedanz" $\underline{Z}_a$ die Parallelschaltung $R_C - C$ ist:

$$\underline{Z}_a = Z_a \cdot e^{j\varphi} = \frac{R_C \cdot \dfrac{1}{j\omega C}}{R_C + \dfrac{1}{j\omega C}} = \frac{R_C}{1 + j\omega C R_C}$$

$$Z_a = \frac{R_C}{\sqrt{1 + (\omega C R_C)^2}}\,.$$

Mit $\omega C R_C = 2\pi \cdot 500 \cdot 10^{-6} \cdot 10^{4} = 10\pi = 31{,}4$ bekommt man:

$$Z_a = \frac{10^4\Omega}{\sqrt{1 + 31{,}4^2}} = 318\,\Omega$$

$$\varphi = -\arctan \omega C R_C = -88{,}17^\circ$$

$$\underline{Z}_a = (10,15 - j317,8)\,\Omega$$

und

$$\underline{Z} - R + \underline{Z}_a = (1010,15 \quad j317,8)\,\Omega = 1058\,\Omega \cdot e^{-17,46^\circ}$$

$$\underline{U}_{Cp} = 220\,V \cdot e^{j185^\circ} \cdot \frac{318\,\Omega \cdot e^{-j88,17}}{1058\,\Omega \cdot e^{-17,46^\circ}} = 66,124\,V \cdot e^{j114^\circ}$$

$$u_{Cp}(t) = 93,5\,V \cdot \sin(\omega t + 114^\circ)\,.$$

Die Konstante K ergibt sich aus der Bedingung: $u_C(0) = 0$.

$$u_C(0) = u_{Ch}(0) + u_{Cp}(0) = K + 93,5\,V \cdot \sin 114^\circ = K + 85,41\,V = 0,$$

$$K = -85,41\,V\,.$$

Die gesuchte Lösung lautet:

$$\boxed{u_C(t) = -85,4\,V \cdot e^{-\dfrac{t}{0,9\,ms}} + 93,5\,V \cdot \sin(\omega t + 114^\circ)}\,.$$

Das folgende Bild zeigt die Spannung u_C als Überlagerung von u_{Ch} und u_{Cp}. Bei $t = 0$ ist die Spannung u_C gleich Null (physikalische Bedingung), sie geht jedoch nach ca. $3\,ms$ in die stationäre Spannung u_{Cp} über.

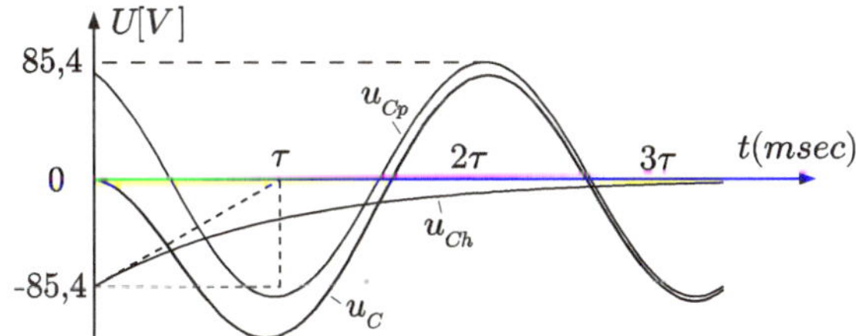

■

15.5.3. Allgemeines Verfahren bei Kreisen mit einem Energiespeicher

Komplizierte Schaltungen werden sinnvollerweise mittels der Laplace-Transformation gelöst, ein Verfahren der höheren Mathematik, mit dem Differentialgleichungen in algebraische Gleichungen überführt werden können (siehe Abschn. 16).

Im Zeitbereich können lediglich einfache Schaltungen untersucht werden. Dabei kann man ein ingenieurmäßiges Gefühl für die Ausgleichsvorgänge gewinnen, sodass ihre charakteristischen Daten - Anfangswert, Endwert, Zeitkonstante - schnell berechnet werden können.

Das Lösungsverfahren besteht aus den folgenden Schritten:

1. Man stellt die Differentialgleichungen für die gesuchte Größe - ein Strom oder Spannung - auf. Als Beispiel soll $i(t)$ gesucht werden.
   Man sucht die Lösung als Summe:
   $$i(t) = i_h(t) + i_p(t)\,,$$
   wo i_h die allgemeine Lösung der homogenen Gleichung (ohne Störglied) und i_p eine partikuläre Lösung der vollständigen Gleichung ist.

2. In solch einfachen Kreisen ist $i_h(t)$ bis auf eine Konstante K bekannt:
   $$i_h(t) = K \cdot e^{-\dfrac{t}{\tau}}\,.$$
   Die Zeitkonstante τ ist:

$\tau = \dfrac{L}{R}$	für Kreise mit einer Induktivität L als Energiespeicher
$\tau = RC$	für Kreise mit einer Kapazität C.

   Eine *Bemerkung* zu τ: der Widerstand R ist derjenige, den der Kreis für $t > 0$, *von L bzw. C aus gesehen*, hat. Beispiele mit mehreren Widerständen in einem Netz haben gezeigt, wie R in der Zeitkonstante direkt angegeben werden kann.

3. Die gesuchte partikuläre Lösung $i_p(t)$ ist der eingeschwungene Zustand des Stromkreises, der mit den bekannten Netzwerk-Berechnungsmethoden, - bei Sinusstrom mit komplexer Rechnung - zu bestimmen ist.

4. Man überlagert die Ergebnisse von Pkt. 2 und Pkt. 3:
   $$i(t) = K \cdot e^{-\dfrac{t}{\tau}} + i_p(t)\,.$$

5. Die Konstante K wird aus der Anfangsbedingung des Netzwerkes bestimmt. Man muss also den Zustand von $i(t)$ im Schaltaugenblick $t = 0$ kennen: $i(0)$.
   $$i(0) = K + i_p(0)\,.$$

15.6. Stromkreise mit zwei Energiespeichern. Lösung von DGL zweiter Ordnung

Im Folgenden werden nur Schaltungen mit Gleichstromerregung betrachtet. Bei Wechselstrom ändert sich lediglich die rechte Seite der Gleichung, was im Abschnitt 15.5 behandelt wurde.

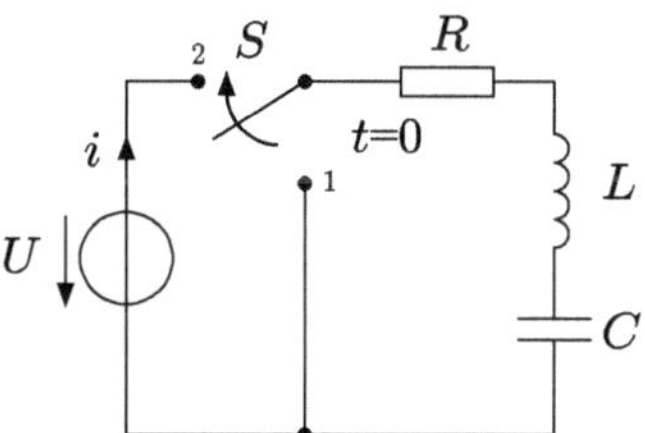

Abbildung 15.15.: Einschalten eines R-L-C Reihenstromkreises.

Wir untersuchen zunächst die $R - L - C$ - Reihenschaltung (Abb. 15.15).

Der Schalter S wird zum Zeitpunkt $t = 0$ von der Stellung 1 in die Stellung 2 umgeschaltet. Man sucht den zeitlichen Verlauf des Stromes $i(t)$. Die Anfangsbedingung für den Strom wird, wegen der Induktivität L, die keine sprunghaften Änderungen zulässt,

$$i(0) = 0$$

sein.

Auch der eingeschwungene Strom wird gleich Null sein, denn der Kondensator wirkt bei Gleichstrom wie eine Unterbrechung:

$$i_\infty = 0\,.$$

Die Maschengleichung der Reihenschaltung lautet:

$$u_R + u_L + u_C = U\,.$$

Für den Strom folgt daraus:

$$Ri + L\frac{di}{dt} + \frac{1}{C}\int i\,dt = U$$

und durch Ableiten:

$$L\frac{d^2i}{dt^2} + R\frac{di}{dt} + \frac{i}{C} = 0$$

und weiter:

$$\boxed{\frac{d^2i}{dt^2} + \frac{R}{L}\cdot\frac{di}{dt} + \frac{1}{LC}i = 0}\,. \tag{15.42}$$

Wie erwartet, hat man eine DGL 2. Ordnung erhalten, da hier *2* Energiespeicher unterschiedlicher Art (L und C) in Reihe geschaltet sind.

Es wird, ähnlich wie bei den DGL 1. Ordnung, der Ansatz:

$$i = e^{-\lambda t}$$

gemacht, wodurch:

$$\frac{di}{dt} = -\lambda \cdot e^{-\lambda t} \quad \text{und} \quad \frac{d^2 i}{dt^2} = \lambda^2 \cdot e^{-\lambda t}$$

wird. Zurück in die Gleichung (15.42):

$$\lambda^2 \cdot e^{-\lambda t} - \frac{R}{L} \cdot \lambda \cdot e^{-\lambda t} + \frac{1}{LC} \cdot e^{-\lambda t} = 0$$

$$\left(\lambda^2 - \frac{R}{L} \cdot \lambda + \frac{1}{LC}\right) \cdot e^{-\lambda t} = 0\,.$$

Da $e^{-\lambda t}$ nicht Null werden kann, muss die Klammer gleich Null gesetzt werden:

$$\boxed{\lambda^2 - \frac{R}{L} \cdot \lambda + \frac{1}{LC} = 0}\,. \tag{15.43}$$

Diese „charakteristische" Gleichung hat als quadratische Gleichung zwei Lösungen:

$$\lambda_{1,2} = \frac{R}{2L} \pm \sqrt{\left(\frac{R}{2L}\right)^2 - \frac{1}{LC}} = \alpha \pm \beta \quad \text{mit} \quad \alpha = \frac{R}{2L}\,.$$

Abhängig von den Schaltelementen R, L und C können hier drei unterschiedliche Fälle auftreten:

Fall 1: $\left(\frac{R}{2L}\right)^2 > \frac{1}{LC}$

Diese Lösung nennt man *aperiodisch.*

Die beiden Wurzeln sind reell und negativ (β ist reell und kleiner als α). Die Lösung ist:

$$i(t) = K_1 \cdot e^{-\lambda_1 t} + K_2 \cdot e^{-\lambda_2 t} \quad \text{mit} \quad \lambda_1 = \alpha + \beta\,, \quad \lambda_2 = \alpha - \beta\,.$$

$$i(t) = e^{-\alpha t} \cdot \left(K_1 \cdot e^{\beta t} + K_2 \cdot e^{-\beta t}\right)\,.$$

Die Konstanten ergeben sich aus Anfangsbedingungen, die man kennen muss. Der Strom verläuft wie auf Abb. 15.16, wobei die 4 möglichen Zeitverläufe skizziert sind.

Fall 2: $\left(\frac{R}{2L}\right)^2 = \frac{1}{LC}$

Das ist der *aperiodische Grenzfall,* der schnellste aperiodische Fall.

Die Lösung der charakteristischen Gleichung ist doppelt: $\lambda_{1,2} = \alpha$. Der Strom wird:

$$i(t) = e^{-\alpha t}(K_3 + K_4 \cdot t)\,,$$

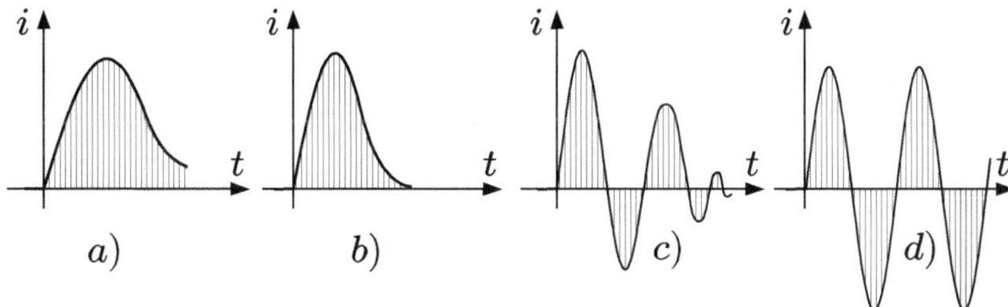

Abbildung 15.16.: Verlauf des Stromes $i(t)$ beim Einschalten eines R-L-C Reihenkreises. (a) aperiodischer Fall, (b) aperiodischer Grenzfall, (c) gedämpfte Schwingung, (d) ungedämpfte Schwingung

wobei die Konstanten wieder aus den Anfangsbedingungen zu bestimmen sind. Der Strom verläuft etwa wie auf Abb. 15.16, b.

Fall 3: $\left(\frac{R}{2L}\right)^2 < \frac{1}{LC}$

Hier ist der Wurzelausdruck negativ und es gibt zwei komplex konjugierte Werte für λ_1 und λ_2:

$$\lambda_1 = \alpha + j\beta \quad ; \quad \lambda_2 = \alpha - j\beta$$

und eine Lösung der Form:

$$i(t) = e^{-\alpha t}(K_5 \cdot \cos\beta t + K_6 \cdot \sin\beta t)\,.$$

Das ist eine *gedämpfte Schwingung* (15.16, c). Ein Sonderfall ist die verlustfreie Schaltung, mit $R = 0$. Dann ist $\alpha = 0 \Rightarrow e^{\alpha t} = 1$ und es liegt eine ungedämpfte Schwingung vor (15.16, d).

Diskussion über die Festlegung der Integrationskonstanten

Die Integrationskonstanten werden aus den *Anfangsbedingungen* für die zu berechnende Variable (Strom $i(t)$ oder Spannung $u(t)$) bestimmt. Sei diese ein Strom $i(t)$. In Schaltungen mit *einem* Energiespeicher ist der zeitliche Verlauf von $i(t)$ durch eine Differentialgleichung 1. Ordnung beschrieben. Man muss also für $t = 0$ den Anfangswert $i(0)$ kennen. Bei *zwei* Energiespeichern liegt eine DGL 2. Ordnung vor und man muss zwei Konstanten bestimmen. Das zweite Energiespeicherelement ergibt eine zweite (von der ersten unabhängige) Anfangsbedingung, die für die zu berechnende Variable, z.B. $i(t)$, eine Aussage über $\frac{di}{dt}$ bzw. $\int i\,dt$ liefert.

Um diese Werte angeben zu können, müssen die Strom- und/oder Spannungswerte der einzelnen Energiespeicherelemente zur Zeit $t = 0$ bekannt sein. Mithilfe der physikalisch bestimmten Stetigkeitsbedingungen (Abschn. 15.3) kann man die Anfangswerte für alle Ströme und Spannungen bestimmen.

■ Beispiel 15.11
Anfangsbedingungen für eine Spannung

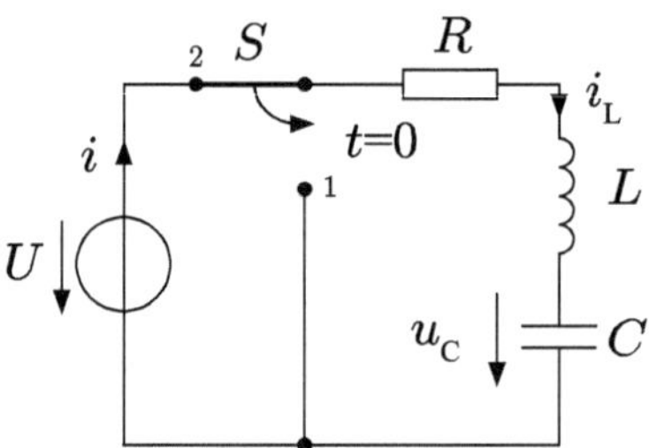

In der obigen Schaltung sind die zwei Anfangsbedingungen für die Kondensatorspannung u_C gesucht.

Lösung
Die Stetigkeitsbedingungen gelten für u_C und i_L: beide müssen bei $t = 0$ ihren Wert beibehalten.
Vor dem Schalten (Öffnen des Schalters und Kurzschließen des $R - L - C$-Kreises) war der Kondensator aufgeladen, sodass kein Strom fließen konnte:

$$t = 0: \quad u_C(0) = U, \quad i_L(0) = 0.$$

Aufgrund der Stetigkeit gilt auch:

$$t = 0: \quad i(0) = i_L(0) = C\frac{du_C}{dt} = 0.$$

Die gesuchten Anfangsbedingungen für $u_C(t)$ sind:

$$t = 0: \quad u_C(0) = U, \quad \frac{du_C}{dt} = 0.$$

■

■ Beispiel 15.12
Ausschalten eines Parallelkreises $R - L - C$

In der folgenden Schaltung wird der Schalter zum Zeitpunkt $t = 0$ geöffnet. Gesucht wird der zeitliche Verlauf der Ausgangsspannung $u_a(t)$.
Gegeben sind: U_q, R_i, R, L, C und $\frac{1}{LC} = \frac{1}{(2RC)^2}$.

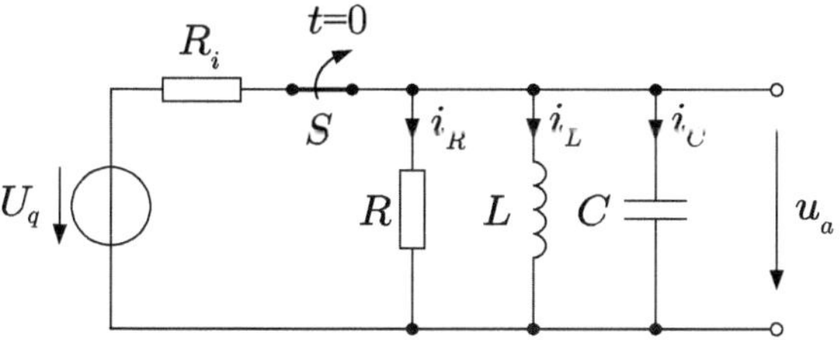

Lösung

Bei geöffnetem Schalter kann man für die Ströme die Knotengleichung:

$$i_R + i_L + i_C = 0$$

schreiben, was für die Spannung $u_a(t)$ bedeutet:

$$\frac{u_a}{R} + \frac{1}{L}\int u_a \cdot dt + C\frac{du_a}{dt} = 0\,.$$

Durch Differentiation ergibt sich:

$$C\frac{d^2u_a}{dt^2} + \frac{1}{R}\cdot\frac{du_a}{dt} + \frac{u_a}{L} = 0$$

$$\frac{d^2u_a}{dt^2} + \frac{1}{RC}\cdot\frac{du_a}{dt} + \frac{u_a}{LC} = 0\,.$$

Geht man von einem Ansatz der Form:

$$u_a(t) = e^{-\lambda t}$$

aus, so ist die charakteristische Gleichung:

$$\lambda^2 - \frac{1}{RC}\lambda + \frac{1}{LC} = 0$$

und die zwei Lösungen lauten:

$$\lambda_{1,2} = \frac{1}{2RC} \pm \sqrt{\frac{1}{(2RC)^2} - \frac{1}{LC}}\,.$$

Die Bedingung: $\frac{1}{LC} = \frac{1}{(2RC)^2}$ *führt zu dem aperiodischen Grenzfall mit der doppelten Lösung:*

$$\lambda_{1,2} = \frac{1}{2RC}\,.$$

Die Ausgangsspannung ist:

$$u_a(t) = e^{-\lambda t}(K_1 + K_2 \cdot t)\,.$$

Zur Bestimmung der zwei Konstanten sind physikalische Überlegungen über den Anfangszustand der Schaltung erforderlich.
Vor dem Öffnen des Schalters war $u_a = 0$, weil bei Gleichstrom die Induktivität L einem Kurzschluss gleicht. Da wegen der Kapazität u_a sich nicht sprunghaft ändern kann, gilt auch nach dem Öffnen des Schalters:

$$u_a(0) = 0\,.$$

$$u_a(0) = 0 = K_1 + K_2 \cdot 0 \quad \Rightarrow \quad K_1 = 0 \;\text{ und }\; u_a(t) = K_2 \cdot e^{-\lambda t} \cdot t$$

Man braucht noch eine Überlegung über die Ableitung von u_a im Zeitpunkt $t = 0$. Diese Ableitung wird von dem Strom:

$$i_C(0) \,=\, C\frac{du_C}{dt}$$

geliefert, also sucht man den Strom i_C bei $t \,=\, 0$.

Da L einen Kurzschluss bildet, ist der Strom durch die Induktivität bei $t = 0$:

$$i_L(0) = \frac{U_q}{R_i}\,.$$

Da sich die Spannung am Kondensator nicht sprunghaft ändern kann, bleibt $i_R(0) = 0$ und die Knotengleichung wird:

$$i_C(0) + i_L(0) = 0\,.$$

Weiter ist bei $t \,=\, 0$:

$$i_L(0) = -i_C(0) = -C \cdot \frac{du_a}{dt}\,.$$

Die Ableitung der Spannung $u_a(t)$ ist, auf der anderen Seite:

$$\frac{du_a}{dt} = K_2 \left(e^{-\lambda t} - t \cdot \lambda \cdot e^{-\lambda t}\right)$$

sodass:

$$i_L(t) = -C \cdot K_2 \left(e^{-\lambda t} - t \cdot \lambda \cdot e^{-\lambda t}\right)$$

wird. Bei $t = 0$:

$$i_L(0) = \frac{U_q}{R_i} = -C \cdot K_2 \quad \Rightarrow \quad K_2 = -\frac{U_q}{R_i \cdot C}\,.$$

Die gesuchte Lösung für die Ausgangsspannung $u_a(t)$ wird:

$$\boxed{u_a(t) = -\frac{U_q}{R_i C} \cdot t \cdot e^{-\lambda t}} \quad \text{mit} \quad \lambda = \frac{1}{2RC}\,.$$

■

Schlussfolgerung:

Komplizierte Schaltungen können nicht mehr leicht im Zeit- (oder Original-) bereich gelöst werden. Dafür wurde ein „symbolisches“ Verfahren - die Laplace-Transformation - entwickelt, das, ähnlich wie die Methode der komplexen Zahlen bei stationärem Wechselstrom, die DGL in algebraische Gleichungen umwandelt.
Dieses Verfahren wird im nächsten Kapitel erläutert.

16. Berechnung von Ausgleichsvorgängen mithilfe der Laplace-Transformation

16.1. Was ist die Laplace-Transformation und wozu braucht man dieses Verfahren?

Erinnerung an die Berechnung von Netzwerken bei sinusförmiger Erregung also bei Wechselstrom, im stationären Zustand:
Die Zielsetzung war, alle Ströme und Spannungen, deren allgemeine Form:

$$\begin{aligned} u(t) &= U\sqrt{2} \cdot \sin(\omega t + \varphi_u) \\ i(t) &= I\sqrt{2} \cdot \sin(\omega t + \varphi_i) \end{aligned}$$

ist, zu bestimmen. Zunächst hat man versucht, die Aufgabe im Zeitbereich (also mit trigonometrischen Funktionen) zu lösen (siehe Abschn. 9). Dieser Weg ist physikalisch sehr anschaulich, denn die Ströme und Spannungen sind in der Tat Sinusfunktionen von der Zeit. Doch der Weg erweist sich bald als sehr schwierig.
Die Gleichungen von Kirchhoff, die bei Gleichstrom *algebraische* Gleichungen - und somit leicht lösbar - sind, werden bei Wechselstrom *Differentialgleichungen*. Dafür sind die *„Energiespeicher“* Induktivität L und Kapazität C verantwortlich, denn für diese gelten kompliziertere Beziehungen als für Widerstände ($U = RI$).
Die Spannung an einer Induktivität L ist:

$$\boxed{u_L = L \cdot \frac{di}{dt}}$$

und der Strom durch einen Kondensator:

$$\boxed{i_C = C \cdot \frac{du}{dt}}.$$

M. Marinescu und N. Marinescu, *Elektrotechnik für Studium und Praxis*,
https://doi.org/10.1007/978-3-658-28884-6_16

Diese beiden Gleichungen sind aus Naturgesetzen abgeleitet und stellen die physikalische Grundlage aller Ausgleichsvorgänge dar.
Es bereitet keine Schwierigkeit, die den Gleichungen von Kirchhoff entsprechenden DGL zu schreiben, doch die Auflösung ist nicht mehr trivial. Bereits bei der einfachsten Schaltung mit drei Zweigen erfordert die Knotengleichung die Addition von drei Sinusfunktionen mit unterschiedlichen Argumenten (die Nullphasenwinkel φ_{i1}, φ_{i2}, φ_{i3} sind in der Regel verschieden). Wie viel Arbeit mit trigonometrischen Funktionen dazu erforderlich ist, sollte man selber einmal feststellen!
Fakt ist: über eine Reihenschaltung R-L-C hinaus lohnt sich die Berechnung der Wechselstromkreisen im Zeitbereich praktisch nicht mehr.
Um solche Stromkreise schnell und einfach zu behandeln, wurde ein „symbolisches“ Verfahren entwickelt, das die Sinusfunktionen durch komplexe Größen simuliert (Abschn. 10.3):

$$u(t) = U\sqrt{2}\cdot\sin(\omega t+\varphi_u) \rightleftarrows U\sqrt{2}\cdot e^{j(\omega t+\varphi_u)} \rightleftarrows U\cdot e^{j\varphi_u}$$

$$i(t) = I\sqrt{2}\cdot\sin(\omega t+\varphi_i) \rightleftarrows I\sqrt{2}\cdot e^{j(\omega t+\varphi_i)} \rightleftarrows U\cdot e^{j\varphi_i}$$

falls alle Ströme und Spannungen dieselbe Kreisfrequenz ω haben. Die DGL werden direkt in *algebraische* Gleichungen umgewandelt, wie z.B. für eine Reihenschaltung $R - L - C$:

$$Ri + L\frac{di}{dt} + \frac{1}{C}\int i\,dt = u$$

$$\updownarrow$$

$$R\underline{I} + j\omega L\underline{I} + \frac{1}{j\omega C}\underline{I} = \underline{U}\,.$$

Die Ableitung wird durch $j\omega$, die Integration durch $\frac{1}{j\omega}$ ersetzt.
Alles andere reduziert sich auf Operationen mit komplexen Zahlen, die heute mit jedem Taschenrechner gelöst werden können.

Die „Rücktransformation“ in den Zeitbereich ergibt sich als:

$$i(t) = Im\{\sqrt{2}\cdot e^{j\omega t}\underline{I}\}$$

wenn man alle Größen als *Sinus*funktionen betrachtet, oder :

$$i(t) = Re\{\sqrt{2}\cdot e^{j\omega t}\underline{I}\}\,,$$

wenn man mit *Cosinus*funktionen arbeiten möchte (frei wählbar).

Die „Hintransformation“ (vom Zeitbereich - auch „Originalbereich“ - in den komplexen „Bildbereich“) und die „Rücktransformation “ sind eindeutig und leicht durchführbar.

Zurück zu den *Ausgleichs- (oder Schalt-, oder Einschwing-)vorgängen.* Hier sind die Ströme und Spannungen weder Gleichgrößen noch sinusförmige Wechselgrößen. Es leuchtet ein (physikalisch!), dass der Übergang von einem stabilen (stationären) Zustand in einen neuen stabilen Zustand nach einer bestimmten zeitabhängigen Funktion geschieht, die - wie man im Abschn. 13 in vielen Beispielen gesehen hat - keine Konstante und auch keine Sinusfunktion ist. Man kann nicht mehr von *einer* Frequenz sprechen, sondern von einem „Frequenzspektrum".
Im Abschnitt 13 wurden die gesuchten Funktionen im Zeit- (oder Original-) bereich direkt durch die Lösung der DGL gefunden. Das wird bei komplizierten Schaltungen schwierig. Außerdem will man als „Erregung" auch andere Formen von Spannungen und Strömen berücksichtigen (rechteck-, dreieck-, sägezahnförmige, usw.), die oft in der Praxis vorkommen.
Es wurde ein Verfahren entwickelt, das Zeitfunktionen $f(t)$ in ein „Bildbereich" oder „Frequenzbereich" transformiert, wobei die DGL in *algebraische* Gleichungen überführt werden (ähnlich wie die komplexe Rechnung bei stationärem Wechselstrom - Abschn. 10.3).
Das ist die ***Laplace-Transformation*** , die durch das folgende Integral definiert wird:

$$\boxed{\mathcal{L}\{f(t)\} = \int_0^{\infty} f(t) \cdot e^{-pt} \cdot dt = F(p)}$$

wo

$$\boxed{p = \sigma + j\omega}$$

die komplexe Frequenz ist, mit der Einheit s^{-1}. Die Frequenz p ist, wie die Definition zeigt, eine komplexe Größe. Sie wird jedoch, ähnlich wie die imaginäre Zahl j, nicht unterstrichen. Der positive Realteil σ wurde eingeführt, um eine „Dämpfung" zu bewirken ($e^{-\sigma t}$ geht bei $t \to \infty$ gegen Null).
Wichtig!: Das Integral erfasst nur die Zeitfunktion $f(t)$ von $t = 0$ bis $t = \infty$, doch diese Forderung ist leicht zu erfüllen: man wählt den Zeitmaßstab so, dass $t = 0$ den Schaltaugenblick bedeutet.
Statt der aufwändigen Schreibweise mit dem Symbol $\mathcal{L}$ werden oft die Symbole

$$\circ\!\!-\!\!\bullet \quad \text{und} \quad \bullet\!\!-\!\!\circ$$

verwendet, wo der leere Kreis den Zeitbereich, der schwarze den Frequenzbereich symbolisiert.

Die mathematischen Aufgaben bestehen darin,
a) die Laplace-Transformierten verschiedener Zeitfunktionen zu bestimmen und
b) die Rücktransformation aus dem Frequenzbereich (p) in den Zeitbereich (t) durchzuführen. Der erste Schritt wird im Abschnitt 16.2 kurz behandelt, der zweite ist sehr aufwändig und wird mithilfe von „Korrespondenz“- Tabellen erledigt.

Einen kurzen Abriss der Eigenschaften der Laplace-Transformation findet man im ANHANG D.

16.2. Laplace-Transformierten einiger Funktionen

In diesem Abschnitt sollten einige häufig auftretende Transformierten hergeleitet werden, die sich jedoch in „Korrespondenz“-Tabellen befinden. Wer sich nicht für Mathematik interessiert, kann die Tabellen direkt heranziehen, doch lohnt es sich, anhand von einfachen Beispielen nachzuvollziehen, wie die Formeln aus den Tabellen zustande kommen.

16.2.1. Die (Einheits-)Sprungfunktion

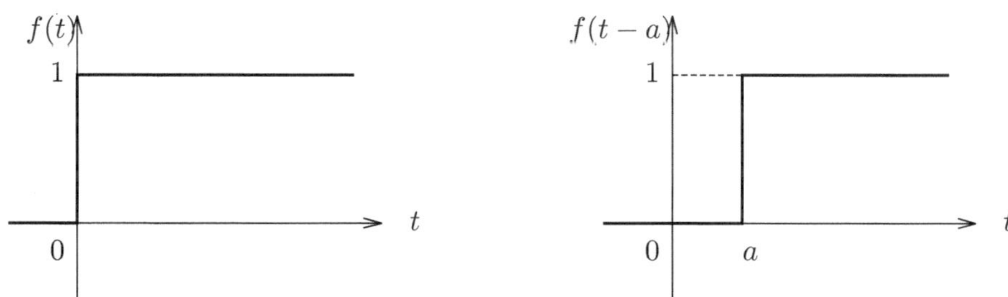

$$f(t) = \begin{cases} 0 & : \quad t < 0 \\ 1 & : \quad t \geq 0 \end{cases}$$

$$F(p) = \int_0^{\infty} 1 \cdot e^{-pt} \cdot dt = -\frac{1}{p} \cdot \left[e^{-pt}\right]_0^{\infty} = -\frac{1}{p} \cdot e^{-p \cdot \infty} + \frac{1}{p} \cdot e^{-p \cdot 0} = \frac{1}{p}$$

$$\boxed{\mathcal{L}\{1\} = \frac{1}{p}}\,.$$

Für die Laplace-Transformierte der „retardierten“ Sprungfunktion (siehe Bild rechts):

$$f(t-a) = \begin{cases} 0 & : \quad t < a \\ 1 & : \quad t \geq a \end{cases}$$

wendet man den Verschiebungssatz aus dem ANHANG D an:

$$\boxed{\mathcal{L}\{f(t-a)\} = \frac{1}{p} \cdot e^{-pa} .}$$

16.2.2. Der Rechteckimpuls

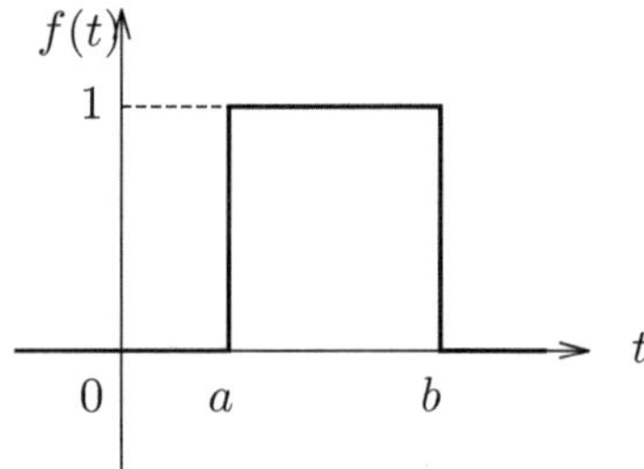

Hier kann man nach dem Additionssatz (ANHANG D) zwei Zeitfunktionen überlagern (subtrahieren): $f(t-a)$ und $f(t-b)$ und somit wird die Laplace-Transformierte:

$$\boxed{\mathcal{L}\{f(t)\} = \frac{1}{p} \cdot \left(e^{-pa} - e^{-pb}\right) .}$$

16.2.3. Die (lineare) Rampenfunktion

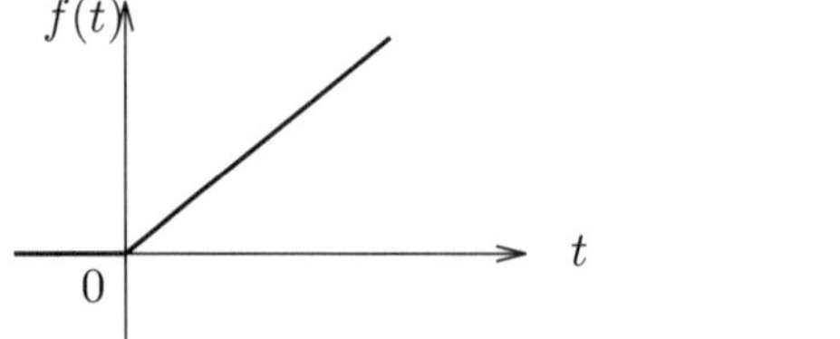

$$f(t) = \begin{cases} 0 & : \quad t < 0 \\ t & : \quad t \geq 0 \end{cases}$$

$$F(p) = \int_0^\infty t \cdot e^{-pt} \cdot dt .$$

Man benutzt die Formel für die partielle Integration:

$$[u(t) \cdot v(t)]' = u'(t) \cdot v(t) + u(t) \cdot v'(t)$$

$$\int u(t) \cdot v'(t)\, dt = u(t) \cdot v(t) - \int u'(t) \cdot v(t)\, dt\,.$$

Man wählt hier:

$$u(t) = t\,, \quad v'(t) = e^{-pt}\,,$$

damit wird:

$$u'(t) = 1\,, \quad v(t) = -\frac{1}{p} \cdot e^{-pt}\,.$$

$$\int_0^\infty t \cdot e^{-pt} \cdot dt = \left[-\frac{t}{p} \cdot e^{-pt}\right]_0^\infty + \int_0^\infty \frac{1}{p} \cdot e^{-pt} \cdot dt = 0 - \left[\frac{1}{p^2} \cdot e^{-pt}\right]_0^\infty$$

$$\boxed{\mathcal{L}\{t\} = \frac{1}{p^2}}\,.$$

16.2.4. Die Exponentialfunktion

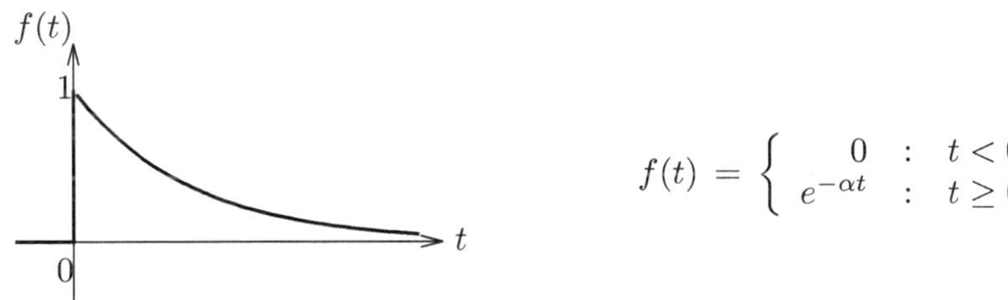

$$f(t) = \begin{cases} 0 & : \ t < 0 \\ e^{-\alpha t} & : \ t \geq 0 \end{cases}$$

$$F(p) = \int_0^\infty e^{-(\alpha+p)t} \cdot dt$$

$$F(p) = -\frac{1}{\alpha + p} \cdot \left[\cdot e^{-(\alpha+p)t}\right]_0^\infty = \frac{1}{p + \alpha}$$

$$\boxed{\mathcal{L}\{e^{-\alpha t}\} = \frac{1}{p + \alpha}}\,.$$

16.2.5. Die Potenzfunktion (oder Parabel n-ten Grades)

$$f(t) = \begin{cases} 0 & : \quad t < 0 \\ t^n & : \quad t \geq 0 \end{cases}$$

$$F(p) = \int_0^\infty t^n \cdot e^{-pt} \cdot dt \,.$$

Partielle Integration:

$$u(t) = t^n \,, \quad v'(t) = e^{-pt} \,,$$

damit wird:

$$u'(t) = n \cdot t^{n-1} \,, \quad v(t) = -\frac{1}{p} \cdot e^{-pt} \,.$$

$$\int_0^\infty t^n \cdot e^{-pt} \cdot dt = \left[-\frac{t^n}{p} \cdot e^{-pt} \right]_0^\infty + \int_0^\infty \frac{n}{p} t^{n-1} \cdot e^{-pt} \cdot dt$$

$$F(p) = 0 + \frac{n}{p} \mathcal{L}\{t^{n-1}\}$$

$$\boxed{\mathcal{L}\{t^n\} = \frac{n}{p} \mathcal{L}\{t^{n-1}\}} \,.$$

$$\begin{aligned} n = 1 \quad &: \quad \mathcal{L}\{t\} = \frac{1}{p} \mathcal{L}\{1\} = \frac{1}{p^2} \\ n = 2 \quad &: \quad \mathcal{L}\{t^2\} = \frac{2}{p} \mathcal{L}\{t\} = \frac{2}{p^3} \\ n = 3 \quad &: \quad \mathcal{L}\{t^3\} = \frac{3}{p} \mathcal{L}\{t^2\} = \frac{3 \cdot 2}{p^4} \end{aligned}$$

$$\boxed{\mathcal{L}\{t^n\} = \frac{n!}{p^{n+1}}} \,.$$

16.2.6. Die Sinusfunktion (mit Nullphasenwinkel null)

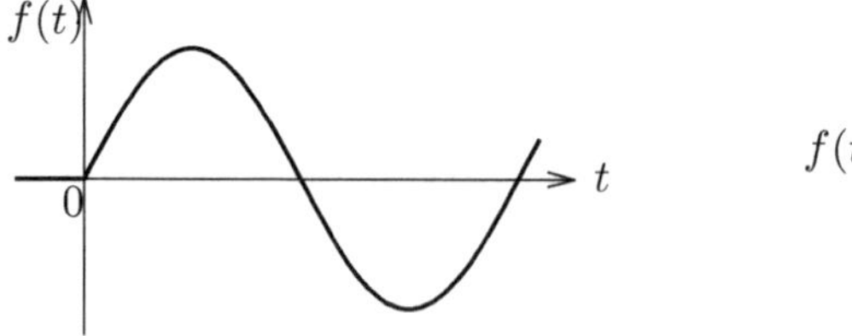

$$f(t) = \begin{cases} 0 & : \quad t < 0 \\ \sin \omega_1 t & : \quad t \geq 0 \end{cases}$$

$$F(p) = \int_0^\infty \sin\omega_1 t \cdot e^{-pt} \cdot dt\,.$$

$$F(p) = \frac{1}{2j}\int_0^\infty \left(e^{j\omega_1 t} - e^{-j\omega_1 t}\right) \cdot e^{-pt} \cdot dt = \frac{1}{2j}\left[\mathcal{L}\{e^{j\omega_1 t}\} - \mathcal{L}\{e^{-j\omega_1 t}\}\right]$$

$$F(p) = \frac{1}{2j}\left(\frac{1}{p - j\omega_1} - \frac{1}{p + j\omega_1}\right)$$

$$\boxed{\mathcal{L}\{\sin\omega_1 t\} = \frac{\omega_1}{p^2 + \omega_1^2}}\,.$$

16.2.7. Die Cosinusfunktion (mit Nullphasenwinkel null)

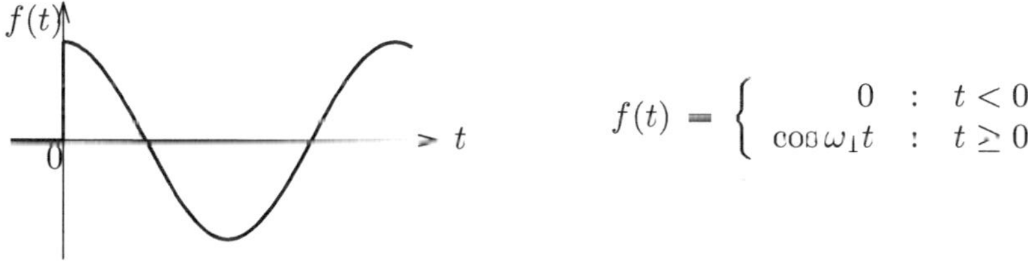

$$f(t) = \begin{cases} 0 & : \ t < 0 \\ \cos\omega_1 t & : \ t \geq 0 \end{cases}$$

$$F(p) = \int_0^\infty \cos\omega_1 t \cdot e^{-pt} \cdot dt\,.$$

$$F(p) = \frac{1}{2}\int_0^\infty \left(e^{j\omega_1 t} + e^{-j\omega_1 t}\right) \cdot e^{-pt} \cdot dt = \frac{1}{2}\left[\mathcal{L}\{e^{j\omega_1 t}\} + \mathcal{L}\{e^{-j\omega_1 t}\}\right]$$

$$F(p) = \frac{1}{2}\left(\frac{1}{p - j\omega_1} + \frac{1}{p + j\omega_1}\right)$$

$$\boxed{\mathcal{L}\{\cos\omega_1 t\} = \frac{p}{p^2 + \omega_1^2}}\,.$$

Alle hier hergeleiteten Transformierten (und viele weitere) findet man in Korrespondenz-Tabellen, die in der Spezialliteratur (siehe Literatur-Empfehlungen) angegeben werden.

16.3. Die Rücktransformation in den Zeitbereich

Nachdem man die vorgegebenen Schaltungen im Frequenz-(oder Bild-)bereich behandelt hat (die Lösungsstrategien werden weiter besprochen), verfügt man über algebraische Gleichungen, aus denen man leicht die gesuchten Ströme oder Spannungen herleiten kann. Es handelt sich um die Laplace-Transformierten, also um Funktionen des komplexen Parameters p.
Wie kommt man jetzt zurück in den Zeit-(oder Original-)bereich? Nun, die mathematische Aufgabe ist nicht einfach, doch sie wurde für unzählige Bildfunktionen gelöst und die Funktionspaare $f(t) \circ\!-\!\bullet\ F(p)$ in Tabellen zusammengestellt. Solche *Korrespondenztabellen* findet man z.B. in: Papula, Band 2 - 33 Funktionspaare; Weißberger, Band 3 - 110! Paare; Lindner, Band 3 - 19 Paare, usw.
Hier wird eine kurze Tabelle zur Verfügung gestellt, die alle Funktionen enthält, die man zur Lösung der in diesem Buch gestellten Aufgaben braucht.

Korrespondenz-Tabelle der wichtigsten Funktionen

Zeitbereich (Originalbereich) $f(t)$	Frequenzbereich (Bildbereich) $F(p)$
$1(t)$	$\frac{1}{p}$
$\delta(t)$	1
e^{-at}	$\frac{1}{p+a}$
$1-e^{-at}$	$\frac{a}{p(p+a)}$
$\frac{1}{a}(1-e^{-at})$	$\frac{1}{p(p+a)}$
$t\,e^{-at}$	$\frac{1}{(p+a)^2}$
t^n ($n \geq 0$, ganz)	$\frac{n!}{p^{n+1}}$
$\cos\omega_1 t$	$\frac{p}{p^2+\omega_1^2}$
$\sin\omega_1 t$	$\frac{\omega_1}{p^2+\omega_1^2}$
$e^{-at}\cdot\cos\omega_1 t$	$\frac{p+a}{(p+a)^2+\omega_1^2}$
$e^{-at}\cdot\sin\omega_1 t$	$\frac{\omega_1}{(p+a)^2+\omega_1^2}$

Die Tabelle lässt sich sowohl von links nach rechts als auch umgekehrt lesen, wobei meistens die Funktion $f(t)$ im Originalbereich, bei bekannter Funktion

$F(p)$ im Bildbereich, gesucht wird. (Die Transformation der letzten beiden Zeitfunktionen in den Frequenzbereich kann als Übung durchgeführt werden).

Die Aufgabe des Ingenieurs besteht lediglich darin, die Bildfunktionen $F(p)$ in eine Form zu bringen, die er in einer Tabelle findet. Also, gefragt ist elementare Algebra, hauptsächlich Bruchrechnung! Ohne Geduld, etwas Geschicklichkeit und ab und zu eine Idee, kann der Rechenweg unangenehm beschwerlich werden.

Empfehlungen zur Umformung der Gleichungen im Bildbereich bis zu Ausdrücken, die man in Tabellen der Korrespondenzen findet:

- In allen Formeln erscheint p mit dem Koeffizienten 1, also muss als Erstes dafür gesorgt werden, dass p alleine steht.
- In den Tabellen findet man als Funktionen im Bildbereich oft die Ausdrücke:

  $$\frac{1}{p+a}\,,\ \frac{a}{p(p+a)}\ \text{und}\ \frac{1}{(p+a)^2}\,.$$

  Sollte man zu einem Ausdruck der Form:

  $$\frac{p}{(p+a)(p+b)}$$

  gelangen, der nicht in der Tabelle ist, so hilft die Methode der „***Partialbruchzerlegung***“. Bei $a \neq b$:

  $$\frac{p}{(p+a)(p+b)} = \frac{A}{p+a} + \frac{B}{p+b} = \frac{A(p+b)+B(p+a)}{(p+a)(p+b)}\,.$$

  Jetzt kann man für den Zähler den „*Koeffizientenvergleich*“ anwenden:

  $$Ab + Ba = 0; \qquad A + B = 1 \quad ;$$
  $$A = \frac{a}{a-b}\,, \quad B = \frac{b}{b-a}.$$

  Bei zweifacher Nullstelle $a = b$:

  $$\frac{p}{(p+a)^2} = \frac{A}{p+a} + \frac{B}{(p+a)^2} = \frac{A(p+a)+B}{(p+a)^2}$$
  $$A = 1\,, \quad Aa + B = 0 \curvearrowright B = -a\,.$$

16.4. Lösungsstrategien für die Berechnung von Ausgleichsvorgängen mithilfe der Laplace-Transformation

16.4.1. Problemstellung

Wie bei der Behandlung von Stromkreisen im eingeschwungenen (stationärem) Zustand, - ob bei zeitlich konstanter (Gleichstrom) oder sinusförmiger (Wechselstrom) Erregung -, führen auch hier die Gleichungen von Kirchhoff (Knoten- und Maschengleichungen) zu den gesuchten Strömen oder Spannungen.
Die Ströme und Spannungen sind bei der vorliegenden Betrachtung Zeitfunktionen, die nur für $t \geq 0$, (wo $t = 0$ den Schaltaugenblick bedeutet), interessieren. Jeder Zeitfunktion $i(t)$ oder $u(t)$ entspricht bei $t \geq 0$ eindeutig eine Laplace-Transformierte:

$$i(t) \circ\!\!-\!\!\bullet\, I(p)\,, \quad u(t) \circ\!\!-\!\!\bullet\, U(p)$$

mithilfe deren die DGL in algebraische Gleichungen überführt werden können. Sind die Ströme oder Spannungen bei $t < 0$, nicht null, so müssen die „Anfangsbedingungen" in die Gleichungen eingebunden werden (nächsten Abscnitt).

16.4.2. Beziehungen zwischen Strom und Spannung an den idealen Grundschaltelementen R, L, C im Bildbereich

Ohmscher Widerstand R

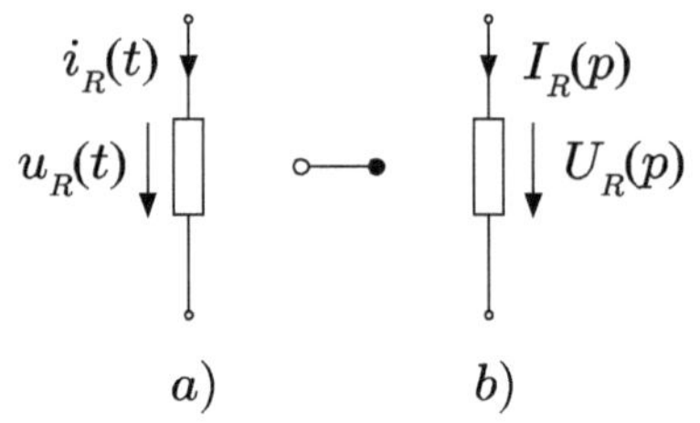

$i_R(t)$ $u_R(t)$ $\circ\!\!-\!\!\bullet$ $I_R(p)$ $U_R(p)$

a) *b)*

$$u_R(t) = R \cdot i_R(t)$$

$$\mathcal{L}\{u_R(t)\} = R \cdot \mathcal{L}\{i_R(t)\}$$

$$\boxed{U_R(p) = R \cdot I_R(p)}\,.$$

Ideale Induktivität

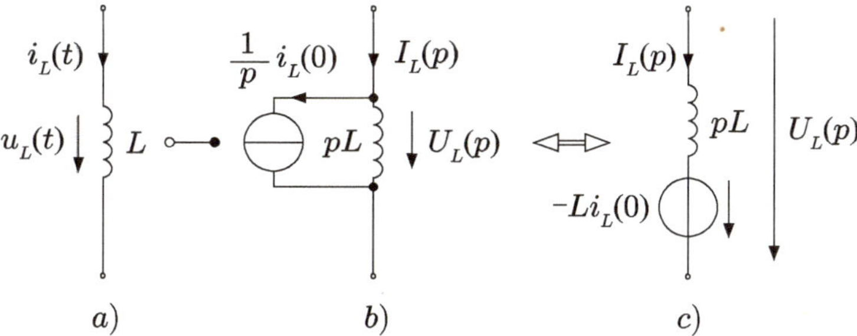

Hier gilt: $u_L(t) = L\dfrac{di_L(t)}{dt}$ und somit:

$$\mathcal{L}\{u_L(t)\} = L \cdot \mathcal{L}\left\{\frac{di_L}{dt}\right\}$$

$$\boxed{U_L(p) = pL \cdot I_L(p) - Li_L(0)}\,.$$

Die Transformierte der Spannung $U_L(p)$ besteht aus einem Produkt von $I_L(p)$ mit einer „Impedanz“ pL (ähnlich wie $j\omega L\underline{I}$ bei Wechselstrom) aus dem eine Art „Spannung“ subtrahiert wird: $Li_L(0)$ (Bild c). Achtung: Die Einheit der „Spannungen“ in der obigen Gleichung ist $V \cdot s$, nicht V!
Durch Umstellung der Gleichung ergibt sich ein anderes ESB (Bild b):

$$U_L(p) = pL \cdot \left[I_L(p) - \frac{1}{p} \cdot i_L(0)\right]$$

in dem jetzt anstelle einer „Spannungs“-, eine „Stromquelle“ erscheint. Die zwei „Ersatzschaltbilder“ sind gleichwertig.

Idealer Kondensator

Hier gilt: $i_C(t) = C \cdot \frac{du_C(t)}{dt}$ und somit:

$$\mathcal{L}\{i_C(t)\} = C \cdot \mathcal{L}\left\{\frac{du_C}{dt}\right\}$$

$$I_C(p) = Cp \cdot U_C(p) - C \cdot u_C(0)$$

oder:

$$\boxed{U_C(p) = \frac{1}{pC} \cdot I_C(p) + \frac{1}{p} \cdot u_C(0)}\,.$$

Die Transformierte der Kondensatorspannung $U_C(p)$ besteht aus der Summe von zwei Beiträgen: Das Produkt von $I_C(p)$ mit einer „Impedanz“ $\frac{1}{pC}$ (ähnlich wie $\frac{1}{j\omega C}\underline{I}$ bei Wechselstrom) und eine zusätzliche „Spannung“: $\frac{1}{p} \cdot u_C(0)$ - Bild c). Die Einheit der Gleichung ist wieder Vs.
Eine andere Schreibweise:

$$U_C(p) = \frac{1}{pC} \cdot [I_C(p) + C \cdot u_C(0)]$$

führt zu dem ESB b) mit einer „Stromquelle“. Auch hier sind die zwei „Ersatzschaltbilder“ (mit Spannungs- oder mit Stromquelle) gleichwertig.

Schlussfolgerung

Im Bild- (Frequenz-)bereich werden die Anfangsbedingungen bei $t = 0$ durch zusätzliche Quellen simuliert, die man *Anfangswertgeneratoren* nennt.

16.4.3. Lösungsweg bei Schaltungen mit unterschiedlichen Anfangsbedingungen

Direkte Methode, ausgehend von den Differentialgleichungen

Das Naheliegendste ist, die Differentialgleichungen der Schaltung aufzustellen und anschließend, statt sie zu lösen, wie im Abschnitt 15 ausführlich erläutert, der Laplace-Transformation zu unterziehen.
Dazu muss man die Eigenschaften der Laplace-Transformation (ANHANG D) einsetzen, mit besonderer Sorgfalt bei den Ableitungen, wenn die Unbekannten (Ströme oder Spannungen) bei $t = 0$ nicht Null sind.
Man gelangt zu algebraischen Gleichungen für die Bildfunktionen. Weiter verfährt man wie bei der im Folgenden erläuterten Methode (Pkt.b bis Pkt.e).
Bei einfachen Schaltungen ist die direkte Methode empfehlenswert (siehe Beispiele 14.1, 14.4), bei Stromkreisen mit mehreren Zweigen lohnt sich jedoch

immer die „Methode des Ersatzschaltbildes“ anzuwenden.

Methode des Ersatzschaltbildes im Frequenzbereich

Man kann auch ohne Kenntnis der Differentialgleichungen, ganz pragmatisch, nach dem weiter erläuterten „Rezept“ verfahren: Es wird ein ESB aufgestellt, das auch die Anfangsbedingungen berücksichtigt, und dieses wird mit den bekannten Methoden der Netzwerkanalyse behandelt.
Die folgenden 5 Schritte sind empfehlenswert:
a) Die zu untersuchende Schaltung aus *linearen* Schaltelementen wird *transformiert in den Frequenzbereich* und das neue ESB wird gezeichnet. Induktivitäten und Kapazitäten erscheinen als „Impedanzen“ pL bzw. $\frac{1}{pC}$. Sind Ströme durch Induktivitäten $i_L(t)$ oder Spannungen an Kondensatoren $u_C(t)$ bei $t = 0$ nicht null, so müssen entsprechende „Anfangswert-Generatoren“ (siehe 14.4.2) eingesetzt werden. Da die Anfangsbedingungen sowohl als „Spannungs“- als auch als „Strom“quellen simuliert werden können, sollte jetzt entschieden werden, welches ESB günstiger erscheint.
b) Die „Erregung“ (meistens die Eingangsspannung) wird in den Frequenzbereich transformiert, durch Lösung des Laplace-Integrals oder mithilfe von Tabellen.
c) Jetzt kann man mit den bekannten Methoden der Netzwerkanalyse (Zweigstrom- oder Maschenstromverfahren, Ersatzquellen, Strom- oder Spannungsteiler, usw.) das Gleichungssystem für die gesuchten Größen aufstellen. Es sind *algebraische* Gleichungen im Frequenzbereich (die Zeit t kommt nicht mehr vor) mit der unabhängigen, - komplexen - Veränderlichen p.
d) Man löst das Gleichungssystem nach den gesuchten Unbekannten auf. Diese sind die Laplace-Transformierten der unbekannten Funktionen von p.
e) Es verbleibt die Aufgabe der Rücktransformation in den Zeitbereich. Jetzt muss man die Bildfunktionen durch einige Umformungen in Ausdrücke umwandeln, die man in eine Korrespondenz-Tabelle findet. Oft sind die Bildfunktionen so aufgebaut, dass sie sich in Partialbrüche zerlegen lassen. Dazu muss man die Methode der Partialbruchzerlegung (Abschnitt 14.3) beherrschen.

Bemerkung:

Sind die Spulen und Kondensatoren im Zeitnullpunkt energiefrei, d.h.: in den Spulen fließt kein Strom und die Kondensatoren sind entladen, so vereinfacht sich Pkt.a) erheblich: *die im Frequenzbereich gültigen ESB reduzieren sich auf die aus der Wechselstromtechnik geläufige Form.* Man hat nur die imaginäre Kreisfrequenz $j\omega$ durch die komplexe Frequenz p zu ersetzen!

16.4.4. Abschließende Betrachtung der beiden Methoden: DGL und Laplace-Transformation

Macht es noch Sinn, Ausgleichsvorgänge durch Lösung von DGL im Zeitbereich zu untersuchen (Abschnitt 13), wenn die Laplace-Transformation so viele Vorteile hat?
Durchaus! Denn nur im Zeitbereich werden die Zusammenhänge zwischen den Größen des Ausgleichsvorgangs verständlich. Dass dieser Vorgang als Überlagerung eines eingeschwungenen (stationären) Zustands und eines flüchtigen, abklingenden Vorgangs aufgefasst werden kann, macht nur die Lösung der DGL im Zeitbereich anschaulich. Leider lassen sich mit diesem Verfahren nur einfache Beispiele berechnen.

Die Lösungsmethoden mithilfe der Laplace-Transformation sind dagegen recht formalistisch (ähnlich wie die Methode der komplexen Größen bei stationärem Wechselstrom). Dafür werden die DGL in algebraische Gleichungen überführt, die viel einfacher zu lösen sind. Zusätzlich können auch Aufgaben gelöst werden, bei denen die Erregungen ungewöhnliche Formen annehmen. Nicht vergessen: Man braucht dazu ausführliche Korrespondenz-Tabellen!

16.5. Anwendungen der Laplace-Transformation auf Schaltvorgänge

16.5.1. Berechnung von Strömen und Spannungen in R-L-Schaltungen mithilfe der Laplace- Transformation

■ Beispiel 16.1
Ein- und Ausschalten einer verlustbehafteten Induktivität

Die Spannung u_L und der Strom i_L auf dem nächsten Bild sollen mit der Laplace-Transformation behandelt werden.
(Die Diode schützt den Stromkreis gegen Überspannungen, indem sie dem Strom $i_L(t)$ erlaubt, nach Öffnen des Schalters S noch eine Zeit lang (etwa 5τ) zu fließen; in dieser Zeit wird die in der Spule gespeicherte Magnetenergie in dem Widerstand R in Wärme umgewandelt).
Eine ähnliche Schaltung wurde im Abschn. 15, Beispiel 13.3, behandelt; dort wurde anstelle der Diode ein Widerstand R_p parallel geschaltet.

Einschalten

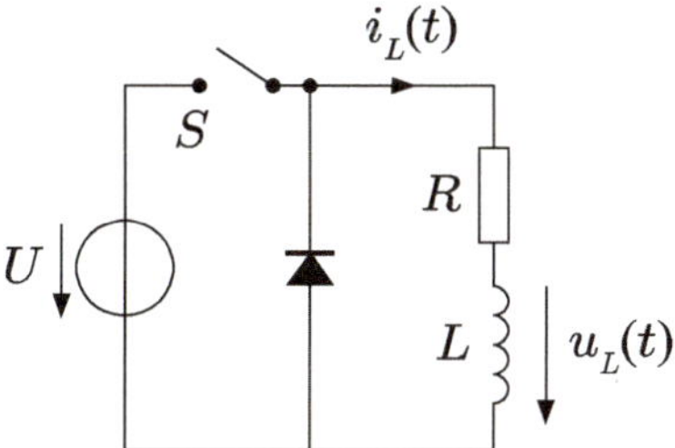

Wird der Schalter geschlossen, so gilt die DGL:

$$R\,i_L(t) + L \cdot \frac{di_L(t)}{dt} = U$$

mit der Anfangsbedingung $i_L(0) = 0$.
Im Frequenz- (oder Bild-)bereich:

$$R\,I_L(p) + pL \cdot I_L(p) = \frac{U}{p}$$

$$I_L(p) = \frac{U}{p(R+pL)} = \frac{U\,R}{L\,R} \cdot \frac{1}{p\left(p+\frac{R}{L}\right)}$$

$$I_L(p) = \frac{U}{R} \cdot \frac{\frac{R}{L}}{p\left(p+\frac{R}{L}\right)}.$$

In der Tabelle findet man für die Bildfunktion $\dfrac{a}{p(p+a)}$ *die Originalfunktion:*

$$\boxed{i_L(t) = \frac{U}{R}\left(1 - e^{-\frac{t}{\tau}}\right)} \quad \text{mit} \quad \tau = \frac{L}{R}.$$

Für u_L *gilt:*

$$U_L(p) = Lp \cdot I_L(p) = Lp\,\frac{U}{Lp} \cdot \frac{1}{p+\frac{R}{L}} = U\,\frac{1}{p+\frac{R}{L}}$$

und nach der Rücktransformation:

$$\boxed{u_L(t) = U \cdot e^{-\frac{R}{L}t}}.$$

Die Spannung $u_L(t)$ hätte auch direkt aus der Zeitfunktion $i_L(t)$ mit der Beziehung $u_L(t) = L \cdot \dfrac{di_L(t)}{dt}$ abgeleitet werden können.

Ausschalten

Wird der Schalter S geöffnet, so schließt sich der Strom eine Zeit lang durch die Diode (Freilaufdiode) - zur Vermeidung eines Lichtbogens am Schalter.
Die Anfangsbedingung ist: $i_L(0) = \dfrac{U}{R}$.

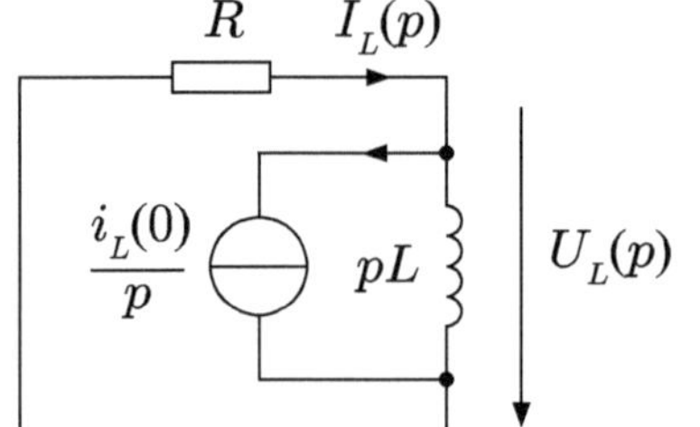

Man kann das ESB (Bild links) aufstellen, mit dem „Anfangswertgenerator“ als Stromquelle mit dem Strom $\dfrac{U}{pR}$ parallel zur Impedanz pL.
Es gilt:

$$I_L(p) = \frac{U_L(p)}{pL} + \frac{U}{pR} \quad \text{Knotengleichung}$$

$$R\,I_L(p) + U_L(p) = 0 \quad \text{Maschengleichung}$$

$$I_L(p) = \frac{-R}{pL} I_L(p) + \frac{U}{pR} \curvearrowright I_L(p)\left(1 + \frac{R}{pL}\right) = \frac{U}{pR}$$

$$I_L(p) = \frac{U}{pR} \cdot \frac{pL}{pL + R} = \frac{UL}{R} \cdot \frac{1}{pL + R} = \frac{U}{R} \cdot \frac{1}{p + \frac{R}{L}}$$

$$\boxed{i_L(t) = \frac{U}{R} \cdot e^{-\frac{t}{\tau}} \quad \text{mit} \quad \tau = \frac{L}{R}}$$

$$u_L(t) = -R i_L(t) = -U \cdot e^{-\frac{t}{\tau}}\,.$$

Bemerkung: Die Spannung u_L an der Spule ist bei $t = 0$ gleich $-U$ (Maschengleichung!), sie ändert sich also plötzlich von 0 auf $-U$. Nur der Strom i_L ist stetig!

Ein anderes ESB, das aus einer einzigen Masche besteht und somit eine einzige Gleichung zur Bestimmung von $i_L(t)$ benötigt, benutzt als „Anfangswertgenerator“ eine in Reihe geschaltete Spannungsquelle (s. Bild).

$$i_L(0) = \frac{U}{R}$$

$$I_L(p)(R + pL) - L\,i_L(0) = 0$$

$$I_L(p) = \frac{L\,i_L(0)}{R + pL} = i_L(0)\frac{1}{p + \frac{R}{L}}$$

$$i_L(t) = i_L(0) \cdot e^{-\frac{R}{L}t} = \frac{U}{R} \cdot e^{-\frac{R}{L}t}.$$

Dieser Rechenweg ist einfacher.
Anmerkung: Die Spannung des Anfangsgenerators ist: $-L \cdot i_L(0)$, wenn die „Zähl"richtung des Stromes durch die Spule dieselbe wie die Richtung der Quellenspannung ist!

■

■ Beispiel 16.2
R-L-Schaltung (Strom im Schaltaugenblick verschieden von Null)

In dem abgebildeten Stromkreis war im stationären Zustand der Schalter S geöffnet. Bei $t = 0$ wird der Schalter geschlossen. Welcher Strom $i(t)$ fließt durch den Widerstand R?

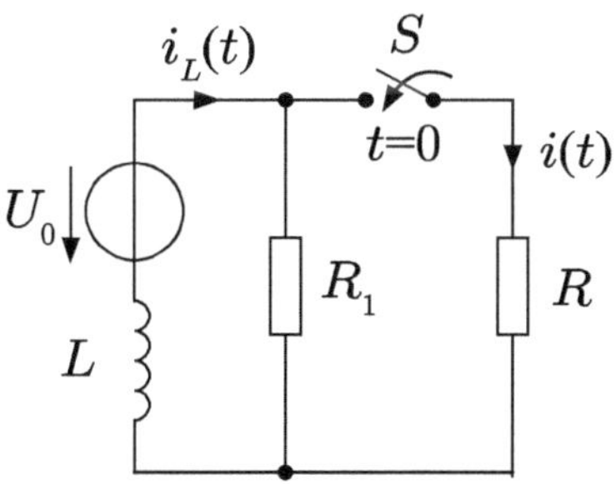

Lösung
Hier war die Induktivität L bei $t < 0$ stromdurchflossen, der Strom ist bei $t = 0$ verschieden von Null.

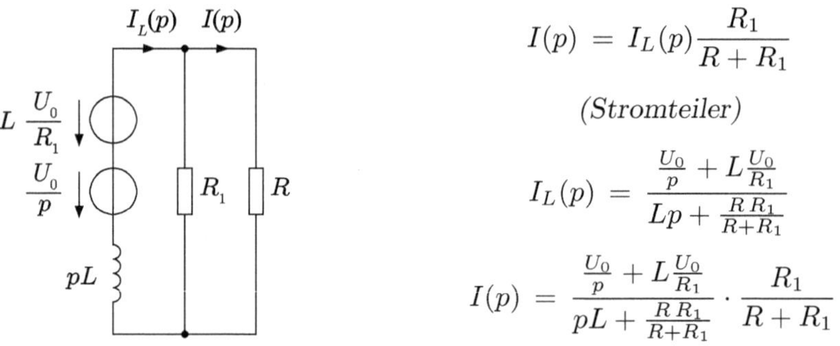

$$I(p) = I_L(p)\frac{R_1}{R+R_1}$$

(Stromteiler)

$$I_L(p) = \frac{\frac{U_0}{p} + L\frac{U_0}{R_1}}{Lp + \frac{R\,R_1}{R+R_1}}$$

$$I(p) = \frac{\frac{U_0}{p} + L\frac{U_0}{R_1}}{pL + \frac{R\,R_1}{R+R_1}} \cdot \frac{R_1}{R+R_1}\,.$$

Dividiert man Zähler und Nenner durch L, so isoliert man p im Nenner:

$$I(p) = \frac{\frac{U_0}{p} + L\frac{U_0}{R_1}}{p + \frac{R\,R_1}{L(R+R_1)}} \cdot \frac{R_1}{L(R+R_1)}$$

Jetzt kann man die Zeitkonstante als $\tau = \dfrac{L(R+R_1)}{R\,R_1} = \dfrac{L}{R_\parallel}$ *interpretieren und so wird:*

$$I(p) = \frac{\frac{U_0}{p} + L\frac{U_0}{R_1}}{p + \frac{1}{\tau}} \cdot \frac{1}{R\tau} = \frac{U_0}{R\,\tau} \cdot \frac{\frac{1}{p} + \frac{L}{R_1}}{p + \frac{1}{\tau}}$$

$$I(p) = \frac{U_0}{R\,\tau} \cdot \left[\frac{1}{p(p+\frac{1}{\tau})} + \frac{L}{R_1} \cdot \frac{1}{p+\frac{1}{\tau}}\right].$$

Die Rücktransformation in den Zeitbereich ergibt:

$$i(t) = \frac{U_0}{R\tau} \cdot \left(\tau - \tau \cdot e^{-\frac{t}{\tau}} + \frac{L}{R_1} \cdot e^{-\frac{t}{\tau}}\right)$$

$$\boxed{i(t) = \frac{U_0}{R} \cdot \left(1 - e^{-\frac{t}{\tau}}\frac{R_1}{R+R_1}\right)}\,.$$

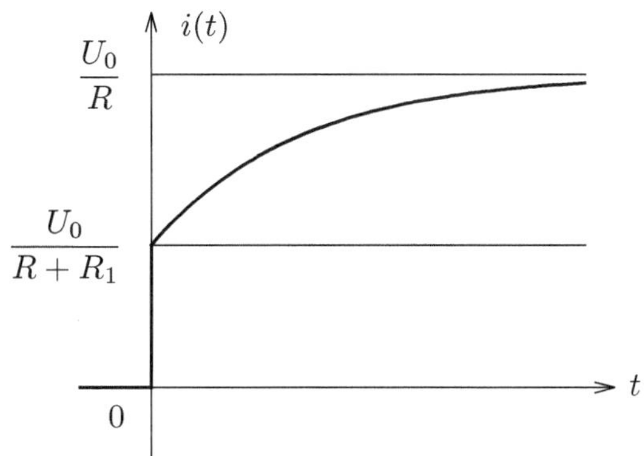

Andere Lösung:

Man bestimmt $I_L(p)$ und transformiert es in den Zeitbereich. Aus $i_L(t)$ bestimmt man mit der Stromteilerregel direkt $i(t)$, ohne $I(p)$ zu bestimmen. Also:

$$I_L(p) = \frac{U_0}{p\left(pL + \frac{RR_1}{R+R_1}\right)} + \frac{LU_0}{R_1\left(pL + \frac{RR_1}{R+R_1}\right)}$$

$$I_L(p) = \frac{U_0}{L} \cdot \frac{1}{p\left(p + \frac{1}{\tau}\right)} + \frac{U_0}{R_1} \cdot \frac{1}{p + \frac{1}{\tau}}$$

mit $\tau = \dfrac{L(R + R_1)}{R \cdot R_1} = \dfrac{L}{R_{\|}}$.

Mit der Korrespondenz-Tabelle:

$$\begin{aligned} i_L(t) &= \frac{U_0}{L} \cdot \frac{L(R + R_1)}{R \cdot R_1}\left(1 - e^{-\frac{t}{\tau}}\right) + \frac{U_0}{R_1} \cdot e^{-\frac{t}{\tau}} \\ &= \frac{U_0}{R_1}\left[\frac{R + R_1}{R} + e^{-\frac{t}{\tau}}\left(1 - \frac{R + R_1}{R}\right)\right] \end{aligned}$$

$$i_L(t) = \frac{U_0}{R_1}\left[\frac{R + R_1}{R} - \frac{R_1}{R} \cdot e^{-\frac{t}{\tau}}\right].$$

Daraus ergibt sich direkt der Strom $i(t)$:

$$i(t) = i_L(t)\frac{R_1}{R + R_1} = \frac{U_0}{R} - \frac{U_0}{R} \cdot \frac{R_1}{R + R_1} \cdot e^{-\frac{t}{\tau}}$$

$$i(t) = \frac{U_0}{R} \cdot \left(1 - \frac{R_1}{R + R_1}\right) \cdot e^{-\frac{t}{\tau}}.$$

■

■ Beispiel 16.3
R-L-Reihenschaltung (Strom bei $t = 0$ nicht null)

In der folgenden Schaltung, die sich bei $t < 0$ im stationären Zustand befand, wird bei $t = 0$ der Schalter S geschlossen. Gesucht wird der zeitliche Verlauf des Stromes $i(t)$ durch die Induktivität.

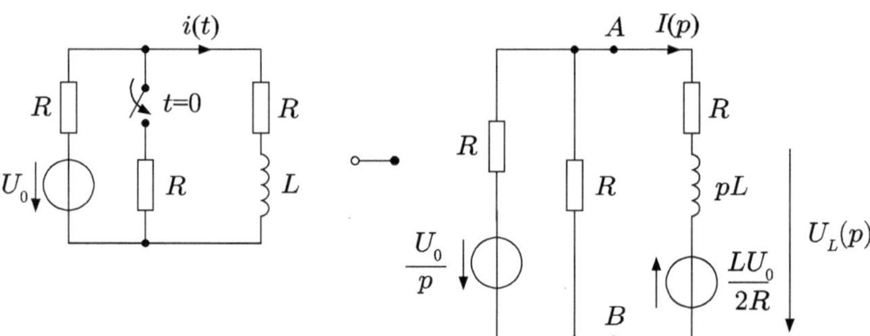

Lösung
Der „Anfangswertgenerator" ist eine Spannungsquelle, die die Anfangsbedingung für den Strom $i(0) = \frac{U_0}{2R}$ simuliert. Ihre Spannung ist somit: $-L \cdot \frac{U_0}{2R}$ (in Richtung des Stromes $I(p)$ durch die Spule). Somit wird:

$$U_L(p) = p\,L\,I(p) - L\,\frac{U_0}{2\,R}.$$

Die einfachste Lösung: Man ersetzt die Schaltung links von A-B erst durch eine Strom-, danach durch eine Ersatzspannungsquelle, z.B. so:

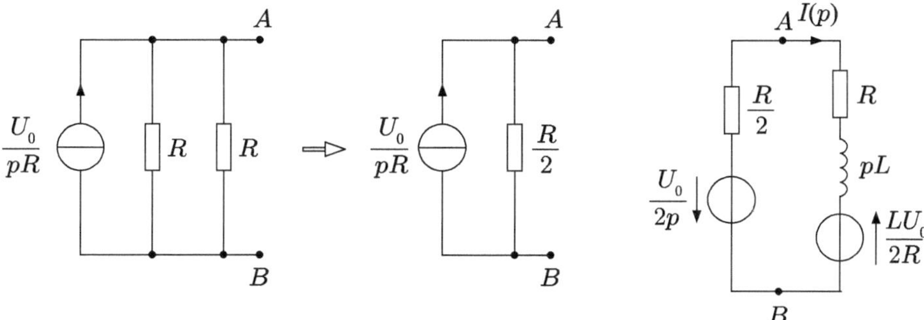

Jetzt ist $I(p)$:

$$I(p) = \frac{\frac{U_0}{2p} + \frac{LU_0}{2R}}{\frac{3}{2}\,R + pL} = \frac{\frac{U_0}{2p} + \frac{LU_0}{2R}}{L\left(p + \frac{1}{\tau}\right)} \quad \text{mit} \quad \tau = \frac{2L}{3R}$$

$$\boxed{I(p) = \frac{U_0}{2\,L} \cdot \frac{1}{p\left(p + \frac{1}{\tau}\right)} + \frac{U_0}{2\,R} \cdot \frac{1}{p + \frac{1}{\tau}}}\,.$$

Man kennt aus der Tabelle: $\dfrac{1}{p\left(p + \frac{1}{\tau}\right)} \bullet\!\!-\!\!\circ\, \tau\left(1 - e^{-\frac{t}{\tau}}\right)$ *, somit wird:*

$$i(t) = \frac{U_0\,\tau}{2\,L}\left(1 - e^{-\frac{t}{\tau}}\right) + \frac{U_0}{2\,R} \cdot e^{-\frac{t}{\tau}}$$

$$i(t) = \frac{U_0}{2\,L} \cdot \frac{2L}{3R}\left(1 - e^{-\frac{t}{\tau}}\right) + \frac{U_0}{2\,R} \cdot e^{-\frac{t}{\tau}}$$

$$i(t) = \frac{U_0}{3\,R}\left(1 - e^{-\frac{t}{\tau}} + \frac{3}{2} \cdot e^{-\frac{t}{\tau}}\right) = \boxed{\frac{U_0}{3\,R}\left(1 + \frac{1}{2} \cdot e^{-\frac{t}{\tau}}\right)}\,.$$

Auf dem nächsten Diagramm wurde der Zeitverlauf des Stromes skizziert.

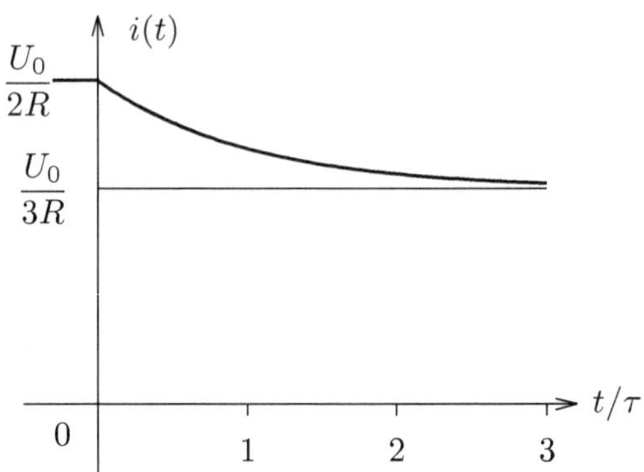

■

■ Beispiel 16.4
R-L-Parallelschaltung (kein Strom bei $t = 0$)

In der dargestellten Schaltung wird der Schalter S bei $t = 0$ plötzlich geschlossen. Bekannt sind die Quellenspannung U_0 und die Schaltelemente R_1, R_2 und L.
Diese Schaltung wurde bereits im Abschnitt 15 (Beispiel 13.1) mit der Methode der DGL behandelt, allerdings wurde dort nur die Spitzenspannung beim Abschalten untersucht. Hier sollen die 3 Ströme $i_1(t)$, $i_2(t)$, $i_3(t)$ berechnet werden (allgemein). Danach sollen die Verläufe $i(\frac{t}{\tau})$ für $R_1 = 5\,\Omega$, $R_2 = 15\,\Omega$, $U_0 = 100\,V$ skizziert werden. Für jeden Strom sollen dazu Anfangs- und Endwert, wie auch die Werte bei $t = \tau$ und $t = 2\tau$ bestimmt werden.

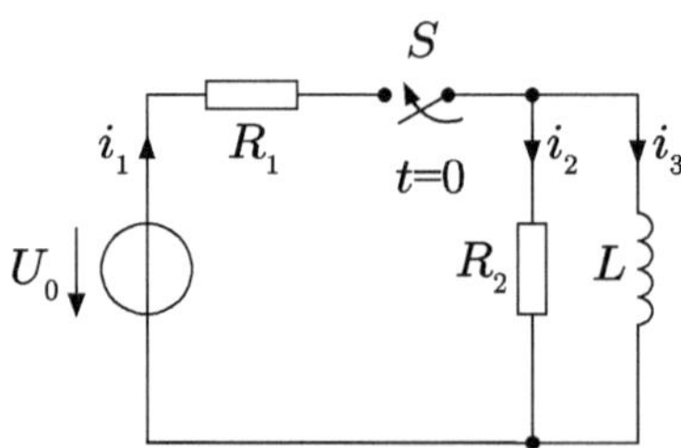

Lösung
Da alle Ströme bei $t = 0$ Null sind, verfährt man wie bei Wechselstrom ($j\omega$ wird p). Der gesamte Scheinwiderstand $Z(p)$ ist:

$$Z(p) = R_1 + \frac{pR_2L}{R_2 + pL}\,.$$

Somit sind die Laplace-Transformierten der 3 Ströme:
Gesamtstrom:

$$I_1(p) = \frac{U(p)}{Z(p)} = \frac{U_0}{p} \cdot \frac{R_2 + pL}{R_1 R_2 + pL(R_1 + R_2)}$$

Mit dem Stromteiler:

$$I_2(p) = I_1(p) \cdot \frac{pL}{R_2 + pL} = \frac{U_0 L}{R_1 R_2 + pL(R_1 + R_2)}$$

und

$$I_3(p) = I_1(p) \cdot \frac{R_2}{R_2 + pL} = \frac{U_0}{p} \cdot \frac{R_2}{R_1 R_2 + pL(R_1 + R_2)}.$$

Wir suchen die Originalfunktion $i_2(t)$. Dafür muss $I_2(p)$ umgeformt werden, zu einem Ausdruck, der in der Tabelle zu finden ist.

$$I_2(p) = \frac{U_0 L}{L(R_1 + R_2)} \cdot \frac{1}{p + \frac{R_1 R_2}{L(R_1+R_2)}};$$

$$\boxed{i_2(t) = \frac{U_0}{R_1 + R_2} \cdot e^{-\frac{t}{\tau}}} \quad \text{mit} \quad \boxed{\tau = L \cdot \frac{R_1 + R_2}{R_1 R_2} = \frac{L}{R\,\|}}.$$

Für $i_3(t)$ muss man die Bildfunktion $I_3(p)$ umformen:

$$I_3(p) = \frac{U_0}{p} \cdot \frac{R_2}{L(R_1 + R_2)} \cdot \frac{R_1}{R_1} \cdot \frac{1}{p + \frac{R_1 R_2}{L(R_1+R_2)}}$$

$$I_3(p) = \frac{U_0}{R_1} \cdot \frac{\frac{R_1 R_2}{L(R_1+R_2)}}{p\left(p + \frac{R_1 R_2}{L(R_1+R_2)}\right)} = \frac{U_0}{R_1} \cdot \frac{a}{p(p+a)}.$$

Mit $a = \frac{1}{\tau}$ ergibt sich aus der Tabelle für die Zeitfunktion $i_3(t)$:

$$\boxed{i_3(t) = \frac{U_0}{R_1} \cdot \left(1 - e^{-\frac{t}{\tau}}\right)}.$$

Schließlich ist $i_1(t)$ nach der Knotengleichung:

$$\begin{aligned} i_1(t) &= i_2(t) + i_3(t) = \frac{U_0}{R_1} \cdot \left(1 - e^{-\frac{t}{\tau}}\right) + \frac{U_0}{R_1 + R_2} \cdot e^{-\frac{t}{\tau}} \\ &= \frac{U_0}{R_1} - e^{-\frac{t}{\tau}} \left(\frac{U_0}{R_1} - \frac{U_0}{R_1 + R_2}\right) \\ &= \frac{U_0}{R_1} - e^{-\frac{t}{\tau}} \cdot \frac{R_2 U_0}{R_1(R_1 + R_2)} \end{aligned}$$

$$\boxed{i_1(t) = \frac{U_0}{R_1} \cdot \left(1 - \frac{R_2}{R_1 + R_2} \cdot e^{-\frac{t}{\tau}}\right)}.$$

Überprüfung:

$i_1(0) = \dfrac{U_0}{R_1 + R_2}$, *weil durch L kein Strom fließen kann.*

$i_1(\infty) = \dfrac{U_0}{R_1}$, *weil L den Widerstand R_2 kurzschließt.*

$i_2(0) = \dfrac{U_0}{R_1 + R_2} = i_1(0)$,

$i_2(\infty) = 0$, *weil* $i_1 = i_3$ *ist.*

$i_3(0) = 0$ *Anfangsbedingung.*

$i_3(\infty) = i_1(\infty) = \dfrac{U_0}{R_1}$.

Die drei Ströme sind auf den nächsten Diagrammen dargestellt.

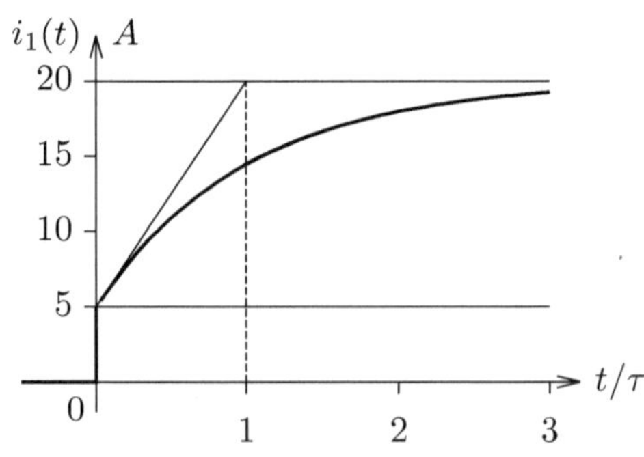

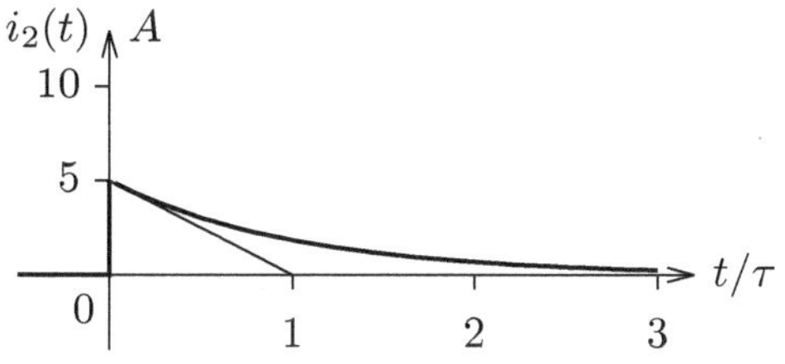

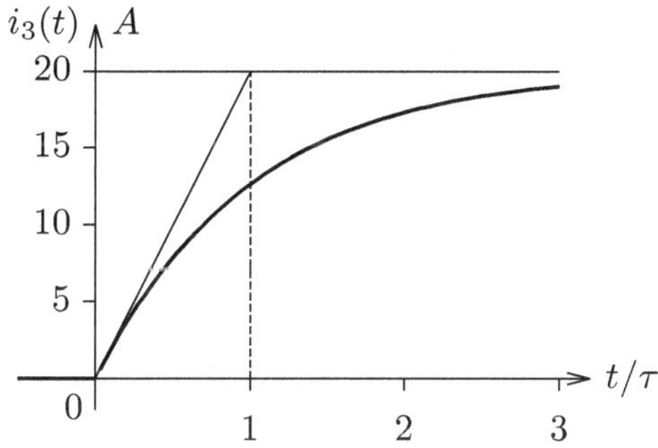

■

■ **Aufgabe 16.1**

R-L-Schaltung mit drei Zweigen (Strom bei $t = 0$ verschieden von Null)

In der folgenden Schaltung wird der Schalter S bei $t = 0$ geschlossen. Gesucht ist der Strom $i(t)$ durch die Induktivität L.
Bekannt sind:

$$R = 20\,\Omega, \quad L = 0,03\,H, \quad U_0 = 150\,V\,.$$

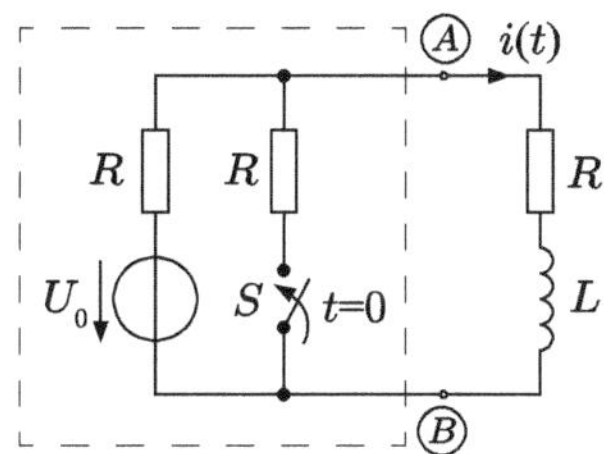

■

16.5.2. Berechnung von Strömen und Spannungen in R-C-Schaltungen mithilfe der Laplace- Transformation

■ **Beispiel 16.5**
Auf- und Entladen eines Kondensators, der bereits geladen war

Das Beispiel von Abschn. 13.4.5 (Bild 15.5) soll jetzt mit der Laplace-Transformation behandelt werden. Zusätzlich soll der Kondensator bereits eine Ladung $Q_0 = C\,U_0$ aufweisen, bevor der Schalter S in Stellung 1 gebracht wird.

Lösung
Aufladen
Anfangsbedingung: $u_C(0) = U_0 = \dfrac{Q_0}{C}$. *$U$ soll wieder eine Gleichspannung sein. Die DGL für die Spannung $u_C(t)$ ist:*

$$RC\frac{du_C(t)}{dt} + u_C(t) = U\,.$$

Im „Frequenzbereich“ lautet die transformierte algebraische Gleichung:

$$RC\,[p\,U_C(p) - u_C(0)] + U_C(p) = \frac{U}{p} \quad \text{mit} \quad u_C(0) = U_0$$

$$U_C(p)\,[pRC + 1] = \frac{U}{p} + U_0 \cdot RC$$

$$\begin{aligned} U_C(p) &= \frac{U}{p(pRC+1)} + \frac{RCU_0}{pRC+1} \\ &= U \cdot \frac{\frac{1}{RC}}{p\left(p+\frac{1}{RC}\right)} + U_0 \cdot \frac{1}{p+\frac{1}{RC}}\,. \end{aligned}$$

In der Tabelle findet man für die „Bildfunktion“: $\dfrac{a}{p(p+a)}$ *die „Originalfunktion“:* $(1-e^{-at})$ *und für* $\dfrac{1}{p+a}$ *die Zeitfunktion:* e^{-at}. *Die Lösung im Zeitbereich ist also:*

$$\boxed{u_C(t) = U\left(1 - e^{-\frac{t}{RC}}\right) + U_0 \cdot e^{-\frac{t}{RC}}} = U - e^{-\frac{t}{RC}}\,(U - U_0)\,.$$

Überprüfung: Bei $t = 0 \curvearrowright u_C(t) = U_0$,
bei $t = \infty \curvearrowright u_C(t) = U$.

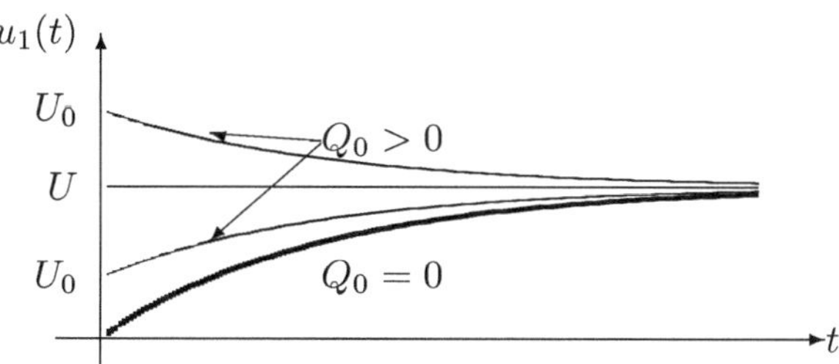

Mit der Methode des Ersatzschaltbildes im Bild- (Frequenz-)bereich kann man *die Spannung $u(t)$ folgendermaßen bestimmen:*

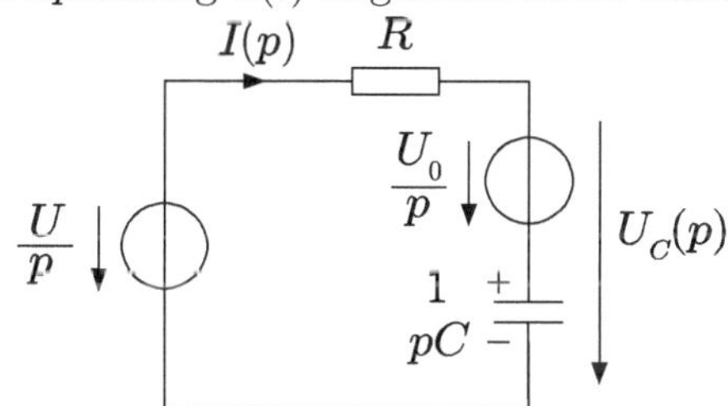

Man führt einen „Anfangswertgenerator“ $\frac{U_0}{p}$ ein.

$$I(p) = \frac{\frac{U}{p} - \frac{U_0}{p}}{R + \frac{1}{pC}}$$

$$U_C(p) = \frac{U_0}{p} + I(p) \cdot \frac{1}{pC} = \frac{U_0}{p} + \frac{\frac{U}{p} - \frac{U_0}{p}}{R + \frac{1}{pC}} \cdot \frac{1}{pC}$$

$$\begin{aligned} U_C(p) &= \frac{U_0}{p} + \frac{U - U_0}{p\left(R + \frac{1}{pc}\right)} \cdot \frac{1}{pC} = \frac{U_0}{p} + \frac{(U - U_0)}{p\,(1 + RCp)} \\ &= \frac{U_0}{p} + \frac{(U - U_0)\frac{1}{RC}}{p\,(p + \frac{1}{RC})} \\ &= \frac{U_0}{p} + (U - U_0)\frac{a}{p\,(p + a)}\,; \quad a = \frac{1}{RC}\,. \end{aligned}$$

Aus der Tabelle:

$$\begin{aligned} u_C(t) &= U_0 + (U - U_0)\left(1 - e^{-\frac{t}{RC}}\right) \\ &= U_0 + U\left(1 - e^{-\frac{t}{RC}}\right) - U_0\left(1 - e^{-\frac{t}{RC}}\right) \end{aligned}$$

$$\boxed{u_C(t) = U - (U - U_0) \cdot e^{-\frac{t}{RC}}}\,.$$

Der Strom $I(p)$ ergibt sich aus der obigen Formel als:

$$\begin{aligned} I(p) &= \frac{U - U_0}{p\left(R + \frac{1}{pC}\right)} = (U - U_0)\frac{pC}{p(1 + RCp)} \\ &= (U - U_0)\, C\, \frac{\frac{1}{RC}}{\frac{1}{RC} + p} \\ &= \frac{U - U_0}{R}\frac{1}{p + a} \quad \text{mit} \quad a = \frac{1}{RC}\,. \end{aligned}$$

Aus der Tabelle ergibt sich der Strom im Zeitbereich:

$$\boxed{i(t) = \frac{U - U_0}{R} \cdot e^{-\frac{t}{RC}}}\,.$$

Entladen
(Schalter S in Stellung 2 im Abschn. 13.4.5, Bild 15.5)

Anmerkung zu der Wahl der „Zähl"richtung für den Strom $I(p)$: Die Richtung ist frei wählbar; falls sie nicht mit der tatsächlichen Richtung übereinstimmt, ergibt sich für den Strom ein negativer Wert. Die Frage, die erfahrungsgemäß Schwierigkeiten bereiten kann, ist, in welcher Richtung wählt man die „Quellen"spannung des Anfangswertgenerators? Nun, am sichersten verfährt man, wenn man, gemäß dem ESB eines bereits geladenen Kondensators, das im Abschnitt 14.5.2 abgeleitet wurde, die Richtung der Spannung $\frac{u_C(0)}{p}$ gleich der Richtung des Stromes wählt.

In dem hier betrachteten Fall weiß man definitiv, dass in Wirklichkeit der Strom in die andere Richtung fließt als gewählt, denn der Kondensator entlädt sich. Man erwartet also, dass der Strom sich als negativ ergibt.
In der Tat lautet die Maschengleichung:

$$R\,I(p) + \frac{U}{p} + \frac{1}{pC}\,I(p) = 0\,.$$

$$I(p) = \frac{-\frac{U}{p}}{R + \frac{1}{pC}} = \frac{-U}{p\left(R + \frac{1}{pC}\right)} = \frac{-U}{R} \cdot \frac{1}{p + \frac{1}{CR}}$$

$$U_C(p) = \frac{U}{p} + I(p) \cdot \frac{1}{pC} \quad \text{oder} \quad U_C(p) = -R\,I(p)$$

$$U_C(p) = U \cdot \frac{1}{p + \frac{1}{CR}}$$

$$\boxed{u_C(t) = U \cdot e^{-\frac{t}{RC}}}$$

$$\boxed{i_C(t) = C\,\frac{du_C(t)}{dt} = -C\frac{1}{RC}U \cdot e^{-\frac{t}{RC}} = -\frac{U}{R} \cdot e^{-\frac{t}{RC}}}\,.$$

Wie erwartet, fließt der Strom entgegen der gewählten Zählrichtung.

■

■ Beispiel 16.6

R-C-Parallelschaltung, Ströme bei $t = 0$ gleich Null

Ein anderes Beispiel, diesmal mit einer Parallelschaltung R-C, soll zeigen, dass man, im Falle dass die Unbekannten bei $t = 0$ gleich Null sind, die Methoden der Wechselstromtechnik direkt anwenden kann, indem man $j\omega$ durch p ersetzt.

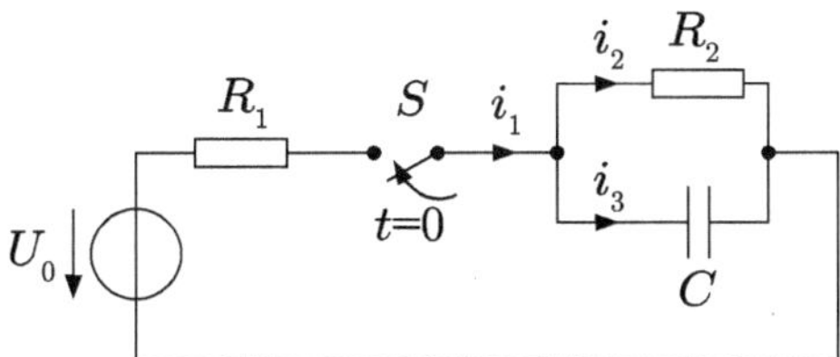

Der Schalter S wird bei $t = 0$ geschlossen, der Kondensator C war ungeladen. Die Gesamtimpedanz der Schaltung im Frequenzbereich ist:

$$Z(p) = R_1 + \frac{R_2\frac{1}{pC}}{R_2 + \frac{1}{pC}} = R_1 + \frac{R_2}{1 + pCR_2}\,.$$

Somit bestimmt man die Laplace-Transformierten der 3 Ströme gleich, als:

$$\begin{aligned}
I_1(p) &= \frac{U_0}{pZ(p)} = \frac{U_0}{p} \cdot \frac{1 + pCR_2}{(R_1 + R_2) + pCR_1R_2} \\
& \text{und, mit der Stromteilerregel:} \\
I_2(p) &= I_1(p)\frac{\frac{1}{pC}}{R_2 + \frac{1}{pC}} = I_1(p)\frac{1}{pCR_2 + 1} \\
&= \frac{U_0}{p} \cdot \frac{1}{(R_1 + R_2) + pCR_1R_2} \\
I_3(p) &= I_1(p)\frac{R_2}{R_2 + \frac{1}{pC}} = I_1(p)\frac{pCR_2}{pCR_2 + 1} \\
&= \frac{U_0CR_2}{(R_1 + R_2) + pCR_1R_2}\,.
\end{aligned}$$

Die „Kunst“ liegt darin, diese Brüche in eine Form zu bringen, die man in Tabellen findet. Bei I_1 muss man versuchen, im Nenner p als $p \cdot 1$ zu erreichen.

$$\text{Das geht so:} \quad I_1 = \frac{U_0}{pCR_1R_2} \cdot \frac{1 + pCR_2}{p + \frac{R_1+R_2}{CR_1R_2}}$$

$$\text{mit} \quad \frac{R_1 + R_2}{CR_1R_2} = \frac{1}{C \cdot (R_1 \| R_2)} = \frac{1}{\tau} \quad \curvearrowright \quad \tau = \frac{CR_1R_2}{R_1 + R_2}$$

bekommt man:

$$I_1 = \frac{U_0}{pCR_1R_2} \cdot \frac{1 + pCR_2}{p + \frac{1}{\tau}} = \frac{U_0}{R_1} \cdot \frac{1}{p + \frac{1}{\tau}} + \frac{U_0}{pCR_1R_2} \cdot \frac{1}{p + \frac{1}{\tau}}\,.$$

Der 2. Bruch wird mit $(R_1 + R_2)$ erweitert. Er wird:

$$\frac{U_0}{p(R_1 + R_2)} \cdot \frac{\frac{1}{\tau}}{p + \frac{1}{\tau}} = \frac{U_0}{R_1 + R_2} \cdot \frac{\frac{1}{\tau}}{p\left(p + \frac{1}{\tau}\right)}$$

Die Funktion im Originalbereich, die der Transformierten $\dfrac{a}{p(p+a)}$ entspricht, ist: $(1 - e^{-at})$. Somit wird i_1:

$$\begin{aligned}
i_1(t) &= \frac{U_0}{R_1} \cdot e^{-\frac{t}{\tau}} + \frac{U_0}{R_1 + R_2} \cdot \left(1 - e^{-\frac{t}{\tau}}\right) \\
&= \frac{U_0}{R_1 + R_2} \cdot \left[1 + \left(\frac{R_1 + R_2}{R_1} - 1\right) \cdot e^{-\frac{t}{\tau}}\right]
\end{aligned}$$

$$\boxed{i_1(t) = \frac{U_0}{R_1 + R_2} \cdot \left(1 + \frac{R_2}{R_1} \cdot e^{-\frac{t}{\tau}}\right)}\,.$$

Für den Strom I_2 kann man schreiben:

$$I_2(p) = \frac{U_0}{pCR_1R_2} \cdot \frac{1}{p + \frac{R_1+R_2}{CR_1R_2}} = \frac{U_0}{R_1 + R_2} \cdot \frac{1}{p} \cdot \frac{\frac{R_1+R_2}{CR_1R_2}}{p + \frac{R_1+R_2}{CR_1R_2}}$$

$$I_2 = \frac{U_0}{R_1 + R_2} \cdot \frac{\frac{1}{\tau}}{p\left(p + \frac{1}{\tau}\right)} \quad \curvearrowright \quad \boxed{i_2(t) = \frac{U_0}{R_1 + R_2} \cdot \left(1 - e^{-\frac{t}{\tau}}\right)}\,.$$

Schließlich ist $I_3(p)$:

$$\begin{aligned} I_3(p) &= \frac{U_0CR_2}{p + \frac{R_1+R_2}{CR_1R_2}} \cdot \frac{1}{CR_1R_2} \\ &= \frac{U_0}{R_1} \cdot \frac{1}{p + \frac{1}{\tau}} \quad \curvearrowright \quad i_3(t) = \boxed{\frac{U_0}{R_1} \cdot e^{-\frac{t}{\tau}}}\,. \end{aligned}$$

Die Skizzen der Zeitverläufe (für $R_1 = R_2$):

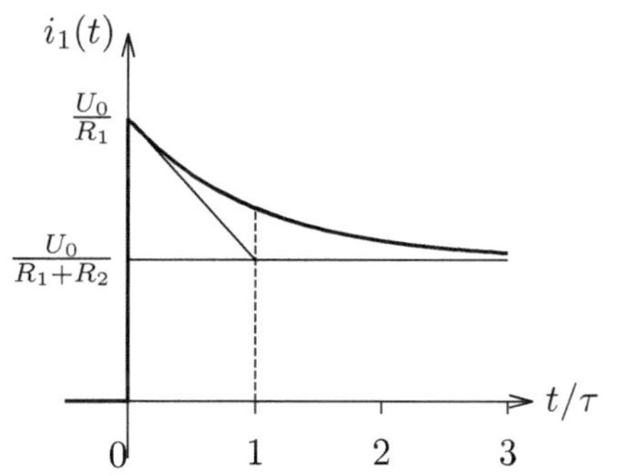

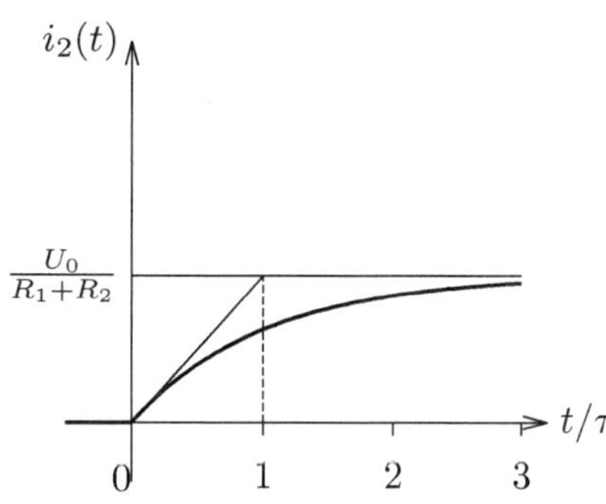

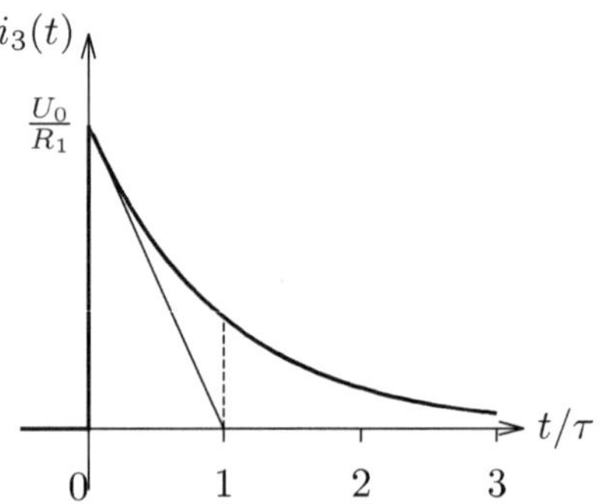

■

■ **Aufgabe 16.2**

R-*C*-Schaltung mit 3 Zweigen (Beispiel 13.8 behandelt mit der Laplace-Transformation)

Am einfachsten: man zeichnet ein ESB, in dem ein „Anfangswertgenerator" mit der Spannung $\dfrac{u_C(0)}{p}$ *in Reihe mit dem Kondensator geschaltet wird.*

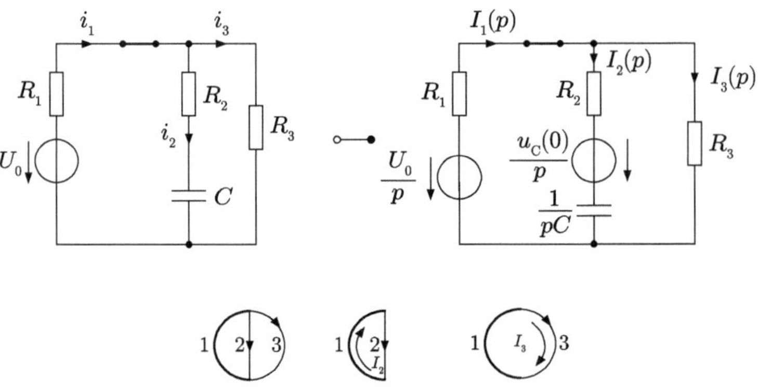

Zahlenwerte: $R_1 = 5\,\Omega$, $R_2 = R_3 = 10\,\Omega$, $R_4 = 15\,\Omega$, $C = 100\,\mu F$, $U_0 = 60\,V$.

■

■ **Beispiel 16.7**

Zusammenschalten von zwei Kondensatoren

Im Zeitpunkt $t = 0$ werden zwei Kondensatoren C_1 und C_2 in Reihe mit einem Widerstand R geschaltet. Am Kondensator C_1 liegt bereits die Spannung U_0. Gesucht sind die Spannungen $u_1(t)$ und $u_2(t)$ - mit grafischer Darstellung für $C_1 = C_2$.

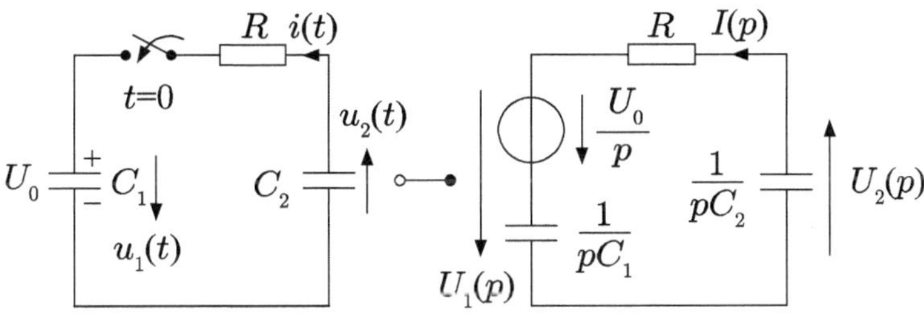

Die Maschengleichung im Bildbereich lautet:

$$I(p) \cdot \left(R + \frac{1}{pC_1} + \frac{1}{pC_2}\right) = -\frac{U_0}{p}$$

und somit:

$$I(p) = \frac{-\frac{U_0}{p}}{R + \frac{1}{pC_1} + \frac{1}{pC_2}}$$

$$I(p)\left(pR + \frac{1}{C_1} + \frac{1}{C_2}\right) = -U_0$$

$$I(p)\left(p + \frac{C_1 + C_2}{C_1 C_2 R}\right) = -\frac{U_0}{R}\,.$$

Mit $\tau = \dfrac{RC_1C_2}{C_1 + C_2}$ *wird:*

$$I(p) = -\frac{U_0}{R\left(p + \frac{1}{\tau}\right)} \;\bullet\!\!-\!\circ\; i(t) = -\frac{U_0}{R} \cdot e^{-\frac{t}{\tau}}\,.$$

Weiter ist die Spannung $U_2(p)$:

$$U_2(p) = I \cdot \frac{1}{pC_2} = -\frac{U_0}{RC_2} \cdot \frac{1}{p\left(p + \frac{1}{\tau}\right)} \;\bullet\!\!-\!\circ\; u_2(t) = -\frac{U_0}{RC_2} \cdot \tau \left(1 - e^{-\frac{t}{\tau}}\right)$$

$$u_2(t) = -\frac{U_0}{RC_2} \cdot \frac{C_1 C_2 R}{C_1 + C_2} \left(1 - e^{-\frac{t}{\tau}}\right) = \boxed{-\frac{U_0 C_1}{C_1 + C_2} \left(1 - e^{-\frac{t}{\tau}}\right)} .$$

Überprüfung: Für $t = 0$ ist $u_2(0) = 0$, für $t = \infty$:

$$u_2(\infty) = -U_0 \cdot \frac{C_1}{C_1 + C_2} .$$

Die Spannung $u_1(t)$ ergibt sich direkt aus der Maschengleichung:

$$u_1(t) + u_2(t) + R \cdot i(t) = 0$$

$$u_1(t) = -u_2(t) - R \cdot i(t)$$

$$u_1(t) = +\frac{U_0 C_1}{C_1 + C_2} \left(1 - e^{-\frac{t}{\tau}}\right) + U_0 \cdot e^{-\frac{t}{\tau}} = U_0 \frac{C_1}{C_1 + C_2} + U_0 \cdot e^{-\frac{t}{\tau}} \left(1 - \frac{C_1}{C_1 + C_2}\right)$$

$$\boxed{u_1(t) = +U_0 \cdot \frac{1}{C_1 + C_2} \left[C_1 + C_2 \cdot e^{-\frac{t}{\tau}}\right]} .$$

Überprüfung: Für $t = 0$ ist $u_1(0) = U_0$, für $t = \infty$:

$$u_1(\infty) = U_0 \cdot \frac{C_1}{C_1 + C_2} ,$$

sodass die Maschengleichung:

$$u_1(\infty) + u_2(\infty) = 0$$

erfüllt ist.

■

16.5.3. Berechnung von Strömen und Spannungen in Schaltungen mit 2 unterschiedlichen Energiespeichern

■ Beispiel 16.8
R-L-C-Parallelkreis

In dem dargestellten Stromkreis wird der Schalter S erst in die Stellung 1 gebracht, wodurch der Kondensator C aufgeladen wird. Bei $t = 0$ wird der Schalter in die Stellung 2 umgelegt, wodurch der Kondensator mit einer Parallelschaltung R-L zusammengeschaltet wird.

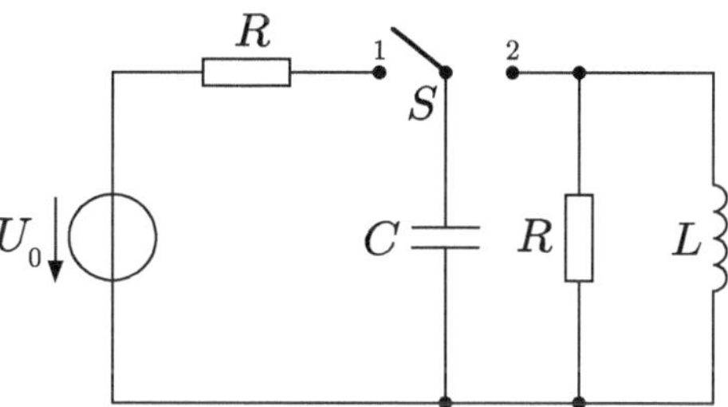

Bekannt sind: U_0, C, R, L. Gesucht ist der zeitliche Verlauf der Spannung am Kondensator $u(t)$.
Das ESB im Bildbereich enthält einen „Anfangswertgenerator", der die Anfangsbedingung $u_C(0) = U_0$ simuliert:

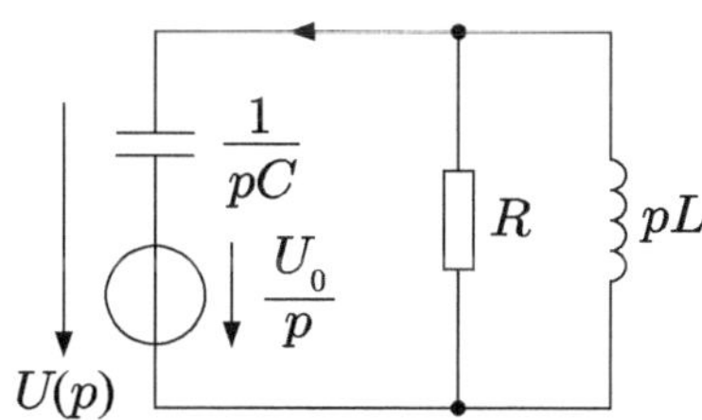

Die Spannung am Kondensator ist gleich der Spannung an der Parallelschaltung R-L. Mit der Spannungsteilerregel:

$$U(p) = \frac{U_0}{p} \cdot \frac{pLR}{R + pL} \cdot \frac{1}{\frac{1}{Cp} + \frac{pLR}{R+pL}} = U_0 \cdot \frac{LR}{\frac{R+pL}{Cp} + pLR}$$

$$U(p) = U_0 \cdot \frac{pLRC}{p^2 LRC + pL + R}.$$

Der Koeffizient von p^2 soll 1 sein, also:

$$\boxed{U(p) = U_0 \cdot \frac{p}{p^2 + \frac{p}{RC} + \frac{1}{LC}}}\,.$$

Seien p_1 und p_2 die Nullstellen des Nenner-Polynoms:

$$p_{1,2} = -\frac{1}{2RC} \pm \sqrt{\left(\frac{1}{2RC}\right)^2 - \frac{1}{LC}}$$

oder mit den Bezeichnungen: $\frac{1}{2RC} = \alpha$ *und* $\sqrt{\alpha^2 - \frac{1}{LC}} = \beta$*:*

$$p_{1,2} = -\alpha \pm \beta\,.$$

Der Nennerpolynom kann als Produkt dargestellt werden (sie z.B. Papula):

$$(p - p_1)(p - p_2)$$

(Beweis: $(p+\alpha-\beta)(p+\alpha+\beta) = p^2 + 2\alpha p + (\alpha^2 - \beta^2) = p^2 + \frac{p}{RC} + \frac{1}{LC}$*)*

Drei Fälle sind möglich:

1. Fall (aperiodisch): $\beta > 0$; $\left(\frac{1}{2RC}\right)^2 > \frac{1}{LC}$
Man sucht einen Ausdruck für $U(p)$, den man in den Korrespondenz-Tabellen findet.
Mit der Methode der Partialbruchzerlegung wird:

$$\begin{aligned}\frac{p}{(p-p_1)(p-p_2)} &= \frac{A}{p-p_1} + \frac{B}{p-p_2} \\ = \frac{A(p-p_2) + B(p-p_1)}{(p-p_1)(p-p_2)} &= \frac{p(A+B) - (p_2 A + p_1 B)}{(p-p_1)(p-p_2)}\end{aligned}$$

und durch Koeffizientenvergleich:

$$A + B = 1 \quad \curvearrowright \quad B = 1 - A$$

$$\begin{aligned}p_2 A + p_1 B = 0 \quad &\curvearrowright \quad p_2 A + p_1 (1 - A) = 0 \\ &\curvearrowright \quad (p_2 - p_1) A = -p_1\end{aligned}$$

$$A = \frac{p_1}{p_1 - p_2}; \quad B = -\frac{p_2}{p_1 - p_2}\,,$$

also:

$$A = \frac{-\alpha + \beta}{2\beta} \quad \text{und} \quad B = \frac{\alpha + \beta}{2\beta};$$

$$A = \frac{1}{2} - \frac{\alpha}{2\beta} \quad \text{und} \quad B = \frac{1}{2} + \frac{\alpha}{2\beta}.$$

Für den erzielten Ausdruck von $U(p)$:

$$U(p) = U_0 \cdot \left(\frac{A}{p - p_1} + \frac{B}{p - p_2} \right)$$

findet man leicht in den Tabellen die Originalfunktion im Zeitbereich:

$$\begin{aligned} u(t) &= U_0 \left(A \cdot e^{p_1 t} + B \cdot e^{p_2 t} \right) \\ &= U_0 \left(A \cdot e^{-\alpha t} \cdot e^{\beta t} + B \cdot e^{-\alpha t} \cdot e^{-\beta t} \right) \\ &= U_0 \cdot e^{-\alpha t} \left[\left(\frac{1}{2} - \frac{\alpha}{2\beta} \right) \cdot e^{\beta t} + \left(\frac{1}{2} + \frac{\alpha}{2\beta} \right) \cdot e^{-\beta t} \right] \\ &= U_0 \cdot e^{-\alpha t} \left[\frac{1}{2} \left(e^{\beta t} + e^{-\beta t} \right) - \frac{\alpha}{2\beta} \left(e^{\beta t} - e^{-\beta t} \right) \right]. \end{aligned}$$

$$\boxed{u(t) = U_0 \cdot e^{-\alpha t} \cdot \left[\cosh \beta t - \frac{\alpha}{\beta} \sinh \beta t \right]}$$

Wo sinh *und* cosh *die Hyperbelfunktionen sind.*

2. Fall (aperiodischer Grenzfall) $\beta = 0 \curvearrowright \left(\frac{1}{2RC} \right)^2 = \frac{1}{LC}$. *Jetzt gilt:* $p_1 = p_2 = -\alpha$ *und:*

$$\begin{aligned} U(p) &= U_0 \cdot \frac{p}{(p + \alpha)^2} \\ &= U_0 \cdot \left[\frac{p + \alpha}{(p + \alpha)^2} - \frac{\alpha}{(p + \alpha)^2} \right] \\ &= U_0 \cdot \left[\frac{1}{(p + \alpha)} - \alpha \frac{1}{(p + \alpha)^2} \right]. \end{aligned}$$

Hier hat man einfach im Zähler α addiert und subtrahiert.
(Wenn man nicht diese Idee hat, dann hilft die Partialbruchzerlegung bei zweifacher Nullstelle (s. Papula)):

$$\frac{p}{(p + \alpha)(p + \alpha)} = \frac{A}{p + \alpha} + \frac{B}{(p + \alpha)^2} = \frac{A(p + \alpha) + B}{(p + \alpha)^2}$$

und durch Koeffizientenvergleich:
$A = 1\,; \quad A\alpha + B = 0\,; \curvearrowright \quad B = -\alpha$).
In Tabellen findet man:

$$\frac{1}{p+\alpha} \circ\!\!-\!\!\bullet\; e^{-\alpha t}$$

$$\frac{1}{(p+\alpha)^2} \circ\!\!-\!\!\bullet\; t \cdot e^{-\alpha t}$$

Somit wird die Spannung am Kondensator in diesem Fall:

$$\boxed{u(t) = U_0 \cdot e^{-\alpha t} \cdot (1 - \alpha t)}\,.$$

3. Fall (gedämpfte Schwingung): $\beta = j\omega \curvearrowright \left(\frac{1}{2RC}\right)^2 < \frac{1}{LC}$.

Mit der Bezeichnung $\left(\frac{1}{2RC}\right)^2 - \frac{1}{LC} = -\omega^2$ *und mit den folgenden Beziehungen:*

$$\begin{aligned} \cosh(j\omega t) &= \frac{1}{2} \cdot \left[e^{j\omega t} + e^{-j\omega t}\right] = \cos\omega t \\ \sinh(j\omega t) &= \frac{1}{2} \cdot \left[e^{j\omega t} - e^{-j\omega t}\right] = j \cdot \sin\omega t \end{aligned}$$

ergibt sich aus dem Ergebnis von Fall 1, mit $\beta = j\omega$:

$$\boxed{u(t) = U_0 \cdot e^{-\alpha t} \cdot \left[\cos\omega t - \frac{\alpha}{\omega}\sin\omega t\right]}\,.$$

Das ist eine Schwingung, die durch den Faktor $e^{-\alpha t}$, *der bei* $t \to \infty$ *zu Null strebt, gedämpft ist.*
Ein idealer Einzelfall tritt ein wenn $R = 0$ *ist (ungedämpfte Schwingung).*
Dann ist $\alpha = 0$ *und es bleibt:*

$$\boxed{u(t) = U_0 \cdot \cos\omega_1 t}$$

mit $\omega_1 = \frac{1}{\sqrt{LC}}$.
Alle 4 Fälle waren im Abschnitt 13.6 (Abb. 13.16, a, b, c, d) skizziert, dargestellt: 1) aperiodisch, 2) aperiodischer Grenzfall, 3) gedämpfte Schwingung, 4) ungedämpfte Schwingung.

■

■ **Beispiel 16.9**

R-L-C Reihe- Parallelkreis

In der dargestellten Schaltung wird bei $t = 0$ die Spannung $U = 250\,V$ geschaltet. Der Kondensator C war ungeladen. Bestimmen Sie den Zeitverlauf der Spannung am Kondensator $u_C(t)$ erst allgemein und dann in 3 Fällen:

Fall 1: $R = 250\,\Omega\,,\quad L = \frac{2}{3}H\,,\quad C = 2\,\mu F\,.$

Fall 2: $R = 100\,\Omega\,,\quad L = 40\,mH\,,\quad C = 1\,\mu F\,.$

Fall 3: $R = 100\,\Omega\,,\quad L = 40\,mH\,,\quad C = 5\,\mu F\,.$

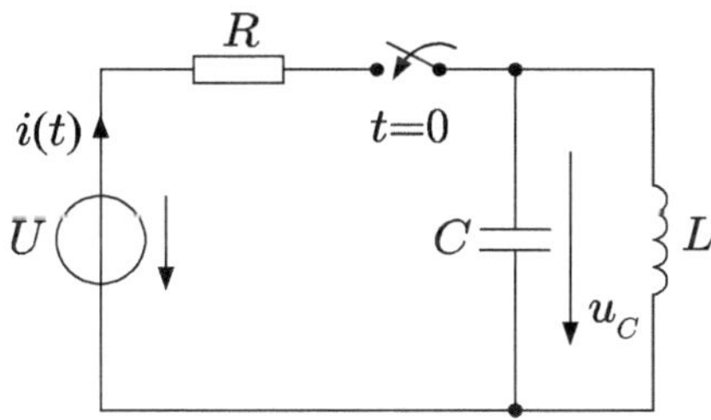

Lösung

Da bei $t = 0$ kein Strom fließt, kann man wie bei stationärem Wechselstrom verfahren ($j\omega$ wird p).

Die Impedanz $Z(p)$ im Bildbereich ist:

$$\begin{aligned} Z(p) &= R + \frac{pL \cdot \frac{1}{pC}}{pL + \frac{1}{pC}} \\ &= R + \frac{pL}{p^2LC + 1} = \frac{p^2RLC + pL + R}{p^2LC + 1} \end{aligned}$$

und der Strom $I(p)$:

$$I(p) = \frac{U}{p} \cdot \frac{p^2LC + 1}{p^2RLC + pL + R}\,.$$

Daraus die Spannung $U_C(p)$: $U_C(p) = I(p) \cdot Z_{LC}(p)$

$$\begin{aligned} U_C(p) &= I(p) \cdot \frac{pL}{p^2LC + 1} \\ &= \frac{U}{p} \cdot \frac{pL}{p^2RLC + pL + R} = \boxed{\frac{U}{RC} \cdot \frac{1}{p^2 + p\frac{1}{RC} + \frac{1}{LC}}}\,. \end{aligned}$$

Die Nullstellen des Nennerpolynoms sind:

$$p_{1,2} = -\frac{1}{2RC} \pm \sqrt{\left(\frac{1}{2RC}\right)^2 - \frac{1}{LC}}$$

oder mit den Bezeichnungen: $\frac{1}{2RC} = \alpha$ *und* $\sqrt{\alpha^2 - \frac{1}{LC}} = \beta$:

$$p_{1,2} = \alpha \pm \beta\,.$$

Der Nennerpolynom ist: $(p-p_1)(p-p_2)$, *also:*

$$\boxed{U_C(p) = \frac{U}{RC} \cdot \frac{1}{(p-p_1)(p-p_2)}}\,.$$

Mit der Methode der Partialbruchzerlegung wird:

$$\begin{aligned} \frac{1}{(p-p_1)(p-p_2)} &= \frac{A}{p-p_1} + \frac{B}{p-p_2} \\ = \frac{A(p-p_2) + B(p-p_1)}{(p-p_1)(p-p_2)} &= \frac{p(A+B) - (p_2A + p_1B)}{(p-p_1)(p-p_2)} \end{aligned}$$

und durch Koeffizientenvergleich:

$$A + B = 0 \quad \curvearrowright \quad B = -A$$

$$-p_2A - p_1B = 1 \quad (p_1 - p_2)A = 1 \qquad \curvearrowright \quad A = \frac{1}{p_1 - p_2}$$

$$\boxed{U_C(p) = \frac{U}{RC} \cdot \frac{1}{p_1 - p_2}\left(\frac{1}{p-p_1} - \frac{1}{p-p_2}\right)}$$

wo $p_1 - p_2 = -\alpha + \beta - (-\alpha - \beta) = +2\beta$.

$$U_C(p) = \frac{U}{RC} \cdot \frac{1}{2\beta}\left(\frac{1}{p-p_1} - \frac{1}{p-p_2}\right)$$

$$u_C(t) = \frac{U}{2RC\beta}\left[e^{p_1t} - e^{p_2t}\right] = \frac{U}{2RC\beta}\left[e^{-(\alpha-\beta)t} - e^{-(\alpha+\beta)t}\right]$$

Fall 1:

$$\alpha = \frac{1}{2 \cdot 250 \cdot 2 \cdot 10^{-6}} s^{-1} = 1000\, s^{-1}$$

$$\beta = \sqrt{(1000)^2 - \frac{10^6}{\frac{2}{3} \cdot 2} s^{-1}} = \sqrt{0,25 \cdot 10^6 s^{-1}} = 500\, s^{-1}$$

$$u_C(t) = \frac{250}{2 \cdot 250 \cdot 2 \cdot 10^{-6} \cdot 500} V \cdot \left(e^{-500t} - e^{-1500t}\right)$$

$$\boxed{u_C(t) = 500\, V \cdot \left(e^{-500t} - e^{-1500t}\right)} \qquad \textit{aperiodisch}$$

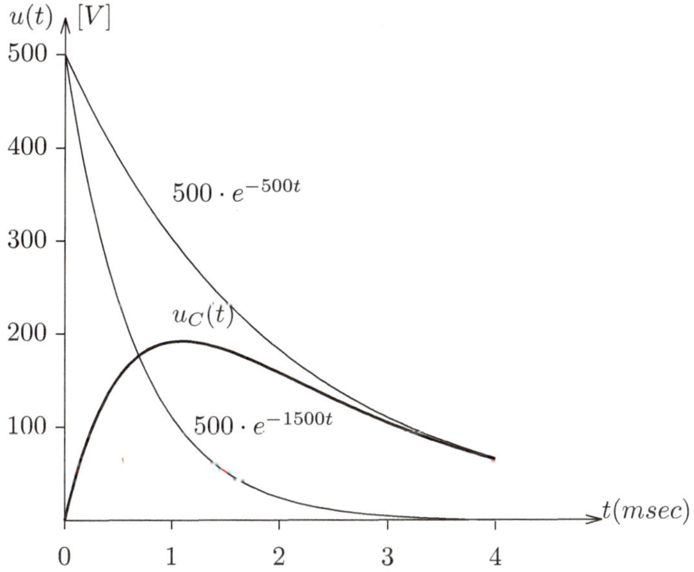

Fall 2:

$$\alpha = \frac{1}{2 \cdot 100 \cdot 10^{-6}} s^{-1} = 5000\, s^{-1};$$

$$\beta = \sqrt{25 \cdot 10^6 - \frac{1}{40 \cdot 10^{-3} \cdot 10^{-6}}}\; s^{-1} = 0$$

Die obige Formel für $u_C(t)$ stimmt nicht mehr. Jetzt ist $p_1 = p_2 = -\alpha$

$$\boxed{U_C(p) = \frac{U}{RC} \cdot \frac{1}{(p+\alpha)^2}}$$

und aus der Tabelle:

$$\boxed{u_C(t) = \frac{U}{RC} \cdot t \cdot e^{-\alpha t}}\,.$$

Mit Zahlen:

$$u_C(t) = \frac{250\, V}{10^2 \cdot 10^{-6}} \cdot t \cdot e^{-5000t}$$

$$\boxed{u_C(t) = 2,5 \cdot 10^6 \, \frac{V}{s} \cdot t \cdot e^{-5000t}}$$ *aperiodischer Grenzfall.*

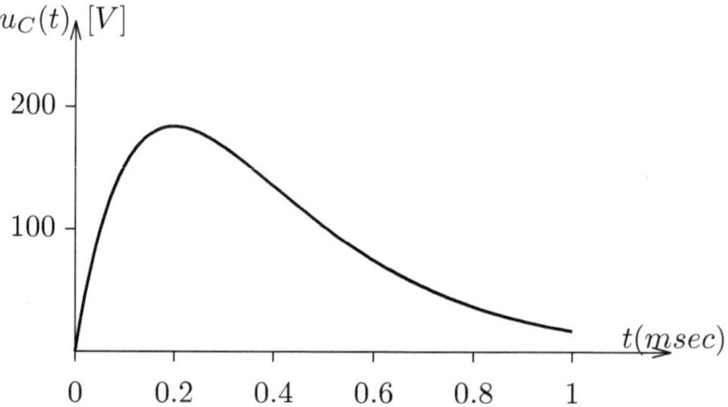

Fall 3:

$$\alpha = \frac{1}{2 \cdot 100 \cdot 5 \cdot 10^{-6}} \, s^{-1} = 1000 \, s^{-1};$$

$$\beta = \sqrt{\cdot 10^6 - \frac{1}{40 \cdot 10^{-3} \cdot 5 \cdot 10^{-6}}} \, s^{-1}$$

$$\beta = 2 \cdot j \cdot 10^3 \, s^{-1} = j \, \omega \quad mit \quad \omega = 2000 \, s^{-1}.$$

Allgemein:

$$\begin{aligned} u_C(t) &= \frac{U}{2RC \cdot j\omega} \left[e^{-\alpha t} \cdot e^{-j\omega t} - e^{-\alpha t} \cdot e^{j\omega t} \right] \\ &= \frac{U}{RC\omega} e^{-\alpha t} \underbrace{\frac{e^{j\omega t} - e^{-j\omega t}}{2j}}_{\sin \omega t} \end{aligned}$$

$$\boxed{u_C(t) = \frac{U}{RC \cdot \omega} e^{-\frac{1}{2RC} t} \cdot \sin \omega t}$$ *gedämpfte Schwingung.*

Mit Zahlen:

$$u_C(t) = \frac{250}{100 \cdot 5 \cdot 10^{-6} \cdot 2 \cdot 10^3} \, V \cdot e^{-1000t} \cdot \sin 2000t$$

$$\boxed{u_C(t) = 250 \, V \cdot e^{-1000t} \cdot \sin 2000t}.$$

■

Teil V.

Nichtsinusförmige Vorgänge

17. Nichtsinusförmige periodische Vorgänge (Fourier-Analyse)

17.1. Wo kommen in der Elektrotechnik nichtsinusförmige Vorgänge vor?

Bisher wurde davon ausgegangen, dass alle Ströme und Spannungen in Wechselstromnetzwerken sinusförmige Größen mit derselben Frequenz f sind. Diese Annahme erleichtert die Berechnung der stationären Vorgänge in linearen Netzwerken (durch komplexe Rechnung oder Zeigerdiagramme).
In Wirklichkeit ist die Sinusform ein Idealfall, der praktisch nie exakt auftritt. Einige der *Gründe* der Abweichungen der Wechselgrößen von der Sinusform sind:
- Die Konstruktion der großen elektrischen Generatoren erlaubt nicht die Erzeugung exakt sinusförmiger Spannungen (die Luftspaltflussdichte ist, bedingt durch die Platzierung der Leiter in den Nuten, nur annähernd sinusförmig). Die in den letzten Jahrzehnten entwickelten Wind- und Solargeneratoren kleiner Leistung und die notwendigen Wechselrichter, wie auch andere elektronische Einrichtungen, „verzerren" auch die Sinusspannung. Somit ist die Spannung des Wechselstromnetzes nicht exakt sinusförmig, was oft nicht vernachlässigt werden darf.
- Weiter führen die sowieso nicht ganz sinusförmigen Erregerspannungen an reaktiven Verbrauchern (Kondensatoren) zu noch stärker verzerrten Strömen. Induktivitäten dagegen glätten die Abweichungen von der Sinusform, wie weiter (Abschnitt 18.2) gezeigt wird.
- Nichtlinearitäten der Bauelemente (wie Induktivitäten mit Eisenkern) führen zu nichtsinusförmigen Strömen, auch wenn die Spannungen wenig von der Sinusform abweichen.
- Nichtlineare Übertragungseigenschaften von aktiven Bauelementen (Halbleiter) verändern den Verlauf von Spannungen und Strömen. Thyristorschaltungen erzeugen Ströme, deren Verlauf eine sogenannte „angeschnittene" Sinusschwingung ist.
- Schließlich werden in der Nachrichtentechnik nur Größen mit nichtsinusförmigem Verlauf verwendet (Rechteck- oder Dreieckimpulse, Sägezahnfunktionen und andere, die allerdings als praktisch *periodisch* angenommen werden können). Eine eingeschwungene Sinusgröße kann nicht als Signal zur

M. Marinescu und N. Marinescu, *Elektrotechnik für Studium und Praxis*,
https://doi.org/10.1007/978-3-658-28884-6_17

Übertragung von Nachrichten dienen.

Anmerkung: In der Energietechnik sind Abweichungen von der Sinusform unerwünscht, weil diese zur Reduzierung des Leistungsfaktors $\cos\varphi$, zu unerwünschten Resonanzeffekten, u.a. führen. Vor allem in den letzten Jahrzehnten hat die enorme Verbreitung von Computern (und Peripherie-Geräten) zur Verschlechterung des $\cos\varphi$ im energetischen System geführt, was zu einem echten Problem werden kann.

17.2. Die Lösung: Zerlegung und Superposition (Fourier-Analyse)

Wie behandelt man Netzwerke, in denen die Spannungen und Ströme keine Sinusform aufweisen, jedoch *periodisch* sind?
Der französische Mathematiker *Joseph Fourier (1768-1830)* hat im Jahr 1822 eine elegante Lösung vorgeschlagen: „ Eine beliebige nichtsinusförmige Spannung (oder ein Strom) entsteht durch Überlagerung vieler sinusförmiger Spannungen (oder Ströme)“.

Fourier hat auch alle aufgetretenen Fragen beantwortet: Welche mathematischen Bedingungen müssen die periodischen Funktionen besitzen und darüber hinaus, wie sehen diese „Teilspannungen“ aus und wie viele sollen es sein?

Reelle Darstellung periodischer Funktionen durch Fourier-Reihen

Jede nichtsinusförmige periodische Funktion mit der Periodendauer T kann in eine sogenannte *Fourier-Reihe* entwickelt werden:

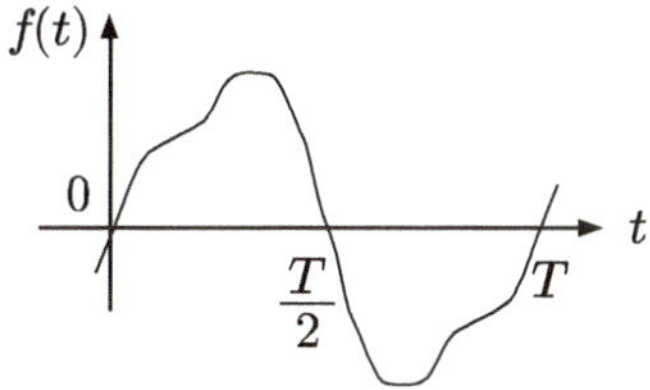

Abbildung 17.1.: Periodische Funktion mit der Periode T

$$\boxed{f(t) = \frac{a_0}{2} + \sum_{n=1}^{\infty} c_n \cdot \sin(n\omega_1 t + \varphi_n)} \quad \text{mit}\, \omega_1 = \frac{2\pi}{T}\,. \tag{17.1}$$

Die Konstante $\frac{a_0}{2}$ stellt den zeitlichen Mittelwert (*Gleichanteil*) der Funktion dar. Warum hier der Faktor 1/2 eingeführt wurde (in vielen Büchern wird mit a_0 gearbeitet), wird später (Abschnitt 17.3.2) deutlich.
Die Frequenzen der auftretenden sinusförmigen Teilschwingungen sind stets *ganzzahlige* Vielfache der kleinsten vorkommenden Kreisfrequenz ω_1.
Die Schwingung mit $n = 1$ (ω_1) heißt *Grundschwingung* oder *1. Harmonische.* Die übrigen ($n = 2, 3, \cdots$) heißen *Oberschwingungen* oder *höhere Harmonische.*
Die Fourier-Reihe (17.1) kann auch durch Zerlegung in Kosinus- und Sinusglieder dargestellt werden, wobei der Nullphasenwinkel φ_n nicht mehr erscheint:

$$\boxed{f(t) = \frac{a_0}{2} + \sum_{n=1}^{\infty} a_n \cdot \cos n\omega_1 t + \sum_{n=1}^{\infty} b_n \cdot \sin n\omega_1 t} \tag{17.2}$$

(aus dem bekannten Theorem: $\sin(n\omega_1 t + \varphi_n) = \sin n\omega_1 t \cdot \cos\varphi_n + \cos n\omega_1 t \cdot \sin\varphi_n$).
Bei der Überführung von der Form (17.1) zu der Form (17.2) gilt:

$$c_n = \sqrt{a_n^2 + b_n^2}; \quad \varphi_n = \arctan\left(\frac{a_n}{b_n}\right).$$

Weiter wird hier die Form (17.2) benutzt, sodass die Koeffizienten a_0, a_n, b_n bestimmt werden müssen.

Anmerkung: Eine manchmal einfachere Darstellung der Fourier-Reihe gewinnt man, indem man die trigonometrischen Funktionen durch Kombinationen aus *komplexen Exponentialfunktionen* ersetzt (siehe Abschnitt 17.6 „Komplexe Fourier - Reihenentwicklung").

Beispiel: Rechteckige Spannung

Um eine erste Vorstellung von der Fourier-Analyse zu gewinnen, betrachten wir eine rechteckige Spannung $u(t)$, die oft in der Digitaltechnik eingesetzt wird (s. Abb. 17.2, oben).

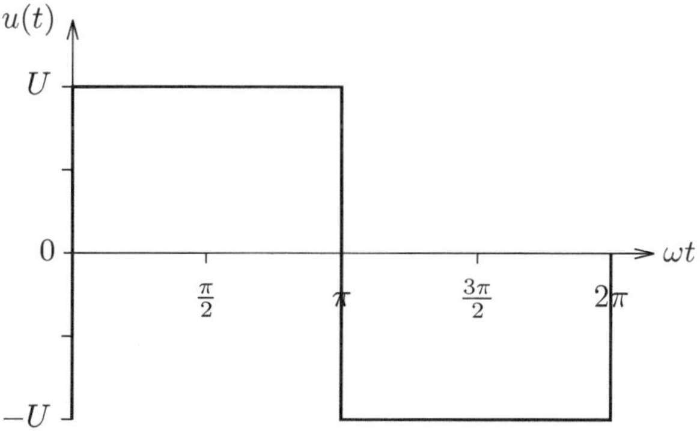

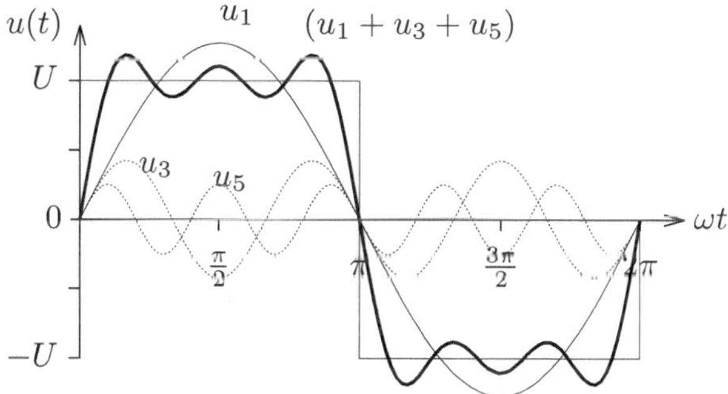

Abbildung 17.2.: Rechteckige Spannung (oben); die Grundwelle (u_1), die Oberschwingungen (u_3 und u_5) und ihre Überlagerung

Ohne (vorläufigen) Beweis wurden auf dem unteren Bild die ersten drei Harmonischen ($u_1 \rightarrow$ die Grundwelle, u_3, $u_5 \rightarrow$ die 3. und die 5. Harmonische - genannt auch Oberwellen -) und ihre Summe $(u_1 + u_3 + u_5)$ gezeigt. Im Abschn. 17.4.3 wird gezeigt, dass für $n = 2, 4, 6$, usw. keine Oberwellen vorhanden sind.
Die Superposition der drei Harmonischen mit $n = 1, 3$ und 5 ergibt ein enttäuschendes Ergebnis: Die Summe $(u_1 + u_3 + u_5)$ ist bei weitem noch nicht das darzustellende Rechteck (Bild oben)!
Das Bild zeigt anschaulich, dass durch *Abbruch* der Fourier-Reihe nach endlich vielen Gliedern nur eine *Näherungsfunktion* erhältlich ist und das dabei gilt: Je *mehr* Glieder man berücksichtigt, umso *besser* ist die Näherung (insgesamt).

Für ein rechteckiges Signal mit der Frequenz $f = 50\,Hz$ ($\omega_1 = 314\,s^{-1}$) zeigt sich, dass erst mit der Berücksichtigung der 13. Oberwelle (!) eine relativ „saubere" Approximation erreicht wird.
Somit benötigt die Übertragung eines $50\,Hz$-Digitalsignals eine „Bandbreite" von:

$$13 \times 50 = 650\,Hz\,.$$

Fazit: Es besteht immer eine *Abweichung* zwischen der endlichen trigonometrischen Reihe und der zu ersetzenden Funktion, auch wenn n noch so groß gewählt wird. Mit verschiedenen Methoden kann man die Abweichung minimieren, doch dabei ist wichtig, dass man sie kennt (s. Abschnitt 17.8 „Klirrfaktor").

Zur Bestimmung der Fourier-Koeffizienten a_n und b_n sind Kenntnisse der Trigonometrie erforderlich. Einige Begriffe und Theoreme sind im ANHANG E „Mathematische Grundbegriffe und Integrale mit trigonometrischen Funktionen" zusammengefasst.

17.3. Bestimmung der reellen Fourier-Koeffizienten

Vorweg (ohne Beweis) die *Bedingungen*, damit sich eine periodische Funktion $f(t)$ in eine Fourier-Reihe entwickeln lässt:
Die Funktion und ihre Ableitung dürfen innerhalb einer Periode T nur endlich viele Sprungstellen mit endlichen Amplituden aufweisen. Damit muss die Funktion innerhalb einer Periode integrierbar sein.
Alle hier behandelten Funktionen genügen diesen Bedingungen.

17.3.1. Bestimmung des Fourier-Koeffizienten a_0

Der Gleichanteil - Gleichung (17.2) - ist der arithmetische Mittelwert der Funktion $f(t)$ und kann bestimmt werden, indem man die Funktion über das Periodenintervall T integriert:

$$\begin{aligned}\int_0^T f(t)\cdot dt &= \frac{a_0}{2}\int_0^T dt + \sum_{n=1}^{\infty} a_n \cdot \int_0^T \cos(n\omega_1 t)\cdot dt \\ &\quad + \sum_{n=1}^{\infty} b_n \cdot \int_0^T \sin(n\omega_1 t)\cdot dt\,.\end{aligned}$$

Für die einzelnen Integrale ergibt sich, unter Berücksichtigung von (I1) und (I2) siehe ANHANG E:

$$\int_0^T dt = T\,, \quad \int_0^T \cos(n\omega_1 t)\cdot dt = 0\,, \quad \int_0^T \sin(n\omega_1 t)\cdot dt = 0$$

und somit:

$$\int_0^T f(t) \cdot dt = \frac{a_0 T}{2} \curvearrowright \boxed{a_0 = \frac{2}{T} \int_0^T f(t) \cdot dt} . \qquad (17.3)$$

17.3.2. Bestimmung der Fourier-Koeffizienten a_n

Hier empfiehlt sich, die Fourier-Reihe (17.2) mit $\cos(m\omega_1 t)$ zu multiplizieren und anschließend über das Periodenintervall T zu integrieren (damit werden, gemäß (I3) - siehe ANHANG E - , die Koeffizienten b_n eliminiert). In der Tat wird:

$$\begin{aligned} \int_0^T f(t) \cdot \cos(m\omega_1 t) \cdot dt &= \frac{a_0}{2} \int_0^T \cos(m\omega_1 t) \cdot dt \\ &+ \sum_{n=1}^{\infty} a_n \cdot \int_0^T \cos(n\omega_1 t) \cos(m\omega_1 t) \cdot dt \\ &+ \sum_{n=1}^{\infty} b_n \cdot \int_0^T \sin(n\omega_1 t) \cdot \cos(m\omega_1 t) \cdot dt \\ &= 0 + a_m \cdot \frac{T}{2} + 0 . \end{aligned}$$

(alle Integrale sind 0, bis auf $\int_0^T \cos(n\omega_1 t) \cdot \cos(m\omega_1 t) \cdot dt = \frac{T}{2}$ für $m = n$, laut (I5)).
Somit wird:

$$\boxed{a_n = \frac{2}{T} \int_0^T f(t) \cdot \cos(n\omega_1 t) \cdot dt} \qquad \text{für} \quad n = 1, 2, 3 \cdots \qquad (17.4)$$

Man ersieht jetzt, warum es günstig ist, den Gleichanteil als $\frac{a_0}{2}$ (und nicht a_0) zu bezeichnen: Die Formel (17.4) ergibt für $n = 0$:

$$a_0 = \frac{2}{T} \int_0^T f(t) \cdot dt$$

und somit kann man auf die Formel (17.3) verzichten.

17.3.3. Bestimmung der Fourier-Koeffizienten b_n

Wird die Formel (17.2) mit $\sin(m\omega_1 t)$ erweitert und über eine Periode T integriert, so ergeben sich die Koeffizienten b_n wie folgt:

$$\begin{aligned}\int_0^T f(t) \cdot \sin(m\omega_1 t) \cdot dt &= \frac{a_0}{2}\int_0^T \sin(m\omega_1 t) \cdot dt \\ &+ \sum_{n=1}^{\infty} a_n \cdot \int_0^T \cos(n\omega_1 t) \sin(m\omega_1 t) \cdot dt \\ &+ \sum_{n=1}^{\infty} b_n \cdot \int_0^T \sin(n\omega_1 t) \cdot \sin(m\omega_1 t) \cdot dt\,.\end{aligned}$$

Hier bleibt nur das Integral $\int_0^T \sin(n\omega_1 t) \cdot \sin(m\omega_1 t) \cdot dt = \frac{T}{2}$ für $m = n$, alle anderen Integrale sind gleich 0 (I3, I4 im ANHANG E)). Also:

$$\int_0^T f(t) \cdot \sin(n\omega_1 t) \cdot dt = b_n \cdot \frac{T}{2}$$

$$\boxed{b_n = \frac{2}{T}\int_0^T f(t) \cdot \sin(n\omega_1 t) \cdot dt}\,. \qquad (17.5)$$

Anmerkung: Die Integration darf über ein *beliebiges* Periodenintervall der Länge T erstreckt werden, z.B. von $-\frac{T}{2}$ bis $+\frac{T}{2}$.

Somit kann man *zusammenfassen*:

Jede periodische Zeitfunktion $f(t)$, (die über eine Periode T absolut integrierbar ist), lässt sich in eine unendliche *trigonometrische Reihe* der Form:

$$\boxed{f(t) = \frac{a_0}{2} + \sum_{n=1}^{\infty} \left[a_n \cdot \cos n\omega_1 t + b_n \cdot \sin n\omega_1 t\right]}$$

entwickeln, mit den Koeffizienten:

$$\boxed{a_n = \frac{2}{T}\int_{t_0}^{t_0+T} f(t) \cdot \cos(n\omega_1 t) \cdot dt} \qquad \text{für} \quad n = 0, 1, 2, 3 \cdots \qquad (17.6)$$

$$\boxed{b_n = \frac{2}{T}\int_{t_0}^{t_0+T} f(t) \cdot \sin(n\omega_1 t) \cdot dt} \qquad \text{für} \quad n = 1, 2, 3 \cdots \qquad (17.7)$$

Je nach Gestaltung der zu entwickelnden nichtsinusförmiger Funktion $f(t)$ kann man die Fourier-Koeffizienten bestimmen als:

$$\text{für } t_0 = 0: \quad a_n = \frac{2}{T}\int_0^T f(t)\cdot\cos(n\omega_1 t)\cdot dt$$

$$b_n = \frac{2}{T}\int_0^T f(t)\cdot\sin(n\omega_1 t)\cdot dt$$

oder

$$\text{für } t_0 = -\frac{T}{2}: \quad a_n = \frac{2}{T}\int_{-\frac{T}{2}}^{\frac{T}{2}} f(t)\cdot\cos(n\omega_1 t)\cdot dt$$

$$b_n = \frac{2}{T}\int_{-\frac{T}{2}}^{-\frac{T}{2}} f(t)\cdot\sin(n\omega_1 t)\cdot dt$$

17.4. Vereinfachungen bei der Berechnung der Fourier-Koeffizienten

17.4.1. Allgemeine Empfehlungen

Bevor man anfängt, die Fourier-Koeffizienten a_0 (Formel 17.3), a_n (Formel 17.4) und b_n (Formel 17.5) zu bestimmen, - was meist einen beträchtlichen Aufwand an Berechnungen von Integralen mit trigonometrischen Funktionen bedeutet - , sollte man sich *immer* die Zeit dazu nehmen, um festzustellen, ob nicht bestimmte Koeffizienten von vornherein *Null* sind. Vorausgesetzt, man macht dabei keine Fehler (indem man Symmetrien zu erkennen glaubt, wo keine vorhanden sind), kann man dadurch den Rechenaufwand erheblich vermindern.
Zur „Voruntersuchung" der zu entwickelnden periodischen Zeitfunktionen ist empfehlenswert, eine *Skizze des zeitlichen Verlaufs* der Funktion zu zeichnen, vor allem wenn sie mathematisch (und nicht graphisch) intervallweise definiert wird.

17.4.2. Abschätzung des Gleichanteils a_0

Ob eine Funktion einen arithmetischen Mittelwert $\frac{1}{T}\int_0^T f(t)\,dt$ verschieden von Null hat, oder nicht, kann man intuitiv durch Betrachtung des Kurvenverlaufs, feststellen.

Bei sogenannten „reinen Wechselgrößen“ (wie auf Abb. 17.2) schließen die positive und die negative Halbschwingung gleiche Flächen ein. Der arithmetische Mittelwert - und somit a_0 - ist Null.
Anmerkung: Alle Sinus- und Kosinusfunktionen, unabhängig von ihrer Kreisfrequenz und von dem Nullphasenwinkel, haben keinen Gleichanteil ($a_0 = 0$).

17.4.3. Erkennung von Symmetrien

Es gibt 3 Arten von Symmetrien, die als Folge haben, dass bestimmte Kosinus- oder Sinusglieder nicht auftreten können:
a) Ungerade Funktionen
Ungerade Funktionen erfüllen die Bedingung:

$$\boxed{f(t) = -f(-t)} \tag{17.8}$$

und verlaufen somit punktsymmetrisch zum Koordinatenursprung. Die am meisten verwendete ungerade Funktion ist der Sinus. Alle ungerade Funktionen erhalten nur **Sinus**-Glieder, wie man weiter beweisen wird.

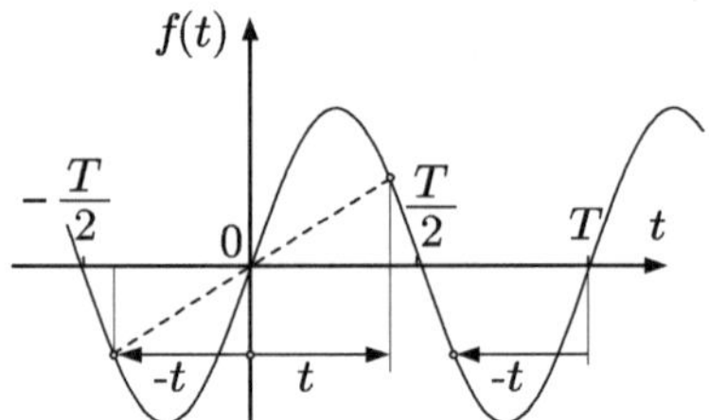

Abbildung 17.3.: Sinusfunktion und Darstellung der Punktsymmetrie

Auf Abb. 17.3 erkennt man die Punktsymmetrie. Wenn die Funktion nur für $t \geq 0$ dargestellt ist, dann lautet die Bedingung

$$f(t) = -f(T-t)\,. \tag{17.9}$$

Noch 2 *Beispiele* von ungeraden Funktionen sind auf Abb. 17.4 dargestellt: eine Rechteckfunktion (oben) und eine Dreieckfunktion mit gleichschenkligen Dreiecken (unten).
Erkennt man eine Funktion als ungerade, so kann man sicher sein, dass:
Die Fourier-Reihe einer ungeraden Funktion ***nur Sinus-Glieder*** *enthält*:

$$\boxed{a_n = 0} \quad \text{für} \quad n = 0, 1, 2, 3, \cdots \tag{17.10}$$

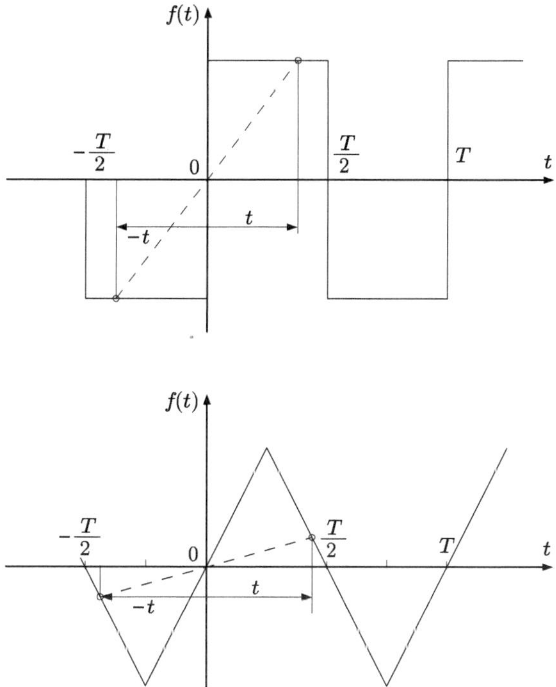

Abbildung 17.4.: Ungerade Funktionen, oben: Rechteck, unten: gleichschenkliges Dreieck

Beweis:
Aus der Bedingung $f(t) = -f(-t)$ und den Definitionen (17.3), (17.4) und (17.5) der Fourier- Koeffizienten ergibt sich:

$$a_n = 0 \quad \text{für} \quad n = 0, 1, 2, 3, \cdots$$

$$\begin{aligned} b_n &= \frac{2}{T} \int_{-\frac{T}{2}}^{+\frac{T}{2}} f(t) \cdot \sin(n\omega_1 t) \cdot dt \\ &= \frac{2}{T} \int_{-\frac{T}{2}}^{0} f(t) \cdot \sin(n\omega_1 t) \cdot dt \\ &\quad + \frac{2}{T} \int_{0}^{+\frac{T}{2}} f(t) \cdot \sin(n\omega_1 t) \cdot dt\,, \end{aligned}$$

was in diesem Fall zu der Formel führt:

$$\boxed{b_n = \frac{4}{T}\int_0^{+\frac{T}{2}} f(t)\cdot\sin(n\omega_1 t)\cdot dt} \qquad n = 1,2,3,\cdots \tag{17.11}$$

b) Gerade Funktionen

Diese periodischen Funktionen erfüllen die Bedingung:

$$\boxed{f(t) = f(-t)} \tag{17.12}$$

und sind spiegelungssymmetrisch zur Ordinate.

Die bekannteste gerade Funktion ist der Kosinus (Abb. 17.5).

*Alle geraden Funktionen enthalten nur **Kosinus-Glieder** a_n (und eventuell einen Gleichanteil a_0).*

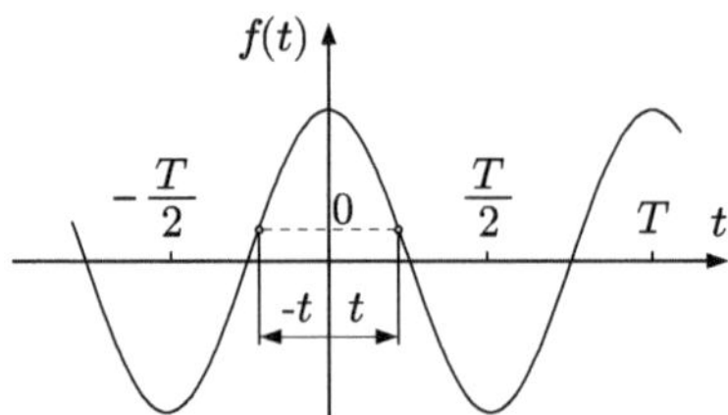

Abbildung 17.5.: Kosinusfunktion als Beispiel für gerade Funktionen

In der Tat, wenn man die Funktion $f(-t)$ nach der Fourierreihe-Entwicklung (2) schreibt, indem man t durch $-t$ ersetzt, dann wird:

$$\begin{aligned} f(-t) &= \frac{a_0}{2} + \sum_{n=1}^{\infty}\left[a_n\cdot\cos(-n\omega_1 t) + b_n\cdot\sin(-n\omega_1 t)\right] \\ &= \frac{a_0}{2} + \sum_{n=1}^{\infty}\left[a_n\cdot\cos(n\omega_1 t) - b_n\cdot\sin(n\omega_1 t)\right] \end{aligned}$$

Aus der Gleichung $f(t) = f(-t)$ ergibt sich, dass b_n nur:

$$\boxed{b_n = 0} \qquad \text{für} \quad n = 1,2,3,\cdots \tag{17.13}$$

sein kann und somit alle Sinus-Glieder verschwinden. Dagegen bleiben die Kosinus- Glieder erhalten:

$$a_n = \frac{2}{T}\int_{-\frac{T}{2}}^{\frac{T}{2}} f(t)\cdot\cos(n\omega_1 t)\cdot dt$$

und weiter:

$$\boxed{a_n = \frac{4}{T}\int_0^{\frac{T}{2}} f(t)\cdot\cos(n\omega_1 t)\cdot dt} \qquad n = 0, 1, 2, 3, \cdots \qquad (17.14)$$

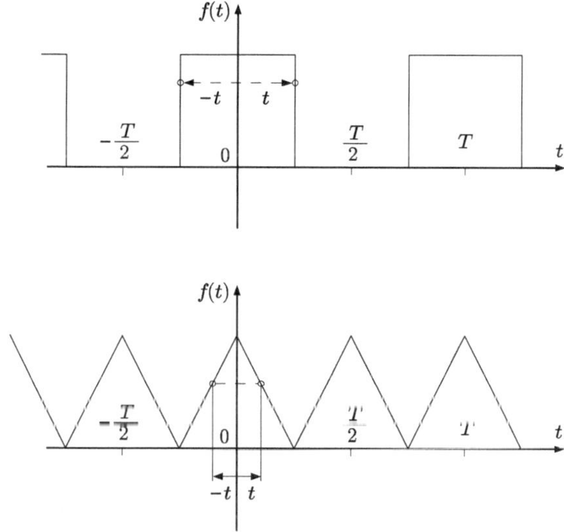

Abbildung 17.6.: Gerade Funktionen: positive Rechteckimpulse (oben) und positive Dreiecke (unten)

Abb. 17.6 zeigt noch zwei *Beispiele* für gerade Funktionen: positive Rechteckimpulse (oben), positive Dreieckimpulse mit gleichen Schenkeln (unten). Beide Funktionen weisen also einen Gleichanteil (arithmetischer Mittelwert) auf. Da die Funktionen sowohl für $t < 0$, als auch für $t \geq 0$ dargestellt sind, kann man leicht feststellen, dass $f(t) = f(-t)$ ist und somit die Fourier-Entwicklungen nur Kosinus- Glieder enthalten.

c) Alternierende Funktionen

Bisher haben wir zwei Arten von Symmetrien, die zum Verschwinden
- aller Kosinusglieder (ungerade Funktionen: $f(t) = -f(-t)$)
- aller Sinusglieder (gerade Funktionen: $f(t) = f(-t)$)

führen, diskutiert.

Das (korrekte) Erkennen einer solchen Symmetrie erleichtert erheblich die Bestimmung der Fourier- Koeffizienten, denn die Hälfte von ihnen muss nicht mehr berechnet werden.

Bei der Untersuchung von zwei Anwendungen (ungerade Rechteckspannung und gerade Dreieckspannung) ergab sich, dass die Sinus-, bzw. Kosinus- Reihenentwicklungen nur ungeradzahlige Anteile aufweisen ($n = 1, 3, 5, ..$), während die geradzahligen fehlen.
Man stellt die Frage, ob dieses Verhalten (Fehlen der gerad- oder ungeradzahligen Glieder) allein durch Betrachten des Kurvenverlaufes festgestellt werden kann (um den Rechenaufwand weiter zu reduzieren).
Ja, das erreicht man durch *Verschiebung um eine halbe Periode* $\frac{T}{2}$. Die „verschobene“ periodische Funktion hat die folgende Fourier-Entwicklung:

$$\begin{aligned} f(t+\tfrac{T}{2}) &= \frac{a_0}{2} + \sum_{n=1}^{\infty} \Big[a_n \cdot \cos n\omega_1 (t + \frac{T}{2}) \\ &+ b_n \cdot \sin n\omega_1 (t + \tfrac{T}{2})\Big] \\ &= \frac{a_0}{2} + \sum_{n=1}^{\infty} [a_n \cdot \cos(n\omega_1 t + n\pi) \\ &+ b_n \cdot \sin(n\omega_1 t + n\pi)] \end{aligned}$$

da $\omega_1 = \dfrac{2\pi}{T}$ ist. Da die Verschiebung um eine halbe Periode ($\frac{T}{2}$ oder π) sowohl beim *Sinus* als auch beim *Kosinus* die Änderung des Vorzeichens bewirkt (aus *Sinus* wird – *Sinus*, aus *Kosinus* wird – *Kosinus*), dagegen nach einer ganzen Periode (T oder 2π) die Funktionen unverändert bleiben, kann man schreiben:

$$f(t+\frac{T}{2}) = \frac{a_0}{2} + \sum_{n=1}^{\infty} (-1)^n \left[a_n \cdot \cos(n\omega_1 t) + b_n \cdot \sin(n\omega_1 t)\right] .$$

Jetzt kann man betrachten, wie die zu entwickelnde Funktion $f(t)$ sich bei der Verschiebung um $\frac{T}{2}$ verhält. Zwei Symmetrien sind dabei möglich. Die erste lautet:

$$\boxed{f(t+\frac{T}{2}) = -f(t)} . \tag{17.15}$$

Durch Koeffizientenvergleich ergibt sich:

$$\begin{aligned} -a_n &= (-1)^n \cdot a_n, \\ &\quad \text{was nur möglich ist, wenn: } n = 1,\ 3,\ 5, \cdots \\ -b_n &= (-1)^n \cdot b_n, \\ &\quad \text{ist nur möglich, wenn: } n = 1,\ 3,\ 5, \cdots \end{aligned}$$

Somit sind *alle geradzahligen Fourier-Koeffizienten gleich null.*

Die zweite mögliche Symmetrie bezüglich $\frac{T}{2}$ lautet:

$$\boxed{f(t+\frac{T}{2}) = f(t)} \tag{17.16}$$

und führt durch Koeffizientenvergleich der zwei Funktionen zu der Schlussfolgerungen:

$$\begin{aligned} a_n &= (-1)^n \cdot a_n, \\ &\quad \text{die nur für } n = 0,\, 2,\, 4, \cdots \text{gilt} \\ b_n &= (-1)^n \cdot b_n, \\ &\quad \text{die ebenfalls für } n = 2,\, 4,\, 6, \cdots \\ &\quad \text{aber nicht für } n = 1,\, 3,\, 5, \cdots \text{ gilt.} \end{aligned}$$

Somit sind *alle ungeradzahligen Fourier-Koeffizienten gleich null.*

Anmerkung: Oft genügt in der Praxis zu erkennen, ob eine Funktion gerade ist (also nur Kosinusglieder enthält) oder sie ungerade ist (also nur Sinusglieder enthält).
Alle weiter untersuchten Funktionen erfüllen eine von diesen Bedingungen.

17.5. Berechnung der Fourier-Koeffizienten wichtiger Funktionen. Spektral-Darstellungen

17.5.1. Noch einmal: Strategie zur Fourierreihen-Entwicklung mit reellen Koeffizienten

Zur Überführung einer analytisch (oder graphisch) gegebenen periodischen, nichtsinusförmigen Funktion $f(t)$ in eine Fourier-Reihe mit Sinus- und/oder Kosinusgliedern (reelle Koeffizienten) sind folgende Schritte notwendig:
1.- Angabe der Funktionsgleichung und - sehr empfehlenswert - graphische Darstellung der Funktion.
2.- Untersuchung nach Symmetrien. Falls welche vorhanden sind, kann man einen Teil der Koeffizienten vorweg eliminieren und den Rechenaufwand beträchtlich reduzieren.
3.- Berechnung der verbliebenen Fourier-Koeffizienten nach den angegebenen Formeln ((17.6) und (17.7)).
4.- Aufstellen der Fourierreihe in kompakter Summenform und in ausführlicher Form.
Falls erwünscht, kann man Frequenzspektren aufstellen oder weitere Berechnungen (z.B. Bestimmung von Effektivwert, Klirrfaktor, Leistungen) durchführen.

Eine gute Methode zur Überprüfung der Richtigkeit der aufgestellten Fourierreihe ist die Synthese einiger Glieder (falls man ein entsprechendes mathematisches Programm zur Verfügung hat). Ein Vergleich der geplotteten Summe mit der zu entwickelnden Zeitfunktion $f(t)$ gibt wertvolle Auskünfte über die erzielte Näherung. Vor allem wenn Fehler in der Fourierreihe vorhanden sind, kann man das leicht erkennen.

17.5.2. Rechteckfunktion

Als erstes Beispiel soll die Fourier-Reihenentwicklung einer Spannung U, die wie auf Abb. 17.4 oben aussieht, bestimmt werden. Es gilt also:

$$f(t) = \begin{cases} U & \text{für} \quad 0 \leq t \leq \frac{T}{2} \\ -U & \text{für} \quad \frac{T}{2} \leq t \leq T\,. \end{cases}$$

Erste Feststellung: Die Funktion hat den Mittelwert Null:

$$a_0 = 0\,.$$

Zweite Feststellung: Die Funktion ist ungerade, also enthält keine Kosinus-Glieder:

$$a_n = 0\,.$$

Die Anzahl der verbliebenen Sinus-Glieder reduziert sich auch, wie man weiter sieht:

$$b_n = \frac{4U}{T}\int_0^{\frac{T}{2}} \sin(n\omega_1 t)\cdot dt = \frac{4U}{n\omega_1 T}[-\cos(n\omega_1 t)]_0^{\frac{T}{2}}\,.$$

Mit $T = \dfrac{2\pi}{\omega_1}$ wird:

$$b_n = \frac{2U}{n\pi}\,[1-\cos(n\pi)] = \frac{2U}{n\pi}\,[1-(-1)^n]$$

und weiter, weil
$\cos 1\cdot\pi = -1$, $\cos 2\cdot\pi = 1$, $\cos 3\cdot\pi = -1$, usw., folgt:

$$b_n = \begin{cases} 0 & \text{für} \quad n = 2k \\ \dfrac{4U}{n\pi} & \text{für} \quad n = 2k+1\,. \end{cases}$$

Mit diesen Koeffizienten ergibt sich für die Spannung:

$$u(t) = \frac{4U}{\pi}\cdot\left[\sin(\omega_1 t) + \frac{1}{3}\sin(3\omega_1 t) + \frac{1}{5}\sin(5\omega_1 t) + \cdots\right]. \tag{17.17}$$

Die ersten drei Schwingungen und ihre Summe wurden bereits auf Abb. 17.2, unten dargestellt.
Die Rechteckfunktion enthält nur *ungerade* Sinusglieder. Die kompakte Darstellung lautet:

$$\boxed{u(t) = \frac{4U}{\pi} \sum_{k=0}^{\infty} \frac{\sin(2k+1)\omega_1 t}{(2k+1)}} \,.$$

Einen sehr anschaulichen Einblick in die *Struktur* periodischer Funktionen gewinnt man aus einem *Amplitudenspektrum*, wie z.B. auf Abb. 17.7 für die Rechteckspannung mit $U = 1\,V$ gezeigt wird. In einem solchen Spektrum werden die *Amplituden* der einzelnen Schwingungskomponenten als Funktion der *Kreisfrequenz* ω (noch besser als Funktion von $\frac{\omega}{\omega_1}$) abgetragen. Zur besseren Sichtbarkeit der Spektrallinien werden meistens ihre Spitzen mit einem Querstrich markiert (s. Abb. 17.7).

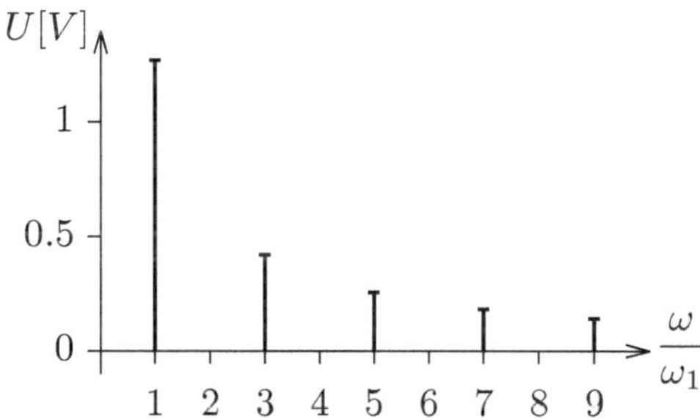

Abbildung 17.7.: Amplituden-Spektrum der Rechteckfunktion von Abb.17.4, oben

Das Spektrum zeigt welche Schwingungskomponenten vorhanden sind (hier: 1, 3, 5, usw.) und mit welchen (prozentualen) Anteil sie an der Gesamtschwingung beteiligt sind. Die Amplituden der Komponenten nehmen in dem hier betrachteten Fall bei $\frac{\omega}{\omega_1} > 5$ sehr langsam ab, was darauf hinweist, dass für eine akzeptable Näherung noch einige Komponenten benötigt werden.

17.5.3. Dreieckfunktion

Auf Abb. 17.8 ist eine Dreieckfunktion dargestellt, die im Gegenteil zu der ähnlichen auf Abb. 17.6 unten, jetzt keinen Gleichanteil hat: die positiven und die negativen Halbschwingungen sind gleich groß.

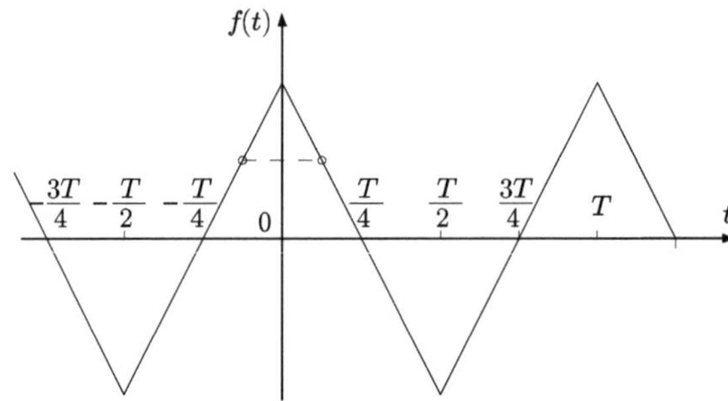

Abbildung 17.8.: Gerade Dreieckfunktion ohne Gleichanteil

Es ist wieder eine gerade Funktion, sodass die Entwicklung nur Kosinusglieder enthält:

$$a_n = \frac{2}{T}\int_0^T f(t)\cdot\cos(n\omega_1 t)\cdot dt \qquad \text{mit } n = 1,2,3,\cdots$$

Zur Definition der Funktion innerhalb der Periode T muss man die Gleichungen von zwei Geraden angeben, die erste absteigend (von 0 bis $\frac{T}{2}$) die nächste ansteigend (von $\frac{T}{2}$ bis T) - siehe Abb.17.8.

Nach ziemlich aufwendigen Berechnungen ergibt sich:

$$\boxed{a_n = \frac{4U}{n^2\pi^2}\left[1-(-1)^n\right]}$$

$$a_n = \begin{cases} 0 & \text{für } n = 0,2,4,\cdots \\ \dfrac{8U}{n^2\pi^2} & \text{für } n = 1,3,5,\cdots \end{cases}$$

$$u(t) = \frac{8U}{\pi^2}\left[\frac{\cos\omega_1 t}{1^2} + \frac{\cos 3\omega_1 t}{3^2} + \frac{\cos 5\omega_1 t}{5^2} + \cdots\right] \tag{17.18}$$

$$\boxed{u(t) = \frac{8U}{\pi^2}\sum_{k=0}^{\infty}\frac{\cos(2k+1)\omega_1 t}{(2k+1)^2}}.$$

Auf Abb.17.9 wurde das Amplituden*spektrum* der Funktion von Abb. 17.8, für $U = 1V$, dargestellt.

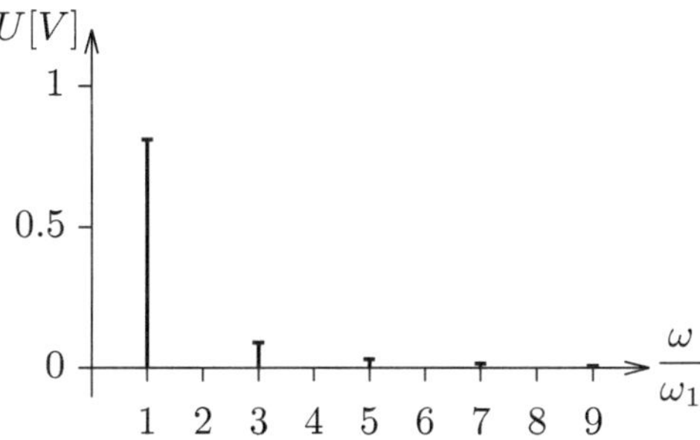

Abbildung 17.9.: Amplituden-Spektrum der Dreieckfunktion

Es lohnt sich jetzt, einen Vergleich mit dem Spektrum der (ungeraden) Rechteckfunktion (Abb.17.7) anzustellen. Bei beiden Funktionen sind nur die Harmonischen $1, 3, 5, ...$ vorhanden, doch diesmal sind Kosinus-, vorher waren Sinus-Glieder verschieden von Null. Auffällig ist, dass jetzt die Amplituden der höheren Harmonischen viel schneller abnehmen, d.h.: die Reihenentwicklung des Dreiecks „konvergiert" viel schneller als die des Rechtecks, was dem Faktor $\frac{1}{n^2}$ (gegenüber $\frac{1}{n}$) zu verdanken ist. Mit $n = 9$ hat man diesmal eine sehr gute Näherung erlangt.

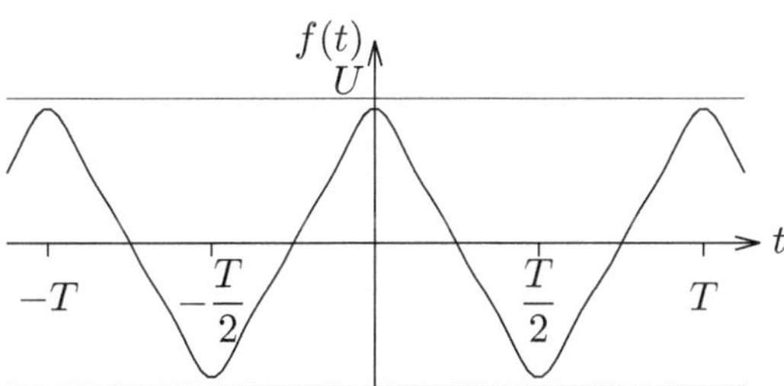

Abbildung 17.10.: Synthese der Funktion von Abb. 17.8, aus Grundwelle und 2 Oberwellen (mit $3\omega_1$ und $5\omega_1$)

Die sehr gute Konvergenz der Reihe erkennt man auf den Abb. 17.10 und Abb. 17.11.

Abb. 17.10 stellt die *Synthese* der folgenden Funktion

$$f(t) = 0,81 \cdot \cos(\omega_1 t) + 0,09 \cdot \cos(3\omega_1 t) + 0,032 \cdot \cos(5\omega_1 t)$$

dar: Man ersieht, dass man mit lediglich 3 Kosinustermen eine gute Näherung erreicht: nur die Spitzen sind noch etwas abgerundet und sind noch kleiner als U und die Flanken sind noch nicht ganz gerade.
Auf Abb.17.11 wurden noch zwei Glieder dazu berücksichtigt: $0,016 \cdot \cos(7\omega_1 t)$ und $0,01 \cdot \cos(9\omega_1 t)$. Jetzt ist die Approximation durchaus akzeptabel!

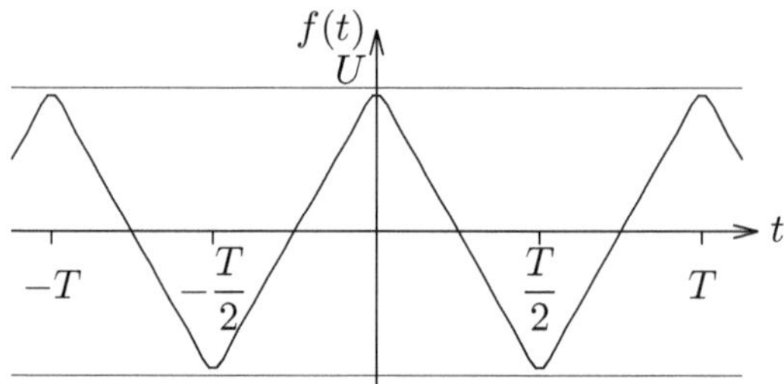

Abbildung 17.11.: Synthese der Funktion von Abb. 17.8, aus Grundwelle und 4 Oberwellen (mit $3\omega_1$, $5\omega_1$ $7\omega_1$ und $9\omega_1$)

17.5.4. Periodischer rechteckförmiger Impuls

In der Nachrichtentechnik benutzt man zur Übertragung von Signalen oft rechteckige Impulse, wie z.B. auf Abb. 17.12 dargestellt. Hier sollen die Rechtecke die Breite τ und die Höhe A haben.
Die periodische Funktion $f(t)$ wird demzufolge definiert als:

$$f(t) = \begin{cases} 0 & \text{für} \quad -\frac{T}{2} \leq t < -\frac{\tau}{2} \\ A & \text{für} \quad -\frac{\tau}{2} \leq t < \frac{\tau}{2} \\ 0 & \text{für} \quad \frac{\tau}{2} \leq t \leq \frac{T}{2} \end{cases}$$

Aus der Betrachtung des Kurvenverlaufs ergibt sich:
- Die Funktion hat einen arithmetischen Mittelwert $\dfrac{a_0}{2} \neq 0$:

$$\begin{aligned} a_0 &= \frac{2}{T} \int_0^T f(t) \cdot dt \\ &= \frac{2}{T} \cdot A \cdot \tau = \boxed{2A\alpha} \quad \text{mit} \\ \alpha = \frac{\tau}{T} &= \text{Tastverhältnis} \end{aligned}$$

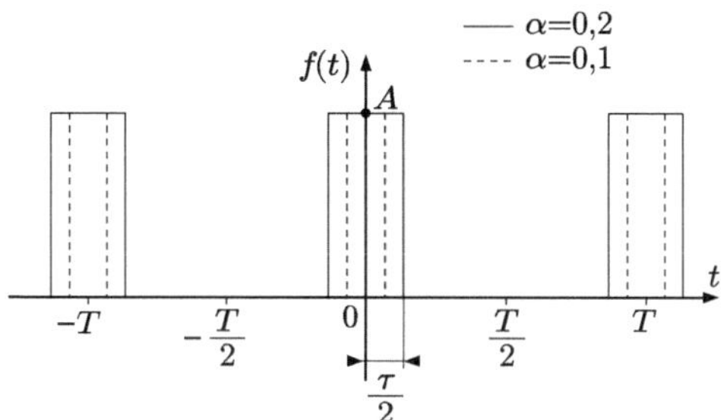

Abbildung 17.12.: Rechteckige Impulse mit zwei Tastverhältnissen $\alpha = \frac{\tau}{T} = 0,1$ und $\alpha = 0,2$

- Die Funktion ist gerade (weil $f(t) = f(-t)$ ist) und enthält somit laut (17.4.3) nur Kosinus-Glieder:

$$\begin{aligned} a_n &= \frac{4}{T}\int_0^{\frac{\tau}{2}} f(t)\cdot\cos(n\omega_1 t)\cdot dt = \frac{4A}{T}\int_0^{\frac{\tau}{2}}\cos(n\omega_1 t)\cdot dt \\ &= \frac{4A}{n\omega_1 T}\left[\sin(n\omega_1 t)\right]_0^{\frac{\tau}{2}} \\ &= \boxed{\frac{2A}{\pi\cdot n}\sin(n\pi\alpha)} = \boxed{2A\alpha\frac{\sin(n\pi\alpha)}{\pi n\alpha}} \end{aligned}$$

weil $\omega_1 = \frac{2\pi}{T}$ gilt. Es ergibt sich:

$$\begin{aligned} f(t) &= \frac{2A}{\pi}\left[\frac{\pi}{2}\alpha + \sin(\pi\alpha)\cdot\cos(\omega_1 t) + \right. \\ &\left.\frac{\sin(2\pi\alpha)}{2}\cdot\cos(2\omega_1 t) + \frac{\sin(3\pi\alpha)}{3}\cdot\cos(3\omega_1 t) + \cdots\right] \end{aligned}$$

$$\boxed{f(t) = 2A\alpha\left[\frac{1}{2} + \sum_{n=1}^{\infty}\frac{\sin(n\pi\alpha)}{n\pi\alpha}\cdot\cos(n\omega_1 t)\right]} \quad (17.19)$$

Auf Abb. 17.12 wurden Impulse mit den „Tastverhältnissen“ $\alpha = 0,1$ und $\alpha = 0,2$ dargestellt.

Abb. 17.13 zeigt die Amplituden*spektren* der zwei Impuls-Reihenfolgen. Die Spitzen der Spektrallinien liegen auf den - gestrichelt gezeichneten - Kurven $0,2A\frac{\sin(x\pi\cdot 0,1)}{x\pi\cdot 0,1}$ und $0,4A\frac{\sin(x\pi\cdot 0,2)}{x\pi\cdot 0,2}$ wo $x = \frac{\omega}{\omega_1}$ die Ordnung der Harmonischen darstellt.

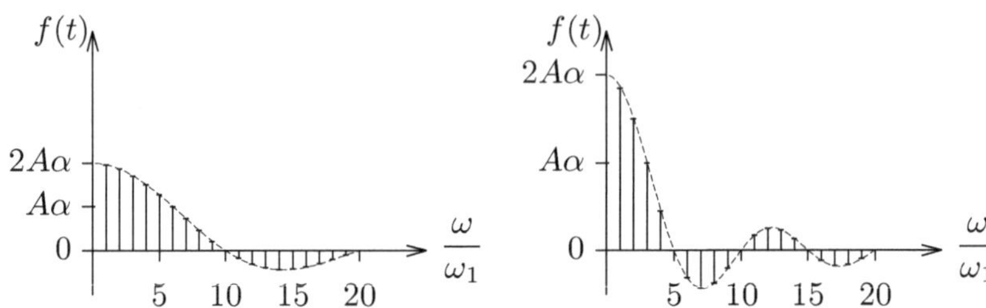

Abbildung 17.13.: Amplituden-Spektren für die Rechteckimpulse mit $\alpha = 0,1$ (links) und $\alpha = 0,2$ (rechts)

17.5.5. Einweggleichrichtung

Abb. 17.14 zeigt eine einfach gleichgerichtete Spannung (oder einen Strom), die folgendermaßen definiert wird:

$$f(t) = \begin{cases} 0 & \text{für} \quad -\frac{T}{2} \le t < -\frac{T}{4} \\ \cos\omega_1 t & \text{für} \quad -\frac{T}{4} \le t < \frac{T}{4} \\ 0 & \text{für} \quad \frac{T}{4} \le t \le \frac{T}{2} \end{cases}$$

Die Funktion besitzt einen Gleichanteil a_0, also einen Mittelwert.

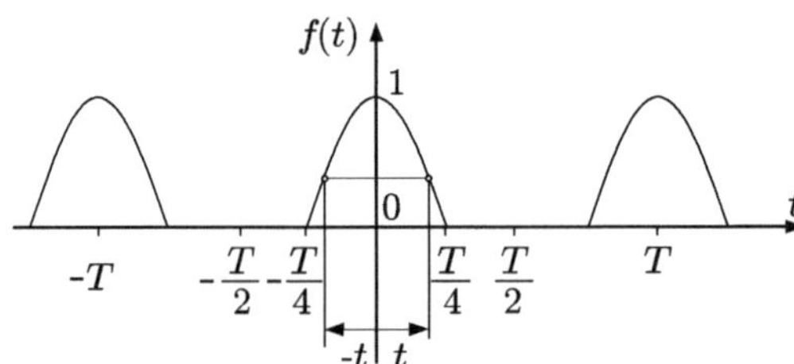

Abbildung 17.14.: Einweggleichgerichtete Kosinusfunktion

Sie ist gerade, weil $f(t) = f(-t)$ ist, also erhält sie nur Kosinus-Glieder:

$$b_n = 0\,.$$

$$a_n = \frac{4}{T}\int_0^{\frac{T}{4}} \cos(\omega_1 t)\cdot\cos(n\omega_1 t)\cdot dt$$

Der Gleichanteil ist:

$$
\begin{aligned}
a_0 &= \frac{4}{T}\int_0^{\frac{T}{4}} \cos(\omega_1 t)\cdot dt \\
&= \frac{4}{T\omega_1}[\sin(\omega_1 t)]_0^{\frac{T}{4}} = \frac{2}{\pi}\left(\sin\tfrac{\pi}{2} - \sin 0\right) \\
a_0 &= \frac{2}{\pi}
\end{aligned}
$$

Nach relativ aufwändigen trigonometrischen Berechnungen ergibt sich:

$$
\boxed{f(t) = \frac{1}{\pi} + \frac{1}{2}\cdot\cos\omega_1 t + \sum_{k=1}^{\infty}\frac{2}{\pi}\cdot\frac{(-1)^{(k-1)}}{(2k)^2-1}\cdot\cos 2k\omega_1 t} \qquad (17.20)
$$

oder, ausführlicher:

$$
\begin{aligned}
f(t) &= \frac{1}{\pi} + \frac{1}{2}\cdot\cos\omega_1 t + \frac{2}{3\pi}\cdot\cos 2\omega_1 t \\
&-\frac{2}{3\cdot 5\cdot\pi}\cdot\cos 4\omega_1 t + \frac{2}{5\cdot 7\cdot\pi}\cdot\cos 6\omega_1 t + \cdots
\end{aligned} \qquad (17.21)
$$

$$
\begin{aligned}
f(t) &= 0{,}318 + 0{,}5\cdot\cos\omega_1 t + 0{,}212\cdot\cos 2\omega_1 t \\
&-0{,}042\cdot\cos 4\omega_1 t + 0{,}018\cdot\cos 6\omega_1 t + \cdots
\end{aligned}
$$

Auf Abb. 17.15 wurde das *Amplitudenspektrum* der Funktion $f(t)$ dargestellt. Besonderes Merkmal: die Funktion besitzt nicht nur einen Gleichanteil, sondern auch eine 1. Harmonische, allerdings gefolgt von geradzahligen Kosinus-Schwingungen.

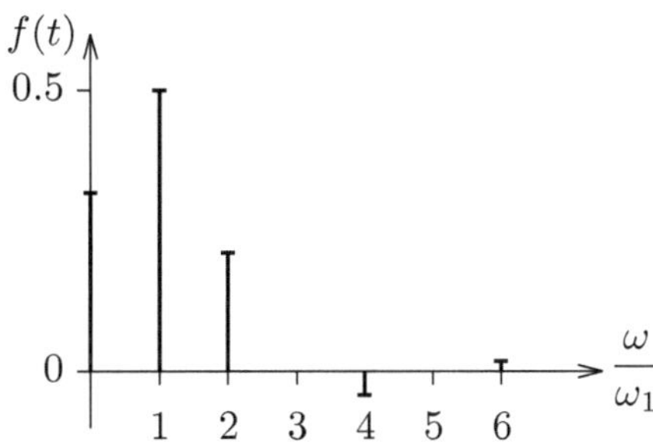

Abbildung 17.15.: Amplituden-Spektrum der einweggleichgerichteten Kosinus-Funktion

Für diese Funktion wurde auch eine *Synthese* der ersten 5 Glieder der Fourier-Entwicklung durchgeführt und auf Abb. 17.16 dargestellt.
Für die Zeichnung wurde das Programm *Gnuplot* eingesetzt, wie auch bei allen anderen Synthesen - Abb. 17.10,17.11, 17.16, 17.19, 17.22, 17.23, 17.24.
Es lohnt sich, die Abb. 17.15 und 17.16 anzuschauen. Die Approximation ist bereits mit 5 Gliedern sehr gut, sodass man in vielen praktischen Fällen mit dieser Näherung arbeiten kann.

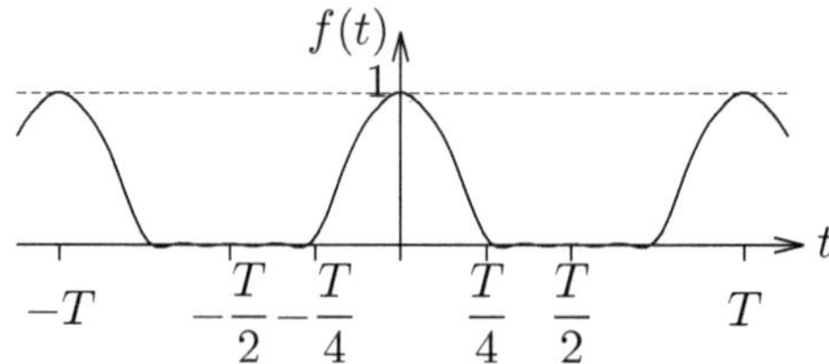

Abbildung 17.16.: Synthese der ersten 5 Glieder der Fourierreihen-Entwicklung der Funktion von Abb. 17.14

17.5.6. Zweiweggleichrichtung

Die Funktion auf Abb. 17.17 kann direkt behandelt werden, oder auch als Überlagerung von zwei einweggleichgerichteten Funktionen, ausgehend von den Ergebnissen 17.5.5

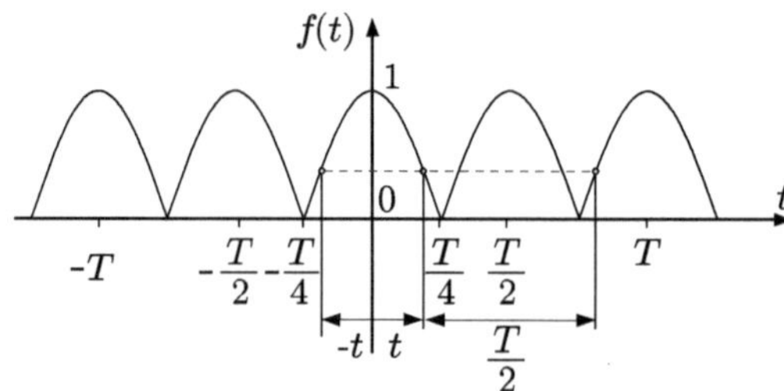

Abbildung 17.17.: Zweiweggleichgerichtete Kosinusfunktion

Jetzt gilt:

$$f(t) = \begin{cases} -\cos\omega_1 t & \text{für } -\frac{T}{2} \leq t < -\frac{T}{4} \\ \cos\omega_1 t & \text{für } -\frac{T}{4} \leq t < \frac{T}{4} \\ -\cos\omega_1 t & \text{für } \frac{T}{4} \leq t \leq \frac{T}{2} \end{cases}$$

Die Funktion ist gerade - weil $f(t) = f(-t)$ ist - und erfüllt auch die Bedingung

$f(t) = f(t + \frac{T}{2})$, sodass hier gilt:

$$\begin{aligned} b_n &= 0 \quad \text{für} \quad n = 1, 2, 3, \cdots \\ a_n &= 0 \quad \text{für} \quad n = 1, 3, 5, \cdots \end{aligned}$$

Es bleiben also nur geradzahlige Kosinusglieder übrig. Die ausführliche Form der Reihenentwicklung einer zweiweg- (oder doppelt-)gerichteten Funktion ist:

$$\begin{aligned} f(t) &= \frac{2}{\pi} + \frac{4}{1 \cdot 3 \cdot \pi} \cdot \cos 2\omega_1 t \\ &- \frac{4}{3 \cdot 5 \cdot \pi} \cdot \cos 4\omega_1 t + \frac{4}{5 \cdot 7 \cdot \pi} \cdot \cos 6\omega_1 t + \cdots \\ &= 0,636 + 0,424 \cdot \cos 2\omega_1 t \\ &- 0,084 \cdot \cos 4\omega_1 t + 0,036 \cdot \cos 6\omega_1 t + \cdots \end{aligned} \tag{17.22}$$

Das dazugehörige Amplitudenspektrum ist auf Abb. 17.18 dargestellt. Man ersieht, dass im Gegenteil zu der Einweg-Gleichrichtung (Abb. 17.15), hier die Grundwelle ($\frac{\omega}{\omega_1} = 1$) fehlt! Dagegen ist der Gleich- anteil doppelt so groß und die Funktion konvergiert langsamer als auf Abb. 17.15.

Auch für die doppelt gerichtete Funktion wurde die *Synthese* der ersten 5

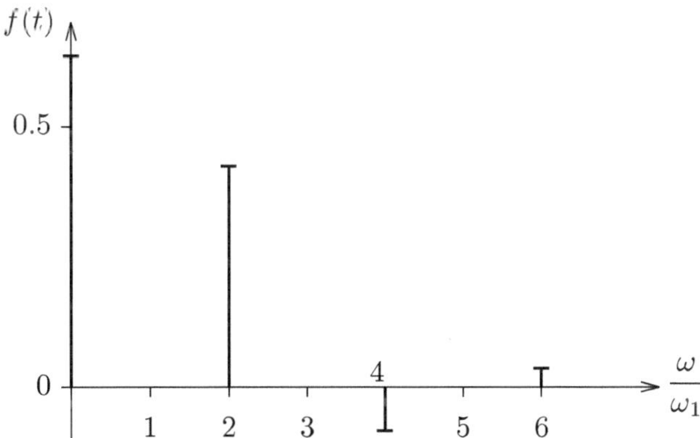

Abbildung 17.18.: Amplituden-Spektrum für die Funktion von Abb. 17.17

Glieder (siehe oben) durch- geführt und auf Abb.17.19 gezeigt.

Die Näherung ist bereits gut, die größte Abweichung tritt bei $t = -\frac{T}{4}, \frac{T}{4}, \frac{3T}{4}, \cdots$ auf, wo die Funktion Null sein sollte. In diesem Bereich ändert sich die Funktion stark (die Ableitung ändert plötzlich das Vorzeichen) und das ist schwieriger mit einer Kosinus-Reihe zu simulieren, als die übrigen Bereiche.

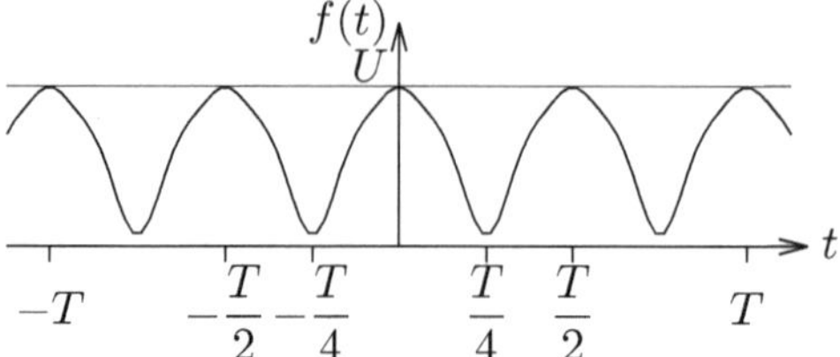

Abbildung 17.19.: Synthese der ersten 5 Glieder für die Funktion von Abb. 17.17

Anmerkung: Die Berechnung der Fourier- Koeffizienten bei Einweg- und Zweiweg- Gleichrichtung erfordert solide trigonometrische Kenntnisse und eine Menge Aufmerksamkeit und Geduld. Somit richtet sich die Beweisführung in erster Linie an mathematisch interessierte Leser.
Man kann jedoch direkt die Ergebnisse der Reihenentwicklungen benutzen und diskutieren.

17.5.7. Sägezahnfunktion

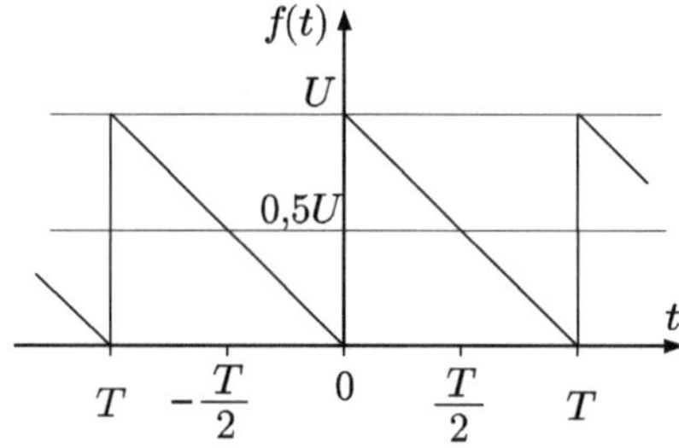

Abbildung 17.20.: Sägezahnfunktion mit Gleichanteil

Auf Abb. 17.20 ist eine von den vielen Varianten von Sägezahn- (oder Kippschwung-) Funktionen dargestellt, diesmal eine die einen arithmetischen Mittelwert $U/2$ aufweist. Dieser Gleichanteil ergibt sich einfach durch Betrachten des Kurvenverlaufs: Die Fläche unter dem Dreieck ist die Hälfte der Fläche des Rechtecks mit den Seiten U und T.
Die Funktion besitzt keine der diskutierten Symmetrien, die Berechnung der Koeffizienten a_n ergibt jedoch, dass alle $a_n = 0$ sind, sodass die Reihenentwicklung keine Kosinus-Glieder enthält.

Es bleibt die folgende Fourier-Reihe (ohne Herleitung):

$$\begin{aligned} f(t) &= \frac{U}{2} + U\sum_{n=1}^{\infty}\frac{\sin n\omega_1 t}{n\pi} \\ &= \frac{U}{2} + U\left(\frac{\sin\omega_1 t}{\pi} + \frac{\sin 2\omega_1 t}{2\pi} + \frac{\sin 3\omega_1 t}{3\pi} + \cdots\right) \end{aligned} \tag{17.23}$$

Auf Abb.17.21 ist das Amplituden-Spektrum dargestellt, für die ersten 5 Oberwellen.

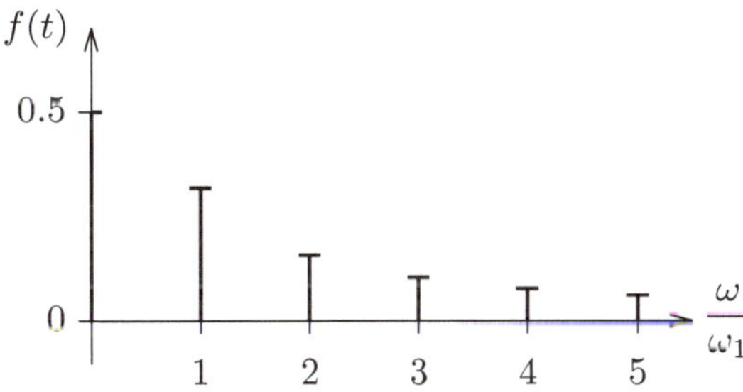

Abbildung 17.21.: Amplituden-Spektrum für die Funktion von Abb. 17.20

Der Beitrag der Harmonischen ist noch besser erkennbar auf den Bildern 17.22 bis17.24, wo die *Synthesen* der Funktion $f(t)$ in 5 Fällen gezeigt werden. Die erste Näherung ($n = 0$ und 1) - Abb. 17.22 - ist eine nach oben um $0,5U$ verschobene Sinusschwingung und somit sehr weit weg von der Sägezahn-Form. Bereits die nächste Oberschwingung ($n = 2$) - Abb. 17.23 - ist jedoch sehr wirksam, während für weitere n die Reihe sehr langsam konvergiert, was auch die Spektral-Darstellung (Abb. 17.21) gezeigt hat. Auch bei 5 Oberschwingungen (Abb. 17.24) ist die Näherung noch nicht befriedigend. Der Grund dafür ist der Sprung der Funktion bei $t = 0, T$, usw.

Eine genaue Betrachtung der drei Synthesen zeigt, dass mit größer werdenden Anzahl n von berücksichtigten Oberschwingungen die Verbesserung der Approximation nicht in allen Punkten gleichzeitig eintritt. Insgesamt wird die Näherung jedoch immer besser.

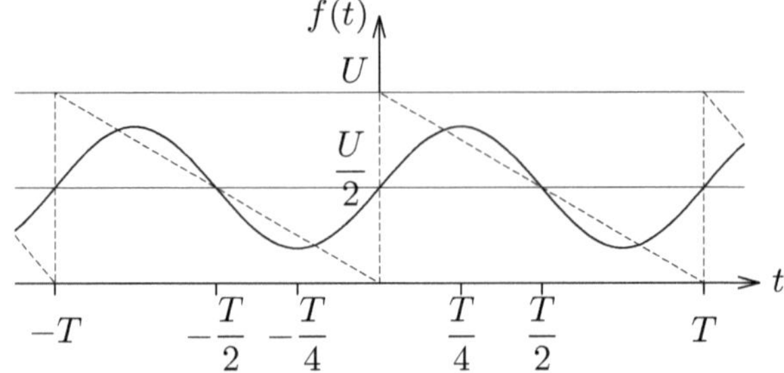

Abbildung 17.22.: Synthese der Sägezahnfunktion mit $n = 0$ und $n = 1$

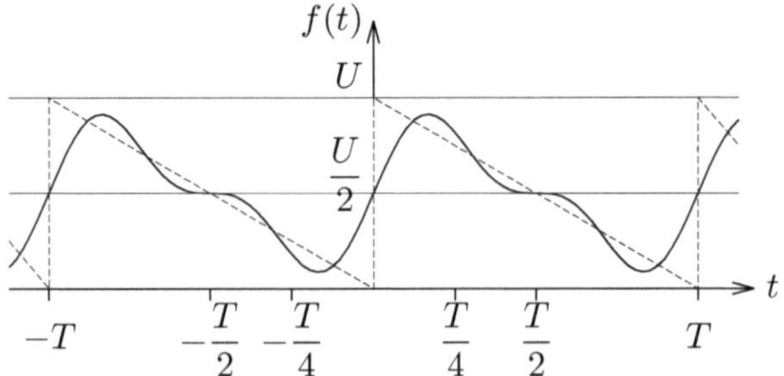

Abbildung 17.23.: Synthese der Sägezahnfunktion mit $n = 0, 1, 2$

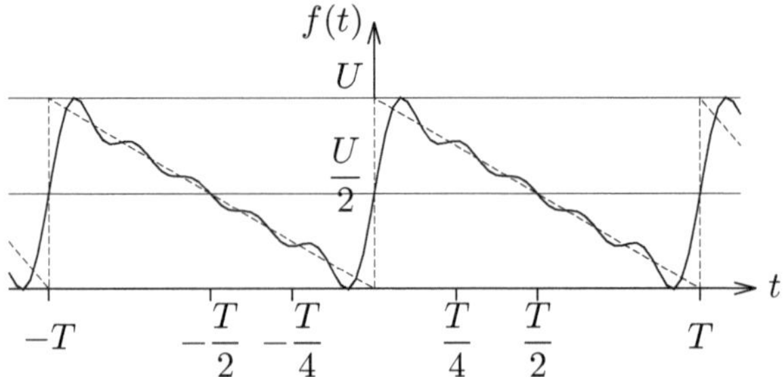

Abbildung 17.24.: Synthese der Sägezahnfunktion mit $n = 0, 1, 2, 3, 4, 5$

Auf der nächsten Seite werden die Fourier-Reihenentwicklungen einiger in der Elektrotechnik häufig vorkommenden Funktionen zusammengestellt.

In der ersten Spalte sind die analytischen Definitionen der Funktionen in dem Intervall $0 \leq t \leq T$ angegeben. In der zweiten Spalte findet man die entsprechenden grafischen Darstellungen, wobei alle Funktionen den Maximalwert 1 aufweisen. Ist der Maximalwert z.B. eine Spannung U, so müssen die Fourier-Entwicklungen, die in der dritten Spalte in kompakter Form angegeben sind, mit U multipliziert werden.

Fourier-Analyse einiger periodischer Funktionen

$f(t)$	Grafische Darstellung	Fourier-Reihe
$0 < t < \frac{T}{2} : 1$ $\frac{T}{2} < t < T : -1$	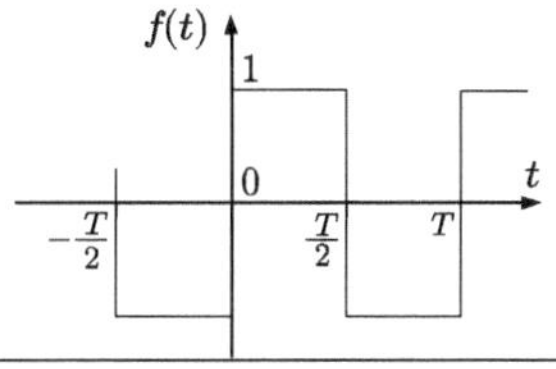 $f(t)$, 1, 0, t, $-\frac{T}{2}$, $\frac{T}{2}$, T	$\frac{4}{\pi}\sum_{k=0}^{\infty}\frac{\sin(2k+1)\omega_1 t}{(2k+1)}$
$0 \leq t \leq \frac{T}{2} : 1-\frac{4t}{T}$ $\frac{T}{2} \leq t \leq T : \frac{4t}{T}-3$	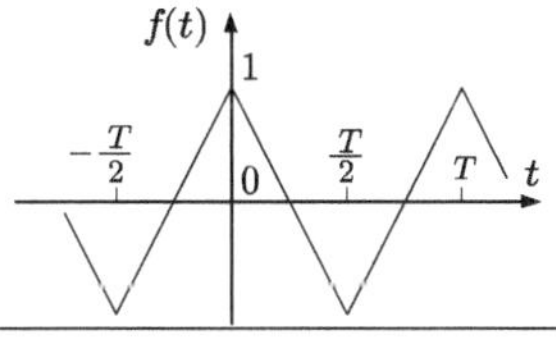 $f(t)$, 1, $-\frac{T}{2}$, 0, $\frac{T}{2}$, T, t	$\frac{8}{\pi^2}\sum_{k=0}^{\infty}\frac{\cos(2k+1)\omega_1 t}{(2k+1)^2}$
$0 \leq t < \frac{\tau}{2} : 1$ $\frac{\tau}{2} < t < T-\frac{\tau}{2} : 0$ $T-\frac{\tau}{2} < t \leq T : 1$	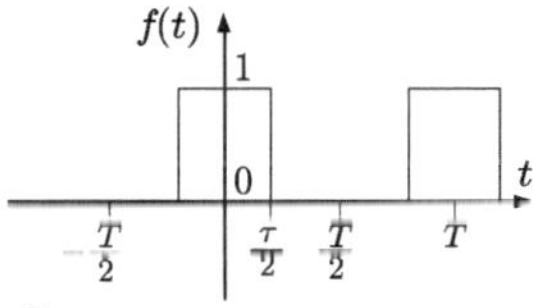 $f(t)$, 1, 0, t, $-\frac{T}{2}$, $\frac{\tau}{2}$, $\frac{T}{2}$, T $\frac{\tau}{T} = \alpha =$ Tastverhältnis	$2\alpha\left[\frac{1}{2}+\sum_{n=1}^{\infty}\frac{\sin(n\pi\alpha)}{(n\pi\alpha)}\cos(n\omega_1 t)\right]$
$0 \leq t \leq \frac{T}{4} : \cos\omega_1 t$ $\frac{T}{4} \leq t \leq 3\frac{T}{4} : 0$ $3\frac{T}{4} \leq t \leq T : \cos\omega_1 t$	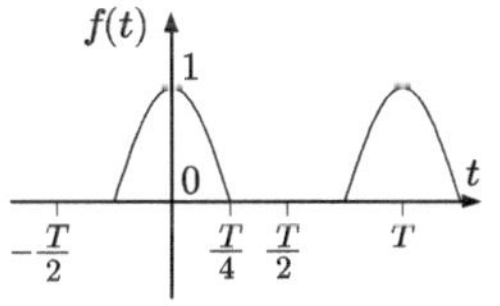 $f(t)$, 1, 0, t, $-\frac{T}{2}$, $\frac{T}{4}$, $\frac{T}{2}$, T	$\frac{1}{\pi}+\frac{1}{2}\cos\omega_1 t+$ $\sum_{k=1}^{\infty}\frac{2}{\pi}\cdot\frac{(-1)^{(k-1)}}{(2k)^2-1}\cos(2k\omega_1 t)$
$0 \leq t \leq T : \lvert\cos\omega_1 t\rvert$	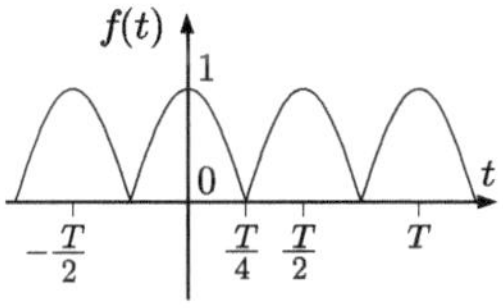 $f(t)$, 1, 0, t, $-\frac{T}{2}$, $\frac{T}{4}$, $\frac{T}{2}$, T	$\frac{2}{\pi}+$ $\sum_{k=1}^{\infty}\frac{4}{\pi}\cdot\frac{(-1)^{(k-1)}}{(2k)^2-1}\cos(2k\omega_1 t)$
$0 \leq t < T : 1-\frac{t}{T}$	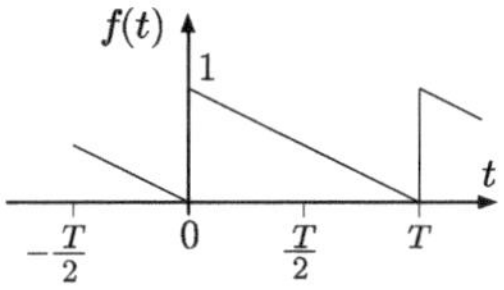 $f(t)$, 1, t, $-\frac{T}{2}$, 0, $\frac{T}{2}$, T	$\frac{1}{2}+\sum_{n=1}^{\infty}\frac{\sin(n\omega_1 t)}{n\pi}$

17.6. Komplexe Fourier-Reihenentwicklung

In vielen Anwendungen, wie - oft - bei der Berechnung von Strömen und Spannungen bei nichtsinusförmiger, periodischer Erregung, noch mehr aber bei nichtperiodischen, (impulsförmigen) Erregungen, lohnt sich der Übergang von der „reellen" zu der „komplexen" Fourierreihe. Die letztere wird statt Sinus- und Kosinus-Gliedern (die messtechnisch nachgewiesen werden können) Glieder mit *e- Anteilen mit imaginären Exponenten* aufweisen (die physikalisch nicht mehr nachvollziehbar sind - wie die komplexen Größen in der Wechselstromtechnik).
Der Übergang von der reellen Fourierreihe (17.2):

$$f(t) = \frac{a_0}{2} + \sum_{n=1}^{\infty} [a_n \cdot \cos n\omega_1 t + b_n \cdot \sin n\omega_1 t]$$

zu der komplexen, geht von den bekannten Eulerschen Beziehungen aus:

$$e^{j\alpha} = \cos\alpha + j \cdot \sin\alpha \quad , \quad e^{-j\alpha} = \cos\alpha - j \cdot \sin\alpha \, ,$$

aus denen sich die folgenden Formeln für Kosinus und Sinus herleiten lassen:

$$\cos\alpha = \frac{e^{j\alpha} + e^{-j\alpha}}{2}, \quad \sin\alpha = \frac{e^{j\alpha} - e^{-j\alpha}}{2j} \, .$$

Die komplexe Fourier-Reihe ist also:

$$f(t) = \frac{a_0}{2} + \sum_{n=1}^{\infty} \left[\frac{1}{2} a_n \cdot \left(e^{jn\omega_1 t} + e^{-jn\omega_1 t} \right) + \frac{1}{2j} b_n \cdot \left(e^{jn\omega_1 t} - e^{-jn\omega_1 t} \right) \right]$$

$$f(t) = \frac{a_0}{2} + \frac{1}{2} \sum_{n=1}^{\infty} \left[(a_n - jb_n) \cdot e^{jn\omega_1 t} + (a_n + jb_n) \cdot e^{-jn\omega_1 t} \right]$$

Bezeichnet man:

$$\boxed{\frac{a_0}{2} = \underline{c}_0 \, , \quad \frac{1}{2}(a_n - jb_n) = \underline{c}_n \, , \text{ und } \frac{1}{2}(a_n + jb_n) = \underline{c}_{-n}} \tag{17.24}$$

so bekommt man:

$$f(t) = \underline{c}_0 + \sum_{n=1}^{\infty} \underline{c}_n \cdot e^{jn\omega_1 t} + \sum_{n=1}^{\infty} \underline{c}_{-n} \cdot e^{-jn\omega_1 t} \, .$$

Aus den obigen Definitionen von $\underline{c}_n$ und $\underline{c}_{-n}$ ersieht man, dass

$$\underline{c}_{-n} = \underline{c}_n^*$$

ist, da sich die beiden Koeffizienten nur dadurch unterscheiden, dass die Imaginärteile umgekehrte Vorzeichen aufweisen.
Die Summe mit den Koeffizienten $\underline{c}_{-n}$ kann auch folgendermaßen geschrieben werden:

$$\sum_{n=1}^{\infty} \underline{c}_{-n} \cdot e^{-jn\omega_1 t} = \sum_{n=-1}^{-\infty} \underline{c}_n \cdot e^{jn\omega_1 t},$$

womit $f(t)$ wird:

$$f(t) = \underline{c}_0 + \sum_{n=1}^{\infty} \underline{c}_n \cdot e^{jn\omega_1 t} + \sum_{n=-1}^{-\infty} \underline{c}_n \cdot e^{jn\omega_1 t}$$

oder, weiter:

$$\boxed{f(t) = \sum_{n=-\infty}^{\infty} \underline{c}_n \cdot e^{jn\omega_1 t}}\,. \qquad (17.25)$$

Die komplexe Fourierreihe enthält Glieder n von $-\infty$ bis ∞, der Frequenzbereich wird also durch *negative* Frequenzen erweitert (die fiktiv sind).
Die Koeffizienten $\underline{c}_n$ sind jetzt komplex:

$$\begin{aligned}
\underline{c}_0 &= \frac{a_0}{2} = \frac{1}{T}\int_{-\frac{T}{2}}^{\frac{T}{2}} f(t) \cdot dt \\
\underline{c}_n &= \frac{a_n}{2} - j\frac{b_n}{2} \\
&= \frac{1}{T}\int_{-\frac{T}{2}}^{\frac{T}{2}} f(t) \cdot \cos(n\omega_1 t) \cdot dt \\
&\quad -\frac{j}{T}\int_{-\frac{T}{2}}^{\frac{T}{2}} f(t) \cdot \sin(n\omega_1 t) \cdot dt
\end{aligned}$$

$$\boxed{\underline{c}_n = \frac{1}{T}\int_{-\frac{T}{2}}^{\frac{T}{2}} f(t) \cdot e^{-jn\omega_1 t} \cdot dt} \quad n = 0, \pm 1, \pm 2, \pm 3, \cdots \qquad (17.26)$$

Wie jede komplexe Zahl können auch die komplexen Fourier-Koeffizienten der komplexen Fourierreihe in Komponenten- als auch in Exponentialform geschrieben werden:

$$\underline{c}_n = \frac{a_n}{2} - j\frac{b_n}{2} = |\underline{c}_n| \cdot e^{j\psi_n}$$

mit $|\underline{c}_n|$ *Amplituden*spektrum und ψ_n *Phasen*spektrum.
Die Zusammenhänge mit den reellen Fourierkoeffizienten lauten:

$$|\underline{c}_n| = \frac{1}{2}\sqrt{a_n^2 + b_n^2},$$
$$\tan\psi_n = -\frac{b_n}{a_n}$$
oder:
$$\psi_n = \arctan\left(-\tfrac{b_n}{a_n}\right) = \arctan\left(\tfrac{a_n}{b_n}\right) - \frac{\pi}{2}.$$

Kennt man die Koeffizienten $\underline{c}_n$ der komplexen Fourierreihe, so kann man die reellen a_n und b_n bestimmen:

$$a_n = \Re e\{2 \cdot \underline{c}_n\}, \quad b_n = -\Im m\{2 \cdot \underline{c}_n\}.$$

Kommentar: Warum hat man auch die komplexe Darstellung zeitperiodischer Funktionen eingeführt? Ein erster Vorteil gegenüber der reellen Dar- stellung ist, dass in vielen Fällen die Berechnungen mit e-Funktionen einfacher sind, als mit trigonometrischen Funktionen.
Weitere Vorteile erkennt man, wenn man zu den nichtperiodischen (impulsförmigen) Funktionen übergeht.

Beispiel: *Rechteckfunktion.*
Für eine Rechteckspannung der Größe U (s. Abb. 17.4, oben) soll jetzt die komplexe Darstellung hergeleitet werden.
Die Funktion ist ungerade, hat keinen Gleichanteil und erfüllt die Bedingung $f(t+\frac{T}{2}) = -f(t)$, somit sind alle geradzahligen ($n = 2k$) Koeffizienten gleich Null. Die Gleichung für die Funktion lautet:

$$f(t) = \begin{cases} -U & \text{für } -\frac{T}{2} \le t < 0 \\ U & \text{für } 0 \le t \le \frac{T}{2} \end{cases}$$

$$\begin{aligned}
\underline{c}_n &= -\frac{U}{T}\int_{-\frac{T}{2}}^{0} 1 \cdot e^{-jn\omega_1 t} \cdot dt + \frac{U}{T}\int_{0}^{\frac{T}{2}} 1 \cdot e^{-jn\omega_1 t} \cdot dt \\
&= \frac{U}{Tjn\omega_1}\left[e^{-jn\omega_1 t}\Big|_{-\frac{T}{2}}^{0} - e^{-jn\omega_1 t}\Big|_{0}^{\frac{T}{2}}\right] \\
&= \frac{U}{Tjn\omega_1}\left[1 - e^{jn\pi} - e^{-jn\pi} + 1\right] \\
&= \boxed{\frac{U}{jn\pi}\left[1 - (-1)^n\right]}
\end{aligned}$$

weil:

$$e^{jn\pi} = \cos(n\pi) + j\sin(n\pi) = (-1)^n = e^{-jn\pi}$$

$$\underline{c}_n = \begin{cases} 0 & \text{für } n \text{ gerade} \\ \dfrac{2U}{jn\pi} & \text{für } n \text{ ungerade}. \end{cases}$$

Somit ist die komplexe Darstellung der Rechteckfunktion von Abb. 17.4, oben:

$$\boxed{f(t) = \sum_{k=-\infty}^{\infty} \frac{2U}{j(2k+1)\pi} \cdot e^{j(2k+1)\omega_1 t}}$$

$$f(t) = \frac{2U}{j\pi}\Big[\cdots - \frac{1}{5}e^{-5j\omega_1 t} - \frac{1}{3}e^{-3j\omega_1 t} - \frac{1}{1}e^{-1j\omega_1 t} + \frac{1}{1}e^{1j\omega_1 t} + \frac{1}{3}e^{3j\omega_1 t} + \frac{1}{5}e^{5j\omega_1 t} + \cdots \Big].$$

Mit der Formel von Euler:

$$\sin\alpha = \frac{e^{j\alpha} - e^{-j\alpha}}{2j}$$

erkennt man, dass $f(t)$ eine Reihe von Sinusfunktionen ist:

$$f(t) = \frac{4U}{\pi}\left[\sin\omega_1 t + \frac{1}{3}\sin 3\omega_1 t + \frac{1}{5}\sin 5\omega_1 t + \cdots\right].$$

Das ist exakt die Reihenentwicklung (17.17).

17.7. Effektivwert nichtsinusförmiger Wechselgrößen

17.7.1. Allgemeine Formel

Der Begriff Effektivwert ist bekannt aus der Wechselstromlehre. Ist z. B. ein sinusförmiger Wechselstrom $i(t)$ gegeben:

$$i(t) = I_{max} \cdot \sin(\omega t),$$

so nennt man Effektivwert I_{eff} oder einfach I:

$$I = \sqrt{\frac{1}{T}\int_0^T i^2 \cdot dt};$$

$$I^2 = \frac{1}{T}\int_0^T I_{max}^2 \cdot \sin^2(\omega t)\cdot dt = \frac{I_{max}^2}{T}\int_0^T \frac{1-\cos(2\omega t)}{2}\cdot dt\,;$$

$$I^2 = I_{max}^2\frac{1}{T}\frac{T}{2} = \frac{I_{max}^2}{2} \curvearrowright \boxed{I = \frac{I_{max}}{\sqrt{2}}}\,.$$

(Weil das Integral über eine Periode T von jeder Sinus- oder Kosinusfunktion gleich Null ist).
Der Effektivwert I eines Sinusstroms hat eine besondere physikalische Bedeutung: er erzeugt in einem Widerstand *dieselbe Wärme* wie ein Gleichstrom I.
Wie berechnet man den Effektivwert einer periodischen nichtsinusförmigen Funktion, die durch eine Fourier-Reihe dargestellt werden kann?
Wir gehen wieder von der Fourier-Entwicklung (17.2) aus, die bei allen Beispielen eingesetzt wurde:

$$f(t) = \frac{a_0}{2} + \sum_{n=1}^{\infty} a_n \cdot \cos(n\omega_1 t) + \sum_{n=1}^{\infty} b_n \cdot \sin(n\omega_1 t)\,.$$

Vereinbarung: Ähnlich wie im Teil III: „Wechselstromschaltungen" vereinbart wurde, dass der Effektivwert eines sinusförmigen Stromes $i(t)$ mit dem großen Buchstaben I und der Effektivwert einer Spannung $u(t)$ mit dem großen Buchstaben U benannt werden sollten, sollte im Folgenden:

> *Der Effektivwert einer periodischen Funktion $f(t)$ mit dem großen Buchstaben F benannt werden.*

Bei den nichtsinusförmigen, periodischen Funktionen $f(t)$ hängt der Effektivwert F, - im Gegensatz zu den reinen Sinusfunktionen -, auch von der Anzahl der Teilschwingungen ab, die bei der Bestimmung des Effektivwertes berücksichtigt werden.
Im diesem Buch werden die folgenden Bezeichnungen verwendet:

- *F soll der exakte Wert*, bei Berücksichtigung *aller* Teilschwingungen, sein;

- $F_{(n)}$ soll ausdrücken, dass nur eine *begrenzte Anzahl von Oberwellen* berücksichtigt werden. So z.B. soll $F_{(5)}$ den Effektivwert bedeuten, der Oberwellen bis $5\omega_1$ berücksichtigt;

- F_n soll *der Effektivwert der Teilschwingung mit $n\omega_1$* sein.

Der exakte Effektivwert der Funktion $f(t)$ ist, gemäß der allgemeinen Definition:

$$F = \sqrt{\frac{1}{T}\int_0^T f^2(t)\cdot dt}\,.$$

Bei der Berechnung von $f^2(t)$ zeigt sich, dass fast alle Teilintegrale Null sind (ohne ausführlichen Beweis). Übrig bleiben:

$$\begin{aligned} F^2 &= \frac{1}{T}\left[\int_0^T \left(\frac{a_0}{2}\right)^2 \cdot dt \right.\\ &\left. + \sum_{n=1}^{\infty}\int_0^T a_n^2\cdot\cos^2(n\omega_1 t)\cdot dt + \sum_{n=1}^{\infty}\int_0^T b_n^2\cdot\sin^2(n\omega_1 t)\cdot dt\right]\end{aligned}$$

Mit den Formeln (T9 im ANHANG E) für $\sin^2\alpha$ und $\cos^2\alpha$ ergibt sich

$$F^2 = \frac{1}{T}\left[T\cdot\left(\frac{a_0}{2}\right)^2 + \frac{T}{2}\sum_{n=1}^{\infty}a_n^2 + \frac{T}{2}\sum_{n=1}^{\infty}b_n^2\right]$$

$$F^2 = \left(\frac{a_0}{2}\right)^2 + \frac{1}{2}\sum_{n=1}^{\infty}\left(a_n^2+b_n^2\right)$$

und somit erhält man die folgende Formel für den Effektivwert einer Funktion, für die man die Fourier-Koeffizienten a_0, a_n und b_n kennt:

$$F = \sqrt{\left(\frac{a_0}{2}\right)^2 + \frac{1}{2}\sum_{n=1}^{\infty}\left(a_n^2+b_n^2\right)} \tag{17.27}$$

oder ausführlich:

$$F_{(n)} = \sqrt{\frac{a_0^2}{4} + \frac{a_1^2+b_1^2}{2} + \frac{a_2^2+b_2^2}{2} + \cdots + \frac{a_n^2+b_n^2}{2}}\,. \tag{17.28}$$

Achtung! Nicht vergessen: $\frac{a_0}{2}$ ist der Gleichanteil der Funktion, a_n, b_n sind die *Amplituden* der Schwingungen, somit sind $\frac{a_n}{\sqrt{2}}$ und $\frac{b_n}{\sqrt{2}}$ ihre Effektivwerte. Damit ist der Effektivwert der nichtsinusförmigen Funktion:

Effektivwert = Wurzel von der Summe der Quadrate des Gleichanteils und der Effektivwerte der Grundwelle und der Oberwellen.

17.7.2. Bestimmung der Effektivwerte wichtiger Funktionen

Rechteckfunktion (ohne Gleichanteil)
Wir suchen den Effektivwert der Rechteckspannung, die im Abschn. 17.5.2 - Abb. 17.4 - in die folgende Fourier-Reihe entwickelt wurde (sei jetzt $U = 1\,V$):

$$u(t) = \frac{4}{\pi}\left[\sin\omega_1 t + \frac{1}{3}\cdot\sin 3\omega_1 t + \frac{1}{5}\cdot\sin 5\omega_1 t + \cdots\right].$$

Die Funktion hat keinen Gleichanteil ($a_0 = 0$), keine Kosinus-Glieder ($a_n = 0$ weil ungerade) und nur ungeradzahlige Sinusglieder.
Der Effektivwert wird, nach (17.28), bei 3 berücksichtigten Oberwellen (bis $7\omega_1$):

$$\begin{aligned} U_{(7)} &= \frac{4}{\pi\sqrt{2}}\sqrt{1 + \frac{1}{9} + \frac{1}{25} + \frac{1}{49}} \\ &= 0,9\sqrt{1 + 0,\tilde{1} + 0,04 + 0,02} = \boxed{0,973\,V}. \end{aligned}$$

Für diese Funktion kann man auch den *genauen* Effektivwert bestimmen, der sich bei Berücksichtigung aller Teilschwingungen ergibt:

$$U_{eff} = \sqrt{\frac{1}{T}\int_0^T u^2(t)\cdot dt}$$

mit $u(t) = 1\,V$ von $t = 0$ bis $\frac{T}{2}$ und $u(t) = -1\,V$ von $\frac{T}{2}$ bis $t = T$.

$$U_{eff} = \sqrt{\frac{1}{T}\left[\int_0^{\frac{T}{2}} 1^2\cdot dt + \int_{\frac{T}{2}}^{T} (-1)^2\cdot dt\right]} = \sqrt{\frac{1}{T}\cdot T} = \boxed{1\,V}.$$

Bemerkung: Hier hat man statt U die Bezeichnung U_{eff} benutzt, die manchmal in der Praxis vorkommt (doch redundant ist).

Andere Rechteckfunktionen
Eine andere Variante für eine Rechteckfunktion ohne Gleichanteil ist die gerade Funktion von Abb. 17.25 b), die nur Kosinus-Glieder enthält. Der Effektivwert ist:

$$F = \sqrt{\frac{1}{T}\left[\int_0^{\frac{T}{4}} 1^2\cdot dt + \int_{\frac{T}{4}}^{\frac{3T}{4}} (-1)^2\cdot dt + \int_{\frac{3T}{4}}^{T} 1^2\cdot dt\right]}$$

$$F^2 = \frac{1}{T}\left[t\Big|_0^{\frac{T}{4}} + t\Big|_{\frac{T}{4}}^{\frac{3T}{4}} + t\Big|_{\frac{3T}{4}}^{T}\right] = \frac{1}{T}\left[\frac{T}{4} + \frac{3T}{4} - \frac{T}{4} + T - \frac{3T}{4}\right]$$

$$F^2 = 1 \quad \curvearrowright \quad F = \boxed{1}.$$

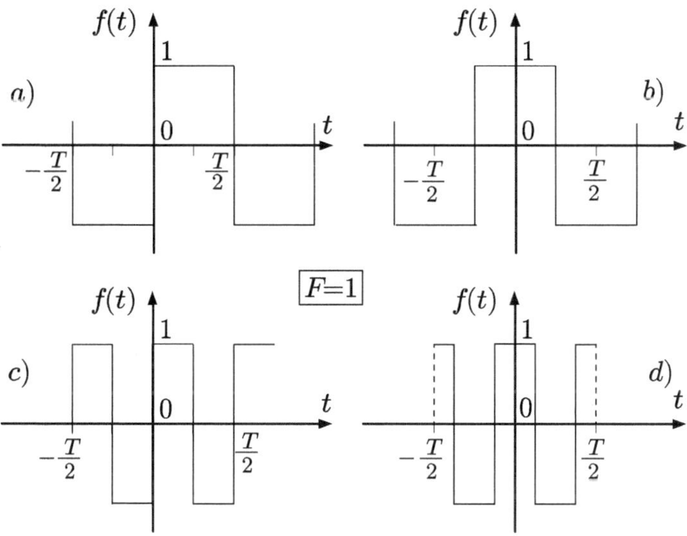

Abbildung 17.25.: Gerade und ungerade Rechteckfunktionen ohne Gleichanteil

Der Effektivwert ist derselbe wie bei der ungeraden Funktion von Abb. 17.25 a), *hängt* also *nicht davon ab, ob die Kurve $f(t)$ auf der t-Achse verschoben wird*.
Wie man sieht, *hängt der Effektivwert auch nicht von der Periode T ab* ; somit werden die Funktionen $f(t)$ von Abb. 17.25 c) und d) ebenfalls den Effektivwert 1 haben. Alle 4 auf Abb. 17.25 dargestellten Funktionen haben den Effektivwert 1; Voraussetzung: alle haben dieselbe Amplitude (hier 1).

Rechteckiger Impuls
Solche Funktionen wurden im Abschn. 17.5.4 behandelt. Auf Abb. 17.12 wurden 2 solche Abfolgen von Rechteckimpulsen dargestellt, für:

$$\alpha = \frac{\tau}{T} = 0,1 \quad \text{und} \quad 0,2\,.$$

Die Fourier-Entwicklung war (17.19):

$$\begin{aligned} f(t) &= \frac{2}{\pi}\left[\frac{\pi}{2}\alpha + \sin(\pi\alpha)\cdot\cos(\omega_1 t)\right. \\ &\left. + \frac{\sin(2\pi\alpha)}{2}\cdot\cos(2\omega_1 t) + \frac{\sin(3\pi\alpha)}{3}\cdot\cos(3\omega_1 t) + \cdots\right] \end{aligned}$$

wenn die Höhe der Impulse $A = 1$ ist.

Hier kann man wieder leicht den exakten Effektivwert herleiten:

$$F = \sqrt{\frac{1}{T}\int_0^T f^2(t)\cdot dt} = \sqrt{\frac{1}{T}\int_0^\tau 1^2\cdot dt} = \sqrt{\frac{\tau}{T}} = \boxed{\sqrt{\alpha}},$$

weil das Integral $\int_\tau^T f^2(t)\cdot dt = 0$ ist.
Somit kann man für jedes „Tastverhältnis“ α den Effektivwert bestimmen.

α	0,1	0,2	0,3	0,4	0,5
F	0,316	0,44	0,548	0,632	0,707

α	0,6	0,7	0,8	0,9	1
F	0,77	0,84	0,89	0,95	1

Überprüfung: Für $\alpha = 0,5$ ergibt die Fourierentwicklung, wenn man Oberwellen bis $7\omega_1$ berücksichtigt:

$$\begin{aligned} F_{(7)}^2 &= \frac{4}{\pi^2}\left[\frac{0,25\,\pi^2}{4} + \frac{1}{2}\left(1 + \frac{1}{9} + \frac{1}{25} + \frac{1}{49}\right)\right] \\ &= 0,25 + \frac{2}{\pi^2}\left(1 + \frac{1}{9} + \frac{1}{25} + \frac{1}{49}\right) \\ F_{(7)}^2 &= 0,25 + 0,237 = 0,487 \\ F_{(7)} &= \boxed{0,7}. \end{aligned}$$

Mit 5 Gliedern bekommt man eine gute Näherung (0, 7 gegenüber den exakten wert 0, 707). Auf Abb. 17.26 sind die Rechteckimpulse mit $\alpha = 0,2$ und $\alpha = 0,5$ dargestellt.

Wenn jeder zweite Impuls negativ wird (Abb. 17.27 für $\alpha = 0,2$), dann ist der Effektivwert derselbe wie vorhin ($F = 0,707$), weil der negative Impuls (im Quadrat) denselben Beitrag wie der positive (im Quadrat) bringt.

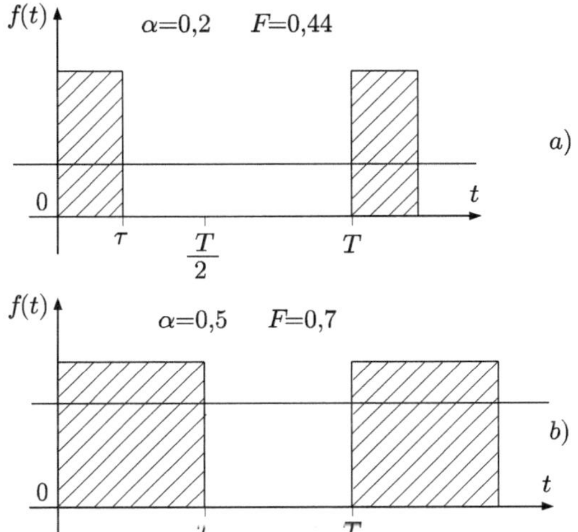

Abbildung 17.26.: Rechteckimpulse mit Tastverhältnis a) $\alpha = 0,2$ und b) $\alpha = 0,5$

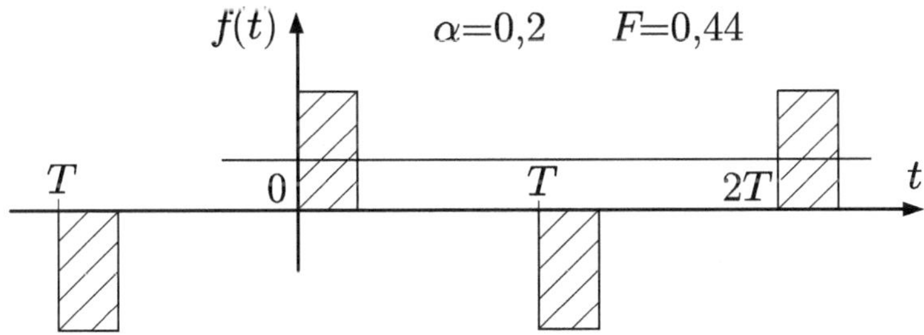

Abbildung 17.27.: Rechteckimpulse mit Tastverhältnis $\alpha = 0,2$ diesmal ohne Gleichanteil

Gerade Dreieckfunktion (ohne Gleichanteil)
Für die auf Abb. 17.8 dargestellte Funktion hat man im Absch. 17.5.3 die folgende Fourier-Entwicklung hergeleitet, die keinen Gleichanteil und keine Sinusglieder enthält:

$$u(t) = \frac{8U}{\pi^2}\left[\frac{1}{1^2}\cos\omega_1 t + \frac{1}{3^2}\cos 3\omega_1 t + \frac{1}{5^2}\cos 5\omega_1 t + \cdots\right].$$

Sei es $U = 1\,V$:

$$U_{(5)} = \frac{8}{\pi^2\sqrt{2}}\sqrt{1^2 + \tfrac{1}{81} + \tfrac{1}{625}}\,V$$

$$= \frac{8}{\pi^2\sqrt{2}} \cdot 1{,}014\,V = \boxed{0{,}577\,V}.$$

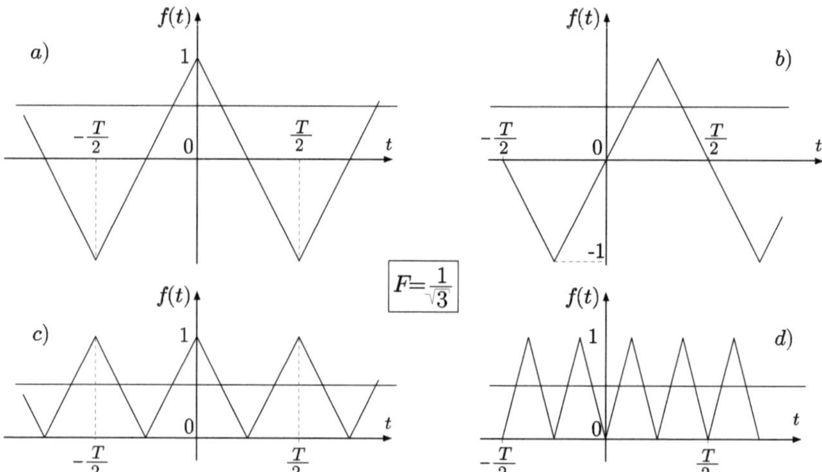

Abbildung 17.28.: Dreieckfunktionen ohne (a, b) und mit (c, d) Gleichanteil

Anmerkung: Diese Funktion konvergiert sehr schnell, mit 2 Oberwellen erreicht man praktisch den exakten Wert.
Um das Ergebnis zu überprüfen, kann man den exakten Wert bestimmen.
Mit $U = 1\,V$ ist die Gleichung der untersuchten Funktion:

$$u(t) = 1 - \frac{4t}{T} \quad \text{von} \quad t = 0 \quad \text{bis} \quad t = \frac{T}{2}$$

und somit:

$$U^2 = \frac{2}{T}\int_0^{\frac{T}{2}} u^2(t) \cdot dt$$

$$U^2 = \frac{2}{T}\int_0^{\frac{T}{2}} \left(1 - \frac{4t}{T}\right)^2 \cdot dt$$

Mit der Variablenänderung:
$x = 1 - \frac{4t}{T}, \quad dx = -\frac{4}{T}dt \curvearrowright dt = -\frac{T}{4}dx$ wird:

$$U^2 = -\frac{2}{T}\frac{T}{4}\int_1^{-1} x^2 \cdot dx = -\left.\frac{x^3}{3 \cdot 2}\right|_1^{-1} = \frac{1}{3}$$

$$U = \frac{1}{\sqrt{3}} = \boxed{0,5773}\,.$$

Dieser Weg ist umständlicher, als direkt über die Fourier-Koeffizienten.
Der Effektivwert hängt nicht von der Periode T ab und auch nicht von der Position der Kurve auf der Zeitachse t. So weisen alle 4 auf Abb. 17.28 dargestellten Dreiecksfunktionen denselben Wert $0,577$ auf. Dabei ist die Kurve a) gerade, b) dagegen ungerade, beide jedoch ohne Gleichanteil. Die Funktionen c) und d) besitzen einen arithmetischen Mittelwert und ihre Frequenz ist doppelt so groß wie bei a) und b).

Einweggleichgerichteter Strom (Funktion mit Gleichanteil)
Für den auf Abb. 17.14 dargestellten gleichgerichteten Strom hat man im Abschnitt 17.5.5 die folgende Fourierreihen-Entwicklung hergeleitet (17.21):
(sei der Strom $I_{max} = 1\,A$)

$$\begin{aligned} i(t) &= \frac{1}{\pi} + \frac{1}{2}\cdot\cos\omega_1 t + \frac{2}{3\pi}\cdot\cos 2\omega_1 t \\ &-\frac{2}{3\cdot 5\cdot\pi}\cdot\cos 4\omega_1 t + \frac{2}{5\cdot 7\cdot\pi}\cdot\cos 6\omega_1 t + \cdots \end{aligned}$$

oder:

$$\begin{aligned} i(t) &= 0,318 + 0,5\cdot\cos\omega_1 t + 0,212\cdot\cos 2\omega_1 t \\ &-0,042\cdot\cos 4\omega_1 t + 0,018\cdot\cos 6\omega_1 t + \cdots\ (A) \end{aligned}$$

Somit wird der Effektivwert (bis $4\omega_1$):

$$I_{(4)} = \sqrt{\left(\frac{1}{\pi}\right)^2 + \frac{1}{2}\left[\left(\frac{1}{2}\right)^2 + \left(\frac{2}{3\pi}\right)^2 + \left(\frac{2}{15\pi}\right)^2\right]}\,A\,.$$

Achtung! Der Gleichanteil $\frac{1}{\pi}$ erscheint unter dem Integral als $\left(\frac{1}{\pi}\right)^2$, dagegen muss man bei allen cos-Gliedern berücksichtigen, dass diese mit den Maximalwerten multipliziert sind! Die *Effektivwerte* der Grundwelle und der Oberwellen erreicht man, wenn man die Fourierkoeffizienten *durch* $\sqrt{2}$ *dividiert.* Daher der Faktor $\frac{1}{2}$ unter der Wurzel.

$$I_{(4)} = \sqrt{0,101 + 0,125 + 0,023 + 0,0009}\,A = \boxed{0,4994\,A}\,.$$

Der exakte Wert ist:

$$I = \sqrt{\frac{1}{T}\int_{-\frac{T}{2}}^{\frac{T}{2}} i^2\cdot dt}$$

$$I = \sqrt{\frac{1}{T}\int_{-\frac{T}{4}}^{\frac{T}{4}} \cos^2(\omega_1 t)\cdot dt} = \sqrt{\frac{1}{T}\int_{-\frac{T}{4}}^{\frac{T}{4}} \frac{1+\cos(2\omega_1 t)}{2}\cdot dt}$$

$$I = \sqrt{\frac{1}{T}\cdot\frac{1}{2}t\Big|_{-\frac{T}{4}}^{\frac{T}{4}}} = \boxed{0,5\,A}.$$

Zweiweggleichgerichtete Funktion (mit Gleichanteil)
Bei der auf Abb.17.29 unten dargestellten Funktion weiß man vorweg wie groß der Effektivwert ist: derselbe wie bei der Kosinusfunktion (Bild oben) also $\frac{1}{\sqrt{2}} = 0,707$ von dem Maximalwert (weil die positiven und die negativen Halbwellen denselben Beitrag zu dem Effektivwert leisten).
Jetzt soll der Effektivwert aus den Fourier-Koeffizienten ermittelt werden:

$$\begin{aligned} f(t) &= 0,636 + 0,424\cdot\cos 2\omega_1 t \\ &\quad -0,084\cdot\cos 4\omega_1 t + 0,036\cdot\cos 6\omega_1 t + \cdots \end{aligned}$$

und somit:

$$F_{(6)} = \sqrt{0,636^2 + \frac{1}{2}\left(0,424^2 + 0,084^2 + 0,036^2\right)}$$

$$F_{(6)} = \sqrt{0,498} = \boxed{0,7057}.$$

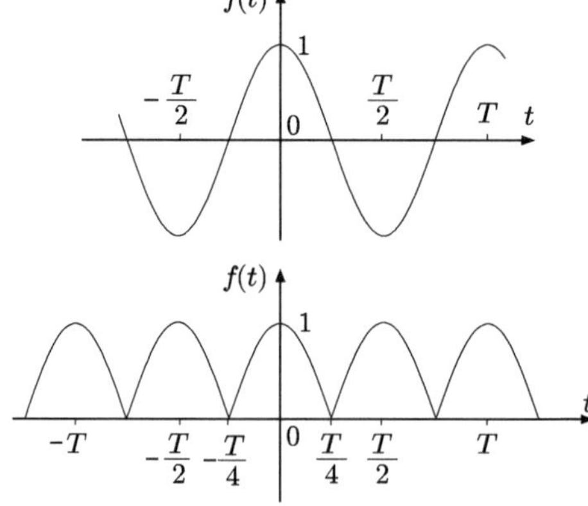

Abbildung 17.29.: Kosinus-Funktion (oben) und doppeltgerichtete Funktion (unten)

Sägezahnfunktion (mit Gleichanteil)
Die auf Abb. 17.20 und Abb. 17.30 a) gezeigte Sägezahnfunktion, mit dem Gleichanteil $\frac{U}{2}$ wird in eine Sinusreihe entwickelt (17.23):

$$u(t) = \frac{U}{2} + \frac{U}{\pi}\left(\sin\omega_1 t + \frac{1}{2}\sin 2\omega_1 t + \frac{1}{3}\sin 3\omega_1 t + \cdots\right)$$

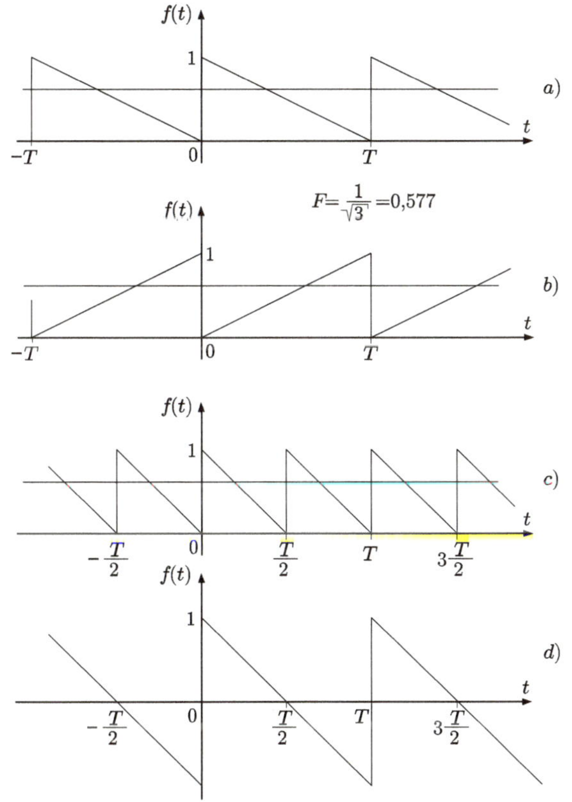

Abbildung 17.30.: Sägezahnfunktionen mit (a, b, c) und ohne (d) Gleichanteil

Der Effektivwert ist somit:

$$U_{(5)} = U\sqrt{\left(\frac{1}{2}\right)^2 + \frac{1}{2\pi^2}\left(1 + \frac{1}{4} + \frac{1}{9} + \frac{1}{16} + \frac{1}{25}\right)}$$

$$= U\sqrt{0,25 + 0,05 \cdot 1,49} = \sqrt{0,325} = \boxed{0,57\,U}.$$

Wie die Reihe konvergiert, zeigt die folgende Tabelle (für $U = 1\,V$):

n	1	5	10	20	30
$U_{(n)}$	0,548	0,569	0,573	0,575	0,576

Andere Sägezahnfunktionen
Jetzt sollen andere Sägezahnfunktionen untersucht werden, z.B. die auf Abb. 17.30 b).
Die entsprechende Funktion lautet:

$$f(t) = \frac{t}{T}.$$

Somit wird:

$$F^2 = \frac{1}{T}\int_0^T \frac{1}{T^2}\cdot t^2 \cdot dt = \frac{1}{T^3}\cdot\frac{t^3}{3}\Big|_0^T = \frac{1}{3}$$

$$F = \frac{1}{\sqrt{3}} = \boxed{0,577}.$$

Der Effektivwert ist derselbe wie bei der Funktion von Abb. 17.30 a). Außerdem hängt dieser nicht von der Periode T ab. Dann müsste auch die Funktion von Abb. 17.30 b) c), die doppelte Kreisfrequenz aufweist, den Effektivwert 0,577 (bei der Amplitude 1) haben.
In der Tat, ist die Gleichung der Funktion jetzt:

$$f(t) = -\frac{2}{T}t + 1$$

(bei $t = 0 \quad \curvearrowright \quad f(t) = 1$, bei $t = \frac{T}{2} \quad \curvearrowright \quad f(t) = 0$).

$$F^2 = \frac{2}{T}\int_0^{\frac{T}{2}} \left(1 - \frac{2}{T}t\right)^2 \cdot dt$$

Mit der Variablenänderung:
$x = 1 - \frac{2t}{T} \quad dx = -\frac{2}{T}dt \curvearrowright dt = -\frac{T}{2}dx$ wird:

$$F^2 = \frac{2}{T}\left[-\frac{T}{2}\int_1^0 x^2 \cdot dx\right] = -\int_1^0 x^2 \cdot dx = -\frac{x^3}{3}\Big|_1^0 = \frac{1}{3}$$

$$F = \frac{1}{\sqrt{3}} = \boxed{0,577}.$$

Ändert sich der Effektivwert, wenn die Sägezahn- funktion *keinen Gleichanteil* hat (Abb. 17.30 d)?
Hier wird $f(t)$ definiert als: $f(t) = -\frac{2}{T}t + 1$,
also wie vorhin, sodass auch der Effektivwert $0,577$ bleibt.
Anmerkung: Das gilt nur wenn die Funktion bei $t = 0$ den Wert 1 hat und nicht - wie man vielleicht annimmt - den Wert $0,5$!

17.7.3. Interessante Beobachtungen und ihre Konsequenzen

Die Bestimmung der Effektivwerte für eine große Anzahl von unterschiedlichen nichtsinusförmigen Funktionen (Abschnitt 17.7) erlaubt einige allgemeine Schlussfolgerungen.
Bei allen Funktionen, deren Verlauf *mathematisch einfach definierbar* ist (Rechtecke, Dreiecke, Sägezahn-, gerichtete Sinus- oder Kosinusfunktionen), kann man den *exakten Effektivwert* (der alle Oberschwingungen berücksichtigt) *direkt* aus der Formel:

$$F = \sqrt{\frac{1}{T}\int_0^T f^2(t) \cdot dt}$$

herleiten.
Diese Effektivwerte müssen eigentlich nicht mehr berechnet werden, denn sie wurden im vorigen Abschnitt hergeleitet und begründet (alle gelten für die *Amplitude* 1):

- Alle *Rechteckfunktionen*, egal ob gerade oder ungerade und unabhängig von der Kreisfrequenz, haben:

  $$\boxed{F = 1}$$

  (4 Beispiele auf Abb. 17.25).

- Bei *rechteckigen Impulsen* hängt der Effektivwert erwartungsgemäß von dem „Tastverhältnis“ $\alpha = \frac{\tau}{T}$ ab. Alle Effektivwerte sind:

  $$\boxed{F = \sqrt{\alpha}}\,.$$

  Die Abb. 17.26 zeigt die positiven Impulsfolgen mit $\alpha = 0,2$ ($F = 0,44$) und $\alpha = 0,5$ ($F = 0,7$). Aber auch die Folge von positiven und negativen Impulsen (Abb. 17.27), also das Fehlen des Gleichanteils, ändert nichts an den Effektivwerten von Abb. 17.26. Nur α spielt dabei eine Rolle.

- Alle *Dreieckfunktionen*, egal ob gerade oder ungerade und unabhängig von der Kreisfrequenz, haben:

$$\boxed{F = \frac{1}{\sqrt{3}} = 0,577}$$

(4 Beispiele auf Abb. 17.28).

- *Einweggleichgerichtete* Sinus- oder Kosinus- Funktionen (wie auf Abb. 17.14) haben den Effektivwert

$$\boxed{F = 0,5}$$

unabhängig von der Frequenz oder von der Position auf der Zeitachse.

- *Zweiweggleichgerichtete* Sinus- oder Kosinus- Funktionen, weisen alle:

$$\boxed{F = \frac{1}{\sqrt{2}} = 0,707}$$

auf, denn ob die Halbwellen positiv oder negativ sind spielt (wie auch die Frequenz) bei dem Effektivwert keine Rolle (Abb. 17.29).

- *Sägezahn-Funktionen* haben den Effektivwert:

$$\boxed{F = \frac{1}{\sqrt{3}} = 0,577},$$

egal ob sie absteigend (Abb. 17.30 a) oder ansteigend (Abb. 17.30 b) sind und auch wenn sie keinen Gleichanteil aufweisen (d).

Anmerkung: Hier drängt sich die Frage auf, wieso Dreieck- und Sägezahn-Funktionen, - falls sie *dieselbe Amplitude* 1 haben! -, den selben Effektivwert $F = \dfrac{1}{\sqrt{3}}$ aufweisen?

Das Bild 17.31 erläutert das graphisch.

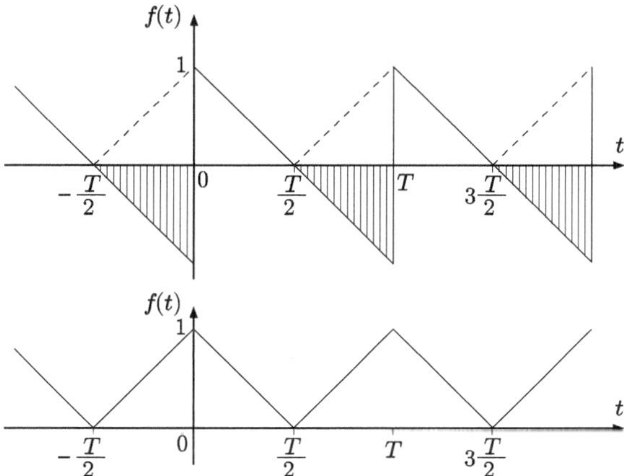

Abbildung 17.31.: Sägezahnfunktion ohne Gleichanteil (oben) und die Dreiecksfunktion mit demselben Effektivwert

Auf Abb. 17.31 oben ist die Sägezahnfunkion ohne Gleichanteil gezeigt, die bereits betrachtet wurde (Abb. 17.30 d). Wenn man die negativen Halbwellen nach oben klappt, - was auch erlaubt ist -, erhält man eine Dreiecksfunktion (Abb. 17.31, unten) mit derselben Periode, jedoch jetzt mit Gleichanteil. F ist in beiden Fällen gleich $\frac{1}{\sqrt{3}}$.

Wenn die periodische nichtsinusförmige Funktion nicht mathematisch einfach beschreibbar ist, oder wenn man den Beitrag einiger Oberschwingungen kennt, dann muss der Effektivwert mithilfe der Fourierkoeffizienten - (15.27) oder (15.28) - bestimmt werden. Auch als Überprüfung der Ergebnisse ist dieser Weg empfehlenswert.

17.8. Kenngrößen der Verzerrung: Klirrfaktor k, Grundschwingungsgehalt g

17.8.1. Allgemeine Formeln

Alle nichtsinusförmigen Wechselgrößen sind *„verzerrt"*. Der Grad der Verzerrung kann durch zwei Faktoren ausgedrückt werden. Der meist dafür benutzte ist der *Klirrfaktor*

$$\boxed{k = \frac{\text{Effektivwert der Oberwellen}}{\text{Effektivwert der Gesamtwelle}}} \tag{17.29}$$

Komplementär zum Klirrfaktor wird der *Grundschwingungsgehalt* g:

$$\boxed{g = \frac{\text{Effektivwert der Grundwelle}}{\text{Effektivwert der Gesamtwelle}}} \tag{17.30}$$

zur Beurteilung der Abweichung von dem Sinusförmigen Verlauf benutzt.
Anmerkungen:

- Der eventuell vorhandene *Gleichanteil* ($\frac{a_0}{2}$ aus der Fourier-Entwicklung) *wird nicht berücksichtigt*, da dieser die Form der Kurve nicht beeinflusst (sondern die Kurve lediglich unverändert verschiebt), also nicht zu der Verzerrung beiträgt.
- k und g ergänzen sich quadratisch zu 1.

$$\boxed{k^2 + g^2 = 1}.$$

- Der Klirrfaktor k variiert zwischen 0 (Sinus- und Kosinusfunktion) und 1.
- In der Energietechnik wird praktisch eine Wechselgröße als sinusförmig betrachtet, wenn $k \leqslant 0,05$ ist. In der Nachrichtentechnik werden die Anforderungen an den Klirrfaktor von der Form des verwendeten Signals und von der gewünschten Qualität der Übertragung abgeleitet. Z.B. werden bei der analogen Telefonie Klirrfaktoren $k \leqslant 0,25$ akzeptiert, beim UKW-Rundfunk dagegen nur $k \leqslant 0,02$.

Im folgenden wird der Klirrfaktor k untersucht.
Kennt man die Fourier-Koeffizienten a_n, b_n, so gilt für k:

$$k = \frac{\sqrt{\frac{1}{2}\sum_{2}^{\infty}(a_n^2 + b_n^2)}}{\sqrt{\frac{1}{2}\sum_{1}^{\infty}(a_n^2 + b_n^2)}} . \tag{17.31}$$

Kennt man auch den exakten Effektivwert F der nichtsinusförmigen Funktion $f(t)$ (aus 15.7.3), so kann man den *exakten* Klirrfaktor nach der Formel:

$$k = \frac{\sqrt{F^2 - \left(\frac{a_0}{2}\right)^2 - \frac{1}{2}\left(a_1^2 + b_1^2\right)}}{\sqrt{F^2 - \left(\frac{a_0}{2}\right)^2}} \tag{17.32}$$

bestimmen.

17.8.2. Bestimmung des Klirrfaktors k wichtiger Funktionen

Rechteckfunktion

Die Fourier-Entwicklung des Rechtecks mit der Höhe 1 ist (15.17):

$$\begin{aligned} u(t) &= \frac{4}{\pi} \cdot [\sin(\omega_1 t) \\ &\quad + \frac{1}{3}\sin(3\omega_1 t) + \frac{1}{5}\sin(5\omega_1 t) + \cdots] . \end{aligned}$$

Der exakte Wert des Klirrfaktors ergibt sich aus dem Effektivwert $F = 1$ und der Formel (15.31)

$$k = \frac{\sqrt{1 - \frac{1}{2}\left(\frac{4}{\pi}\right)^2}}{\sqrt{1}} = \boxed{0,435} .$$

Mit den Fourier-Koeffizienten (15.17) ergibt sich, bei Berücksichtigung der ersten 3 Oberwellen, also bis $7\omega_1$, mit der Formel (15.31):

$$k_{(7)} = \frac{\sqrt{\frac{1}{9} + \frac{1}{25} + \frac{1}{49}}}{\sqrt{1 + \frac{1}{9} + \frac{1}{25} + \frac{1}{49}}} = \sqrt{0,1464} = 0,38 .$$

Dieser Wert liegt noch weit Weg von dem exakten (0,435), der alle Oberwellen berücksichtigt. Hier lohnt es sich, eine Konvergenz-Untersuchung durchzuführen. Mit einem kleinen Programm ergab sich:

Anzahl der Oberwellen	3	5	10	20	30
k	0,38	0,4	0,417	0,426	0,429

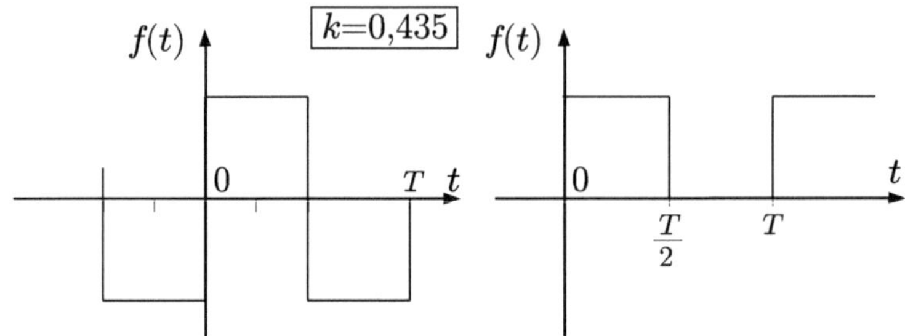

Abbildung 17.32.: Rechteckfunktionen mit Klirrfaktor $k = 0,435$

Erneut bestätigt sich, dass die Rechteckfunktion, wegen ihrer steilen Flanken, sehr viele Harmonische für eine gute Näherung benötigt.

Rechteck-Impulse
Impulse von unterschiedlicher Breite werden in der Technik sehr oft eingesetzt, vor allem zu Regelungszwecken. So z. B. wird das Dimmen von LEDs nicht durch Änderung der Spannung oder des Stromes erreicht, sondern durch unterschiedliche Einschaltdauer des Stromes. Also lohnt es sich, den Klirrfaktor solcher Signale unter die Lupe zu nehmen.

Da die exakten Effektivwerte solcher Signale bereits hergeleitet wurden:

$$F = \sqrt{\alpha} \quad \text{mit} \quad \alpha = \frac{\tau}{T},$$

(Abschn. 15.7.3), kann man jetzt die Formel (15.31) anwenden. So ergibt sich für $\alpha = 0,5$:

$$k = \frac{\sqrt{F^2 - \alpha^2 - \frac{1}{2}\left(\frac{2}{\pi}\right)^2 \left(\sin\frac{\pi}{2}\right)^2}}{\sqrt{F^2 - \alpha^2}}$$

$$k = \frac{\sqrt{0,5 - 0,25 - \frac{2}{\pi^2}}}{\sqrt{0,5 - 0,25}} = \sqrt{1 - \frac{8}{\pi^2}} = \boxed{0,435}.$$

Das ist ein überraschendes (?) Ergebnis, denn k ist genauso groß wie bei der vorhin untersuchten Rechteckfunktion (Abb. 15.32).

Die Abhängigkeit des Klirrfaktors k von dem Tastverhältnis α ist aus der folgenden Tabelle abzulesen:

α	0,1	0,2	0,3	0,4	0,5	0,6	0,7	0,8	0,9
k	0,88	0,75	0,6	0,48	0,43	0,48	0,6	0,75	0,88

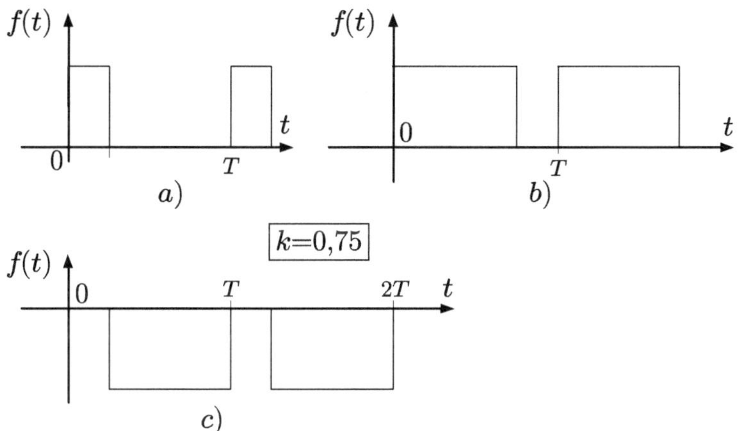

Abbildung 17.33.: Impulsfunktionen mit dem Klirrfaktor 0, 75

Die Kurve $k = f(\alpha)$ verläuft symmetrisch gegenüber $\alpha = 0,5$, wo ein Minimum erreicht wird ($k = 0,43$). Auf Abb. 17.33 sind 3 unterschiedliche Funktionen dargestellt, die denselben Klirrfaktor $k = 0,75$ aufweisen. Aus der Betrachtungen der Abb. 17.32 und Abb. 17.33 ergibt sich die folgende Schlussfolgerung: Solange die Funktionen periodisch sind, *hängt der Klirrfaktor nicht von der Position der Zeitachse ab* (wenn durch ihre Verschiebung die Periode T unverändert bleibt; dabei kann sich die Amplitude ändern, wie auf Abb. 17.32 zu sehen ist).

Dreieckfunktion
Die Fourier-Entwicklung wurde im Abschn. 15.5.3 durchgeführt:

$$f(t) = \frac{8}{\pi^2}\left(\cos\omega_1 t + \frac{1}{9}\cos 3\omega_1 t + \frac{1}{25}\cos 5\omega_1 t + \cdots\right)$$

Der exakte Wert des Klirrfaktors geht von dem exakten Effektivwert $F = \dfrac{1}{\sqrt{3}}$ dieser Funktion aus (Abschn. 15.7.3):

$$k = \frac{\sqrt{\dfrac{1}{3} - \dfrac{1}{2}\cdot\dfrac{8^2}{\pi^4}}}{\sqrt{\dfrac{1}{3}}} = \frac{\sqrt{\dfrac{1}{3} - 0,328}}{0,577} = \frac{\sqrt{0,0048}}{0,577} = \boxed{0,12}\,.$$

Die ersten 3 Oberschwingungen (bis $7\omega_1$) ergeben:

$$k_{(7)} = \frac{\sqrt{\dfrac{1}{9^2} + \dfrac{1}{25^2} + \dfrac{1}{49^2}}}{\sqrt{1 + \dfrac{1}{9^2} + \dfrac{1}{25^2} + \dfrac{1}{49^2}}} = \frac{0,1196}{1,007} = 0,119\,.$$

Die Dreieckfunktion hat einen geringen Klirrfaktor, der schnell konvergiert:

n	2	3	4	5
$k_{(n)}$	0,11	0,117	0,119	0,12

Einweggleichgerichtete Funktion
Aus der Fourierreihe (15.20)

$$\begin{aligned} f(t) &= \frac{1}{\pi} + \frac{1}{2} \cdot \cos\omega_1 t + \frac{2}{3\pi} \cdot \cos 2\omega_1 t \\ &- \frac{2}{3 \cdot 5 \cdot \pi} \cdot \cos 4\omega_1 t + \frac{2}{5 \cdot 7 \cdot \pi} \cdot \cos 6\omega_1 t + \cdots \end{aligned}$$

ergibt sich, wenn man die Oberwellen bis $6\omega_1$ berücksichtigt:

$$\begin{aligned} k_{(6)} &= \frac{\sqrt{\left(\dfrac{2}{3\pi}\right)^2 + \left(\dfrac{2}{15\pi}\right)^2 + \left(\dfrac{2}{35\pi}\right)^2}}{\sqrt{\left(\dfrac{1}{2}\right)^2 + \left(\dfrac{2}{3\pi}\right)^2 + \left(\dfrac{2}{15\pi}\right)^2 + \left(\dfrac{2}{35\pi}\right)^2}} \\ &= \frac{\dfrac{2}{\pi} \cdot 0,34}{\sqrt{0,025 + 0,047}} = 0,396\,. \end{aligned}$$

Der exakte Wert ist, (weil $F = 0,5$):

$$k = \frac{\sqrt{\left(\dfrac{1}{2}\right)^2 - \left(\dfrac{1}{\pi}\right)^2 - \dfrac{1}{2}\left(\dfrac{1}{2}\right)^2}}{\sqrt{\left(\dfrac{1}{2}\right)^2 - \left(\dfrac{1}{\pi}\right)^2}} = \frac{0,158}{0,387} = \boxed{0,4}\,.$$

Sägezahn-Funktion
Für die auf Abb. 15.20 und Abb. 15.30 a) dargestellte Funktion wurde die Reihenentwicklung (15.23):

$$f(t) = \frac{1}{2} + \frac{1}{\pi}\left(\sin\omega_1 t + \frac{1}{2}\sin 2\omega_1 t + \frac{1}{3}\sin 3\omega_1 + \cdots\right)$$

und der Effektivwert: $F = 0,577 = \dfrac{1}{\sqrt{3}}$ hergeleitet.
Der genaue Klirrfaktor, bei Berücksichtigung aller Oberschwingungen, ergibt sich nach (15.32) als:

$$k = \frac{\sqrt{\dfrac{1}{3} - \dfrac{1}{4} - \dfrac{1}{2} \cdot \dfrac{1}{\pi^2}}}{\sqrt{\dfrac{1}{3} - \dfrac{1}{4}}} = \frac{\sqrt{\dfrac{1}{12} - \dfrac{1}{2\pi^2}}}{\sqrt{\dfrac{1}{12}}} = \frac{0,18075}{0,2887} = \boxed{0,626}\,.$$

Zur Konvergenz des Klirrfaktors die folgende Tabelle:

n	5	10	20	40
$k_{(n)}$	0,56	0,59	0,61	0,618

17.9. Leistungen bei nichtsinusförmigen Strömen und Spannungen

Hier ist günstig, von der Fourier-Reihe nach der Formel (15.1), Abschn. 15.2, genannt „Amplituden-Phasen - Darstellung“ auszugehen:

$$f(t) = \frac{a_0}{2} + \sum_{n=1}^{\infty} c_n \cdot \sin(n\omega_1 t + \varphi_n)$$

Verfügt man über die Fourier-Darstellung nach der Formel (15.1), genannt „Sinus-Kosinus - Darstellung“,

$$f(t) = \frac{a_0}{2} + \sum_{n=1}^{\infty} a_n \cdot \cos n\omega_1 t + \sum_{n=1}^{\infty} b_n \cdot \sin n\omega_1 t$$

so kann man den Maximalwert c_n und den Nullphasenwinkel φ_n der Oberwelle n nach den Beziehungen:

$$c_n = \sqrt{a_n^2 + b_n^2}\,, \quad \tan\varphi_n = \frac{a_n}{b_n}$$

bestimmen.
Die *Wirkleistung* P kann allgemein als:

$$P = \frac{1}{T}\int_0^T p \cdot dt = \frac{1}{T}\int_0^T u \cdot i \cdot dt \qquad (17.33)$$

definiert werden. Sind die Spannung u und der Strom i nichtsinusförmige Größen:

$$u(t) = U_0 + \sum_{n=1}^{\infty} U_n\sqrt{2} \cdot \sin(n\omega_1 t + \varphi_{un})$$

$$i(t) = I_0 + \sum_{n=1}^{\infty} I_n\sqrt{2} \cdot \sin(n\omega_1 t + \varphi_{in})$$

$$\text{mit} \quad \varphi_{un} - \varphi_{in} = \varphi_n \,,$$

so ergibt sich für die Wirkleistung P, nach mehrmaliger Anwendung trigonometrischer Theoreme, (hier ohne ausführlichen Beweis, doch leicht nachvollziehbar):

$$\boxed{P = U_0 \cdot I_0 + \sum_{n=1}^{\infty} U_n \cdot I_n \cdot \cos\varphi_n} \tag{17.34}$$

oder

$$P = U_0 \cdot I_0 + U_1 \cdot I_1 \cdot \cos\varphi_1 + U_2 \cdot I_2 \cdot \cos\varphi_2 + U_3 \cdot I_3 \cdot \cos\varphi_3 + \cdots \tag{17.35}$$

Die Wirkleistung bei nichtsinusförmigen periodischen Spannungen und Strömen ist *gleich der Summe der Gleichleistung und der Wechselstromleistungen der Grundwelle ($n = 1$) und der Oberwellen ($n = 2\,, 3\,, \cdots$).*
Die Formel (15.35) zeigt, dass bei nichtsinusförmigen Spannungen und Strömen im zeitlichen Mittel *ein Leistungsumsatz nur zwischen Strom- und Spannungswellen gleicher Ordnung (n), bzw. gleicher Frequenz, stattfindet.*

Die *Blindleistung Q ist, durch Symmetrie:*

$$\boxed{Q = \sum_{n=1}^{\infty} U_n \cdot I_n \cdot \sin\varphi_n} \tag{17.36}$$

und die - auch hier definierbare - Scheinleistung S:

$$\boxed{S = U \cdot I} \,,$$

wobei, im Gegensatz zu den Netzwerken mit sinusförmigen Wechselgrößen, hier

$$S \neq \sqrt{P^2 + Q^2}$$

gilt.
Anmerkung: P kann messtechnisch erfasst werden, Q dagegen nicht.

Der Unterschied zwischen nichtsinusförmig und sinusförmig kann durch eine zusätzliche Leistung zum Ausdruck gebracht werden, die *Verzerrungsblindleistung* D genannt wird:

$$D = \sqrt{S^2 - (P^2 + Q^2)}\,. \tag{17.37}$$

Somit kann auch hier ein Leistungsfaktor k definiert werden:

$$0 \leq k = \frac{P}{S} = \frac{P}{\sqrt{P^2 + Q^2 + D^2}} \leq 1\,, \tag{17.38}$$

der auch bei $Q = 0$ kleiner als 1 ist! Die Verzerrungsblindleistung D führt zu erhöhten Verlusten in den Zuleitungen.

18. Lineare Netzwerke bei nichtsinusförmiger Erregung

18.1. Grundlegende Betrachtungen

Sind die Schaltungen linear (d.h. hier: sie enthalten keine Spulen mit Eisenkern), so kann man, zur Bestimmung aller Ströme bei Vorgabe der Quellenspannungen (oder -ströme) und aller Schaltelemente R,L,C, das *Superpositionsprinzip* anwenden.
Als Beispiel sei wieder eine R-L-Reihenschaltung (Abb. 16.1 a)) zu betrachten, die an eine Spannungsquelle mit nichtsinusförmiger Spannung angeschlossen ist, deren Fourier-Entwicklung bekannt ist, z.B.:

$$u(t) = U_0 + \hat{u}_1 \cdot \sin(\omega_1 t) + \hat{u}_2 \cdot \sin(2\omega_1 t) + \hat{u}_3 \cdot \sin(3\omega_1 t) .$$

Eine solche Schaltung lässt sich behandeln, indem man die Quelle als Reihenschaltung von vier einzelnen Spannungsquellen (Abb. 16.1 b)) darstellt. (Genau so kann man sich Stromquellen als parallel geschaltete Einzelquellen denken).
Für jede der Einzelquellen, d.h. für jede Frequenz (hier: 0, ω_1 , $2\omega_1$, $3\omega_1$) kann man den Strom mit den bekannten Methoden der Gleich- und Wechselstromtechnik bestimmen. Anschließend überlagert man die von allen Einzelquellen erzeugten Ströme durch einfache Addition.

Bei der Schaltung von Abb. 18.1 b), die auch eine Gleichspannungsquelle enthält, bestimmt man zunächst den zeitlich konstanten Strom $I = \dfrac{U_0}{R}$ und anschließend die Teilströme infolge der drei Wechselspannungsquellen:

$$\begin{aligned} i(t) \;&= \frac{U_0}{R} + \frac{\hat{u}_1}{\sqrt{R^2 + (\omega_1 L)^2}} \cdot \sin\left(\omega_1 t - \arctan\frac{\omega_1 L}{R}\right) \\ &+ \frac{\hat{u}_2}{\sqrt{R^2 + (2\omega_1 L)^2}} \cdot \sin\left(2\omega_1 t - \arctan\frac{2\omega_1 L}{R}\right) \\ &+ \frac{\hat{u}_3}{\sqrt{R^2 + (3\omega_1 L)^2}} \cdot \sin\left(3\omega_1 t - \arctan\frac{3\omega_1 L}{R}\right) , \qquad (18.1) \end{aligned}$$

wobei die von der Wechselstromtechnik bekannten Formeln für die Impedanz der R-L-Reihenschaltung eingesetzt werden.

M. Marinescu und N. Marinescu, *Elektrotechnik für Studium und Praxis*,
https://doi.org/10.1007/978-3-658-28884-6_18

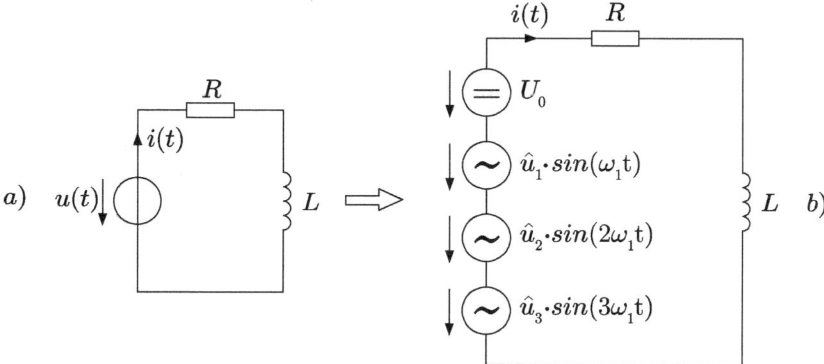

Abbildung 18.1.: $R - L$-Schaltung an nichtsinusförmiger Spannung und das ESB mit 4 einzelnen Quellen

Im Falle einer $R - C$-Reihenschaltung (Abb. 18.2) muss man berücksichtigen, dass die Gleichstromkomponente U_0 keinen Strom erzeugt, da der Kondensator keinen Gleichstrom führen kann. Somit wird der Strom jetzt:

$$
\begin{aligned}
i(t) &= 0 + \frac{\hat{u}_1}{\sqrt{R^2 + \left(\frac{1}{\omega_1 C}\right)^2}} \cdot \sin\left(\omega_1 t + \arctan\frac{1}{\omega_1 RC}\right) \\
&+ \frac{\hat{u}_2}{\sqrt{R^2 + \left(\frac{1}{2\omega_1 C}\right)^2}} \cdot \sin\left(2\omega_1 t + \arctan\frac{1}{2\omega_1 RC}\right) \\
&+ \frac{\hat{u}_3}{\sqrt{R^2 + \left(\frac{1}{3\omega_1 C}\right)^2}} \cdot \sin\left(3\omega_1 t + \arctan\frac{1}{3\omega_1 RC}\right) . \qquad (18.2)
\end{aligned}
$$

Fazit: Ein lineares Netzwerk unter nichtsinusförmiger Spannung wird *für jede Harmonische* mit der Ordnungszahl n (und - eventuell - für eine vorhandene Gleichspannung) *getrennt behandelt.* Dabei werden *die Reaktanzen der Spulen n-mal größer* als für die Grundwelle, während *die Reaktanzen der Kondensatoren n-mal kleiner* werden.

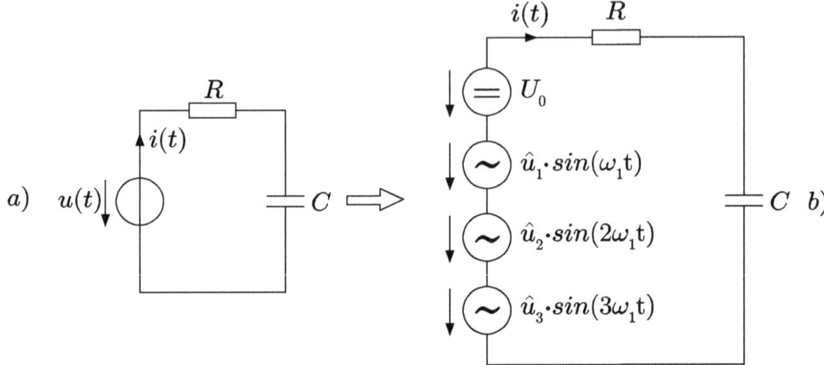

Abbildung 18.2.: $R - C$-Schaltung an nichtsinusförmiger Spannung und das ESB mit 4 einzelnen Quellen

18.2. Grundschaltelemente bei nichtsinusförmigen Spannungen

Hier sollte etwas ausführlicher betrachtet werden, wie sich die idealen Grundschaltelemente R, L, C unter einer periodischen Spannung mit der Fourier-Entwicklung:

$$u(t) = \sum_{n=1}^{\infty} u_n(t) = \sum_{n=1}^{\infty} U_n \sqrt{2} \sin(n\omega_1 t + \varphi_{un})$$

verhalten, d.h.: es wird der Ausdruck des entsprechenden Stromes $i(t)$ gesucht. (Die Bestimmung des Gleichstroms, der von einem eventuell vorhandenen Gleichanteil von $u(t)$ erzeugt wird, soll hier außer Acht gelassen werden, da es sich dabei um einfache Gleichstromtechnik handelt).

In den folgenden Beispielen wird (bei der graphischen Darstellung) von einer rechteckförmigen, ungeraden Spannung $u(t)$ ausgegangen, die durch die ersten zwei Harmonischen approximiert wird.
Es gilt also:

$$u(t) = u_1(t) + u_3(t) = \frac{4}{\pi} \left(\sin \omega_1 t + \frac{1}{3} \cdot \sin 3\omega_1 t \right) ,$$

falls die Höhe des Rechtecks gleich 1 ist.
Anmerkung: Auf Abb. 17.2 war die Überlagerung der ersten drei Harmonischen $(u_1 + u_3 + u_5)$ dargestellt.

Idealer Widerstand (Abb. 18.3)

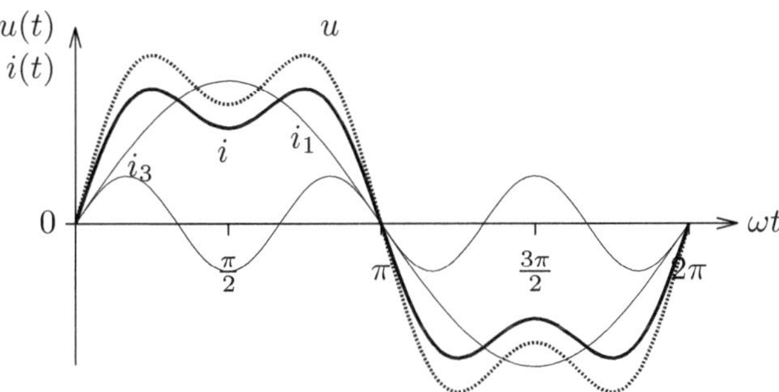

Abbildung 18.3.: Strom $i = (i_1 + i_3)$ und Spannung u an einem idealen Widerstand R

Aus $u = R \cdot i$ erhält man:

$$\begin{aligned} i(t) &= \frac{u}{R} = \sum_{n=1}^{\infty} \sqrt{2} \cdot \frac{U_n}{R} \cdot \sin(n\omega_1 t + \varphi_{un}) \\ &= \sum_{n=1}^{\infty} \sqrt{2} \cdot I_n \cdot \sin(n\omega_1 t + \varphi_{in}) \end{aligned}$$

mit $\varphi_n = \varphi_{un} - \varphi_{in} = 0$ und $I_n = \dfrac{U_n}{R}$.
Ein Widerstand bewirkt, dass *die Form des Stromes dieselbe* wie die der Spannung ist, d.h.: der Klirrfaktor der Spannung und der des Stromes sind gleich groß.
Die Wirkleistung ist:

$$P = \sum_{n=1}^{\infty} U_n I_n \cdot \cos\varphi_n = R \sum_{n=1}^{\infty} I_n^2 = RI^2 .$$

Ideale Induktivität (Abb. 18.4)

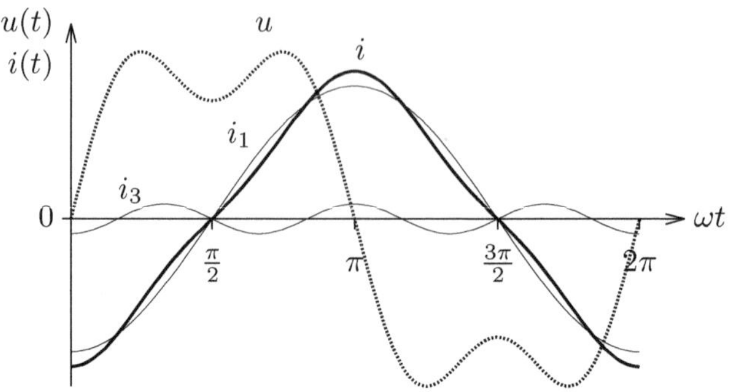

Abbildung 18.4.: Strom $i = (i_1 + i_3)$ und Spannung u an einer idealen Induktivität L

$$\begin{aligned} i &= \frac{1}{L}\int u\,dt = \frac{1}{L}\sum_{n=1}^{\infty}\int \sqrt{2}\cdot U_n\cdot\sin(n\omega_1 t+\varphi_{un})\,dt \\ &= \sum_{n=1}^{\infty}\sqrt{2}\cdot\frac{U_n}{n\omega_1 L}\cdot\sin(n\omega_1 t+\varphi_{un}-\frac{\pi}{2}) \\ &= \sum_{n=1}^{\infty}\sqrt{2}\cdot I_n\cdot\sin(n\omega_1 t+\varphi_{in}) \end{aligned}$$

Dann gilt:

$$\begin{aligned} \varphi_n &= \varphi_{un} - \varphi_{in} = \frac{\pi}{2} \\ Z_n &= \frac{U_n}{I_n} = n\omega_1 L \\ I_n &= \frac{U_n}{n\omega_1 L}\,. \end{aligned}$$

Eine Induktivität *reduziert die Verzerrung des Stromes* gegenüber der der Spannung, weil ihre Impedanz proportional mit der Ordnungszahl n wächst. Der Klirrfaktor des Stromes ist kleiner als der der Spannung.

Die Wirkleistung ist $P = 0$, die Blindleistung ist:

$$Q = \sum_{n=1}^{\infty} U_n I_n = \sum_{n=1}^{\infty} n\omega_1 L I_n^2\,.$$

Idealer Kondensator (Abb. 18.5)
Da $u = \frac{q}{C} = \frac{1}{C}\int i\,dt$ ist, ergibt sich:

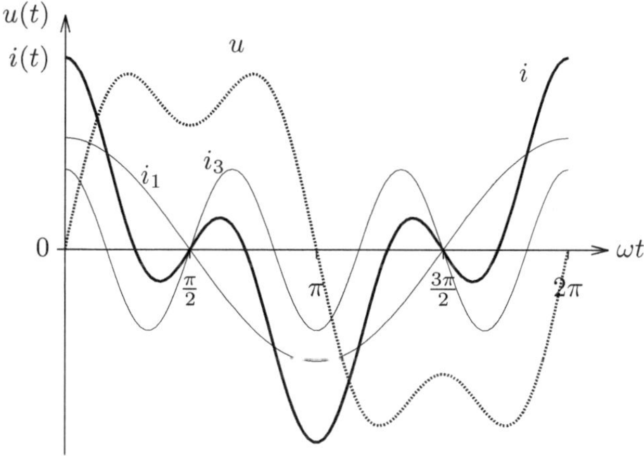

Abbildung 18.5.: Strom $i = (i_1 + i_3)$ und Spannung u an einer idealen Kapazität C

$$\begin{aligned} i &= C\frac{du_c}{dt} = \sum_{n=1}^{\infty}\sqrt{2}\cdot n\omega_1 CU_n \cdot \sin(n\omega_1 t + \varphi_{un} + \frac{\pi}{2}) \\ &= \sum_{n=1}^{\infty}\sqrt{2}\cdot I_n \cdot \sin(n\omega_1 t + \varphi_{in})\,. \end{aligned}$$

Durch Koeffizienten-Vergleich resultiert:

$$\begin{aligned} I_n &= n\omega_1 CU_n \\ \varphi_n &= \varphi_{un} - \varphi_{in} = -\frac{\pi}{2} \\ Z_n &= \frac{U_n}{I_n} = \frac{1}{n\omega_1 C}\,. \end{aligned}$$

Eine Kapazität *verstärkt die Verzerrung des Stromes* gegenüber der der Spannung, weil ihre Impedanz umgekehrt proportional mit der Ordnungszahl n variiert. Der Klirrfaktor des Stromes ist größer als der der Spannung.
Die Wirkleistung ist $P = 0$, die Blindleistung dagegen:

$$Q = \sum_{n=1}^{\infty}(-U_n I_n) = \sum_{n=1}^{\infty}\left(-U_n^2 \cdot n\omega_1 C\right)\,.$$

18.3. Strategie zur Berechnung von Netzwerken mit periodischen, nichtsinusförmigen Strömen und Spannungen

Um Ströme in linearen Schaltungen zu berechnen, die nichtsinusförmige Quellen enthalten, empfehlen sich folgende Schritte:
1.- Die periodische Signalfunktion (Spannung $u(t)$ oder Strom $i(t)$) wird in einer Fourier-Reihe entwickelt. Dazu können Tabellen herangezogen werden (Achtung bei der Anwendung der Formeln: ähnlich aussehende Kurven können verschiedene Fourier- Entwicklungen haben!) oder die Fourier- Koeffizienten berechnet werden.
2.- Sollte die Fourier-Reihe einen *Gleichanteil* aufweisen, so wird das Netz für die Gleichspannung (bzw. -strom) berechnet. Induktivitäten wirken wie ein Kurzschluss, Kapazitäten wie eine Unterbrechung des Stromkreises.
3.- Jetzt muss für die *Grundwelle* (mit der Frequenz ω_1) *und für jede Harmonische* mit der Frequenz $n\omega_1$, (die berücksichtigt werden sollte), die Analyse des Netzwerks, - vorzugsweise mithilfe der komplexen Wechselstromrechnung -, durchgeführt werden. Wie viele Harmonischen (Oberwellen) relevant sind, bestimmt die Form der Signalfunktion und die geforderte Genauigkeit. Man geht von einer aus der Erfahrung abgeleiteten maximalen Ordnungszahl n aus und korrigiert diese, falls notwendig, nach oben.
4.- Die Gesamtlösung ergibt sich durch *Überlagerung* aller Teillösungen.

18.4. Bestimmung von Effektivwerten und Klirrfaktoren

■ Beispiel 18.1
Reihenschaltung $R - L$

Eine Reihenschaltung aus Widerstand R und Induktivität L liegt an einer nichtsinusförmiger Spannung von der bekannt sind:

- *Effektivwert der Grundwelle mit der Frequenz $50\,Hz$:* $U_1 = 120\,V$,

- *Effektivwert der dritten Oberwelle:* $U_3 = 30\,V$.

Man kennt auch: $R = 50\,\Omega$, $L = 0,1\,H$.

Zu bestimmen sind:

a) *Der Effektivwert der anliegenden Spannung*

b) *Der Effektivwert I des Stromes, der durch die Reihenschaltung fließt*

c) *Der Klirrfaktor k_u der Spannung U*

d) *Der Klirrfaktor k_i des Stromes I*

e) *Kommentar der Klirrfaktoren.*

Lösung

a) $U = \sqrt{\sum_{n=1}^{3} U_n^2} \quad \curvearrowright U = \sqrt{U_1^2 + U_3^2} = \sqrt{120^2 + 30^2}\,V = 124\,V$

b) *Der Effektivwert des Stromes ist:*

$$I = \frac{U}{\sqrt{R^2 + (\omega L)^2}}$$

und das für jede Teilschwingung.

$$I_1 = \frac{U_1}{\sqrt{R^2 + (\omega_1 L)^2}} = \frac{120\,V}{\sqrt{50^2 + (2\pi \cdot 50 \cdot 0,1)^2}} = 2,03\,A$$

$$I_3 = \frac{U_1}{\sqrt{R^2 + (3\omega_1 L)^2}} = \frac{30\,V}{\sqrt{50^2 + (6\pi \cdot 50 \cdot 0,1)^2}} = 0,28\,A$$

$$I_{(3)} = \sqrt{I_1^2 + I_3^2} = \sqrt{4.13 + 0,078} = \sqrt{4,2} = 2,05\,A$$

c) *Der Klirrfaktor ist das Verhältnis des Effektivwertes aller Oberschwingungen zu dem Effektivwert der Gesamtschwingung:*

$$k_{u(3)} = \frac{30}{124} = 0,242\,.$$

d)

$$k_{i(3)} = \frac{0,28}{2,05} = 0,137\,.$$

e) *Der Vergleich der beiden Klirrfaktoren zeigt, dass die Induktivität L den Strom „glättet“, sodass er weniger von der Sinusform abweicht, als die anliegende Spannung.*

■

Beispiel 18.2
Spannungsteiler $L - R$ an einer Dreieckspannung

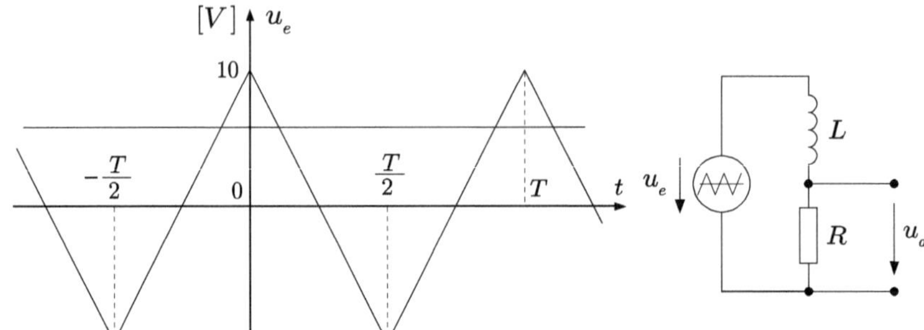

Abbildung 18.6.: Gerade, dreieckige Spannung ohne Gleichanteil und $R - L$-Reihenschaltung

Auf Abb. 18.6 links ist die dreieckige Spannung dargestellt, die mehrmals untersucht wurde, mit der Fourierdarstellung (15.18):

$$u_e(t) = \frac{8U}{\pi^2}\left[\frac{\cos\omega_1 t}{1^2} + \frac{\cos 3\omega_1 t}{3^2} + \frac{\cos 5\omega_1 t}{5^2} + \cdots\right]$$

Sei jetzt $U = 10\,V$. Sie wird an einen Spannungsteiler angelegt (Abb. 18.6, rechts), der aus einer Induktivität $L = 0,2\,H$ und einem Widerstand $R = 1\,k\Omega$ besteht. Die Kreisfrequenz beträgt $\omega_1 = 10^4\,s^{-1}$.
Man sucht den Maximalwert der Grundwelle und der ersten zwei Oberschwingungen der Ausgangsspannung $u_a(t)$, wie auch den Effektivwert U_a.

Lösung
Die Maximal- oder Scheitelwerte der ersten 3 Harmonischen der Eingangsspannung sind:

$$\hat{u}_{e1} = \frac{8U}{\pi^2} = \frac{8\cdot 10\,V}{\pi^2} = 8,1\,V$$

$$\hat{u}_{e3} = \frac{1}{9}\cdot\frac{8U}{\pi^2} = 0,9\,V$$

$$\hat{u}_{e5} = \frac{1}{25}\cdot\frac{8U}{\pi^2} = 0,324\,V\,.$$

Der Scheitelwert einer beliebigen n-ten Harmonischen der Ausgangsspannung $\hat{u}_{an}$ ist, nach der Spannungsteilerregel:

$$\hat{u}_{an} = \hat{u}_{en} \frac{R}{\sqrt{R^2 + (n\omega_1 L)^2}} = \frac{\hat{u}_{en}}{\sqrt{1 + \left(n\frac{\omega_1 L}{R}\right)^2}}$$

Da $\frac{\omega_1 L}{R} = \frac{10^4 \cdot 0,2}{10^3} = 2$ *ist, ergibt sich:*

$$\hat{u}_{an} = \frac{\hat{u}_{en}}{\sqrt{1 + (2n)^2}}$$

und weiter:

$$\hat{u}_{a1} = \frac{\hat{u}_{e1}}{\sqrt{5}} = \frac{8,1\,V}{\sqrt{5}} = 3,62\,V$$

$$\hat{u}_{a3} = \frac{\hat{u}_{e3}}{\sqrt{37}} = \frac{0,9\,V}{\sqrt{37}} = 0,148\,V$$

$$\hat{u}_{a5} = \frac{\hat{u}_{e5}}{\sqrt{101}} = \frac{0,324\,V}{\sqrt{101}} = 0,0322\,V\,.$$

Der Effektivwert der Eingangsspannung u_e ist - näherungsweise - die Wurzel von der Summe der Effektivwerte der ersten 3 Oberwellen:

$$U_{e(5)} = \sqrt{U_{e1}^2 + U_{e3}^2 + U_{e5}^2} = \frac{1}{\sqrt{2}}\sqrt{8,1^2 + 0,9^2 + 0,324^2}\,V = 5,76\,V\,.$$

(Das bestätigt den im Abschn. 15.7.3 für alle Dreieckfunktionen bestimmten exakten Wert $F = 0,577$).
Der Effektivwert der Ausgangsspannung $u_a(t)$ ist:

$$U_{a(5)} = \frac{1}{\sqrt{2}}\sqrt{3,62^2 + 0,148^2 + 0,032^2}\,V = 2,55\,V.$$

■

■ Beispiel 18.3
Spannungsteiler $C - R$ an einer doppelgerichteten Spannung

Die auf Abb. 18.7 links dargestellte Spannung

$$u_e(t) = \hat{u}_e \cdot |\sin \omega_1 t|$$

mit $\hat{u}_e = 100\,V$ und $\omega_1 = 314\,s^{-1}$ liegt an einer Schaltung mit $R = 500\,\Omega$ und $C = 10\,\mu F$ (Siehe Abb. 18.7 rechts).
Gesucht sind:

a) *Die Effektivwerte der ersten 3 Oberschwingungen (bis $6\omega_1$) der Ausgangsspannung $u_a(t)$;*

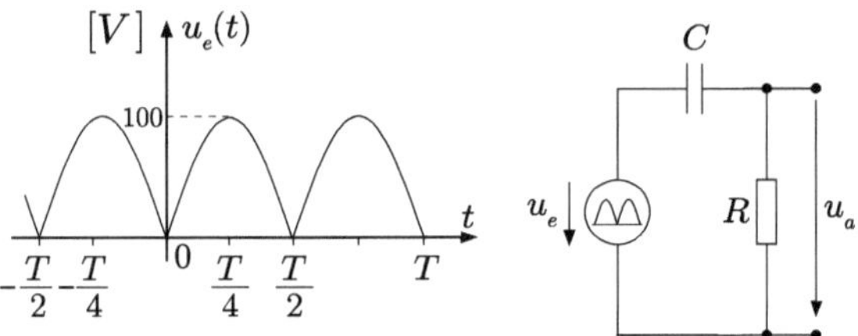

Abbildung 18.7.: Doppelgerichtete Spannung $u_e(t)$ und $C-R$-Spannungsteiler

b) *Der Effektivwert $U_{a(6)}$ der Ausgangsspannung $u_a(t)$;*

c) *Der Klirrfaktor k der Ausgangsspannung $u_a(t)$.*

Die Fourier-Entwicklung der Eingangsspannung $u_e(t)$ gilt als bekannt (die Herleitung ist auch eine gute Übung!):

$$u_e(t) = \frac{2U}{\pi} - \frac{4U}{\pi}\left[\frac{1}{3}\cos 2\omega_1 t + \frac{1}{3\cdot 5}\cdot\cos 4\omega_1 t + \frac{1}{5\cdot 7}\cdot\cos 6\omega_1 t + \cdots\right]$$

Kommentar: Die Funktion auf Abb. 18.7 ist <u>nicht</u> die auf Abb. 17.17, sondern um $\frac{T}{4}$ versetzt. Dadurch ändern sich einige Vorzeichen der Teilschwingungen!

Lösung

a) *Erst müssen die Effektivwerte der Eingangsspannung $u_e(t)$ bestimmt werden.*

$$U_{e2} = \frac{4U}{\pi\sqrt{2}}\cdot\frac{1}{3} = \frac{4\cdot 100\,V}{3\pi\sqrt{2}} = 30\,V$$

$$U_{e4} = \frac{4U}{\pi\sqrt{2}\cdot 15} = 6\,V\,; \quad U_{e6} = 2,57\,V\,.$$

Der genaue Effektivwert der Eingangsspannung ist: $U = \frac{100\,V}{\sqrt{2}} = 70,7\,V$. Berücksichtigt man nur die ersten 3 Harmonischen, so ergibt sich:

$$U_{e(6)} = \sqrt{\left(\frac{200}{\pi}\right)^2 + 30^2 + 6^2 + 2,57^2}\,V = 70,67\,V\,.$$

Hier wurde auch der Gleichanteil $\frac{2U}{\pi}$ berücksichtigt, doch wird die Ausgangsspannung $u_a(t)$, infolge des vorhandenen Kondensators, keinen

Gleichanteil haben!

Eine beliebige n-te Harmonische der Spannung $u_a(t)$ hat den Effektivwert:

$$U_{an} = U_{en}\frac{R}{\sqrt{R^2+\left(\frac{1}{n\omega_1 C}\right)^2}}$$

$$= \frac{U_{en}}{\sqrt{1+\left(\frac{1}{nR\omega_1 C}\right)^2}} = \frac{U_{en}}{\sqrt{1+\left(\frac{0,637}{n}\right)^2}}$$

wo $\frac{1}{R\omega_1 C} = \frac{1}{500\cdot 314\,s^{-1}\cdot 10^{-5}\,F} = 0,637$ *ist. Somit wird:*

$$U_{a2} = \frac{30\,V}{\sqrt{1+0,1}} = 28,6\,V;$$

$$U_{a4} = \frac{6\,V}{\sqrt{1+0,025}} = 5,9\,V; \quad U_{a6} = 2,6\,V$$

b) *Der Effektivwert der Ausgangsspannung ist:*

$$U_{a(6)} = \sqrt{U_{a2}^2+U_{a4}^2+U_{a6}^2} = 29,3\,V\,.$$

c) *Der Klirrfaktor ist das Verhältnis des Effektivwertes aller Harmonischen zu der Gesamtschwingung. Da hier die Grundwelle fehlt, kann man die Harmonische mit der Ordnungszahl $n=2$ als Grundwelle betrachten.*

Dann wird:

$$k_{(6)} = \frac{\sqrt{U_{a4}^2+U_{a6}^2}}{\sqrt{U_{a2}^2+U_{a4}^2+U_{a6}^2}} = \frac{\sqrt{5,9^2+2,6^2}}{29,3} = 0,22\,.$$

■

18.5. Bestimmung von Leistungen bei nichtsinusförmiger Erregung

Für die 3 im Abschn 16.4 untersuchten Stromkreise sollen jetzt die Leistungen bestimmt werden.

■ **Beispiel 18.4**
Reihenschaltung $R - L$

Gegeben waren die Effektivwerte $U_1 = 120\,V$ *und* $U_3 = 30\,V, \omega_1 = 2\pi{\cdot}50\,s^{-1}$, $R = 50\,\Omega$, $L = 0,1\,H$.

Lösung
Um die Effektivwerte I_1 *und* I_3 *der Grundwelle und der dritten Oberwelle des Stromes, sowie die Phasenverschiebungen* φ_1 *und* φ_3 *zu bestimmen, erinnert man sich, dass bei einer Reihenschaltung* $R - L$ *gilt:*

$$\underline{U} = \underline{Z} \cdot \underline{I} = (R + j\omega L)\underline{I} = Z \cdot e^{j\varphi}\underline{I}$$

mit $\varphi = \arctan\dfrac{\omega L}{R}$.
Also wird:

$$\tan\varphi_1 = \frac{\omega_1 L}{R} = \frac{2\pi \cdot 50 \cdot 0,1\Omega}{50\Omega} = 0,628$$
$$\curvearrowright \quad \varphi_1 = 32,13^\circ$$

$$\tan\varphi_3 = \frac{3\omega_1 L}{R} = 1,884 \quad \curvearrowright \quad \varphi_3 = 62,04^\circ$$

und

$$I_1 = \frac{U_1}{\sqrt{R^2 + (\omega_1 L)^2}} = \frac{120\,V}{\sqrt{50^2 + (2\pi \cdot 50 \cdot 0,1)^2}\Omega} = 2,03\,A$$

$$I_3 = \frac{U_3}{\sqrt{R^2 + (3\omega_1 L)^2}} = \frac{30\,V}{\sqrt{50^2 + (30\pi)^2}\,\Omega} = 0,28\,A\,.$$

Die Wirkleistung wird damit, nach (15.34):

$$P = U_1 I_1 \cos\varphi_1 + U_3 I_3 \cos\varphi_3 = 206,26\,W + 3,93\,W$$

$$\boxed{P = 210{,}2\,W}$$

oder , noch einfacher:

$$P = R\sum I_n^2 = 50\,\Omega\,(I_1^2 + I_3^2) = 50\,\Omega\,(2{,}03^2 + 0{,}28^2)\;A^2$$

$$P = 210\,W\,.$$

Die Blindleistung ist, nach (15.35):

$$\begin{aligned} Q &= 120\,V\cdot 2{,}03\,A\cdot\sin 32{,}13^{\circ} + 30\,V\cdot 0{,}28\,A\cdot\sin 62^{\circ} \\ &= (130 + 7{,}42)\,Var = 137{,}42\,Var\,. \end{aligned}$$

Die Scheinleistung ist:

$$S = \sum U_n I_n = 120\,V\cdot 2{,}03\,A + 30\,V\cdot 0{,}28\,A = 273\,VA$$

und nicht:

$$\sqrt{P^2+Q^2} = \sqrt{210^2 + 137{,}4^2}\,VA = 251\,VA$$

$$S \neq \sqrt{P^2+Q^2}\,!$$

■

■ Beispiel 18.5

Spannungsteiler $L - R$ an einer Dreieckspannung

Wie mehrmals festgestellt wurde, konvergiert die Fourier-Reihe einer Dreieckspannung sehr schnell, sodass bereits der Beitrag der Harmonischen $n = 5$ vernachlässigt werden kann.

Der Strom in der Schaltung Abb. 16.6 rechts ist für jede Oberwelle der Spannung $u_e(t)$:

$$i_n = \frac{u_{en}}{\sqrt{R^2 + (n\omega_1 L)^2}}$$

$$\hat{i}_1 = \frac{\hat{u}_{e1}}{\sqrt{(10^3)^2 + (0{,}2\cdot 10^4)^2}} = \frac{8{,}1\,V}{10^3\sqrt{5}\Omega} = 3{,}62\,mA$$

$$\curvearrowright I_1 = \frac{3{,}62}{\sqrt{2}}\,mA = 2{,}56\,mA$$

$$\hat{i}_3 = \frac{\hat{u}_{e3}}{\sqrt{(10^3)^2 + (3\cdot 0{,}2\cdot 10^4)^2}} = \frac{0{,}9\,V}{10^3\sqrt{37}\Omega} = 0{,}148\,mA$$

$$\curvearrowright I_3 = \frac{0{,}148}{\sqrt{2}}\,mA = 0{,}1\,mA$$

und der Effektivwert

$$I_{(3)} = \frac{1}{\sqrt{2}}\sqrt{3,62^2 + 0,148^2}\, mA \approx 2,56\, mA\,.$$

Dasselbe ergibt das Ohmsche Gesetz: $U_a = RI$

$$I_{(3)} = \frac{U_{a(3)}}{R} = \frac{2,55\, V}{10^3\, V} = 2,55\, mA\,.$$

Die Wirkleistung ist, nach (15.34):

$$P = U_{e1} I_1 \cos\varphi_1 + U_{e3} I_3 \cos\varphi_3$$

mit:

$$\begin{aligned} \varphi_1 &= \arctan\frac{\omega_1 L}{R} = \arctan\frac{10^4 \cdot 0,2}{10^3} = \arctan 2 \\ &\curvearrowright \quad \varphi_1 = 63,43^\circ \end{aligned}$$

$$\varphi_3 = \arctan\frac{3\omega_1 L}{R} \quad \curvearrowright \quad \varphi_3 = 80,53^\circ$$

$$\begin{aligned} P &= \left(\frac{8,1}{\sqrt{2}} \cdot 2,56 \cdot \cos 63,43^\circ + \frac{0,9}{\sqrt{2}} \cdot 0,1 \cdot \cos 80,53^\circ\right) mW \\ &= (6,56 + 0,001)\, mW \end{aligned}$$

$$P = 6,57\, mW\,.$$

Überprüfung:

$$P = \frac{U_{a(3)}^2}{R} = \frac{(2,55\, V)^2}{10^3\, \Omega} = 6,5\, mW\,,$$

oder: $P = RI_{(3)}^2 = 10^3\Omega \cdot (2,55 \cdot 10^{-3} A)^2 = 6,5 \cdot 10^{-3} W.$
Die Blindleistung ist, nach (15.35):

$$Q = U_{e1} I_1 \sin 63,43^\circ + U_{e3} I_3 \sin 80,53^\circ = (13,11 + 0,063)\, mVar$$

$$Q = 13,17\, mVar\,.$$

■

■ Beispiel 18.6
Spannungsteiler $C - R$ an doppelgerichteter Spannung

Für die Schaltung Abb. 18.7, rechts wurden bereits im Beispiel 16.3 die Effektivwerte der ersten 3 Oberwellen ($n = 2, 4,$ und 6) der Eingangsspannung $u_e(t)$

und der Ausgangsspannung $u_a(t)$ ermittelt, sodass die Fourier-Entwicklungen der beiden Spannungen lauten:

$$\begin{aligned} u_e(t) &= \frac{200\,V}{\pi} - 30\sqrt{2}\,V \cdot \cos 2\omega_1 t \\ &\quad -6\sqrt{2}\,V \cdot \cos 4\omega_1 t - 2,57\sqrt{2}\,V \cdot \cos 6\omega_1 t \end{aligned}$$

$$\begin{aligned} u_a(t) &= -28,6\sqrt{2}\,V \cdot \cos(2\omega_1 t + \varphi_2) \\ &\quad -5,9\sqrt{2}\,V \cdot \cos(4\omega_1 t + \varphi_4) \\ &\quad -2,56\sqrt{2}\,V \cdot \cos(6\omega_1 t + \varphi_6) \end{aligned}$$

Die Ausgangsspannung $u_a(t)$ hat keinen Gleichanteil, weil der Kondensator verhindert, dass ein Gleichstrom fließt!
Die Phasenverschiebung zwischen Strom und Spannung φ_n ist, für die ersten 3 Oberwellen:

$$\begin{aligned} \varphi_n &= -\arctan\frac{1}{Rn\omega_1 C} \\ \varphi_2 &= -\arctan\frac{1}{R\cdot 2\omega_1 C} = -17,66^\circ; \\ \cos\varphi_2 &= 0,953; \quad \sin\varphi_2 = -0,303 \end{aligned}$$

$$\begin{aligned} \varphi_4 &= -\arctan\frac{1}{R\cdot 4\omega_1 C} = -9,04^\circ; \\ \cos\varphi_4 &= 0,9875; \quad \sin\varphi_4 = -0,157 \\ \varphi_6 &= -\arctan\frac{1}{R\ \ 6\omega_1 C} = -6,05^\circ; \\ \cos\varphi_6 &= 0,994; \quad \sin\varphi_6 = -0,105. \end{aligned}$$

Der Strom $i(t)$ ist:

$$\begin{aligned} i(t) &= \frac{u_a(t)}{R} \\ &= -0,0572\sqrt{2}\,A \cdot \cos(2\omega_1 t - 17,66^\circ) \\ &\quad -0,0118\sqrt{2}\,A \cdot \cos(4\omega_1 t - 9,04^\circ) \\ &\quad -5,12 \cdot 10^{-3}\sqrt{2}\,A \cdot \cos(6\omega_1 t - 6,06^\circ.) \end{aligned}$$

Somit ist die Wirkleistung P:

$$\begin{aligned} P &= \sum U_{en} \cdot I_n \cdot \cos\varphi_n \\ &= 30\,V \cdot 0,0572\,A \cdot \cos 17,66^\circ + 6\,V \cdot 0,018\,A \cdot \cos 9^\circ \\ &\quad +2,57\,V \cdot 0,0052\,A \cdot \cos 6^\circ = (1,64 + 0,07 + 0,013)\,W \\ P &= 1,719\,W. \end{aligned}$$

Überprüfung:

$$P = \frac{U_a^2}{R} = \frac{(29,368\,V)^2}{500\,\Omega} = 1,724\,W$$

oder auch: $P = R \cdot I^2$ *mit*

$$\begin{aligned} I^2 &= (0,0572^2 + 0,0118^2 + 0,00512^2)\,A^2 \\ &= 0,0344\,A^2 \quad \curvearrowright \quad I = 0,185\,A \end{aligned}$$

$$P = 500\,\Omega \cdot 0,0344\,A^2 = 1,72\,W\ .$$

Die Blindleistung Q *ist:*

$$\begin{aligned} Q &= \sum U_{en} \cdot I_n \cdot \sin\varphi_n \\ &= 30\,V \cdot 0,0572\,A \cdot \sin(-17,66^{\circ}) \\ &\quad +6\,V \cdot 0,018\,A \cdot \sin(-9^{\circ}) \\ &\quad +2,57\,V \cdot 0,0052\,A \cdot \sin(-6^{\circ}) \\ &= -(520 + 11,16 + 1,38) \cdot 10^{-3}\,Var \\ Q &= -0,532\,Var \end{aligned}$$

Oder:

$$\begin{aligned} Q &= \sum X_n \cdot I_n^2 \\ &= -(159 \cdot 0,0572^2 + 79,57 \cdot 0,012^2 + 53 \cdot 0,005^2) \\ &= -0,533\,Var\ . \end{aligned}$$

■

A. Rechenregeln für Zeiger

Nachdem man festgelegt hat, wie Sinusgrößen durch Zeiger dargestellt werden können, soll untersucht werden, welche Rechenregeln für Zeiger gebraucht werden. Diese sind: Addition, Multiplikation mit einem Skalar, Differentiation und Integration. Wenn die Operationen leichter und anschaulicher mit Zeigern durchzuführen sind, dann ist diese symbolische Darstellung sinnvoll.
Man kann leicht zeigen:

1. Der **Addition** (und Subtraktion) von zwei Sinusgrößen entspricht eineindeutig die geometrische Addition (Subtraktion) von zwei Zeigern. In der Tat: Wenn man die zwei Zeiger geometrisch addiert (Abbildung A.1), so ergibt sich für den resultierenden Zeiger der Betrag:
$$I\sqrt{2} = \sqrt{2}\sqrt{I_1^2 + I_2^2 + 2I_1 I_2 \cos(\varphi_1 - \varphi_2)}$$
und der Phasenwinkel:
$$\tan\varphi = \frac{I_1\,\sin\varphi_1 + I_2\,\sin\varphi_2}{I_1\,\cos\varphi_1 + I_2\,\cos\varphi_2} \quad ,$$
also exakt dieselben Ergebnisse wie für die entsprechenden Sinusgrößen (siehe Abschnitt 9.7, Gleichungen (9.19) und (9.18)).

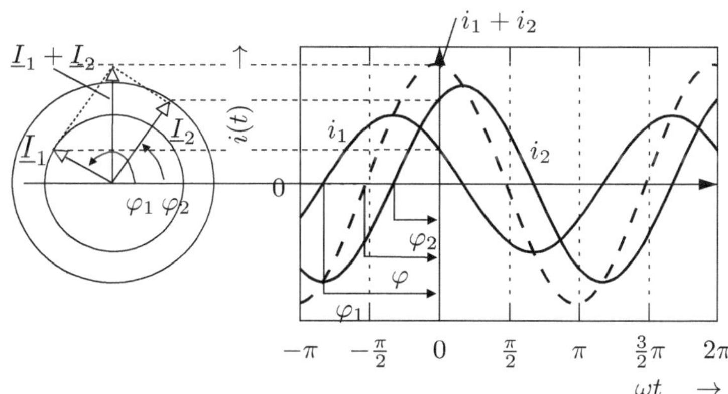

Abbildung A.1.: Addition zweier Sinusgrößen und der entsprechenden Zeiger

2. Der **Multiplikation** (bzw. Division) einer Sinusgröße mit einem Skalar entspricht eineindeutig die Multiplikation (Division) des sie darstellenden

M. Marinescu und N. Marinescu, *Elektrotechnik für Studium und Praxis*,
https://doi.org/10.1007/978-3-658-28884-6

Zeigers mit demselben Skalar. Diese Eigenschaft ergibt sich direkt aus der Vorschrift, dass der Betrag des Zeigers gleich dem Scheitelwert der Sinusgröße sein muss. Die Multiplikation mit einem Skalar $-\lambda$ entspricht der Multiplikation mit λ und der Änderung des Nullphasenwinkels der Sinusfunktion um den Winkel π. Beim entsprechenden Zeiger bedeutet dies, dass seine Richtung entgegengesetzt ist.

3. Die **Differentiation** einer Sinusgröße entspricht eineindeutig einer *Drehung* des entsprechenden Zeigers *um* $\frac{\pi}{2}$ *in positiver Richtung* und der *Multiplikation* seines Betrages *mit* ω (siehe Abbildung A.2).

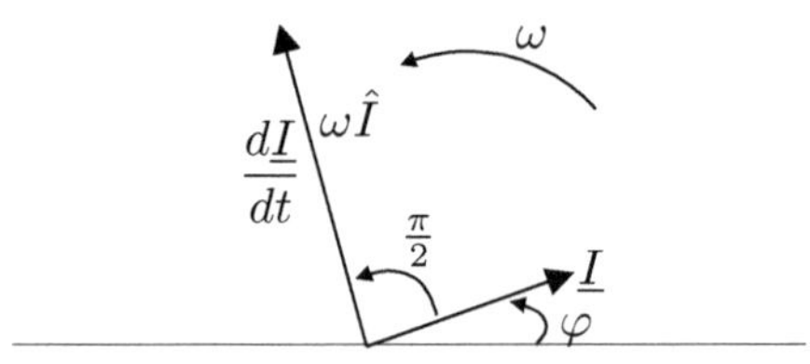

Abbildung A.2.: Differentiation

4. Die **Integration** einer Sinusgröße über die Zeit entspricht eineindeutig einer *Drehung* des Ausgangszeigers *um* $\frac{\pi}{2}$ *in negativer Richtung* (Uhrzeigersinn), wobei sein Betrag *durch* ω *dividiert* wird (Abbildung A.3).

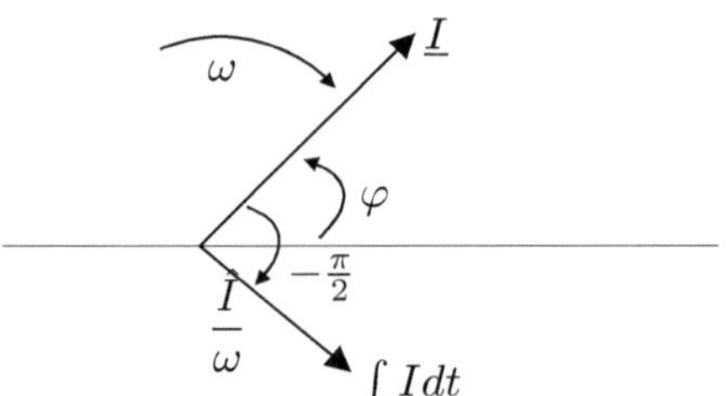

Abbildung A.3.: Integration

B. Rechenregeln für komplexe Zahlen

Im Folgenden sollen die für die Wechselstromtechnik wichtigen Regeln und Begriffe kurz zusammengefasst werden.

Die Summe (und Differenz)

Man benutzt dazu die Komponentenform. (Liegen die Zeiger in Exponentialform vor, so müssen sie zunächst überführt werden.)

$$\underline{A} = A_1 + jA_2 \quad ; \quad \underline{B} = B_1 + jB_2$$

$$\begin{aligned} \underline{A} + \underline{B} &= (A_1 + B_1) + j(A_2 + B_2) \\ \underline{A} - \underline{B} &= (A_1 - B_1) + j(A_2 - B_2) \quad . \end{aligned} \tag{B.1}$$

Das Produkt (bzw. der **Quotient**) wird vorzugsweise in Exponentialform durchgeführt.

$$\underline{A} \cdot \underline{B} = A \cdot B \cdot e^{j(\alpha+\beta)} \tag{B.2}$$

$$\frac{\underline{A}}{\underline{B}} = \frac{A}{B} \cdot e^{j(\alpha-\beta)} \tag{B.3}$$

In der Komponentenform ergibt sich:

$$(A_1 + jA_2) \cdot (B_1 + jB_2) = (A_1 B_1 - A_2 B_2) + j(B_1 A_2 + A_1 B_2) \tag{B.4}$$

$$\frac{A_1 + jA_2}{B_1 + jB_2} = \frac{(A_1 + jA_2)(B_1 - jB_2)}{B_1^2 + B_2^2} = \frac{A_1 B_1 + A_2 B_2}{B_1^2 + B_2^2} + j\frac{A_2 B_1 - A_1 B_2}{B_1^2 + B_2^2} \quad . \tag{B.5}$$

Hier wurde der Imaginärteil im Nenner durch eine konjugiert komplexe Erweiterung reell gemacht.

Ähnlich erhält man den Kehrwert eines komplexen Ausdruckes in Komponentenform:

$$\frac{1}{A_1 \pm jA_2} = \frac{A_1 \mp jA_2}{A_1^2 + A_2^2} \quad . \tag{B.6}$$

Besonders wichtig ist die Multiplikation einer komplexen Zahl mit dem Einheitsvektor $e^{j\theta} = \cos\theta + j\sin\theta$, die eine Drehung um den Winkel θ bedeutet:

$$\begin{aligned} \underline{A} &= A\, e^{j\alpha} \\ \underline{A} \cdot e^{j\theta} &= A\, e^{j(\alpha+\theta)} \quad . \end{aligned}$$

M. Marinescu und N. Marinescu, *Elektrotechnik für Studium und Praxis*,
https://doi.org/10.1007/978-3-658-28884-6

Für einige häufig vorkommende Winkel gilt:

$$\begin{aligned} e^{j0} &= \cos 0^o + j \sin 0^o &&= 1 \\ e^{j\frac{\pi}{2}} &= \cos\tfrac{\pi}{2} + j \sin\tfrac{\pi}{2} &&= j \\ e^{-j\frac{\pi}{2}} &= \cos(-\tfrac{\pi}{2}) + j\sin(-\tfrac{\pi}{2}) &&= -j \\ e^{j\pi} &= \cos\pi + j\sin\pi &&= -1 \quad . \end{aligned} \tag{B.7}$$

Die Multiplikation mit j bedeutet also eine Drehung um $\frac{\pi}{2}$ im positiven Sinne, die Division durch j (Multiplikation mit $-j$) bedeutet eine Drehung um $\frac{\pi}{2}$ im negativen Sinne.
Die Multiplikation mit dem eigenen konjugierten Ausdruck ergibt eine reelle Zahl:

$$\underline{A} \cdot \underline{A}^* = A^2 \quad . \tag{B.8}$$

Die Potenz

$$\underline{A}^n = A^n\,(\cos n\alpha + j\sin n\alpha) = A^n \cdot e^{jn\alpha} \quad . \tag{B.9}$$

Die Differentiation eines komplexen Zeigers nach der Zeit ergibt sich durch Multiplikation des Betrages mit dem Faktor ω und eine Drehung um $\frac{\pi}{2}$ in positive Richtung:

$$\frac{d}{dt}\left[A\,e^{j(\omega t+\alpha)}\right] = j\omega A e^{j(\omega t+\alpha)} = \omega A e^{j(\omega t+\alpha+\frac{\pi}{2})} \quad . \tag{B.10}$$

Das **zeitliche Integral** eines komplexen Zeigers ergibt einen um $\frac{\pi}{2}$ in negative Richtung gedrehten Zeiger, dessen Betrag durch ω dividiert wird:

$$\int \underline{A}\,dt = \frac{A}{j\omega}\,e^{j(\omega t+\alpha)} = \frac{A}{\omega}\,e^{j(\omega t+\alpha-\frac{\pi}{2})} \quad . \tag{B.11}$$

Bemerkungen:

- Berechnet man das Produkt von zwei Sinusgrößen:

  $$\begin{aligned} i_1 &= I_1\sqrt{2}\sin(\omega t+\varphi_1) \\ i_2 &= I_2\sqrt{2}\sin(\omega t+\varphi_2) \end{aligned}$$

  so erhält man (analog zu (9.25)):

  $$i_1 \cdot i_2 = I_1 I_2 \cos(\varphi_1-\varphi_2) - I_1 I_2\cos(2\omega t+\varphi_1+\varphi_2).$$

  Multipliziert man jetzt die diese Sinusgrößen symbolisierenden komplexen Zeiger:

  $$\begin{aligned} \underline{I}_1 &= I_1\sqrt{2}\,e^{j(\omega t+\varphi_1)} \\ \underline{I}_2 &= I_2\sqrt{2}\,e^{j(\omega t+\varphi_2)} \end{aligned}$$

so ergibt sich:

$$\underline{I}_1 \cdot \underline{I}_2 = 2I_1I_2\, e^{j(2\omega t+\varphi_1+\varphi_2)} \quad .$$

Der Imaginärteil dieses Produktes ist:

$$Im[\underline{I}_1 \cdot \underline{I}_2] = 2I_1I_2 \sin(2\omega t + \varphi_1 + \varphi_2) \neq i_1 \cdot i_2 \quad .$$

Die komplexe Darstellung darf nur dann uneingeschränkt verwendet werden, wenn durch die entsprechende Operation die Frequenz nicht verändert wird. Multiplizieren und Dividieren zweier Zeiger, die Sinusgrößen symbolisieren, ist nur unter ganz bestimmten Voraussetzungen gestattet.

- Für die Untersuchung von Wechselstromkreisen hat das folgende Produkt eine spezielle Bedeutung:

$$\begin{aligned} \frac{1}{2}\underline{I}_1 \cdot \underline{I}_2^* &= \frac{1}{2}I_1\sqrt{2}e^{j(\omega t+\varphi_1)} \cdot I_2\sqrt{2}\,e^{-j(\omega t+\varphi_2)} \\ &= I_1I_2e^{j(\varphi_1-\varphi_2)} \\ &= I_1I_2\cos(\varphi_1-\varphi_2) + jI_1I_2\sin(\varphi_1-\varphi_2) \quad . \end{aligned} \tag{B.12}$$

Dieses Produkt hat interessante Eigenschaften: Es ist nicht mehr zeitabhängig, hängt nur von den Effektivwerten und von der Phasenverschiebung, nicht von dem Zeitursprung, ab; sein Realteil ist gleich dem Mittelwert des Produktes der Augenblickswerte:

$$Re[\frac{1}{2}\underline{I}_1 \cdot \underline{I}_2^*] = I_1I_2\cos(\varphi_1-\varphi_2) = \widetilde{i_1 i_2} = \frac{1}{T}\int_0^T i_1 \cdot i_2\, dt \quad . \tag{B.13}$$

C. Diskussionen über die Exponentialfunktionen

Die Ableitungen der Exponentialfunktionen e^x bzw. e^{-x} haben die bemerkenswerte Eigenschaft, dass sie proportional der Funktion selbst sind. Aus diesem Grund sucht man als Lösungen der homogenen linearen Differentialgleichungen mit konstanten Koeffizienten, welche bei der Behandlung der Schaltvorgänge eine große Rolle spielen, lineare Kombinationen von Exponentialfunktionen. Die wichtigsten Eigenschaften der Exponentialfunktionen werden in diesem Anhang kurz dargestellt.

Die Exponentialfunktionen e^x und e^{-x}

Diese sind sehr rasch zunehmende bzw. abnehmende Funktionen: bei einer Zunahme der Variable x um 1 nimmt e^x um einen Faktor e zu und e^{-x} um demselben Faktor ab:

$$e^{x+1} = e \cdot e^x \text{ bzw. } e^{-(x+1)} = \frac{1}{e} \cdot e^{-x}$$

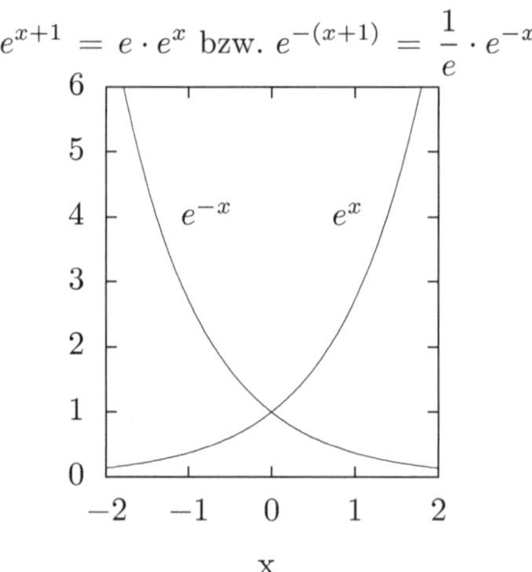

e ist die *Eulersche* Zahl: $e = 1 + \sum_{n=1}^{\infty} \frac{1}{n!} = 2,718...$

$e = 1 + 1 + 0,5 + 0,\widetilde{16} + 0,04\widetilde{16} + \cdots$ und x ist eine *dimensionslose* Variable. Möchte man als Variable die Zeit nehmen, so muss man diese mit einer Konstante mit der Dimension T^{-1} multiplizieren.

M. Marinescu und N. Marinescu, *Elektrotechnik für Studium und Praxis*,
https://doi.org/10.1007/978-3-658-28884-6

Abklingfunktionen
Da die Schaltvorgänge Übergänge von einem stationären Zustand zum anderen sind, spielen für deren Beschreibung die folgenden abklingenden Exponentialfunktionen von Zeit eine besondere Rolle:

$\boxed{y = a \cdot e^{-\lambda t}}$ oder $y = a \cdot e^{-\frac{t}{\tau}}$ mit $a > 0$, $\lambda > 0$, $\tau = \frac{1}{\lambda} > 0$.

Da der Exponent dimensionslos sein muss sind die Dimensionen von λ und τ $[\lambda] = T^{-1}$ bzw. $[\tau] = T$. Aus diesem Grund wird τ als Zeitkonstante bezeichnet. Nimmt die Zeit um den Betrag τ zu, so ändert sich der Exponent um 1 und die Funktion y nimmt um den Faktor $\frac{1}{e} \simeq 0,37$ ab. Die Funktion ist streng monoton fallend.

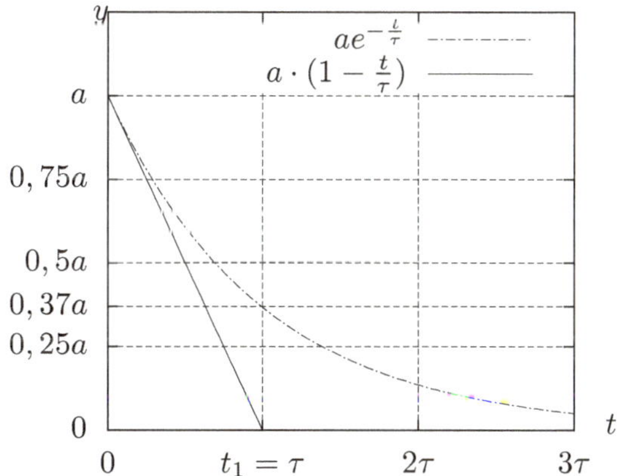

Die Steigung der Tangente an der Kurve bei $t = 0$ ist gleich der Zeitableitung:

$$y'(0) = -\frac{a}{\tau}e^0 = -\frac{a}{\tau}\,.$$

somit schneidet diese Tangente die t-Achse bei $t = \tau$. Je kleiner die Zeitkonstante τ ist desto steiler ist die Kurve.
Die allgemeine Form der Abklingfunktionen ist

$$y = a \cdot e^{-\lambda t} + b$$

Die Kurve ist verschoben um die Strecke b längs der y-Achse, für $b > 0$ nach *oben*, für $b < 0$ nach *unten*.

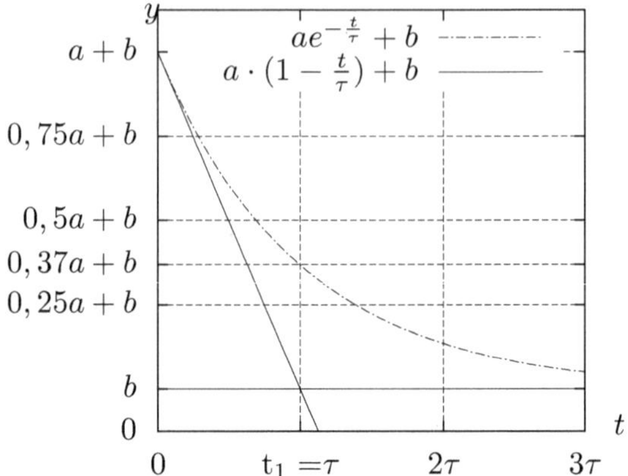

Die Asymptote für $t \to \infty$ ist jetzt $y = b$.
Die Tangente bei $t = 0$ schneidet die Asymptote an der Stelle $t_1 = \tau$.

Sättigungsfunktionen

$\boxed{y = a\cdot(1-e^{-\lambda t})}$ oder $y = a\cdot(1-e^{-\frac{t}{\tau}})$

ist, für $a > 0$ und $\lambda > 0$ streng monoton *wachsend* und strebt für $t \to \infty$ gegen den Grenzwert a.

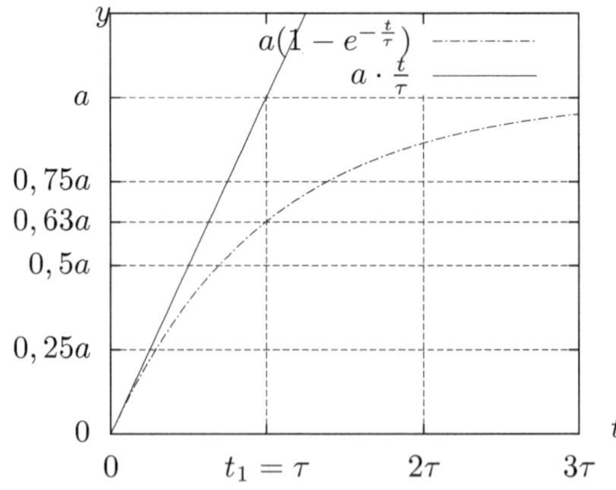

Die Tangente im Nullpunkt schneidet die Asymptote an der Stelle $t_1 = \frac{1}{\lambda} = \tau$.

Dort hat y den Wert: $y(\tau) = a(1-e^{-1}) = a(1-0,37) = \boxed{0,63a}$.

Allgemeiner Typ von Sättigungsfunktionen:

$$y = a \cdot (1 - e^{-\lambda t}) + b$$

wo b eine Verschiebung der Kurve nach oben ($b > 0$) oder nach unten ($b < 0$) ist.

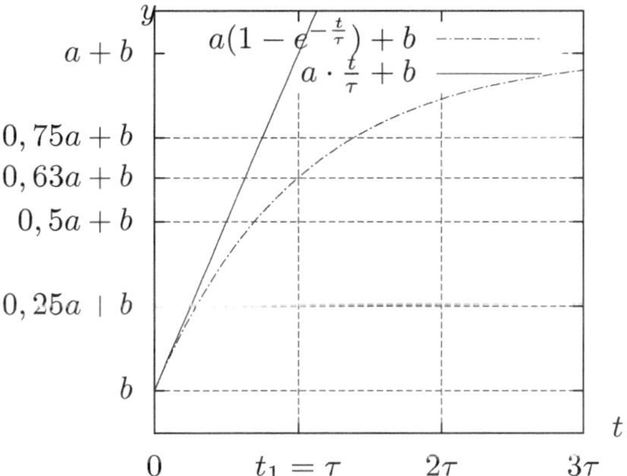

Die Asymptote bei $t \to \infty$ ist jetzt $y = a + b$.
Die Kurventangente bei $t = 0$ schneidet die Asymptote an der Stelle $t_1 = \tau$.

Dort ist die Funktion: $y(\tau) = a(1 - e^{-1}) + b = \boxed{0,63a + b}$.

Folgende Werte werden oft gebraucht:

λ	0	1	2	3
$e^{-\lambda}$	1	0,37	0,135	0,05
$1 - e^{-\lambda}$	0	0,63	0,865	0,95

Hyperbelfunktionen

Die Hyperbelfunktionen $\sinh(x)$ und $\cosh(x)$ sind ähnlich der trigonometrischen Funktionen $\sin(x)$ und $\cos(x)$ ungerade, beziehungsweise gerade Kombinationen von Exponentialfunktionen:

$$\sinh(x) = \frac{1}{2}(e^x - e^{-x})$$
$$\cosh(x) = \frac{1}{2}(e^x + e^{-x})$$

Im Gegensatz zu den trigonometrischen Funktionen sind diese *nicht-periodische* Funktionen. Die Graphen dieser Funktionen sind unten dargestellt

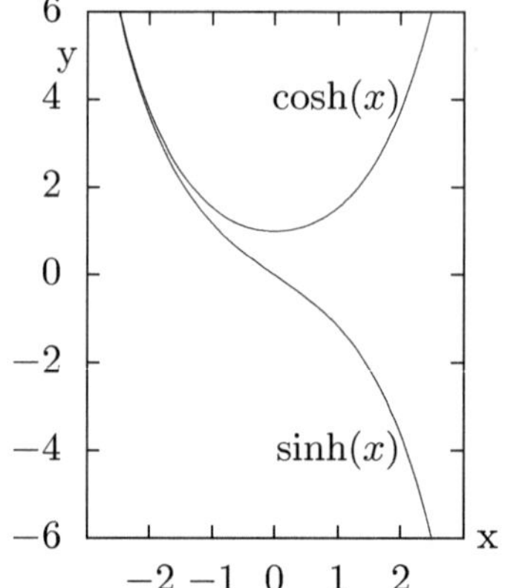
6
y
4
2
0
−2
−4
−6
cosh(x)
sinh(x)
x
−2 −1 0 1 2

D. Eigenschaften der Laplace-Transformation

D.1. Linearität (Multiplikations- und Additionssatz)

$$\mathcal{L}\{a \cdot f(t)\} = a \cdot \mathcal{L}\{f(t)\} = a \cdot F(p)$$

mit a = konst.

$$\mathcal{L}\{a_1 \cdot f_1(t) + a_2 \cdot f_2(t)\} = a_1 \cdot F_1(p) + a_2 \cdot F_2(p)$$

Summen von Funktionen mit konstanten Faktoren (a_1, a_2, ...) im Zeitbereich entsprechen Summen mit den konstanten Faktoren im Bildbereich.

D.2. Ähnlichkeitssatz

Betrifft die Ähnlichkeitstransformation $t \rightarrow a \cdot t$ mit $a > 0$ ($a < 1$: Dehnung, $a > 1$: Stauchung). Die neue Funktion $g = f(at)$ zeigt einen *ähnlichen* Kurvenverlauf wie $f(t)$.
Als Beispiel betrachten wir die Graphen der Funktionen $f(t) = \sin(t)$ und der um den Faktor 2 gestauchten Funktion $g(t) = \sin(2t)$.

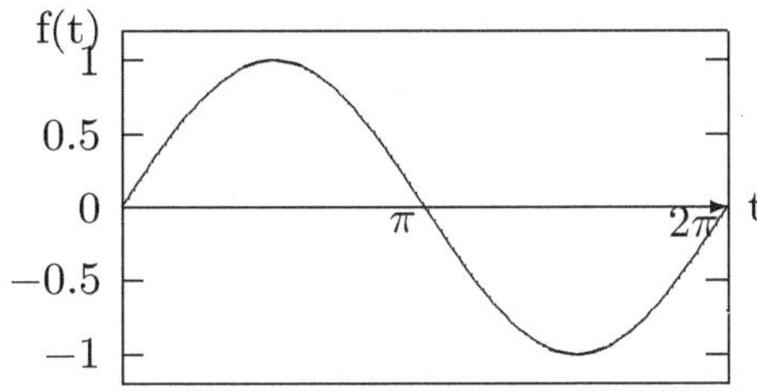

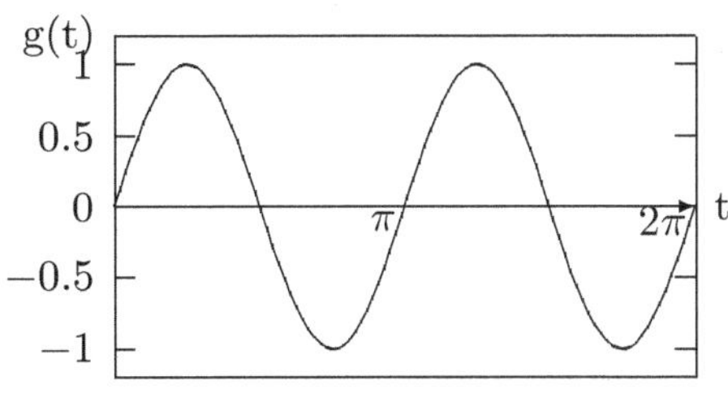

Die Laplace-Transformierte einer ähnlichkeitstransformierten Funktion lässt

M. Marinescu und N. Marinescu, *Elektrotechnik für Studium und Praxis*,
https://doi.org/10.1007/978-3-658-28884-6

sich aus der Laplace-Transformierten der Ursprungsfunktion wie folgt berechnen:

$$\mathcal{L}\{g(t)\} = \mathcal{L}\{f(at)\} = \int_0^\infty f(at) \cdot e^{-pt} \cdot dt \,.$$

Es ergibt sich:

$$\boxed{\mathcal{L}\{f(at)\} = \frac{1}{a} \cdot F(\frac{p}{a})}$$

D.3. Dämpfungssatz

Dämpfung bedeutet Multiplikation mit e^{-at} (siehe Anhang C Abklingfunktionen). Man sucht die Laplace-Transformierte von $g(t) = e^{-at} \cdot f(t)$:

$$\boxed{\mathcal{L}\{e^{-at} \cdot f(t)\} = F(p+a)}$$

D.4. Faltungssatz

Man nennt *Faltungsprodukt* zweier Originalfunktionen $f_1(t)$ und $f_2(t)$:

$$f_1(t) * f_2(t) = \int_0^t f_1(u) \cdot f_2(t-u) \cdot du \,.$$

Die Laplace-Transformierte des Faltungsproduktes ist gleich dem Produkt der Laplace-Transformierten von $f_1(t)$ und $f_2(t)$:

$$\mathcal{L}\{f_1(t)\} \cdot \mathcal{L}\{f_2(t)\} = F_1(p) \cdot F_2(p)$$

D.5. Verschiebungssatz

Wie ändert sich die Bildfunktion $F(p)$ wenn die Originalfunktion $f(t)$ lediglich um eine Strecke a nach rechts längs der Zeitachse verschoben wird ($a > 0$)? - siehe Bild.

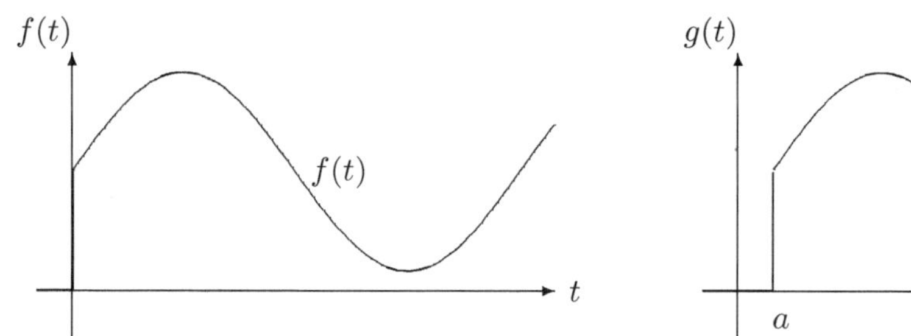

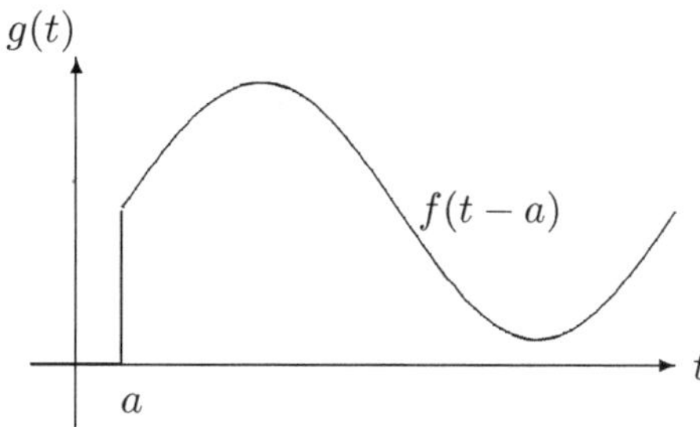

Man substituiert $t \to t - a$. Dann ist: $g(t) = f(t-a)$.

$$\mathcal{L}\{g(t)\} = \mathcal{L}\{f(t-a)\} = \int_0^\infty f(t-a) \cdot e^{-pt} \cdot dt \, .$$

Es ergibt sich (ohne Beweis):

$$\boxed{\mathcal{L}\{f(t-a)\} = e^{-ap}\mathcal{L}\{f(t)\}}$$

Etwas komplizierter ist die Herleitung der Transformierten im Falle einer Verschiebung nach links (siehe Papula).

D.6. Grenzwertsätze

Oft interessiert nur das Verhalten der Originalfunktion $f(t)$ zu *Beginn*, d.h. $t = 0$ und am *Ende* d.h. $t \to \infty$, also:

$$\begin{aligned} \text{Anfangswert} \quad f(0) &= \lim_{t\to 0} f(t) \\ \text{Endwert} \quad f(\infty) &= \lim_{t\to\infty} f(t) \end{aligned}$$

Ohne Beweis:

$$\boxed{f(0) = \lim_{p\to\infty} [p \cdot F(p)]}$$

$$\boxed{f(\infty) = \lim_{p\to 0} [p \cdot F(p)]}$$

D.7. Ableitungssatz

Um die Differentialgleichungen der Stromkreise mit Energiespeichern (L, C) in algebraische zu transformieren, muss man wissen was der Differentiation im Zeitbereich jetzt im Bildbereich entspricht.

$$F(p) = \mathcal{L}\{f(t)\}$$

$$\mathcal{L}\{f'(t)\} = \int_0^\infty f'(t) \cdot e^{-pt} \cdot dt\,.$$

Partielle Integration

$$u = e^{-pt} \curvearrowright u' = -p \cdot e^{-pt}$$

$$v' = f'(t) \curvearrowright v = f(t)$$

$$\mathcal{L}\{f'(t)\} = \left[f(t) \cdot e^{-pt}\right]_0^\infty + p\int_0^\infty f(t) \cdot e^{-pt} \cdot dt = -f(0) + p \cdot F(p)\,.$$

$$\boxed{\mathcal{L}\{f'(t)\} = p \cdot \mathcal{L}\{f(t)\} - f(0)}$$

Anmerkung: Ist $f(t)$ eine *Sprung*funktion mit einer Sprungstelle bei $t = 0$, so ist für $f(0)$ der rechtsseitige Grenzwert $f(0 + \varepsilon)$ einzusetzen.
Hier werden jedoch nur Funktionen betrachtet, die bei $t = 0$ stetig sind, also

$$f(0 - \varepsilon) = f(0 + \varepsilon) = f(0)$$

erfüllen. D.h.: es wird vorausgesetzt, dass der Strom in einer Spule und die Spannung an einem Kondensator keine Sprünge erfahren, was in Wirklichkeit immer der Fall ist (in Idealfällen, wenn alle Widerstände vernachlässigt werden, ist diese Bedingung nicht erfüllt).
Auf tiefer gehende mathematische Erläuterungen über die Stetigkeit der Funktion $f(t)$ muss hier verzichtet werden.

Ähnlich können höhere Ableitungen transformiert werden:

$$\boxed{\mathcal{L}\{f''(t)\} = p^2 \cdot \mathcal{L}\{f(t)\} - p \cdot f(0) - f'(0)}\,.$$

E. Mathematische Grundbegriffe und Integrale mit trigonometrischen Funktionen

Die Fourier-Analyse von periodischen Zeit- funktionen kann entweder mit *reellen* oder mit *imaginären* Funktionen durchgeführt werden. Die reelle Darstellung operiert mit den trigonometri- schen Funktionen Sinus und Kosinus mit $\omega = \frac{2\pi}{T}$, T = Periode, ω = Kreisfrequenz (siehe E.1).

Im Folgenden werden einige wichtige Beziehungen zwischen den trigono-

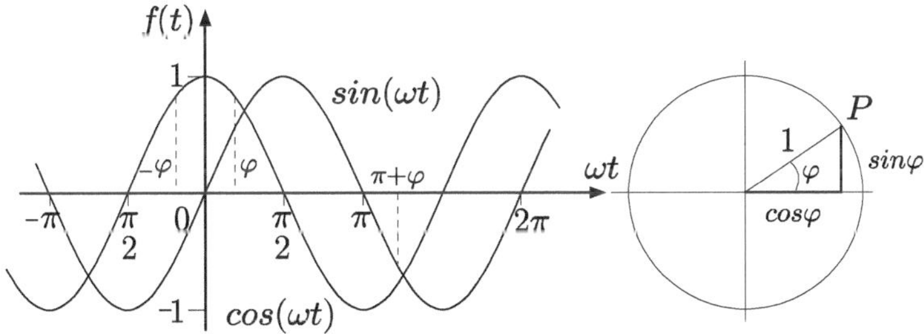

Abbildung E.1.: Sinus- und Kosinusfunktionen

metrischen Funktionen angeführt, die für die Fourier-Analyse verschiedener Zeitfunktionen notwendig sind.

Zunächst *elementare Trigonometrie*:
Aus dem Bild lassen sich unmittelbar folgende Eigenschaften ablesen:

$$\begin{aligned}
\sin(-\varphi) &= -\sin\varphi \\
\sin(\varphi+\pi) &= -\sin\varphi \qquad \text{(T1)} \\
\sin(\varphi+2\pi) &= \sin\varphi \\
\sin(\varphi+n\pi) &= (-1)^n \cdot \sin\varphi
\end{aligned}$$

M. Marinescu und N. Marinescu, *Elektrotechnik für Studium und Praxis*,
https://doi.org/10.1007/978-3-658-28884-6

und:

$$\cos(-\varphi) = \cos\varphi$$
$$\cos(\varphi + \pi) = -\cos\varphi \qquad \text{(T2)}$$
$$\cos(\varphi + n\pi) = (-1)^n \cdot \cos\varphi$$

Ebenfalls aus dem Bild entnimmt man, dass die Sinuskurve durch Verschiebung der Kosinuskurve um $\frac{\pi}{2}$ nach rechts hervorgeht:

$$\sin\varphi = \cos(\varphi - \frac{\pi}{2}) \qquad \text{(T3)}$$

wie auch umgekehrt:

$$\cos\varphi = \sin(\varphi + \frac{\pi}{2}) \qquad \text{(T4)}$$

Eine wichtige Beziehung zwischen Sinus- und Kosinusfunktion nennt sich „Trigonometrischer Pythagoras“:

$$\boxed{(\sin\varphi)^2 + \cos(\varphi)^2 = 1} \qquad \text{(T5)}$$

Häufig benutzte Zusammenhänge liefern die folgenden *Additionstheoreme*:

$$\boxed{\sin(\varphi_1 \pm \varphi_2) = \sin\varphi_1 \cdot \cos\varphi_2 \pm \cos\varphi_1 \cdot \sin\varphi_2} \qquad \text{(T6)}$$

$$\boxed{\cos(\varphi_1 \pm \varphi_2) = \cos\varphi_1 \cdot \cos\varphi_2 \mp \sin\varphi_1 \cdot \sin\varphi_2} \qquad \text{(T7)}$$

aus denen man leicht erhält:

$$\sin(2\varphi) = 2 \cdot \sin\varphi \cdot \cos\varphi \qquad \text{(T8)}$$
$$\cos(2\varphi) = \cos^2\varphi - \sin^2\varphi$$

$$\sin^2(\varphi) = \frac{1}{2}\left[1 - \cos(2\varphi)\right] \qquad \text{(T9)}$$
$$\cos^2(\varphi) = \frac{1}{2}\left[1 + \cos(2\varphi)\right]$$

(weil: $\sin^2\varphi = \cos^2\varphi - \cos(2\varphi) = 1 - \sin^2\varphi - \cos(2\varphi)$).

Und jetzt die für die Fourier-Analyse benötigten *Integrale mit trigonometrischen Funktionen*:

$$\int_0^T \sin(n\omega t) \cdot dt = -\frac{1}{n\omega} \left[\cos(n\omega t)\right]_0^T = 0 \qquad \text{(I1)}$$

$$\int_0^T \cos(n\omega t) \cdot dt = -\frac{1}{n\omega} \left[\sin(n\omega t)\right]_0^T = 0 \qquad \text{(I2)}$$

und die sogenannten Orthogonalitätsrelationen ($n, m > 0$, ganzzahlig):

$$\int_0^T \sin(n\omega t) \cdot \cos(m\omega t) \cdot dt = 0 \qquad \text{(I3)}$$

$$\int_0^T \sin(n\omega t) \cdot \sin(m\omega t) \cdot dt = \begin{cases} 0 & n \neq m \\ \frac{T}{2} & n = m \end{cases} \qquad \text{(I4)}$$

$$\int_0^T \cos(n\omega t) \cdot \cos(m\omega t) \cdot dt = \begin{cases} 0 & n \neq m \\ \frac{T}{2} & n = m \end{cases} \qquad \text{(I5)}$$

Noch zwei unbestimmte Integrale werden weiter benötigt:

$$\int t \cdot \sin(n\omega t) \cdot dt = -\frac{t}{n\omega} \cdot \cos(n\omega t) + \frac{1}{(n\omega)^2} \cdot \sin(n\omega t) \qquad \text{(I6)}$$

und, ähnlich:

$$\int t \cdot \cos(n\omega t) \cdot dt = \frac{t}{n\omega} \cdot \sin(n\omega t) + \frac{1}{(n\omega)^2} \cdot \cos(n\omega t)\,. \qquad \text{(I7)}$$

Mit diesem mathematischen Werkzeug kann man die Fourier-Analyse verschiedener periodischen Funktionen (in reeller Darstellung) in Angriff nehmen.

Literaturverzeichnis

[1] Albach, M.: Grundlagen der Elektrotechnik 1. Erfahrungssätze, Bauelemente, Gleichstromschaltungen.
Pearson Studium, 2005

[2] Albach, M.: Grundlagen der Elektrotechnik 2. Periodische und nichtperiodische Signalformen.
Pearson Studium, 2005

[3] Altmann, S.; Schlayer, D: Lehr- und Übungsbuch Elektrotechnik.
Fachbuchverlag Leipzig im Carl-Hanser Verlag, 4. Auflage, 2008

[4] Bosse, G.: Grundlagen der Elektrotechnik III. Wechselstromlehre, Vierpol- und Leitungstheorie.
BI Hochschultaschenbücher, Band 184

[5] Clausert, H.; Wiesemann,G.: Grundgebiete der Elektrotechnik 1
Oldenbourg Verlag, 10. Auflage, 2008

[6] Clausert, H.; Wiesemann,G.: Grundgebiete der Elektrotechnik 2
Oldenbourg Verlag, 10. Auflage, 2007

[7] Edminister, J.; Elektrische Netzwerke.
Mc Graw-Hill Inc., 1976

[8] Fricke, H.; Vaske, P.: Elektrische Netzwerke.
Grundlagen der Elektrotechnik Teil 1.
B.G. Teubner, Stuttgart

[9] Führer, A; Heidemann, K.; u.a.: Grundgebiete der Elektrotechnik.
Band 1: Stationäre Vorgänge
Carl-Hanser Verlag, München, Wien, 1997

[10] Führer, A; Heidemann, K.; u.a.: Grundgebiete der Elektrotechnik.
Band 2: Zeitabhängige Vorgänge
Carl Hanser Verlag, München, Wien, 6. Auflage, 1998

[11] Frohne, H; Löcherer, K.-H.; Müller, H.: Grundlagen der Elektrotechnik.
B.G. Teubner, Stuttgart, 18. Auflage, 1996

M. Marinescu und N. Marinescu, *Elektrotechnik für Studium und Praxis*,
https://doi.org/10.1007/978-3-658-28884-6

[12] Frohne, H.: Einführung in die Elektrotechnik.
Band 1: Grundlagen und Netzwerke. Band 3: Wechselstrom.
B. G. Teubner, Stuttgart, 1985

[13] Glaab, A.; Hagenauer, J.: Übungen in Grundlagen der Elektrotechnik.
III und IV. Aufgaben mit ausführlichen Lösungen.
BI Hochschultaschenbücher, Band 780

[14] Hagmann, G.: Grundlagen der Elektrotechnik.
AULA–Verlag Wiesbaden, 1986

[15] Hagmann, G.: Aufgabensammlung zu den Grundlagen der Elektrotechnik.
AULA–Verlag Wiesbaden, 1987

[16] Harriehausen, T.; Schwarzenau, D.: Möller Grundlagen der
Elektrotechnik,23., verbesserte Auflage.
Springer Vieweg, 2013

[17] Lindner, H.: Elektro-Aufgaben. Band III: Leitungen,Vierpole, Fourier-Analyse, Laplace-Transformation
Fachbuchverlag Leipzig, 1991

[18] Lindner, H; Brauer, H; Lehmann, C.: Taschenbuch der Elektrotechnik und Elektronik
Fachbuchverlag Leipzig-Köln

[19] Lunze, K.: Theorie der Wechselstromschaltungen.
Verlag Technik, Berlin

[20] Lunze, K.: Berechnung elektrischer Stromkreise.
Verlag Technik, Berlin, 15. Auflage, 1990

[21] Lunze, K.; Wagner, W.: Einführung in die Elektrotechnik (Arbeitsbuch)
Hütig Verlag, Heidelberg, 1991

[22] Marinescu, M.: Gleichstromtechnik. Grundlagen und Beispiele.
Vieweg Verlag, 1997

[23] Marinescu, M.: Wechselstromtechnik. Grundlagen und Beispiele.
Vieweg Verlag, 1999

[24] Marinescu, M.: Elektrische und magnetische Felder.
Eine praxisorientierte Einführung. 3. Auflage
Springer Verlag, 2012.

[25] Marinescu, M.; Winter, J.: Grundlagenwissen Elektrotechnik
Vieweg+Teubner Verlag, 3. Auflage, 2011

[26] Mattes, H.: Übungskurs Elektrotechnik 2. Wechselstromrechnung. Springer Verlag, 1994

[27] Moeller, F. u.a.: Grundlagen der Elektrotechnik Teubner Verlag, 19. Auflage, 2002.

[28] Paul, R.: Elektrotechnik 1. Felder und Stromkreise Springer–Lehrbuch, 1990

[29] Papula, L.: Mathematik für Ingenieure 1. Viewegs Fachbücher der Technik, 6. Auflage, 1991

[30] Papula, L.: Mathematik für Ingenieure 2. Viewegs Fachbücher der Technik, 6. Auflage, 1991

[31] Timotin, A.; Hortopan, V.: Lectii de bazele electrotechnicii Vol. I, Editura didactica si pedagogica, Bukarest, 1962

[32] Timotin, A. u.a.: Lectii de bazele electrotechnicii Vol. II, Editura didactica si pedagogica, Bukarest, 1964

[33] Schmidt, L.-P.; Schaller, G.; Martius, S.: Grundlagen der Elektrotechnik, Netzwerke
Pearson, 2.Auflage, 2014

[34] Vaske, P.: Berechnung von Gleichstromschaltungen B.G. Teubner, Stuttgart, 1991.

[35] Vaske, P.: Berechnung von Wechselstromschaltungen. B.G. Teubner, Stuttgart, 1990.

[36] Vaske,P.: Beispiele und Aufgaben zu den Grundlagen der Elektrotechnik B.G. Teubner, Stuttgart, 1973.

[37] von Weiss, A; Krause, M.: Allgemeine Elektrotechnik Vieweg Verlag

[38] Vömel, M.; Zastrow, D.: Aufgabensammlung Elektrotechnik.
Band 1: Gleichstrom und elektrisches Feld,
Vieweg Verlag, 4. Auflage, 2006
Band 2: Wechselstrom und magnetisches Feld,
Vieweg Verlag, 3. Auflage, 2006

[39] Weißgerber, W.: Elektrotechnik für Ingenieure
Band 1: Gleichstromtechnik und Elektromagnetisches Feld,
Vieweg Verlag, 7. Auflage, 2007
Band 2: Wechselstromtechnik, Ortskurven, Transformator, Merphasensysteme, Vieweg Verlag, 6. Auflage, 2007

[40] Weyh, U.; Benzinger, H.: Aufgaben zur Wechselstromlehre
Oldenburg Verlag

[41] Wolff, I.: Grundlagen der Elektrotechnik 2.
Wechselstromrechnung und elektrische Netzwerke.
Verlag H. Wolff, Aachen

[42] Zastrow, D.: Elektrotechnik
Vieweg Verlag, 16. Auflage, 2006.

Index

M. Marinescu und N. Marinescu, *Elektrotechnik für Studium und Praxis*,
https://doi.org/10.1007/978-3-658-28884-6